COURS DE GÉOMÉTRIE DE LA FACULTÉ DES SCIENCES.

LEÇONS SUR LA THÉORIE GÉNÉRALE DES SURFACES ET LES APPLICATIONS GÉOMÉTRIQUES DU CALCUL INFINITÉSIMAL,

PAR

GASTON DARBOUX,

MEMBRE DE L'INSTITUT,
DOYEN DE LA FACULTÉ DES SCIENCES.

QUATRIÈME PARTIE.

DÉFORMATION INFINIMENT PETITE ET REPRÉSENTATION SPHÉRIQUE.

PARIS,

GAUTHIER-VILLARS ET FILS, IMPRIMEURS-LIBRAIRES
DE L'ÉCOLE POLYTECHNIQUE, DU BUREAU DES LONGITUDES,
Quai des Grands-Augustins, 55.

1896

LEÇONS

SUR LA THÉORIE GÉNÉRALE

DES SURFACES.

PARIS. — IMPRIMERIE GAUTHIER-VILLARS ET FILS,
21219 Quai des Grands-Augustins, 55.

LEÇONS
SUR LA THÉORIE GÉNÉRALE
DES SURFACES
ET LES
APPLICATIONS GÉOMÉTRIQUES DU CALCUL INFINITÉSIMAL,

PAR

GASTON DARBOUX,
MEMBRE DE L'INSTITUT,
DOYEN DE LA FACULTÉ DES SCIENCES.

QUATRIÈME PARTIE.
DÉFORMATION INFINIMENT PETITE ET REPRÉSENTATION SPHÉRIQUE.

PARIS,
GAUTHIER-VILLARS ET FILS, IMPRIMEURS-LIBRAIRES
DE L'ÉCOLE POLYTECHNIQUE, DU BUREAU DES LONGITUDES,
Quai des Grands-Augustins, 55.

1896

PRÉFACE.

Cette quatrième et dernière Partie comprend un seul Livre, consacré à l'étude des deux problèmes étroitement liés de la *Déformation infiniment petite* et de la *Représentation sphérique*. Ce double sujet est un des plus attrayants et, je crois, un des plus féconds de la Géométrie. J'espère qu'il intéressera les nombreux lecteurs qui m'ont fait l'honneur de me suivre jusqu'au bout de ce long Ouvrage.

Le Livre VIII tout entier a paru en juillet 1895.

Les *Notes* et *Additions* qui paraissent aujourd'hui terminent à la fois le Volume et l'Ouvrage. Les trois premières sont dues à mon confrère, M. Émile Picard, à MM. G. Kœnigs et E. Cosserat. En même temps qu'elles enrichissent ce Volume, elles constituent pour l'auteur un témoignage de sympathie qui lui est des plus précieux et qu'il prend plaisir à enregistrer.

Il ne veut pas terminer sans adresser aussi ses plus vifs remercîments à MM. G. Kœnigs, C. Guichard et E. Cosserat qui ont bien voulu l'aider dans la correction des épreuves de ce Volume et à ses excellents éditeurs, MM. Gauthier-Villars, dont le concours si dévoué et si éclairé lui a été d'un grand secours depuis le commencement de la publication.

25 mars 1896.

G. DARBOUX.

ERRATA.

Première Partie.

Page 143, ligne 3 de la Note, *au lieu de* Göttingen *lisez* Göttinger.

Page 341, ligne 2, *au lieu de* 80, *lisez* 81.

Deuxième Partie.

Page 50, dans la deuxième ligne du déterminant, *au lieu de* $x_1^{(i)}$, *lisez* $y_1^{(i)}$.

Page 100, ligne 5 en remontant, *au lieu de* l'équation (1), *lisez* l'équation (2).

Page 140, formule (8), *au lieu de* $\frac{\partial x}{\partial y}$ dans la seconde ligne, *lisez* $\frac{\partial x}{\partial x}$.

Page 310, formule (64), *au lieu de* $(a - u$ *lisez* $(a - u)$.

Page 457, dans les trois premières formules, *au lieu de* $U + h$, *lisez* $2U + 2h$.

Troisième Partie.

Page 89, ligne 13, *au lieu de* en B', *lisez* en B'_1.

Page 93, ligne 13 dans la formule, *au lieu de* $\frac{u^3}{3RR'}\frac{\partial}{\partial u}\left(\frac{1}{RR'}\right)$, *lisez* $\frac{u^3}{3}\frac{\partial}{\partial u}\left(\frac{1}{RR'}\right)$.

Page 94, formule (2), même correction.

Page 286, ligne 3, *au lieu de* applicable *lisez* applicables.

Page 295, ligne 13, *au lieu de* 692, *lisez* 693.

Page 332, ligne 5, *au lieu de* 692, *lisez* 693.

Page 398, ligne 12, *au lieu de* (11), *lisez* (10).

Page 473, ligne 3 en remontant, *lisez* $B = 0$.

Page 473, dernière ligne, *lisez* $A = 0$.

Quatrième Partie.

Page 46, dernière ligne, supprimez le signe —.

Page 89, dernières lignes, *au lieu de* étudiée, *lisez* étudié.

Page 151, dans le 1er membre de l'équation (24), *au lieu de* $dC'_1\, dX_1$, *lisez* $dC_1\, dX'_1$.

Page 252, ligne 19, *au lieu de* phériques, *lisez* sphériques.

Page 257, ligne 5, *ajoutez* ω_1 après r_1.

Page 369, ligne 12, *au lieu de* x, y, *lisez* X, Y.

Page 406, ligne 20, *au lieu de* β_1, β_{11}, ..., *lisez* β_1, β_{11}, ...

Page 463, équation (42), *au lieu de* β, *lisez* β_1.

Page 477, ligne 18, *remplacez au numérateur le signe + du milieu par le signe —.*

THÉORIE GÉNÉRALE
DES SURFACES.

QUATRIÈME PARTIE.

LIVRE VIII.
DÉFORMATION INFINIMENT PETITE ET REPRÉSENTATION SPHÉRIQUE.

CHAPITRE I.
DÉFORMATION INFINIMENT PETITE. PREMIÈRE SOLUTION.

Énoncé précis du problème à résoudre. — Comment on pourrait entreprendre son étude par la méthode des séries. — Le problème de la déformation infiniment petite consiste dans la détermination des premiers termes de ces séries. — Ce que l'on appelle la *directrice* et le *module* de la déformation infiniment petite. — Couples de surfaces applicables l'une sur l'autre. — Rapports de la question proposée avec le problème dit des *éléments rectangulaires*. — Indication des travaux publiés sur ces questions. — Première solution du problème : on est ramené à l'intégration d'une équation linéaire du second ordre. — Interprétation géométrique. — Application au paraboloïde. — Raisonnement *a priori* montrant que la solution du problème peut être obtenue pour toute surface du second degré. — Développement de la solution pour le cas de la sphère. — Démonstration géométrique : la surface (S_1) qui correspond à une sphère par orthogonalité des éléments est la *surface moyenne* d'une congruence isotrope. — Équations qui déterminent cette surface moyenne. — Retour au cas général : les caractéristiques de l'équation linéaire dont dépend la solution sont les lignes asymptotiques de la surface proposée.

852. Il ressort avec évidence des développements contenus dans les Chapitres précédents que, jusqu'ici, le problème de la déformation des surfaces n'a pu être résolu d'une manière complète que dans un petit nombre de cas. Pour faire connaître tout ce qu'il y a d'essentiel dans les travaux des géomètres sur ce beau et difficile sujet, il nous reste à exposer toute une série de recherches relatives à la déformation infiniment petite, recherches qui conduisent, soit dans la théorie des surfaces, soit dans celle des congruences, à des propositions du plus haut intérêt. Formulons d'abord d'une manière précise l'énoncé du problème qui va nous occuper dans ce Chapitre et dans les suivants.

Imaginons que l'on détache de l'ensemble des surfaces qui résultent de la déformation d'une surface donnée (S) une famille de surfaces dont (S) fera partie, c'est-à-dire une suite continue de surfaces, représentée en coordonnées rectangulaires par une équation de cette forme

$$\varphi(X, Y, Z, t) = 0,$$

où t désigne un paramètre variable et telle que la surface proposée corresponde, par exemple, à la valeur zéro de ce paramètre. Si x, y, z désignent les coordonnées d'un point quelconque de (S) et si X, Y, Z sont les coordonnées du point correspondant de la surface de paramètre t, on devra avoir

$$(1) \qquad dX^2 + dY^2 + dZ^2 = dx^2 + dy^2 + dz^2.$$

On peut d'ailleurs supposer que X, Y, Z, fonctions de la variable t en même temps que de x, y, z, soient développables suivant les puissances de t. Et comme X, Y, Z doivent se réduire respectivement à x, y, z pour $t = 0$, on devra avoir

$$(2) \qquad \begin{cases} X = x + t x_1 + t^2 x_2 + \ldots, \\ Y = y + t y_1 + t^2 y_2 + \ldots, \\ Z = z + t z_1 + t^2 z_2 + \ldots, \end{cases}$$

x_1, y_1, z_1; $x_2, y_2, z_2, \ldots$ désignant des fonctions indépendantes de t, mais dépendantes des deux paramètres, quels qu'ils soient, que l'on a choisis pour fixer la position du point (x, y, z) sur la surface (S). Substituons les valeurs de X, Y, Z dans l'équation (1) et égalons à zéro les coefficients des différentes puissances de t. Nous obtenons ainsi les relations

$$(3) \qquad \begin{cases} dx\,dx_1 + dy\,dy_1 + dz\,dz_1 = 0, \\ dx\,dx_2 + dy\,dy_2 + dz\,dz_2 + \frac{1}{2}(dx_1^2 + dy_1^2 + dz_1^2) = 0, \\ dx\,dx_3 + dy\,dy_3 + dz\,dz_3 + dx_1\,dx_2 + dy_1\,dy_2 + dz_1\,dz_2 = 0. \\ \ldots\ldots\ldots\ldots\ldots\ldots\ldots\ldots\ldots\ldots\ldots\ldots, \\ dx\,dx_n + dy\,dy_n + dz\,dz_n + dx_1\,dx_{n-1} + dy_1\,dy_{n-1} + dz_1\,dz_{n-1} + \ldots = 0, \end{cases}$$

qui permettront de déterminer de proche en proche les fonctions inconnues x_i, y_i, z_i. Si, par exemple, on pouvait intégrer de la manière la plus générale le système (3) en obtenant pour les valeurs de X, Y, Z des séries convergentes, il est clair que l'on aurait résolu d'une manière complète par la méthode des séries le problème de la déformation finie de la surface (S).

Envisagé de cette manière, le problème exige en premier lieu la détermination des fonctions x_1, y_1, z_1 qui satisfont à la première des équations (3)

$$(4) \qquad dx\,dx_1 + dy\,dy_1 + dz\,dz_1 = 0.$$

C'est l'intégration complète de cette équation aux différentielles totales qui donne la solution de ce que nous appellerons dans la suite le *problème de la déformation infiniment petite de la surface* (S).

Supposons que l'on ait trouvé des fonctions x_1, y_1, z_1 vérifiant les trois équations aux dérivées partielles qui sont comprises dans l'équation (4) et considérons la surface (S') définie par les équations

$$(5) \qquad X' = x + tx_1, \qquad Y' = y + ty_1, \qquad Z' = z + tz_1.$$

On aura, en tenant compte de l'équation (4),

$$dX'^2 + dY'^2 + dZ'^2 = dx^2 + dy^2 + dz^2 + t^2(dx_1^2 + dy_1^2 + dz_1^2),$$

de sorte que, si le paramètre t est infiniment petit, la surface (S') correspond point par point à (S), de telle manière que les longueurs de deux courbes correspondantes diffèrent seulement de quantités infiniment petites du second ordre par rapport à t. Si l'on veut donner une forme entièrement géométrique à cet énoncé, on peut dire que la surface (S') est infiniment voisine de (S) et que la différence des longueurs de deux courbes correspondantes tracées sur les deux surfaces est du second ordre par rapport à la distance qui sépare deux points correspondants quelconques sur (S) et sur (S').

En comparant les formules (5) aux formules (2), on peut encore admettre que, x_1, y_1, z_1 une fois connus, on pourra toujours, et d'une infinité de manières, déterminer les fonctions x_2, y_2, z_2; x_3, ... qui entrent dans les puissances supérieures de t; de telle sorte que la surface (S') sera infiniment voisine du second ordre d'une infinité de surfaces effectivement applicables sur (S). D'une manière plus précise, si M' est le point de (S') qui correspond à un point M de (S), la différence géométrique entre le vecteur MM' dont les projections sont

$$X'-x, \quad Y'-y, \quad Z'-z,$$

et le vecteur MM'' qui réunirait le point M au point correspondant M'' d'une surface rigoureusement applicable sur (S) et convenablement choisie, sera une grandeur géométrique infiniment petite du second ordre par rapport au segment MM'', au moins dans toute l'étendue d'un segment fini de la surface (S) [1].

Si, par les différents points de (S), nous menons les vecteurs MM', ces vecteurs indéfiniment prolongés engendreront une congruence de droites que nous appellerons les *directrices* de la déformation infiniment petite. Quant à la grandeur MM', nous l'appellerons le *module* de la déformation. Il est clair qu'une déformation est déterminée si l'on connaît, pour chaque point de (S), la directrice et le module de la déformation. Comme l'équation (4) ne change pas de forme lorsqu'on y multiplie x_1, y_1, z_1 par une constante, nous pourrons supprimer le facteur t et considérer le module comme une quantité finie

$$\mathfrak{M} = \sqrt{x_1^2 + y_1^2 + z_1^2},$$

en nous souvenant que, si l'on veut obtenir une surface (S') résultant de la déformation infiniment petite de (S), il faudra porter, à partir de chaque point, sur la directrice de la déformation une longueur $\varepsilon\mathfrak{M}$, ε désignant une constante infiniment petite quelconque. On voit que le module peut toujours être multiplié par une constante.

853. Si l'on imagine les coordonnées x, y, z exprimées en

---

[1] Il est bon de remarquer que cette proposition ne caractérise pas la surface (S') dans le cas où la surface (S) est plane. Toute surface infiniment voisine d'un plan satisfait ici à la définition de la surface (S') sans qu'on puisse dire qu'elle résulte de la déformation infiniment petite du plan. Le lecteur se rendra compte aisément de la raison de cette exception.

fonction de deux variables u et v, l'équation aux différentielles totales (4) se décomposera dans les trois suivantes :

$$\frac{\partial x}{\partial u}\frac{\partial x_1}{\partial u}+\frac{\partial y}{\partial u}\frac{\partial y_1}{\partial u}+\frac{\partial z}{\partial u}\frac{\partial z_1}{\partial u}=0,$$

$$\frac{\partial x}{\partial v}\frac{\partial x_1}{\partial u}+\frac{\partial x}{\partial u}\frac{\partial x_1}{\partial v}+\frac{\partial y}{\partial v}\frac{\partial y_1}{\partial u}+\frac{\partial y}{\partial u}\frac{\partial y_1}{\partial v}+\frac{\partial z}{\partial v}\frac{\partial z_1}{\partial u}+\frac{\partial z}{\partial u}\frac{\partial z_1}{\partial v}=0,$$

$$\frac{\partial x}{\partial v}\frac{\partial x_1}{\partial v}+\frac{\partial y}{\partial v}\frac{\partial y_1}{\partial v}+\frac{\partial z}{\partial v}\frac{\partial z_1}{\partial v}=0.$$

Quant aux autres équations comprises dans le système (3), si l'on cherche à les intégrer successivement, elles se ramènent toutes au type suivant :

$$\frac{\partial x}{\partial u}\frac{\partial x_i}{\partial u}+\frac{\partial y}{\partial u}\frac{\partial y_i}{\partial u}+\frac{\partial z}{\partial u}\frac{\partial z_i}{\partial u}=A_i,$$

$$\frac{\partial x}{\partial v}\frac{\partial x_i}{\partial u}+\frac{\partial x}{\partial u}\frac{\partial x_i}{\partial v}+\ldots\qquad=B_i,$$

$$\frac{\partial x}{\partial v}\frac{\partial x_i}{\partial v}+\ldots\qquad=C_i,$$

qui ne diffère du précédent que par les termes du second membre A_i, B_i, C_i, ces termes étant chaque fois des fonctions connues de u et de v. Or, il résulte d'une proposition de Cauchy que *l'on sait toujours intégrer par des quadratures un système quelconque d'équations linéaires aux dérivées partielles avec second membre toutes les fois que l'on sait intégrer d'une manière générale le même système où les seconds membres ont été supprimés.* En utilisant ce résultat dans la question qui nous occupe, on peut donc énoncer la proposition suivante :

Quand on saura trouver de la manière la plus générale les termes tx_1, ty_1, tz_1 des séries (2), on pourra, par de simples quadratures, déterminer successivement tous les autres.

En d'autres termes, *quand on saura résoudre d'une manière complète le problème de la déformation infiniment petite, tel que nous l'avons énoncé, on pourra, par de simples quadratures, résoudre le même problème avec une approximation, non plus seulement du second ordre, mais de tel ordre que l'on voudra.*

854. Ces remarques générales une fois présentées, revenons à

l'équation (4) et, pour l'interpréter géométriquement, considérons la surface (S_1) lieu du point dont les coordonnées sont x_1, y_1, z_1. Cette surface correspond point par point à (S) et l'équation (4) exprime évidemment que les éléments linéaires correspondants des deux surfaces sont toujours perpendiculaires. Ainsi le problème de la déformation infiniment petite de (S) équivaut à la détermination des surfaces (S_1) qui correspondent point par point à (S) de telle manière que les éléments linéaires correspondants définis respectivement par les projections dx, dy, dz et dx_1, dy_1, dz_1 soient orthogonaux. Nous avons déjà rencontré [I, p. 324, 325] ce mode de correspondance, étudié en premier lieu par M. Moutard (1) et M. Ribaucour (2). Voici comment ces deux géomètres avaient été conduits à se poser ce problème dit des *éléments rectangulaires*.

Considérons deux surfaces (Σ), (Σ_1), applicables l'une sur l'autre. Si nous désignons par X, Y, Z; X_1, Y_1, Z_1 les coordonnées rectangulaires de deux points correspondants sur ces surfaces, on aura

$$dX^2 + dY^2 + dZ^2 = dX_1^2 + dY_1^2 + dZ_1^2,$$

ce que l'on peut écrire

$$d(X-X_1)\,d(X+X_1) + d(Y-Y_1)\,d(Y+Y_1) + d(Z-Z_1)\,d(Z+Z_1) = 0.$$

Si donc on pose

$$\begin{aligned} X &= x+x_1, & X_1 &= x-x_1, & & & 2x &= X+X_1, & 2x_1 &= X-X_1,\\ Y &= y+y_1, & Y_1 &= y-y_1, & &\text{ou} & 2y &= Y+Y_1, & 2y_1 &= Y-Y_1,\\ Z &= z+z_1, & Z_1 &= z-z_1, & & & 2z &= Z+Z_1, & 2z_1 &= Z-Z_1, \end{aligned}$$

il viendra

$$dx\,dx_1 + dy\,dy_1 + dz\,dz_1 = 0.$$

Ainsi, *lorsque deux surfaces* (Σ), (Σ_1) *sont applicables l'une*

(1) *Voir* MOUTARD, *Sur la déformation des surfaces* (*Bulletin de la Société Philomathique*, année 1869, p. 45, séance du 12 juin), ainsi que le Mémoire et la Note insérés aux *Comptes rendus*, t. LXX, p. 834 et déjà signalés [II, p. 53].

(2) Les premières recherches de M. Ribaucour, dont la Science déplore la mort récente et prématurée, remontent à peu près à la même époque et sont contenues dans la Note *Sur la théorie de l'application des surfaces l'une sur l'autre* insérée au *Bulletin de la Société Philomathique*, année 1869, p. 37.

sur l'autre, la surface (S), *lieu du milieu des segments* MM_1 *dont les extrémités sont des points correspondants sur les deux surfaces, et la surface* (S_1) *obtenue en menant par un point fixe quelconque de l'espace des droites parallèles et proportionnelles aux segments* MM_1 *se correspondront point par point avec orthogonalité des éléments linéaires.* Et, réciproquement, *si deux surfaces* (S), (S_1) *se correspondent avec orthogonalité des éléments linéaires, et que l'on mène, par chaque point de* (S), *deux droites, égales et de sens contraires, parallèles et proportionnelles au rayon vecteur qui joint un point fixe de l'espace au point correspondant de* (S_1), *les extrémités de ces deux vecteurs décrivent deux surfaces* (Σ), (Σ_1), *applicables l'une sur l'autre.*

Ainsi il revient au même de chercher un couple de surfaces applicables l'une sur l'autre, ou un couple de surfaces se correspondant avec orthogonalité des éléments linéaires. Mais il importe de remarquer que, si l'on sait résoudre le problème des éléments rectangulaires pour une surface (S), c'est-à-dire trouver toutes les surfaces qui lui correspondent avec orthogonalité des éléments linéaires, on ne saura pas pour cela déterminer toutes les surfaces applicables sur (S). On pourra seulement connaître des couples de surfaces applicables l'une sur l'autre et contenant des constantes ou des fonctions arbitraires.

855. C'est dans une Communication présentée par l'auteur à la Société mathématique de France, le 17 décembre 1873 [1], qu'a été établi pour la première fois le lien entre le problème des éléments rectangulaires et celui de la déformation infiniment petite que nous avons signalé plus haut. Si l'on emploie les définitions que nous avons adoptées, la proposition qui a servi de point de départ aux recherches de M. Moutard prend la forme suivante :

Lorsqu'on connaît une déformation infiniment petite de (S), *si l'on porte à partir de chaque point de* (S) *sur les droites di-*

(1) Cette Communication est restée inédite. Voir une Note *Sur les équations aux dérivées partielles* insérée aux *Comptes rendus*, t. XCVI, p. 766; mars 1883.

rectrices de la déformation deux longueurs égales et de sens contraires, proportionnelles au module de la déformation, on obtient un couple de surfaces applicables l'une sur l'autre.

Et réciproquement :

Si deux surfaces $(\Sigma), (\Sigma_1)$ *sont applicables l'une sur l'autre, la droite* MM_1 *qui joint deux points correspondants de ces surfaces est à la fois la directrice et le module d'une déformation infiniment petite pour la surface* (S) *lieu du milieu de* MM_1.

Depuis ces premières recherches, M. Lecornu (¹) et Beltrami (²), dans deux Mémoires importants, publiés en 1880 et 1882, se sont préoccupés de l'étude détaillée des forces que met en jeu la déformation infiniment petite d'une surface donnée, M. Weingarten a repris la question en se plaçant au point de vue de la Géométrie (³). D'importants résultats relatifs au problème des éléments rectangulaires se trouvent aussi dans différents Mémoires de Ribaucour, de MM. Bianchi, Cosserat, Guichard, etc., et seront exposés plus loin.

L'auteur va développer ici les méthodes directes qu'il a suivies dès 1882, dans son enseignement de la Faculté.

856. En voici une que nous allons indiquer rapidement.

Soit à résoudre l'équation

$$dx\,dx_1 + dy\,dy_1 + dz\,dz_1 = 0. \tag{6}$$

On démontrera facilement que l'on peut toujours trouver trois fonctions a, b, c telles que l'on ait identiquement

$$\left\{\begin{aligned} dx_1 &= c\,dy - b\,dz,\\ dy_1 &= a\,dz - c\,dx,\\ dz_1 &= b\,dx - a\,dy, \end{aligned}\right. \tag{7}$$

(¹) L. Lecornu, *Sur l'équilibre des surfaces flexibles et inextensibles* (*Journal de l'École Polytechnique*, XLVIIIᵉ Cahier, p. 1-109; 1880).

(²) E. Beltrami, *Sull' equilibrio delle superficie flessibili ed inestendibili* (*Memorie delle Scienze dell' Istituto di Bologna*, serie IV, tomo III, Gennaio 1882).

(³) J. Weingarten, *Ueber die Deformationen einer biegsamen unausdehnbaren Fläche* (*Journal de Crelle*, t. C, p. 296; 1886).

au moins tant que la surface (S) lieu du point (x, y, z) ne se réduit pas à une courbe ou à un point ([1]).

En effet, introduisons six fonctions a, b, c; a', b', c' telles que l'on ait

$$dx_1 = c\,dy - b'\,dz,$$
$$dy_1 = a\,dz - c'\,dx,$$
$$dz_1 = b\,dx - a'\,dy.$$

Si l'on porte ces valeurs de dx_1, dy_1, dz_1 dans l'équation (6), il vient

$$(a - a')\,dy\,dz + (b - b')\,dx\,dz + (c - c')\,dx\,dy = 0.$$

Comme il ne peut exister aucune relation de cette forme en dx, dy, dz, on doit donc avoir

$$a = a', \qquad b = b', \qquad c = c',$$

ce qui donne les formules (7).

De là résulte une première solution du problème des éléments rectangulaires.

En effet, si l'on prend pour a, b, c des constantes, on peut intégrer les équations (7) et l'on a, α, β, γ désignant de nouvelles constantes,

$$x_1 = \alpha + cy - bz,$$
$$y_1 = \beta + az - cx,$$
$$z_1 = \gamma + bx - ay.$$

On reconnaît ici les expressions des composantes de la vitesse d'un point quelconque dans le mouvement d'un solide invariable. Ainsi cette solution pour laquelle la surface (S_1) lieu du point (x_1, y_1, z_1) serait un plan correspond, non à une déformation, mais à un déplacement infiniment petit de (S); en effet, deux surfaces égales sont évidemment applicables l'une sur l'autre.

([1]) Si (S) se réduit à une courbe (C), on verra facilement que la surface (S_1) lieu du point (x_1, y_1, z_1) ne peut être qu'une développable (Δ) dont les plans tangents seront perpendiculaires aux tangentes de (C). Alors, à chaque point $M(x, y, z)$ de (C) correspondent tous les points $M_1(x_1, y_1, z_1)$ de (Δ) situés sur la génératrice de contact de celui des plans tangents de Δ qui est perpendiculaire à la tangente en M à la courbe (C).

Si (S) se réduit à un point la surface (S_1) est entièrement indéterminée.

857. Laissant de côté ce cas exceptionnel, revenons aux formules (7) et exprimons les conditions d'intégrabilité. Si nous supposons z_1 exprimée en fonction de x et de y et si nous désignons par p_1, q_1 ses dérivées premières, on aura d'abord

$$(8) \qquad b = p_1, \qquad a = -q_1.$$

Si l'on remplace dz par $p\,dx + q\,dy$, les expressions de dx_1, dy_1 prennent les formes suivantes

$$(9) \qquad \begin{cases} dx_1 = \quad (c - qp_1)\,dy - pp_1\,dx, \\ dy_1 = - \quad qq_1\,dy \quad - (c + pq_1)\,dx, \end{cases}$$

de sorte que les conditions d'intégrabilité nous donnent

$$(10) \qquad \frac{\partial(c - qp_1)}{\partial x} + \frac{\partial(pp_1)}{\partial y} = 0, \qquad \frac{\partial(qq_1)}{\partial x} - \frac{\partial(c + pq_1)}{\partial y} = 0.$$

Éliminant c par de nouvelles dérivations, on trouve

$$\frac{\partial^2(pp_1)}{\partial y^2} + \frac{\partial^2(qq_1)}{\partial x^2} - \frac{\partial^2}{\partial x\,\partial y}(pq_1 + qp_1) = 0,$$

ou, en développant et désignant par r_1, s_1, t_1 les dérivées secondes de z_1,

$$(11) \qquad rt_1 + tr_1 - 2ss_1 = 0.$$

L'intégration de cette équation linéaire fera connaître z_1; puis les équations (10), qui donnent les deux dérivées de c, et les équations (9) permettront de déterminer c, x_1, y_1 par des quadratures de différentielles totales à deux variables.

858. La principale difficulté est donc l'intégration de l'équation (11). Donnons d'abord l'interprétation géométrique de cette équation.

Si l'on adjoint à la surface (S) la surface auxiliaire (S_0) lieu du point (x, y, z_1), les *points correspondants des deux surfaces sont toujours sur une même verticale* et l'équation (11) exprime que *les lignes asymptotiques de l'une des surfaces, projetées verticalement sur l'autre, y découpent un système conjugué.*

En effet, les lignes asymptotiques des deux surfaces (S) et (S_0)

sont respectivement définies par les équations différentielles

$$r\,dx^2 + 2s\,dx\,dy + t\,dy^2 = 0,$$
$$r_1\,dx^2 + 2s_1\,dx\,dy + t_1\,dy^2 = 0,$$

qui feront connaître les projections de ces lignes sur le plan des xy; et l'équation (11) exprime qu'en chaque point de ce plan les directions relatives à l'une des surfaces divisent harmoniquement l'angle formé par les deux directions relatives à l'autre surface.

Étant donnés une surface quelconque (A) et un point O, proposons-nous de trouver une surface (A_0) telle que la perspective de ses lignes asymptotiques sur (A), obtenue en prenant le point O pour point de vue, dessine sur (A) un système conjugué. Il suffira de faire une transformation homographique qui rejette le point O à l'infini, et l'on sera ramené au problème précédent. Par exemple, si l'on veut déterminer toutes les surfaces pour lesquelles les lignes asymptotiques vues d'un point O paraissent se couper à angle droit, il suffira d'effectuer une transformation homographique rejetant le point O à l'infini et de déterminer les déformations infiniment petites de la surface du second degré qui correspond, après cette transformation, à une sphère de centre O.

859. Appliquons les méthodes précédentes au paraboloïde défini par l'équation

$$z = xy.$$

L'équation (11) nous donnera ici

$$s_1 = 0.$$

Pour la commodité des calculs prenons l'intégrale sous la forme

$$z_1 = X' + Y', \tag{12}$$

X désignant une fonction de x et Y une fonction de y. Les inconnues c, x_1, y_1 se détermineront sans difficulté et l'on aura, en choisissant convenablement X, Y et adoptant les notations les plus simples

$$c = xX'' - X' - yY'' + Y',$$

$$\left\{\begin{aligned} x_1 &= 2Y - y(X' + Y'),\\ y_1 &= 2X - x(X' + Y'),\\ z_1 &= X' + Y'. \end{aligned}\right. \tag{13}$$

La surface ainsi obtenue, qui dépend de deux fonctions arbitraires, a ses lignes asymptotiques déterminées par l'équation différentielle

$$X''' dx^2 + Y''' dy^2 = 0,$$

où les variables sont séparées.

860. Nous ferons connaître plus loin des propositions générales d'après lesquelles le résultat précédent peut être étendu à toute surface du second degré. Mais, dès à présent, il est bon de remarquer *a priori* que le problème de la déformation infiniment petite peut être résolu pour toute surface du second degré. Nous avons vu, en effet, que toute surface réglée admet une série de déformations finies dans lesquelles ses génératrices demeurent rectilignes. A ces déformations finies correspondent évidemment des déformations infiniment petites qui dépendent d'une fonction arbitraire à une variable. Or, comme une surface du second degré est doublement réglée, l'application de la remarque précédente nous en fera connaître des déformations infiniment petites, qui se distribueront en deux séries bien distinctes, se rattachant respectivement aux deux systèmes de génératrices. Et comme les équations du problème de la déformation infiniment petite sont linéaires, *il suffira de superposer ces deux séries particulières de déformations infiniment petites pour obtenir la solution la plus générale du problème proposé.*

En terminant ce Chapitre nous indiquerons rapidement comment l'étude et la solution du problème de la déformation infiniment petite de la sphère peuvent être rattachées à la théorie des surfaces minima.

861. Soit

$$x^2 + y^2 + z^2 = 1 \tag{14}$$

l'équation de la sphère donnée (S) et soit (S_1) la surface, lieu du point (x_1, y_1, z_1), qui lui correspond avec orthogonalité des éléments, de sorte que l'on ait

$$dx\,dx_1 + dy\,dy_1 + dz\,dz_1 = 0. \tag{15}$$

Désignons toujours par M, M_1 deux points correspondants sur les deux surfaces et menons par le point M_1 une droite M_1H parallèle au rayon de la sphère qui va aboutir en M. Nous allons montrer que la droite M_1H engendre une congruence *isotrope*, c'est-à-dire [I, p. 420] qu'elle est tangente à deux développables circonscrites au cercle de l'infini.

Nous rattacherons cette proposition particulière à une autre plus générale que nous retrouverons plus loin (n° 891) et qui est due à Ribaucour.

Soient M, M_1 deux points correspondants sur deux surfaces *quelconques* qui se correspondent avec orthogonalité des éléments; menons par le point M_1 la droite M_1H parallèle à la *normale* de la surface (S) en M; et, de plus, effectuons la représentation sphérique de cette surface (S) sur une sphère de rayon 1 ayant son centre en un point O; soit Om le rayon de la sphère parallèle à la normale de (S) en M; nous allons déterminer les plans focaux de la congruence engendrée par la droite M_1H.

A cet effet, déplaçons-nous de telle manière que M_1H engendre une des développables de la congruence. Le point M viendra en un point infiniment voisin M' et de même M_1 en M'_1, m en m'. Le plan tangent de la développable suivant M_1H est parallèle au plan déterminé par les deux rayons consécutifs de la sphère Om, Om'; et, par conséquent, il en est de même de la direction $M_1M'_1$. Or, cette direction $M_1M'_1$ doit être déjà perpendiculaire à MM'. Elle devra donc se confondre avec Om s'il y a dans le plan mOm' une seule direction perpendiculaire à MM'. Comme il est impossible, on le reconnaîtra aisément (¹), que $M_1M'_1$ soit parallèle à Om, il faut que MM' soit perpendiculaire à deux droites distinctes du plan mOm', c'est-à-dire à ce plan. Or, ceci revient à dire que la tangente MM' de la surface (S) doit être perpendiculaire à son image sphérique, c'est-à-dire doit être une tangente asymptotique [I, p. 201]. Donc, *aux développables de la congruence engendrée par* M_1H *correspondent les asymptotiques de* (S) ou, ce qui revient au même, les *deux plans focaux de la congruence*

(¹) Si $M_1M'_1$ était parallèle à Om, les plans tangents aux deux surfaces (S), (S_1) en M et en M_1 seraient rectangulaires, ce qui est impossible, car alors à tous les déplacements s'effectuant autour de M correspondrait toujours le même déplacement infiniment petit à partir de M_1 sur (S_1).

engendrée par la droite M_1H *sont perpendiculaires aux tangentes asymptotiques de* (S) *en* M.

Appliquons cette proposition, qui a été énoncée par Ribaucour au n° 188 de son *Étude sur les Elassoïdes,* au cas où la surface (S) est une sphère de centre O. La droite M_1H devient la parallèle au rayon OM de la sphère (S); les tangentes asymptotiques de (S) sont les génératrices rectilignes de la sphère qui passent en M. Par suite, *les deux plans focaux de la congruence engendrée par la droite* M_1H, *étant perpendiculaires à des droites isotropes, sont nécessairement isotropes,* c'est-à-dire tangents au cercle de l'infini, et *les deux nappes de la surface focale de cette congruence sont des développables isotropes.*

862. Le calcul suivant conduit au même résultat. Les coordonnées d'un point quelconque de M_1H ont pour expressions

$$x_1 + x\rho, \qquad y_1 + y\rho, \qquad z_1 + z\rho.$$

Pour déterminer les développables de la congruence, exprimons qu'il existe un déplacement dans lequel ce point décrit une courbe tangente à la droite. Nous aurons

$$\frac{d(x_1 + x\rho)}{x} = \frac{d(y_1 + y\rho)}{y} = \frac{d(z_1 + z\rho)}{z},$$

ou, en introduisant une inconnue auxiliaire $d\lambda$

$$(16) \qquad \left\{ \begin{aligned} dx_1 + \rho\, dx &= x\, d\lambda, \\ dy_1 + \rho\, dy &= y\, d\lambda, \\ dz_1 + \rho\, dz &= z\, d\lambda. \end{aligned} \right.$$

Si l'on multiplie ces équations respectivement par dx, dy, dz et si on les ajoute en tenant compte des relations (14) et (15), il vient

$$\rho(dx^2 + dy^2 + dz^2) = 0.$$

Comme ρ ne peut être nul, on voit que les développables de la congruence correspondent aux lignes de longueur nulle de la sphère, ce qui équivaut au résultat déjà établi par la Géométrie.

863. Dans les rapides indications que nous avons données [I,

p. 419-421] sur les congruences *isotropes,* nous avons signalé une propriété de ces congruences, à savoir que les surfaces réglées élémentaires contenant une droite quelconque de la congruence ont toutes, pour cette droite, le même point central et le même paramètre de distribution; d'où il résulte que la *surface moyenne* (lieu du milieu du segment focal) *contient les lignes de striction de toutes les surfaces réglées formées avec des droites de la congruence.* Or il est très aisé de montrer que *cette surface moyenne est ici la surface* (S_1).

En effet, si l'on considère, d'une manière générale, une surface réglée engendrée par une droite dont les cosinus directeurs seront désignés par x, y, z, il est évident que dx, dy, dz sont les paramètres directeurs de la normale au plan central, puisque cette normale, perpendiculaire à la génératrice, est, en même temps, parallèle au plan tangent à l'infini. Donc si x_1, y_1, z_1 sont les coordonnées d'un point de la ligne de striction, on a

$$dx\,dx_1 + dy\,dy_1 + dz\,dz_1 = 0,$$

en tous les points de cette ligne et seulement en ces points. Cette relation étant identique à l'équation (15) et se trouvant vérifiée pour chaque point de la surface moyenne, il en résulte la propriété annoncée. On peut donc énoncer la proposition suivante, qui est due à Ribaucour [1] :

Pour obtenir la surface la plus générale correspondant par orthogonalité des éléments à la sphère, il suffit de prendre la surface moyenne de la congruence isotrope la plus générale.

On a vu [I, p. 420] que l'enveloppée moyenne d'une telle congruence est une surface minima.

En rapprochant du reste les différents raisonnements que nous venons de faire on voit que, *seules, les congruences isotropes jouissent de la propriété d'avoir les lignes de striction des différentes surfaces réglées que l'on peut former avec les*

---

(1) A. Ribaucour, *Étude des Elassoïdes ou surfaces à courbure moyenne nulle,* Chapitre VIII (Mémoire déjà cité [I, p. 419]).

droites qui les composent, toutes distribuées sur une même surface (¹).

864. Revenons à la relation (15) et appliquons un théorème donné plus haut. Si, k désignant une constante, nous considérons les deux surfaces lieux des points (x_1+kx, y_1+ky, z_1+kz) et (x_1-kx, y_1-ky, z_1-kz), c'est-à-dire les surfaces obtenues en portant, dans les deux sens à partir de M_1, sur les droites de la congruence isotrope, des longueurs égales à k, on aura deux surfaces applicables l'une sur l'autre de telle manière que les points correspondants soient à une distance invariable l'un de l'autre. Réciproquement, si les *extrémités d'un segment* PP_1 *de longueur constante, dont la direction dépend de deux paramètres, décrivent deux surfaces applicables l'une sur l'autre, la droite* PP_1 *engendre une congruence isotrope* (²).

(¹) C'est d'ailleurs ce que l'on peut établir directement comme il suit : Prenons une droite de la congruence pour axe des z et soient

$$y = m'x, \qquad y = m''x$$

les équations des plans focaux, z', z'' les z des points focaux.

Pour déterminer le point central relatif à l'une des surfaces élémentaires contenant la droite, il faut lui adjoindre le point à l'infini, les points focaux et exprimer que le rapport anharmonique des quatre points de contact est égal à celui des plans tangents correspondants, ce qui donne

$$\frac{z-z'}{z-z''} = \frac{m-m'}{m-m''} : \frac{-\frac{1}{m}-m'}{-\frac{1}{m}-m''},$$

m étant le coefficient angulaire du plan central. Pour que z soit invariable, il faut que la fraction rationnelle

$$\frac{(m-m')(1+mm'')}{(m-m'')(1+mm')}$$

soit indépendante de m, ce qui donne, en écartant l'hypothèse inadmissible $m'=m''$,

$$1+m'^2=0, \qquad 1+m''^2=0.$$

Les plans focaux sont donc nécessairement isotropes.

(²) A. Ribaucour, Mémoire cité (Chapitre VIII). Le cas où la direction du segment PP_1 ne dépend que d'un seul paramètre a été traité par M. Caronnet dans un article *Sur les couples de surfaces applicables* inséré en 1893 au tome XXI du *Bulletin de la Société mathématique de France*.

Car la surface décrite par le milieu de PP_1 et la sphère obtenue en menant par un point fixe des parallèles à PP_1 se correspondent avec orthogonalité des éléments linéaires.

865. Il nous reste à indiquer comment on détermine la surface moyenne d'une congruence isotrope.

Soient

$$(1-u^2)x + i(1+u^2)y + 2uz + 4f(u) = 0, \tag{17}$$

$$(1-u_1^2)x - i(1+u_1^2)y + 2u_1z + 4f_1(u_1) = 0 \tag{18}$$

les équations de deux plans tangents à deux développables isotropes [I, p. 341]. Leur ensemble représente une tangente double de ces deux développables, c'est-à-dire la droite la plus générale de la congruence isotrope définie par ces développables. Il suffit de joindre à ces deux équations celle du *plan moyen*, c'est-à-dire du plan tangent à la surface minima correspondante [I, p. 296, 297],

$$(u+u_1)x + i(u_1-u)y + (uu_1-1)z + \xi = 0, \tag{19}$$

où l'on a

$$\xi = 2u_1 f(u) + 2u f_1(u_1) - (1+uu_1)[f'(u) + f_1'(u_1)],$$

puis de résoudre les trois équations précédentes, ce qui donne

$$\tag{20} \left\{ \begin{aligned} x_1 &= \frac{u+u_1}{1+uu_1}(f'+f_1') - 2\frac{f+f_1}{1+uu_1}, \\ y_1 &= i\frac{u_1-u}{1+uu_1}(f'+f_1') - 2i\frac{f_1-f}{1+uu_1}, \\ z_1 &= \frac{uu_1-1}{1+uu_1}(f'+f_1') - 2\frac{uf_1+u_1f}{1+uu_1}. \end{aligned} \right.$$

Telles sont les expressions des coordonnées d'un point de la surface cherchée. Celles du point correspondant de la sphère sont

$$x = \frac{u+u_1}{1+uu_1}, \qquad y = i\frac{u_1-u}{1+uu_1}, \qquad z = \frac{uu_1-1}{1+uu_1}, \tag{21}$$

et il est très aisé de vérifier avec ces formules la relation identique (15).

866. Nous terminerons en montrant comment on peut, dans le cas général, transformer l'équation aux dérivées partielles à laquelle satisfait z_1 considérée comme fonction de x et de y.

Remarquons d'abord que les caractéristiques de cette équation sont les lignes asymptotiques de (S); car leur équation différentielle est [I, p. 133]

$$r\,dx^2 + 2s\,dx\,dy + t\,dy^2 = 0.$$

Si donc on prend pour variables indépendantes les paramètres α et β de ces lignes asymptotiques, elle prendra la forme

$$\frac{\partial^2 z_1}{\partial\alpha\,\partial\beta} + A\frac{\partial z_1}{\partial\alpha} + B\frac{\partial z_1}{\partial\beta} = 0.$$

A et B se déterminent sans calcul par la remarque suivante : comme l'équation (11), la précédente doit admettre les solutions particulières $z_1 = x$, $z_1 = y$.

On pourra donc l'écrire sous la forme

$$(22)\qquad \begin{vmatrix} \dfrac{\partial^2 z_1}{\partial\alpha\,\partial\beta} & \dfrac{\partial z_1}{\partial\alpha} & \dfrac{\partial z_1}{\partial\beta} \\ \dfrac{\partial^2 x}{\partial\alpha\,\partial\beta} & \dfrac{\partial x}{\partial\alpha} & \dfrac{\partial x}{\partial\beta} \\ \dfrac{\partial^2 y}{\partial\alpha\,\partial\beta} & \dfrac{\partial y}{\partial\alpha} & \dfrac{\partial y}{\partial\beta} \end{vmatrix} = 0.$$

C'est l'équation ponctuelle relative au réseau plan (nécessairement conjugué comme tous les réseaux plans) formé par la projection sur le plan des xy des lignes asymptotiques de la surface (S).

On verra plus loin que cette équation ponctuelle a ses invariants égaux.

CHAPITRE II.

DÉFORMATION INFINIMENT PETITE.

DEUXIÈME SOLUTION : LES FORMULES DE M. LELIEUVRE.

Introduction directe des lignes asymptotiques. — Réduction du problème à l'intégration d'une équation aux dérivées partielles à invariants égaux; ce qui montre qu'on pourra obtenir une suite illimitée de surfaces dont on connaîtra les lignes asymptotiques et pour lesquelles on saura résoudre le problème de la déformation infiniment petite. — Formules de M. Lelieuvre. — Leur démonstration directe. — Comment on peut en déduire, par une méthode rapide, la solution du problème de la déformation infiniment petite. — Applications de ces formules. — Propriété de la représentation sphérique des lignes asymptotiques qui montre que cette représentation sphérique ne saurait être choisie arbitrairement. — Théorème de M. Kœnigs : les perspectives des lignes asymptotiques sur un plan quelconque déterminent un réseau plan (nécessairement conjugué comme tous les réseaux plans) à invariants *ponctuels* égaux. — Interprétation géométrique de l'égalité des invariants pour l'équation linéaire ponctuelle ou tangentielle relative à un réseau conjugué tracé sur une surface quelconque. — Élément linéaire d'une surface rapportée à ses lignes asymptotiques. — Démonstration nouvelle du théorème d'Enneper relatif à la torsion des lignes asymptotiques. — Application aux surfaces à courbure constante. — Quand on sait résoudre le problème de la déformation infiniment petite pour une telle surface, on sait le faire aussi pour toutes celles qui en dérivent par la transformation de M. Bianchi. — Formules analogues à celles de M. Lelieuvre quand les variables ont été choisies d'une manière quelconque. — La solution générale du problème de la déformation infiniment petite écrite avec des variables quelconques.

---

867. La seconde méthode que nous allons exposer, pour résoudre le problème de la déformation infiniment petite, c'est-à-dire pour trouver les fonctions les plus générales, x_1, y_1, z_1, qui vérifient l'équation aux différentielles totales

$$dx\,dx_1 + dy\,dy_1 + dz\,dz_1 = 0, \tag{1}$$

repose sur l'emploi presque immédiat du système de coordonnées formé avec les deux familles de lignes asymptotiques. Conservant les notations habituelles relatives à la surface donnée (S) lieu du point (x, y, z), désignons par p, q, r, s, t les dérivées premières et secondes de z considérée comme fonction de x, y et remplaçons dz par sa valeur $p\,dx + q\,dy$. L'équation (1) deviendra

$$dx(dx_1 + p\,dz_1) + dy(dy_1 + q\,dz_1) = 0.$$

On peut donc poser

$$dx_1 + p\,dz_1 = r_1\,dy, \qquad dy_1 + q\,dz_1 = -r_1\,dx,$$

r_1 désignant une inconnue auxiliaire. L'équation (1) est donc remplacée par le groupe des trois suivantes

$$(2) \qquad \begin{cases} dz = \quad p\,dx + q\,dy, \\ dx_1 = \quad r_1\,dy - p\,dz_1, \\ dy_1 = -r_1\,dx - q\,dz_1. \end{cases}$$

Pour étudier l'intégration de ce système, nous choisirons comme variables indépendantes les paramètres des lignes asymptotiques de la surface (S). Comme ces lignes sont définies par l'équation différentielle

$$dp\,dx + dq\,dy = 0,$$

on voit que, si l'on désigne leurs paramètres par α et β, l'équation précédente devra contenir le seul terme en $d\alpha\,d\beta$; et l'on aura, par suite,

$$\frac{\partial p}{\partial \alpha}\frac{\partial x}{\partial \alpha} + \frac{\partial q}{\partial \alpha}\frac{\partial y}{\partial \alpha} = 0, \qquad \frac{\partial p}{\partial \beta}\frac{\partial x}{\partial \beta} + \frac{\partial q}{\partial \beta}\frac{\partial y}{\partial \beta} = 0.$$

On peut donc poser, en introduisant deux inconnues auxiliaires λ et μ,

$$(3) \qquad \begin{cases} \dfrac{\partial x}{\partial \alpha} = \quad \lambda \dfrac{\partial q}{\partial \alpha}, & \dfrac{\partial x}{\partial \beta} = \quad \mu \dfrac{\partial q}{\partial \beta}, \\[2ex] \dfrac{\partial y}{\partial \alpha} = -\lambda \dfrac{\partial p}{\partial \alpha}, & \dfrac{\partial y}{\partial \beta} = -\mu \dfrac{\partial p}{\partial \beta}. \end{cases}$$

Mais, comme on a

$$dz = p\,dx + q\,dy = \left(p\frac{\partial x}{\partial \alpha} + q\frac{\partial y}{\partial \alpha}\right)d\alpha + \left(p\frac{\partial x}{\partial \beta} + q\frac{\partial y}{\partial \beta}\right)d\beta$$

il vient, en écrivant la condition d'intégrabilité,

$$\frac{\partial}{\partial \beta}\left(p\frac{\partial x}{\partial \alpha} + q\frac{\partial y}{\partial \alpha}\right) = \frac{\partial}{\partial \alpha}\left(p\frac{\partial x}{\partial \beta} + q\frac{\partial y}{\partial \beta}\right),$$

et en développant,

$$\frac{\partial p}{\partial \beta}\frac{\partial x}{\partial \alpha} - \frac{\partial p}{\partial \alpha}\frac{\partial x}{\partial \beta} + \frac{\partial q}{\partial \beta}\frac{\partial y}{\partial \alpha} - \frac{\partial q}{\partial \alpha}\frac{\partial y}{\partial \beta} = 0. \tag{4}$$

Remplaçons, dans cette relation, les dérivées de x et de y par leurs valeurs déduites des équations (3); nous trouverons

$$\left(\frac{\partial p}{\partial \alpha}\frac{\partial q}{\partial \beta} - \frac{\partial p}{\partial \beta}\frac{\partial q}{\partial \alpha}\right)(\lambda + \mu) = 0.$$

Donc, comme on a implicitement écarté l'hypothèse où (S) serait développable, il vient

$$\mu = -\lambda,$$

et les formules (3) peuvent être remplacées par les suivantes

$$(5)\qquad \begin{cases} \dfrac{\partial x}{\partial \alpha} = \lambda\dfrac{\partial q}{\partial \alpha}, & \dfrac{\partial x}{\partial \beta} = -\lambda\dfrac{\partial q}{\partial \beta}, \\[2ex] \dfrac{\partial y}{\partial \alpha} = -\lambda\dfrac{\partial p}{\partial \alpha}, & \dfrac{\partial y}{\partial \beta} = \lambda\dfrac{\partial p}{\partial \beta}, \end{cases}$$

qui jouent un rôle fondamental dans la théorie des lignes asymptotiques.

Réciproquement, toutes les fois que les équations (5) seront vérifiées, il en sera de même de la condition d'intégrabilité (4), l'expression $p\,dx + q\,dy$ sera une différentielle exacte dz; et la surface (S) lieu du point (x, y, z) admettra α et β pour paramètres de ses lignes asymptotiques; car, en vertu des équations (5), on aura identiquement

$$dp\,dx + dq\,dy = -2\lambda\left(\frac{\partial p}{\partial \alpha}\frac{\partial q}{\partial \beta} - \frac{\partial p}{\partial \beta}\frac{\partial q}{\partial \alpha}\right)d\alpha\,d\beta.$$

On vérifiera d'ailleurs aisément que, si r, s, t désignent, comme nous l'avons supposé, les dérivées secondes de z considérée comme fonction de x, y, on a

$$\lambda^2 = \frac{1}{s^2 - rt};$$

car les premières équations (5) peuvent s'écrire

$$(1 - \lambda s)\frac{\partial x}{\partial \alpha} - \lambda t\frac{\partial y}{\partial \alpha} = 0, \qquad (1 + \lambda s)\frac{\partial y}{\partial \alpha} + \lambda r\frac{\partial x}{\partial \alpha} = 0,$$

et donnent, par l'élimination du quotient des dérivées $\frac{\partial x}{\partial \alpha}$, $\frac{\partial y}{\partial \alpha}$, la relation

$$1 = \lambda^2(s^2 - rt). \tag{6}$$

888. Ces formules relatives aux lignes asymptotiques étant établies, revenons au problème proposé et supposons qu'on ait pris pour variables indépendantes les paramètres α et β. On aura le système (5) et il restera à intégrer les deux équations

$$dy_1 = -r_1\,dx - q\,dz_1 = -\left(r_1\frac{\partial x}{\partial \alpha} + q\frac{\partial z_1}{\partial \alpha}\right)d\alpha - \left(r_1\frac{\partial x}{\partial \beta} + q\frac{\partial z_1}{\partial \beta}\right)d\beta,$$

$$dx_1 = \quad r_1\,dy - p\,dz_1 = \quad \left(r_1\frac{\partial y}{\partial \alpha} - p\frac{\partial z_1}{\partial \alpha}\right)d\alpha + \left(r_1\frac{\partial y}{\partial \beta} - p\frac{\partial z_1}{\partial \beta}\right)d\beta.$$

En écrivant les conditions d'intégrabilité, on obtient les deux conditions

$$(7)\quad \left\{\begin{aligned} &\frac{\partial r_1}{\partial \alpha}\frac{\partial x}{\partial \beta} + \frac{\partial q}{\partial \alpha}\frac{\partial z_1}{\partial \beta} - \frac{\partial r_1}{\partial \beta}\frac{\partial x}{\partial \alpha} - \frac{\partial q}{\partial \beta}\frac{\partial z_1}{\partial \alpha} = 0,\\ &\frac{\partial r_1}{\partial \alpha}\frac{\partial y}{\partial \beta} - \frac{\partial p}{\partial \alpha}\frac{\partial z_1}{\partial \beta} - \frac{\partial r_1}{\partial \beta}\frac{\partial y}{\partial \alpha} + \frac{\partial p}{\partial \beta}\frac{\partial z_1}{\partial \alpha} = 0, \end{aligned}\right.$$

qui sont à la fois nécessaires et suffisantes et qui feront connaître r_1 et z_1.

Si l'on y remplace les dérivées de x et de y par leurs valeurs tirées des équations (5), on a

$$\frac{\partial q}{\partial \alpha}\left(\frac{\partial z_1}{\partial \beta} - \lambda\frac{\partial r_1}{\partial \beta}\right) - \frac{\partial q}{\partial \beta}\left(\frac{\partial z_1}{\partial \alpha} + \lambda\frac{\partial r_1}{\partial \alpha}\right) = 0,$$

$$\frac{\partial p}{\partial \alpha}\left(\frac{\partial z_1}{\partial \beta} - \lambda\frac{\partial r_1}{\partial \beta}\right) - \frac{\partial p}{\partial \beta}\left(\frac{\partial z_1}{\partial \alpha} + \lambda\frac{\partial r_1}{\partial \alpha}\right) = 0,$$

ou, plus simplement,

$$(8)\quad \left\{\begin{aligned} \frac{\partial z_1}{\partial \alpha} &= -\lambda\frac{\partial r_1}{\partial \alpha},\\ \frac{\partial z_1}{\partial \beta} &= \quad\lambda\frac{\partial r_1}{\partial \beta}. \end{aligned}\right.$$

Ainsi, *tout se ramène à l'intégration générale de ce système*, intégration qui fera connaître z_1 et r_1; après quoi x_1 et y_1 se déduiront des formules (2) par de simples quadratures. Telle est la marche générale et très simple de la solution.

869. Considérons d'une manière générale le système

$$(A)\qquad \begin{cases} \dfrac{\partial u}{\partial \alpha} = -\lambda \dfrac{\partial v}{\partial \alpha}, \\ \dfrac{\partial u}{\partial \beta} = \lambda \dfrac{\partial v}{\partial \beta}, \end{cases}$$

où u et v désignent deux fonctions inconnues et où λ est cette fonction de α et β qui figure dans les équations (5) et (8). Ces différentes équations expriment purement et simplement que ce système (A) est vérifié, si l'on y remplace u et v soit par x et $-q$, soit par y et p, soit enfin par z_1 et r_1. On voit donc que, *dès que l'on connaîtra des formes de la fonction* λ *permettant l'intégration complète du système* (A), *il en résultera pour nous la connaissance d'une infinité de surfaces* (S) *dont on pourra déterminer les lignes asymptotiques et pour lesquelles on saura résoudre le problème de la déformation infiniment petite. Ces surfaces* (S) *seront déterminées en prenant pour* y *et* p *d'une part, pour* x *et* $-q$ *d'autre part, deux systèmes quelconques de solutions.* D'autre part, pour qu'on sache résoudre ce problème pour une surface donnée (S), il faut pouvoir intégrer le système (A) correspondant. Tout se ramène donc en dernière analyse à l'étude et à l'intégration de tels systèmes.

Or nous les avons déjà considérés [II, p. 147] et nous avons déjà signalé les rapports étroits qu'ils présentent avec les équations à invariants égaux. En conservant la notation adoptée au n° 390, nous savons que l'élimination de u nous conduira à l'équation

$$(9)\qquad \mathfrak{F}(v\sqrt{\lambda}) = \mathfrak{F}(\sqrt{\lambda}),$$

et celle de v à la suivante

$$(10)\qquad \mathfrak{F}\left(\frac{u}{\sqrt{\lambda}}\right) = \mathfrak{F}\left(\frac{1}{\sqrt{\lambda}}\right),$$

où $\mathfrak{F}(z)$ désigne le symbole $\frac{1}{z}\frac{\partial^2 z}{\partial \alpha\, \partial \beta}$.

D'après cela, si l'on pose

$$\mathfrak{F}(\sqrt{\lambda}) = k,$$

l'équation

$$(11) \qquad \mathfrak{F}(z) = k = \mathfrak{F}(\sqrt{\lambda})$$

doit admettre les solutions particulières

$$\sqrt{\lambda}, \quad p\sqrt{\lambda}, \quad q\sqrt{\lambda} \quad \text{et} \quad r_1\sqrt{\lambda},$$

que l'on obtient en remplaçant, dans l'équation (9), v par les différentes valeurs qu'il peut recevoir. Les trois premières solutions seront connues dès que l'on connaîtra la surface (S). Désignons-les par θ_1, θ_2, θ_3, ou, plus exactement, posons

$$(12) \qquad \sqrt{\lambda} = \theta_3, \qquad p\sqrt{\lambda} = -\theta_1, \qquad q\sqrt{\lambda} = -\theta_2.$$

Comme r_1 est une fonction inconnue, nous poserons

$$r_1\sqrt{\lambda} = -\omega,$$

ω étant la solution générale de l'équation (11). Remontant de proche en proche, les formules (5) nous donneront d'abord

$$\frac{\partial y}{\partial \alpha} = \theta_3^2 \frac{\partial}{\partial \alpha}\left(\frac{\theta_1}{\theta_3}\right) = \theta_3 \frac{\partial \theta_1}{\partial \alpha} - \theta_1 \frac{\partial \theta_3}{\partial \alpha},$$

$$\frac{\partial y}{\partial \beta} = -\theta_3^2 \frac{\partial}{\partial \beta}\left(\frac{\theta_1}{\theta_3}\right) = -\theta_3 \frac{\partial \theta_1}{\partial \beta} + \theta_1 \frac{\partial \theta_3}{\partial \beta},$$

et de même

$$\frac{\partial x}{\partial \alpha} = \theta_2 \frac{\partial \theta_3}{\partial \alpha} - \theta_3 \frac{\partial \theta_2}{\partial \alpha}, \qquad \frac{\partial x}{\partial \beta} = -\theta_2 \frac{\partial \theta_3}{\partial \beta} + \theta_3 \frac{\partial \theta_2}{\partial \beta},$$

et de là on déduira dz par la formule

$$dz = p\,dx + q\,dy,$$

de sorte que, tout calcul fait, on aura les coordonnées x, y, z par les formules

$$(B) \qquad \begin{cases} x = \displaystyle\int \left(\theta_2 \frac{\partial \theta_3}{\partial \alpha} - \theta_3 \frac{\partial \theta_2}{\partial \alpha}\right) d\alpha - \left(\theta_2 \frac{\partial \theta_3}{\partial \beta} - \theta_3 \frac{\partial \theta_2}{\partial \beta}\right) d\beta, \\ y = \displaystyle\int \left(\theta_3 \frac{\partial \theta_1}{\partial \alpha} - \theta_1 \frac{\partial \theta_3}{\partial \alpha}\right) d\alpha - \left(\theta_3 \frac{\partial \theta_1}{\partial \beta} - \theta_1 \frac{\partial \theta_3}{\partial \beta}\right) d\beta, \\ z = \displaystyle\int \left(\theta_1 \frac{\partial \theta_2}{\partial \alpha} - \theta_2 \frac{\partial \theta_1}{\partial \alpha}\right) d\alpha - \left(\theta_1 \frac{\partial \theta_2}{\partial \beta} - \theta_2 \frac{\partial \theta_1}{\partial \beta}\right) d\beta; \end{cases}$$

et la surface correspondante (S_1) sera définie par les formules

$$
(\mathrm{C})\quad
\left\{
\begin{aligned}
x_1 &= \int\left(\theta_1\frac{\partial\omega}{\partial\alpha} - \omega\frac{\partial\theta_1}{\partial\alpha}\right)d\alpha - \left(\theta_1\frac{\partial\omega}{\partial\beta} - \omega\frac{\partial\theta_1}{\partial\beta}\right)d\beta,\\
y_1 &= \int\left(\theta_2\frac{\partial\omega}{\partial\alpha} - \omega\frac{\partial\theta_2}{\partial\alpha}\right)d\alpha - \left(\theta_2\frac{\partial\omega}{\partial\beta} - \omega\frac{\partial\theta_2}{\partial\beta}\right)d\beta,\\
z_1 &= \int\left(\theta_3\frac{\partial\omega}{\partial\alpha} - \omega\frac{\partial\theta_3}{\partial\alpha}\right)d\alpha - \left(\theta_3\frac{\partial\omega}{\partial\beta} - \omega\frac{\partial\theta_3}{\partial\beta}\right)d\beta;
\end{aligned}
\right.
$$

θ_1, θ_2, θ_3 étant trois solutions particulières, et ω la solution générale, d'une équation de la forme suivante [1]

$$
(\mathrm{D})\qquad \frac{\partial^2\theta}{\partial\alpha\,\partial\beta} = k\theta.
$$

870. Un jeune géomètre, M. Lelieuvre, a été conduit par ses recherches personnelles aux élégantes formules (B) qui définissent une surface rapportée à ses lignes asymptotiques [2]. Voici comment on peut les démontrer par une méthode simple et directe.

Désignons par c, c', c'' les cosinus directeurs de la normale à la surface (S). On aura

$$
(13)\qquad \mathbf{S}\,c\frac{\partial x}{\partial\alpha} = 0, \qquad \mathbf{S}\,c\frac{\partial x}{\partial\beta} = 0;
$$

et de là on déduit, en différentiant la première équation par rapport à β, la seconde par rapport à α, et retranchant,

$$
(14)\qquad \mathbf{S}\left(\frac{\partial c}{\partial\beta}\frac{\partial x}{\partial\alpha} - \frac{\partial c}{\partial\alpha}\frac{\partial x}{\partial\beta}\right) = 0.
$$

Comme l'équation différentielle des lignes asymptotiques est

$$
\mathbf{S}\,dc\,dx = 0,
$$

on obtient, en égalant à zéro les coefficients de $d\alpha^2$, $d\beta^2$ dans

---

(1) Dans la Note déjà citée de 1870, M. Moutard n'a pas publié sa méthode, mais il annonce que la difficulté du problème se ramène à l'intégration d'une équation de la forme (D).

(2) LELIEUVRE, *Sur les lignes asymptotiques et leur représentation sphérique* (*Bulletin des Sciences mathématiques*, 1888, p. 126).

cette équation, les deux relations

$$(15) \qquad \mathrm{S}\frac{\partial c}{\partial \alpha}\frac{\partial x}{\partial \alpha} = 0, \qquad \mathrm{S}\frac{\partial c}{\partial \beta}\frac{\partial x}{\partial \beta} = 0.$$

Les équations (13) et (15) peuvent être remplacées par les suivantes

$$(16) \qquad \left\{ \begin{aligned} \frac{\partial x}{\partial \alpha} &= \lambda\left(c'\frac{\partial c''}{\partial \alpha} - c''\frac{\partial c'}{\partial \alpha}\right), & \frac{\partial x}{\partial \beta} &= \mu\left(c'\frac{\partial c''}{\partial \beta} - c''\frac{\partial c'}{\partial \beta}\right), \\ \frac{\partial y}{\partial \alpha} &= \lambda\left(c''\frac{\partial c}{\partial \alpha} - c\frac{\partial c''}{\partial \alpha}\right), & \frac{\partial y}{\partial \beta} &= \mu\left(c''\frac{\partial c}{\partial \beta} - c\frac{\partial c''}{\partial \beta}\right), \\ \frac{\partial z}{\partial \alpha} &= \lambda\left(c\frac{\partial c'}{\partial \alpha} - c'\frac{\partial c}{\partial \alpha}\right), & \frac{\partial z}{\partial \beta} &= \mu\left(c\frac{\partial c'}{\partial \beta} - c'\frac{\partial c}{\partial \beta}\right), \end{aligned} \right.$$

où λ et μ désignent deux fonctions auxiliaires. Si l'on substitue les valeurs ainsi obtenues des dérivées de x, y, z dans la condition d'intégrabilité (14) il vient

$$(\lambda + \mu)\sum \pm c\frac{\partial c'}{\partial \alpha}\frac{\partial c''}{\partial \beta} = 0.$$

Le déterminant n'étant pas nul (¹), on doit faire $\mu = -\lambda$. Portant cette valeur de μ dans les formules (16) et posant

$$(17) \qquad c\sqrt{\lambda} = \theta_1, \qquad c'\sqrt{\lambda} = \theta_2, \qquad c''\sqrt{\lambda} = \theta_3,$$

on obtient les formules définitives

$$(18) \qquad \left\{ \begin{aligned} dx &= \left(\theta_2\frac{\partial \theta_3}{\partial \alpha} - \theta_3\frac{\partial \theta_2}{\partial \alpha}\right)d\alpha - \left(\theta_2\frac{\partial \theta_3}{\partial \beta} - \theta_3\frac{\partial \theta_2}{\partial \beta}\right)d\beta, \\ dy &= \left(\theta_3\frac{\partial \theta_1}{\partial \alpha} - \theta_1\frac{\partial \theta_3}{\partial \alpha}\right)d\alpha - \left(\theta_3\frac{\partial \theta_1}{\partial \beta} - \theta_1\frac{\partial \theta_3}{\partial \beta}\right)d\beta, \\ dz &= \left(\theta_1\frac{\partial \theta_2}{\partial \alpha} - \theta_2\frac{\partial \theta_1}{\partial \alpha}\right)d\alpha - \left(\theta_1\frac{\partial \theta_2}{\partial \beta} - \theta_2\frac{\partial \theta_1}{\partial \beta}\right)d\beta. \end{aligned} \right.$$

Si l'on exprime enfin que dx, dy, dz sont des différentielles

(¹) Si le déterminant était nul, on aurait

$$\frac{c'}{c} = f\left(\frac{c''}{c}\right);$$

la surface serait développable. Or ce résultat est inconciliable avec l'hypothèse que les paramètres α et β des lignes asymptotiques sont des variables distinctes.

exactes, on est conduit seulement à deux relations

$$\frac{1}{\theta_3}\frac{\partial^2\theta_3}{\partial\alpha\,\partial\beta} = \frac{1}{\theta_2}\frac{\partial^2\theta_2}{\partial\alpha\,\partial\beta} = \frac{1}{\theta_1}\frac{\partial^2\theta_1}{\partial\alpha\,\partial\beta},$$

qui nous montrent que θ_1, θ_2, θ_3 sont des solutions particulières d'une équation de la forme

$$\frac{\partial^2\theta}{\partial\alpha\,\partial\beta} = k\theta, \tag{19}$$

et complètent la démonstration des formules (B).

871. Si l'on prend ces formules comme point de départ, la solution du problème proposé s'obtient d'une manière nette et rapide. Reprenons en effet l'équation à vérifier

$$dx\,dx_1 + dy\,dy_1 + dz\,dz_1 = 0,$$

et remplaçons-y dx, dy, dz par leurs valeurs tirées des formules (B). En égalant à zéro les coefficients de $d\alpha^2$, $d\alpha\,d\beta$, $d\beta^2$, nous aurons les trois équations

$$\begin{vmatrix} \theta_1 & \theta_2 & \theta_3 \\ \frac{\partial\theta_1}{\partial\alpha} & \frac{\partial\theta_2}{\partial\alpha} & \frac{\partial\theta_3}{\partial\alpha} \\ \frac{\partial x_1}{\partial\alpha} & \frac{\partial y_1}{\partial\alpha} & \frac{\partial z_1}{\partial\alpha} \end{vmatrix} = 0, \qquad \begin{vmatrix} \theta_1 & \theta_2 & \theta_3 \\ \frac{\partial\theta_1}{\partial\beta} & \frac{\partial\theta_2}{\partial\beta} & \frac{\partial\theta_3}{\partial\beta} \\ \frac{\partial x_1}{\partial\beta} & \frac{\partial y_1}{\partial\beta} & \frac{\partial z_1}{\partial\beta} \end{vmatrix} = 0,$$

$$\begin{vmatrix} \theta_1 & \theta_2 & \theta_3 \\ \frac{\partial\theta_1}{\partial\alpha} & \frac{\partial\theta_2}{\partial\alpha} & \frac{\partial\theta_3}{\partial\alpha} \\ \frac{\partial x_1}{\partial\beta} & \frac{\partial y_1}{\partial\beta} & \frac{\partial z_1}{\partial\beta} \end{vmatrix} - \begin{vmatrix} \theta_1 & \theta_2 & \theta_3 \\ \frac{\partial\theta_1}{\partial\beta} & \frac{\partial\theta_2}{\partial\beta} & \frac{\partial\theta_3}{\partial\beta} \\ \frac{\partial x_1}{\partial\alpha} & \frac{\partial y_1}{\partial\alpha} & \frac{\partial z_1}{\partial\alpha} \end{vmatrix} = 0.$$

Les deux premières nous permettent de poser

$$\left\{\begin{aligned} \frac{\partial x_1}{\partial\alpha} &= A\theta_1 + B\frac{\partial\theta_1}{\partial\alpha}, & \frac{\partial x_1}{\partial\beta} &= A'\theta_1 + B'\frac{\partial\theta_1}{\partial\beta}, \\ \frac{\partial y_1}{\partial\alpha} &= A\theta_2 + B\frac{\partial\theta_2}{\partial\alpha}, & \frac{\partial y_1}{\partial\beta} &= A'\theta_2 + B'\frac{\partial\theta_2}{\partial\beta}, \\ \frac{\partial z_1}{\partial\alpha} &= A\theta_3 + B\frac{\partial\theta_3}{\partial\alpha}, & \frac{\partial z_1}{\partial\beta} &= A'\theta_3 + B'\frac{\partial\theta_3}{\partial\beta}, \end{aligned}\right. \tag{20}$$

A, B, A′, B′ étant des fonctions auxiliaires, et la troisième conduit à la relation

$$B + B' = 0.$$

On peut donc poser, en changeant la notation,

$$B = - B' = - \omega.$$

Écrivons maintenant les conditions d'intégrabilité pour x_1, y_1, z_1 : nous aurons, par exemple,

$$\frac{\partial}{\partial\beta}\left(A\theta_1 - \omega\frac{\partial\theta_1}{\partial\alpha}\right) = \frac{\partial}{\partial\alpha}\left(A'\theta_1 + \omega\frac{\partial\theta_1}{\partial\beta}\right),$$

ou, en développant et remplaçant $\frac{\partial^2\theta_1}{\partial\alpha\,\partial\beta}$ par sa valeur déduite de l'équation (19),

$$\left(\frac{\partial A}{\partial\beta} - \frac{\partial A'}{\partial\alpha} - 2k\omega\right)\theta_1 - \frac{\partial\theta_1}{\partial\alpha}\left(\frac{\partial\omega}{\partial\beta} + A'\right) + \frac{\partial\theta_1}{\partial\beta}\left(A - \frac{\partial\omega}{\partial\alpha}\right) = 0.$$

Comme l'équation doit subsister quand on y remplace θ_1 par θ_2 et θ_3, il faut qu'elle ait lieu identiquement; ce qui donne

$$A = \frac{\partial\omega}{\partial\alpha}, \qquad A' = -\frac{\partial\omega}{\partial\beta},$$

$$\frac{\partial A}{\partial\beta} - \frac{\partial A'}{\partial\beta} - 2k\omega = 0,$$

ou encore

$$(21) \qquad \frac{\partial^2\omega}{\partial\alpha\,\partial\beta} = k\omega.$$

Remplaçant A, A', B, B' par leurs valeurs dans les formules (20), on retrouve bien les formules (C) de notre première solution.

872. Cette solution écarte, nous l'avons déjà remarqué, le cas où la surface (S) serait développable; mais, comme on sait résoudre le problème de la déformation finie pour toute surface développable, on saura, par cela même, résoudre aussi celui de la déformation infiniment petite.

Pour le plan, par exemple, qu'on peut supposer représenté par l'équation

$$z = 0,$$

on aura

$$x_1 = -hy + a, \qquad y_1 = hx + b,$$

h, a, b étant des constantes et z_1 pourra être choisi arbitrairement. Nous reviendrons plus loin sur ce cas particulier.

873. Revenons aux formules (B) où θ_1, θ_2, θ_3 sont liés aux cosinus directeurs c, c', c'' de la normale par les relations (17), d'où l'on déduit immédiatement

$$\lambda = \theta_1^2 + \theta_2^2 + \theta_3^2. \tag{22}$$

En substituant c, c', c'' à θ_1, θ_2, θ_3 on peut encore écrire les équations (B) sous la forme

$$(\text{B}')\quad \left\{\begin{aligned} dx &= \lambda\left(c'\frac{\partial c''}{\partial\alpha} - c''\frac{\partial c'}{\partial\alpha}\right)d\alpha - \lambda\left(c'\frac{\partial c''}{\partial\beta} - c''\frac{\partial c'}{\partial\beta}\right)d\beta,\\ dy &= \lambda\left(c''\frac{\partial c}{\partial\alpha} - c\frac{\partial c''}{\partial\alpha}\right)d\alpha - \lambda\left(c''\frac{\partial c}{\partial\beta} - c\frac{\partial c''}{\partial\beta}\right)d\beta,\\ dz &= \lambda\left(c\frac{\partial c'}{\partial\alpha} - c'\frac{\partial c}{\partial\alpha}\right)d\alpha - \lambda\left(c\frac{\partial c'}{\partial\beta} - c'\frac{\partial c}{\partial\beta}\right)d\beta,\end{aligned}\right.$$

qui, d'ailleurs, se déduit immédiatement des formules (16) où l'on remplacera μ par $-\lambda$. La comparaison des formules précédentes avec celles que nous avons données d'après Gauss au Livre VII, Chapitre III [III, p. 242 et suiv.], permet de faire une étude approfondie de la surface rapportée à ses lignes asymptotiques.

Si l'on pose

$$\mathbf{S}\left(\frac{\partial c}{\partial\alpha}\right)^2 = e,\qquad \mathbf{S}\frac{\partial c}{\partial\alpha}\frac{\partial c}{\partial\beta} = f,\qquad \mathbf{S}\left(\frac{\partial c}{\partial\beta}\right)^2 = g, \tag{23}$$

on verra aisément que l'on a

$$\mathbf{S}\left(\frac{\partial x}{\partial\alpha}\right)^2 = \lambda^2 e,\qquad \mathbf{S}\frac{\partial x}{\partial\alpha}\frac{\partial x}{\partial\beta} = -\lambda^2 f.\qquad \mathbf{S}\left(\frac{\partial x}{\partial\beta}\right)^2 = \lambda^2 g, \tag{23'}$$

et l'on pourra appliquer toutes les formules du Livre VII, Chapitre III, en y remplaçant u et v par α et β, puis faisant les substitutions suivantes

$$\text{H} = -\lambda^2\Delta,\qquad \text{D} = 0,\qquad \text{D}' = \lambda^3\Delta^2,\qquad \text{D}'' = 0; \tag{24}$$

Δ désignant le déterminant

$$\Delta = \sum \pm c\,\frac{\partial c'}{\partial\alpha}\,\frac{\partial c''}{\partial\beta}, \tag{25}$$

dont le carré a pour valeur

$$\Delta^2 = eg - f^2. \tag{25'}$$

On trouvera, par exemple, que l'équation différentielle des lignes de courbure prend ici la forme

$$e\,d\alpha^2 = g\,d\beta^2, \tag{26}$$

et que l'équation aux rayons de courbure principaux devient

$$R^2 - \frac{2f\lambda}{\Delta} R - \lambda^2 = 0, \tag{26'}$$

Et de là résulte la signification géométrique de λ : on a

$$\lambda^2 = -RR', \tag{27}$$

R et R′ désignant les rayons de courbure principaux.

L'élément linéaire $d\sigma$ de la représentation sphérique et celui ds de la surface sont déterminés par les deux formules

$$\left\{\begin{aligned} d\sigma^2 &= e\,d\alpha^2 + g\,d\beta^2 + 2f\,d\alpha\,d\beta, \\ ds^2 &= \lambda^2(e\,d\alpha^2 + g\,d\beta^2 - 2f\,d\alpha\,d\beta), \end{aligned}\right. \tag{28}$$

dont la comparaison met en évidence le théorème d'Enneper [II, p. 399]. Pour chacune des lignes asymptotiques, la torsion $\frac{d\sigma}{ds}$ a la même valeur $\frac{1}{\lambda}$ égale à $\sqrt{\frac{-1}{RR'}}$.

874. Attachons-nous plus particulièrement à la représentation sphérique.

Nous établirons d'abord une relation différentielle entre e, f, g qui montre que *la représentation sphérique des lignes asymptotiques ne peut être choisie arbitrairement*. Écrivons en effet que θ_1, θ_2, θ_3 ou $c\sqrt{\lambda}$, $c'\sqrt{\lambda}$, $c''\sqrt{\lambda}$ sont des solutions particulières de l'équation (D), nous aurons des relations telles que la suivante

$$\frac{\partial^2(c\sqrt{\lambda})}{\partial\alpha\,\partial\beta} = kc\sqrt{\lambda}, \tag{29}$$

ou, en développant,

$$2\lambda\frac{\partial^2 c}{\partial\alpha\,\partial\beta} + \frac{\partial\lambda}{\partial\beta}\frac{\partial c}{\partial\alpha} + \frac{\partial\lambda}{\partial\alpha}\frac{\partial c}{\partial\beta} + 2c\sqrt{\lambda}\left(\frac{\partial^2\sqrt{\lambda}}{\partial\alpha\,\partial\beta} - k\sqrt{\lambda}\right) = 0. \tag{30}$$

Multiplions cette équation par c et ajoutons-la aux équations obtenues en y remplaçant c par c', c'', nous aurons une relation

$$\frac{\partial^2(\sqrt{\lambda})}{\partial\alpha\,\partial\beta} = (k+f)\sqrt{\lambda}, \tag{31}$$

qui fera connaître k en fonction de λ et dont nous ne ferons pas usage pour le moment. Mais, si l'on multiplie l'équation (30) soit par $\frac{\partial c}{\partial\alpha}$, soit par $\frac{\partial c}{\partial\beta}$, et qu'on l'ajoute ensuite aux deux équations semblables obtenues en remplaçant c par c' et c'', il viendra les deux relations

$$\left\{\begin{aligned} \lambda\frac{\partial e}{\partial\beta} + f\frac{\partial\lambda}{\partial\alpha} + e\frac{\partial\lambda}{\partial\beta} = 0,\\ \lambda\frac{\partial g}{\partial\alpha} + f\frac{\partial\lambda}{\partial\beta} + g\frac{\partial\lambda}{\partial\alpha} = 0, \end{aligned}\right. \tag{32}$$

d'où l'on tire

$$\frac{\partial\log\lambda}{\partial\alpha} = \frac{f\frac{\partial e}{\partial\beta} - e\frac{\partial g}{\partial\alpha}}{eg-f^2}, \qquad \frac{\partial\log\lambda}{\partial\beta} = \frac{f\frac{\partial g}{\partial\alpha} - g\frac{\partial e}{\partial\beta}}{eg-f^2}. \tag{33}$$

Il faut donc que l'on ait

$$\frac{\partial}{\partial\beta}\left(\frac{f\frac{\partial e}{\partial\beta} - e\frac{\partial g}{\partial\alpha}}{eg-f^2}\right) = \frac{\partial}{\partial\alpha}\left(\frac{f\frac{\partial g}{\partial\alpha} - g\frac{\partial e}{\partial\beta}}{eg-f^2}\right), \tag{34}$$

et il est évident que cette relation (¹) n'est pas vérifiée quand la représentation sphérique a été choisie arbitrairement. Par exemple si f est nul, c'est-à-dire si les lignes asymptotiques sont supposées rectangulaires, elle prend la forme

$$\frac{\partial^2}{\partial\alpha\,\partial\beta}\left(\log\frac{e}{g}\right) = 0,$$

et montre que le système orthogonal qui sert de représentation sphérique aux lignes asymptotiques doit être isotherme. C'est une propriété connue des surfaces minima [I, p. 303].

(¹) Cette relation différentielle a été donnée pour la première fois par M. Dini dans un Mémoire qui est intitulé : *Sopra alcune formole generali della teoria delle superficie, e loro applicazioni* (*Annali di Matematica*, série II, t. IV; p. 183) et a déjà été cité [III, p. 379].

875. Réciproquement, lorsque la condition (34) est vérifiée, les courbes sphériques de paramètres α et β sont la représentation sphérique des lignes asymptotiques d'une série de surfaces, toutes homothétiques à l'une quelconque d'entre elles. Pour le montrer, nous nous appuierons sur la remarque suivante.

Lorsqu'on connaît un élément linéaire de la sphère de rayon 1 défini par la formule

$$d\sigma^2 = e\,d\alpha^2 + 2f\,d\alpha\,d\beta + g\,d\beta^2,$$

les coordonnées c, c', c'' du point de paramètres α et β satisfont toujours à une équation linéaire de la forme suivante

$$(35)\qquad \frac{\partial^2\zeta}{\partial\alpha\,\partial\beta} + h'\frac{\partial\zeta}{\partial\alpha} + k'\frac{\partial\zeta}{\partial\beta} + l'\zeta = 0;$$

car cette équation contient trois fonctions arbitraires h', k', l' dont on peut disposer de telle manière qu'elle admette trois solutions quelconques données à l'avance, et, en particulier, c, c', c''. Cela posé, je dis qu'on peut toujours exprimer h', k', l' en fonction de l'élément linéaire, c'est-à-dire de e, f, g et de leurs dérivées. En effet, si nous opérons comme nous l'avons fait plus haut, si nous multiplions l'équation (35) successivement par ζ, $\frac{\partial\zeta}{\partial\alpha}$, $\frac{\partial\zeta}{\partial\beta}$ et si nous ajoutons chaque fois les équations semblables obtenues en y remplaçant ζ par c, c', c'', il viendra les trois relations

$$(36)\qquad \begin{cases} l' = f, \\ \dfrac{1}{2}\dfrac{\partial e}{\partial\beta} + h'e + k'f = 0, \\ \dfrac{1}{2}\dfrac{\partial g}{\partial\alpha} + h'f + k'g = 0, \end{cases}$$

qui établissent le résultat annoncé.

Or, si la condition (34) est vérifiée, il existera une fonction λ vérifiant les équations (33) ou les équations équivalentes (32); par suite, les deux dernières équations (36) nous donneront

$$h' = \frac{1}{2}\frac{\partial\log\lambda}{\partial\beta}, \qquad k' = \frac{1}{2}\frac{\partial\log\lambda}{\partial\alpha},$$

de sorte que l'équation aux dérivées partielles (35) *aura ses inva-*

riants égaux et pourra prendre la forme

$$\frac{\partial^2(\zeta\sqrt{\lambda})}{\partial\alpha\,\partial\beta} = k\zeta\sqrt{\lambda}. \tag{37}$$

Dès lors, les formules (B′) seront intégrables et nous donneront une surface admettant pour ses lignes asymptotiques la représentation sphérique donnée. Comme λ n'est déterminé qu'à un facteur constant près, on pourra remplacer cette surface par l'une quelconque des surfaces homothétiques.

Il résulte de cette analyse que, *dans le cas où l'on a pris comme variables les paramètres des lignes asymptotiques, et dans ce cas seulement, l'équation aux dérivées partielles de la forme* (35) *à laquelle satisfont les cosinus directeurs de la normale a ses invariants égaux.*

M. Kœnigs a donné une forme plus géométrique encore à cet énoncé (¹).

c, c', c'', o sont les coordonnées homogènes du point où la normale coupe le plan de l'infini. On peut donc dire que *les traces sur le plan de l'infini des surfaces réglées engendrées par les normales à la surface en tous les points des différentes lignes asymptotiques forment un réseau plan (nécessairement conjugué comme tous les réseaux plans) à invariants égaux.*

Car l'équation ponctuelle [I, p. 122] relative à ce réseau conjugué est précisément l'équation (35). En transformant par polaires réciproques, relativement à une sphère quelconque, et remarquant que les lignes asymptotiques se conservent dans cette transformation, on voit que :

Les perspectives des lignes asymptotiques sur le plan de l'infini forment un réseau à invariants égaux.

870. La définition des lignes asymptotiques étant projective, la proposition particulière que nous venons d'établir entraîne immédiatement la suivante, comme l'a remarqué M. Kœnigs :

(¹) G. Kœnigs, *Sur les réseaux plans à invariants égaux et les lignes asymptotiques* (*Comptes rendus des séances de l'Académie des Sciences*, t. CXIV, p. 55; 1892).

Les perspectives ou les projections des lignes asymptotiques sur un plan quelconque forment un réseau à invariants égaux.

Nous allons vérifier cette proposition en démontrant que l'équation aux dérivées partielles (22) [p. 18] à laquelle conduit notre première solution a ses invariants égaux. Cette équation, à laquelle satisfont les coordonnées x, y d'un point de la surface (S), est bien celle qui caractérise le réseau formé par la projection des lignes asymptotiques de la surface (S) sur le plan des xy.

Or, si l'on se reporte aux expressions de x et de y données par les formules (B), on reconnaît immédiatement que l'on a

$$\frac{\partial}{\partial\beta}\left(\frac{1}{\theta_3^2}\frac{\partial x}{\partial\alpha}\right)+\frac{\partial}{\partial\alpha}\left(\frac{1}{\theta_3^2}\frac{\partial x}{\partial\beta}\right)=0,$$

$$\frac{\partial}{\partial\beta}\left(\frac{1}{\theta_3^2}\frac{\partial y}{\partial\alpha}\right)+\frac{\partial}{\partial\alpha}\left(\frac{1}{\theta_3^2}\frac{\partial y}{\partial\beta}\right)=0.$$

Par conséquent, x et y seront des solutions particulières de l'équation en θ'

$$\frac{\partial}{\partial\beta}\left(\frac{1}{\theta_3^2}\frac{\partial\theta'}{\partial\alpha}\right)+\frac{\partial}{\partial\alpha}\left(\frac{1}{\theta_3^2}\frac{\partial\theta'}{\partial\beta}\right)=0,$$

dont les invariants sont égaux; car son développement lui donne la forme

$$(38)\qquad \frac{\partial^2\theta'}{\partial\alpha\,\partial\beta}-\frac{1}{\theta_3}\frac{\partial\theta_3}{\partial\beta}\frac{\partial\theta'}{\partial\alpha}-\frac{1}{\theta_3}\frac{\partial\theta_3}{\partial\alpha}\frac{\partial\theta'}{\partial\beta}=0.$$

Cette équation n'est autre que celle qu'il s'agissait de former au n° 866; et ainsi se trouve mis en évidence le lien entre notre première et notre seconde solution.

877. La remarque que nous venons de faire nous amène à compléter une proposition géométrique très élégante, signalée par M. Kœnigs et relative aux réseaux plans conjugués dont les invariants sont égaux. Nous allons mettre en évidence une propriété caractéristique des réseaux conjugués tracés sur une surface quelconque, et auxquels correspond une équation linéaire dont les deux invariants sont égaux.

Soit

$$(39)\qquad \frac{\partial^2\theta}{\partial u\,\partial v}+a\frac{\partial\theta}{\partial u}+b\frac{\partial\theta}{\partial v}=0$$

l'équation ponctuelle relative à un système conjugué, tracé sur une surface (S), c'est-à-dire l'équation à laquelle satisfont les coordonnées x, y, z d'un point quelconque M de cette surface, considérées comme fonctions des variables u et v. Les tangentes aux courbes de paramètre u engendrent une congruence qui admet (S) pour une des nappes de sa surface focale. Le point M_1 de l'autre nappe sera, comme on sait, défini par les formules

$$(40)\qquad x_1 = x + \frac{1}{a}\frac{\partial x}{\partial v}, \qquad y_1 = y + \frac{1}{a}\frac{\partial y}{\partial v}, \qquad z_1 = z + \frac{1}{a}\frac{\partial z}{\partial v}.$$

Si l'on considère de même la congruence engendrée par les tangentes aux courbes de paramètre v, le second point focal M_2 de la tangente en M à la courbe qui passe en ce même point sera, de même, défini par les formules

$$(41)\qquad x_2 = x + \frac{1}{b}\frac{\partial x}{\partial u}, \qquad y_2 = y + \frac{1}{b}\frac{\partial y}{\partial u}, \qquad z_2 = z + \frac{1}{b}\frac{\partial z}{\partial u};$$

de sorte que l'on peut exprimer a et b par des formules telles que les suivantes

$$(42)\qquad a = \frac{1}{x_1 - x}\frac{\partial x}{\partial v}, \qquad b = \frac{1}{x_2 - x}\frac{\partial x}{\partial u}.$$

D'autre part, en différentiant la première équation (40) et tenant compte de ce que x est solution particulière de l'équation (39), on trouvera

$$(43)\qquad \frac{\partial x_1}{\partial u} = -\frac{h}{a^2}\frac{\partial x}{\partial v},$$

h désignant le premier *invariant* de l'équation (39). On a donc, en éliminant a entre les équations (42) et (43),

$$(44)\qquad h = -\frac{\dfrac{\partial x}{\partial v}\dfrac{\partial x_1}{\partial u}}{(x - x_1)^2}.$$

Comme il est permis d'écrire des équations analogues en y et z, on est conduit à l'expression

$$(45)\qquad h = -\frac{\dfrac{\partial x_1}{\partial u}\dfrac{\partial x}{\partial v} + \dfrac{\partial y_1}{\partial u}\dfrac{\partial y}{\partial v} + \dfrac{\partial z_1}{\partial u}\dfrac{\partial z}{\partial v}}{(x - x_1)^2 + (y - y_1)^2 + (z - z_1)^2},$$

qui est moins simple, mais devient indépendante du choix des axes. On peut l'interpréter géométriquement. Mais, pour éviter toute difficulté quant aux signes, nous raisonnerons de la manière suivante.

878. Lorsque u varie, le point M_1 décrit une courbe tangente à MM_1 et dont le plan osculateur est, comme on sait, le plan tangent en M à la surface, c'est-à-dire le plan MM_1M_2. Soient, pour le point M_1, A, A′, A″; B, B′, B″; C, C′, C″ les cosinus directeurs de la tangente à cette courbe, de sa normale principale et de la normale au plan osculateur. Cette dernière normale étant parallèle à la normale à la surface, nous pourrons prendre, en conservant toutes les notations du Chapitre III, Livre VII [III, p. 242 et suiv.],

$$(46)\qquad C = \frac{1}{H}\left(\frac{\partial y}{\partial u}\frac{\partial z}{\partial v} - \frac{\partial y}{\partial v}\frac{\partial z}{\partial u}\right).$$

On aura évidemment

$$(47)\qquad A = \frac{1}{\sqrt{G}}\frac{\partial x}{\partial v}, \qquad A' = \frac{1}{\sqrt{G}}\frac{\partial y}{\partial v}, \qquad A'' = \frac{1}{\sqrt{G}}\frac{\partial z}{\partial v}.$$

De là on déduira B, B′, B″ par les formules connues

$$B = C'A'' - A'C'', \qquad \ldots,$$

qui nous donnent, par la substitution,

$$(48)\qquad B = \frac{F\dfrac{\partial x}{\partial v} - G\dfrac{\partial x}{\partial u}}{H\sqrt{G}}, \qquad B' = \frac{F\dfrac{\partial y}{\partial v} - G\dfrac{\partial y}{\partial u}}{H\sqrt{G}}, \qquad B'' = \frac{F\dfrac{\partial z}{\partial v} - G\dfrac{\partial z}{\partial u}}{H\sqrt{G}}.$$

Désignons par ds_1 l'arc de la courbe décrite par le point M_1. On a, d'après l'équation (43),

$$(49)\qquad ds_1 = \frac{h}{a^2}\sqrt{G}\,du;$$

et, d'autre part, les formules fondamentales relatives aux courbes gauches [I, p. 10] nous donnent

$$\frac{dA}{ds_1} = \frac{B}{\rho_1} \qquad \text{ou} \qquad \frac{\partial A}{\partial u} = \frac{B}{\rho_1}\frac{ds_1}{du},$$

ρ_1 étant le rayon de courbure de la courbe. On a donc

$$(50)\qquad \frac{\partial A}{\partial u} = \frac{B}{\rho_1}\frac{h}{a^2}\sqrt{G},$$

ou, en remplaçant A et B par leurs valeurs (47), (48) et tenant compte de l'équation (39),

$$\frac{1}{\sqrt{G}}\left(-a\frac{\partial x}{\partial u} - b\frac{\partial x}{\partial v}\right) - \frac{1}{2G\sqrt{G}}\frac{\partial G}{\partial u}\frac{\partial x}{\partial v} = \frac{h}{a^2\rho_1}\sqrt{G}\left(\frac{F\frac{\partial x}{\partial v} - G\frac{\partial x}{\partial u}}{H\sqrt{G}}\right).$$

Égalant les coefficients de $\frac{\partial x}{\partial u}$ dans les deux membres, on trouve

$$(51)\qquad \frac{a}{\sqrt{G}} = \frac{Gh}{a^2 H\rho_1}.$$

Or, si $\overline{MM_1}$ désigne en grandeur et en signe la distance MM_1, on a

$$x_1 - x = A \times \overline{MM_1}.$$

En remplaçant A et $x_1 - x$ par leurs valeurs (47) et (40), on trouve

$$\frac{\sqrt{G}}{a} = \overline{MM_1},$$

ce qui permet d'écrire l'équation (51) sous la forme entièrement géométrique

$$(52)\qquad h = \frac{H\rho_1}{\overline{MM_1}^3}.$$

Pour la courbe décrite par le point M_2, on trouverait de même

$$(53)\qquad k = -\frac{H\rho_2}{\overline{MM_2}^3},$$

k désignant le second invariant de l'équation (39).

Ces expressions des deux invariants nous permettent de résoudre la question proposée. Pour qu'ils deviennent égaux, il faut que l'on ait

$$(54)\qquad \frac{\rho_1}{\overline{MM_1}^3} + \frac{\rho_2}{\overline{MM_2}^3} = 0.$$

Or on sait que la relation précédente existe entre les rayons de courbure, en M_1 et M_2, de toute conique qui serait tangente en ces points aux droites MM_1, MM_2, c'est-à-dire aux courbes décrites par les points M_1 et M_2. Par suite, celle de ces coniques qui aura en M_1 le rayon de courbure ρ_1 aura en M_2 le rayon de courbure ρ_2. Comme les plans osculateurs aux deux courbes en M_1 et en M_2 se confondent avec le plan MM_1M_2, on peut énoncer la proposition suivante, généralisation de celle que M. Kœnigs a fait connaître pour les réseaux plans dans la Communication citée plus haut :

Pour que l'équation ponctuelle relative à un système conjugué tracé sur une surface quelconque ait ses invariants égaux, il faut et il suffit que, si l'on construit les deux développables circonscrites à la surface suivant les deux courbes du système conjugué qui se croisent en un quelconque de ses points et que l'on prenne sur chacune de ces développables les points de contact de trois génératrices consécutives avec l'arête de rebroussement, les six points focaux ainsi obtenus appartiennent à une même conique.

En transformant par polaires réciproques, on voit de même que :

Pour que l'équation tangentielle relative à un système conjugué ait ses invariants égaux, il faut et il suffit que les trois plans focaux, distincts des plans tangents à la surface, relatifs à trois tangentes consécutives prises sur chacune des deux courbes du système conjugué qui se croisent en un même point quelconque de la surface, soient six plans tangents d'un même cône du second degré.

879. Pour indiquer dès à présent au moins une application des formules de M. Lelieuvre, supposons que la surface proposée (S) ait sa courbure constante et égale à -1. Il faudra faire $\lambda = 1$, et l'on voit que c, c', c'' satisferont à l'équation

$$\frac{\partial^2 \theta}{\partial \alpha \, \partial \beta} = k\theta. \tag{55}$$

Ainsi, toutes les fois qu'une équation de la forme précédente admettra trois solutions vérifiant la relation

$$c^2 + c'^2 + c''^2 = 1,$$

elles fourniront une surface à courbure constante.

D'autre part, les équations (32) nous donnent alors

$$(56)\qquad \frac{\partial e}{\partial \beta} = \frac{\partial g}{\partial \alpha} = 0,$$

d'où l'on déduit

$$e = f(\alpha), \quad g = f_1(\beta).$$

Écartons le cas où l'une des quantités e, g serait nulle, qui nous conduirait seulement à la sphère et aux surfaces réglées imaginaires applicables sur la sphère. On pourra dès lors, en choisissant convenablement les paramètres, réduire e et g à l'unité; de sorte que l'on aura, en posant $f = -\cos 2\omega$, les formules suivantes

$$(57)\qquad d\sigma^2 = d\alpha^2 + d\beta^2 - 2\cos 2\omega\, d\alpha\, d\beta,$$

$$(58)\qquad ds^2 = d\alpha^2 + d\beta^2 + 2\cos 2\omega\, d\alpha\, d\beta,$$

qui sont d'accord avec celles du n° **772** [III, p. 379]. Pour obtenir l'équation à laquelle doit satisfaire ω, il suffit d'exprimer que la sphère a une courbure totale égale à 1, ce qui donne

$$(59)\qquad \frac{\partial^2 \omega}{\partial \alpha\, \partial \beta} = \sin\omega \cos\omega.$$

Comme on a ici, en vertu de l'équation (31),

$$(60)\qquad k = -f = \cos 2\omega,$$

l'équation (19) en θ deviendra

$$(61)\qquad \frac{\partial^2 \theta}{\partial \alpha\, \partial \beta} = \theta \cos 2\omega.$$

Telle est l'équation qu'il faudra intégrer si l'on veut résoudre le problème de la déformation infiniment petite pour la surface à courbure constante donnée.

880. Le lecteur se rappelle la longue étude que nous avons consacrée à l'équation aux dérivées partielles (59). Nous avons vu [III, p. 432] que, si l'on considère le système

$$(62)\qquad \left\{\begin{aligned} &\frac{\partial \omega_1}{\partial \alpha} + \frac{\partial \omega}{\partial \alpha} = \sin(\omega_1 - \omega),\\ &\frac{\partial \omega_1}{\partial \beta} - \frac{\partial \omega}{\partial \beta} = \sin(\omega_1 + \omega),\end{aligned}\right.$$

il permet de déduire de toute solution ω de l'équation (59) une solution ω_1 qui contiendra une constante arbitraire et vérifiera encore la même équation (59). Nous allons montrer d'abord que, si l'on sait résoudre le problème de la déformation infiniment petite pour la surface à courbure constante correspondante à la solution ω, on saura résoudre le même problème pour la surface correspondante à la solution ω_1, c'est-à-dire pour celle qui dérive la première par la substitution de M. Bianchi. En d'autres termes [1], *si l'on sait résoudre l'équation* (61) *correspondante à la fonction* ω, *on saura résoudre cette même équation où* ω *serait remplacée par* ω_1.

Remplaçons, en effet, dans les formules (62), ω et ω_1 respectivement par $\omega + \theta$ et $\omega_1 + \theta_1$; et, développant les deux membres des équations suivant les puissances de θ et de θ_1, bornons-nous à conserver les termes du premier degré en θ et θ_1. Nous serons conduit aux deux équations linéaires

$$(63)\qquad \left\{\begin{aligned} \frac{\partial\theta}{\partial\alpha} + \frac{\partial\theta_1}{\partial\alpha} &= (\theta_1 - \theta)\cos(\omega_1 - \omega),\\ \frac{\partial\theta_1}{\partial\beta} - \frac{\partial\theta}{\partial\beta} &= (\theta_1 + \theta)\cos(\omega_1 + \omega).\end{aligned}\right.$$

Éliminons θ_1 entre ces deux équations : en égalant les deux valeurs de $\frac{\partial^2\theta_1}{\partial\alpha\,\partial\beta}$ qu'elles peuvent fournir, nous aurons

$$\frac{\partial^2\theta}{\partial\alpha\,\partial\beta} = \theta\cos 2\omega,$$

c'est-à-dire l'équation (61). Si l'on éliminait de même θ, on trouverait

$$(64)\qquad \frac{\partial^2\theta_1}{\partial\alpha\,\partial\beta} = \theta_1 \cos 2\omega_1,$$

---

(1) M. C. Guichard est le premier qui ait étudié les équations aux dérivées partielles de la forme (61). *Voir* le Mémoire intitulé : *Sur une classe particulière d'équations aux dérivées partielles dont les invariants sont égaux* (*Annales scientifiques de l'École Normale supérieure*, 3e série, t. VII, p. 19; 1890), ainsi que celui qui a paru au même Recueil et au même tome (p. 233) sous le titre : *Recherches sur les surfaces à courbure totale constante et sur certaines surfaces qui s'y rattachent.*

c'est-à-dire l'équation (61) où ω serait remplacé par ω_1. Comme d'ailleurs on peut toujours, lorsque θ est donné, déduire, par de simples quadratures, la valeur de θ_1 vérifiant les deux équations (63), on voit que toute solution de l'équation (61) fournira, avec une constante arbitraire, une solution de l'équation (64). On peut donc énoncer la proposition suivante :

Lorsqu'on sait résoudre le problème de la déformation infiniment petite pour une surface à courbure constante, on sait le résoudre aussi pour toutes celles qu'on en dérive par la transformation de M. Bianchi.

Ce résultat était évident par la Géométrie. Il nous a paru bon de le mettre en lumière. On comprend ainsi comment le problème de la déformation infiniment petite doit dépendre de l'équation (61). Car, si l'on considère une surface à courbure constante infiniment voisine de la surface proposée (S), ω sera, pour cette surface, remplacée par une fonction $\omega + \theta$ infiniment peu différente de ω. En substituant $\omega + \theta$ à la place de ω dans l'équation (59) et se bornant aux termes du premier degré en θ, on retrouve bien l'équation (61) (¹).

De la remarque que nous venons de faire, on peut déduire immédiatement trois solutions particulières de l'équation linéaire (61). Soit, en effet,

$$\omega = \varphi(\alpha, \beta).$$

Nous avons vu que, si α_0, β_0, m sont trois constantes,

$$\omega' = \varphi\left[(1+m)\alpha + \alpha_0, \frac{\beta}{1+m} + \beta_0\right]$$

sera encore une solution de l'équation (59). En développant suivant les puissances de ces constantes, on aura

$$\omega' = \omega + \frac{\partial\omega}{\partial\alpha}\alpha_0 + \frac{\partial\omega}{\partial\beta}\beta_0 + \left(\alpha\frac{\partial\omega}{\partial\alpha} - \beta\frac{\partial\omega}{\partial\beta}\right)m + \ldots;$$

d'où l'on voit, en se bornant aux termes du premier degré, qu'en

(¹) La proposition précédente s'applique aussi aux transformations de MM. Lie et Bäcklund.

prenant pour θ une des trois fonctions

$$\frac{\partial\omega}{\partial\alpha},\quad \frac{\partial\omega}{\partial\beta},\quad \alpha\frac{\partial\omega}{\partial\alpha}-\beta\frac{\partial\omega}{\partial\beta},$$

on aura une solution de l'équation (61).

881. Nous terminerons ce Chapitre en indiquant comment on peut obtenir des formules analogues à celles de M. Lelieuvre quand les variables indépendantes auront été choisies d'une manière quelconque.

Soient u et v ces variables et conservons toutes les notations du Livre VII, Chapitre III [III, p. 242 et suiv.]. On peut toujours déterminer des coefficients A, A′ tels que l'on ait

$$(65)\qquad \frac{\partial x}{\partial u}=A'\left(c'\frac{\partial c''}{\partial u}-c''\frac{\partial c'}{\partial u}\right)-A\left(c'\frac{\partial c''}{\partial v}-c''\frac{\partial c'}{\partial v}\right),$$

et les formules analogues obtenues en soumettant x, y, z; c, c', c'' à une permutation circulaire. La multiplication de deux déterminants nous conduit d'ailleurs à l'identité

$$(66)\qquad \begin{vmatrix} c & c' & c'' \\ \frac{\partial c}{\partial u} & \frac{\partial c'}{\partial u} & \frac{\partial c''}{\partial u} \\ \frac{\partial c}{\partial v} & \frac{\partial c'}{\partial v} & \frac{\partial c''}{\partial v} \end{vmatrix} \begin{vmatrix} c & c' & c'' \\ \frac{\partial x}{\partial u} & \frac{\partial y}{\partial u} & \frac{\partial z}{\partial u} \\ \frac{\partial x}{\partial v} & \frac{\partial y}{\partial v} & \frac{\partial z}{\partial v} \end{vmatrix} = \begin{vmatrix} 1 & 0 & 0 \\ 0 & \frac{-D}{H} & \frac{-D'}{H} \\ 0 & \frac{-D'}{H} & \frac{-D''}{H} \end{vmatrix};$$

c'est-à-dire, en tenant compte des formules (4) [III, p. 243],

$$(67)\qquad \begin{vmatrix} c & c' & c'' \\ \frac{\partial c}{\partial u} & \frac{\partial c'}{\partial u} & \frac{\partial c''}{\partial u} \\ \frac{\partial c}{\partial v} & \frac{\partial c'}{\partial v} & \frac{\partial c''}{\partial v} \end{vmatrix} = \frac{DD''-D'^2}{H^3}.$$

Cela posé, multiplions l'équation (65) par $\frac{\partial c}{\partial u}$ et ajoutons-la aux deux équations qu'elle donne par une permutation circulaire. Nous trouverons, en tenant compte de la relation (67),

$$(68)\qquad A=\frac{DH^3}{D'^2-DD''}.$$

En calculant de même la valeur de A′, on trouvera

$$(69)\qquad A' = \frac{D' H^2}{D'^2 - DD''}.$$

Si l'on échange enfin u et v dans la formule (65), on pourra écrire

$$(70)\qquad \frac{\partial x}{\partial v} = A''\left(c'\frac{\partial c''}{\partial u} - c''\frac{\partial c'}{\partial u}\right) - A'\left(c'\frac{\partial c''}{\partial v} - c''\frac{\partial c'}{\partial v}\right),$$

et les formules analogues en y et z, A″ ayant pour valeur

$$(71)\qquad A'' = \frac{D'' H^2}{D'^2 - DD''}.$$

Si l'on suppose que u et v soient les paramètres des lignes asymptotiques, A, A″ deviennent nuls et l'on retrouve les formules (B′) données plus haut.

Effectuons dans les formules (65) et (70) la substitution définie par les équations

$$(72)\qquad c\sqrt{\lambda} = \theta_1, \qquad c'\sqrt{\lambda} = \theta_2, \qquad c''\sqrt{\lambda} = \theta_3,$$

elles se changeront dans les suivantes

$$(73)\qquad \left\{\begin{aligned} \frac{\partial x}{\partial u} &= B'\left(\theta_2\frac{\partial \theta_3}{\partial u} - \theta_3\frac{\partial \theta_2}{\partial u}\right) - B\left(\theta_2\frac{\partial \theta_3}{\partial v} - \theta_3\frac{\partial \theta_2}{\partial v}\right),\\ \frac{\partial x}{\partial v} &= B''\left(\theta_2\frac{\partial \theta_3}{\partial u} - \theta_3\frac{\partial \theta_2}{\partial u}\right) - B'\left(\theta_2\frac{\partial \theta_3}{\partial v} - \theta_3\frac{\partial \theta_2}{\partial v}\right),\end{aligned}\right.$$

où l'on aura

$$(74)\qquad B = \frac{A}{\lambda}, \qquad B' = \frac{A'}{\lambda}, \qquad B'' = \frac{A''}{\lambda}.$$

Les dérivées de y et de z s'obtiendront par des permutations effectuées sur $\theta_1, \theta_2, \theta_3$, de sorte que la surface sera définie par les formules suivantes

$$(B'')\qquad \left\{\begin{aligned} x &= \int\left(\theta_2\frac{\partial \theta_3}{\partial u} - \theta_3\frac{\partial \theta_2}{\partial u}\right)(B'\,du + B''\,dv) - \left(\theta_2\frac{\partial \theta_3}{\partial v} - \theta_3\frac{\partial \theta_2}{\partial v}\right)(B\,du + B'\,dv),\\ y &= \int\left(\theta_3\frac{\partial \theta_1}{\partial u} - \theta_1\frac{\partial \theta_3}{\partial u}\right)(B'\,du + B''\,dv) - \left(\theta_3\frac{\partial \theta_1}{\partial v} - \theta_1\frac{\partial \theta_3}{\partial v}\right)(B\,du + B'\,dv),\\ z &= \int\left(\theta_1\frac{\partial \theta_2}{\partial u} - \theta_2\frac{\partial \theta_1}{\partial u}\right)(B'\,du + B''\,dv) - \left(\theta_1\frac{\partial \theta_2}{\partial v} - \theta_2\frac{\partial \theta_1}{\partial v}\right)(B\,du + B'\,dv).\end{aligned}\right.$$

Si nous déterminons λ en particulier par la condition

$$B'^2 - BB'' = 1, \tag{75}$$

qui donne

$$\lambda^2 = A'^2 - AA'',$$

ou, en substituant les valeurs de A, A', A''

$$\lambda^2 = \frac{H^4}{D'^2 - DD''} = -RR', \qquad \lambda = \sqrt{-RR'}, \tag{76}$$

θ_1, θ_2, θ_3 seront identiques aux quantités de même détermination qui figurent dans les formules (B). Mais, *sans fixer dès à présent la valeur de* λ, exprimons que les deux valeurs de $\frac{\partial^2 x}{\partial u\, \partial v}$ obtenues par la différentiation des deux équations (73) sont égales, nous serons conduits à la relation

$$\begin{aligned} &\theta_2 \frac{\partial}{\partial v}\left(B' \frac{\partial \theta_3}{\partial u} - B \frac{\partial \theta_3}{\partial v}\right) - \theta_3 \frac{\partial}{\partial v}\left(B' \frac{\partial \theta_2}{\partial u} - B \frac{\partial \theta_2}{\partial v}\right) \\ &= \theta_2 \frac{\partial}{\partial u}\left(B'' \frac{\partial \theta_3}{\partial u} - B' \frac{\partial \theta_3}{\partial v}\right) - \theta_3 \frac{\partial}{\partial u}\left(B'' \frac{\partial \theta_2}{\partial u} - B' \frac{\partial \theta_2}{\partial v}\right); \end{aligned}$$

d'où il suit, en répétant le raisonnement employé au n° 870, que l'on peut trouver une certaine fonction K telle que θ_1, θ_2, θ_3 soient trois solutions particulières d'une équation de la forme suivante

$$\frac{\partial}{\partial u}\left(B'' \frac{\partial \theta}{\partial u} - B' \frac{\partial \theta}{\partial v}\right) + \frac{\partial}{\partial v}\left(B \frac{\partial \theta}{\partial v} - B' \frac{\partial \theta}{\partial u}\right) = K\theta. \tag{77}$$

La fonction K variera suivant la valeur de λ que l'on aura choisie. Elle a une expression particulièrement simple lorsqu'on a pris λ égal à l'unité, c'est-à-dire lorsque l'équation précédente admet c, c', c'' comme solutions particulières. En effet, si, après l'avoir multipliée par θ, l'on y remplace θ par c, c', c'' successivement, en ajoutant les trois équations ainsi obtenues, on trouvera

$$K = A'' \mathrm{S}\, c \frac{\partial^2 c}{\partial u^2} - 2A' \mathrm{S}\, c \frac{\partial^2 c}{\partial u\, \partial v} + A \mathrm{S}\, c \frac{\partial^2 c}{\partial v^2},$$

ou encore

$$K = -A'' \mathrm{S}\left(\frac{\partial c}{\partial u}\right)^2 + 2A' \mathrm{S} \frac{\partial c}{\partial u} \frac{\partial c}{\partial v} - A \mathrm{S}\left(\frac{\partial c}{\partial v}\right)^2.$$

Les valeurs des trois sommes contenues dans cette relation se déduisent de la formule (32) [III, p. 249]. En les substituant ainsi que les valeurs de A, A', A'', on trouve

$$(78)\qquad K = \frac{1}{H^2}(GD - 2FD' + ED'') = H\left(\frac{1}{R} + \frac{1}{R'}\right),$$

R et R' désignant les rayons de courbure principaux (n° 701).

Remarquons que, dans tous les cas, l'équation (77) est celle que l'on obtiendrait en égalant à zéro la variation de l'intégrale double

$$(79)\qquad I = \iint \left[K\theta^2 + B''\left(\frac{\partial\theta}{\partial u}\right)^2 - 2B'\frac{\partial\theta}{\partial u}\frac{\partial\theta}{\partial v} + B\left(\frac{\partial\theta}{\partial v}\right)^2 \right] du\,dv,$$

et que la surface (S_1) correspondant à (S) avec orthogonalité des éléments linéaires se trouverait ici définie par la formule

$$(S_1)\quad \begin{cases} x_1 = \int \left(\theta_1\frac{\partial\omega}{\partial u} - \omega\frac{\partial\theta_1}{\partial u}\right)(B'\,du + B''\,dv) - \left(\theta_1\frac{\partial\omega}{\partial v} - \omega\frac{\partial\theta_1}{\partial v}\right)(B\,du + B'\,dv), \\ y_1 = \int \left(\theta_2\frac{\partial\omega}{\partial u} - \omega\frac{\partial\theta_2}{\partial u}\right)(B'\,du + B''\,dv) - \left(\theta_2\frac{\partial\omega}{\partial v} - \omega\frac{\partial\theta_2}{\partial v}\right)(B\,du + B'\,dv), \\ z_1 = \int \left(\theta_3\frac{\partial\omega}{\partial u} - \omega\frac{\partial\theta_3}{\partial u}\right)(B'\,du + B''\,dv) - \left(\theta_3\frac{\partial\omega}{\partial v} - \omega\frac{\partial\theta_3}{\partial v}\right)(B\,du + B'\,dv), \end{cases}$$

où ω serait une solution quelconque de l'équation (77).

Si u et v sont les paramètres des lignes asymptotiques, on a

$$B = B'' = 0.$$

Si, en outre, λ est définie par la condition (76), on a

$$B'^2 = 1,$$

ce qui permet de prendre

$$B' = 1,$$

et l'on retrouve les formules (C) où α et β seraient remplacées par u et v.

Le lecteur pourra rapprocher les formules générales qui précèdent de celles qui se trouvent dans le Mémoire cité plus haut [p. 8] de M. Weingarten. Nous terminerons ce Chapitre en indiquant une démonstration de ces formules qui en fera sans doute mieux comprendre la véritable origine.

882. Désignons toujours par c, c', c'' les cosinus directeurs de la normale, et employons les caractéristiques d et δ pour définir les déplacements suivant deux directions conjuguées quelconques. On aura les deux équations

$$(80)\qquad \begin{cases} c\,dx + c'\,dy + c''\,dz = 0, \\ \delta c\,dx + \delta c'\,dy + \delta c''\,dz = 0, \end{cases}$$

d'où l'on déduit

$$(81)\qquad \begin{cases} dx = h(c'\,\delta c'' - c''\,\delta c'), \\ dy = h(c''\,\delta c - c\,\delta c''), \\ dz = h(c\,\delta c' - c'\,\delta c), \end{cases}$$

h étant une quantité finie. D'ailleurs, D, D', D'' ayant la même signification que plus haut, l'équation

$$\mathrm{D}\,du\,\delta u + \mathrm{D}'(du\,\delta v + dv\,\delta u) + \mathrm{D}''\,dv\,\delta v = 0$$

ou

$$(\mathrm{D}\,du + \mathrm{D}'\,dv)\,\delta u + (\mathrm{D}'\,du + \mathrm{D}''\,dv)\,\delta v = 0$$

exprimera que les deux directions définies par les caractéristiques d et δ sont conjuguées. La relation précédente permet de poser

$$(82)\qquad \begin{cases} \delta u = \mathrm{D}'\,du + \mathrm{D}''\,dv, \\ \delta v = -\mathrm{D}\,du - \mathrm{D}'\,dv, \end{cases}$$

de sorte que les formules (81) nous donnent

$$(83)\qquad \begin{cases} dx = h\left(c'\dfrac{\partial c''}{\partial u} - c''\dfrac{\partial c'}{\partial u}\right)(\mathrm{D}'\,du + \mathrm{D}''\,dv) - h\left(c'\dfrac{\partial c''}{\partial v} - c''\dfrac{\partial c'}{\partial v}\right)(\mathrm{D}\,du + \mathrm{D}'\,dv), \\ dy = h\left(c''\dfrac{\partial c}{\partial u} - c\dfrac{\partial c''}{\partial u}\right)(\mathrm{D}'\,du + \mathrm{D}''\,dv) - h\left(c''\dfrac{\partial c}{\partial v} - c\dfrac{\partial c''}{\partial v}\right)(\mathrm{D}\,du + \mathrm{D}'\,dv), \\ dz = h\left(c\dfrac{\partial c'}{\partial u} - c'\dfrac{\partial c}{\partial u}\right)(\mathrm{D}'\,du + \mathrm{D}''\,dv) - h\left(c\dfrac{\partial c'}{\partial v} - c'\dfrac{\partial c}{\partial v}\right)(\mathrm{D}\,du + \mathrm{D}'\,dv). \end{cases}$$

La formule (26) [III, p. 248] nous permettra d'ailleurs de déterminer h. On a ici, en vertu du système précédent,

$$\mathbf{S}\,dc\,dx = -h\begin{vmatrix} c & c' & c'' \\ \dfrac{\partial c}{\partial u} & \dfrac{\partial c'}{\partial u} & \dfrac{\partial c''}{\partial u} \\ \dfrac{\partial c}{\partial v} & \dfrac{\partial c'}{\partial v} & \dfrac{\partial c''}{\partial v} \end{vmatrix}(\mathrm{D}\,du^2 + 2\mathrm{D}'\,du\,dv + \mathrm{D}''\,dv^2),$$

ce qui donne, en tenant compte de l'équation (67),

$$\frac{1}{-H} = h\frac{DD'' - D'^2}{H^3} \qquad \text{ou} \qquad h = \frac{-H^2}{DD'' - D'^2}.$$

Il ne reste plus qu'à substituer cette valeur de h dans les formules (83) pour obtenir l'équivalent des relations (B″), où θ_1, θ_2, θ_3 désigneraient c, c', c''.

CHAPITRE III.

LES DOUZE SURFACES. DÉVELOPPEMENTS GÉOMÉTRIQUES SE RATTACHANT AUX PRÉCÉDENTES SOLUTIONS.

Étant données deux surfaces (S) et (S_1) qui se correspondent avec orthogonalité des éléments linéaires, au réseau des lignes asymptotiques de chacune de ces surfaces correspond, sur l'autre, un réseau conjugué à invariants ponctuels égaux. — On déduit du premier couple deux nouvelles surfaces (Σ) et (A) qui se correspondent, elles aussi, avec orthogonalité des éléments linéaires. — Définition de (Σ) : c'est l'enveloppe des plans menés par tous les points de (S) perpendiculairement aux directrices de la déformation. — On sait résoudre le problème de la déformation infiniment petite pour (Σ) lorsqu'on sait résoudre ce problème pour (S). — Les lignes asymptotiques se correspondent sur (S) et sur (Σ). — Réciproque : théorème de M. Guichard. — Relation géométrique entre les deux nappes de la surface focale d'une congruence rectiligne dans le cas où les lignes asymptotiques se correspondent sur ces deux nappes. — Propriétés qui rattachent la surface (A) à la surface (S_1) : les plans tangents aux points correspondants sont parallèles et le système conjugué commun a ses invariants ponctuels égaux, sur les deux surfaces. — Réciproque : théorèmes de MM. Kœnigs et Cosserat. — Les trois réseaux I, II, III formés par les lignes asymptotiques de (S), de (S_1) et de (A) sont harmoniques deux à deux. — Introduction de huit nouvelles surfaces qui, jointes aux quatre premières, forment un ensemble de douze surfaces que l'on peut grouper deux à deux de telle manière qu'elles se correspondent avec orthogonalité des éléments linéaires, ou bien par plans tangents parallèles, ou bien par polaires réciproques relativement à une sphère concentrique à l'origine, ou enfin comme focales d'une même congruence rectiligne sur lesquelles les lignes asymptotiques se correspondent. — Sur chacune de ces douze surfaces, les trois réseaux I, II, III déjà signalés sont, l'un formé des lignes asymptotiques, l'autre conjugué à invariants ponctuels égaux, le dernier enfin conjugué à invariants tangentiels égaux. — Quand deux surfaces se correspondent avec orthogonalité des éléments linéaires, le système conjugué commun a ses invariants tangentiels égaux. — Lorsque, sur une surface, un réseau conjugué a ses invariants ponctuels (ou tangentiels) égaux, le réseau conjugué qui lui est harmonique a ses invariants tangentiels (ou ponctuels) égaux.

---

883. Nous revenons au problème de la déformation infiniment petite pour développer les nombreuses propriétés géométriques que l'on peut rattacher à la solution développée dans le Chapitre précédent. La surface (S) étant définie par les formules

$$
(1)\quad \left\{
\begin{aligned}
x &= \int\left(\theta_2\frac{\partial\theta_3}{\partial\alpha} - \theta_3\frac{\partial\theta_2}{\partial\alpha}\right)d\alpha - \left(\theta_2\frac{\partial\theta_3}{\partial\beta} - \theta_3\frac{\partial\theta_2}{\partial\beta}\right)d\beta,\\
y &= \int\left(\theta_3\frac{\partial\theta_1}{\partial\alpha} - \theta_1\frac{\partial\theta_3}{\partial\alpha}\right)d\alpha - \left(\theta_3\frac{\partial\theta_1}{\partial\beta} - \theta_1\frac{\partial\theta_3}{\partial\beta}\right)d\beta,\\
z &= \int\left(\theta_1\frac{\partial\theta_2}{\partial\alpha} - \theta_2\frac{\partial\theta_1}{\partial\alpha}\right)d\alpha - \left(\theta_1\frac{\partial\theta_2}{\partial\beta} - \theta_2\frac{\partial\theta_1}{\partial\beta}\right)d\beta,
\end{aligned}
\right.
$$

où $\theta_1, \theta_2, \theta_3$ sont des solutions d'une même équation aux dérivées partielles

$$
(2)\qquad \frac{\partial^2\theta}{\partial\alpha\,\partial\beta} = k\theta,
$$

et sont proportionnelles aux cosinus directeurs de la normale à la surface (S), nous avons vu que les fonctions les plus générales x_1, y_1, z_1 vérifiant la relation

$$
(3)\qquad dx\,dx_1 + dy\,dy_1 + dz\,dz_1 = 0
$$

sont déterminées par les formules suivantes

$$
(4)\quad \left\{
\begin{aligned}
x_1 &= \int\left(\theta_1\frac{\partial\omega}{\partial\alpha} - \omega\frac{\partial\theta_1}{\partial\alpha}\right)d\alpha - \left(\theta_1\frac{\partial\omega}{\partial\beta} - \omega\frac{\partial\theta_1}{\partial\beta}\right)d\beta,\\
y_1 &= \int\left(\theta_2\frac{\partial\omega}{\partial\alpha} - \omega\frac{\partial\theta_2}{\partial\alpha}\right)d\alpha - \left(\theta_2\frac{\partial\omega}{\partial\beta} - \omega\frac{\partial\theta_2}{\partial\beta}\right)d\beta,\\
z_1 &= \int\left(\theta_3\frac{\partial\omega}{\partial\alpha} - \omega\frac{\partial\theta_3}{\partial\alpha}\right)d\alpha - \left(\theta_3\frac{\partial\omega}{\partial\beta} - \omega\frac{\partial\theta_3}{\partial\beta}\right)d\beta,
\end{aligned}
\right.
$$

où ω désigne la solution la plus générale de l'équation (2). Au n° 856 nous avons déjà établi l'existence d'un système de relations de la forme

$$
(5)\quad \left\{
\begin{aligned}
dx &= c\,dy_1 - b\,dz_1,\\
dy &= a\,dz_1 - c\,dx_1,\\
dz &= b\,dx_1 - a\,dy_1,
\end{aligned}
\right.
$$

entre les différentielles dx, dy, dz; dx_1, dy_1, dz_1. On déterminera sans peine les valeurs de a, b, c, qui sont

$$
(6)\qquad a = \frac{\theta_1}{\omega},\qquad b = \frac{\theta_2}{\omega},\qquad c = \frac{\theta_3}{\omega};
$$

de sorte que les formules (4) sont équivalentes aux suivantes

$$(7)\quad \left\{\begin{array}{lll} \dfrac{\partial x_1}{\partial \alpha} + \omega^2 \dfrac{\partial a}{\partial \alpha} = 0, & \dfrac{\partial y_1}{\partial \alpha} + \omega^2 \dfrac{\partial b}{\partial \alpha} = 0, & \dfrac{\partial z_1}{\partial \alpha} + \omega^2 \dfrac{\partial c}{\partial \alpha} = 0, \\ \dfrac{\partial x_1}{\partial \beta} - \omega^2 \dfrac{\partial a}{\partial \beta} = 0, & \dfrac{\partial y_1}{\partial \beta} - \omega^2 \dfrac{\partial b}{\partial \beta} = 0, & \dfrac{\partial z_1}{\partial \beta} - \omega^2 \dfrac{\partial c}{\partial \beta} = 0, \end{array}\right.$$

dont nous ferons plus d'une fois usage dans la suite.

Si nous éliminons a entre les deux premières de ces équations, nous aurons

$$\frac{\partial}{\partial \beta}\left(\frac{1}{\omega^2} \frac{\partial x_1}{\partial \alpha}\right) + \frac{\partial}{\partial \alpha}\left(\frac{1}{\omega^2} \frac{\partial x_1}{\partial \beta}\right) = 0$$

ou, en développant,

$$(8)\quad \frac{\partial^2 x_1}{\partial \alpha\, \partial \beta} - \frac{1}{\omega} \frac{\partial \omega}{\partial \beta} \frac{\partial x_1}{\partial \alpha} - \frac{1}{\omega} \frac{\partial \omega}{\partial \alpha} \frac{\partial x_1}{\partial \beta} = 0.$$

Il est clair que y_1 et z_1 vérifient la même équation. Donc, sur la surface (S_1), α et β sont les paramètres d'un système conjugué et l'équation *ponctuelle* relative à ce système conjugué a ses invariants égaux. Ainsi :

Quand deux surfaces (S) *et* (S_1) *se correspondent avec orthogonalité des éléments linéaires, au réseau des asymptotiques de l'une quelconque de ces surfaces correspond sur l'autre surface un système conjugué, et l'équation ponctuelle relative à ce système conjugué a ses invariants égaux.*

884. Réciproquement, supposons que l'on connaisse, sur une surface (S_1), un système conjugué dont l'équation ponctuelle ait ses invariants égaux. Cette équation pourra toujours être mise sous la forme (8). Les formules (7) nous fourniront ensuite des fonctions a, b, c par des quadratures telles que la suivante

$$(9)\quad a = -\int \frac{1}{\omega^2}\left(\frac{\partial x_1}{\partial \alpha} d\alpha - \frac{\partial x_1}{\partial \beta} d\beta\right).$$

Puis, les relations (6) nous feront connaître des fonctions θ_1, θ_2, θ_3. Ces trois fonctions satisferont, on s'en assure aisément, à l'équation

$$(10)\quad \frac{1}{\theta} \frac{\partial^2 \theta}{\partial \alpha\, \partial \beta} = \frac{1}{\omega} \frac{\partial^2 \omega}{\partial \alpha\, \partial \beta};$$

et, par suite, en les substituant dans les formules (1), on obtiendra une surface (S) qui correspondra à (S_1) avec orthogonalité des éléments. On peut donc énoncer la proposition suivante :

Si l'on connaît, sur une surface (S_1), un système conjugué dont l'équation ponctuelle ait ses invariants égaux, on pourra déterminer, par de simples quadratures, une surface (S) correspondant à (S_1) avec orthogonalité des éléments linéaires et les lignes asymptotiques de (S) correspondront aux deux familles du réseau conjugué tracé sur (S_1).

Il faut même remarquer que, comme les fonctions a, b, c sont déterminées par des quadratures, la solution contiendra trois constantes arbitraires, et l'on pourra ajouter aux fonctions θ_1, θ_2, θ_3 la fonction ω multipliée par des constantes quelconques. Cela revient, on s'en assure aisément, à composer les formules qui déterminent (S) avec celles qui donnent un plan et qui correspondent, non plus à une déformation infiniment petite de (S_1), mais à un déplacement infiniment petit de cette surface (n° 856). On peut donc dire que :

A chaque réseau conjugué à invariants égaux tracé sur une surface correspond une déformation infiniment petite parfaitement déterminée de cette surface.

885. Revenons aux formules (5). En faisant passer tous les termes dans le premier membre et remplaçant les différentielles par les fonctions, on est amené à considérer la surface (Σ) lieu du point (X, Y, Z) défini par les relations

$$(11)\qquad \left\{\begin{aligned} X &= x - cy_1 + bz_1,\\ Y &= y - az_1 + cx_1,\\ Z &= z - bx_1 + ay_1.\end{aligned}\right.$$

Si l'on différentie ces valeurs de X, Y, Z en tenant compte des relations (5), on trouvera

$$(12)\qquad \left\{\begin{aligned} dX &= z_1\,db - y_1\,dc,\\ dY &= x_1\,dc - z_1\,da,\\ dZ &= y_1\,da - x_1\,db,\end{aligned}\right.$$

de sorte que l'on a identiquement

$$(13) \qquad dX\,da + dY\,db + dZ\,dc = 0.$$

Cette équation, toute pareille à l'équation (3), nous donne une solution nouvelle du problème de la déformation infiniment petite. *La surface* (Σ) *lieu du point* (X, Y, Z) *et la surface* (A) *lieu du point* (a, b, c) *se correspondent, elles aussi, avec orthogonalité des éléments linéaires.* Nous allons étudier les propriétés géométriques qui rattachent cette nouvelle solution à l'ancienne. Cherchons d'abord à définir la surface (Σ).

886. Étant donnée la surface (S), menons par l'un de ses points (x, y, z) la *directrice de la déformation*, c'est-à-dire la droite dont les paramètres directeurs sont x_1, y_1, z_1 (n° 882). La perpendiculaire à cette directrice située dans le plan tangent sera évidemment définie par les équations

$$(14) \qquad \begin{cases} x_1(X-x)+y_1(Y-y)+z_1(Z-z)=0, \\ a(X-x)+\ b(Y-y)+\ c(Z-z)=0, \end{cases}$$

où X, Y, Z désignent pour un instant les coordonnées courantes. Ces équations, évidemment vérifiées quand on y remplace X, Y, Z par leurs valeurs déduites des équations (11), nous montrent donc que cette perpendiculaire va passer par le point de (Σ) défini par ces équations (11). Nous allons montrer de plus qu'elle est, en ce point, tangente à (Σ).

En effet, les formules (12) nous donnent l'identité

$$(15) \qquad x_1\,dX + y_1\,dY + z_1\,dZ = 0,$$

d'où il résulte que la normale à (Σ) a pour paramètres directeurs x_1, y_1, z_1 et, par suite, qu'elle est parallèle à la directrice de la déformation. Elle est donc perpendiculaire à la droite définie par les équations (14).

D'après cela, *si* M *désigne le point* (x, y, z) *de* (S), P *le point correspondant* (X, Y, Z) *de* (Σ), *la droite* MP *est tangente en* M *à* (S) *et en* P *à* (Σ). *Le plan tangent à* (Σ) *en* P *est perpendiculaire à la directrice de la déformation en* M ; *et, si l'on considère la déformation infiniment petite de* (Σ) *définie par les fonctions a, b, c, qui figurent dans l'équation* (13), *le plan tangent en* M *à* (S) *est perpendiculaire à la directrice de la déformation de* (Σ) *en* P. *On le voit, la relation entre* (S) *et* (Σ) *est réciproque.*

Les surfaces (S) et (Σ) sont donc les focales de la congruence engendrée par la droite MP. On peut ajouter encore une autre propriété essentielle :

Les lignes asymptotiques se correspondent sur (S) *et sur* (Σ).

Ce point résulte immédiatement des transformations suivantes. Les formules (7) et (12), rapprochées les unes des autres, nous donnent des équations telles que la suivante

$$dX = \frac{1}{\omega^2}\left(y_1\frac{\partial z_1}{\partial\alpha} - z_1\frac{\partial y_1}{\partial\alpha}\right)d\alpha - \frac{1}{\omega^2}\left(y_1\frac{\partial z_1}{\partial\beta} - z_1\frac{\partial y_1}{\partial\beta}\right)d\beta.$$

Si donc on pose

$$\text{(16)}\qquad \frac{x_1}{\omega} = x'_1,\qquad \frac{y_1}{\omega} = y'_1,\qquad \frac{z_1}{\omega} = z'_1,$$

on trouvera

$$\text{(17)}\qquad dX = \left(y'_1\frac{\partial z'_1}{\partial\alpha} - z'_1\frac{\partial y'_1}{\partial\alpha}\right)d\alpha - \left(y'_1\frac{\partial z'_1}{\partial\beta} - z'_1\frac{\partial y'_1}{\partial\beta}\right)d\beta,$$

et les formules analogues en Y, Z. Ces relations sont toutes pareilles aux formules (1) et s'en déduisent en remplaçant θ_1, θ_2, θ_3 par x'_1, y'_1, z'_1 respectivement. Donc α et β sont les paramètres des lignes asymptotiques de (Σ) comme ceux des lignes asymptotiques de (S). On peut d'ailleurs vérifier, bien que ce ne soit pas nécessaire, que x'_1, y'_1, z'_1 sont solutions particulières d'une équation de la forme (2), qui est ici

$$\text{(18)}\qquad \frac{\partial^2\theta}{\partial\alpha\,\partial\beta} = \omega\,\frac{\partial^2\left(\frac{1}{\omega}\right)}{\partial\alpha\,\partial\beta}\,\theta;$$

de sorte que l'on passe de (S) à (Σ) en échangeant θ_1, θ_2, θ_3, ω en x'_1, y'_1, z'_1, $\frac{1}{\omega}$. Comme d'ailleurs, d'après le théorème de M. Moutard, on sait intégrer complètement l'équation précédente lorsqu'on sait intégrer l'équation (2), on voit que *l'on saura résoudre complètement le problème de la déformation infiniment petite pour* (Σ) *dès qu'on saura le résoudre pour* (S), *et réciproquement.*

887. On peut encore indiquer une des propriétés de la correspondance entre les deux surfaces (S) et (Σ) en disant qu'*à tout système conjugué tracé sur l'une des surfaces correspond un système conjugué tracé sur la seconde.* Nous avons déjà remarqué (n° 600) que lorsqu'une correspondance *point par point* est établie entre les points M et P de deux surfaces, le rapport anharmonique de quatre tangentes au point M de la première est égal au rapport anharmonique des quatre tangentes correspondantes au point P de la seconde. D'après cela, supposons qu'à deux tangentes conjuguées de la première correspondent toujours deux tangentes conjuguées de la seconde : il sera nécessaire que la correspondance subsiste lorsque ces deux tangentes conjuguées se confondront entre elles, c'est-à-dire se réuniront en une direction asymptotique. Et, réciproquement, si les tangentes asymptotiques se correspondent sur les deux surfaces, à deux tangentes conjuguées de l'une, c'est-à-dire à deux tangentes divisant harmoniquement l'angle formé par les directions asymptotiques de la première surface, correspondront nécessairement deux tangentes de l'autre surface divisant harmoniquement l'angle formé par les tangentes asymptotiques de cette surface, c'est-à-dire encore deux tangentes conjuguées.

Par suite, à tout réseau conjugué sur la première surface correspondra un réseau conjugué sur la seconde.

888. La congruence des droites MP définies par les formules (14) jouit donc d'une propriété sur laquelle nous avons, à deux reprises déjà, appelé l'attention (n°s 483 et 765). *Les asymptotiques se correspondent sur les deux nappes* (S), (Σ) *de la surface focale*. Réciproquement, nous allons établir avec M. Guichard (¹) que toute congruence jouissant de cette propriété s'obtient par les méthodes que nous venons de faire connaître.

(¹) GUICHARD (C.), *Détermination des congruences telles que les lignes asymptotiques se correspondent sur les deux nappes de la surface focale* (*Comptes rendus des séances de l'Académie des Sciences*, t. CX, p. 126; janvier 1890).

Considérons, à cet effet, une telle congruence et prenons pour variables indépendantes les paramètres des lignes asymptotiques sur les deux nappes de la surface focale, nappes que nous désignerons encore par (S) et par (Σ); elles seront respectivement définies par des formules telles que les suivantes :

$$(19)\qquad x = \int\left(\theta_2\frac{\partial\theta_3}{\partial\alpha} - \theta_3\frac{\partial\theta_2}{\partial\alpha}\right)d\alpha - \left(\theta_2\frac{\partial\theta_3}{\partial\beta} - \theta_3\frac{\partial\theta_2}{\partial\beta}\right)d\beta,$$

. . . . ,

$$(20)\qquad X = \int\left(\sigma_2\frac{\partial\sigma_3}{\partial\alpha} - \sigma_3\frac{\partial\sigma_2}{\partial\alpha}\right)d\alpha - \left(\sigma_2\frac{\partial\sigma_3}{\partial\beta} - \sigma_3\frac{\partial\sigma_2}{\partial\beta}\right)d\beta,$$

. . . . ,

où θ_1, θ_2, θ_3 sont solutions particulières d'une équation de la forme suivante

$$(21)\qquad \frac{\partial^2\theta}{\partial\alpha\,\partial\beta} = k\theta,$$

et où σ_1, σ_2, σ_3 satisfont à une autre équation de forme analogue

$$(22)\qquad \frac{\partial^2\sigma}{\partial\alpha\,\partial\beta} = k_1\sigma.$$

On aura d'ailleurs, en désignant par ρ un facteur de proportionnalité, les relations

$$(23)\qquad \frac{X - x}{\theta_2\sigma_3 - \sigma_2\theta_3} = \frac{Y - y}{\theta_3\sigma_1 - \sigma_3\theta_1} = \frac{Z - z}{\theta_1\sigma_2 - \sigma_1\theta_2} = \rho,$$

par lesquelles on exprime que la droite de la congruence est tangente aux deux nappes (S), (Σ).

Différentions par rapport à α l'équation

$$X - x = \rho(\theta_2\sigma_3 - \sigma_2\theta_3),$$

obtenue en égalant à ρ le premier rapport. Il viendra, en remplaçant $\frac{\partial X}{\partial\alpha}$, $\frac{\partial x}{\partial\alpha}$ par leurs valeurs déduites des formules (19) et (20),

$$(24)\qquad \left\{\begin{aligned} &\sigma_2\frac{\partial\sigma_3}{\partial\alpha} - \sigma_3\frac{\partial\sigma_2}{\partial\alpha} - \theta_2\frac{\partial\theta_3}{\partial\alpha} + \theta_3\frac{\partial\theta_2}{\partial\alpha} \\ &= \frac{\partial\rho}{\partial\alpha}(\theta_2\sigma_3 - \sigma_2\theta_3) + \rho\left(\sigma_3\frac{\partial\theta_2}{\partial\alpha} - \sigma_2\frac{\partial\theta_3}{\partial\alpha}\right) + \rho\left(\theta_2\frac{\partial\sigma_3}{\partial\alpha} - \theta_3\frac{\partial\sigma_2}{\partial\alpha}\right).\end{aligned}\right.$$

Multiplions par θ_1 et ajoutons l'équation ainsi obtenue à celles que l'on obtient en effectuant des permutations circulaires sur les indices 1, 2, 3. Nous aurons

$$\Delta = \rho\Delta',$$

Δ et Δ' désignant, pour abréger, les deux déterminants

$$\Delta = \sum \pm \theta_1 \sigma_2 \frac{\partial \sigma_3}{\partial \alpha}, \qquad \Delta' = \sum \pm \sigma_1 \theta_2 \frac{\partial \theta_3}{\partial \alpha}.$$

Multiplions maintenant l'équation (24) par σ_1 et opérons de même : nous aurons, cette fois,

$$\Delta' = \rho\Delta.$$

Il faut donc que l'on ait

$$\rho^2 = 1,$$

à moins que les deux déterminants Δ, Δ' ne soient nuls. Mais alors on aurait

$$\theta_1 \frac{\partial X}{\partial \alpha} + \theta_2 \frac{\partial Y}{\partial \alpha} + \theta_3 \frac{\partial Z}{\partial \alpha} = 0,$$

$$\sigma_1 \frac{\partial x}{\partial \alpha} + \sigma_2 \frac{\partial y}{\partial \alpha} + \sigma_3 \frac{\partial z}{\partial \alpha} = 0;$$

en répétant un raisonnement analogue sur la variable β, il faudrait joindre à ces deux équations les suivantes

$$\theta_1 \frac{\partial X}{\partial \beta} + \theta_2 \frac{\partial Y}{\partial \beta} + \theta_3 \frac{\partial Z}{\partial \beta} = 0,$$

$$\sigma_1 \frac{\partial x}{\partial \beta} + \sigma_2 \frac{\partial y}{\partial \beta} + \sigma_3 \frac{\partial z}{\partial \beta} = 0.$$

En vertu de ces quatre dernières relations, les deux surfaces (S) et (Σ) auraient leurs normales constamment parallèles, ce qui est absurde.

On doit donc supposer

$$\rho^2 = 1;$$

et, comme il est permis de changer le signe de tous les σ ou de tous les θ, on fera

$$\rho = -1.$$

L'équation (24) deviendra donc

$$\left(\frac{\partial \theta_3}{\partial \alpha} - \frac{\partial \sigma_3}{\partial \alpha}\right)(\theta_2 + \sigma_2) = \left(\frac{\partial \theta_2}{\partial \alpha} - \frac{\partial \sigma_2}{\partial \alpha}\right)(\theta_3 + \sigma_3).$$

Il résulte de là que, si μ désigne une fonction auxiliaire, θ_i et σ_i satisfont à l'équation

$$\frac{\partial\theta_i}{\partial\alpha} - \frac{\partial\sigma_i}{\partial\alpha} = \mu(\theta_i + \sigma_i) \tag{25}$$

pour $i = 1, 2, 3$.

En opérant de même pour la variable β, on verra que les mêmes fonctions satisfont à l'équation analogue

$$\frac{\partial\theta_i}{\partial\beta} + \frac{\partial\sigma_i}{\partial\beta} = \mu'(\theta_i - \sigma_i). \tag{26}$$

Différentiant l'équation (25) par rapport à β et tenant compte des relations (21), (22), (26), nous trouvons

$$k\theta_i - k_1\sigma_i = \mu\mu'(\theta_i - \sigma_i) + \mu(\theta_i + \sigma_i)\frac{\partial\mu}{\partial\beta},$$

ou

$$\left(k - \mu\mu' - \frac{\partial\mu}{\partial\beta}\right)\theta_i = \left(k_1 - \mu\mu' + \frac{\partial\mu}{\partial\beta}\right)\sigma_i;$$

et, par suite,

$$k - \mu\mu' - \frac{\partial\mu}{\partial\beta} = 0, \qquad k_1 - \mu\mu' + \frac{\partial\mu}{\partial\beta} = 0. \tag{27}$$

La différentiation de l'équation (26) par rapport à α nous conduirait de même aux relations

$$k - \mu\mu' - \frac{\partial\mu'}{\partial\alpha} = 0, \qquad k_1 - \mu\mu' + \frac{\partial\mu'}{\partial\alpha} = 0. \tag{28}$$

La comparaison des équations ainsi obtenues, (27) et (28), nous donne

$$\frac{\partial\mu}{\partial\beta} = \frac{\partial\mu'}{\partial\alpha},$$

ce qui permet de poser, ω étant une fonction auxiliaire,

$$\mu = \frac{1}{\omega}\frac{\partial\omega}{\partial\alpha}, \qquad \mu' = \frac{1}{\omega}\frac{\partial\omega}{\partial\beta}.$$

Il vient ensuite

$$k = \frac{1}{\omega}\frac{\partial^2\omega}{\partial\alpha\,\partial\beta}, \qquad k_1 = \omega\frac{\partial^2\left(\frac{1}{\omega}\right)}{\partial\alpha\,\partial\beta}. \tag{29}$$

Le reste du calcul s'achève sans difficulté et nous fournit la solution à laquelle nous avait conduit le problème de la déformation infiniment petite.

889. En étudiant un cas particulier des congruences précédentes, nous avons rencontré (nº 763) une relation entre les courbures des deux nappes de la surface focale que nous allons maintenant généraliser.

Si nous désignons par c, c', c'' les cosinus directeurs de la normale à (S), par R et R′ les rayons de courbure principaux de cette surface, nous avons vu (nos 870 et 873) que l'on a

$$(30)\qquad \theta_1 = c\sqrt[4]{-RR'},\qquad \theta_2 = c'\sqrt[4]{-RR'},\qquad \theta_3 = c''\sqrt[4]{-RR'}.$$

Si c_1, c'_1, c''_1, R_1, R'_1 désignent les mêmes grandeurs pour la surface (Σ), nous aurons de même

$$(31)\qquad \sigma_1 = c_1\sqrt[4]{-R_1R'_1},\qquad \sigma_2 = c'_1\sqrt[4]{-R_1R'_1},\qquad \sigma_3 = c''_1\sqrt[4]{-R_1R'_1}.$$

Les formules (23) nous donnent, ρ devant y être remplacé par 1, des relations telles que la suivante

$$X - x = \sqrt[4]{-RR'}\sqrt[4]{-R_1R'_1}\,(c'c''_1 - c'_1c''),$$

d'où l'on déduit pour le segment focal MP l'expression

$$\overline{MP}^2 = \mathbf{S}(X - x)^2 = \sqrt{-RR'}\sqrt{-R_1R'_1}\sin^2 V,$$

V désignant l'angle des plans focaux. Élevant au carré, nous obtenons la relation

$$(32)\qquad \overline{MP}^4 = RR'R_1R'_1\sin^4 V$$

comprenant comme cas particulier celle que nous avons obtenue au nº 763 (1).

(1) Dans des Notes présentées en 1894 à l'Académie des Sciences, M. A. Demoulin et M. E. Cosserat se sont occupés récemment de cette relation, signalée en premier lieu par Ribaucour dans son *Étude des Élassoïdes*, démontrée ensuite par M. Bianchi dans le Mémoire inséré au t. XVIII, 2e série, des *Annali di Matematica pura ed applicata* et intitulé : *Sopra alcune nuove classi di superficie e di sistemi tripli ortogonali*. M. Demoulin l'a démontrée de nouveau par une méthode élégante et M. Cosserat a établi qu'elle constitue une pro-

800. Après avoir étudié la surface (Σ) passons à la surface (A), lieu du point (a, b, c), qui correspond à (Σ) avec orthogonalité des éléments linéaires. Il résulte immédiatement des formules (6) que *le rayon vecteur de* (A) *est parallèle à la normale de* (S), et des formules (7) qu'*elle correspond à* (S_1) *avec parallélisme des plans tangents.*

Ces formules (7) expriment, en effet, que, sur les deux surfaces (A) et (S_1), les tangentes aux courbes de paramètre β et aux courbes de paramètre α sont constamment parallèles. De là résulte la propriété annoncée et l'on voit de plus que *les deux familles de courbes de paramètres* α *et* β *sont conjuguées à la fois sur les deux surfaces.* Nous retrouvons la correspondance par plans tangents parallèles si souvent employée dans les Livres précédents [II, p. 234 et suiv.]. Ce qu'il importe de mettre en lumière, ce sont les caractères distinctifs du cas spécial que nous rencontrons ici.

Nous pouvons faire d'abord la remarque suivante : les lignes de paramètres α et β, qui correspondent sur (A) aux lignes asymptotiques de (S), correspondent par cela même aux lignes asymptotiques de (Σ) et doivent former par suite, sur (A), un réseau conjugué dont l'équation ponctuelle ait ses invariants égaux (n° 883). Ainsi, *sur* (A) *et sur* (S_1), *les deux systèmes conjugués formés des courbes de paramètres* α *et* β, *courbes dont les tangentes correspondantes sont parallèles, ont leurs invariants ponctuels égaux.* Au reste cette proposition se vérifie immédiatement à l'aide des formules (7); car si l'on élimine successivement a et x_1 entre les deux équations

$$\frac{\partial x_1}{\partial \alpha} = -\omega^2 \frac{\partial a}{\partial \alpha}, \qquad \frac{\partial x_1}{\partial \beta} = \omega^2 \frac{\partial a}{\partial \beta}, \tag{33}$$

---

priété *caractéristique* des congruences dont nous nous occupons ici. M. E. Waelsch l'a rattachée, avec d'autres propriétés, à la théorie que nous lui devons des invariants projectifs pour les congruences rectilignes.

Voir A. Demoulin, *Sur une propriété métrique commune à trois classes particulières de congruences rectilignes* (*Comptes rendus de l'Académie des Sciences*, t. CXVIII, p. 242).

E. Cosserat, *Sur des congruences rectilignes et sur le problème de Ribaucour* (même tome, p. 335).

E. Waelsch, *Sur le premier invariant différentiel projectif des congruences rectilignes* (même tome, p. 736).

on obtient, dans l'un et l'autre cas, une équation linéaire du second ordre à invariants égaux.

Examinons maintenant les propositions géométriques qui se rattachent à cette notion purement analytique de l'égalité des invariants. Et, pour cela, considérons d'abord les systèmes tels que le suivant

$$(34)\qquad \frac{\partial x_1}{\partial \alpha} = \lambda \frac{\partial a}{\partial \alpha}, \qquad \frac{\partial x_1}{\partial \beta} = \mu \frac{\partial a}{\partial \beta},$$

qui convient à la correspondance la plus générale par plans tangents parallèles entre deux surfaces : (S_1), lieu du point (x_1, y_1, z_1) et (A), lieu du point (a, b, c). Le système (33) s'en déduira en supposant

$$\lambda = -\mu.$$

Parmi les éléments géométriques qu'il convient d'associer aux surfaces (A) et (S_1), nous signalerons en premier lieu le suivant.

Par les différents points de l'une des surfaces, de (S_1) par exemple, menons des parallèles aux rayons vecteurs correspondants de (A). Ces droites engendrent une congruence (G). Nous savons déjà (nº 426) que les développables de cette congruence correspondent aux courbes du système conjugué commun. Au reste, on le vérifie immédiatement comme il suit. Les deux points F, F_1, définis par les formules

$$(35)\quad \begin{cases} X = x_1 - \lambda a, \\ Y = y_1 - \lambda b, \\ Z = z_1 - \lambda c, \end{cases} \qquad (36)\quad \begin{cases} X_1 = x_1 - \mu a, \\ Y_1 = y_1 - \mu b, \\ Z_1 = z_1 - \mu c, \end{cases}$$

sont évidemment situés sur la droite de la congruence; et ils décrivent, le premier lorsque α varie seul, le second lorsque β varie seul, des courbes tangentes à cette droite. Ces deux points F, F_1 sont donc les points focaux situés sur la droite de la congruence; et les développables de cette congruence correspondent aux courbes de paramètres α et β. De plus, si M_1 désigne le pied (x_1, y_1, z_1) de la droite sur (S_1), on a, d'après les formules précédentes,

$$(37)\qquad \frac{M_1F}{M_1F_1} = \frac{\lambda}{\mu},$$

Par suite si, comme il arrive dans les formules (33), on a $\lambda = -\mu$, le point M_1 sera le milieu du segment FF_1 et la surface (S_1) sera ce que nous avons appelé (n° 260) la *surface moyenne* de la congruence (G).

On pourrait substituer à la congruence (G) la congruence (G') formée par les droites qui joignent les points correspondants de (A) et de (S_1). Le lecteur démontrera aisément que les points focaux de chaque droite de cette congruence divisent harmoniquement le segment formé par ces points correspondants. Cette proposition comprend même la précédente comme cas particulier : il suffit de supposer que la surface (A) grandisse indéfiniment en demeurant homothétique à elle-même.

891. Revenons à la congruence (G). Si l'on remarque que le rayon vecteur de (A) est parallèle à la normale au point correspondant de (S), on voit que la congruence est susceptible d'une nouvelle définition : elle est engendrée par une parallèle à la normale en un point quelconque de (S), cette parallèle étant menée par le point correspondant de (S_1). Les résultats précédents peuvent donc s'énoncer comme il suit :

Si deux surfaces (S) *et* (S_1) *se correspondent avec orthogonalité des éléments linéaires, la droite menée par un point de l'une* (S_1), *parallèlement à la normale au point correspondant de l'autre* (S), *engendre une congruence dont les développables correspondent aux lignes asymptotiques de* (S) *et dont la surface moyenne est la surface* (S_1).

En d'autres termes, *la représentation sphérique des développables de la congruence est identique à celle des lignes asymptotiques de la surface* (S) ; *et, par suite, les plans focaux relatifs à chaque droite de la congruence sont perpendiculaires aux tangentes asymptotiques de la surface* (S), *construites pour le point de* (S) *qui correspond à cette droite de la congruence.*

C'est la proposition de Ribaucour, déjà démontrée par la Géométrie au n° **861**.

892. On voit que les développables de la congruence (G) interceptent sur la surface moyenne (S_1) le réseau formé des courbes de paramètres α et β, c'est-à-dire un réseau conjugué. Proposons-nous, avec M. Cosserat (¹), de définir toutes les congruences rectilignes jouissant de cette propriété. Cherchons même d'une manière plus générale, avec M. Kœnigs, toutes les congruences dont les développables interceptent sur deux surfaces (S) et (T) des réseaux conjugués et qui sont telles en outre que les points focaux de chaque droite divisent harmoniquement le segment de cette droite compris entre les deux surfaces (S) et (T). Il suffira ensuite de supposer que la surface (T) se réduit au plan de l'infini pour obtenir les congruences plus particulières que nous avons en vue.

Or, nous avons déjà considéré les congruences dont les développables interceptent sur deux surfaces (S) et (T) un réseau conjugué et nous avons vu (nº **422**) que, si l'on désigne par α et β les paramètres des développables, les coordonnées homogènes x, y, z, t et a, b, c, h des points M et P où la droite de la congruence coupe (S) et (T) peuvent être choisies de manière à satisfaire à des équations de la forme

$$(38)\quad \left\{\begin{aligned} \frac{\partial x}{\partial \alpha} + \lambda \frac{\partial a}{\partial \alpha} &= 0,\\ \frac{\partial y}{\partial \alpha} + \lambda \frac{\partial b}{\partial \alpha} &= 0,\\ \frac{\partial z}{\partial \alpha} + \lambda \frac{\partial c}{\partial \alpha} &= 0,\\ \frac{\partial t}{\partial \alpha} + \lambda \frac{\partial h}{\partial \alpha} &= 0, \end{aligned}\right. \qquad (39)\quad \left\{\begin{aligned} \frac{\partial x}{\partial \beta} + \mu \frac{\partial a}{\partial \beta} &= 0,\\ \frac{\partial y}{\partial \beta} + \mu \frac{\partial b}{\partial \beta} &= 0,\\ \frac{\partial z}{\partial \beta} + \mu \frac{\partial c}{\partial \beta} &= 0,\\ \frac{\partial t}{\partial \beta} + \mu \frac{\partial h}{\partial \beta} &= 0. \end{aligned}\right.$$

Il est clair ici que les points focaux de la droite MP sont définis par des équations telles que les suivantes

$$x + \lambda a = X, \qquad x + \mu a = X_1,$$
$$\cdots\cdots\cdots\cdots, \qquad \cdots\cdots\cdots\cdots$$

et correspondent, le premier aux développables de paramètre β, le second à celles de paramètre α. Par conséquent, le rapport

(¹) Cosserat (E.), *Sur les congruences de droites et sur la théorie des surfaces* (*Annales de la Faculté des Sciences de Toulouse*, p. N.1; 1893).

anharmonique des deux points focaux et des points M et P sera égal au quotient de λ par μ. Donc, pour que ce rapport soit égal à -1, il faudrait que l'on ait

$$\lambda = -\mu.$$

Dès lors, *les équations ponctuelles relatives aux systèmes conjugués tracés sur* (S) *et sur* (T) *seront à invariants égaux*, puisqu'on obtiendrait ces équations en éliminant, soit x, soit a entre les deux suivantes

$$(40) \qquad \frac{\partial x}{\partial \alpha} + \lambda \frac{\partial a}{\partial \alpha} = 0, \qquad \frac{\partial x}{\partial \beta} - \lambda \frac{\partial a}{\partial \beta} = 0.$$

La question que nous nous proposions est ainsi complètement résolue.

Pour revenir au cas particulier où (T) se réduit au plan de l'infini, il faut faire

$$h = 0;$$

alors les deux dernières formules (38) et (39) donnent

$$t = \text{const.}$$

On peut prendre $t = 1$; alors les équations (38) et (39), où x, y, z deviennent les coordonnées ordinaires, et où l'on a $\mu = -\lambda$, reproduisent le système (7). On obtient donc la proposition suivante due à M. Cosserat (¹) :

Les congruences dont les développables découpent sur la surface moyenne (S_1) *un réseau conjugué ont même représentation sphérique de leurs développables que les lignes asymptotiques d'une autre surface* (S) *qui correspond à la surface moyenne avec orthogonalité des éléments linéaires.*

893. On peut, sans avoir recours à une congruence auxiliaire, indiquer d'autres propriétés caractéristiques du système (33). Désignons par M_1 et par A deux points correspondants sur les

(¹) Pour la généralisation que nous en avons donnée, on pourra consulter une Note de M. Koenigs : *Sur les systèmes conjugués à invariants égaux* (*Comptes rendus de l'Académie des Sciences*, t. CXIII, p. 1022; 1891).

surfaces (S_1) et (A). Soient (*fig.* 82) M_1t, M_1u les tangentes aux courbes de paramètres α et β sur (S_1); At', Au' les tangentes aux courbes correspondantes de (A), tangentes nécessairement parallèles aux premières. A une direction arbitraire M_1h de la première surface correspondra non plus la direction parallèle Ak' de la seconde, mais la conjuguée harmonique Ah' de cette direction par rapport aux deux tangentes At', Au'; de sorte que, à deux directions M_1h, M_1k, divisant harmoniquement l'angle des tangentes M_1t, M_1u, correspondent, mais en sens inverse, deux directions parallèles de la seconde surface.

Fig. 82.

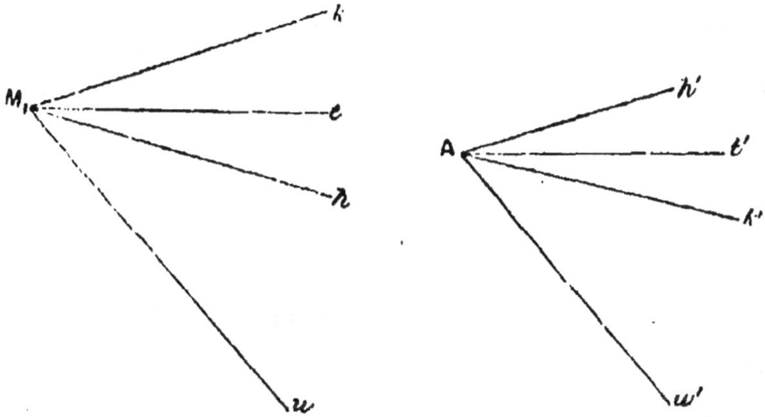

Analytiquement, cette propriété correspond à la transformation suivante que l'on peut faire subir au système (7). Écrivons-le comme il suit

$$m\frac{\partial x_1}{\partial \alpha} + n\frac{\partial x_1}{\partial \beta} = -\omega^2\left(m\frac{\partial a}{\partial \alpha} - n\frac{\partial a}{\partial \beta}\right),$$

$$m\frac{\partial x_1}{\partial \alpha} - n\frac{\partial x_1}{\partial \beta} = -\omega^2\left(m\frac{\partial a}{\partial \alpha} + n\frac{\partial a}{\partial \beta}\right).$$

En prenant comme nouvelles variables les paramètres des deux familles de courbes définies par la double équation différentielle

$$n\,d\alpha = \pm\, m\,d\beta,$$

on lui donnera la forme

$$(41) \qquad \frac{\partial x_1}{\partial \rho} = P\frac{\partial a}{\partial \rho_1}, \qquad \frac{\partial x_1}{\partial \rho_1} = Q\frac{\partial a}{\partial \rho},$$

dont l'interprétation géométrique fournit la proposition déjà obtenue.

804. Cette proposition comprend comme cas particulier la suivante :

Les lignes asymptotiques de l'une quelconque des surfaces (A) *et* (S_1) *correspondent à un système conjugué tracé sur l'autre surface,*

que l'on peut vérifier comme il suit. Écrivons l'équation différentielle des lignes asymptotiques. Si l'on pose, pour abréger,

$$(42) \qquad L = \begin{vmatrix} \frac{\partial a}{\partial \alpha} & \frac{\partial a}{\partial \beta} & \frac{\partial^2 a}{\partial \alpha^2} \end{vmatrix}, \qquad M = \begin{vmatrix} \frac{\partial a}{\partial \alpha} & \frac{\partial a}{\partial \beta} & \frac{\partial^2 a}{\partial \beta^2} \end{vmatrix},$$

et, si l'on tient compte du système (7), on trouvera que les lignes asymptotiques de (A) sont définies par l'équation différentielle

$$(43) \qquad L\,d\alpha^2 + M\,d\beta^2 = 0,$$

et celles de (S_1) par la suivante

$$(44) \qquad L\,d\alpha^2 - M\,d\beta^2 = 0,$$

et de ce résultat analytique découle la proposition annoncée. En effet, sur une surface quelconque où les coordonnées d'un point seraient des fonctions de α et de β, les équations (43) et (44) définissent deux réseaux de courbes telles que les tangentes aux courbes du premier divisent harmoniquement l'angle des tangentes aux courbes du second. Nous rencontrerons souvent cette relation dans la suite de ce Chapitre et nous dirons qu'*alors les réseaux se divisent harmoniquement*. Par exemple, un réseau conjugué divise harmoniquement le réseau des asymptotiques et *vice versa*. Si les équations précédentes sont privées du terme en $d\alpha\,d\beta$, c'est que les asymptotiques divisent harmoniquement le réseau conjugué formé des courbes de paramètres α et β.

D'après cela, considérons les trois réseaux définis par les équations

$$\text{(I)} \qquad d\alpha\,d\beta = 0,$$

$$\text{(II)} \qquad L\,d\alpha^2 - M\,d\beta^2 = 0,$$

$$\text{(III)} \qquad L\,d\alpha^2 + M\,d\beta^2 = 0.$$

Sur chaque surface ces trois réseaux se divisent harmoniquement. Sur la surface (S) le premier est formé des lignes asymptotiques, les deux autres sont conjugués. Sur la surface (S_1) le système II donne les lignes asymptotiques; I et III définissent des réseaux conjugués. Enfin, sur la surface (A) les systèmes I et II sont conjugués, le système III est composé des lignes asymptotiques.

895. Pour obtenir des résultats plus complets encore, nous sommes conduit à adjoindre aux quatre surfaces (S), (S_1), (Σ), (A) deux nouvelles surfaces (Σ_1) et (A_1) qu'on définira de la manière suivante.

La relation entre (S) et (S_1) étant parfaitement réciproque, on peut faire correspondre au système (5) le suivant

$$(45)\qquad \begin{cases} dx_1 = c_1\,dy - b_1\,dz, \\ dy_1 = a_1\,dz - c_1\,dx, \\ dz_1 = b_1\,dx - a_1\,dy, \end{cases}$$

que l'on en déduira par l'échange de x_1, y_1, z_1 en x, y, z. D'après cela, si l'on introduit, comme au n° 885, les nouvelles variables définies par les formules

$$(46)\qquad \begin{cases} X_1 = x_1 - c_1 y + b_1 z, \\ Y_1 = y_1 - a_1 z + c_1 x, \\ Z_1 = z_1 - b_1 x + a_1 y, \end{cases}$$

X_1, Y_1, Z_1 seront les coordonnées d'un point P_1 décrivant une surface (Σ_1) dont la relation à (S_1) sera la même que celle de (Σ) à (S). C'est-à-dire que (Σ_1) et (S_1) seront les deux surfaces focales de la congruence engendrée par la droite qui joint leurs points correspondants; à tout système conjugué tracé sur (S_1) correspondra un système conjugué sur (Σ_1); et, de plus, les équations (46) nous donneront par la différentiation les suivantes

$$(47)\qquad \begin{cases} dX_1 = z\,db_1 - y\,dc_1, \\ dY_1 = x\,dc_1 - z\,da_1, \\ dZ_1 = y\,da_1 - x\,db_1, \end{cases}$$

d'où l'on déduit

$$(48)\qquad dX_1\,da_1 + dY_1\,db_1 + dZ_1\,dc_1 = 0.$$

Ainsi *la surface* (Σ_1) *correspond à la surface* (A_1) *avec orthogonalité des éléments linéaires*. Remarquons que, si l'on échange (S) et (S_1), il faut, pour conserver les relations géométriques, échanger (Σ) et (Σ_1), (A) et (A_1).

898. Mais les surfaces (A) et (A_1) sont liées par une relation géométrique des plus remarquables. *Elles sont polaires réciproques l'une de l'autre par rapport à la sphère de rayon* $\sqrt{-1}$ *ayant pour centre l'origine des coordonnées.*

Si l'on porte, en effet, les valeurs de dx_1, dy_1, dz_1 tirées des formules (45) dans les équations (5) en tenant compte de la relation évidente

$$a\,dx + b\,dy + c\,dz = 0,$$

il vient

$$aa_1 + bb_1 + cc_1 + 1 = 0. \tag{49}$$

D'autre part, si, dans la relation

$$a_1\,dx_1 + b_1\,dy_1 + c_1\,dz_1 = 0,$$

on remplace les dérivées de x_1, y_1, z_1 par leurs valeurs déduites du système (7), il vient

$$a_1\frac{\partial a}{\partial \alpha} + b_1\frac{\partial b}{\partial \alpha} + c_1\frac{\partial c}{\partial \alpha} = 0, \qquad a_1\frac{\partial a}{\partial \beta} + b_1\frac{\partial b}{\partial \beta} + c_1\frac{\partial c}{\partial \beta} = 0,$$

d'où l'on déduit

$$a_1\,da + b_1\,db + c_1\,dc = 0. \tag{50}$$

Cette relation différentielle, rapprochée de l'équation (49), achève de démontrer la proposition que nous avons énoncée. Remarquons d'ailleurs que, les deux surfaces (A) et (A_1) étant polaires réciproques l'une de l'autre, *il y a correspondance entre leurs lignes asymptotiques et leurs réseaux conjugués.*

La relation entre les surfaces (A) et (A_1) se déduit encore très simplement des remarques suivantes.

En vertu de la relation d'orthogonalité

$$dx\,dx_1 + dy\,dy_1 + dz\,dz_1 = 0,$$

il existe une droite (D) dont les coordonnées (n° 139) sont

$$dx_1, \quad dy_1, \quad dz_1, \quad -dx, \quad -dy, \quad -dz,$$

et les formules (5) expriment que cette droite passe par le point (a, b, c). Cette droite, ayant ses cosinus directeurs proportionnels à dx_1, dy_1, dz_1, est nécessairement tangente à la surface (A) décrite par le point (a, b, c).

Pour le même motif, la droite (D_1) dont les coordonnées sont

$$dx, \quad dy, \quad dz, \quad -dx_1, \quad -dy_1, \quad -dz_1,$$

est tangente à la surface (A_1) lieu du point (a_1, b_1, c_1). Et, comme les deux droites (D), (D_1) sont polaires réciproques par rapport à la sphère de rayon i admettant pour centre l'origine des coordonnées, il doit en être de même des surfaces (A) et (A_1).

897. Nous avons déjà six surfaces (S), (S_1), (Σ), (Σ_1), (A), (A_1). Mais nous pouvons continuer l'application de notre méthode de déduction et nous allons obtenir six nouvelles surfaces.

La relation différentielle (13) peut être remplacée par le système (12); mais elle peut l'être aussi par le suivant

$$(51) \qquad \begin{cases} da = Z_3\, dY - Y_3\, dZ, \\ db = X_3\, dZ - Z_3\, dX, \\ dc = Y_3\, dX - X_3\, dY, \end{cases}$$

où X_3, Y_3, Z_3 désignent des fonctions auxiliaires, et qui est nouveau. Opérant comme au n° 885, on introduira les fonctions

$$(52) \qquad \begin{cases} a_3 = a - Z_3 Y + Y_3 Z, \\ b_3 = b - X_3 Z + Z_3 X, \\ c_3 = c - Y_3 X + X_3 Y, \end{cases}$$

qui conduisent à la nouvelle relation

$$(53) \qquad da_3\, dX_3 + db_3\, dY_3 + dc_3\, dZ_3 = 0,$$

tout à fait semblable à celles, (13) et (48), qui ont été déjà déduites de la relation fondamentale (3). Mais ici il se présente une circonstance nouvelle : on peut obtenir algébriquement les valeurs de X_3, Y_3, Z_3 et, par suite, celles de a_3, b_3, c_3.

On déduit, en effet, du système (51), la relation

$$(54) \qquad X_3\, da + Y_3\, db + Z_3\, dc = 0,$$

et, si on la compare à l'équation (50), on voit que X_3, Y_3, Z_3 sont proportionnels à a_1, b_1, c_1.

D'autre part, de même que la comparaison des systèmes (5) et (45) nous avait montré que (A), (A_1) sont polaires réciproques, de même la comparaison des systèmes tout semblables (12) et (51) nous montre que *la surface* (Σ_3) *lieu du point* (X_3, Y_3, Z_3) *et la surface* (S_1) *sont aussi polaires réciproques.* On a donc

$$(55) \qquad X_3 x_1 + Y_3 y_1 + Z_3 z_1 + 1 = 0;$$

et, comme X_3, Y_3, Z_3 sont proportionnels à a_1, b_1, c_1, on a

$$(56) \qquad \frac{X_3}{a_1} = \frac{Y_3}{b_1} = \frac{Z_3}{c_1} = -\frac{1}{a_1 x_1 + b_1 y_1 + c_1 z_1} = -\frac{1}{a_1 X_1 + b_1 Y_1 + c_1 Z_1}.$$

Portant ces valeurs dans les formules (52), on trouve

$$(57) \qquad \frac{a_3}{X_1} = \frac{b_3}{Y_1} = \frac{c_3}{Z_1} = -\frac{1}{a_1 x_1 + b_1 y_1 + c_1 z_1} = -\frac{1}{a_1 X_1 + b_1 Y_1 + c_1 Z_1}.$$

On a donc deux nouvelles surfaces, (Σ_3), déjà définie, et (A_3), lieu du point (a_3, b_3, c_3), qui se correspondent encore avec orthogonalité des éléments linéaires, en vertu de la formule (53).

Les formules analogues

$$(58) \qquad \frac{X_2}{a} = \frac{Y_2}{b} = \frac{Z_2}{c} = -\frac{1}{ax + by + cz} = -\frac{1}{aX + bY + cZ},$$

$$(59) \qquad \frac{a_2}{X} = \frac{b_2}{Y} = \frac{c_2}{Z} = -\frac{1}{ax + by + cz} = -\frac{1}{aX + bY + cZ}$$

définiront de même deux nouvelles surfaces (A_2) et (Σ_2), donnant naissance aux systèmes

$$(60) \quad \begin{cases} da_1 = Z_2\, dY_1 - Y_2\, dZ_1, \\ db_1 = X_2\, dZ_1 - Z_2\, dX_1, \\ dc_1 = Y_2\, dX_1 - X_2\, dY_1, \end{cases} \qquad (61) \quad \begin{cases} da_2 = Z_1\, dY_2 - Y_1\, dZ_2, \\ db_2 = X_1\, dZ_2 - Z_1\, dX_2, \\ dc_2 = Y_1\, dX_2 - X_1\, dY_2, \end{cases}$$

$$(62) \qquad \begin{cases} a_2 = a_1 - Z_2 Y_1 + Y_2 Z_1, \\ b_2 = b_1 - X_2 Z_1 + Z_2 X_1, \\ c_2 = c_1 - Y_2 X_1 + X_2 Y_1 \end{cases}$$

et à la nouvelle relation

$$(63) \qquad da_2\, dX_2 + db_2\, dY_2 + dc_2\, dZ_2 = 0.$$

On peut continuer encore et remplacer cette relation par le

système

$$(64)\quad \begin{cases} dX_2 = z_3\,db_2 - y_3\,dc_2, \\ dY_2 = x_3\,dc_2 - z_3\,da_2, \\ dZ_2 = y_3\,da_2 - x_3\,db_2, \end{cases}$$

qui conduit à introduire les nouvelles variables

$$(65)\quad \begin{cases} x_2 = X_2 - b_2 z_3 + c_2 y_3, \\ y_2 = Y_2 - c_2 x_3 + a_2 z_3, \\ z_2 = Z_2 - a_2 y_3 + b_2 x_3, \end{cases}$$

et donne deux nouvelles surfaces, (S_2), lieu du point (x_2, y_2, z_2), et (S_3), lieu du point (x_3, y_3, z_3). La différentiation donne encore

$$(66)\quad \begin{cases} dx_2 = c_2\,dy_3 - b_2\,dz_3, \\ dy_2 = a_2\,dz_3 - c_2\,dx_3, \\ dz_2 = b_2\,dx_3 - a_2\,dy_3, \end{cases}$$

et, de là, on déduit la nouvelle relation

$$(67)\quad dx_2\,dx_3 + dy_2\,dy_3 + dz_2\,dz_3 = 0.$$

Mais ici il faut s'arrêter. *Le cycle est fermé.* Si l'on calcule, par un procédé analogue à ceux qui ont été employés, les valeurs de $x_2, y_2, z_2, x_3, y_3, z_3$, on a

$$(68)\quad \frac{x_2}{x_1} = \frac{y_2}{y_1} = \frac{z_2}{z_1} = \frac{x_3}{x} = \frac{y_3}{y} = \frac{z_3}{z} = -\frac{1}{xx_1 + yy_1 + zz_1};$$

de sorte que ces équations ne changent pas si l'on échange les indices 2 et 3, 0 et 1. Par suite, si l'on voulait continuer l'application de notre méthode à la relation (53), on retrouverait les deux surfaces (S_2) et (S_3).

On vérifiera aisément les relations

$$(69)\quad \begin{cases} dx_3 = c_3\,dy_2 - b_3\,dz_2, \\ dy_3 = a_3\,dz_2 - c_3\,dx_2, \\ dz_3 = b_3\,dx_2 - a_3\,dy_2, \end{cases}$$

toutes pareilles au système (66).

Ainsi se trouve constitué l'ensemble des douze surfaces

(S), (S_1), (Σ), (A), (Σ_1), (A_1), (Σ_2), (A_3), (Σ_3), (A_2), (S_2), (S_3),

que nous avions annoncé. On peut les grouper comme il suit :

Couples de surfaces qui se correspondent point par point.

1° avec orthogonalité des éléments linéaires.	2° par plans tangents parallèles.	3° par polaires réciproques.	4° comme focales d'une même congruence rectiligne.
(S), (S_1);	(A), (S_1);	(A), (A_1);	(S), (Σ);
(A), (Σ);	(A_1), (S);	(S_1), (Σ_3);	(S_1), (Σ_1);
(A_1), (Σ_1);	(Σ), (Σ_3);	(S), (Σ_2);	(A), (A_3);
(A_2), (Σ_2);	(Σ_1), (Σ_2);	(Σ_1), (S_3);	(A_1), (A_2);
(A_3), (Σ_3);	(S_2), (A_3);	(S_2), (Σ);	(Σ_3), (S_3);
(S_2), (S_3);	(S_3), (A_2);	(A_2), (A_3);	(Σ_2), (S_2);

Ce Tableau conduit à un grand nombre de conséquences. Nous allons le compléter par le suivant.

Les trois réseaux que nous avons désignés par les n^{os} I, II, III, qui sont harmoniques et qui sont formés respectivement des lignes asymptotiques de (S), de (S_1) et de (A), se retrouvent sur les douze surfaces. Nous avons vu que le système III correspond à un réseau conjugué sur (S) et sur (S_1). D'après le Tableau précédent, il correspondra encore à un réseau conjugué sur les polaires réciproques (Σ_2), (Σ_3) de ces surfaces aussi bien que sur (Σ), (Σ_1) qui leur correspondent comme focales d'une même congruence rectiligne. Considérons en particulier (Σ), (Σ_3) ou (Σ_1), (Σ_2) qui se correspondent par plans tangents parallèles. Nous avons vu (n° 890) que les réseaux conjugués communs correspondent à une équation ponctuelle dont les invariants sont égaux. D'après cela, le système III, qui correspond sur (Σ_2), (Σ_3) à des réseaux conjugués ayant leurs invariants ponctuels égaux, donnera nécessairement, sur les polaires réciproques, des réseaux conjugués dont l'équation *tangentielle* aura ses invariants égaux. Ainsi :

Lorsque deux surfaces se correspondent avec orthogonalité des éléments linéaires, nous avons vu que les lignes asymptotiques de chacune correspondent sur l'autre à un réseau conjugué dont les invariants ponctuels sont égaux. Nous reconnaissons de plus que le système conjugué commun aux deux surfaces a ses invariants tangentiels égaux et que les trois réseaux sont en relation harmonique.

D'après cela, les systèmes I, II, III correspondent, sur chacune de nos douze surfaces, au réseau des asymptotiques, à un réseau conjugué ayant ses invariants ponctuels égaux, à un réseau conjugué ayant ses invariants tangentiels égaux, d'après la loi indiquée dans le Tableau suivant :

	LE SYSTÈME I EST	LE SYSTÈME II EST	LE SYSTÈME III EST
Réseau des asymptotiques pour........	(S), (Σ), (S_3), (Σ_3)	(S_1), (Σ_1), (S_2), (Σ_2)	(A), (A_1), (A_2), (A_3)
Réseau conjugué à invariants ponctuels égaux pour.......	(S_1), (A), (S_3), (A_3)	(S), (A_1), (S_2), (A_2)	(Σ), (Σ_1), (Σ_2), (Σ_3)
Réseau conjugué à invariants tangentiels égaux pour........	(Σ_1), (Σ_3), (A_1), (A_3)	(Σ), (Σ_2), (A), (A_2)	(S), (S_1), (S_2), (S_3)

On voit que la théorie des systèmes conjugués à invariants égaux se confond avec celle de la déformation infiniment petite. Nous nous contenterons d'indiquer ici la conséquence suivante des théorèmes que nous venons de démontrer :

Lorsque, sur une surface, un réseau conjugué a ses invariants ponctuels (ou tangentiels) *égaux, le réseau conjugué qui lui est harmonique a ses invariants tangentiels* (ou ponctuels) *égaux.*

Et nous réserverons les développements géométriques pour le Chapitre suivant.

CHAPITRE IV.

TRANSFORMATIONS DIVERSES. INVERSION COMPOSÉE.

Les six couples de surfaces qui se correspondent avec orthogonalité des éléments linéaires. — Théorème et construction de Ribaucour. — Quand on sait résoudre le problème de la déformation infiniment petite pour une surface donnée, on sait résoudre ce même problème pour toutes les surfaces *homographiques et corrélatives*. — Démonstration de ce théorème général pour les homographies qui conservent le plan de l'infini; pour la transformation par polaires réciproques relative au paraboloïde défini par l'équation $z = \frac{x^2+y^2}{2}$. — Ces deux cas particuliers entraînent le théorème général. — Définition de l'*inversion composée* : sa propriété fondamentale. — Quand on sait résoudre le problème de la déformation pour une surface (S), on sait aussi le résoudre pour toutes celles qui en dérivent par l'inversion composée. — L'inversion composée rattachée aux notions relatives aux formes quadratiques dont les coefficients sont constants.

---

898. D'après les résultats que nous avons établis au Chapitre précédent, on voit que, si l'on connaît deux surfaces (S), (S_1) qui se correspondent point par point avec orthogonalité des éléments linéaires, on pourra en déduire, par de simples opérations algébriques, cinq autres couples qui seront formés de surfaces se correspondant l'une à l'autre de la même manière que les deux premières.

Si nous rangeons ces couples dans l'ordre suivant

$$(S), (S_1);\ (\Sigma), (A);\ (\Sigma_3), (A_3);$$
$$(S_3), (S_2);\ (A_2), (\Sigma_2);\ (A_1), (\Sigma_1);\ (S), (S_1),$$

on reconnaît que chacun d'eux se déduit de celui qui précède toujours par la même opération, celle qui nous a permis, étant donné le couple (S), (S_1), d'en déduire le suivant (Σ), (A). Il semble, à la vérité, que, la relation entre deux couples consécutifs étant parfaitement réciproque, cette opération, appliquée sans modification à chaque couple, devrait redonner le précédent; mais, comme elle dépend de l'ordre des surfaces qui composent le couple, il suffit de changer cet ordre pour obtenir le couple qui suit.

On peut interpréter géométriquement les formules que nous avons données et qui permettent de passer de chaque couple au suivant. Mais la construction à laquelle on est ainsi conduit prend un énoncé plus simple, si l'on substitue aux couples de surfaces qui se correspondent avec orthogonalité des éléments linéaires les couples, formés de surfaces applicables, qu'on peut leur associer d'après la méthode du n° 854. Pour cela, portons à partir de chaque point M de la surface (S) (*fig.* 83), et sur la directrice de

Fig. 83.

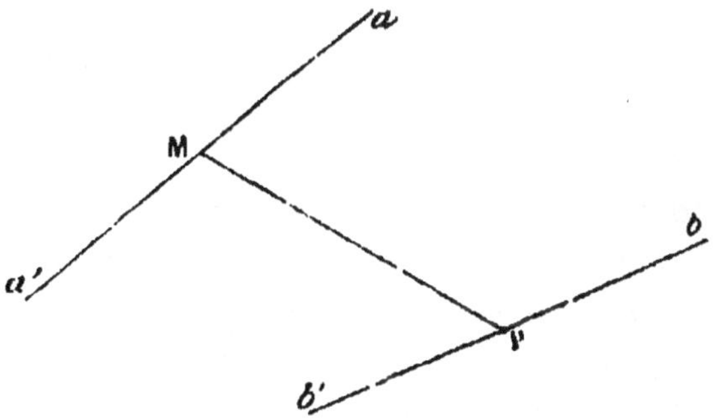

la déformation relative à ce point, c'est-à-dire sur la parallèle au rayon vecteur correspondant de (S_1), des longueurs Ma, Ma', égales et de sens contraires, proportionnelles au module de la déformation, c'est-à-dire égales au rayon vecteur de (S_1) multiplié par la constante k, les deux surfaces (U), (U'), lieux des points a et a' seront applicables l'une sur l'autre. Opérons de même pour la surface (Σ), au point P qui correspond à M; c'est-à-dire prenons, sur la droite parallèle au rayon vecteur correspondant de (A), des segments égaux Pb, Pb' dont la longueur commune soit égale à ce rayon vecteur multiplié par la constante k': nous obtiendrons un nouveau couple (V), (V') formé des surfaces lieux des points b et b' qui seront, elles aussi, applicables l'une sur l'autre. D'après les propriétés démontrées au n° 886 le plan perpendiculaire sur le milieu de aa' sera tangent en P à (Σ) et le plan perpendiculaire sur le milieu de bb' sera tangent en M à (S); la droite MP, tangente commune à (S) et à (Σ), sera perpendiculaire à la fois à aa' et à bb'. Remarquons d'ailleurs que, si V désigne l'angle des plans tangents en M et en P aux surfaces (S) et (Σ), on a, d'après les équations (11) du n° 885,

$$(1)\qquad \overline{Ma}\,\overline{Pb}\sin V = h\,\overline{MP},$$

h étant une constante égale au produit de k et de k'.

Nous pouvons, d'après cela, énoncer la proposition suivante :

Lorsqu'on connaît un couple de surfaces (U), (U′) *applicables l'une sur l'autre, on peut en déduire un couple nouveau par la construction suivante : Le plan perpendiculaire sur le milieu* M *de la droite* aa' *qui joint les points correspondants* a, a' *des deux surfaces enveloppe une surface* (Σ) *qu'il touche en un certain point* P ; *et la droite* MP, *nécessairement tangente en* P *à la surface* (Σ), *est aussi tangente en* M *à la surface* (S) *lieu du point* M. *Si, sur la parallèle menée par le point* P *à la normale de* (S) *en* M, *on porte de part et d'autre deux segments égaux* Pb, Pb' *dont la longueur commune soit définie par la relation* (1), *les deux surfaces* (V), (V′), *lieux des points* b *et* b', *sont aussi applicables l'une sur l'autre* (¹).

La relation établie par cette proposition entre les deux couples (U), (U′) et (V), (V′) est parfaitement réciproque, de telle manière que la construction indiquée, appliquée au couple (V), (V′), redonnerait le couple primitif. Pour obtenir tous ceux que nous ont fournis les méthodes du Chapitre précédent, il faudra continuer à appliquer la même construction, mais en remplaçant l'une des surfaces (V), (V′) par sa symétrique relative à l'origine des coordonnées.

899. Nous reviendrons plus loin sur les couples de surfaces applicables, qui méritent une étude spéciale. Nous bornant, pour le moment, aux surfaces qui se correspondent avec orthogonalité

(¹) Cette élégante proposition se trouve déjà énoncée, bien que d'une manière incomplète, dans la première Communication de Ribaucour, relative au sujet qui nous occupe : *Sur la théorie de l'application des surfaces les unes sur les autres* (*Bulletin de la Société Philomathique*, 13 novembre 1869); Ribaucour l'a rappelée sans la démontrer, mais en donnant son énoncé tout à fait complet, dans son *Étude des Élassoïdes*.

des éléments linéaires, nous allons étudier les cinq couples que les méthodes du Chapitre précédent font dériver du couple primitif (S), (S_1).

Parmi ces cinq couples, l'un d'eux mérite une attention particulière : c'est celui qui est formé des surfaces (Σ_2) et (A_2). En effet, *la surface* (Σ_2) *ne dépend en aucune manière de* (S_1), puisqu'elle est simplement la polaire réciproque de (S) par rapport à la sphère de rayon i qui a l'origine pour centre. Par suite, *on déduira de toutes les surfaces* (S_1) *qui correspondent aux différentes déformations infiniment petites de* (S) *toutes les surfaces* (A_2) *qui définissent de même les déformations infiniment petites de* (Σ_2). Ainsi

Quand on sait résoudre le problème de la déformation infiniment petite pour une surface donnée, on sait résoudre ce même problème pour sa polaire réciproque relative à une sphère.

900. Cette proposition n'est qu'un cas particulier de la suivante que nous allons établir dans toute sa généralité :

Quand on sait résoudre le problème de la déformation infiniment petite pour une surface donnée, on sait résoudre ce même problème pour toutes les surfaces nouvelles qui en dérivent par l'homographie ou la corrélation les plus générales.

En effet, commençons par considérer les transformations homographiques qui conservent le plan de l'infini et qui sont définies par des formules telles que les suivantes :

$$(2)\qquad \begin{cases} x' = ax + by + cz + h, \\ y' = a_1x + b_1y + c_1z + h_1, \\ z' = a_2x + b_2y + c_2z + h_2; \end{cases}$$

il est clair que, si l'on définit x'_1, y'_1, z'_1 en fonction de x_1, y_1, z_1 par les relations

$$(3)\qquad \begin{cases} x_1 = ax'_1 + a_1y'_1 + a_2z'_1 + k, \\ y_1 = bx'_1 + b_1y'_1 + b_2z'_1 + k_1, \\ z_1 = cx'_1 + c_1y'_1 + c_2z'_1 + k_2, \end{cases}$$

on aura identiquement

$$(4) \qquad dx\,dx_1 + dy\,dy_1 + dz\,dz_1 = dx'\,dx'_1 + dy'\,dy'_1 + dz'\,dz'_1.$$

Par suite, à toute solution de l'équation

$$(5) \qquad dx\,dx_1 + dy\,dy_1 + dz\,dz_1 = 0,$$

les formules (2) et (3) feront correspondre une solution de l'équation

$$(6) \qquad dx'\,dx'_1 + dy'\,dy'_1 + dz'\,dz'_1 = 0,$$

et *vice versa*. C'est la démonstration du théorème que nous avons en vue *pour le cas spécial où l'on soumet la surface* (S) *à toute transformation homographique qui conserve le plan de l'infini*.

901. Considérons maintenant le système

$$(7) \qquad \begin{cases} dz = \quad p\,dx + q\,dy, \\ dy_1 = -r_1\,dx - q\,dz_1, \\ dx_1 = \quad r_1\,dy - p\,dz_1, \end{cases}$$

déjà donné au n° **867**, et qui remplace l'équation à vérifier (5); p et q y désignent, nous l'avons vu, les dérivées de z considérée comme fonction de x et de y. Employons la transformation déjà mise en usage au n° **885**, et introduisons les nouvelles variables

$$(8) \qquad \begin{cases} u = \quad px + qy - z, \\ v = -y_1 - r_1 x - q z_1, \\ w = -r_1 y + p z_1 + x_1. \end{cases}$$

La différentiation nous donnera, en tenant compte des relations (7),

$$(9) \qquad \begin{cases} du = \quad x\,dp + y\,dq, \\ dv = -x\,dr_1 - z_1\,dq, \\ dw = -y\,dr_1 + z_1\,dp, \end{cases}$$

et de là on déduit

$$(10) \qquad du\,dr_1 + dv\,dp + dw\,dq = 0.$$

C'est dire que la surface lieu du point (p, q, u) et la surface lieu du point (v, w, r_1) se correspondent avec orthogonalité des éléments linéaires.

Or, p, q, u sont les coordonnées du pôle du plan tangent à la surface (S) relativement au paraboloïde défini par l'équation

$$z = \frac{x^2 + y^2}{2}. \tag{11}$$

Donc, *quand on sait résoudre le problème de la déformation infiniment petite pour une surface* (S), *on sait aussi résoudre le même problème pour la polaire réciproque de* (S) *relativement au paraboloïde défini par l'équation* (11).

Ce cas particulier, ajouté à celui que nous avons déjà étudié dans le numéro précédent, nous suffit pour établir le théorème général que nous avons en vue; car il est aisé de reconnaître que toute transformation homographique et toute transformation corrélative s'obtiennent par l'emploi répété des deux transformations particulières que nous avons considérées.

Ainsi, *à toute solution du problème des éléments rectangulaires ou de la déformation infiniment petite obtenue pour une surface* (S), *on peut faire correspondre, par voie algébrique, une solution pour les surfaces qui dérivent de* (S) *à l'aide de la transformation homographique ou corrélative la plus générale.*

Il est intéressant de voir ainsi s'introduire les propriétés projectives dans le problème de la déformation infiniment petite, alors que le problème de la déformation finie paraît dépendre avant tout des relations métriques.

902. Au reste si, pour arriver à la transformation homographique la plus générale, on ne veut pas employer l'intermédiaire d'une transformation par polaires réciproques, on pourra joindre à l'homographie que nous avons étudiée en premier lieu celle qui est définie par les formules suivantes :

$$x' = \frac{x}{z}, \qquad y' = \frac{y}{z}, \qquad z' = \frac{1}{z}. \tag{12}$$

On verra facilement que, si l'on pose

$$x_1' = \frac{x_1}{z}, \qquad y_1' = \frac{y_1}{z}, \qquad z_1' = -\frac{xx_1 + yy_1 + zz_1}{z}, \tag{13}$$

on aura la relation

$$(14)\qquad dx'dx'_1 + dy'dy'_1 + dz'dz'_1 = \frac{1}{z^2}(dx\,dx_1 + dy\,dy_1 + dz\,dz_1),$$

qui établit encore, pour ce cas spécial, la proposition que nous avons en vue. La transformation définie par les formules (12) et (13) est un cas limite de celle que nous allons étudier, ainsi que nous le montrerons au n° 908. Mais c'est un résultat bien connu qu'en combinant les homographies définies par les deux systèmes (12) et (2) on arrivera à l'homographie la plus générale.

903. Si l'on étudie attentivement le second Tableau donné plus haut [p. 72] on y verra que toujours *une surface déterminée y est accompagnée d'une même surface*. Ainsi, dans chacune des places où se trouve (S) on rencontre (S_2); de sorte que les trois réseaux de courbes désignés respectivement par les chiffres romains I, II et III jouent le même rôle sur (S) et sur (S_2). Par exemple, comme les lignes asymptotiques se correspondent sur les deux surfaces, on voit qu'à tout réseau conjugué tracé sur (S) correspond un réseau conjugué tracé sur (S_2). La relation est de même nature entre (S_1) et (S_3). Étudions la transformation par laquelle on déduit directement (S_2), (S_3) de (S) et de (S_1).

Elle est définie par les formules

$$(15)\qquad \frac{x_2}{x_1} = \frac{y_2}{y_1} = \frac{z_2}{z_1} = \frac{x_3}{x} = \frac{y_3}{y} = \frac{z_3}{z} = \frac{-1}{xx_1 + yy_1 + zz_1};$$

elle est donc *purement ponctuelle*; c'est-à-dire qu'elle fait correspondre aux deux points $M(x, y, z)$, $M_1(x_1, y_1, z_1)$ de (S) et de (S_1) deux points $M_2(x_2, y_2, z_2)$, $M_3(x_3, y_3, z_3)$ de (S_2) et de (S_3) dont les coordonnées dépendent seulement de celles de M et de M_1. Mais elle offre un autre caractère sur lequel il importe d'insister : les coordonnées de M_2 dépendent, à la fois, de celles de M et de celles de M_1; de sorte que la transformation s'applique, non à des points isolés, mais *à des couples de points*. On peut bien faire correspondre M_2 à M et M_3 à M_1, mais M_2 variera si M_1 varie, alors même que M resterait fixe.

Comme la transformation se réduit à l'inversion ordinaire, quand les deux points M et M_1 coïncident, nous lui donnerons le nom d'*inversion composée*. Pour l'étudier, nous écrirons les formules précédentes sous la forme un peu plus générale

$$(16)\qquad \frac{x'}{x_1} = \frac{y'}{y_1} = \frac{z'}{z_1} = \frac{x'_1}{x} = \frac{y'_1}{y} = \frac{z'_1}{z} = \frac{k^2}{xx_1 + yy_1 + zz_1},$$

qui fait correspondre aux points M, M_1 des points (x', y', z'), (x'_1, y'_1, z'_1), désignés maintenant par M', M'_1.

Des formules précédentes on déduit la suivante

$$(17)\qquad x'x'_1 + y'y'_1 + z'z'_1 = \frac{k^4}{xx_1 + yy_1 + zz_1};$$

d'où il résulte immédiatement que la transformation est *involutive*. Si au couple M, M_1 correspond le couple M', M'_1, réciproquement à M', M'_1 correspondront M, M_1.

C'est ce qui résulte aussi de la construction géométrique suivante des points M', M'_1. Soit O l'origine des coordonnées que nous appellerons aussi, par analogie, le *pôle de l'inversion*, P la projection de M_1 sur OM, P_1 la projection de M sur OM_1. Le point M' sera sur le rayon OM_1 à une distance du point O définie par la relation

$$(18)\qquad OM'.OP_1 = k^2$$

et, de même, le point M'_1 sera sur OM à une distance définie par la relation

$$(19)\qquad OM'_1\,OP = k^2.$$

En d'autres termes, M' sera le pôle, par rapport à la sphère de rayon k, du plan mené par le point M perpendiculairement au rayon vecteur OM_1 et de même M'_1 sera le pôle du plan mené par M_1 perpendiculairement au rayon vecteur OM.

Voici maintenant quelle est la propriété fondamentale de la transformation. Associons au couple M, M_1 un second couple N, N_1 auquel correspondront les deux points N', N'_1 ; on aura la relation géométrique

$$(20)\qquad \overline{M'N'}\;\overline{M'_1N'_1}\cos(M'N', M'_1N'_1) = \frac{k^4\,\overline{MN}\;\overline{M_1N_1}\cos(MN, M_1N_1)}{\overline{OM}\;\overline{ON}\;\overline{OM_1}\;\overline{ON_1}\cos\widehat{MOM_1}\cos\widehat{NON_1}}.$$

Si l'on désigne, en effet, par ξ, η, ζ; ξ_1, η_1, ζ_1; ξ', η', ζ';

$\xi'_1, \eta'_1, \zeta'_1$ les coordonnées des points N, N_1, N', N'_1 cette relation géométrique se traduit par l'égalité

$$(21)\quad \left\{\begin{aligned}&(x'-\xi')(x'_1-\xi'_1)+(y'-\eta')(y'_1-\eta'_1)+(z'-\zeta')(z'_1-\zeta'_1)\\&=k^4\frac{(x-\xi)(x_1-\xi_1)+(y-\eta)(y_1-\eta_1)+(z-\zeta)(z_1-\zeta_1)}{(xx_1+yy_1+zz_1)(\xi\xi_1+\eta\eta_1+\zeta\zeta_1)}\end{aligned}\right.$$

dont la vérification se fait presque immédiatement. Il suit de là que, si les deux segments MM_1, NN_1 sont tels que MN soit perpendiculaire à M_1N_1, il en sera de même pour les segments transformés.

Si l'on suppose que le segment NN_1 soit infiniment voisin de MM_1, en posant $\xi = x + dx, \ldots, \xi_1 = x_1 + dx_1, \ldots$, l'égalité précédente nous donnera

$$(22)\quad \left\{\begin{aligned}&dx'dx'_1+dy'dy'_1+dz'dz'_1\\&=\frac{k^4}{(xx_1+yy_1+zz_1)^2}(dx\,dx_1+dy\,dy_1+dz\,dz_1),\end{aligned}\right.$$

et l'on reconnaît ainsi que l'inversion composée conserve toute correspondance entre deux surfaces qui a lieu avec orthogonalité des éléments linéaires infiniment petits.

904. Les résultats que nous avons établis relativement aux douze surfaces nous révèlent encore une propriété remarquable de l'inversion composée. D'après la troisième colonne du Tableau de la page 71 on voit que *la surface* (S_2) *est la polaire réciproque de la surface* (Σ). Or nous avons établi (n° 886) que l'on saura résoudre par des quadratures le problème de la déformation infiniment petite pour (Σ) dès qu'on saura résoudre ce problème pour (S); (S_2) étant la polaire réciproque de (Σ), on peut donc énoncer la proposition suivante :

Dès qu'on sait résoudre le problème de la déformation infiniment petite pour une surface (S), *on sait aussi le résoudre par de simples quadratures pour la surface* (S_2) *qui en dérive si on applique l'inversion composée au couple formé de* (S) *et de toute surface* (S_1) *qui lui correspond avec orthogonalité des éléments linéaires infiniment petits.*

905. Revenant à l'ensemble de nos douze surfaces, nous voyons

qu'il résulte des propositions précédentes que l'on saura résoudre le problème de la déformation infiniment petite pour les quatre surfaces (S), (Σ), (S_2), (Σ_2), dont les lignes asymptotiques sont formées par le réseau I, dès qu'on saura le résoudre pour l'une d'elles. La première de ces surfaces est définie par les formules (1), [p. 49], où θ_1, θ_2, θ_3 sont trois solutions particulières de l'équation (2) [p. 49]. Pour obtenir la seconde (Σ), il faudrait, nous l'avons vu au n° 886, remplacer θ_1, θ_2, θ_3 respectivement par $\frac{x_1}{\omega}$, $\frac{y_1}{\omega}$, $\frac{z_1}{\omega}$, et l'équation à invariants égaux correspondant à cette surface admettrait la solution $\frac{1}{\omega}$. Un calcul facile montrera de même que, pour obtenir la polaire réciproque (Σ_2) de (S), il faudrait remplacer θ_1, θ_2, θ_3 par

$$(23)\quad \theta'_1 = \frac{x}{\theta_1 x + \theta_2 y + \theta_3 z},\quad \theta'_2 = \frac{y}{\theta_1 x + \theta_2 y + \theta_3 z},\quad \theta'_3 = \frac{z}{\theta_1 x + \theta_2 y + \theta_3 z};$$

et l'équation correspondante admettra la solution

$$(24)\qquad \omega'_1 = -\frac{xx_1 + yy_1 + zz_1}{\theta_1 x + \theta_2 y + \theta_3 z}.$$

Enfin, pour la surface (S_2), les nouvelles valeurs de θ_1, θ_2, θ_3 seraient

$$(25)\quad \theta''_1 = \frac{X\omega}{xx_1 + yy_1 + zz_1},\quad \theta''_2 = \frac{Y\omega}{xx_1 + yy_1 + zz_1},\quad \theta''_3 = \frac{Z\omega}{xx_1 + yy_1 + zz_1};$$

et l'équation correspondante admettrait la solution

$$(26)\qquad \omega''_1 = -\frac{\theta_1 x + \theta_2 y + \theta_3 z}{xx_1 + yy_1 + zz_1}.$$

Ces résultats sont résumés dans le Tableau suivant :

SURFACES.	θ_1.	θ_2.	θ_3.	ω.
(S).......	θ_1	θ_2	θ_3	ω
(Σ).......	$\frac{x_1}{\omega}$	$\frac{y_1}{\omega}$	$\frac{z_1}{\omega}$	$\frac{1}{\omega}$
(Σ_2).......	$\frac{x}{\theta_1 x+\theta_2 y+\theta_3 z}$	$\frac{y}{\theta_1 x+\theta_2 y+\theta_3 z}$	$\frac{z}{\theta_1 x+\theta_2 y+\theta_3 z}$	$-\frac{xx_1+yy_1+zz_1}{\theta_1 x+\theta_2 y+\theta_3 z}$
(S_2).......	$\frac{X\omega}{xx_1+yy_1+zz_1}$	$\frac{Y\omega}{xx_1+yy_1+zz_1}$	$\frac{Z\omega}{xx_1+yy_1+zz_1}$	$-\frac{\theta_1 x+\theta_2 y+\theta_3 z}{xx_1+yy_1+zz_1}$

Les quatre équations à invariants égaux qui correspondent aux quatre surfaces peuvent être intégrées dès que l'on a intégré l'une d'elles. C'est ce qui résulte de l'Analyse précédente et ce que l'on pourrait déduire aussi du théorème de M. Moutard. Mais, tandis que toute déformation infiniment petite de (S) donne sans aucune quadrature, comme nous l'avons vu, une déformation infiniment petite de la polaire réciproque (Σ_2), il faudra, au contraire, effectuer des quadratures pour trouver une déformation infiniment petite de l'une ou l'autre des deux surfaces (Σ), (S_2), polaires réciproques l'une de l'autre.

906. A la transformation homographique, à la transformation par polaires réciproques, à l'inversion composée on peut joindre encore une dernière transformation, celle qui est définie en prenant pour x, y, z, x_1, y_1, z_1 des fonctions linéaires *à coefficients constants* de nouvelles variables $x', y', z', x'_1, y'_1, z'_1$, assujetties à la condition de reproduire, à un facteur constant près, la forme quadratique

$$dx\,dx_1 + dy\,dy_1 + dz\,dz_1,$$

c'est-à-dire à donner

$$dx\,dx_1 + dy\,dy_1 + dz\,dz_1 = h(dx'\,dx'_1 + dy'\,dy'_1 + dz'\,dz'_1).$$

Le lecteur, familiarisé avec cette théorie, reconnaîtra sans peine que pour obtenir, de la manière la plus générale, de telles transformations il suffira de soumettre $\theta_1, \theta_2, \theta_3, \omega$ à la transformation linéaire et homogène la plus générale, c'est-à-dire de poser

$$(27)\quad \begin{cases} \theta'_1 = h_1\theta_1 + k_1\theta_2 + l_1\theta_3 + m_1\omega, \\ \theta'_2 = h_2\theta_1 + k_2\theta_2 + l_2\theta_3 + m_2\omega, \\ \theta'_3 = h_3\theta_1 + k_3\theta_2 + l_3\theta_3 + m_3\omega, \\ \omega' = h_4\theta_1 + k_4\theta_2 + l_4\theta_3 + m_4\omega; \end{cases}$$

h_i, k_i, l_i, m_i désignant des constantes quelconques. La surface (S′) qui correspond ainsi à (S) aura sa déformation infiniment petite dépendante de la même équation aux dérivées partielles que la surface (S). Cette transformation générale, dont nous ne dirons qu'un mot, comprend évidemment, comme cas particulier, celle que nous avons considérée au n° **900**. Remarquons d'ailleurs qu'elle correspond purement et simplement, d'après les équations (6) du n° 883, à une transformation homographique aussi générale que possible de la surface (A).

907. Nous n'insisterons pas davantage sur toutes ces transformations ; il nous paraît bon cependant de montrer quelle est la véritable origine de l'inversion composée, et comment elle peut être rattachée à quelques notions très familières aux géomètres, relatives aux formes quadratiques dont les coefficients sont constants.

Étant données deux surfaces (S), (S_1), lieux des points $M(x, y, z)$, $M_1(x_1, y_1, z_1)$, posons

$$(28)\quad \begin{cases} \xi = x + x_1, \\ \eta = y + y_1, \\ \zeta = z + z_1, \end{cases} \qquad (29)\quad \begin{cases} \xi_1 = x - x_1, \\ \eta_1 = y - y_1, \\ \zeta_1 = z - z_1. \end{cases}$$

On aura identiquement

$$(30)\quad 4(dx\,dx_1 + dy\,dy_1 + dz\,dz_1) = d\xi^2 + d\eta^2 + d\zeta^2 - d\xi_1^2 - d\eta_1^2 - d\zeta_1^2;$$

de sorte que, si les surfaces (S), (S_1) se correspondent point par point avec orthogonalité des éléments linéaires, les deux surfaces (U), (U_1), lieux des points $a(\xi, \eta, \zeta)$, $a'(\xi_1, \eta_1, \zeta_1)$, sont applicables l'une sur l'autre. Cela posé, considérons la forme quadratique

$$(31)\quad F = d\xi^2 + d\eta^2 + d\zeta^2 - d\xi_1^2 - d\eta_1^2 - d\zeta_1^2,$$

qui peut être mise sous la forme d'une somme de six carrés :

$$(32)\quad F = d\xi^2 + d\eta^2 + d\zeta^2 + (di\xi_1)^2 + (di\eta_1)^2 + (di\zeta_1)^2.$$

Si l'on considère, dans l'espace à six dimensions, le point μ dont les coordonnées rectangulaires sont

$$\xi,\ \eta,\ \zeta,\ i\xi_1,\ i\eta_1,\ i\zeta_1,$$

il sera représenté dans l'espace ordinaire, soit par le couple des points M, M_1, soit par celui des points a, a'. Or la forme F se reproduit lorsqu'on effectue, dans l'espace à six dimensions, un déplacement quelconque, c'est-à-dire lorsqu'on soumet ξ, η, ζ, $i\xi_1$, $i\eta_1$, $i\zeta_1$ à une substitution linéaire orthogonale quelconque. Elle se reproduit même à un facteur constant près si l'on combine ce déplacement avec une transformation homothétique arbitraire. Cela donne, dans l'espace à trois dimensions, la transformation du numéro précédent et l'on voit que la forme F ne cessera pas d'être nulle, après cette transformation, si elle l'était auparavant. Ainsi se trouvent établis les résultats des nos 900 et 906.

Mais la forme F se reproduit aussi, à un facteur près, lorsqu'on soumet les mêmes variables ξ, η, ... à une inversion; c'est-à-dire lorsqu'on effectue une substitution de la forme

$$(33)\qquad \frac{\xi'}{\xi}=\frac{\eta'}{\eta}=\frac{\zeta'}{\zeta}=\pm\frac{\xi'_1}{\xi_1}=\pm\frac{\eta'_1}{\eta_1}=\pm\frac{\zeta'_1}{\zeta_1}=\frac{4k^2}{\xi^2+\eta^2+\zeta^2-\xi_1^2-\eta_1^2-\zeta_1^2}.$$

Si donc elle était déjà nulle, elle ne cessera pas de l'être. Par suite, la transformation définie par les formules précédentes transforme un couple de surfaces applicables en un autre couple de même nature.

Si l'on prend partout le signe — et si l'on introduit les variables x, y, z, x_1, y_1, z_1, les formules précédentes deviennent

$$(34)\qquad \frac{x'}{x_1}=\frac{y'}{y_1}=\frac{z'}{z_1}=\frac{x'_1}{x}=\frac{y'_1}{y}=\frac{z'_1}{z}=\frac{k^2}{xx_1+yy_1+zz_1}.$$

Ce sont celles que nous avons données au n° 903 et qui conservent la propriété de deux surfaces de se correspondre avec orthogonalité des éléments linéaires.

908. En terminant ce Chapitre, nous montrerons que les formules précédentes comprennent, comme cas-limite, celles qui ont été données au n° 902.

Remarquons d'abord que, dans la forme

$$dx\,dx_1+dy\,dy_1+dz\,dz_1,$$

on peut toujours remplacer x_1 par ax_1 et x par $\frac{x+a}{a}$, a désignant une constante. Si l'on remplace en outre x' par $x'-a$ et k^2 par $-a$, les formules se présentent sous la forme suivante

$$\frac{x'-a}{ax_1}=\frac{y'}{y_1}=\frac{z'}{z_1}=\frac{x'_1 a}{x+a}=\frac{y'_1}{y}=\frac{z'_1}{z}=\frac{-a}{x_1(x+a)+yy_1+zz_1}.$$

Faisant croître a indéfiniment, on trouvera

$$\frac{y'}{y_1}=\frac{z'}{z_1}=\frac{y'_1}{y}=\frac{z'_1}{z}=x'_1=-\frac{1}{x_1},$$

puis

$$x' = \lim\left(a - \frac{a^2 x_1}{x_1(x+a) + yy_1 + zz_1}\right) = \frac{xx_1 + yy_1 + zz_1}{x_1}.$$

On a ainsi

$$(35)\qquad \begin{cases} x' = \dfrac{xx_1 + yy_1 + zz_1}{x_1}, & x'_1 = -\dfrac{1}{x_1}, \\ y' = -\dfrac{y_1}{x_1}, & y'_1 = -\dfrac{y}{x_1}, \\ z' = -\dfrac{z_1}{x_1}, & z'_1 = -\dfrac{z}{x_1}. \end{cases}$$

Aux notations près, c'est le résultat signalé au n° 902.

CHAPITRE V.

APPLICATIONS DIVERSES.

Étude du cas particulier où la surface (S_1), qui correspond à (S) avec orthogonalité des éléments linéaires, se réduit à un plan. — Ce que deviennent alors les douze surfaces. — Application à la question suivante : déterminer toutes les congruences rectilignes pour lesquelles la surface moyenne est un plan. — On détermine, parmi ces congruences rectilignes, celles qui sont formées des normales à une surface. — Étude du problème plus étendu : déterminer toutes les surfaces pour lesquelles les développables formées par les normales découpent, sur la développée moyenne, un réseau conjugué. — La solution de ce problème se ramène à la détermination de la déformation infiniment petite des surfaces minima. — Cette détermination se ramène d'ailleurs à l'intégration d'une équation linéaire harmonique. — C'est de la même équation aux dérivées partielles que dépend la détermination des surfaces ayant même représentation sphérique de leurs lignes de courbure que la surface minima adjointe à la proposée. — Comment on retrouve les surfaces minima dans l'étude de la déformation infiniment petite de la sphère. — Développement des calculs. — Déformation infiniment petite d'une surface à courbure constante négative. — L'une des douze surfaces devient alors une de ces surfaces, considérées en premier lieu par M. Voss, et sur lesquelles il y a un réseau conjugué exclusivement composé de lignes géodésiques. — Étude des développantes de ces surfaces. — Elles constituent l'une des nappes d'une congruence rectiligne pour laquelle les développables correspondent aux lignes de courbure sur les deux nappes de la surface focale. — Démonstration géométrique des théorèmes de M. Guichard, relatifs à ces surfaces. — Le Chapitre se termine par la démonstration d'un lemme dont il a été fait usage dans la démonstration précédente, et qui est susceptible de nombreuses applications à la théorie des congruences rectilignes.

---

909. Nous avons déjà signalé plus haut une solution évidente du problème des éléments rectangulaires : c'est celle où, la surface (S) étant quelconque, la surface (S_1) est un plan. Il est intéressant de rechercher ce que deviennent, dans ce cas spécial, les douze surfaces définies au Chapitre précédent. On a alors

$$(1)\qquad \left\{\begin{aligned} x_1 &= a_0 + c_1 y - b_1 z,\\ y_1 &= b_0 + a_1 z - c_1 x,\\ z_1 &= c_0 + b_1 x - a_1 y;\end{aligned}\right.$$

a_0, b_0, c_0; a_1, b_1, c_1 désignant six constantes quelconques. D'après nos tableaux et nos formules, on reconnaît sans peine que les quatre surfaces (S_1), (A), (S_3), (A_2) se réduisent à des plans, tandis que leurs polaires réciproques, les surfaces (Σ_1), (A_1), (Σ_3), (A_3), se réduisent à des points. Il reste donc à examiner seulement les trois surfaces (Σ), (S_2), (Σ_2) qui, avec (S), complètent le système cherché. Or, la surface (Σ) est, en général, l'enveloppe du plan défini par l'équation

$$(2) \qquad x_1(X-x)+y_1(Y-y)+z_1(Z-z)=0,$$

qui devient ici

$$\begin{aligned} a_0(X-x)+b_0(Y-y)+c_0(Z-z)& \\ +a_1(zY-yZ)+b_1(xZ-zX)+c_1(yX-xY)&=0. \end{aligned}$$

Le lecteur reconnaît l'équation du plan formé par toutes les droites qui appartiennent à un complexe linéaire, et passent par le point (x, y, z). La surface (Σ) est donc la polaire réciproque de (S) par rapport au complexe linéaire défini par les six constantes a_0, b_0, c_0, $-a_1$, $-b_1$, $-c_1$. C'est un résultat qu'il était aisé de prévoir. Nous savons, en effet, que, dans le cas qui nous occupe, il ne s'agit pas (n° 856) d'une véritable déformation de la surface (S), mais d'un simple déplacement d'ensemble de cette surface. Pour chacun de ses points, la directrice de la déformation devient la direction de la vitesse du point, dans ce déplacement; et le plan perpendiculaire à cette directrice, plan qui enveloppe la surface (Σ), n'est autre que le plan du complexe linéaire engendré par toutes les droites qui, dans le déplacement considéré, sont normales à la vitesse d'un de leurs points. Ainsi se trouve confirmée la relation établie par le calcul entre (S) et (Σ).

Quant aux surfaces (S_2) et (Σ_2), elles sont, d'après le Tableau de la page 71, les polaires réciproques de (Σ) et de (S) par rapport à la sphère de rayon i ayant l'origine pour centre. Cela suffit à les définir et à montrer qu'elles sont, entre elles, dans la même relation dualistique que (S) et (Σ), pourvu que l'on substitue au complexe linéaire défini plus haut son polaire réciproque par rapport à la sphère de rayon i. Les surfaces (S) et (S_2) sont évidemment en relation homographique puisqu'elles sont les polaires réciproques d'une même surface (Σ) l'une par rapport à un complexe linéaire, l'autre relativement à une sphère. La même remarque s'applique aux surfaces (Σ), (Σ_2), qui sont les polaires réciproques de (S).

Cette solution tout exceptionnelle du problème proposé s'obtient en prenant pour ω dans les formules (C) [p. 25] une combinaison linéaire à coefficients constants des solutions particulières θ_1, θ_2, θ_3, à savoir

$$\omega = -a_1\theta_1 - b_1\theta_2 - c_1\theta_3. \tag{3}$$

Si le lecteur voulait en déduire des couples de surfaces applicables conformément à la méthode du n° 854, il reconnaîtrait aisément qu'on obtient seulement ainsi deux positions différentes d'une même surface ou deux surfaces symétriques. On peut rattacher cette remarque à un beau théorème de Chasles relatif au solide milieu dans le déplacement fini d'une figure invariable quelconque. Dans un article publié en 1831 (¹), l'illustre géomètre énonce la proposition suivante :

Quand on a dans l'espace deux corps parfaitement égaux, et placés d'une manière quelconque, si l'on joint par des droites les points du premier aux points homologues du second, les points milieux de ces droites formeront un second corps solide qui sera tel qu'on pourra lui donner un mouvement infiniment petit dans lequel tous ses points se dirigeraient suivant ces mêmes droites (²).

Il suffit évidemment d'appliquer cette proposition au cas où les deux corps égaux se réduiraient à des surfaces égales pour retrouver le cas particulier de la déformation infiniment petite étudiée au commencement de ce numéro.

(¹) Chasles, *Note sur les propriétés générales du système de deux corps semblables entre eux, et placés d'une manière quelconque dans l'espace et sur le déplacement fini ou infiniment petit d'un corps solide libre;* communiquée à la Société Philomathique, séance du 5 février 1831 (*Bulletin de Férussac*, t. XIV, p. 321-326).

(²) Si les deux corps dont il est question dans le théorème de Chasles, au lieu d'être parfaitement égaux, étaient *symétriques*, le solide milieu se réduirait à un plan.

910. Ce cas particulier que nous venons de considérer intervient de la manière la plus simple dans la solution de la question suivante :

Déterminer toutes les congruences rectilignes pour lesquelles la surface moyenne est un plan.

Si, en effet, la surface moyenne est un plan, le réseau intercepté sur ce plan par les développables de la congruence est nécessairement conjugué, comme tous les réseaux plans, et il n'y a plus qu'à appliquer la proposition générale des nos 891 et 892 en supposant seulement que la surface (S_1) se réduise à un plan (P).

A cet effet, on prendra arbitrairement la surface (S), et l'on adjoindra au plan (P) une droite fixe (d) perpendiculaire à ce plan. On fera tourner la surface (S) de 90° autour de (d); puis on projettera tous ses points sur le plan (P). A chaque point M de la surface primitive (S) correspondra ainsi un point M′ du plan (P). La correspondance établie par cette construction sera évidemment telle qu'à tout élément linéaire de (S) corresponde un élément linéaire orthogonal de (P), et l'on reconnaîtra sans peine qu'elle devient la plus générale de toutes celles qui satisfont à cette condition, si, dans la construction, on substitue à (S) une de ses homothétiques par rapport au pied de la droite (d) sur le plan (P).

Si l'on applique maintenant à l'ensemble des deux surfaces (S) et (P) la proposition du n° 892, on voit que, pour obtenir la congruence cherchée, il suffira de mener par chaque point M′ du plan (P) une droite qui soit parallèle à la normale menée en M à la surface (S). On peut ajouter que, d'après la proposition générale indiquée au n° 891, les plans focaux de cette droite de la congruence seront perpendiculaires aux tangentes asymptotiques relatives au point correspondant de la surface (S) [1].

911. Cette solution générale du problème posé nous conduit

---

[1] Cette construction a été donnée par M. C. Guichard dans une Note : *Sur les congruences dont la surface moyenne est un plan*, insérée en 1892 au tome CXIV des *Comptes rendus*, p. 729. M. Guichard dit aussi quelques mots du cas où les droites de la congruence sont les normales d'une surface.

à examiner le cas particulier où l'on exige, non seulement que la surface moyenne soit un plan, mais aussi que la congruence soit formée des normales à une surface. D'après la construction précédente des plans focaux, il sera nécessaire et suffisant qu'en chaque point de (S) les tangentes asymptotiques soient rectangulaires, c'est-à-dire que (S) *soit une surface minima.*

Ainsi, *pour obtenir toutes les congruences de normales dans lesquelles la surface moyenne est un plan, il suffira d'établir, comme on l'a indiqué plus haut, une correspondance avec orthogonalité des éléments entre une surface minima quelconque et un plan, puis de mener, par chaque point du plan, une droite parallèle à la normale au point correspondant de la surface minima.*

912. Plus généralement, proposons-nous le problème suivant : *Déterminer toutes les surfaces pour lesquelles les développables formées par les normales découpent sur la développée moyenne un réseau conjugué.* Nous donnons ici le nom de *développée moyenne* à la surface décrite par le milieu du segment formé sur chaque normale par les deux centres de courbure. Nous allons voir que la solution de cette question est liée à l'étude de la déformation infiniment petite des surfaces minima.

Reportons-nous, en effet, à la construction donnée au n° **891**, et qui nous fait connaître toutes les congruences pour lesquelles les développables découpent sur la surface moyenne un réseau conjugué. Pour que ces congruences soient formées de normales, c'est-à-dire pour que les plans focaux de chaque droite soient rectangulaires, il sera nécessaire et suffisant qu'en chaque point de (S) les tangentes asymptotiques soient rectangulaires, c'est-à-dire que (S) soit une surface minima. Ainsi :

Pour obtenir la congruence de normales la plus générale dans laquelle les développables découpent sur la surface moyenne un réseau conjugué, il suffira de déterminer la surface la plus générale (S_1) *qui correspond avec orthogonalité des éléments linéaires à une surface minima quelconque; puis de mener par chaque point de* (S_1) *une parallèle à la normale au point correspondant de* (S).

913. Cela nous amène à dire quelques mots du problème de la déformation infiniment petite des surfaces minima.

En nous reportant au n° 205, nous reconnaîtrons aisément que, si l'on prend les équations qui définissent une surface minima sous la forme suivante :

$$(4)\qquad \left\{\begin{aligned} x &= i\int\frac{U^2-1}{U'}\,du - i\int\frac{V^2-1}{V'}\,dv,\\ y &= \int\frac{U^2+1}{U'}\,du + \int\frac{V^2+1}{V'}\,dv,\\ z &= 2i\int\frac{U}{U'}\,du - 2i\int\frac{V}{V'}\,dv,\end{aligned}\right.$$

U, V désignant des fonctions de u et de v respectivement, l'équation différentielle des lignes asymptotiques prendra la forme

$$(5)\qquad du^2 - dv^2 = 0.$$

Les cosinus directeurs de la normale seront ici

$$(6)\qquad c = \frac{U+V}{1+UV},\qquad c' = i\,\frac{V-U}{1+UV},\qquad c'' = \frac{1-UV}{1+UV}.$$

Si, au lieu d'introduire les paramètres

$$(7)\qquad \alpha = u+v,\qquad \beta = u-v$$

des deux familles de lignes asymptotiques, on conserve les variables u et v, les trois fonctions θ_1, θ_2, θ_3 considérées au n° 870 auront les expressions suivantes

$$(8)\qquad \theta_1 = \frac{U+V}{\sqrt{U'V'}},\qquad \theta_2 = i\,\frac{V-U}{\sqrt{U'V'}},\qquad \theta_3 = \frac{1-UV}{\sqrt{U'V'}},$$

et elles satisferont à l'équation aux dérivées partielles

$$(9)\qquad \frac{\partial^2\theta}{\partial u^2} - \frac{\partial^2\theta}{\partial v^2} = \theta\left[\frac{\left(\frac{1}{\sqrt{U'}}\right)''}{\frac{1}{\sqrt{U'}}} - \frac{\left(\frac{1}{\sqrt{V'}}\right)''}{\frac{1}{\sqrt{V'}}}\right],$$

qui remplacera l'équation (19) du n° 870, et qui est celle qu'il faudra intégrer si l'on veut résoudre le problème de la déformation infiniment petite de la surface minima. Or, cette équation appartient au type de celles que nous avons nommées *harmoniques* [II, p. 193]. Ainsi :

La détermination de la déformation infiniment petite d'une surface minima quelconque se ramène à l'intégration de l'équation linéaire harmonique la plus générale.

L'étude des équations harmoniques a été faite au Livre IV, Chap. IX. Nous n'y reviendrons pas ici.

Revenant au problème du numéro précédent, nous nous contenterons seulement d'indiquer comment on détermine les surfaces normales aux droites de chacune des congruences obtenues.

Si l'on pose

$$\theta_4 = \frac{1+UV}{\sqrt{U'V'}}, \tag{10}$$

on aura

$$\theta_4^2 = \theta_1^2 + \theta_2^2 + \theta_3^2, \tag{11}$$

et l'on reconnaîtra aisément que θ_4 est encore une solution particulière de l'équation (9). Cela posé, la surface normale aux droites de la congruence sera définie par les formules

$$x' = x_1 + \frac{\theta_1}{\theta_4}\xi, \qquad y' = y_1 + \frac{\theta_2}{\theta_4}\xi, \qquad z' = z_1 + \frac{\theta_3}{\theta_4}\xi, \tag{12}$$

où l'on a

$$\xi = \int \left(\omega\frac{\partial\theta_4}{\partial u} - \theta_4\frac{\partial\omega}{\partial u}\right)dv + \left(\omega\frac{\partial\theta_4}{\partial v} - \theta_4\frac{\partial\omega}{\partial v}\right)du; \tag{13}$$

les coordonnées x_1, y_1, z_1 de la surface (S_1) étant définies par les formules analogues

$$\left\{\begin{aligned} x_1 &= \int\left(\theta_1\frac{\partial\omega}{\partial u} - \omega\frac{\partial\theta_1}{\partial u}\right)dv + \left(\theta_1\frac{\partial\omega}{\partial v} - \omega\frac{\partial\theta_1}{\partial v}\right)du,\\ y_1 &= \int\left(\theta_2\frac{\partial\omega}{\partial u} - \omega\frac{\partial\theta_2}{\partial u}\right)dv + \left(\theta_2\frac{\partial\omega}{\partial v} - \omega\frac{\partial\theta_2}{\partial v}\right)du,\\ z_1 &= \int\left(\theta_3\frac{\partial\omega}{\partial u} - \omega\frac{\partial\theta_3}{\partial u}\right)dv + \left(\theta_3\frac{\partial\omega}{\partial v} - \omega\frac{\partial\theta_3}{\partial v}\right)du.\end{aligned}\right. \tag{14}$$

Si l'on veut que la surface moyenne (S_1) se réduise à un plan, on pourra prendre

$$\omega = h\theta_3, \tag{15}$$

h désignant une constante quelconque.

914. Dans le cas qui nous occupe, il y a lieu de signaler une propriété intéressante du groupe des douze surfaces. D'après la proposition générale qui a été établie au n° **895**, la surface que nous avons désignée par (A_1) est la polaire réciproque de la surface (A) par rapport à la sphère de rayon i admettant pour centre l'origine des coordonnées; et elle est, par suite, l'enveloppe du plan dont l'équation est

$$\theta_1 X + \theta_2 Y + \theta_3 Z + \omega = 0. \tag{16}$$

Elle correspond à la surface minima (S) avec parallélisme des plans tangents, et nous savons, de plus, que les lignes asymptotiques de (S) correspondent à un réseau conjugué de (A_1) (n° **897**). Cela posé, introduisons la surface minima (S') qui est l'adjointe de (S) (n° **210**). D'après les relations établies entre (S) et (S'), nous voyons que la correspondance entre (S') et (A_1) aura lieu avec parallélisme des plans tangents et, de plus, que les lignes de courbure de (S') [correspondant, nous l'avons vu, aux lignes asymptotiques de (S)] correspondront à un réseau conjugué de (A_1). Nous concluons de là que *le réseau conjugué commun à (S') et à (A_1) sera formé des lignes de courbure de ces deux surfaces, et qu'elles auront l'une et l'autre la même représentation sphérique de leurs lignes de courbure*. Ainsi :

Chaque solution du problème de la déformation infiniment petite d'une surface minima fait connaître une surface ayant même représentation sphérique que la surface minima adjointe et vice versa.

Ces deux problèmes : déformation infiniment petite d'une surface minima, détermination des surfaces ayant même représentation sphérique de leurs lignes de courbure que l'adjointe à la surface minima, se ramènent l'un à l'autre, et dépendent de la même équation linéaire harmonique. Le lecteur établira aisément ce résultat par l'analyse en remarquant que $\alpha = u + v$ et $\beta = u - v$ sont les paramètres des lignes de courbure de l'adjointe, et appliquant à ce cas particulier la solution du problème de la représentation sphérique indiquée au n° 162.

915. On retrouve encore les surfaces minima en étudiant une autre application particulière de nos propositions générales.

Supposons que la surface (S) soit une sphère définie par l'équation

$$x^2+y^2+z^2=1, \tag{17}$$

et reportons-nous à nos Tableaux [p. 71].

La surface (Σ_2) polaire réciproque de (S) sera aussi une sphère, identique à la première; et les deux points homologues de (S) et de (Σ_2) seront *diamétralement opposés*.

Les surfaces (S_1) et (A_2) qui correspondent aux deux sphères avec orthogonalité des éléments linéaires seront (n° 863) les *surfaces moyennes de deux congruences isotropes*.

Pour indiquer ce que sont les huit autres surfaces, remarquons que, le système I étant formé des lignes de longueur nulle de (S) et de (Σ_2), les réseaux II et III qui lui sont harmoniques sont formés nécessairement, sur chacune de ces sphères, de *lignes orthogonales*. Ces deux réseaux auront leurs invariants ponctuels (ou tangentiels, ce qui est la même chose dans le cas de la sphère et de toute surface du second degré) égaux; et, comme ils sont harmoniques l'un à l'autre, les courbes appartenant à l'un d'eux bissecteront en chaque point l'angle formé par les courbes appartenant à l'autre.

Comme la sphère (S) et la surface (A_1) se correspondent par plans tangents parallèles, le système II, qui est conjugué sur ces deux surfaces, sera nécessairement formé, sur (A_1), des lignes de courbure; et comme, sur (A_1) et sur (S), les tangentes aux courbes du système I sont parallèles aux points correspondants des deux surfaces [1], il en résulte que, sur (A_1), le système I sera néces-

---

[1] En général, si l'on choisit parmi les douze surfaces deux quelconques de celles qui se correspondent par plans tangents parallèles, nous avons vu au n° 893 qu'en des points correspondants de ces deux surfaces les courbes de l'un quelconque des réseaux I, II, III ont leurs tangentes parallèles. Seulement, tandis que, pour l'un d'eux qui est le réseau conjugué commun, les courbes cor-

sairement formé des *lignes de longueur nulle*. Ce système étant conjugué, (A_1) *sera une surface minima*; et la relation entre (A_1) et (S) sera telle que les lignes de longueur nulle se correspondront sur les deux surfaces, les lignes asymptotiques de (A_1) correspondant à un système rectangulaire de (S). Nous retrouvons les propriétés essentielles relatives à la représentation sphérique des surfaces minima.

Le raisonnement précédent s'applique à (Σ_1), qui dérive de (Σ_2) comme (A_1) de (S). Les deux surfaces minima (A_1), (Σ_1) se correspondent avec parallélisme des plans tangents, similitude des éléments infiniment petits; les lignes asymptotiques de l'une correspondent aux lignes de courbure de l'autre. Cela résulte des Tableaux de la page 71. Nous verrons plus loin que ce sont deux surfaces adjointes l'une à l'autre.

La définition des autres surfaces ne présente plus aucune difficulté.

La surface (Σ), associée à (S), et la surface (S_2), associée à (Σ_2), constituent les deux nappes des surfaces focales de deux congruences pour lesquelles les lignes asymptotiques se correspondent sur les deux nappes. Par exemple, les lignes asymptotiques de (Σ) correspondent aux génératrices rectilignes de la sphère (S).

Les surfaces (A) et (S_3) sont, d'après les Tableaux, des polaires réciproques de surfaces minima. Enfin, les surfaces (Σ_3) et (A_3) sont les polaires réciproques des surfaces moyennes de deux congruences isotropes.

Sur toutes ces surfaces, on saura déterminer les réseaux I, II, III par de simples quadratures.

Si l'on associe la surface moyenne (S_1) à la surface minima (Σ_1), on voit qu'elles sont les deux nappes de la surface focale d'une congruence à lignes asymptotiques correspondantes. Ainsi, *les lignes asymptotiques de la surface moyenne* (S_1) *correspondent à celles de la surface minima* (Σ_1).

Il ne reste plus qu'à donner les résultats des calculs.

---

respondantes admettent des tangentes parallèles; pour les deux autres, qui sont formés des lignes asymptotiques sur l'une ou sur l'autre des deux surfaces, ce sont les tangentes aux courbes non correspondantes qui sont parallèles (n°s 893 et 894).

916. Les coordonnées x, y, z d'un point de la sphère (S) seront définies en fonction des paramètres α et β des lignes asymptotiques, c'est-à-dire des lignes de longueur nulle, par les formules si souvent employées

$$x = \frac{\alpha+\beta}{\alpha\beta+1}, \qquad y = i\frac{\beta-\alpha}{\alpha\beta+1}, \qquad z = \frac{\alpha\beta-1}{\alpha\beta+1}. \tag{18}$$

Les quantités θ_1, θ_2, θ_3 qui figurent dans le Chapitre précédent et sont reliées aux cosinus directeurs de la normale par les formules (17) du Chapitre II, où λ est déterminé par l'équation (27) du même Chapitre, auront ici pour expressions

$$\theta_1 = x\sqrt{i}, \qquad \theta_2 = y\sqrt{i}, \qquad \theta_3 = z\sqrt{i}. \tag{19}$$

Elles satisferont, comme x, y, z, à l'équation du second ordre

$$\frac{\partial^2\theta}{\partial\alpha\,\partial\beta} = \frac{-2\theta}{(1+\alpha\beta)^2}. \tag{20}$$

Si on les porte dans les formules de M. Lelieuvre, elles donneront naissance aux identités

$$(21)\quad \left\{\begin{aligned} y\frac{\partial z}{\partial\alpha} - z\frac{\partial y}{\partial\alpha} &= -i\frac{\partial x}{\partial\alpha},\\ z\frac{\partial x}{\partial\alpha} - x\frac{\partial z}{\partial\alpha} &= -i\frac{\partial y}{\partial\alpha},\\ x\frac{\partial y}{\partial\alpha} - y\frac{\partial x}{\partial\alpha} &= -i\frac{\partial z}{\partial\alpha}, \end{aligned}\right. \qquad (22)\quad \left\{\begin{aligned} y\frac{\partial z}{\partial\beta} - z\frac{\partial y}{\partial\beta} &= i\frac{\partial x}{\partial\beta},\\ z\frac{\partial x}{\partial\beta} - x\frac{\partial z}{\partial\beta} &= i\frac{\partial y}{\partial\beta},\\ x\frac{\partial y}{\partial\beta} - y\frac{\partial x}{\partial\beta} &= i\frac{\partial z}{\partial\beta}, \end{aligned}\right.$$

auxquelles on peut joindre les suivantes, qui s'en déduisent immédiatement par différentiation,

$$(23)\quad \left\{\begin{aligned} \frac{\partial y}{\partial\alpha}\frac{\partial z}{\partial\beta} - \frac{\partial y}{\partial\beta}\frac{\partial z}{\partial\alpha} &= -\frac{2ix}{(1+\alpha\beta)^2},\\ \frac{\partial z}{\partial\alpha}\frac{\partial x}{\partial\beta} - \frac{\partial z}{\partial\beta}\frac{\partial x}{\partial\alpha} &= -\frac{2iy}{(1+\alpha\beta)^2},\\ \frac{\partial x}{\partial\alpha}\frac{\partial y}{\partial\beta} - \frac{\partial x}{\partial\beta}\frac{\partial y}{\partial\alpha} &= -\frac{2iz}{(1+\alpha\beta)^2}. \end{aligned}\right.$$

Remarquons encore que x, y, z sont des solutions particulières des deux équations

$$(24)\qquad \frac{\partial^2\theta}{\partial\alpha^2} + \frac{2\beta}{1+\alpha\beta}\frac{\partial\theta}{\partial\alpha} = 0,$$

$$(25)\qquad \frac{\partial^2\theta}{\partial\beta^2} + \frac{2\alpha}{1+\alpha\beta}\frac{\partial\theta}{\partial\beta} = 0,$$

ce qui permet de simplifier les calculs.

917. Pour trouver la surface (S_1) qui correspond à la sphère (S) avec orthogonalité des éléments linéaires, il faut d'abord intégrer l'équation aux dérivées partielles (20). L'intégrale générale de cette équation est

$$(26)\qquad \theta = 2\,\frac{\beta\,\varphi(\alpha) + \alpha\,\psi(\beta)}{1+\alpha\beta} - \varphi'(\alpha) - \psi'(\beta),$$

$\varphi(\alpha)$ et $\psi(\beta)$ désignant deux fonctions arbitraires. Mais, afin que la surface (S_1) soit réelle lorsque φ et ψ sont des fonctions imaginaires conjuguées, nous prendrons pour la solution ω du Chapitre II, l'expression suivante

$$(27)\qquad \omega = \theta\sqrt{i}.$$

Remarquons les deux relations identiques

$$(28)\qquad \frac{\partial^2\theta}{\partial\alpha^2} + \frac{2\beta}{1+\alpha\beta}\frac{\partial\theta}{\partial\alpha} = -\varphi'''(\alpha),$$

$$(29)\qquad \frac{\partial^2\theta}{\partial\beta^2} + \frac{2\alpha}{1+\alpha\beta}\frac{\partial\theta}{\partial\beta} = -\psi'''(\beta),$$

auxquelles satisfait θ.

Les coordonnées x_1, y_1, z_1 de (S_1) sont alors définies par des quadratures telles que la suivante

$$(30)\qquad x_1 = i\int\left(x\frac{\partial\theta}{\partial\alpha} - \theta\frac{\partial x}{\partial\alpha}\right)d\alpha - \left(x\frac{\partial\theta}{\partial\beta} - \theta\frac{\partial x}{\partial\beta}\right)d\beta,$$

quadratures que l'on effectue sans difficulté.

Si l'on pose

$$(31)\qquad \sigma = 2i\,\frac{\beta\,\varphi(\alpha) - \alpha\,\psi(\beta)}{1+\alpha\beta} - i\varphi'(\alpha) + i\psi'(\beta),$$

σ sera encore une solution de l'équation (20), solution que l'on déduirait de θ en y remplaçant respectivement $\varphi(\alpha)$, $\psi(\beta)$ par $i\varphi(\alpha)$ et $-i\psi(\beta)$. On trouvera

$$(32)\quad \begin{cases} x_1 = \sigma x + 2i\varphi\dfrac{\partial x}{\partial\alpha} - 2i\psi\dfrac{\partial x}{\partial\beta} = i(\psi' - \varphi')x + \dfrac{2i(\varphi - \psi)}{1+\alpha\beta}, \\ y_1 = \sigma y + 2i\varphi\dfrac{\partial y}{\partial\alpha} - 2i\psi\dfrac{\partial y}{\partial\beta} = i(\psi' - \varphi')y + 2\dfrac{\varphi + \psi}{1+\alpha\beta}, \\ z_1 = \sigma z + 2i\varphi\dfrac{\partial z}{\partial\alpha} - 2i\psi\dfrac{\partial z}{\partial\beta} = i(\psi' - \varphi')z + 2i\dfrac{\beta\varphi - \alpha\psi}{1+\alpha\beta}. \end{cases}$$

On a vu que (S_1) est la surface moyenne d'une congruence isotrope (n° 863). Les plans focaux de cette congruence seraient définis ici par les équations

$$(33)\quad \begin{cases} (1-\alpha^2)x_1 + i(1+\alpha^2)y_1 + 2\alpha z_1 = 4i\varphi(\alpha), \\ (1-\beta^2)x_1 - i(1+\beta^2)y_1 + 2\beta z_1 = -4i\psi(\beta). \end{cases}$$

Après (S_1), toutes les autres surfaces s'obtiennent sans aucune quadrature. Les coordonnées a, b, c d'un point de (A) ont pour expressions

$$(34)\quad a = \frac{x}{\theta}, \qquad b = \frac{y}{\theta}, \qquad c = \frac{z}{\theta}.$$

La polaire réciproque (A_1) de (A) est définie par les formules

$$(35)\quad \begin{cases} a_1 = -\theta x - \dfrac{(1+\alpha\beta)^2}{2}\left(\dfrac{\partial\theta}{\partial\beta}\dfrac{\partial x}{\partial\alpha} + \dfrac{\partial\theta}{\partial\alpha}\dfrac{\partial x}{\partial\beta}\right), \\ b_1 = -\theta y - \dfrac{(1+\alpha\beta)^2}{2}\left(\dfrac{\partial\theta}{\partial\beta}\dfrac{\partial y}{\partial\alpha} + \dfrac{\partial\theta}{\partial\alpha}\dfrac{\partial y}{\partial\beta}\right), \\ c_1 = -\theta z - \dfrac{(1+\alpha\beta)^2}{2}\left(\dfrac{\partial\theta}{\partial\beta}\dfrac{\partial z}{\partial\alpha} + \dfrac{\partial\theta}{\partial\alpha}\dfrac{\partial z}{\partial\beta}\right), \end{cases}$$

ou, en développant les calculs,

$$(35')\quad \begin{cases} a_1 = \dfrac{1-\alpha^2}{2}\varphi'' + \alpha\varphi' - \varphi + \dfrac{1-\beta^2}{2}\psi'' + \beta\psi' - \psi, \\ b_1 = i\left(\dfrac{1+\alpha^2}{2}\varphi'' - \alpha\varphi' + \varphi\right) - i\left(\dfrac{1+\beta^2}{2}\psi'' - \beta\psi' + \psi\right), \\ c_1 = \alpha\varphi'' - \varphi' + \beta\psi'' - \psi'. \end{cases}$$

On trouvera de même, pour les coordonnées d'un point de (Σ)

les expressions

$$(36)\quad \begin{cases} X = x + \dfrac{2\varphi}{\theta}\dfrac{\partial x}{\partial \alpha} + \dfrac{2\psi}{\theta}\dfrac{\partial x}{\partial \beta}, \\ Y = y + \dfrac{2\varphi}{\theta}\dfrac{\partial y}{\partial \alpha} + \dfrac{2\psi}{\theta}\dfrac{\partial y}{\partial \beta}, \\ Z = z + \dfrac{2\varphi}{\theta}\dfrac{\partial z}{\partial \alpha} + \dfrac{2\psi}{\theta}\dfrac{\partial z}{\partial \beta}, \end{cases}$$

et pour celles du point (X_1, Y_1, Z_1) de (Σ_1)

$$(37)\quad \begin{cases} X_1 = \sigma x + \dfrac{(1+\alpha\beta)^2}{2}\left(\dfrac{\partial \sigma}{\partial \beta}\dfrac{\partial x}{\partial \alpha} + \dfrac{\partial \sigma}{\partial \alpha}\dfrac{\partial x}{\partial \beta}\right), \\ Y_1 = \sigma y + \dfrac{(1+\alpha\beta)^2}{2}\left(\dfrac{\partial \sigma}{\partial \beta}\dfrac{\partial y}{\partial \alpha} + \dfrac{\partial \sigma}{\partial \alpha}\dfrac{\partial y}{\partial \beta}\right), \\ Z_1 = \sigma z + \dfrac{(1+\alpha\beta)^2}{2}\left(\dfrac{\partial \sigma}{\partial \beta}\dfrac{\partial z}{\partial \alpha} + \dfrac{\partial \sigma}{\partial \alpha}\dfrac{\partial z}{\partial \beta}\right), \end{cases}$$

ou encore

$$(37')\quad \begin{cases} X_1 = -i\dfrac{1-\alpha^2}{2}\varphi'' - i\alpha\varphi' + i\varphi + i\dfrac{1-\beta^2}{2}\psi'' + i\beta\psi' - i\psi, \\ Y_1 = \dfrac{\alpha^2+1}{2}\varphi'' - \alpha\varphi' + \varphi + \dfrac{\beta^2+1}{2}\psi'' - \beta\psi' + \psi, \\ Z_1 = i(-\alpha\varphi'' + \varphi' + \beta\psi'' - \psi'), \end{cases}$$

ces valeurs se déduisant de celles de a_1, b_1, c_1 où l'on remplacera θ par $-\sigma$, c'est-à-dire φ et ψ par $-i\varphi$ et $i\psi$.

On trouve ensuite, pour les autres surfaces, les formules suivantes

$$(A_2)\quad \begin{cases} a_2 = -X\theta = -x\theta - 2\varphi\dfrac{\partial x}{\partial \alpha} - 2\psi\dfrac{\partial x}{\partial \beta}, \\ b_2 = -Y\theta = -y\theta - 2\varphi\dfrac{\partial y}{\partial \alpha} - 2\psi\dfrac{\partial y}{\partial \beta}, \\ c_2 = -Z\theta = -z\theta - 2\varphi\dfrac{\partial z}{\partial \alpha} - 2\psi\dfrac{\partial z}{\partial \beta}, \end{cases} \qquad (\Sigma_2)\quad \begin{cases} X_2 = -x, \\ Y_2 = -y, \\ Z_2 = -z. \end{cases}$$

$$(\Sigma_3)\quad \begin{cases} X_3 = -\dfrac{a_1}{h_1}, \\ Y_3 = -\dfrac{b_1}{h_1}, \\ Z_3 = -\dfrac{c_1}{h_1}, \end{cases} \qquad (A_3)\quad \begin{cases} a_3 = -\dfrac{X_1}{h_1}, \\ b_3 = -\dfrac{Y_1}{h_1}, \\ c_3 = -\dfrac{Z_1}{h_1}. \end{cases}$$

et

$$
(S_2)\quad \begin{cases} x_2 = -\dfrac{x_1}{\sigma} = -x - \dfrac{2i\varphi}{\sigma}\dfrac{\partial x}{\partial \alpha} + \dfrac{2i\psi}{\sigma}\dfrac{\partial x}{\partial \beta}, \\[2mm] y_2 = -\dfrac{y_1}{\sigma} = -y - \dfrac{2i\varphi}{\sigma}\dfrac{\partial y}{\partial \alpha} + \dfrac{2i\psi}{\sigma}\dfrac{\partial y}{\partial \beta}, \\[2mm] z_2 = -\dfrac{z_1}{\sigma} = -z - \dfrac{2i\varphi}{\sigma}\dfrac{\partial z}{\partial \alpha} + \dfrac{2i\psi}{\sigma}\dfrac{\partial z}{\partial \beta}, \end{cases}
\qquad
(S_3)\quad \begin{cases} x_3 = -\dfrac{x}{\sigma}, \\[2mm] y_3 = -\dfrac{y}{\sigma}, \\[2mm] z_3 = -\dfrac{z}{\sigma}, \end{cases}
$$

où l'on a posé

$$
(38)\qquad a_1x_1 + b_1y_1 + c_1z_1 = h_1 = i(2\varphi\varphi'' - \varphi'^2) - i(2\psi\psi'' - \psi'^2).
$$

Signalons encore les identités

$$
(39)\qquad ax + by + cz = \frac{1}{\theta}, \qquad xx_1 + yy_1 + zz_1 = \sigma,
$$

qui permettent de simplifier les calculs.

918. Nous terminerons ce Chapitre, consacré à des applications, en indiquant plusieurs propositions intéressantes relatives au cas où la surface fondamentale (S) a sa courbure constante et négative. Nous supposerons, comme toujours, que cette courbure totale ait la valeur -1. En changeant un peu les notations et désignant par Ω la fonction que nous appelions ω au n° **879**, nous aurons l'équation aux dérivées partielles

$$
(40)\qquad \frac{\partial^2\Omega}{\partial\alpha\,\partial\beta} = \frac{1}{2}\sin 2\Omega,
$$

α et β désignant toujours les paramètres des lignes asymptotiques. Avec ces notations, l'élément linéaire de la surface serait défini par la formule

$$
(41)\qquad ds^2 = d\alpha^2 + d\beta^2 + 2\cos 2\Omega\, d\alpha\, d\beta,
$$

déjà rappelée au même endroit.

Les cosinus directeurs $\theta_1, \theta_2, \theta_3$ de la normale satisferont maintenant (n° **879**) à l'équation aux dérivées partielles

$$
(42)\qquad \frac{\partial^2\theta}{\partial\alpha\,\partial\beta} = \theta\cos 2\Omega;
$$

et si θ désigne la solution la plus générale de cette dernière équation, c'est cette solution qu'il faudra substituer à ω dans les formules (C) [p. 25] pour obtenir la surface la plus générale qui correspond à (S) avec orthogonalité des éléments linéaires.

Considérons ici encore la surface (A_1) qui correspond à (S) avec parallélisme des plans tangents aux points homologues. Cette surface est, nous l'avons déjà remarqué, l'enveloppe du plan défini par l'équation

$$\theta_1 X + \theta_2 Y + \theta_3 Z + \theta = 0, \tag{43}$$

tout à fait semblable à celle qui a été indiquée au n° 914.

Nous avons vu d'une manière générale (n° 897) que les lignes qui, sur (A_1), correspondent aux lignes asymptotiques de (S) forment dans tous les cas un réseau conjugué de (A_1). Nous allons démontrer qu'ici *ce réseau est entièrement formé de lignes géodésiques.*

En effet, pour obtenir le point de (A_1), il faut adjoindre à l'équation précédente ses deux dérivées par rapport à α et à β

$$\left\{\begin{aligned} &\frac{\partial\theta_1}{\partial\alpha} X + \frac{\partial\theta_2}{\partial\alpha} Y + \frac{\partial\theta_3}{\partial\alpha} Z + \frac{\partial\theta}{\partial\alpha} = 0,\\ &\frac{\partial\theta_1}{\partial\beta} X + \frac{\partial\theta_2}{\partial\beta} Y + \frac{\partial\theta_3}{\partial\beta} Z + \frac{\partial\theta}{\partial\beta} = 0.\end{aligned}\right. \tag{44}$$

On peut joindre à ces équations les suivantes, bien souvent rappelées,

$$\left\{\begin{aligned} &\mathbf{S}\,\theta_1 \frac{\partial X}{\partial\alpha} = 0, &\quad &\mathbf{S}\,\theta_1 \frac{\partial X}{\partial\beta} = 0,\\ &\mathbf{S}\,\frac{\partial\theta_1}{\partial\beta}\frac{\partial X}{\partial\alpha} = 0, &\quad &\mathbf{S}\,\frac{\partial\theta_1}{\partial\alpha}\frac{\partial X}{\partial\beta} = 0,\end{aligned}\right. \tag{45}$$

où $\mathbf{S}$ désigne le signe de Lamé. Différentions la dernière par rapport à β; nous aurons

$$\mathbf{S}\,\frac{\partial\theta_1}{\partial\alpha}\frac{\partial^2 X}{\partial\beta^2} + \mathbf{S}\,\frac{\partial^2\theta_1}{\partial\alpha\,\partial\beta}\frac{\partial X}{\partial\beta} = 0.$$

La deuxième somme est nulle; on le reconnaît immédiatement en remplaçant les dérivées secondes de θ_1, θ_2, θ_3 par leurs valeurs déduites de l'équation (42). Il reste donc la relation

$$\mathbf{S}\,\frac{\partial\theta_1}{\partial\alpha}\frac{\partial^2 X}{\partial\beta^2} = 0. \tag{46}$$

Cette relation, rapprochée de la dernière des équations (45), montre que la droite dont les paramètres directeurs sont

$$\frac{\partial\theta_1}{\partial\alpha}, \quad \frac{\partial\theta_2}{\partial\alpha}, \quad \frac{\partial\theta_3}{\partial\alpha}$$

est normale à deux tangentes consécutives de la courbe de paramètre α tracée sur (A_1). *C'est donc la normale au plan osculateur de cette courbe.*

Mais, comme on a

$$(47) \qquad \theta_1^2 + \theta_2^2 + \theta_3^2 = 1,$$

et, par suite,

$$\theta_1 \frac{\partial\theta_1}{\partial\alpha} + \theta_2 \frac{\partial\theta_2}{\partial\alpha} + \theta_3 \frac{\partial\theta_3}{\partial\alpha} = 0,$$

on reconnaît immédiatement, *dans le cas spécial qui nous occupe*, que cette normale est parallèle au plan tangent de (A_1). Donc *toute courbe de paramètre* α, *tracée sur* (A_1), *est une ligne géodésique de* (A_1).

Comme rien ne distingue les paramètres α et β, la démonstration s'applique aussi aux courbes de paramètre β.

919. Les surfaces qui jouissent de cette propriété d'admettre un réseau conjugué formé de lignes géodésiques ont été considérées en premier lieu par M. Voss (¹). On pourra consulter aussi sur ce sujet un important Mémoire de M. Guichard que nous avons déjà cité [p. 40] et sur lequel nous reviendrons plus loin [p. 105].

Réciproquement, proposons-nous de déterminer toutes les surfaces (V) jouissant de la propriété précédente. Désignons maintenant par α, β les paramètres du système conjugué formé de lignes géodésiques et supposons que θ_1, θ_2, θ_3 soient les cosinus directeurs de la normale à la surface. Alors on aura

$$(48) \qquad \theta_1^2 + \theta_2^2 + \theta_3^2 = 1,$$

(¹) A. Voss, *Ueber diejenigen Flächen, auf denen zwei Schaaren geodätischer Linien ein conjugirtes System bilden* (*Sitzungsberichte der K. Akademie zu München*, mars 1888).

et la surface cherchée sera l'enveloppe d'un plan défini par une équation de la forme

$$\theta_1 X + \theta_2 Y + \theta_3 Z + \theta = 0, \tag{49}$$

où θ, θ_1, θ_2, θ_3 sont des solutions particulières d'une certaine équation aux dérivées partielles

$$\frac{\partial^2 \theta}{\partial \alpha\, \partial \beta} + A \frac{\partial \theta}{\partial \alpha} + B \frac{\partial \theta}{\partial \beta} + C\theta = 0, \tag{50}$$

A, B, C désignant des fonctions de α et de β. On aura toujours les relations

$$\left\{\begin{array}{lll} \mathbf{S}\,\theta_1 \dfrac{\partial \theta_1}{\partial \alpha} = 0, & \mathbf{S}\,\theta_1 \dfrac{\partial X}{\partial \alpha} = 0, & \mathbf{S}\,\theta_1 \dfrac{\partial X}{\partial \beta} = 0, \\ \mathbf{S}\,\theta_1 \dfrac{\partial \theta_1}{\partial \beta} = 0, & \mathbf{S}\,\dfrac{\partial \theta_1}{\partial \beta} \dfrac{\partial X}{\partial \alpha} = 0, & \mathbf{S}\,\dfrac{\partial \theta_1}{\partial \alpha} \dfrac{\partial X}{\partial \beta} = 0, \end{array}\right. \tag{51}$$

qui s'appliquent dans tous les cas.

Pour exprimer que la ligne de paramètre α est géodésique, il faut écrire que la droite définie par les paramètres directeurs

$$\frac{\partial \theta_1}{\partial \alpha}, \quad \frac{\partial \theta_2}{\partial \alpha}, \quad \frac{\partial \theta_3}{\partial \alpha},$$

droite qui est parallèle au plan tangent et qui est normale à la tangente de la courbe, est aussi normale à la tangente consécutive, c'est-à-dire que l'on a

$$\mathbf{S}\,\frac{\partial \theta_1}{\partial \alpha} \frac{\partial^2 X}{\partial \beta^2} = 0. \tag{52}$$

D'après cela, différentions la dernière des relations (51) par rapport à β, on voit que la relation précédente pourra être remplacée par la suivante

$$\mathbf{S}\,\frac{\partial^2 \theta_1}{\partial \alpha\, \partial \beta} \frac{\partial X}{\partial \beta} = 0,$$

ou, en remplaçant $\dfrac{\partial^2 \theta_1}{\partial \alpha\, \partial \beta}$ et les deux dérivées analogues par leurs valeurs déduites de l'équation (50) et tenant compte des relations précédentes

$$B\,\mathbf{S}\,\frac{\partial \theta_1}{\partial \beta} \frac{\partial X}{\partial \beta} = 0.$$

Le coefficient de B ne saurait être nul, puisque les courbes de paramètre α ne sont pas des lignes asymptotiques. On a donc

$$B = 0.$$

En considérant de même les courbes de paramètre β, on trouverait

$$A = 0.$$

Donc θ_1, θ_2, θ_3 satisfont à une équation de la forme

$$\frac{\partial^2 \theta}{\partial\alpha\,\partial\beta} = k\theta, \tag{53}$$

ce qui caractérise les cosinus directeurs d'une surface à courbure constante; et l'on retrouve la génération de la surface qui nous a servi de point de départ.

920. Dans le Mémoire auquel nous avons fait allusion plus haut ([1]), M. Guichard a ajouté aux résultats précédents une proposition élégante et nouvelle que l'on peut énoncer comme il suit:

Désignons toujours les surfaces précédentes par la lettre (V), et considérons les développantes (G) des surfaces (V), c'est-à-dire les surfaces normales aux tangentes de l'une ou l'autre des deux familles de lignes géodésiques composant le réseau conjugué de (V). Si, par chaque point d'une surface (G), on mène la parallèle à la normale au point correspondant de la surface (V) d'où elle est déduite, cette parallèle, qui sera nécessairement tangente à (G), engendrera une congruence jouissant des propriétés suivantes :

1° Si nous appelons (G) et (G′) les deux nappes de la surface focale, les développables de la congruence correspondront à une ligne de courbure de (G) et à une ligne de courbure de (G′); par suite, les lignes de courbure se correspondront sur (G) et sur (G′), de telle manière que l'arête de rebroussement de l'une des déve-

---

([1]) C. Guichard, *Recherches sur les surfaces à courbure totale constante et sur certaines surfaces qui s'y rattachent* (*Annales de l'École Normale supérieure*, 3e série, t. VII, p. 233, août 1890).

loppables de la congruence soit toujours une ligne de courbure de la surface qui la contient.

2° Les lignes de courbure de (G) et de (G') ou, ce qui est la même chose, les développables de la congruence correspondent aux géodésiques du système conjugué tracé sur la surface (V).

3° Les surfaces (G) obtenues, comme nous l'avons indiqué, au moyen des surfaces (V) sont les plus générales qui jouissent de la première propriété; de sorte qu'il revient au même de chercher les surfaces (G) ou les surfaces (V). On passe des unes aux autres par de simples constructions géométriques.

M. Guichard a établi ces propositions par le calcul; il sera plus instructif de les démontrer par la Géométrie, et de les rattacher à un théorème général dont nous aurons à faire usage plus loin.

Voici quel est ce théorème :

Quand les développables se correspondent sur les congruences engendrées par deux droites parallèles (d), (d_1): 1° *les plans focaux de* (d) *sont parallèles à ceux de* (d_1); 2° *les droites* (δ), (δ_1) *qui joignent les points focaux correspondants de* (d) *et de* (d_1) *se coupent en un point qui est celui où le plan des deux droites* (d), (d_1) *touche la surface* (Θ) *qu'il enveloppe;* 3° *les deux droites* (δ), (δ_1) *sont conjuguées par rapport à la surface* (Θ); *et les courbes conjuguées qu'elles enveloppent correspondent aux deux familles de développables des congruences considérées.*

Admettons cette proposition que nous démontrerons plus loin et appliquons-la de la manière suivante :

Soient (G_1) et (G_2) deux surfaces admettant (V) pour développée et dont les normales soient tangentes respectivement aux géodésiques des deux familles conjuguées tracées sur (V). Soient M_1, M_2 les deux points de (G_1) et de (G_2) qui correspondent au même point M de (V) et soient (d_1), (d_2) les normales en M_1, M_2 au plan MM_1M_2, normales qui sont respectivement des tangentes principales de (G_1) et de (G_2). Il est clair que les développables engendrées par les droites parallèles (d_1) et (d_2) se correspondent, puisqu'elles correspondent, les unes et les autres, au système conjugué tracé sur (V); soient (G_1), (G'_2) les deux nappes focales de la congruence engendrée par (d_1) et (G_2), (G'_1) les deux nappes focales de la congruence engendrée par (d_2).

D'après le théorème précédent, (G_1), (G'_1) se correspondent par parallélisme des plans tangents. Or le système conjugué commun à ces deux surfaces, système évidemment formé des courbes qui correspondent aux développables des congruences engendrées par les droites (d_1) et (d_2), est formé sur (G_1) des lignes de courbure; il en sera donc de même sur (G'_1), puisque, sur ces deux surfaces, les courbes du système conjugué commun ont, à chaque instant, leurs tangentes parallèles.

Donc, *sur les deux nappes focales* (G'_1), (G_2) *de la congruence engendrée par* (d_2), *les lignes de courbure se correspondent et correspondent aux développables de la congruence.*

La démonstration s'étend évidemment à la congruence engendrée par la droite (d_1).

921. Réciproquement, considérons une congruence engendrée par une droite (d), et pour laquelle les lignes de courbure des deux nappes focales correspondent aux développables de la congruence. Soient (G_1), (G_2) les deux nappes décrites par les points focaux de (d). Désignons par (V_1) et (V_2) celles des deux nappes des développées des surfaces précédentes pour lesquelles le plan tangent est normal à (d). Le système conjugué commun à (V_1) et (V_2) est évidemment celui qui correspond sur ces deux nappes aux lignes de courbure de (G_1) ou de (G_2), c'est-à-dire aux développables de la congruence. Or, ce système est formé, nous le savons (nº 426), de deux familles de courbes se correspondant avec parallélisme des tangentes; nous savons aussi que, des deux courbes correspondantes à une même ligne de courbure de (G_1) ou de (G_2), l'une au moins est une développée de ligne de courbure et, par suite, une géodésique de la surface sur laquelle elle est tracée. Il en sera donc de même de l'autre, puisque les tangentes aux points correspondants et, par suite, les plans osculateurs des deux courbes sont parallèles. Donc les deux surfaces (V_1) et (V_2) admettront, l'une et l'autre, un réseau conjugué formé de lignes géodésiques, et ainsi nos propositions se trouvent complètement démontrées.

Elles donnent naissance à plusieurs conséquences, tant analytiques que géométriques. Il nous suffira d'avoir montré comment on peut les rattacher à l'étude de la déformation infiniment petite des surfaces à courbure constante.

Nous terminerons ce Chapitre en donnant la démonstration du théorème sur lequel nous nous sommes appuyé plus haut, et même d'une proposition plus générale.

922. Étant donnée une surface (Σ), soient (C), (C') deux congruences rectilignes distinctes dont les développables se correspondent et interceptent sur (Σ) un même système conjugué. L'ensemble des deux congruences et de la surface (Σ) donne lieu aux remarques suivantes.

Fig. 84.

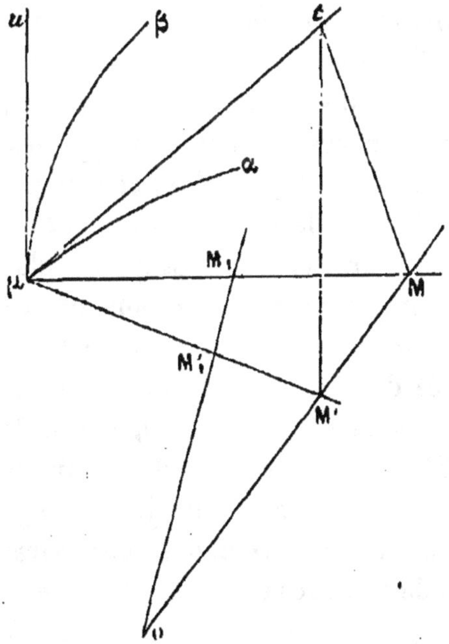

Désignons par (S), (S_1) les deux nappes focales de la congruence (C), par (S'), (S'_1) celles de la congruence (C'). Soient μ un point quelconque de (Σ) (*fig.* 84); $\mu\alpha$, $\mu\beta$ les deux courbes du système conjugué qui se croisent en μ; μMM_1 la droite de la congruence (C), dont les points focaux seront M, M_1; $\mu M'M'_1$ la droite de la congruence (C'), dont les points focaux seront M', M'_1.

Les nappes (S), (S'), (S_1), (S'_1) seront décrites par les points

M, M', M_1, M'_1. On peut toujours supposer que les nappes (S), (S') soient celles dont les plans tangents en M, M' se coupent suivant la tangente μt à la courbe $\mu\alpha$ et alors les plans tangents en M_1, M'_1 aux nappes (S_1), (S'_1) se couperont suivant la tangente μu à la courbe $\mu\beta$. Cela posé, nous allons démontrer que *le plan des deux droites* μM, $\mu M'$ *touche son enveloppe* (E) *au point de rencontre* O *des deux droites* MM', $M_1M'_1$; *que ces deux droites sont des tangentes conjuguées de* (E); *et enfin que les courbes de* (E) *auxquelles elles sont tangentes correspondent aux développables de l'une ou l'autre des deux congruences* (C) *ou* (C').

En effet, lorsque le point μ se déplace suivant la courbe $\mu\beta$, les points focaux M, M' décrivent des courbes respectivement tangentes aux droites μM, $\mu M'$. Les deux plans tangents en M, M' à (S) et à (S') et les deux plans tangents qui leur sont consécutifs ont un point commun. En effet, l'intersection des deux premiers est la droite μt, l'intersection des deux suivants est la droite consécutive à μt quand on se déplace sur la courbe $\mu\beta$. Or, ces deux droites se coupent nécessairement puisque les courbes $\mu\alpha$, $\mu\beta$ sont conjuguées d'après l'hypothèse; et leur point commun sera le point focal t, distinct de μ, de la droite μt dans la congruence engendrée par cette droite. Donc les quatre plans considérés ont en commun le point t. Prenons-les dans un ordre différent : les deux plans tangents consécutifs à la nappe (S) se couperont suivant la conjuguée de $M\mu$ qui sera Mt d'après ce qui précède; et de même, pour la nappe (S'), la conjuguée de $M'\mu$ sera $M't$. Les deux nappes (S), (S') se trouvent donc dans la relation définie aux n°s 423, 424 [II, p. 229 et suiv.]. Les tangentes du système conjugué commun à ces deux nappes concourent, les deux premières en μ, les deux autres en t; et, par suite, les développables de la congruence (D) engendrée par la droite MM' correspondent à celles de (C) ou de (C'). Il en est de même pour la congruence (D_1) engendrée par $M_1M'_1$.

Considérons maintenant le plan $\mu MM'$ des deux droites. Quand le point μ décrit la courbe $\mu\beta$, sa caractéristique est évidemment la droite MM'. De même, quand le point μ décrit la courbe $\mu\alpha$, la caractéristique du plan est $M_1M'_1$. Donc il touche son enveloppe (E) au point de rencontre O des deux droites.

D'autre part, quand le point μ décrit la courbe $\mu\beta$, le plan focal de MM′ se confondant avec le plan μMM′, le déplacement du point O a lieu nécessairement dans ce plan. Mais le plan focal de $M_1M'_1$ étant distinct de μMM′, le déplacement du point O, qui se fait aussi dans ce second plan focal, ne peut avoir lieu que suivant son intersection $OM_1M'_1$ avec le précédent. Donc, les droites OM, OM_1 sont conjuguées par rapport à (E) et les courbes auxquelles elles sont tangentes correspondent bien, comme il a été annoncé, aux développables de l'une ou l'autre des congruences (C) ou (C′).

923. Si l'on suppose maintenant que la surface (Σ) se réduit au plan de l'infini, les deux droites correspondantes des congruences (C) et (C′) deviennent parallèles. De plus, tout réseau plan étant nécessairement conjugué, la double condition que nous avons imposée aux développables de (C) et de (C′) de se correspondre et de couper la surface (Σ) suivant les courbes d'un réseau conjugué se réduit à l'unique condition que ces développables se correspondent dans les deux congruences. Les nappes (S), (S′) ont leurs plans tangents parallèles ainsi que les nappes (S_1), (S'_1) et nous retrouvons le théorème dont nous avons fait usage plus haut (n° **920**). Nous donnerons plus loin, n^{os} **941** à **944**, une démonstration directe et des compléments de ce théorème.

924. Revenons à la proposition générale. Si nous la transformons par polaires réciproques, elle se change dans la suivante :

Si les développables de deux congruences se correspondent de telle manière que les droites qui joignent les points focaux correspondants soient deux tangentes conjuguées d'une même surface (Σ') *les plans focaux correspondants se coupent suivant deux tangentes conjuguées d'une autre surface* (E′),

qui n'est autre que la réciproque de la proposition primitive.

CHAPITRE VI.

ROULEMENT DE DEUX SURFACES L'UNE SUR L'AUTRE.

Rappel des formules données au Livre VII, Chapitre III. — Relations entre les quantités D, D', D'' de Gauss et les rotations p, q, r, p_1, q_1, r_1. — Roulement d'une surface (Θ) sur une surface applicable (Θ_1). — Formules données au Livre I; formules complémentaires. — Comment on peut rattacher à la considération du roulement une nouvelle méthode de recherche des surfaces applicables sur une surface donnée. — Tout mouvement particulier contenu dans le déplacement général se ramène au roulement d'une surface réglée sur une surface de même nature et applicable sur la première. — Premier cas où ces surfaces réglées sont développables. — Extension de la notion de réciprocité relative aux tangentes conjuguées. — Second mouvement particulier dans lequel les surfaces réglées sont développables. — Système conjugué commun à (Θ) et à (Θ_1) considéré par Ribaucour. — Théorèmes de M. Kœnigs relatifs à ce système conjugué commun. — La théorie des systèmes cycliques et le théorème fondamental du n° 761 rattachés à la considération du déplacement étudié dans ce Chapitre. — Propriété relative aux congruences engendrées par des droites parallèles et pour lesquelles les développables se correspondent. — Propriétés diverses des différents systèmes cycliques que l'on peut rattacher au même déplacement. — Comment la connaissance d'un couple de surfaces applicables peut conduire à une infinité de couples de surfaces admettant la même représentation sphérique.

---

925. Les propositions que nous avons développées dans les Chapitres précédents nous font connaître un nombre illimité de couples de surfaces (Θ), (Θ_1) applicables l'une sur l'autre. Or, si l'on considère une de ces surfaces, (Θ_1) par exemple, comme fixe, on peut toujours amener la seconde (Θ) à être en contact avec la première, de telle manière que les deux surfaces se touchent par deux points homologues, et que les courbes homologues des deux surfaces qui passent en leur point de contact y admettent la même tangente. On obtiendra ainsi une série de positions de la surface (Θ), qui dépendront de deux paramètres; et l'on aura ce cas particulier du déplacement à deux variables dont il a été question aux nos 58 et suiv. [I, p. 69 et suiv.]. Le moment est venu d'étudier ce déplacement d'une manière plus complète. Nous rappellerons

d'abord quelques résultats déjà établis au Livre VII, Chap. III [III, p. 242 et suiv.].

Nous avons vu que, si x, y, z et c, c', c'' désignent respectivement les coordonnées rectangulaires d'un point d'une surface (Θ) et les cosinus directeurs de la normale en ce point, ces quantités, considérées comme fonctions des coordonnées curvilignes u et v, satisfont à des équations de la forme suivante

$$(1)\quad \left\{ \begin{aligned} \frac{\partial^2 x}{\partial u^2} &= \frac{D}{H} c + A \frac{\partial x}{\partial u} + A_1 \frac{\partial x}{\partial v}, \\ \frac{\partial^2 x}{\partial u\, \partial v} &= \frac{D'}{H} c + B \frac{\partial x}{\partial u} + B_1 \frac{\partial x}{\partial v}, \\ \frac{\partial^2 x}{\partial v^2} &= \frac{D''}{H} c + C \frac{\partial x}{\partial u} + C_1 \frac{\partial x}{\partial v}, \end{aligned} \right.$$

et à celles qu'on obtiendrait en y remplaçant x et c par y et c' ou par z et c''. Dans ces équations A, A_1, B, B_1, C, C_1 dépendent exclusivement de l'élément linéaire et sont déterminés par les équations suivantes [III, p. 251]

$$(2)\quad \left\{ \begin{aligned} AH^2 &= \frac{G}{2} \frac{\partial E}{\partial u} - F\left(\frac{\partial F}{\partial u} - \frac{1}{2} \frac{\partial E}{\partial v}\right), \\ BH^2 &= \frac{G}{2} \frac{\partial E}{\partial v} - \frac{F}{2} \frac{\partial G}{\partial u}, \\ CH^2 &= G\left(\frac{\partial F}{\partial v} - \frac{1}{2} \frac{\partial G}{\partial u}\right) - \frac{F}{2} \frac{\partial G}{\partial v}, \end{aligned} \right.$$

$$(3)\quad \left\{ \begin{aligned} A_1 H^2 &= -\frac{F}{2} \frac{\partial E}{\partial u} + E\left(\frac{\partial F}{\partial u} - \frac{1}{2} \frac{\partial E}{\partial v}\right), \\ B_1 H^2 &= -\frac{F}{2} \frac{\partial E}{\partial v} + \frac{E}{2} \frac{\partial G}{\partial u}, \\ C_1 H^2 &= -F\left(\frac{\partial F}{\partial v} - \frac{1}{2} \frac{\partial G}{\partial u}\right) + \frac{E}{2} \frac{\partial G}{\partial v}. \end{aligned} \right.$$

Quant à D, D', D'', ce sont les déterminants définis par les formules (6) [III, p. 244] et qui donnent naissance à l'identité

$$(4)\qquad \mathrm{S}\, dc\, dx = -\frac{1}{H}(D\, du^2 + 2D'\, du\, dv + D''\, dv^2).$$

926. Les relations différentielles entre D, D', D'' sont établies par les formules (24) et (25) [III, p. 248]. On pourrait les déduire aussi du système (1). Car, si l'on retranche la seconde équation de ce système, différentiée par rapport à u, de la première différentiée par rapport à v, si l'on remplace les dérivées de c par leurs expressions (8) [III, p. 244] et les dérivées secondes de x par leurs valeurs déduites des formules (1) elles-mêmes, on trouvera une expression linéaire par rapport à c, $\frac{\partial x}{\partial u}$, $\frac{\partial x}{\partial v}$ dans laquelle les coefficients de ces trois quantités devront évidemment être nuls. En particulier, si on égale à zéro le coefficient de c, on aura la première des relations suivantes

$$(5)\quad \left\{\begin{aligned} &\frac{\partial}{\partial v}\left(\frac{D}{H}\right)-\frac{\partial}{\partial u}\left(\frac{D'}{H}\right)+A_1\frac{D''}{H}+(A-B_1)\frac{D'}{H}-B\frac{D}{H}=0,\\ &\frac{\partial}{\partial v}\left(\frac{D'}{H}\right)-\frac{\partial}{\partial u}\left(\frac{D''}{H}\right)+B_1\frac{D''}{H}+(B-C_1)\frac{D'}{H}-C\frac{D}{H}=0,\end{aligned}\right.$$

d'où la seconde se déduit par une permutation facile. En développant on reconnaîtra aisément que ces formules sont identiques à celles qui ont été données plus haut [III, p. 248].

927. Nous avons déjà remarqué (n° 700) que ces équations, jointes à la formule finie (21) [III, p. 246] peuvent remplacer les formules de M. Codazzi. Au reste, si l'on veut établir la relation entre le système précédent et celui qui est développé au Livre V, Chap. II, et qui repose sur la considération du déplacement du trièdre (T), il suffira de remarquer que l'on a

$$(6)\qquad dx = a(\xi\, du + \xi_1 dv) + b(\eta\, du + \eta_1 dv),$$

$$(7)\qquad dc = a(q\, du + q_1 dv) - b(p\, du + p_1 dv)$$

et, par suite,

$$(8)\qquad \mathbf{S}\, dc\, dx = (q\, du + q_1 dv)(\xi\, du + \xi_1 dv) - (p\, du + p_1 dv)(\eta\, du + \eta_1 dv).$$

En comparant à l'équation (4) donnée plus haut, on voit que l'on doit avoir, conformément aux formules (43) [II, p. 378],

$$(9)\quad \left\{\begin{aligned} &D = H(p\eta - q\xi),\\ &D' = H(p\eta_1 - q\xi_1) = H(p_1\eta - q_1\xi),\\ &D'' = H(p_1\eta_1 - q_1\xi_1)\end{aligned}\right.$$

et de là on déduit, comme il fallait s'y attendre,

$$(10)\quad DD'' - D'^2 = H^2(pq_1 - qp_1)(\xi\eta_1 - \eta\xi_1) = (pq_1 - qp_1)(\xi\eta_1 - \eta\xi_1)^2.$$

Le rapprochement des formules précédentes (4), (8) et de l'équation (17) [II, p. 354] nous montre que l'on aura

$$(11)\qquad \frac{ds^2}{\rho_n} = -\mathrm{S}\, dc\, dx = \frac{1}{\mathrm{H}}(\mathrm{D}\, du^2 + 2\mathrm{D}'\, du\, dv + \mathrm{D}''\, dv^2),$$

ρ_n désignant la courbure de la section normale dont la direction est définie par les différentielles du, dv.

928. Cela étant, revenons au mouvement de la surface (Θ), qui, d'après les propriétés déjà données au n° 60, peut être défini un roulement de (Θ) sur (Θ_1). Nous avons vu que tout déplacement élémentaire de (Θ) est une rotation autour d'un axe passant par le point de contact, situé dans le plan tangent commun à (Θ) et à (Θ_1); et nous avons obtenu les formules suivantes.

Soient x, y, z les coordonnées rectangulaires du *centre instantané*, c'est-à-dire du point de contact de (Θ) et de (Θ_1), *rapportées à des axes invariablement liés à* (Θ). Désignons par $\mathrm{P}, \mathrm{Q}, \mathrm{R}, \mathrm{P}_1, \mathrm{Q}_1, \mathrm{R}_1$ les six rotations relatives à ce mouvement. Nous savons (n° 59) qu'en introduisant seulement trois fonctions auxiliaires λ, μ, μ_1, on peut les exprimer par les formules suivantes

$$(12)\quad \begin{cases} \mathrm{P} = -\lambda \dfrac{\partial x}{\partial u} + \mu \dfrac{\partial x}{\partial v}, \\ \mathrm{Q} = -\lambda \dfrac{\partial y}{\partial u} + \mu \dfrac{\partial y}{\partial v}, \\ \mathrm{R} = -\lambda \dfrac{\partial z}{\partial u} + \mu \dfrac{\partial z}{\partial v}, \end{cases} \qquad (13)\quad \begin{cases} \mathrm{P}_1 = -\mu_1 \dfrac{\partial x}{\partial u} + \lambda \dfrac{\partial x}{\partial v}, \\ \mathrm{Q}_1 = -\mu_1 \dfrac{\partial y}{\partial u} + \lambda \dfrac{\partial y}{\partial v}, \\ \mathrm{R}_1 = -\mu_1 \dfrac{\partial z}{\partial u} + \lambda \dfrac{\partial z}{\partial v}. \end{cases}$$

Quant aux translations $\xi, \eta, \zeta, \xi_1, \eta_1, \zeta_1$, elles sont définies par les formules

$$(14)\quad \begin{cases} \xi + \mathrm{Q}z - \mathrm{R}y = 0, \\ \eta + \mathrm{R}x - \mathrm{P}z = 0, \\ \zeta + \mathrm{P}y - \mathrm{Q}x = 0, \end{cases} \qquad (15)\quad \begin{cases} \xi_1 + \mathrm{Q}_1 z - \mathrm{R}_1 y = 0, \\ \eta_1 + \mathrm{R}_1 x - \mathrm{P}_1 z = 0, \\ \zeta_1 + \mathrm{P}_1 y - \mathrm{Q}_1 x = 0, \end{cases}$$

par lesquelles on exprime que la vitesse du centre instantané considéré comme appartenant à la surface mobile est nulle dans tout déplacement élémentaire.

Nous avons indiqué au n° 60 que ces formules conduisent à une nouvelle méthode de recherche des surfaces applicables sur une surface donnée. Il est clair en effet que, si l'on donne la surface (Θ), la détermination des fonctions λ, μ, μ_1 entraînera la connaissance de la surface (Θ_1). Tout se ramène donc à la détermination de ces trois fonctions.

Si l'on porte les valeurs des rotations dans les trois équations

$$(16)\qquad \begin{cases} \dfrac{\partial P}{\partial v} - \dfrac{\partial P_1}{\partial u} = QR_1 - RQ_1, \\ \dfrac{\partial Q}{\partial v} - \dfrac{\partial Q_1}{\partial u} = RP_1 - PR_1, \\ \dfrac{\partial R}{\partial v} - \dfrac{\partial R_1}{\partial u} = PQ_1 - QP_1, \end{cases}$$

les seules qui restent à vérifier, d'après l'analyse du n° 59, on trouve

$$(17)\qquad \frac{\partial}{\partial u}\left(\mu_1 \frac{\partial x}{\partial u} - \lambda \frac{\partial x}{\partial v}\right) + \frac{\partial}{\partial v}\left(\mu \frac{\partial x}{\partial v} - \lambda \frac{\partial x}{\partial u}\right) = (\mu\mu_1 - \lambda^2) H c$$

et deux équations analogues en y et z. Développons et remplaçons les dérivées secondes de x par leurs valeurs (1); puis égalons à zéro les coefficients de c, $\dfrac{\partial x}{\partial u}$, $\dfrac{\partial y}{\partial u}$. On aura les trois équations

$$(18)\qquad \begin{cases} D\mu_1 - 2D'\lambda + D''\mu - H^2(\mu\mu_1 - \lambda^2) = 0, \\ \dfrac{\partial \mu_1}{\partial u} - \dfrac{\partial \lambda}{\partial v} + A\mu_1 - 2B\lambda + C\mu \qquad = 0, \\ \dfrac{\partial \mu}{\partial v} - \dfrac{\partial \lambda}{\partial u} + A_1\mu_1 - 2B_1\lambda + C_1\mu \qquad = 0, \end{cases}$$

dont l'intégration ferait connaître les valeurs les plus générales de λ, μ, μ_1.

929. On peut les ramener à une forme beaucoup plus élégante. Pour faire disparaître dans la première les termes du premier degré, posons

$$(19)\qquad \mu = \frac{D - D_1}{H^2}, \qquad \mu_1 = \frac{D'' - D''_1}{H^2}, \qquad \lambda = \frac{D' - D'_1}{H^2},$$

D_1, D'_1, D''_1 étant les inconnues que nous substituons à λ, μ, μ_1. Après substitution et quelques réductions, on trouve, en tenant compte du système (5), les équations suivantes

$$
(20)\quad \begin{cases}
D_1'^2 - D_1 D_1'' = D'^2 - DD'', \\
\dfrac{\partial}{\partial v}\left(\dfrac{D_1}{H}\right) - \dfrac{\partial}{\partial u}\left(\dfrac{D_1'}{H}\right) + A_1 \dfrac{D_1''}{H} + (A - B_1)\dfrac{D_1'}{H} - B\dfrac{D_1}{H} = 0, \\
\dfrac{\partial}{\partial v}\left(\dfrac{D_1'}{H}\right) - \dfrac{\partial}{\partial u}\left(\dfrac{D_1''}{H}\right) + B_1 \dfrac{D_1''}{H} + (B - C_1)\dfrac{D_1'}{H} - C\dfrac{D_1}{H} = 0,
\end{cases}
$$

toutes pareilles à celles du système (5); en sorte que D_1, D_1', D_1'' satisfont aux mêmes équations que D, D', D''. Nous allons montrer en effet que ce sont les valeurs prises par D, D', D'' lorsqu'à la surface (Θ) on substitue la surface (Θ_1).

930. Considérons le trièdre (T) que nous avons rattaché à chaque point de (Θ) pour obtenir les formules de M. Codazzi et dont les rotations sont définies par les composantes p, q, r, p_1, q_1, r_1 *relatives aux axes de ce trièdre*. Pour avoir les composantes P', Q', R', P_1', Q_1', R_1' de ces rotations par rapport aux axes choisis dans ce Chapitre, axes qui sont invariablement liés à (Θ), mais quelconques, il faudra employer les formules

$$
(21)\quad \begin{cases}
P' = ap + bq + cr, \\
Q' = a'p + b'q + c'r, \\
R' = a''p + b''q + c''r;
\end{cases}
\qquad
(22)\quad \begin{cases}
P_1' = ap_1 + bq_1 + cr_1, \\
Q_1' = a'p_1 + b'q_1 + c'r_1, \\
R_1' = a''p_1 + b''q_1 + c''r_1.
\end{cases}
$$

Bornons-nous aux deux premières et remplaçons-y a et b par leurs valeurs déduites des équations

$$
(23)\quad \frac{\partial x}{\partial u} = a\xi + b\eta, \qquad \frac{\partial x}{\partial v} = a\xi_1 + b\eta_1.
$$

En tenant compte de ce que l'on a, en grandeur et en signe,

$$
(24)\quad H = \xi\eta_1 - \eta\xi_1
$$

et utilisant les relations (9), on trouvera

$$
(25)\quad P' = \frac{D'}{H^2}\frac{\partial x}{\partial u} - \frac{D}{H^2}\frac{\partial x}{\partial v} + cr, \qquad P_1' = \frac{D''}{H^2}\frac{\partial x}{\partial u} - \frac{D'}{H^2}\frac{\partial x}{\partial v} + cr_1.
$$

On aura des formules analogues pour Q', Q_1', R', R_1'.

Considérant maintenant le trièdre (T) comme attaché non plus à la surface (Θ), mais à la surface (Θ_1), on trouverait de même pour ses rotations P'', P''_1, ... les valeurs

(26) $$P'' = \frac{D'_1}{H^2}\frac{\partial x}{\partial u} - \frac{D_1}{H^2}\frac{\partial x}{\partial v} + cr, \quad P''_1 = \frac{D''_1}{H^2}\frac{\partial x}{\partial u} - \frac{D'_1}{H^2}\frac{\partial x}{\partial v} + cr_1,$$

D_1, D'_1, D''_1 désignant les valeurs que prennent D, D', D'' quand on passe à la surface (Θ_1). Quant à r et r_1, *leurs valeurs sont les mêmes,* comme on sait, *dans les deux cas,* puisqu'elles dépendent exclusivement de l'élément linéaire et de la manière dont le trièdre (T) est attaché à la surface.

Cela posé, supposons que u et v prennent des accroissements infiniment petits quelconques et que (T) prenne la position (T') dans la surface (Θ) et la position (T'') dans la surface (Θ_1). Le roulement de (Θ) sera celui qui amènera le trièdre de sa position (T') en (T''). Or ce mouvement infiniment petit peut être décomposé en deux : l'un, qui amènera le trièdre de (T') en (T) et donnera naissance aux rotations $-P'du - P'_1 dv, \ldots$; l'autre, qui amènera le trièdre de (T) en (T'') et donnera naissance aux rotations $P''du + P''_1 dv, \ldots$. Il suit de là que l'on doit avoir

$$P\,du + P_1\,dv = P''\,du + P''_1\,dv - P'\,du - P'_1\,dv,$$

et par suite

$$P = P'' - P', \qquad P_1 = P''_1 - P'_1,$$

c'est-à-dire

(27) $$P = -\frac{D' - D'_1}{H^2}\frac{\partial x}{\partial u} + \frac{D - D_1}{H^2}\frac{\partial x}{\partial v},$$

(28) $$P_1 = -\frac{D'' - D''_1}{H^2}\frac{\partial x}{\partial u} + \frac{D' - D'_1}{H^2}\frac{\partial x}{\partial v},$$

et les expressions analogues pour Q, Q_1, R, R_1.

On retrouve ainsi les formules (12) et (13), mais avec les valeurs (19) de λ, μ, μ_1; et la proposition que nous avions en vue est entièrement démontrée.

931. Puisque la rotation infiniment petite relative à chaque déplacement a son axe dans le plan tangent, il est clair que l'on peut poser

(28) $$\left\{\begin{aligned} P\,du + P_1\,dv &= \frac{\partial x}{\partial u}\delta u + \frac{\partial x}{\partial v}\delta v, \\ Q\,du + Q_1\,dv &= \frac{\partial y}{\partial u}\delta u + \frac{\partial y}{\partial v}\delta v, \\ R\,du + R_1\,dv &= \frac{\partial z}{\partial u}\delta u + \frac{\partial z}{\partial v}\delta v. \end{aligned}\right.$$

δu et δv seront les différentielles de u et de v, lorsqu'on se déplace suivant l'axe de cette rotation; ils le définiront même en grandeur puisque, d'après les formules précédentes, ils représentent les accroissements de u et de v lorsqu'on passe de l'origine de cet axe infiniment petit à son extrémité.

Or, si l'on remplace P et P_1, par exemple, par leurs valeurs déduites des formules (12) et (13), il vient

$$\frac{\partial x}{\partial u}(-\lambda\, du - \mu_1\, dv - \delta u) + \frac{\partial x}{\partial v}(\mu\, du + \lambda\, dv - \delta v) = 0,$$

et, comme cette relation doit être vérifiée quand on y remplace x par y et z, il vient nécessairement

$$(29) \qquad \begin{cases} \delta u = -\lambda\, du - \mu_1\, dv, \\ \delta v = \quad \mu\, du + \lambda\, dv. \end{cases}$$

Ces formules contiennent toutes les relations entre le déplacement du centre instantané et la rotation qui lui correspond. En particulier, si on les divise l'une par l'autre, on obtient l'équation

$$(30) \qquad \mu\, du\, \delta u + \lambda(du\, \delta v + dv\, \delta u) + \mu_1\, dv\, \delta v = 0,$$

qui ne contient que les quotients $\frac{du}{dv}$, $\frac{\delta u}{\delta v}$ et se rapporte, par suite, uniquement aux directions de l'axe instantané et du mouvement du centre instantané. Comme l'équation précédente ne change pas lorsqu'on échange les caractéristiques d, δ, on voit que *la relation entre ces deux directions est réciproque*. Ainsi se trouve établie la proposition annoncée au n° **60**.

932. Imaginons maintenant que le centre instantané décrive une courbe (C) de (Θ). Cette courbe roulera sur la courbe homologue (C_1) de (Θ_1), et, si l'on considère les deux surfaces réglées lieux des positions successives de l'axe instantané dans le système mobile et dans l'espace, ces deux surfaces (R) et (R_1), respectivement circonscrites à (Θ) et à (Θ_1) suivant les courbes (C) et (C_1), rouleront l'une sur l'autre dans le déplacement considéré. *Elles seront donc nécessairement applicables l'une sur l'autre.*

Ainsi, la connaissance de tout couple de surfaces applicables l'une sur l'autre entraîne celle d'une infinité de pareils couples formés avec deux surfaces gauches, et cela sans aucune intégration. Examinons maintenant les cas particuliers.

933. Il peut se faire que la direction de l'axe instantané coïncide avec celle du déplacement du centre instantané. On aura alors

$$du\,\delta v - dv\,\delta u = 0,$$

et l'équation (30) nous donnera

$$\mu\,du^2 + 2\lambda\,du\,dv + \mu_1\,dv^2 = 0. \tag{31}$$

Il y a deux familles de lignes (C) satisfaisant à cette équation différentielle. Si le centre instantané décrit une de ces courbes, le mouvement se réduira au roulement d'une surface développable sur une autre développable; les deux arêtes de rebroussement seront tangentes à chaque instant. Par cela seul qu'il y a roulement autour de la tangente commune, on peut affirmer que les deux arêtes de rebroussement auront, à chaque instant, même plan osculateur et même rayon de courbure.

On peut donc dire que l'équation (31) définit deux directions pour lesquelles deux courbes correspondantes tracées sur les deux surfaces (Θ), (Θ_1) ont même courbure ou mieux, comme les courbures géodésiques sont toujours égales, ont même courbure normale. C'est ce que l'on peut vérifier de la manière suivante :

Considérons deux sections normales correspondantes, dans (Θ) et dans (Θ_1); et soient ρ_n, ρ'_n les rayons de courbure de ces deux sections. En appliquant successivement la formule (11) aux deux surfaces, on aura

$$-\frac{ds^2}{\rho_n} = \frac{1}{H}(D\,du^2 + 2D'\,du\,dv + D''\,dv^2),$$

$$-\frac{ds^2}{\rho'_n} = \frac{1}{H}(D_1\,du^2 + 2D'_1\,du\,dv + D''_1\,dv^2),$$

et par suite, en vertu des équations (19),

$$ds^2\left(\frac{1}{\rho'_n} - \frac{1}{\rho_n}\right) = H(\mu\,du^2 + 2\lambda\,du\,dv + \mu_1\,dv^2). \tag{32}$$

Cette formule met en évidence la proposition annoncée en

montrant que les courbes définies par l'équation différentielle (31) sur les deux surfaces (Θ), (Θ_1) ont leurs courbures normales *égales et de même signe*. Dès à présent, on peut en déduire cette conséquence que ces lignes ne peuvent se confondre avec les lignes asymptotiques de l'une ou de l'autre des surfaces (Θ), (Θ_1) que si ces deux surfaces sont symétriques l'une de l'autre. Pour qu'il en soit ainsi, en effet, il faut que D_1, D'_1, D''_1 soient proportionnels à D, D', D'' et cette condition de proportionnalité jointe à la première des équations (20) entraîne les relations

$$D_1 = -D, \qquad D'_1 = -D', \qquad D''_1 = -D'',$$

qui caractérisent deux surfaces symétriques. Ce cas particulier nous a servi de guide dans l'analyse précédente.

934. Il est un autre cas particulier des plus intéressants dans lequel les deux surfaces réglées (R) et (R_1) qui roulent l'une sur l'autre se réduisent à des surfaces développables. Il a été signalé pour la première fois en 1891 par Ribaucour ([1]).

Supposons que le centre instantané se déplace suivant une courbe (C_1) de la surface (Θ_1). Pour que l'axe de la rotation instantanée décrive une surface développable, il faut évidemment qu'il coïncide soit avec la tangente à la courbe (C_1) soit avec la conjuguée. Nous venons d'étudier la première hypothèse, examinons maintenant la seconde. Pour qu'elle se réalise, il faudra que les déplacements définis par les caractéristiques d et δ soient à la fois *réciproques* dans le sens indiqué plus haut et *conjugués* par rapport à (Θ_1). Mais, si la surface réglée circonscrite à (Θ_1) se réduit à une développable, elle ne peut rouler que sur une développable et, par suite, les deux déplacements sont conjugués à la fois par rapport à (Θ) et à (Θ_1). C'est d'ailleurs ce que montre immédiatement l'analyse; les trois équations

$$\begin{gathered}
D\,du\,\delta u + D'(du\,\delta v + dv\,\delta u) + D''\,dv\,\delta v = 0,\\
D_1\,du\,\delta u + D'_1(du\,\delta v + dv\,\delta u) + D''_1\,dv\,\delta v = 0,\\
\mu\,du\,\delta u + \lambda(du\,\delta v + dv\,\delta u) + \mu_1\,dv\,\delta v = 0,
\end{gathered}$$

([1]) RIBAUCOUR (A.), *Sur les systèmes cycliques* (*Comptes rendus de l'Académie des Sciences*, t. CXIII, p. 324; 24 août 1891).

se réduisant nécessairement à deux en vertu des relations (19).

D'après ces relations, ces courbes du système conjugué commun à (Θ) et à (Θ_1) se détermineront par l'équation différentielle

$$(33) \qquad \begin{vmatrix} du^2 & du\,dv & dv^2 \\ D'' & -D' & D \\ D''_1 & -D'_1 & D_1 \end{vmatrix} = 0.$$

Elles ne seront indéterminées que dans le cas où les deux surfaces seront symétriques l'une de l'autre. La double famille qu'elles forment ne se réduira à une famille unique que si les deux surfaces (Θ), (Θ_1) sont réglées l'une et l'autre, leurs génératrices rectilignes étant des lignes correspondantes. Toutes ces propriétés peuvent être prévues et démontrées *a priori*. Quand une correspondance, point par point, est établie entre deux surfaces d'ailleurs quelconques (S) et (S_1), il existe, en général, un système conjugué de (S), et un seul, qui correspond à un système conjugué de (S_1). En effet, à tout réseau conjugué de (S) correspond sur (S_1) un système de courbes qui divisent harmoniquement le réseau des lignes correspondantes aux asymptotiques de (S). Si l'on veut qu'elles soient, en outre, conjuguées sur (S), leurs tangentes en chaque point seront pleinement définies par la condition de diviser harmoniquement deux angles, en général distincts. Si les lignes asymptotiques de (S) ne correspondent pas à celles de (S_1), il y aura un réseau répondant à la question et composé de deux familles distinctes, réelles ou imaginaires. Si une famille de lignes asymptotiques de (S) correspond à des lignes asymptotiques de (S_1), le réseau conjugué se réduira à une famille double, formée des asymptotiques qui se correspondent. Enfin, si à toutes les lignes asymptotiques de (S) correspondent les lignes asymptotiques de (S_1), tout réseau conjugué de l'une des surfaces aura pour homologue un réseau conjugué de la seconde ([1]).

Dans le cas particulier où les surfaces correspondantes sont

([1]) Dans cet ordre d'idées, le lecteur démontrera facilement la proposition suivante : Quand on connaît les lignes asymptotiques d'une surface (S), on peut la faire correspondre, point par point, à un plan de telle manière que tout réseau orthogonal du plan ait pour homologue un réseau conjugué de la surface ; et cela, sans aucune intégration.

applicables l'une sur l'autre, nous avons vu au n° 723 qu'en dehors des cas spéciaux signalés plus haut les lignes asymptotiques ne sont jamais des courbes correspondantes. Donc le système conjugué existera toujours et se composera de deux familles distinctes, réelles ou imaginaires. Ces deux familles auront même cette propriété particulière que les tangentes aux deux courbes qui passent au même point feront le même angle sur les deux surfaces.

Cela posé, soient (C), (C_1) deux courbes correspondantes appartenant à l'une ou à l'autre famille et tracées sur les deux surfaces. Les deux développables circonscrites suivant ces courbes aux deux surfaces seront évidemment applicables l'une sur l'autre; car elles ne sont autres que les deux surfaces réglées (R) et (R_1) considérées au n° 932. On peut d'ailleurs le reconnaître directement; le lecteur établira sans peine que, pour les deux développables, le segment de la génératrice rectiligne intercepté entre la courbe de contact et l'arête de rebroussement a la même valeur, et de là il déduira que les deux arêtes de rebroussement des développables ont même arc et même rayon de courbure aux points correspondants, ce qui suffit à établir le résultat annoncé.

935. Au sujet de ce système conjugué commun à deux surfaces, M. Kœnigs a fait une remarque très intéressante que nous allons rappeler.

Si l'on prend comme variables les paramètres u et v des deux familles conjuguées qui le composent, on sait que les trois coordonnées cartésiennes des points de chaque surface satisfont à une équation linéaire telle que la suivante

$$(34)\qquad \frac{\partial^2\theta}{\partial u\,\partial v} + \alpha\frac{\partial\theta}{\partial u} + \beta\frac{\partial\theta}{\partial v} = 0.$$

Il devrait donc y avoir deux équations distinctes de cette forme, l'une pour (Θ), l'autre pour (Θ_1). En réalité, *il n'y en a qu'une*; et si l'on suppose d'ailleurs les deux surfaces dans une position relative quelconque, mais fixe, les six coordonnées x, y, z; x_1, y_1, z_1 de deux points correspondants satisfont à une même équation linéaire de la forme précédente. Telle est la proposition de M. Kœnigs.

La démonstration en est d'ailleurs presque immédiate. Elle résulte de ce que, dans l'équation précédente, α et β sont reliés aux coefficients E, F, G de l'élément linéaire par les formules

$$(35) \qquad \frac{1}{2}\frac{\partial E}{\partial v} + \alpha E + \beta F = 0, \qquad \frac{1}{2}\frac{\partial G}{\partial u} + \alpha F + \beta G = 0,$$

dont nous avons déjà fait usage.

M. Kœnigs a ajouté que la même équation (34) admet aussi la solution

$$(36) \qquad \theta_1 = x^2 + y^2 + z^2 - x_1^2 - y_1^2 - z_1^2.$$

Il suffit, en effet, de substituer cette solution et de tenir compte de ce que x, y, z, x_1, y_1, z_1 sont des solutions particulières pour obtenir la condition

$$2 \mathrm{S} \frac{\partial x}{\partial u}\frac{\partial x}{\partial v} - 2 \mathrm{S} \frac{\partial x_1}{\partial u}\frac{\partial x_1}{\partial v} = 0,$$

qui est évidemment vérifiée. Nous verrons plus loin le parti qu'on peut tirer de ces différentes propriétés.

936. L'emploi du déplacement à deux variables que nous venons d'étudier nous permet de présenter sous une autre forme *le théorème fondamental que nous avons démontré au n°* **761**, relativement aux systèmes cycliques. Considérons d'une manière générale une droite (d) invariablement liée à (Θ) et entraînée dans le mouvement de cette surface, et soit m son point d'intersection avec le plan de contact de (Θ) et de (Θ_1). Le point m décrira une certaine surface dont le plan tangent en m sera celui qui projette la droite (d) sur le plan de contact. En effet, tous les déplacements élémentaires étant des rotations autour de droites situées dans le plan de contact, la *vitesse d'entraînement* du point m dans ces déplacements sera toujours la normale à ce plan; quant à sa *vitesse relative*, elle sera dirigée évidemment suivant la droite (d). Le plan tangent cherché devra être normal au plan de contact et passer par la droite (d).

Cela posé, considérons une sphère (S) de rayon nul, ayant son centre en un point M invariablement lié à (Θ). Elle coupera le plan de contact suivant un cercle (C) dont les positions successives engendreront une congruence. Soit (d) une génératrice rectiligne *déterminée* de (S); elle coupera le cercle en un point variable m; et, d'après la construction du plan tangent que nous venons d'indiquer, la surface (Σ) décrite par le point m sera normale au cercle. C'est le résultat déjà démontré au n° 762.

937. A la famille des surfaces (Σ) normales aux cercles, on doit associer deux autres familles d'enveloppes de sphères formant avec la première un système triple orthogonal (n° 477). Les positions successives du cercle (C) qui engendrent ces deux familles de surfaces correspondent aux deux séries de roulements dans lesquels le centre instantané décrit une des courbes du système conjugué commun à (Θ) et à (Θ_1). Il suffira, pour le démontrer, d'établir que les développables de la congruence engendrée par l'axe du cercle (C) dans ses différentes positions correspondent à ces mêmes courbes conjuguées (n° 472).

Abaissons du point M invariablement lié à (Θ) une perpendiculaire sur le plan de contact de (Θ) et de (Θ_1). Les différentes positions de cette perpendiculaire seront les axes des positions successives du cercle (C). Si l'on se déplace sur la surface (Θ_1), deux positions consécutives de la perpendiculaire seront perpendiculaires à la caractéristique du plan tangent à (Θ_1), c'est-à-dire à la tangente conjuguée de la direction du déplacement. Pour que la perpendiculaire engendre un élément de surface développable, il sera donc nécessaire et suffisant que le déplacement du point M soit, lui aussi, perpendiculaire à cette conjuguée. C'est ce qui aura lieu si cette tangente conjuguée est l'axe de rotation du déplacement, c'est-à-dire si ce déplacement a lieu suivant une des courbes du système conjugué commun à (Θ) et à (Θ_1). Nous obtenons ainsi les deux séries de développables de la congruence et notre proposition est établie.

Au reste, l'analyse en fournit aussi une démonstration des plus simples.

938. Nous avons vu (n° 758) [III, p. 348] que si, de chaque point d'une surface comme centre, on décrit une sphère de rayon variable, les points de contact de cette sphère avec son enveloppe demeurent invariables quand la surface se déforme en demeurant applicable sur elle-même. Par suite, si, du point de contact de (Θ)

et de (Θ_1) pris comme centre, on décrit une sphère dont le rayon varie suivant une loi quelconque, les points où cette sphère touche son enveloppe sont les mêmes, qu'on la considère, soit comme appartenant à (Θ), soit comme appartenant à (Θ_1). En d'autres termes, on obtiendra deux enveloppes de sphères, l'une dans l'espace, l'autre dans le système mobile. Ces deux enveloppes glisseront l'une sur l'autre et seront toujours tangentes en deux points placés symétriquement par rapport au plan de contact de (Θ) et de (Θ_1).

Considérons, en particulier, une sphère définie dans le système fixe par l'équation

$$(37) \qquad X^2 + Y^2 + Z^2 - 2x_1 X - 2y_1 Y - 2z_1 Z + \theta = 0,$$

où x_1, y_1, z_1 sont les coordonnées du centre instantané par rapport à des axes fixes et où θ est une solution *quelconque* de l'équation (34) relative au système conjugué commun. La sphère touche son enveloppe en deux points P, P′ qui sont les mêmes quand on la considère comme faisant partie, soit du système fixe, soit du système mobile; mais la corde de contact PP′ engendre deux congruences distinctes, suivant qu'on la rattache à l'une ou à l'autre des surfaces (Θ), (Θ_1). Bien que distinctes, ces congruences ont à chaque instant les mêmes plans focaux; car ces plans focaux doivent être (n° 473) perpendiculaires aux tangentes du système conjugué commun. On peut donc dire que les développables de la congruence engendrée par les droites PP′ se conservent lorsque la surface (Θ) se déforme en entraînant ces droites de manière à venir coïncider avec (Θ_1), et elles correspondent aux courbes du système conjugué commun à (Θ) et à (Θ_1). Ajoutons toutefois que, si les plans focaux des droites de ces congruences demeurent invariables, il n'en est pas de même de leurs points focaux.

Appliquons la remarque générale précédente au cas où l'on choisit pour θ une solution particulière déjà indiquée plus haut. Si x, y, z désignent les coordonnées du centre instantané *par rapport à des axes invariablement liés à* (Θ), nous avons vu que l'équation (34) admet la solution

$$\theta_1 = x_1^2 + y_1^2 + z_1^2 - x^2 - y^2 - z^2.$$

Comme la sphère représentée par l'équation (37) a, dans ce cas, pour rayon

$$\sqrt{x_1^2+y_1^2+z_1^2-\theta_1} \quad \text{ou} \quad \sqrt{x^2+y^2+z^2},$$

son équation par rapport aux axes mobiles sera évidemment

$$(X-x)^2+(Y-y)^2+(Z-z)^2=x^2+y^2+z^2$$

ou encore

$$X^2+Y^2+Z^2-2Xx-2Yy-2Zz=0,$$

et elle passera par un point fixe du système mobile, à savoir l'origine des coordonnées; de sorte que sa corde de contact sera la perpendiculaire abaissée de ce point sur le plan de contact de (Θ) et de (Θ_1); elle sera l'axe du cercle appartenant au système cyclique déterminé par la sphère de rayon nul ayant son centre en ce point. Par suite, dans ce cas particulier comme dans celui où θ est une solution quelconque de l'équation (34), les développables de la congruence engendrée par cet axe correspondront aux courbes du système conjugué commun à (Θ) et à (Θ_1).

939. D'après cela, si M désigne un point du système mobile invariablement lié à (Θ), le système cyclique dérivé de ce point se définira comme il suit.

Les différents cercles (C) du système seront les intersections du *point-sphère* M avec les positions successives du plan de contact de (Θ) et de (Θ_1).

Les différentes surfaces (Σ) normales aux positions successives du cercle (C) seront engendrées par le point d'intersection, avec ce plan de contact, d'une génératrice rectiligne déterminée, mais quelconque, du point-sphère M. Chacune de ces surfaces constituera l'unique nappe focale située à distance finie de la congruence engendrée par cette génératrice isotrope.

Enfin les deux familles de surfaces (E), (E′) qui complètent avec la famille (Σ) le système triple orthogonal se définiront de la manière suivante : Quand le point de contact de (Θ) et de (Θ_1) décrira une des courbes du système conjugué commun, l'axe du cercle (C) engendrera une surface développable (Δ); les différentes positions de ce cercle engendreront une des surfaces (E) ou (E′), qui sera une enveloppe de sphère et sera touchée, en tous les points du cercle (C), par la sphère qui contient ce cercle et a son centre au point de contact de l'axe du cercle et de l'arête de rebroussement de la développable (Δ), c'est-à-dire à l'un des points focaux de cet axe.

A chaque cercle (C) correspondent évidemment deux sphères qui le contiennent et qui ont pour centres les deux points focaux F et F' (*fig.* 86) de l'axe de ce cercle. Comme le rayon du cercle (C) est égal à $i.\mathrm{MP}$, P désignant le point où l'axe du cercle coupe le plan de contact, les angles φ et φ' sous lesquels les deux sphères coupent le plan de contact sont évidemment déterminés par les formules

$$\operatorname{tang}\varphi = i\frac{\mathrm{MP}}{\mathrm{FP}}, \qquad \operatorname{tang}\varphi' = i\frac{\mathrm{MP}}{\mathrm{F'P}},$$

et, comme elles sont orthogonales, on aura nécessairement

$$\overline{\mathrm{MP}}^2 = \overline{\mathrm{FP}}.\overline{\mathrm{F'P}}.$$

En d'autres termes, les foyers F, F' divisent harmoniquement le segment formé par le point M et son symétrique relativement au plan de contact.

Le lecteur pourra vérifier cette relation en étudiant directement la congruence rectiligne formée par l'axe du cercle (C); il reconnaîtra également ce fait important que l'angle φ sous lequel le plan de contact est coupé par une des sphères demeure le même pour chaque position de (Θ) et de (Θ_1) lorsqu'on substitue au point M tout autre point M_1 invariablement lié, lui aussi, à (Θ). Nous préférons établir ce dernier résultat par la méthode suivante.

940. Soient M, M_1 deux points du système mobile invariablement liés à (Θ). Les perpendiculaires abaissées de ces points sur le plan de contact de (Θ) et de (Θ_1) engendrent deux congruences distinctes dont les développables se correspondent, puisqu'elles correspondent au même système conjugué de (Θ). Envisageons d'une manière générale les congruences engendrées par deux droites parallèles et pour lesquelles les développables se correspondent. Voici les propriétés générales que nous avons déjà signalées à leur égard (n° 920) et que nous compléterons en les démontrant de nouveau par une voie directe (1).

(1) Ribaucour y avait été conduit de son côté et les a énoncées dans une Note *Sur les systèmes cycliques* insérée le 17 août 1891 au Tome CXIII des *Comptes rendus de l'Académie des Sciences* (p. 304 et 324).

941. Soient (d) et (d') (*fig.* 85) les deux droites parallèles; F, F_1 les points focaux de la première; F′, F'_1 les points focaux correspondants de la seconde. Quand les droites varient, ces points focaux décrivent les nappes focales des deux congruences, nappes que nous désignerons respectivement par les lettres (F), (F′),

Fig. 85.

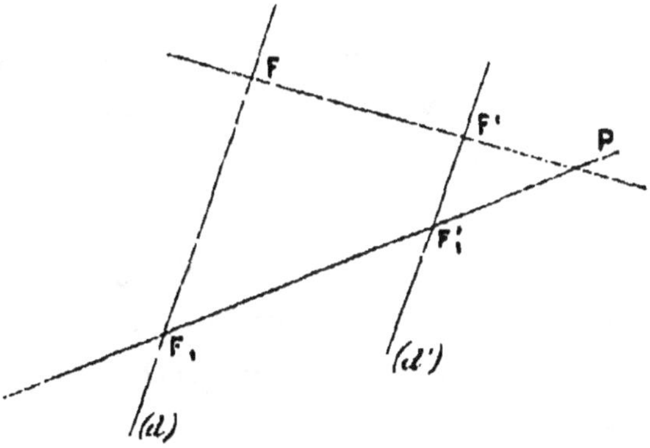

(F_1), (F'_1). Cela posé, quand la droite (d) engendre une développable, elle demeure tangente, par exemple, à la courbe décrite par le point F et alors la droite (d') demeure tangente à la courbe décrite par le point F′. Les deux courbes décrites par F et par F′ ayant leurs tangentes parallèles ont, par suite, leurs plans osculateurs parallèles; et comme ces plans osculateurs (n° 318) sont les plans tangents aux nappes (F_1), (F'_1), il en résulte que ces deux nappes se correspondent par parallélisme des plans tangents. En considérant l'autre série de développables on démontrera de même que les plans tangents aux points correspondants de (F) et de (F′) sont parallèles. D'après les propositions énoncées au n° 319, les développables engendrées par (d) et par (d') correspondent à un système conjugué tracé sur les quatre nappes, et, d'après d'autres propositions données au n° 426, on sait que, lorsque deux surfaces se correspondent par plans tangents parallèles, les courbes du système conjugué commun ont, sur les deux surfaces, leurs tangentes parallèles. De plus, lorsqu'on se déplace suivant l'une des courbes du système conjugué commun, la droite qui joint les points correspondants des deux surfaces engendre aussi une développable. Nous voyons donc qu'ici les droites FF′, $F_1F'_1$ engendreront des développables en même temps que les droites (d) et (d').

Considérons d'abord les développables pour lesquelles les arêtes de rebroussement sont décrites par les points F et F'; la caractéristique du plan des deux droites sera alors la ligne FF'. Dans l'autre série de développables ce serait la droite $F_1F'_1$. Donc *la surface enveloppée par le plan des deux droites touche ce plan au point* P *de rencontre de* FF' *et de* $F_1F'_1$. D'autre part, comme les deux tangentes PFF', $PF_1F'_1$ décrivent en même temps des développables, il est nécessaire qu'elles soient conjuguées et que, dans la première série, lorsque F, F' décrivent des courbes tangentes aux deux droites, le point P décrive une courbe tangente à $PF_1F'_1$. Ainsi :

Si deux droites parallèles engendrent des congruences dont les développables se correspondent, le plan de ces droites touche une certaine surface (Σ) *et les points focaux des deux droites sont sur deux tangentes conjuguées de* (Σ); *de telle sorte que les congruences formées de ces droites correspondent aux deux familles de courbes de* (Σ) *admettant les deux tangentes conjuguées.*

Lorsque le point P décrira une de ces courbes conjuguées, les deux droites (d), (d') seront tangentes aux deux courbes qui sont décrites par les points où elles sont coupées par la tangente conjuguée de la direction suivie par le point P.

942. On peut ajouter encore la propriété suivante :

Définissons un rayon R par l'égalité

$$\frac{PF}{PF'} = \frac{R}{R+h},$$

où h désigne une constante quelconque. Décrivons, du point P comme centre, des sphères (S), (S') de rayons R et R + h. *La polaire de* (d) *par rapport à* (S) *sera la corde de contact de cette sphère avec son enveloppe; et de même la polaire de* (d') *par rapport à* (S').

En effet, menons par la droite (d) un plan (P) tangent à (S). En vertu de la relation précédente, le plan parallèle (P') mené par (d') sera tangent à (S') et il sera à la distance h du premier. Comme les deux plans ainsi construits ont leur distance invariable, ils envelopperont évidemment deux surfaces parallèles; et, pour tout déplacement, leurs caractéristiques, nécessairement parallèles, seront perpendiculaires à la normale commune des deux enveloppes. En d'autres termes, toute droite rencontrant ces deux caractéristiques rencontrera aussi la normale commune aux deux surfaces parallèles.

Or quand les droites (d) et (d') décrivent des développables, celles par exemple pour lesquelles les arêtes de rebroussement sont décrites par les points F et F', la caractéristique du plan (P) passera évidemment en F et celle du plan (P') en F'. Donc la droite FF' rencontrera la normale commune aux deux enveloppes. Comme on peut répéter le même raisonnement pour la droite $F_1F'_1$ on voit que la normale commune ira passer en P au point de rencontre de FF' et de $F_1F'_1$. Par suite, les points de contact des plans (P) et (P') avec leurs enveloppes sont sur la perpendiculaire commune abaissée de P sur ces deux plans; ce sont précisément les points de contact des sphères (S), (S') avec ces plans; de sorte que les enveloppes de ces deux sphères sont identiques aux enveloppes des plans. Cela établit la proposition annoncée.

Nous avions vu au n° **474** que si, des différents points d'une surface comme centre, on décrit une sphère de rayon variable R, les points focaux de la polaire de la corde de contact de la sphère avec son enveloppe sont sur deux tangentes conjuguées de la surface; et il résulte de l'analyse développée dans ce numéro que deux sphères dont les rayons diffèrent d'une constante donnent dans le plan tangent deux polaires parallèles appartenant à des congruences dont les développables se correspondent. Les considérations géométriques que nous venons d'exposer prouvent que *l'on obtiendra par cette construction tous les systèmes de deux droites parallèles engendrant des congruences dont les développables se correspondent.*

943. Pour compléter l'étude de ce sujet, nous établirons la réciproque de la proposition démontrée au n° **474**, en prouvant que si une droite (d) (*fig.* 85), située dans le plan tangent d'une surface (Σ) et définie pour chaque position de ce plan, engendre, lorsqu'il varie, une congruence telle que ses points focaux F, F_1 soient toujours situés sur deux tangentes conjuguées PF, PF_1 de

(Σ), elle peut toujours être considérée comme la polaire de la corde de contact (pour abréger nous dirons *polaire*) d'une sphère variable ayant son centre sur la surface (Σ). Le rayon de cette sphère sera déterminé à un facteur constant près.

Supposons, en effet, que la droite FF_1 se déplace de manière à engendrer la développable pour laquelle le point focal est F; la caractéristique du plan tangent sera évidemment PF et, par suite, le point P se déplacera suivant PF_1; les droites PF, PF_1 engendreront des éléments de surfaces développables. En répétant ce raisonnement pour le second point F_1 on établira que les développables de la congruence engendrée par FF_1 correspondent sur (Σ) aux courbes du réseau conjugué admettant en P les tangentes PF, PF_1; et, par conséquent, que la surface décrite par le point F sera coupée suivant deux familles de courbes conjuguées par les développables de la congruence engendrée par PF. Si donc x, y, z désignent les coordonnées cartésiennes du point P, si ρ, ρ_1 sont les paramètres des deux familles conjuguées tracées sur (Σ) (ρ restant constant sur les courbes qui admettent la tangente PF_1), les coordonnées cartésiennes du point F seront (n° 418)

$$x - \frac{\theta}{\frac{\partial\theta}{\partial\rho}}\frac{\partial x}{\partial\rho}, \qquad y - \frac{\theta}{\frac{\partial\theta}{\partial\rho}}\frac{\partial y}{\partial\rho}, \qquad z - \frac{\theta}{\frac{\partial\theta}{\partial\rho}}\frac{\partial z}{\partial\rho},$$

θ étant une certaine solution de l'équation linéaire du second ordre à laquelle satisfont x, y, z considérées comme fonctions de ρ, ρ_1.

En faisant varier ρ_1 et différentiant les expressions précédentes des coordonnées de F, on aura les paramètres directeurs de FF_1, qu'on pourra mettre sous la forme

$$\frac{\frac{\partial x}{\partial\rho}}{\frac{\partial\theta}{\partial\rho}} - \frac{\frac{\partial x}{\partial\rho_1}}{\frac{\partial\theta}{\partial\rho_1}}, \qquad \frac{\frac{\partial y}{\partial\rho}}{\frac{\partial\theta}{\partial\rho}} - \frac{\frac{\partial y}{\partial\rho_1}}{\frac{\partial\theta}{\partial\rho_1}}, \qquad \frac{\frac{\partial z}{\partial\rho}}{\frac{\partial\theta}{\partial\rho}} - \frac{\frac{\partial z}{\partial\rho_1}}{\frac{\partial\theta}{\partial\rho_1}};$$

et la symétrie parfaite de ces expressions conduit à adopter pour les coordonnées du point F_1 les valeurs suivantes

$$x - \frac{\theta}{\frac{\partial\theta}{\partial\rho_1}}\frac{\partial x}{\partial\rho_1}, \qquad y - \frac{\theta}{\frac{\partial\theta}{\partial\rho_1}}\frac{\partial y}{\partial\rho_1}, \qquad z - \frac{\theta}{\frac{\partial\theta}{\partial\rho_1}}\frac{\partial z}{\partial\rho_1},$$

qui sont les seules satisfaisant à la question.

Or il suffit de comparer ces expressions des coordonnées des points focaux F, F_1 à celles que nous avons données au n° 474 pour reconnaître que la droite (d) sera la *polaire* de toutes les sphères dont le rayon R satisfait à la condition

$$\frac{dR}{R} = \frac{d\theta}{\theta}$$

et de celles-là seulement. On tire de là

$$R = a\theta,$$

a désignant une constante quelconque, et notre proposition se trouve ainsi entièrement établie.

944. Cette proposition nous montre que les différentes droites (d) situées dans les plans tangents d'une surface (Σ) peuvent engendrer deux espèces bien distinctes de congruences : les unes, pour lesquelles les points focaux de la droite ne sont pas sur deux tangentes conjuguées de (Σ); les autres, au contraire, pour lesquelles les tangentes contenant ces points focaux sont conjuguées. *Pour ces dernières seulement*, la droite de la congruence peut être définie comme la polaire d'une sphère variable ayant son centre sur la surface donnée. Ces congruences sont aussi les seules pour lesquelles il existe dans le plan tangent de (Σ) des droites (d') parallèles à (d) et qui engendrent des congruences dont les développables correspondent à leurs développables. Si l'on désigne par d et d' les distances des droites (d) et (d') au point P, on doit avoir, d'après une propriété établie plus haut,

$$\frac{d'}{d} = \frac{PF'}{PF} = \frac{R+h}{R} = \frac{a\theta + h}{a\theta} = 1 + \frac{\frac{h}{a}}{\theta},$$

On voit donc que la droite (d') dépendra de la seule constante $\frac{h}{a}$; par suite, dans chaque plan tangent de (Σ), il y aura un seul faisceau de droites (d') parallèles à (d); et les distances mutuelles de ces droites conserveront un rapport invariable lorsque le plan tangent variera.

Si des droites (d) sont les polaires d'une famille de sphères ayant leur centre sur (Σ), cette propriété se conserve, d'après le théorème établi au n° 758 et déjà rappelé au n° 938, lorsque la surface se déforme en entraînant les sphères, les plans tangents et les droites (d). Par conséquent, la distinction que nous avons établie entre les congruences engendrées par les droites situées dans les plans tangents de (Σ) subsiste après une déformation quelconque de cette surface : si les droites (d) étaient les polaires d'une famille de sphères, elle conserveront cette propriété après la déformation ; elles ne pourront l'acquérir si elles ne la possédaient pas. Nous pouvons conclure de là que :

Si deux droites parallèles situées dans les plans tangents de (Σ) engendrent des congruences pour lesquelles les développables se correspondent, elles conserveront cette propriété lorsque (Σ) se déformera en les entraînant.

Nous ferons usage plus loin de cette proposition.

945. Revenons aux systèmes cycliques et aux deux congruences engendrées par les perpendiculaires abaissées de deux points M, M_1 sur le plan tangent commun à (Θ) et à (Θ_1). Le plan de ces deux perpendiculaires est le plan projetant de la droite MM_1. Donc (n° 936) il touchera son enveloppe au point m où cette droite prolongée va rencontrer le plan de contact (*fig.* 86).

Donc, d'après la proposition du n° 941, les points focaux F, F' et F_1, F'_1 (*fig.* 86) des droites MP et M_1P_1 sont situés deux à deux sur des droites concourantes en m ; et ces deux droites mF, mF' sont même des tangentes conjuguées de la surface lieu du point m. Soit (C) le cercle relatif au point M, (C_1) le cercle relatif au point M_1. Les sphères qui contiennent ces deux cercles et qui ont pour centre, la première le point F, la seconde le point F_1, coupent le plan de contact sous des angles φ, φ_1 déterminés par les formules

$$\operatorname{tang}\varphi = i\frac{MP}{FP}, \qquad \operatorname{tang}\varphi_1 = i\frac{M_1P_1}{F_1P_1}.$$

Les deux points F, F_1 étant en ligne droite avec m, on aura évidemment

$$\operatorname{tang}\varphi = \operatorname{tang}\varphi_1.$$

Donc, *pour tous les systèmes cycliques correspondants à la triple infinité de points que l'on peut rattacher à* (Θ), *les enve-*

loppes de sphères engendrées par les différents, cercles lorsque le centre instantané décrit une des courbes du système conjugué commun, coupent toutes sous le même angle le plan de contact de (Θ) *et de* (Θ_1).

Fig. 86.

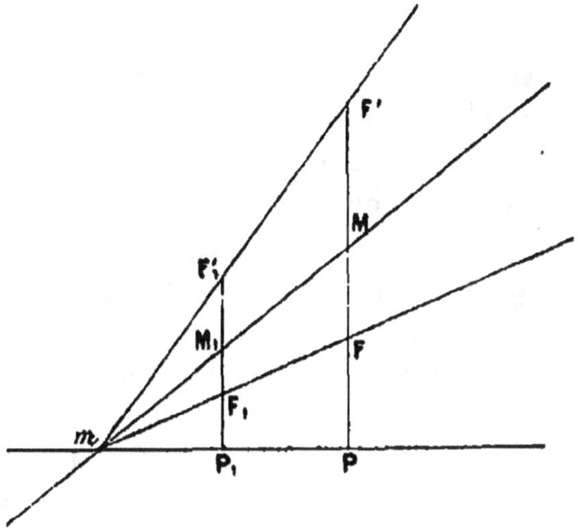

Ajoutons la remarque suivante : les rayons des deux cercles (C), (C_1) peuvent être pris égaux en grandeur et en signe aux ordonnées PM, P_1M_1, multipliées l'une et l'autre par i. Avec ce signe donné aux rayons, m est le centre de similitude des deux cercles. L'un quelconque des deux plans isotropes que l'on peut mener par la droite MM_1 touchera les deux points sphères M et M_1 suivant deux droites isotropes invariablement liées au système mobile et coupera le plan de contact suivant une des tangentes communes menées de m aux deux cercles. Donc les deux points de contact de chacune de ces tangentes décriront deux surfaces normales aux deux cercles, et ces surfaces seront parallèles puisque la distance des deux points de contact sur les deux cercles est constante et égale, comme on le démontre aisément, à la distance des deux points M, M_1.

946. On peut compléter cette étude du mouvement de (Θ) sur (Θ_1), déterminer par exemple les points où une surface invariablement liée à (Θ) touche son enveloppe, points qui sont les pieds des normales abaissées du centre instantané sur la surface.

On déterminera de même les points focaux de la congruence engendrée par une courbe invariablement liée à (Θ). On peut aussi étudier la congruence engendrée par les courbes (K) qui sont les sections d'une surface (S) invariablement liée au système mobile par le plan de contact de (Θ) et de (Θ_1). On reconnaîtra aisément par la Géométrie comment on peut assembler ces courbes (K) en familles admettant une enveloppe. Nous nous bornerons à considérer avec Ribaucour le cas où la surface (S) se réduit à un plan (P) qui coupe le plan de contact suivant une droite (d). Nous allons montrer que *les développables de la congruence engendrée par cette droite correspondent aux courbes du système conjugué commun et que leurs points focaux sont sur les tangentes menées à ces courbes au centre instantané.*

Le lecteur fera aisément la démonstration géométrique. Nous nous contenterons d'employer l'analyse.

Si, du point de contact de (Θ) et de (Θ_1) comme centre, on décrit une sphère tangente au plan (P), la droite (d) sera évidemment la polaire de la corde de contact de cette sphère avec son enveloppe. Pour retrouver le théorème que nous voulons établir, il suffit de se rappeler la proposition du n° 474 et de remarquer qu'ici le rayon de la sphère est une fonction linéaire à coefficients constants des coordonnées x, y, z définies au n° 938. Par suite, l'équation ponctuelle relative au système conjugué dont il est question au n° 474 est bien celle à laquelle satisfont x, y, z, x_1, y_1, z_1 et qui se rapporte au système conjugué commun à (Θ) et à (Θ_1).

Cette démonstration suppose essentiellement que le plan (P) n'est pas isotrope. Mais la proposition subsiste même dans ce cas exceptionnel. Il suffit de remarquer que, dans le cas général, on peut prendre pour le rayon de la sphère non plus la distance au plan (P), mais une quantité proportionnelle à cette distance (n° 943), c'est-à-dire une fonction linéaire à coefficients constants des coordonnées x, y, z qui, égalée à zéro, donne l'équation du plan (P). Ainsi énoncée, la proposition subsiste sans modification lorsque le plan (P) devient isotrope.

947. Si nous considérons deux plans parallèles (P), (P′) invariablement liés au système mobile, nous obtiendrons deux droites

(d), (d') dont les plans focaux seront nécessairement parallèles et dont les points focaux seront sur les deux tangentes conjuguées de (Θ) et de (Θ_1) relatives au centre instantané.

En particulier, si les plans (P), (P') sont isotropes, les deux droites (d), (d') sont normales l'une et l'autre à une surface (n° 702) *et puisque leurs plans focaux sont parallèles, deux des surfaces normales à ces droites admettent la même représentation sphérique pour leurs lignes de courbure. Ces deux surfaces seront décrites par les points d'intersection du plan de contact et de deux droites isotropes parallèles invariablement liées à* (Θ), *situées respectivement dans les plans* (P) *et* (P').

Ainsi la connaissance d'un couple de surfaces applicables l'une sur l'autre entraîne celle d'une infinité de couples de surfaces admettant la même représentation sphérique. Dans les Chapitres suivants, nous établirons la réciproque et nous mettrons en évidence les relations qui existent entre le problème de la représentation sphérique et celui de la déformation infiniment petite, en développant les résultats qui ont été indiqués dès 1882 et 1883 dans une série de Communications faites à l'Académie des Sciences.

CHAPITRE VII.

LES SYSTÈMES CYCLIQUES ET LES SURFACES APPLICABLES.

Rappel des formules établies au Livre IV, Chap. XV, et relatives au système orthogonal formé par les lignes de courbure. — Relation entre les deux équations, ponctuelle et tangentielle, relatives au système conjugué formé par ces lignes. — Détermination des surfaces admettant la même représentation sphérique qu'une surface donnée (Σ). — Rappel de la première solution. — Théorème de Ribaucour qui montre que les surfaces cherchées admettent pour normales les cordes de contact d'une famille de sphères ayant leur centre sur la surface (Σ). — Détermination des systèmes cycliques engendrés par des cercles normaux à (Σ). — Propriétés géométriques relatives aux systèmes cycliques. — Propositions qui rattachent la théorie de la représentation sphérique à celle de la déformation des surfaces. — Détermination des systèmes cycliques déduite d'un couple de surfaces applicables. — Ce que deviennent les réseaux I, II, III du Chapitre III pour un couple de surfaces applicables (Θ), (Θ_1). — Définition nouvelle de la méthode de transformation introduite au n° 903 sous le nom d'*inversion composée*. — Les formules qui permettent de définir le roulement de (Θ) sur (Θ_1). — Détermination de tous les systèmes triples orthogonaux pour lesquels une des familles est composée de surfaces à lignes de courbure planes dans un système.

---

948. Rappelons rapidement les résultats établis au Livre IV, Chap. XV [II, p. 338 et suiv.]. Nous avons désigné par x, y, z les coordonnées rectangulaires d'un point variable d'une surface quelconque (Σ), par c, c', c'' les cosinus directeurs de la normale en ce point et nous nous sommes proposé de trouver tous les systèmes cycliques formés de cercles normaux à (Σ). Pour cela nous avons pris comme point de départ les équations d'Olinde Rodrigues

$$(1)\quad \left\{\begin{array}{lll} \dfrac{\partial x}{\partial\rho} + \mathrm{R}\,\dfrac{\partial c}{\partial\rho} = 0, & \dfrac{\partial y}{\partial\rho} + \mathrm{R}\,\dfrac{\partial c'}{\partial\rho} = 0, & \dfrac{\partial z}{\partial\rho} + \mathrm{R}\,\dfrac{\partial c''}{\partial\rho} = 0, \\ \dfrac{\partial x}{\partial\rho_1} + \mathrm{R}_1\,\dfrac{\partial c}{\partial\rho_1} = 0, & \dfrac{\partial y}{\partial\rho_1} + \mathrm{R}_1\,\dfrac{\partial c'}{\partial\rho_1} = 0, & \dfrac{\partial z}{\partial\rho_1} + \mathrm{R}_1\,\dfrac{\partial c''}{\partial\rho_1} = 0, \end{array}\right.$$

où ρ et ρ_1 désignent les paramètres des lignes de courbure, R et R_1

les rayons de courbure principaux de (Σ). Considérons d'une manière générale le système

$$(2) \qquad \frac{\partial\lambda}{\partial\rho} + R\frac{\partial\mu}{\partial\rho} = 0, \qquad \frac{\partial\lambda}{\partial\rho_1} + R_1\frac{\partial\mu}{\partial\rho_1} = 0.$$

Il résulte des formules précédentes qu'il admet les solutions particulières

$$(3) \qquad \left\{ \begin{array}{lll} \lambda = x, & \lambda = y, & \lambda = z, \\ \mu = c, & \mu = c', & \mu = c''; \end{array} \right.$$

mais nous avons aussi remarqué (n° **481**) qu'il admet encore la solution particulière définie par les équations

$$(4) \qquad \lambda = \frac{x^2+y^2+z^2}{2}, \qquad \mu = cx + c'y + c''z.$$

Si l'on élimine λ entre les deux équations (2) on sera conduit à l'équation du second ordre

$$(5) \qquad \frac{\partial}{\partial\rho_1}\left(R\frac{\partial\mu}{\partial\rho}\right) = \frac{\partial}{\partial\rho}\left(R_1\frac{\partial\mu}{\partial\rho_1}\right),$$

qui, devant admettre les solutions particulières

$$c, \quad c', \quad c'', \quad cx + c'y + c''z,$$

sera l'équation *tangentielle* relative au système conjugué formé par les lignes de courbure de (Σ). De même si, entre les deux équations (2), on élimine μ, on trouvera que λ satisfait à l'équation

$$(6) \qquad \frac{\partial}{\partial\rho_1}\left(\frac{1}{R}\frac{\partial\lambda}{\partial\rho}\right) = \frac{\partial}{\partial\rho}\left(\frac{1}{R_1}\frac{\partial\lambda}{\partial\rho_1}\right),$$

qui n'est autre que l'équation *ponctuelle* relative au même système conjugué puisqu'elle admet les solutions particulières

$$x, \quad y, \quad z, \quad x^2+y^2+z^2.$$

La liaison que le système (2) établit entre ces deux équations aux dérivées partielles (5) et (6) met en évidence le fait suivant : *l'intégration de l'une quelconque des deux équations entraînera celle de l'autre, qui s'obtiendra par une simple quadrature à deux variables indépendantes.* Cela résulte des formules

$$(7)\qquad \begin{cases} \lambda = -\displaystyle\int\left(R\frac{\partial\mu}{\partial\rho}d\rho + R_1\frac{\partial\mu}{\partial\rho_1}d\rho_1\right), \\ \mu = -\displaystyle\int\left(\frac{1}{R}\frac{\partial\lambda}{\partial\rho}d\rho + \frac{1}{R_1}\frac{\partial\lambda}{\partial\rho_1}d\rho_1\right), \end{cases}$$

tout à fait équivalentes à ce système (2).

949. D'après cela, si l'on veut déterminer toutes les surfaces ayant même représentation sphérique que (Σ), il suffira (n° **162**) de choisir une solution quelconque μ' de l'équation (5) et de prendre l'enveloppe du plan défini par l'équation

$$cX + c'Y + c''Z - \mu' = 0.$$

Mais, pour établir les relations géométriques qui vont suivre, nous introduirons, au lieu de μ', la fonction

$$\mu = \mu' - (cx + c'y + c''z),$$

qui est également une solution de l'équation (5). Le plan qui enveloppe la surface cherchée aura donc pour équation

$$(8)\qquad c(X - x) + c'(Y - y) + c''(Z - z) = \mu,$$

de sorte que toute surface (Σ') ayant même représentation sphérique que (Σ) sera définie par les trois équations

$$(9)\qquad \begin{cases} c(x' - x) + c'(y' - y) + c''(z' - z) = \mu, \\ \dfrac{\partial c}{\partial\rho}(x' - x) + \dfrac{\partial c'}{\partial\rho}(y' - y) + \dfrac{\partial c''}{\partial\rho}(z' - z) = \dfrac{\partial\mu}{\partial\rho}, \\ \dfrac{\partial c}{\partial\rho_1}(x' - x) + \dfrac{\partial c'}{\partial\rho_1}(y' - y) + \dfrac{\partial c''}{\partial\rho_1}(z' - z) = \dfrac{\partial\mu}{\partial\rho_1}, \end{cases}$$

où x', y', z' désignent les coordonnées du point de (Σ') pour lequel le plan tangent est parallèle au plan tangent de (Σ). Prises séparément, les trois équations précédentes représentent, l'une le plan tangent, les deux autres les plans principaux de (Σ').

950. Les formules que nous venons de rappeler permettent de démontrer presque immédiatement un théorème de Ribaucour. Associons à la solution μ la fonction λ vérifiant les deux équations (2) et définie par la première quadrature (7). En multipliant par R et R_1 respectivement les deux dernières équations (9), on pourra leur donner la forme

$$(10)\quad \left\{ \begin{aligned} \frac{\partial x}{\partial \rho}(x'-x) + \frac{\partial y}{\partial \rho}(y'-y) + \frac{\partial z}{\partial \rho}(z'-z) &= \frac{\partial \lambda}{\partial \rho}, \\ \frac{\partial x}{\partial \rho_1}(x'-x) + \frac{\partial y}{\partial \rho_1}(y'-y) + \frac{\partial z}{\partial \rho_1}(z'-z) &= \frac{\partial \lambda}{\partial \rho_1}. \end{aligned} \right.$$

Si l'on y regarde pour un instant x', y', z' comme des coordonnées courantes, ces deux équations représentent évidemment la normale à (Σ'). D'autre part, considérons la sphère (S) définie par l'équation

$$(11)\quad (x'-x)^2 + (y'-y)^2 + (z'-z)^2 = -2\lambda.$$

Les mêmes équations (10) représentent la corde qui joint les deux points de contact de cette sphère avec son enveloppe. Comme la sphère (S) a son centre au point (x, y, z) qui appartient à (Σ), on peut donc énoncer la proposition suivante :

Étant données deux surfaces (Σ), (Σ') ayant même représentation sphérique, chacune peut être considérée comme normale aux cordes de contact d'une famille de sphères ayant leur centre sur l'autre surface (¹).

Les deux familles de sphères dont il est question dans l'énoncé précédent ne sont même pas entièrement déterminées quand on connaît seulement les deux surfaces (Σ), (Σ'). Considérons, par exemple, la sphère (S) définie par l'équation (11); son rayon $\sqrt{-2\lambda}$ dépend de λ qui, lorsque (Σ') est connue, c'est-à-dire lorsque μ est donnée, est défini par la première des quadratures (7). On peut donc toujours ajouter une constante à λ, c'est-à-dire augmenter d'une quantité déterminée quelconque les carrés des rayons de toutes les sphères qui composent les familles dont il est question dans l'énoncé précédent.

Le théorème de Ribaucour conduit à une nouvelle solution du problème de la représentation sphérique. Comme λ est une solution de l'équation (6), c'est-à-dire de l'équation ponctuelle rela-

(¹) RIBAUCOUR, *Sur une propriété des surfaces enveloppes de sphères* (*Comptes rendus*, t. LXVII, p. 1334; 1868).

tive au système conjugué formé par les lignes de courbure de (Σ), on voit que *toute solution* λ *de cette équation donnera les normales à l'une des surfaces cherchées* (Σ') *par les équations* (10), *c'est-à-dire comme cordes de contact de la sphère définie par l'équation* (11). Mais remarquons que, pour avoir effectivement la surface cherchée, et non plus seulement ses normales, il restera à déterminer μ par la seconde des quadratures (7). La constante introduite par cette quadrature fournira toutes les surfaces admettant les mêmes normales.

951. Nous avons vu au n° **482** qu'à chaque système cyclique formé de cercles normaux à (Σ) on peut associer un système λ, μ de solutions du système (2) et *vice versa*. Étudions les relations géométriques entre ce système cyclique et le couple des surfaces (Σ), (Σ'), admettant la même représentation sphérique et correspondant à la solution μ.

Soient (*fig.* 87) M et M' deux points correspondants quelconques des surfaces (Σ), (Σ'); MR, M'R' les deux normales en ces points aux deux surfaces, normales nécessairement parallèles. Reprenons les équations (59) et (60) données aux nos **481**, **482** [II, p. 341]

$$(12)\quad\begin{cases}(\rho_2+\mu)[(X-x)^2+(Y-y)^2+(Z-z)^2]\\ \qquad +2\lambda[\;c(X-x)+\;c'(Y-y)+\;c''(Z-z)]=0,\\ \dfrac{\partial\mu}{\partial\rho}[(X-x)^2+(Y-y)^2+(Z-z)^2]\\ \qquad +2\lambda\left[\dfrac{\partial c}{\partial\rho}(X-x)+\dfrac{\partial c'}{\partial\rho}(Y-y)+\dfrac{\partial c''}{\partial\rho}(Z-z)\right]=0,\\ \dfrac{\partial\mu}{\partial\rho_1}[(X-x)^2+(Y-y)^2+(Z-z)^2]\\ \qquad +2\lambda\left[\dfrac{\partial c}{\partial\rho_1}(X-x)+\dfrac{\partial c'}{\partial\rho_1}(Y-y)+\dfrac{\partial c''}{\partial\rho_1}(Z-z)\right]=0,\end{cases}$$

équations qui font connaître les coordonnées X, Y, Z d'un point variable en fonction des trois variables ρ, ρ_1, ρ_2. Nous avons vu que les valeurs de ρ, ρ_1, ρ_2 tirées de ces trois équations sont les paramètres des trois familles qui composent le système orthogonal. Si nous considérons seulement les deux dernières équations (12), elles représentent, pour chaque système de valeurs de ρ et de ρ_1, un cercle (C) normal en M à (Σ), cercle qui engendre le système cyclique considéré. La sphère représentée par la première des équations (12) admet, lorsque ρ et ρ_1 varient, une enveloppe à deux nappes qui se compose de la surface (Σ) et d'une des surfaces normales à toutes les positions du cercle (C). L'ensemble

Fig. 87.

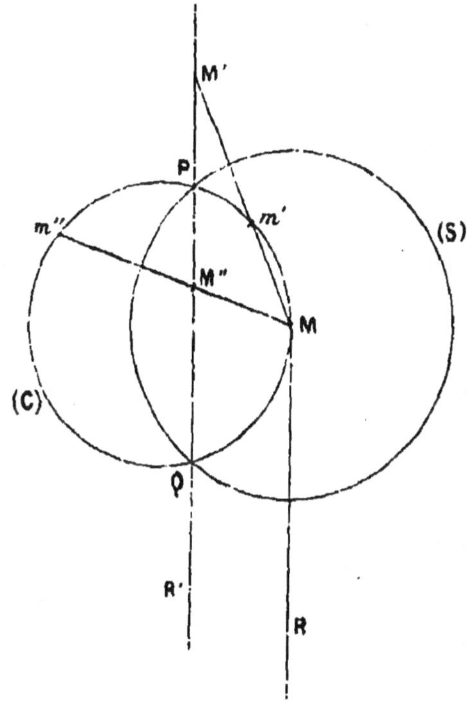

de ces enveloppes forme la famille des surfaces de paramètre ρ_2. Prises séparément, la deuxième et la troisième équation représentent deux sphères orthogonales se coupant suivant le cercle (C) et tangentes *en tous les points de ce cercle* aux enveloppes de sphères (E), (E_1) qui constituent la deuxième et la troisième famille de notre système orthogonal. Par exemple, pour obtenir toutes les enveloppes (E) de paramètre ρ, on peut éliminer ρ_1 entre les deux dernières équations (12) ou, ce qui est la même chose quant au résultat, prendre l'enveloppe de la sphère définie par la seconde équation *en faisant varier* ρ_1 *seulement*. Tous ces résultats sont acquis et ont été démontrés au Livre IV, Chap. XV. Comme d'ailleurs on peut toujours se donner arbitrairement la surface (Σ), il est clair que les équations précédentes définissent le système cyclique le plus général rapporté à l'une quelconque des trajectoires orthogonales de tous les cercles, pourvu que l'on choisisse pour λ et μ les solutions les plus générales du système (2) relatif à la surface (Σ).

952. Tous ces points étant rappelés, reprenons les deux dernières équations (9) qui définissent la normale à la surface (Σ') et comparons-les aux deux dernières (12) qui représentent le cercle (C). On passe des unes aux autres par la substitution

$$\frac{x'-x}{X-x} = \frac{y'-y}{Y-y} = \frac{z'-z}{Z-z} = \frac{-2\lambda}{(X-x)^2+(Y-y)^2+(Z-z)^2}.$$

Ces formules considérées comme établissant une relation entre les deux points (X, Y, Z) et (x', y', z') définissent évidemment une *inversion* dont le pôle est le point M et dont le module est $\sqrt{-2\lambda}$, c'est-à-dire dont la sphère principale est la sphère (S). Cette même substitution, appliquée à la première des équations (12), la transforme de même dans la suivante

$$(13) \qquad c(x'-x)+c'(y'-y)+c''(z'-z)=\mu+\rho_2;$$

c'est l'équation d'un plan qui enveloppe une surface (Σ'') parallèle à (Σ') et menée à la distance ρ_2 de (Σ'). On peut donc énoncer le théorème suivant :

Étant données deux surfaces (Σ), (Σ') *qui ont la même représentation sphérique, soient* M, M′ *deux points correspondants pris respectivement sur ces deux surfaces. La normale en* M′ *peut toujours être considérée comme la corde de contact d'une sphère* (S) *ayant son centre en* M *et dont le rayon* $\sqrt{-2\lambda}$ *dépend de la quadrature qui détermine* λ. *La figure inverse de cette normale par rapport à la sphère* (S) *est un cercle* (C) *dont les différentes positions engendrent un système cyclique. Ce cercle, évidemment normal en* M *à* (Σ), *passe par les points d'intersection* P *et* Q *de la sphère* (S) *et de la normale en* M′. *Les différents points* m', m'' *de ce cercle qui sont les inverses de* M′ *ou de tout autre point* M″ *de la normale situé à une distance invariable de* M′ *engendrent les différentes surfaces normales à toutes les positions du cercle* (C). *Enfin les deux sphères qui sont les inverses des plans principaux de* (Σ') *sont celles qui touchent les deux enveloppes de sphères* (E), (E_1) *auxquelles appartient le cercle* (C), *enveloppes qui sont engendrées par ce cercle lorsqu'il se déplace de telle manière que le point* M *décrive une des lignes de courbure de* (Σ). *Les centres de ces deux sphères sont évidemment au point de rencontre des tangentes principales de* (Σ) *en* M *et de l'axe du cercle* (C).

953. Il résulte de cette première proposition qu'à tout couple de surfaces (Σ), (Σ') admettant la même représentation sphérique on peut faire correspondre une infinité de systèmes cycliques formés de cercles normaux à (Σ); car on peut toujours ajouter une constante arbitraire à la fonction λ.

Cette proposition peut d'ailleurs revêtir une autre forme si l'on considère comme connu un système cyclique, engendré, par exemple, par le cercle (C), et si l'on envisage trois trajectoires orthogonales quelconques (Σ), (Σ_1), (Σ_2) de ce cercle.

Soient (*fig.* 87) M, m', m'' les points où ces trois surfaces coupent le cercle (C). La première (Σ) pourra toujours jouer le rôle de la surface de même nom dans l'énoncé précédent; la connaissance des deux points m', m'' nous permettra de reconstituer toute la figure et de retrouver, en particulier, les points M′, M″.

En effet, dans le plan du cercle (C), la droite M′M″ sera évidemment déterminée par la condition d'être parallèle à la tangente en M au cercle (C) et d'avoir le segment M′M″ intercepté entre les droites concourantes Mm', Mm'' égal à une longueur constante quelconque ρ_2. Cette droite sera normale aux surfaces (Σ'), (Σ'') décrites par les points M′, M″, et ces deux surfaces parallèles admettront pour leurs lignes de courbure la même représentation sphérique que (Σ). Leur normale commune M′M″ sera la corde de contact de la sphère variable de centre M qui passe par l'intersection de cette normale même et du cercle (C).

Quand on fera varier la constante ρ_2, toutes les surfaces décrites par le point M′ seront celles que l'on obtiendrait en multipliant la fonction μ par une constante quelconque, dans l'équation (8), ce qui est évidemment permis.

954. Ces propositions préliminaires une fois établies, revenons à l'étude que nous avons interrompue à la fin du Chapitre précédent. Étant données deux surfaces (Σ), (Σ') de même représentation sphérique, soient (d), (d') leurs normales, nécessairement parallèles, en deux points correspondants. Le plan (P) de ces deux droites enveloppe une surface que nous désignerons par (Θ_1). Quand la surface (Θ_1) se déformera en entraînant les deux droites, elle ne cesseront pas, dans leurs nouvelles positions, d'être normales à des surfaces (n° 780) et, de plus, les développables qu'on peut former avec elles ne cesseront pas de se correspondre (n° 944). Nous pouvons donc énoncer la proposition suivante, due à Ribaucour [1] :

Quand deux surfaces (Σ), (Σ') admettent la même représentation sphérique, le plan des normales correspondantes enveloppe une surface (Θ_1). Si la surface (Θ_1) se déforme en entraînant les deux normales dans ses différents plans tangents, celles-ci ne cessent pas d'être normales à des surfaces admettant la même représentation sphérique.

Mais il importe d'examiner surtout un cas particulier de cette déformation. Construisons le cercle (C) défini plus haut, normal en M à (Σ) et déformons la surface (Θ_1) de telle manière que l'une des sphères de rayon nul passant par le cercle (C) se réduise à un point fixe A invariablement lié à la forme nouvelle (Θ) de (Θ_1). Si l'on fait rouler la surface (Θ) sur (Θ_1), le point M sera toujours sur une droite isotrope passant par A et invariablement liée à (Θ) (nos 936 et 947); la normale en M à la surface (Σ) sera l'intersection du plan de contact de (Θ) et de (Θ_1) par un plan isotrope *déterminé* (I) du système mobile, plan qui sera tangent au point-sphère A suivant la génératrice isotrope AM (n° 936). Enfin, les seules droites parallèles à (d) situées dans le plan de contact, et qui pourront engendrer des

(1) RIBAUCOUR, Note déjà citée plus haut [p. 127].

congruences dont les développables correspondent à celles de la congruence des normales à (Σ), seront les intersections du plan de contact par des plans isotropes déterminés, parallèles au plan (I) de la figure mobile (nos 936 et 944). Comme l'on connaît une de ces droites, qui est la normale à (Σ') en M', on voit que cette droite (d') sera elle aussi dans un plan isotrope *déterminé* (I') du système mobile, plan qui sera parallèle au premier (I). Ainsi, nous obtenons le résultat suivant, également remarqué par Ribaucour :

Étant données deux surfaces qui ont la même représentation sphérique, si la surface (Θ_1) enveloppe du plan qui contient leurs normales en des points correspondants se déforme en entraînant ces droites, elles ne cessent pas d'être normales à des surfaces ayant la même représentation sphérique; et il existe une déformation (Θ) de (Θ_1) dans laquelle les droites sont amenées à décrire deux plans isotropes parallèles.

955. Il résulte de ces propositions que, si tout couple de surfaces applicables conduit (n° 947) à une infinité de couples de surfaces admettant la même représentation sphérique, inversement tout couple de surfaces admettant la même représentation sphérique fournit une infinité de couples de surfaces applicables. Il ne sera pas inutile d'insister sur la nature et l'étendue des opérations par lesquelles on déduit l'un de l'autre le couple de surfaces applicables et le couple de surfaces admettant la même représentation sphérique.

Si l'on part d'abord du couple de surfaces applicables (Θ), (Θ_1), nous avons vu (n° 947) que, pour obtenir deux surfaces admettant la même représentation sphérique, il faut faire rouler (Θ) sur (Θ_1) et prendre les points d'intersection avec le plan de contact de deux droites isotropes parallèles, invariablement liées à (Θ). Ces deux points d'intersection décrivent les surfaces cherchées (Σ), (Σ'). Toutes les opérations par lesquelles on les obtient n'exigent donc aucune intégration et introduisent les cinq constantes arbitraires dont dépend la position des deux droites isotropes parallèles.

956. Supposons, au contraire, qu'on se donne les surfaces (Σ),

(Σ') admettant la même représentation sphérique, et conservons toutes les notations employées au début de ce Chapitre. Il faudra d'abord construire les cercles (C) normaux à (Σ) et, par conséquent, effectuer la quadrature qui détermine λ; mais, cette quadrature une fois obtenue, il ne restera plus à faire que des différentiations et des éliminations. En effet, lorsqu'on a un système cyclique et les trajectoires orthogonales des cercles qui le composent, la surface (Θ_1) est l'enveloppe des plans des cercles. Quant au système mobile formé de la surface (Θ) qui roule sur (Θ_1) et des points qui lui sont invariablement liés, on le déterminera comme il suit. Nous en connaissons un premier point O qui est l'un des points-sphères passant par le cercle (C). Si m et m' désignent les points où ce cercle est coupé par deux de ses trajectoires orthogonales, les plans isotropes touchant le point-sphère O suivant les droites Om, Om' sont des plans *déterminés* du système mobile se coupant suivant une droite invariablement liée à ce système. On pourra ainsi obtenir, en nombre aussi grand qu'on le voudra, des droites passant par le point O du système mobile. Trois de ces droites forment un trièdre invariable auquel on pourra rattacher un trièdre trirectangle; et les distances du point où (Θ_1) touche le plan du cercle (C) aux trois faces de ce trièdre trirectangle ne seront autres que les coordonnées du point correspondant de la surface cherchée (Θ), rapportée à des axes invariablement liés à cette surface. Cette surface sera ainsi déterminée sans aucune quadrature nouvelle.

Si l'on substitue aux surfaces (Σ), (Σ') celles que l'on obtiendrait en remplaçant successivement, dans l'équation (8) du plan tangent, μ par une fonction linéaire quelconque des solutions c, c', c'', μ, $cx + c'y + c''z$, on verra facilement qu'ici encore on peut introduire cinq constantes sans qu'il soit nécessaire de faire une nouvelle intégration.

957. D'après les remarques précédentes, ce sont les systèmes cycliques qui établissent le lien entre les deux théories, au premier abord si éloignées, de la déformation des surfaces et de la représentation sphérique. On peut obtenir de tels systèmes, soit en partant d'un couple de surfaces applicables (Θ), (Θ_1), soit en prenant comme point de départ un couple de surfaces admettant

la même représentation sphérique pour leurs lignes de courbure. En développant les calculs qui permettent de les faire dériver d'un couple de surfaces applicables, nous allons rencontrer quelques relations qui viendront s'ajouter utilement aux propositions déjà trouvées ou qui permettront l'application des méthodes indiquées dans les Chapitres précédents.

A cet effet, envisageons d'abord deux surfaces (S), (S_1), se correspondant avec orthogonalité des éléments linéaires; et conservons toutes les notations du Chapitre III. Si l'on pose

$$(14)\quad \begin{cases} x = X' + X'_1, \\ y = Y' + Y'_1, \\ z = Z' + Z'_1; \end{cases} \qquad (14)'\quad \begin{cases} x_1 = X'_1 - X', \\ y_1 = Y'_1 - Y', \\ z_1 = Z'_1 - Z'; \end{cases}$$

ce qui donne

$$(15)\quad \begin{cases} X'_1 = \dfrac{x + x_1}{2}, \\ Y'_1 = \dfrac{y + y_1}{2}, \\ Z'_1 = \dfrac{z + z_1}{2}; \end{cases} \qquad (15)'\quad \begin{cases} X' = \dfrac{x - x_1}{2}, \\ Y' = \dfrac{y - y_1}{2}, \\ Z' = \dfrac{z - z_1}{2}; \end{cases}$$

les deux surfaces (Θ), lieu du point (X', Y', Z'), et (Θ_1), lieu du point (X'_1, Y'_1, Z'_1), seront applicables l'une sur l'autre. Cela résulte immédiatement de l'identité

$$dx\,dx_1 + dy\,dy_1 + dz\,dz_1 = dX_1'^2 + dY_1'^2 + dZ_1'^2 - dX'^2 - dY'^2 - dZ'^2.$$

La surface (Θ_1) est décrite par le milieu du segment MM_1 qui réunit les points homologues M, M_1 de (S) et de (S_1); la surface (Θ) est le lieu de l'extrémité du segment égal à la moitié de M_1M, partant de l'origine des coordonnées. Les deux surfaces s'échangent l'une dans l'autre lorsque l'on change le signe de x_1, y_1, z_1, c'est-à-dire lorsque l'on remplace la surface (S_1) par sa symétrique relative à l'origine des coordonnées.

Considérons la sphère (U) passant par l'origine des coordonnées et décrite du point (X', Y', Z') comme centre. Lorsque l'on fera rouler la surface (Θ) sur la surface (Θ_1), cette sphère entraînée avec la surface (Θ) aura son centre au point (X'_1, Y'_1, Z'_1); et nous avons vu (n° 938) que les points où elle touchera son enveloppe seront les centres de sphères de rayon nul coupant le plan tangent à (Θ) suivant un même cercle (C) qui engendrera un système cyclique. L'équation de la nouvelle position (U_1) de la sphère (U) est évidemment

$$(16)\qquad (X - X'_1)^2 + (Y - Y'_1)^2 + (Z - Z'_1)^2 = X'^2 + Y'^2 + Z'^2;$$

ou, en remplaçant X', X'_1, ... par leurs valeurs (15),

$$(17)\qquad (X - x)(X - x_1) + (Y - y)(Y - y_1) + (Z - z)(Z - z_1) = 0.$$

Cette équation représente évidemment la sphère décrite sur le segment MM_1 comme diamètre. Les points où elle touche son enveloppe s'obtiendront en joignant à l'équation précédente sa différentielle totale

$$\begin{aligned}(X - x)\,dx_1 + (Y - y)\,dy_1 + (Z - z)\,dz_1 \\ + (X - x_1)\,dx + (Y - y_1)\,dy + (Z - z_1)\,dz = 0.\end{aligned}$$

En tenant compte des relations (5) [p. 49] entre les différentielles dx, dx_1, ..., on peut donner à cette dernière équation la forme suivante

$$\begin{aligned}&[X - x - c(Y - y_1) + b(Z - z_1)]\,dx_1 \\ &+ [Y - y - a(Z - z_1) + c(X - x_1)]\,dy_1 \\ &+ [Z - z - b(X - x_1) + a(Y - y_1)]\,dz_1 = 0,\end{aligned}$$

et comme dx_1, dy_1, dz_1 sont reliés uniquement par l'équation

$$a_1\,dx_1 + b_1\,dy_1 + c_1\,dz_1 = 0,$$

on aura nécessairement

$$(18)\qquad \left\{\begin{aligned}&\frac{X - x - c(Y - y_1) + b(Z - z_1)}{a_1} \\ &= \frac{Y - y - a(Z - z_1) + c(X - x_1)}{b_1} \\ &= \frac{Z - z - b(X - x_1) + a(Y - y_1)}{c_1}.\end{aligned}\right.$$

Ces deux équations représentent la corde de contact de la sphère avec son enveloppe. On pourra les remplacer par les deux suivantes

$$
(19)\quad \left\{
\begin{aligned}
&\frac{X - x_1 - c_1(Y - y) + b_1(Z - z)}{a}\\
&= \frac{Y - y_1 - a_1(Z - z) + c_1(X - x)}{b}\\
&= \frac{Z - z_1 - b_1(X - x) + a_1(Y - y)}{c},
\end{aligned}
\right.
$$

qui s'en déduisent immédiatement si l'on échange, ce qui est permis, les points M et M_1 ou bien les surfaces (S) et (S_1).

958. Avant de poursuivre le calcul et de déterminer les points d'intersection de la droite précédente avec la sphère (U_1), remarquons que cette droite est nécessairement perpendiculaire au plan tangent de la surface (Θ_1). Cette remarque nous fournit un moyen d'obtenir la direction de ce plan tangent et un calcul facile donne, pour les cosinus directeurs C_1, C'_1, C''_1 de la normale à la surface (Θ_1) les expressions suivantes

$$
(20)\quad \left\{
\begin{aligned}
\sqrt{KK_1}\,C_1 &= a - a_1 + bc_1 - cb_1,\\
\sqrt{KK_1}\,C'_1 &= b - b_1 + ca_1 - ac_1,\\
\sqrt{KK_1}\,C''_1 &= c - c_1 + ab_1 - ba_1,
\end{aligned}
\right.
$$

où l'on a posé, pour abréger,

$$
(21)\quad \left\{
\begin{aligned}
K &= 1 + a^2 + b^2 + c^2,\\
K_1 &= 1 + a_1^2 + b_1^2 + c_1^2.
\end{aligned}
\right.
$$

Comme on passe de la surface (Θ_1) à la surface (Θ) en changeant le signe de $x_1, y_1, z_1, a, a_1, \ldots$, un calcul analogue donnera, pour les cosinus directeurs C, C', C'' de la normale à cette surface, les expressions suivantes

$$
(22)\quad \left\{
\begin{aligned}
\sqrt{KK_1}\,C &= a - a_1 - bc_1 + cb_1,\\
\sqrt{KK_1}\,C' &= b - b_1 - ca_1 + ac_1,\\
\sqrt{KK_1}\,C'' &= c - c_1 - ab_1 + ba_1,
\end{aligned}
\right.
$$

où le signe des radicaux a été choisi de telle manière que les portions positives des deux normales soient du même côté par rapport aux surfaces (Θ), (Θ_1) [1].

959. Ces expressions des cosinus directeurs des normales aux deux surfaces (Θ), (Θ_1) nous conduisent à la proposition suivante :

En calculant les différentielles dC_1, dX'_1 et tenant compte de la relation

$$C_1\,dX'_1 + C'_1\,dY'_1 + C''_1\,dZ'_1 = 0,$$

on formera l'identité

$$(23)\quad \begin{cases} 2\sqrt{KK_1}\,\mathbf{S}\,dC_1\,dX'_1 \\ \quad = \mathbf{S}\,da(dx+dx_1) - \mathbf{S}\,da_1(dx+dx_1) \\ \quad + \begin{vmatrix} a & da_1 & dx+dx_1 \\ b & db_1 & dy+dy_1 \\ c & dc_1 & dz+dz_1 \end{vmatrix} - \begin{vmatrix} a_1 & da & dx+dx_1 \\ b_1 & db & dy+dy_1 \\ c_1 & dc & dz+dz_1 \end{vmatrix}. \end{cases}$$

Si l'on remarque que les relations différentielles (5) et (45) du Chapitre III conduisent à des identités telles que les suivantes.

$$\begin{vmatrix} a & da_1 & dx_1 \\ b & db_1 & dy_1 \\ c & dc_1 & dz_1 \end{vmatrix} = \mathbf{S}\,da_1\,dx,$$

$$\begin{vmatrix} a & da_1 & dx \\ b & db_1 & dy \\ c & dc_1 & dz \end{vmatrix} = -(a^2+b^2+c^2)\,\mathbf{S}\,da_1\,dx_1,$$

on donnera à la relation (23) la forme suivante

$$(24)\qquad 2\sqrt{KK_1}\,\mathbf{S}\,dC'_1\,dX_1 = K_1\,\mathbf{S}\,da\,dx - K\,\mathbf{S}\,da_1\,dx_1.$$

---

[1] Les relations différentielles entre x, y, z, x_1, y_1, z_1 ne changent pas si l'on remplace x_1, y_1, z_1 par hx_1, hy_1, hz_1 ; a_1, b_1, c_1 par ha_1, hb_1, hc_1 et a, b, c par $\frac{a}{h}, \frac{b}{h}, \frac{c}{h}$, h désignant une constante quelconque. Si cette constante devient très petite, x_1, y_1, z_1 deviennent très petites et les deux surfaces (Θ), (Θ_1) viennent se confondre. Il faut donc que les expressions (21) et (22) des cosinus se rapprochent, ce qui entraîne la détermination du signe pour les secondes (22).

Par de simples changements de signes on établira également la formule

$$(25) \qquad 2\sqrt{KK_1}\,\mathrm{S}\,dC\,dX' = K_1\,\mathrm{S}\,da\,dx + K\,\mathrm{S}\,da_1\,dx_1,$$

relative à la surface (Θ).

960. Or, dans la théorie du roulement de deux surfaces l'une sur l'autre, nous avons été amené à considérer différents réseaux tracés sur les surfaces (Θ), (Θ_1) :

1° Le réseau conjugué commun. Comme l'équation ponctuelle relative à ce réseau est la même pour (Θ) et pour (Θ_1), il est clair que cette équation admettra également les solutions x, y, z, x_1, y_1, z_1 qui sont des fonctions linéaires de X', X'_1, ... Donc *le réseau conjugué commun à* (Θ) *et à* (Θ_1) *sera aussi commun aux deux surfaces* (S) *et* (S_1). Ce sera notre réseau III. *Seulement, sur* (Θ) *et sur* (Θ_1), *ses invariants tangentiels ne seront plus nécessairement égaux.*

L'équation relative à ce réseau doit admettre (n° 935) la solution particulière

$$\theta' = X_1'^2 + Y_1'^2 + Z_1'^2 - X'^2 - Y'^2 - Z'^2,$$

qui se réduit ici à

$$(26) \qquad \theta' = xx_1 + yy_1 + zz_1.$$

2° Le réseau formé de courbes pour lesquelles les courbures normales sont égales et de même signe. Nous avons vu (n° 933) que ces courbes sont telles que, si le centre instantané décrit l'une d'elles, le mouvement se réduit au roulement d'une développable sur une développable. Elles sont évidemment définies par l'équation différentielle

$$\mathrm{S}\,dC\,dX' - \mathrm{S}\,dC_1\,dX_1' = 0,$$

qui, en vertu des formules (24) et (25), devient ici

$$\mathrm{S}\,da\,dx = 0.$$

Elles correspondent donc aux lignes asymptotiques de (S) qui constituent notre réseau I.

Remarquons que (S) est homothétique à la *surface milieu* de (Θ) et de (Θ_1), c'est-à-dire au lieu du milieu du segment qui réunit les points correspondants de (Θ) et de (Θ_1).

3° Enfin, si l'on faisait rouler sur (Θ_1), non plus (Θ), mais la surface symétrique, les courbes précédentes seraient évidemment remplacées par celles pour lesquelles les courbures normales sont égales et de signes contraires. L'équation différentielle

$$\mathbf{S}\, dC\, dX' + \mathbf{S}\, dC_1\, dX'_1 = 0$$

de ce troisième réseau, en vertu des identités (24) et (25), est identique à la suivante

$$\mathbf{S}\, da_1\, dx_1 = 0.$$

On voit donc que les courbes dont il se compose correspondent aux lignes asymptotiques de (S_1), c'est-à-dire aux courbes de notre réseau II.

Ainsi se trouvent définis géométriquement sur les surfaces applicables (Θ) et (Θ_1) les trois réseaux du Chapitre III.

981. Revenons à nos systèmes cycliques. Pour obtenir les points de contact de la sphère (U_1) avec son enveloppe, il faut joindre à son équation (17) les deux équations (18) ou (19) de la corde de contact. Prenons, par exemple, les deux équations (18), constituées par l'égalité de trois rapports. En ajoutant les numérateurs et les dénominateurs après les avoir multipliés respectivement par $X - x_1$, $Y - y_1$, $Z - z_1$, on trouvera un nouveau rapport

$$\frac{(X-x)(X-x_1)+(Y-y)(Y-y_1)+(Z-z)(Z-z_1)}{a_1(X-x_1)+b_1(Y-y_1)+c_1(Z-z_1)},$$

égal aux précédents et dont le numérateur est certainement nul pour le point de contact cherché. Si le dénominateur de ce rapport est différent de zéro, il faudra que, pour le point de contact, les numérateurs des trois rapports (18) soient nuls. On est ainsi conduit aux trois équations

$$(27)\quad \begin{cases} X - x - c(Y - y_1) + b(Z - z_1) = 0, \\ Y - y - a(Z - z_1) + c(X - x_1) = 0, \\ Z - z - b(X - x_1) + a(Y - y_1) = 0, \end{cases}$$

qui déterminent l'un des deux points de contact cherchés. Le second sera défini par les équations analogues

$$(28)\quad \begin{cases} X - x_1 - c_1(Y - y) + b_1(Z - z) = 0, \\ Y - y_1 - a_1(Z - z) + c_1(X - x) = 0, \\ Z - z_1 - b_1(X - x) + a_1(Y - y) = 0, \end{cases}$$

de sorte que l'un et l'autre, comme il était aisé de le prévoir, se déterminent *rationnellement*. Remarquons que *le premier est dans le plan tangent de* (S), comme il résulte de l'équation

$$a(X - x) + b(Y - y) + c(Z - z) = 0,$$

conséquence des formules (27); et que *le second est, de même, dans le plan tangent de* (S_1). Nous expliquerons plus loin ce fait si curieux.

962. La sphère (U_1), que nous avons été conduit à introduire dans la théorie précédente, donne naissance à quelques propriétés parmi lesquelles nous signalerons la suivante :

Les points où elle coupe la droite d'intersection des plans tangents à (S) et à (S_1) sont dans les plans focaux de la droite MM_1 qui réunit les points correspondants de (S) et de (S_1).

Mais nous préférons insister sur le rôle qu'elle joue dans l'inversion composée.

Reprenons les formules données au n° **903** et qui définissent cette transformation. Étant donnés deux points M, M_1 dont les homologues soient M', M'_1; considérons les deux sphères (V) et (V') décrites respectivement sur MM_1 et sur $M'M'_1$ comme diamètres. Ces deux sphères sont les inverses l'une de l'autre relativement à l'inversion simple que l'on obtiendrait en supposant, dans les formules (16) [p. 80], que les deux points distincts (x, y, z) et (x_1, y_1, z_1) soient amenés à coïncider. Admettons ce résultat dont la vérification est aisée : nous voyons qu'on peut en déduire une réduction de l'inversion composée à l'inversion ordinaire. En effet, pour définir l'inversion composée par laquelle on transforme un système de deux points M, M_1, on décrira sur MM_1 comme diamètre une sphère (V) et l'on prendra la transformée (V′) de cette sphère dans une inversion ordinaire. Cette sphère (V′) aura un diamètre *unique* dont les extrémités M′, M'_1 seront sur les droites OM_1, OM qui joignent les points M_1, M au pôle de l'inversion; et le segment $M'M'_1$ sera celui qui doit correspondre à MM_1, dans l'inversion composée telle qu'elle a été définie au n° 903.

Il résulte de cette nouvelle définition que, *lorsque l'on appliquera l'inversion composée aux deux surfaces* (S), (S_1), *on soumettra en réalité les sphères* (U_1) *à une inversion simple.* Il en sera donc de même pour les points de contact de ces sphères avec leurs enveloppes, pour les sphères de rayon nul qui ont leurs centres en ces points et, par suite aussi, *pour les cercles qui composent le système cyclique dérivé de* (S) *et de* (S_1).

963. Il sera évidemment très utile pour les applications de pouvoir représenter d'une manière simple le roulement de deux surfaces applicables l'une sur l'autre. Or les résultats que nous avons donnés au Chapitre III nous conduisent, pour définir ce déplacement, à des formules de la plus grande simplicité.

Reprenons, par exemple, les équations (46) [p. 66] qui définissent la surface (Σ_1). Si nous y remplaçons x, x_1, ... par leurs expressions (14) en X', X'_1, ..., leurs seconds membres prennent la forme

$$(29)\quad \begin{cases} x_1 - c_1 y + b_1 z = X'_1 - X' - c_1(Y'_1 + Y') + b_1(Z'_1 + Z'), \\ y_1 - a_1 z + c_1 x = Y'_1 - Y' - a_1(Z'_1 + Z') + c_1(X'_1 + X'), \\ z_1 - b_1 x + a_1 y = Z'_1 - Z' - b_1(X'_1 + X') + a_1(Y'_1 + Y'). \end{cases}$$

Or écrivons ces formules comme il suit

$$(30)\quad \begin{cases} X' + c_1 Y' - b_1 Z' = X'_1 - x_1 - c_1(Y'_1 - y) + b_1(Z'_1 - z), \\ -c_1 X' + Y' + a_1 Z' = c_1(X'_1 - x) + Y'_1 - y_1 - a_1(Z'_1 - z), \\ +b_1 X' - a_1 Y' + Z' = -b_1(X'_1 - x) + a_1(Y'_1 - y) + Z'_1 - z_1, \end{cases}$$

et considérons-y pour un instant X', Y', Z' et X'_1, Y'_1, Z'_1 comme des coordonnées variables, tandis que nous attribuerons des valeurs déterminées aux deux paramètres dont dépendent x, x_1, a_1, ... Elles définissent évidemment une substitution linéaire : *cette substitution représente un déplacement.* Si on les résolvait, par exemple, par rapport à X′, Y′, Z′, on retrouverait les formules célèbres qu'Euler a données, le premier, dans les *Nouveaux Commentaires de Pétersbourg* et qui sont rationnelles par rapport à trois arbitraires (ici a_1, b_1, c_1). Admettons ce premier point que reconnaîtront sans peine tous les lecteurs au courant de la théorie des substitutions orthogonales. Il est clair dès lors que, si l'on fait varier les paramètres qui entrent dans a_1, b_1, c_1, x, x_1, ..., on aura une suite continue de déplacements, ou mieux un déplacement à deux variables indépendantes. *Ce déplacement est précisément le roulement des deux surfaces* (Θ), (Θ_1) *l'une sur l'autre.* C'est le roulement de (Θ) sur (Θ_1) si l'on considère les points (X′, Y′, Z′) comme appartenant à la figure mobile; c'est le mouvement inverse, si l'on considère au contraire comme mobile la figure qui est lieu des points (X'_1, Y'_1, Z'_1).

Pour établir ce résultat essentiel, considérons X′, Y′, Z′ comme appartenant à la figure mobile. Si nous remplaçons, dans les formules (30), X′, Y′, Z′ par les valeurs (15) qui correspondent à un point de la surface (Θ), elles nous donneront les valeurs (15)′ de X'_1, Y'_1, Z'_1. Donc déjà le déplacement se produit de telle manière qu'à chaque instant le point de la surface (Θ), considérée comme appartenant à la figure mobile, coïncide avec le point correspondant de (Θ_1). Pour compléter la démonstration, différentions totalement, avant toute hypothèse, les formules (30). La première, par exemple, nous donnera

$$\begin{aligned} dX' + c_1\, dY' - b_1\, dZ' = {} & dX'_1 - c_1\, dY'_1 + b_1\, dZ'_1 \\ & - dc_1(Y' + Y'_1 - y) + db_1(Z' + Z'_1 - z), \end{aligned}$$

pourvu que nous remplacions dx_1 par sa valeur déduite des relations (45) [p. 66]. Or, si nous substituons, dans cette relation générale, à Y′, Y'_1, Z′, Z'_1 les valeurs qu'elles acquièrent pour le point commun à (Θ) et à (Θ_1), les coefficients de db_1, dc_1 deviennent nuls, et il reste la première des trois relations suivantes

$$\begin{aligned} dX' + c_1\, dY' - b_1\, dZ' &= \quad dX'_1 - c_1\, dY'_1 + b_1\, dZ'_1, \\ -c_1\, dX' + \quad dY' + a_1\, dZ' &= \quad c_1\, dX'_1 + \quad dY'_1 - a_1\, dZ'_1, \\ b_1\, dX' - a_1\, dY' + \quad dZ' &= -b_1\, dX'_1 + a_1\, dY'_1 + \quad dZ'_1, \end{aligned}$$

les deux dernières se déduisant de la première par de simples permutations circulaires. Or ces trois équations, qui sont celles que l'on obtiendrait en différentiant les formules de transformation (30) *où les coefficients seraient traités comme des constantes*, expriment évidemment que le point commun à (Θ) et à (Θ_1) a le même déplacement en grandeur et en direction quand on le considère, soit comme appartenant à la figure mobile, c'est-à-dire à (Θ), soit comme appartenant à la figure fixe, c'est-à-dire à (Θ_1). Ces deux surfaces sont donc applicables l'une sur l'autre, ce que nous savions déjà; et le mouvement considéré est le roulement de l'une sur l'autre.

984. Les raisonnements qui précèdent s'appliquent sans modification si, au lieu de prendre, comme point de départ, les formules (45) [p. 66] on emploie les formules (5) [p. 49]. On est alors conduit à la substitution linéaire définie par les équations

$$(31)\quad \begin{cases} X' + cY' - bZ' = -(X'_1 - x) + c(Y'_1 - y_1) - b(Z'_1 - z_1), \\ -cX' + Y' + aZ' = -c(X'_1 - x_1) - (Y'_1 - y) + a(Z'_1 - z_1), \\ bX' - aY' + Z' = b(X'_1 - x_1) - a(Y'_1 - y_1) - (Z'_1 - z), \end{cases}$$

toutes pareilles aux formules (30). Seulement, par suite du changement de signe de X′, Y′, Z′, elles ne représentent plus un déplacement, mais une transformation par symétrie relative à l'origine des coordonnées, suivie d'un déplacement. On démontrera comme précédemment que, lorsque varient les paramètres dont dépendent a, x, x_1, ..., ces formules définissent le roulement sur (Θ_1), non plus de (Θ), mais de la surface symétrique (Θ').

985. Les formules précédentes permettent de vérifier quelques-uns des résultats que nous a fournis la Géométrie dans l'étude qui a fait l'objet du Chapitre précédent. Appliquons-les, par exemple, à la détermination des systèmes cycliques que l'on peut faire dériver du couple de surfaces applicables (Θ), (Θ_1). Si, dans les formules (30), on attribue à X′, Y′, Z′ des valeurs constantes quelconques, elles fourniront les coordonnées X'_1, Y'_1, Z'_1 du point-sphère qui coupe le plan de contact de (Θ) et de (Θ_1) suivant le cercle (C), dont les différentes positions engendrent le système cyclique cherché. Soit A le point invariablement lié à la figure mobile : si, par ce point, on mène une droite isotrope déterminée, c'est-à-dire invariablement liée au système mobile, les formules (30) permettront évidemment d'écrire les équations de cette droite rapportée au système fixe; et le point où elle coupera le plan de contact décrira une des trajectoires orthogonales du cercle (C). Ces trajectoires orthogonales se détermineront ainsi *sans aucune intégration;* mais, pour déterminer aussi en termes finis les deux autres familles qui composent le système triple, il faudra pouvoir intégrer l'équation du système conjugué commun à (Θ) et à (Θ_1) (¹).

On obtiendra des résultats identiques en appliquant la méthode précédente, non plus aux équations (30), mais aux formules (31).

Supposons, par exemple, que l'on veuille déterminer le système cyclique obtenu en choisissant l'origine des coordonnées comme point fixe du système mobile. Il faudra, dans les formules de transformation (30) ou (31), introduire l'hypothèse

$$X' = Y' = Z' = 0.$$

Les premières (30) deviendront alors identiques aux équations (28) et fourniront par suite un premier point de contact de la sphère (U_1) (nºˢ 957, 961) avec son enveloppe. Les secondes (31) deviendront de même identiques aux formules (27) et fourniront le second point où la même sphère (U_1) touche son enveloppe. Ce sera le point de contact défini par les formules (28) ou (30) qui deviendra fixe dans l'espace lorsque la surface (Θ_1) se déformera de manière à venir coïncider avec (Θ). Ce sera au contraire le second, défini par les formules (27) ou (31), qui deviendra fixe

(¹) De là résulte qu'à toute équation linéaire du second ordre dont les invariants sont égaux on peut faire correspondre une infinité de systèmes cycliques dont les trois familles se détermineront par de simples quadratures. Car on peut, à l'aide d'une telle équation, déterminer une infinité de couples de surfaces (S), (S_1) et, par suite, (A_1), (Σ_1), se correspondant avec orthogonalité des éléments linéaires. Le couple de surfaces applicables déduit de (A_1), (Σ_1) admettra, pour réseau conjugué commun, le réseau conjugué commun à (A_1), (Σ_1), c'est-à-dire, d'après le Tableau de la page 72, le réseau des lignes asymptotiques de (S). Or ce réseau est entièrement connu; les paramètres des lignes qui le composent sont les variables indépendantes qui figurent dans l'équation linéaire à invariants égaux prise comme point de départ.

si (Θ_1) se déforme de manière à venir coïncider non plus avec (Θ), mais avec la surface symétrique (Θ').

966. Nous pouvons maintenant expliquer de la manière la plus satisfaisante pourquoi ces deux points se trouvent respectivement dans les plans tangents de (S) et de (S_1). D'après les théories connues, le déplacement défini par les formules (30) peut être remplacé, d'une infinité de manières, par une translation finie et par une rotation, toujours la même, dont l'axe et la valeur absolue dépendent uniquement des coefficients a_1, b_1, c_1. Si Ω désigne la grandeur de cette rotation et λ, μ, ν les angles que fait avec les axes coordonnés la direction positive de l'axe de la rotation, on a, comme on sait,

$$\frac{a_1}{\cos\lambda} = \frac{b_1}{\cos\mu} = \frac{c_1}{\cos\nu} = -\tan\frac{\Omega}{2}. \tag{32}$$

On voit ainsi que l'axe de la rotation est perpendiculaire au plan tangent de (S_1). D'après cela, soient M, M_1 les points correspondants de (S) et de (S_1), P_1 le milieu du segment MM_1. Si l'on mène, par l'origine des coordonnées, une droite OP égale, parallèle au segment M_1P_1 *et de même sens,* il résulte des formules (14) et (15) que les deux points P et P_1 décriront, l'un la surface (Θ), l'autre la surface (Θ_1). Pour amener les deux surfaces en contact on pourra, par une translation, amener P en P_1, *ce qui fera coïncider* O *avec* M_1; puis effectuer la rotation définie par les formules (32); et, comme l'axe de cette rotation est évidemment perpendiculaire au plan tangent en M_1 à (S_1), elle laissera le point O dans ce plan tangent.

Une démonstration identique s'appliquera au second point défini par les formules (27), pourvu que l'on substitue à la surface (Θ) sa symétrique relative à l'origine des coordonnées.

967. D'autres formules, qu'il ne sera pas inutile d'indiquer rapidement, permettent encore de définir le roulement de deux surfaces l'une sur l'autre.

Si l'on connaît, par exemple, pour chacune des deux surfaces (Θ), (Θ_1), les cosinus qui définissent, par rapport à des axes fixes, la position d'un trièdre (T), rattaché de la même manière à ces surfaces, il est clair que les formules

$$(33)\qquad \begin{cases} X' = x + ax' + by' + cz', \\ Y' = y + a'x' + b'y' + c'z', \\ Z' = z + a''x' + b''y' + c''z', \end{cases}$$

où x, y, z désignent maintenant les coordonnées du point M de (Θ) qui est le sommet du trièdre (T), et où nous conservons, pour les cosinus, toutes les notations du Livre V, Chap. I et II, définiront le changement de coordonnées par lequel on passe des axes fixes OX', OY', OZ' aux axes Mx', My', Mz' formés par les arêtes du trièdre (T). Si l'on écrit les formules analogues relatives à la surface (Θ_1)

$$(34)\qquad \begin{cases} X'_1 = x_1 + a_1x' + b_1y' + c_1z', \\ Y'_1 = y_1 + a'_1x' + b'_1y' + c'_1z', \\ Z'_1 = z_1 + a''_1x' + b''_1y' + c''_1z', \end{cases}$$

l'élimination de x', y', z' entre les deux systèmes précédents donnera les formules cherchées qui définissent le roulement de (Θ) sur (Θ_1). Cette élimination ne présente aucune difficulté, l'un et l'autre système pouvant être résolus par rapport à x', y', z' : on obtient ainsi les formules

$$(35)\qquad \begin{cases} \mathbf{S}\, a(X'-x) = \mathbf{S}\, a_1(X'_1-x_1), \\ \mathbf{S}\, b(X'-x) = \mathbf{S}\, b_1(X'_1-x_1), \\ \mathbf{S}\, c(X'-x) = \mathbf{S}\, c_1(X'_1-x_1), \end{cases}$$

qui peuvent elles-mêmes être résolues, soit par rapport à X', Y' Z', soit par rapport à X'_1, Y'_1, Z'_1.

Si l'on veut, par exemple, trouver les systèmes cycliques qui correspondent au roulement de (Θ) sur (Θ_1), il suffira d'écrire les deux équations suivantes :

$$(36)\qquad \begin{cases} (X'-h)^2 + (Y'-k)^2 + (Z'-l)^2 = 0, \\ c(X'-x) + c'(Y'-y) + c''(Z'-z) = 0, \end{cases}$$

où h, k, l désignent trois constantes, et qui représentent, la première un point-sphère invariablement lié à (Θ), la seconde le plan de contact de (Θ) et de (Θ_1), puis de substituer les expressions de X', Y', Z' en fonction de X'_1, Y'_1, Z'_1.

968. Une autre méthode très simple peut encore être suivie. Nous avons vu au Chapitre VI de ce Livre quelle importance ont, en Géométrie, les sections de courbes ou de surfaces, rattachées à la surface mobile (Θ), par le plan de contact de (Θ) et de (Θ_1). On pourra les déterminer comme il suit.

Soit, par exemple,

$$F(X', Y', Z') = 0 \tag{37}$$

l'équation d'une surface rattachée aux axes invariablement liés à (Θ). Cherchons sa section par le plan de contact. Il est clair qu'un point de ce plan est défini par des formules telles que les suivantes

$$\left\{\begin{aligned} X' &= x + \lambda \frac{\partial x}{\partial u} + \mu \frac{\partial x}{\partial v}, \\ Y' &= y + \lambda \frac{\partial y}{\partial u} + \mu \frac{\partial y}{\partial v}, \\ Z' &= z + \lambda \frac{\partial z}{\partial u} + \mu \frac{\partial z}{\partial v}, \end{aligned}\right. \tag{38}$$

où λ et μ désignent des arbitraires convenablement choisies; x, y, z sont toujours les coordonnées du point de (Θ), exprimées en fonction des variables u et v. Or, par la nature même des arbitraires λ et μ, on reconnaît immédiatement que le point défini par les formules précédentes sera rattaché aux axes invariablement liés à (Θ_1) par les formules semblables

$$\left\{\begin{aligned} X'_1 &= x_1 + \lambda \frac{\partial x_1}{\partial u} + \mu \frac{\partial x_1}{\partial v}, \\ Y'_1 &= y_1 + \lambda \frac{\partial y_1}{\partial u} + \mu \frac{\partial y_1}{\partial v}, \\ Z'_1 &= z_1 + \lambda \frac{\partial z_1}{\partial u} + \mu \frac{\partial z_1}{\partial v}, \end{aligned}\right. \tag{39}$$

où λ et μ conservent les mêmes valeurs. Pour obtenir la section cherchée, il suffira donc d'éliminer λ et μ entre les équations précédentes et la suivante :

$$F\left(x + \lambda \frac{\partial x}{\partial u} + \mu \frac{\partial x}{\partial v},\quad y + \lambda \frac{\partial y}{\partial u} + \mu \frac{\partial y}{\partial v},\quad z + \lambda \frac{\partial z}{\partial u} + \mu \frac{\partial z}{\partial v}\right) = 0. \tag{40}$$

La méthode s'appliquerait évidemment à une courbe.

969. Jusqu'ici, dans l'étude des relations entre les systèmes cycliques et la déformation des surfaces, nous ne nous sommes pas préoccupé de la distinction à faire entre les éléments réels et les éléments imaginaires. Par exemple, si deux surfaces réelles roulent l'une sur l'autre, les systèmes cycliques déduits des points reliés à l'une d'elles (Θ) sont toujours imaginaires; les centres des cercles correspondants à un point réel seront bien réels, mais les rayons des cercles seront des imaginaires à carré négatif. Le moment est venu d'indiquer, en vue des applications, comment il faudra choisir les surfaces (Θ), (Θ_1) pour obtenir des systèmes cycliques entièrement réels.

Les plans des cercles étant alors réels, la surface (Θ_1) est nécessairement réelle. Voyons ce que doit être (Θ), et, pour cela, reprenons les méthodes et les notations du Livre V.

Soient p, q, r, p_1, q_1, r_1 les rotations du trièdre (T) relié à (Θ); r et r_1 seront réelles et exprimées en fonction de l'élément linéaire, comme les translations ξ, η, ξ_1, η_1. D'ailleurs, si l'on considère le cercle situé dans le plan tangent de (Θ), les coordonnées x, y de son centre sont réelles ainsi que son rayon ρ; et si l'on élève en ce centre une perpendiculaire égale à $i\rho$, le point $(x, y, i\rho)$ doit rester fixe dans l'espace quand le trièdre (T) se déplace de manière que son sommet décrive la surface (Θ). Cela nous donne les relations suivantes

$$(11)\quad \begin{cases} \dfrac{\partial x}{\partial u} + \xi + iq\rho - ry = 0, \\ \dfrac{\partial y}{\partial u} + \eta + rx - ip\rho = 0, \\ i\dfrac{\partial \rho}{\partial u} + py - qx = 0, \end{cases} \qquad (11)'\quad \begin{cases} \dfrac{\partial x}{\partial v} + \xi_1 + iq_1\rho - r_1 y = 0, \\ \dfrac{\partial y}{\partial v} + \eta_1 + r_1 x - ip_1\rho = 0, \\ i\dfrac{\partial \rho}{\partial v} + p_1 y - q_1 x = 0, \end{cases}$$

par lesquelles on exprime que la vitesse de ce point est nulle pour tout déplacement du trièdre (T). Ces relations prouvent en premier lieu que les quatre rotations *p, q, p_1, q_1 sont des imaginaires pures*. Mais alors les formules qui donnent les dérivées des neuf cosinus exprimées en fonction des rotations montrent immédiatement que l'on peut rapporter la surface (Θ) à des axes tels que tous les cosinus soient réels, sauf a'', b'', c, c' qui seront purement imaginaires. Donc les coordonnées X', Y' du point de (Θ) définies par les formules

$$dX' = a(\xi\, du + \xi_1\, dv) + b(\eta\, du + \eta_1\, dv),$$
$$dY' = a'(\xi\, du + \xi_1\, dv) + b'(\eta\, du + \eta_1\, dv)$$

seront réelles tandis que Z', définie par la quadrature

$$dZ' = a''(\xi\, du + \xi_1\, dv) + b''(\eta\, du + \eta_1\, dv),$$

sera une imaginaire pure iZ''. L'élément linéaire de la surface sera de la forme

$$dX'^2 + dY'^2 - dZ''^2,$$

X', Y', Z'' étant réels.

C'est ici le lieu de présenter la remarque suivante : lorsque nous avons formé (nº **704**) l'équation à laquelle satisfait l'une des coordonnées X', Y', Z', nous avons indiqué que la forme quadratique

$$ds^2 - dX'^2$$

n'était pas nécessairement une somme de carrés. On voit que, lorsqu'elle se réduira à une différence de carrés, on n'aura plus de surface réelle correspondant à la solution X', mais on pourra, si l'on connaît déjà une surface réelle admettant l'élément linéaire donné, déduire de la nouvelle solution des systèmes cycliques réels [1].

970. Au reste, lorsque l'on aura constitué un système cyclique réel, on pourra passer à tous ceux qui se rattachent au même roulement par la construction réelle suivante, que le lecteur déduira facilement des remarques présentées au nº **943**.

Associons à chaque cercle (C) du système donné un autre cercle (C′) de son plan, défini par la construction que voici. Aux points où le cercle (C) rencontre deux surfaces déterminées à l'avance parmi toutes celles qui le coupent à angle droit, con-

---

[1] Les formules (41), (41)′ peuvent servir de base à une étude analytique très simple de la congruence engendrée par les axes des cercles dans un système cyclique.

struisons les tangentes, qui seront les normales à ces surfaces trajectoires; puis menons un cercle (C′) tangent à ces deux droites en des points qui soient toujours à la même distance de ceux où ces droites touchent le cercle (C). En d'autres termes, déterminons le cercle (C′) par la condition que deux des tangentes communes à (C) et à (C′) aient une longueur donnée et que leurs points de contact avec (C) soient sur deux surfaces trajectoires données du même cercle. Les différentes positions du cercle (C′) engendreront l'un quelconque des systèmes cycliques cherchés.

Les cercles (C′) dépendent de trois paramètres; les tangentes communes à deux cercles (C′) différents, situés dans le même plan, les touchent évidemment, d'après ce qui précède, en des points qui décrivent une de leurs surfaces trajectoires.

Dans toute cette théorie, il faut considérer les cercles comme ayant des rayons de *signes déterminés*, n'admettant qu'un seul centre de similitude et deux tangentes communes qui vont passer par ce centre. Par exemple, si les cercles sont réels, ce sera le centre de similitude directe quand les rayons auront le même signe, et le centre de similitude inverse quand ils seront de signes contraires. Cette théorie du signe du rayon est connue depuis longtemps; elle a servi de base à la théorie des *cycles* de Laguerre. Le lecteur pourra aussi consulter un Mémoire *Sur les relations entre les groupes de points, de cercles et de sphères dans le plan et dans l'espace*, inséré par l'auteur en 1872 dans le Tome I, 2e série, des *Annales de l'École Normale*.

971. Lorsque la surface (Θ) roule sur la surface (Θ_1), une développable isotrope (Δ), invariablement liée à (Θ), coupe le plan de contact de (Θ) et de (Θ_1) suivant une courbe (K) dont les positions successives engendrent une congruence. Nous avons vu (n° 762) que ces positions successives sont normales à une famille de surfaces. Dans la Note déjà citée [p. 120] Ribaucour indique comme une propriété nouvelle que cette famille de surfaces est une *famille de Lamé*, c'est-à-dire qu'elle fait partie d'un système triple orthogonal. Mais cette remarque avait été déjà donnée depuis longtemps dans mon enseignement, et l'on y est conduit d'ailleurs avec la plus grande facilité. Considérons en effet les points-sphères ayant leur centre sur la développable (Δ):

ils coupent le plan de contact de (Θ) et de (Θ_1) suivant des cercles (C′) tous tangents à (K); et si l'on considère un point-sphère *déterminé* A, la trajectoire du point de contact de (K) et du cercle (C′) qui correspond à A est précisément une surface (Σ′) normale à (C′) et, par suite, à (K). Supposons maintenant que le point de contact de (Θ) et de (Θ_1) se déplace suivant une des courbes du système conjugué commun. Le point de contact du cercle (C′) et de (K) décrira une ligne de courbure de (Σ′). Ainsi il existe *deux* séries de déplacements dans lesquels *chaque* point de (K) décrit une ligne de courbure de la trajectoire orthogonale. En d'autres termes, on peut associer les courbes (K) en deux familles différentes, de manière à constituer un système triple orthogonal.

972. On peut compléter encore ces résultats en remarquant que l'on obtient ainsi tous les systèmes triples orthogonaux dans lesquels les surfaces de l'une des deux familles (et, par suite, de deux familles) aient leurs lignes de courbure planes dans un système. Voici comment nous démontrons cette réciproque.

On doit à Ribaucour la proposition générale suivante, relative aux systèmes triples orthogonaux :

Lorsque l'on connaît un système triple orthogonal, les cercles osculateurs aux courbes d'intersection des surfaces appartenant à deux des familles du système, aux points où ces courbes rencontrent une surface quelconque de la troisième famille, forment un système cyclique (¹).

(¹) On peut démontrer cette proposition par la Géométrie de la manière suivante : Soit (S) une surface quelconque appartenant à la première famille et soit (K) la courbe d'intersection de deux surfaces (S_1), (S_1) appartenant respectivement à la deuxième et à la troisième famille. Si l'on construit les deux sphères tangentes à (S_1) et à (S_1) respectivement, et contenant le cercle osculateur (C) de (K) au point M où cette courbe rencontre la surface (S), ces deux sphères auront pour centres respectivement les centres de courbure principaux de (S_1) et de (S_1) relatifs à la ligne (K). Par suite, lorsque le point M décrira la ligne de courbure de (S) qui se trouve sur (S_1), la première sphère enveloppera une surface qu'elle touchera suivant les positions successives du cercle (C) (n° 752). Il en sera de même pour la seconde sphère quand le point M décrira l'intersection de (S) et de (S_1). On voit donc que les cercles (C) peuvent être associés en

On peut compléter cette proposition par la suivante, qui n'est pas moins utile, et dont la démonstration sera mieux à sa place dans une théorie des systèmes orthogonaux.

Réciproquement, étant donnée une famille de surfaces, construisons les cercles osculateurs aux courbes trajectoires orthogonales de ces surfaces, aux points où ces courbes rencontrent une surface quelconque de la famille; la détermination de ces cercles est toujours possible et n'exige nullement l'intégration des équations différentielles des trajectoires orthogonales. Cela posé, si les cercles osculateurs ainsi définis forment toujours un système cyclique, la famille de surfaces considérée est une famille de Lamé.

Ces propositions étant admises, donnons-nous *a priori* un système orthogonal dans lequel les surfaces (S_2), (S_3) de la deuxième et de la troisième famille se coupent suivant des courbes planes (K). Soit (Δ) l'une des deux développables isotropes passant par (K) : si M est un point de (K) et M′ le point correspondant de l'arête de rebroussement de (Δ), la sphère de rayon nul ayant son centre en M′ coupera le plan de (K) suivant le cercle (C), osculateur en M. Toutes les positions de (C), relatives aux points M où les courbes (K) rencontrent une des surfaces (S) de la première famille, constituent un système cyclique, d'après le théorème de Ribaucour. Pour *tous* ces systèmes cycliques, les enveloppes de sphères (E_2), (E_3), qui forment la deuxième et la troisième famille, coupent sous le même angle le plan de l'une quelconque des courbes (K), cet angle étant celui sous lequel ce plan est coupé par l'une ou l'autre des surfaces (S_2) ou (S_3) qui contiennent cette courbe. Or, considérons la surface (Θ_1), enveloppe des plans des courbes (K) : si elle se déforme en entraînant dans ses plans tangents les courbes (K) et leurs cercles oscula-

deux familles d'enveloppes de sphères (E_2), (E_3) qui se coupent à angle droit puisque, étant orthogonales à (S), elles coupent cette surface suivant ses différentes lignes de courbure. Les surfaces (E_2), (E_3) se coupant de plus suivant une des positions du cercle (C), c'est-à-dire suivant une ligne de courbure, il existera une troisième famille de surfaces, dont (S) fera partie, qui seront normales aux positions successives du cercle (C) et qui compléteront le système triple orthogonal.

teurs, les surfaces trajectoires (Σ) des courbes (K) se transforment dans les trajectoires orthogonales (Σ') des nouvelles positions de ces courbes (n° 760); les cercles osculateurs à ces courbes, aux différents points de chaque surface (Σ), deviennent les cercles osculateurs en tous les points de la surface correspondante (Σ'); et, *comme ils ne cessent pas de former des systèmes cycliques*, il résulte de la réciproque énoncée plus haut que *les nouvelles trajectoires* (Σ') *forment toujours une famille de Lamé*. Ainsi toutes les propriétés précédentes subsisteront sans modification. Or il existe une déformation (Θ) de ($Θ_1$) dans laquelle tous les cercles (C) de l'un des systèmes cycliques précédents viennent se placer sur une même sphère de rayon nul ayant son centre en un point déterminé de l'arête de rebroussement de la développable (Δ). Les enveloppes de sphères (E_2), (E_3) relatives à ce système se réduiront toutes à cette sphère de rayon nul et couperont, par suite, le plan de la courbe (K) sous un angle dont la tangente sera *i*. Cet angle étant le même pour tous les autres systèmes cycliques formés de cercles osculateurs à la courbe (K), il résultera de là que, pour chacun de ces systèmes, les cercles viendront se placer sur une même sphère de rayon nul et que, par suite, toutes les développables isotropes circonscrites aux courbes (K) auront la même arête de rebroussement et viendront se confondre avec l'une quelconque d'entre elles. C'est la proposition qu'il s'agissait d'établir [1].

973. Les relations géométriques qui résultent de l'étude précédente nous permettent de constituer *sans aucune intégration* les systèmes orthogonaux dont l'existence vient d'être établie dès

---

[1] Les systèmes orthogonaux dans lesquels une des trois séries de trajectoires orthogonales est composée de courbes planes ont été considérés pour la première fois par M. O. Bonnet dans un *Mémoire sur les surfaces orthogonales*, inséré par extrait en 1862 aux *Comptes rendus*, t. LIV, p. 554 et 655. La méthode suivie par l'éminent géomètre exigeait encore certaines intégrations; mais il l'a complétée depuis en la faisant connaître dans son enseignement, bien qu'il n'ait rien écrit depuis 1862 sur ce sujet. En 1890-1891, M. Bianchi a fait paraître au t. XIX des *Annali di Matematica*, p. 177, un Mémoire intitulé : *Sui sistemi tripli ortogonali che contengono una serie di superficie con un sistema di linee di curvatura piane*, où la détermination de ces systèmes orthogonaux est faite de la manière la plus complète. A la même époque, dans notre Cours sur

que l'on connaît un système cyclique quelconque. Étant donné, en effet, un tel système, engendré par les différentes positions d'un cercle (C), choisissons une position de ce cercle, arbitraire mais fixe; et, dans le plan de cette position particulière, construisons, d'après les règles données au n° 970, une famille quelconque de cercles (C'). Construisons, par exemple, une série de cercles (C') tangents à une courbe quelconque de ce plan. Les cercles (C') engendreront une suite simplement *infinie*, une famille de systèmes cycliques. Le système cherché sera, en quelque sorte, l'enveloppe de tous ces systèmes; c'est-à-dire que toutes les positions des cercles (C') qui seront dans un même plan envelopperont la courbe (K) relative à ce plan et que la surface décrite par le point de contact de l'un des cercles (C') et de cette courbe (K) sera une trajectoire orthogonale de la courbe. Les deux autres familles du système orthogonal correspondront aux deux autres familles du système cyclique donné.

Il est clair que cette génération dispense de tout calcul. Il résultera des remarques faites plus loin que les formes les plus simples des courbes (K) sont, après les cercles, les sections planes de la développable isotrope du quatrième ordre.

---

les systèmes triples orthogonaux, nous donnions, en même temps que les résultats indiqués dans le texte, une autre méthode qui repose sur la remarque, évidente d'après les développements donnés plus haut, que les systèmes cherchés ont même représentation sphérique qu'une infinité de systèmes cycliques. Cette remarque permet de les déduire des systèmes cycliques par l'application d'un théorème de Combescure, qui rattache à tout système orthogonal une infinité de systèmes analogues admettant la même représentation sphérique. Nous reviendrons sur ce sujet plus loin, au Chapitre XII.

CHAPITRE VIII.

REPRÉSENTATION SPHÉRIQUE. SOLUTION COMPLÈTE DU PROBLÈME.

Emploi des coordonnées tangentielles α, β, ξ. — Réduction du problème de la représentation sphérique à l'intégration d'une équation aux dérivées partielles du second ordre dont les invariants sont égaux. — Les caractéristiques de cette équation sont les lignes de courbure de la surface. — Rapprochement entre les deux surfaces qui conduisent à la même équation du second ordre, l'une pour le problème de la déformation infiniment petite, l'autre pour le problème de la représentation sphérique. — On retrouve la transformation de contact de M. Lie. — Notions générales sur une classe étendue de transformations de contact. — Application à celle de M. Lie. — Recherche des surfaces pour lesquelles on sait résoudre le problème de la représentation sphérique. — On démontre que, lorsqu'on sait résoudre ce problème pour une surface (Σ), on peut le résoudre, à l'aide d'une simple quadrature, pour toutes les surfaces inverses des surfaces (Σ') admettant même représentation sphérique que (Σ). — Ce procédé, appliqué aux surfaces qui correspondent à l'équation $\frac{\partial^2 \theta}{\partial x \, \partial y} = 0$, fournit toutes les surfaces réelles pour lesquelles on peut obtenir la solution complète du problème. — Démonstration analytique de ce résultat. — Compléments donnés aux développements du Livre IV, Chap. VII.

---

974. Pour approfondir les relations que nous avons signalées entre les deux problèmes de la représentation sphérique et de la déformation infiniment petite, nous ferons connaître ici une méthode analytique, différente de celle qui a été développée dans le Chapitre précédent, et par laquelle on ramène la détermination de toutes les surfaces admettant une représentation sphérique donnée à l'intégration d'une équation linéaire du second ordre dont les invariants sont égaux.

Nous avons vu (n° 165) que, si l'on prend l'équation du plan tangent à une surface (Σ) sous la forme

$$(1) \qquad (\alpha+\beta)X + i(\beta-\alpha)Y + (\alpha\beta-1)Z + \xi = 0,$$

ξ étant une fonction des variables α et β, les lignes de courbure de la surface sont définies par l'équation différentielle

$$dp'\,d\alpha - dq'\,d\beta = 0, \tag{2}$$

où p' et q' désignent les dérivées de ξ prises par rapport à α et à β. Si donc on choisit comme variables indépendantes les paramètres ρ et ρ_1 des deux familles de lignes de courbure, on aura nécessairement

$$\frac{\partial p'}{\partial \rho}\frac{\partial \alpha}{\partial \rho} - \frac{\partial q'}{\partial \rho}\frac{\partial \beta}{\partial \rho} = 0, \qquad \frac{\partial p'}{\partial \rho_1}\frac{\partial \alpha}{\partial \rho_1} - \frac{\partial q'}{\partial \rho_1}\frac{\partial \beta}{\partial \rho_1} = 0. \tag{3}$$

En appliquant la méthode du n° **867**, on peut remplacer ces deux relations par les deux systèmes

$$(4)\quad \begin{cases} \dfrac{\partial \beta}{\partial \rho} = \lambda^2 \dfrac{\partial \alpha}{\partial \rho}, \\[2mm] \dfrac{\partial \beta}{\partial \rho_1} = -\lambda^2 \dfrac{\partial \alpha}{\partial \rho_1}; \end{cases} \qquad (5)\quad \begin{cases} \dfrac{\partial p'}{\partial \rho} = \lambda^2 \dfrac{\partial q'}{\partial \rho}, \\[2mm] \dfrac{\partial p'}{\partial \rho_1} = -\lambda^2 \dfrac{\partial q'}{\partial \rho_1}, \end{cases}$$

où λ^2 désigne une fonction auxiliaire. Cette fonction sera évidemment connue dès que la représentation sphérique sera donnée, car alors α et β seront des fonctions connues de ρ et de ρ_1. Si donc on veut déterminer toutes les surfaces admettant la représentation sphérique donnée, il faudra déterminer les solutions les plus générales p' et q' du système (5); puis, la fonction ξ s'obtiendra par la quadrature

$$\xi = \int (p'\,d\alpha + q'\,d\beta). \tag{6}$$

Or, le système (5) est précisément de la forme que nous avons considérée tant de fois (n^{os} **391**, **868**); et nous savons que son intégration complète se ramène à celle d'une équation à invariants égaux définie par la condition d'admettre comme solution particulière soit λ, soit $\frac{1}{\lambda}$. Il est donc établi que *la solution du problème de la représentation sphérique se ramène, comme celle du problème de la déformation infiniment petite, à l'intégration d'une équation linéaire à invariants égaux.* Seulement, les caractéristiques de cette équation aux dérivées partielles sont, dans le premier cas, les lignes de courbure et, dans le second cas, les lignes asymptotiques de la surface. Nous allons voir qu'en essayant de rattacher l'une à l'autre les deux surfaces qui conduisent, dans ces deux problèmes différents, à la même équation aux dérivées partielles, on retrouve la transformation de contact déjà signalée plus haut (nos 157, 168) que nous devons à M. Lie.

975. Déterminons, en coordonnées cartésiennes, une surface (S) par les formules suivantes

$$x = -p', \qquad y = \beta, \qquad z = \xi - p'\alpha, \tag{7}$$

d'où l'on déduit

$$dz = d\xi - p'\,d\alpha - \alpha\,dp' = -\alpha\,dp' + q'\,d\beta,$$

ou encore

$$dz = \alpha\,dx + q'\,dy. \tag{8}$$

Si l'on considère z comme fonction de x et de y, et si, suivant l'usage, on désigne ses dérivées premières par p et q, on voit que l'on aura

$$p = \alpha, \qquad q = q'. \tag{9}$$

Rapprochées des précédentes (7), ces relations conduisent à l'identité

$$dp'\,d\alpha - dq'\,d\beta = -dp\,dx - dq\,dy, \tag{10}$$

d'où il résulte que *les lignes de courbure de la surface* (Σ) *correspondent aux lignes asymptotiques de la surface* (S). Mais nous voyons de plus que les deux systèmes (4) et (5) relatifs à la surface (Σ) se changeront dans les suivants

$$\text{(11)}\quad \left\{\begin{aligned} \frac{\partial y}{\partial \rho} &= \lambda^2 \frac{\partial p}{\partial \rho}, \\ \frac{\partial y}{\partial \rho_1} &= -\lambda^2 \frac{\partial p}{\partial \rho_1}; \end{aligned}\right. \qquad \text{(12)}\quad \left\{\begin{aligned} \frac{\partial x}{\partial \rho} &= -\lambda^2 \frac{\partial q}{\partial \rho}, \\ \frac{\partial x}{\partial \rho_1} &= \lambda^2 \frac{\partial q}{\partial \rho_1}, \end{aligned}\right.$$

identiques, aux notations près, à ceux qui ont été donnés au no 867 [p. 21]; de sorte que la solution du problème de la déformation infiniment petite de (S) et la détermination de toutes les surfaces admettant la même représentation sphérique que (Σ) se ramènent à l'intégration d'un même système linéaire de la forme suivante

$$\frac{\partial u}{\partial \rho} = \lambda^2 \frac{\partial v}{\partial \rho}, \qquad \frac{\partial u}{\partial \rho_1} = -\lambda^2 \frac{\partial v}{\partial \rho_1}, \tag{13}$$

c'est-à-dire à l'intégration de l'équation linéaire

$$\frac{1}{\theta} \frac{\partial^2 \theta}{\partial \rho \, \partial \rho_1} = \frac{1}{\lambda} \frac{\partial^2 \lambda}{\partial \rho \, \partial \rho_1}. \tag{14}$$

976. Il ne sera pas inutile d'indiquer ici les formules qui permettent de passer de la surface (S) à la surface (Σ). Soient X, Y, Z les coordonnées rectangulaires du point de (Σ); elles sont définies par les équations (n° 165)

$$\left\{\begin{aligned} &(X + iY)\beta + (X - iY)\alpha + (\alpha\beta - 1)Z + \xi = 0, \\ &X + iY \quad + \alpha Z + q' = 0, \\ &X - iY \quad + \beta Z + p' = 0. \end{aligned}\right. \tag{15}$$

Si l'on y remplace α, β, ξ, p', q' par leurs expressions tirées des formules (7) et (9), on trouvera le système

$$\left\{\begin{aligned} &X - iY \quad + yZ - x = 0, \\ &(X + iY)y - \quad Z + z = 0, \\ &X + iY \quad + pZ + q = 0, \end{aligned}\right. \tag{16}$$

d'où l'on tirerait X, Y, Z en fonction de x, y, z, p, q. Ces formules caractérisent précisément la transformation de M. Lie, et les deux premières, qui ne contiennent pas les dérivées p et q de z, contiennent implicitement la troisième, d'après la théorie des transformations de contact. Nous allons rappeler rapidement sur quels principes repose la théorie de la transformation précédente; et pour cela nous considérerons d'une manière générale toutes les transformations de contact que l'on peut rattacher à la considération de deux équations de la forme suivante

$$\left\{\begin{aligned} &\varphi(x, y, z, X, Y, Z) = 0, \\ &\varphi_1(x, y, z, X, Y, Z) = 0. \end{aligned}\right. \tag{17}$$

Ces relations établissent une liaison entre les coordonnées x, y, z et X, Y, Z de deux points m et M de l'espace. Si le point m est donné, le point M est assujetti à se trouver sur une courbe (C); et si l'on a donné le point M, le point m est assujetti à se trouver sur une courbe (c). Suivant que l'on y considère x, y, z ou X, Y, Z comme des constantes, les deux équations précédentes représentent la courbe (C) ou la courbe (c).

D'après cela, si le point m est assujetti à décrire une surface (s), les courbes (C) qui lui correspondent dépendront de deux paramètres et engendreront une congruence qui admettra une surface focale (S). Faisons correspondre (S) à (s) de telle manière qu'au point m de (s) corresponde l'un quelconque des points M où la courbe (C) correspondante touche la surface focale (S), c'est-à-dire en définitive un des points focaux de (C). Nous aurons ainsi défini la transformation de contact que l'on peut rattacher aux deux équations (17); et il est aisé de voir que cette définition subsiste lorsqu'on échange les deux points M et m. Pour abréger, nous nous contenterons de donner la démonstration analytique.

977. Supposons que le point m décrive une surface (s) et soient alors p et q les dérivées de z considérée comme une fonction de x et de y. A chaque point de (s) correspond une courbe (C) définie par les équations (17); et, pour avoir les points focaux de cette courbe, il faut joindre à ces deux équations les suivantes (n° **315**)

$$(18)\qquad \begin{cases} \dfrac{\partial\varphi}{\partial x}dx + \dfrac{\partial\varphi}{\partial y}dy + \dfrac{\partial\varphi}{\partial z}dz = 0, \\[2ex] \dfrac{\partial\varphi_1}{\partial x}dx + \dfrac{\partial\varphi_1}{\partial y}dy + \dfrac{\partial\varphi_1}{\partial z}dz = 0, \end{cases}$$

qui nous donneront, en remplaçant dz par sa valeur $p\,dx + q\,dy$ et éliminant le rapport de dy à dx,

$$(19)\qquad \frac{\dfrac{\partial\varphi}{\partial x} + p\dfrac{\partial\varphi}{\partial z}}{\dfrac{\partial\varphi_1}{\partial x} + p\dfrac{\partial\varphi_1}{\partial z}} = \frac{\dfrac{\partial\varphi}{\partial y} + q\dfrac{\partial\varphi}{\partial z}}{\dfrac{\partial\varphi_1}{\partial y} + q\dfrac{\partial\varphi_1}{\partial z}}.$$

Cette équation, que l'on peut mettre sous la forme plus symétrique

$$(20)\qquad \begin{vmatrix} \dfrac{\partial\varphi}{\partial x} & \dfrac{\partial\varphi_1}{\partial x} & -p \\[2ex] \dfrac{\partial\varphi}{\partial y} & \dfrac{\partial\varphi_1}{\partial y} & -q \\[2ex] \dfrac{\partial\varphi}{\partial z} & \dfrac{\partial\varphi_1}{\partial z} & 1 \end{vmatrix} = 0,$$

doit être jointe aux deux précédentes (17) et permettra de déterminer X, Y, Z en fonction de x, y, z, p, q. Le point M qui correspond à m sera ainsi défini.

Mais alors différentions totalement les équations (17) et formons la combinaison $d\varphi - \lambda\, d\varphi_1$ où λ désigne la valeur commune des rapports (19). En tenant compte des équations

$$(21)\quad \begin{cases} \dfrac{\partial\varphi}{\partial x} + p\dfrac{\partial\varphi}{\partial z} - \lambda\left(\dfrac{\partial\varphi_1}{\partial x} + p\dfrac{\partial\varphi_1}{\partial z}\right) = 0, \\ \dfrac{\partial\varphi}{\partial y} + q\dfrac{\partial\varphi}{\partial z} - \lambda\left(\dfrac{\partial\varphi_1}{\partial y} + q\dfrac{\partial\varphi_1}{\partial z}\right) = 0, \end{cases}$$

qui définissent cette variable auxiliaire λ, on aura identiquement

$$0 = d\varphi - \lambda\, d\varphi_1 = \left(\frac{\partial\varphi}{\partial X} - \lambda\frac{\partial\varphi_1}{\partial X}\right)dX + \left(\frac{\partial\varphi}{\partial Y} - \lambda\frac{\partial\varphi_1}{\partial Y}\right)dY + \left(\frac{\partial\varphi}{\partial Z} - \lambda\frac{\partial\varphi_1}{\partial Z}\right)dZ,$$

ou, en désignant par P et Q les dérivées de Z considérée comme fonction de X et de Y et remplaçant dZ par $P\,dX + Q\,dY$

$$\begin{aligned} 0 = {} & \left[\frac{\partial\varphi}{\partial X} + P\frac{\partial\varphi}{\partial Z} - \lambda\left(\frac{\partial\varphi_1}{\partial X} + P\frac{\partial\varphi_1}{\partial Z}\right)\right]dX \\ & + \left[\frac{\partial\varphi}{\partial Y} + Q\frac{\partial\varphi}{\partial Z} - \lambda\left(\frac{\partial\varphi_1}{\partial Y} + Q\frac{\partial\varphi_1}{\partial Z}\right)\right]dY. \end{aligned}$$

X et Y étant des variables indépendantes comme x, y, on aura donc

$$(22)\quad \begin{cases} \dfrac{\partial\varphi}{\partial X} + P\dfrac{\partial\varphi}{\partial Z} - \lambda\left(\dfrac{\partial\varphi_1}{\partial X} + P\dfrac{\partial\varphi_1}{\partial Z}\right) = 0, \\ \dfrac{\partial\varphi}{\partial Y} + Q\dfrac{\partial\varphi}{\partial Z} - \lambda\left(\dfrac{\partial\varphi_1}{\partial Y} + Q\dfrac{\partial\varphi_1}{\partial Z}\right) = 0. \end{cases}$$

Ces équations, jointes aux précédentes (17) et (21), permettront de déterminer l'un des deux groupes de variables x, y, z, p, q ou X, Y, Z, P, Q en fonction de l'autre. Comme elles se composent de la même manière avec ces deux groupes de variables, la réciprocité que nous avions signalée se trouve ainsi établie.

978. Appliquons ces notions générales, que nous nous contentons de signaler à grands traits, au cas particulier des deux équations

$$(23)\quad \begin{cases} (X + iY)y - Z + z = 0, \\ X - iY + yZ - x = 0. \end{cases}$$

Ici la ligne (C) est toujours une droite *isotrope*. La ligne (c) qui correspond au point $M(X, Y, Z)$ est une certaine droite appartenant à un complexe *linéaire* H que l'on définit comme il suit :

Si l'on adopte les définitions du n° **139**, la droite lieu du point (x, y, z), définie par les formules précédentes, aura ses six coordonnées définies à un facteur près par les relations

$$(24)\qquad \begin{cases} a = Z, & b = 1, & c = -X - iY, \\ a' = -Z, & b' = X^2 + Y^2 + Z^2, & c' = X - iY, \end{cases}$$

et, par suite, elle appartient nécessairement au complexe H défini par l'équation

$$(25)\qquad a + a' = 0.$$

Il faudra joindre aux deux équations (23) les suivantes

$$(26)\ \begin{cases} p + \lambda = 0, \\ X + iY + q - \lambda Z = 0, \end{cases} \qquad (27)\ \begin{cases} y - P - \lambda(1 + Py) = 0, \\ iy - Q + \lambda(i - yQ) = 0, \end{cases}$$

d'où l'on déduit les deux systèmes

$$(28)\ \begin{cases} Z = \dfrac{z - qy}{1 + py}, \\ X + iY = \dfrac{-q - pz}{1 + py}, \\ X - iY = \dfrac{x + y(px + qy - z)}{1 + py}, \\ P = \dfrac{y + p}{1 - py}, \\ Q = \dfrac{i(y - p)}{1 - py}. \end{cases} \qquad (29)\ \begin{cases} y = \dfrac{-1 \pm \sqrt{1 + P^2 + Q^2}}{P + iQ}, \\ x = yZ + X - iY, \\ z = Z - y(X + iY), \\ p = \dfrac{P - y}{1 + Py}, \\ q = \dfrac{y - P}{1 + Py} Z - X - iY, \end{cases}$$

qui sont résolus respectivement par rapport aux deux groupes de variables.

On voit que, si à un point m correspond un seul point M, au contraire à un point M correspondent deux points m. Cela était évident *a priori* par la Géométrie. En effet, lorsque le point m décrit une surface (S), la droite qui lui correspond engendre une congruence; mais, comme cette droite est isotrope, elle a *un seul* point focal à distance finie. C'est cet unique point focal qui correspond au point m. Au contraire, si M décrit une surface (S), la droite qui lui correspond engendre une congruence dans laquelle elle admet *deux* points focaux. Les deux nappes focales ainsi obtenues, qui, l'une et l'autre, correspondent à (S), sont polaires réciproques par rapport au complexe linéaire auquel appartiennent toutes les droites (c).

979. Ce n'est pas ici le lieu d'étudier, avec tout le soin qu'elle mérite, l'importante transformation de M. Lie. Nous nous contenterons d'en indiquer seulement certaines propriétés, dont nous aurons à faire usage; et, en premier lieu, nous démontrerons la plus importante de toutes pour les applications : *A une droite de l'espace* (m) *la transformation fait correspondre une sphère de l'espace* (M).

On peut établir cette proposition par les considérations géométriques suivantes, qui en font bien comprendre l'origine.

Soit (d) la droite donnée dans l'espace (m) et soit (d_1) sa polaire réciproque par rapport au complexe H. Toutes les droites qui rencontrent (d) et (d_1) appartiennent, comme on sait, à ce complexe. Aux différents points de (d) et de (d_1) correspondent des droites isotropes dans l'espace (M); de plus, les droites isotropes qui correspondent à un point m de (d) et à un point m_1 de (d_1) se coupent nécessairement au point de l'espace (M) qui correspond à la droite mm_1 du complexe H. Il est ainsi établi que les droites isotropes correspondantes, soit aux points de (d), soit aux points de (d_1), engendrent une même surface qui, étant doublement réglée, ne pourra être qu'une sphère.

Si la droite (d) appartient au complexe H, elle se confond avec (d_1) et, par suite, les deux systèmes de génératrices rectilignes de la sphère se confondent. La sphère précédente se réduit à un point. Ce point est celui qui, dans l'espace (M), correspond à la droite (d).

Le lecteur vérifiera tous ces résultats par le calcul, en employant les formules (23) à (29).

980. D'après cela, si nous connaissons dans l'espace (m) une congruence rectiligne, il lui correspondra, dans l'espace (M), un système doublement infini de sphères. Aux points focaux de chaque droite de la congruence correspondront les deux points où chaque sphère touche son enveloppe. De sorte que, des congruences rectilignes pour lesquelles les lignes asymptotiques se correspondent sur les deux nappes de la surface focale, la transformation de M. Lie permet de déduire des familles de sphères admettant une enveloppe à deux nappes sur lesquelles les lignes de courbure sont aussi des lignes correspondantes. Au Livre IV, Chapitre XV, nous avons étudié un grand nombre de propriétés de ces enveloppes de sphères; et, en particulier, au n° 483, nous avons déjà indiqué comment la transformation de M. Lie permet d'en déduire des congruences rectilignes pour lesquelles les lignes asymptotiques se correspondent sur les deux nappes focales.

Nous avons vu au n° 481, Livre IV, Chap. XV, que, pour obtenir des enveloppes de sphères à lignes de courbure correspondantes, il faut résoudre le problème de la représentation sphérique pour une surface donnée. Nous avons vu d'autre part (n° 888) que, pour trouver les congruences à lignes asymptotiques correspondantes sur les deux nappes focales, il faut résoudre, pour une surface, le problème de la déformation infiniment petite. La transformation de M. Lie nous permet d'établir un parallélisme, un lien étroit et direct, entre tous ces résultats.

981. Puisque cette transformation fait correspondre aux sphères de l'espace (M) des droites de l'espace (m), toute transformation de l'espace (M) qui conservera les sphères donnera, dans l'espace (m), une transformation conservant les lignes droites. Considérons, en particulier, dans l'espace (M), une inversion accompagnée de déplacement, il lui correspondra dans l'espace (m) une transformation homographique conservant le complexe H; car les droites de ce complexe, qui correspondent à des points de l'espace (M), doivent nécessairement rester correspondantes à des points et, par conséquent, ne cesseront pas d'appartenir au complexe H. Or, nous avons établi (Chap. IV de ce Livre) que, lorsqu'on sait résoudre le problème de la déformation infiniment petite pour une certaine surface, on sait le résoudre aussi pour les surfaces homographiques. Transportant ce résultat à l'espace (M), nous voyons que :

Si l'on sait résoudre le problème de la représentation sphé-

rique pour une surface (Σ), *on sait le résoudre aussi pour toutes les surfaces qui dérivent de* (Σ) *par une inversion.*

Cette proposition, qui a de nombreuses applications, s'établit d'ailleurs directement de la manière la plus simple. Il suffit de remarquer que, pour une surface (Σ), le problème de la représentation sphérique équivaut à la détermination des systèmes cycliques dont les cercles sont normaux à (Σ). Énoncé sous cette dernière forme, il devient évident que le problème, résolu pour une surface donnée, l'est par cela même pour toutes les surfaces inverses à l'aide d'une simple quadrature (n° 950).

982. Puisque la solution du problème de la représentation sphérique pour une surface (Σ) se ramène à l'intégration d'une équation linéaire à invariants égaux, il semble que toute recherche soit terminée; car nous connaissons toutes les équations de ce genre dont l'intégration peut être effectuée. Mais si l'on veut distinguer, comme cela est nécessaire pour les applications, entre les surfaces réelles et celles qui sont imaginaires, il se présente une difficulté que nous allons examiner, d'une manière complète, en terminant ce Chapitre.

Reprenons la méthode développée au n° 974. L'équation qu'il faudra intégrer sera la suivante

$$\frac{\partial^2\theta}{\partial\rho\,\partial\rho_1} = \frac{\theta}{\lambda}\,\frac{\partial^2\lambda}{\partial\rho\,\partial\rho_1}, \tag{30}$$

où λ est défini par l'une ou l'autre des formules (4). Or, pour un point réel d'une surface réelle, α et β sont des variables imaginaires conjuguées. Et, par suite, λ *sera une imaginaire de module égal à* 1. Nous sommes donc conduits au problème d'Analyse suivant :

Parmi les équations de la forme

$$\frac{\partial^2\theta}{\partial\rho\,\partial\rho_1} = k\theta, \tag{31}$$

déterminer celles qui admettent une solution de module 1 *et qui peuvent, en outre, être intégrées.*

Considérons, par exemple, l'équation la plus simple de la forme précédente

$$\frac{\partial^2 \theta}{\partial \rho\, \partial \rho_1} = 0. \tag{32}$$

Si l'on y substitue

$$\theta = e^{i\omega},$$

elle se décomposera dans les deux suivantes

$$\frac{\partial^2 \omega}{\partial \rho\, \partial \rho_1} = 0, \qquad \frac{\partial \omega}{\partial \rho}\,\frac{\partial \omega}{\partial \rho_1} = 0,$$

qui donnent l'une ou l'autre des trois solutions suivantes

$$e^{ia}, \quad e^{if(\rho)}, \quad e^{if_1(\rho_1)},$$

a désignant une constante, f et f_1 des fonctions réelles. Le résultat est très simple; mais, pour les autres équations intégrables de la forme (31), il ne paraît pas se présenter aussi rapidement.

983. Avant de continuer, voyons quelles sont les surfaces qui correspondent aux valeurs précédentes de λ. Soit d'abord

$$\lambda = e^{ia}. \tag{33}$$

Les équations (4), qui définissent la représentation sphérique, deviennent ici

$$\frac{\partial \beta}{\partial \rho} = \quad e^{2ia}\frac{\partial \alpha}{\partial \rho},$$
$$\frac{\partial \beta}{\partial \rho_1} = -e^{2ia}\frac{\partial \alpha}{\partial \rho_1}.$$

En faisant tourner autour de l'axe des z, on pourra réduire à zéro la constante a; ce qui donnera

$$\frac{\partial(\beta-\alpha)}{\partial \rho} = 0, \qquad \frac{\partial(\beta+\alpha)}{\partial \rho_1} = 0.$$

On a donc

$$\beta + \alpha = \varphi(\rho), \qquad \beta - \alpha = \psi(\rho_1).$$

Si x, y, z désignent les coordonnées du point de la représentation sphérique, on a

$$\frac{x+iy}{1-z} = \alpha, \qquad \frac{x-iy}{1-z} = \beta; \tag{34}$$

de sorte que les équations précédentes deviennent

$$(35)\qquad \frac{2x}{1-z} = \varphi(\rho), \qquad \frac{2y}{1-z} = i\psi(\rho_1).$$

La représentation sphérique se compose de deux familles de cercles orthogonaux. Tous les cercles d'une même famille se touchent mutuellement au point

$$x = y = 0, \qquad z = 1.$$

On a ici

$$\frac{\partial^2 \xi}{\partial\rho\,\partial\rho_1} = 0,$$

et l'on retrouve les surfaces à lignes de courbure planes dans les deux systèmes, considérées au n° 104 et définies par les équations (12) [I, p. 131].

Si l'on prend maintenant l'une des autres solutions

$$e^{if(\rho)}, \quad e^{if_1(\rho_1)},$$

on pourra toujours, en échangeant, s'il est nécessaire, ρ et ρ_1 et choisissant convenablement le paramètre ρ, la réduire à

$$\lambda = e^{i\rho}.$$

La seconde équation (4) nous donne alors par l'intégration

$$\beta + e^{2i\rho}\alpha = f(\rho)$$

ou

$$\alpha e^{i\rho} + \beta e^{-i\rho} = 2\varphi(\rho).$$

Remplaçant α et β par leurs valeurs (34), nous trouvons

$$(36)\qquad x\cos\rho - y\sin\rho = \varphi(\rho)(1-z).$$

Les courbes de paramètres ρ sont donc des cercles qui passent par le point fixe

$$x = y = 0, \qquad z = 1.$$

On obtient sur la sphère le système orthogonal qui est l'inverse d'un système plan formé par des courbes parallèles et par leurs normales communes. Les surfaces qui l'admettent pour représentation sphérique ont évidemment leurs lignes de courbure planes dans un système; mais elles ne sont pas les plus générales de cette définition.

984. Après avoir examiné, parmi les équations de la forme (31), la plus simple de celles que l'on sait intégrer, il nous reste à résoudre le problème proposé pour toutes les autres. Nous allons indiquer comment on peut y parvenir. Voici d'abord la traduction géométrique des opérations analytiques que nous aurons à exécuter.

Soit une surface (Σ) pour laquelle on sait résoudre le problème de la représentation sphérique et désignons par (Σ') la surface la plus générale, dépendante de deux fonctions arbitraires, admettant même représentation sphérique que (Σ). Le problème de la représentation sphérique est le même pour (Σ') et pour (Σ). Donc on saura le résoudre pour (Σ') et, par suite aussi, d'après une proposition indiquée plus haut, pour la surface (Σ'') qui est l'inverse de (Σ'). Répétant sur cette nouvelle surface (Σ'') les mêmes opérations que sur (Σ), on pourra introduire deux nouvelles fonctions arbitraires et poursuivre indéfiniment l'application de la méthode. Toutes les opérations indiquées pourront être effectuées dans l'espace réel et donneront alors des surfaces réelles si la première est réelle. Il reste seulement à établir que cette suite d'opérations, appliquée, par exemple, aux surfaces qui correspondent à l'équation (32), nous fournira toutes les solutions réelles du problème de la représentation sphérique. En tenant compte des formules qui définissent l'inversion dans le système de coordonnées tangentielles (α, β, ξ) (¹), le lecteur reconnaîtra aisément que les considérations analytiques développées dans les numéros suivants se rattachent directement aux constructions géométriques que nous venons d'indiquer.

985. Soit

$$\frac{\partial^2 z}{\partial x\,\partial y} = kz \tag{37}$$

une équation linéaire du second ordre donnée; nous supposerons que les variables indépendantes x et y soient réelles et que l'é-

---

(¹) Ces formules se déduisent très simplement de celles qui ont été données au n° 174 et se rapportent à un système de coordonnées légèrement différent.

quation admette une solution particulière

$$\omega = e^{i\theta}, \tag{38}$$

de module égal à l'unité. Nous allons montrer d'abord comment on peut déduire de cette équation un nombre illimité d'équations de même forme, admettant comme elle une solution imaginaire de module égal à l'unité.

Au n° 390, où nous avons établi le théorème de M. Moutard, nous avons vu que, si z désigne une solution de l'équation (37) la fonction σ, définie par la quadrature

$$\omega\sigma = \int \left(\omega \frac{\partial z}{\partial x} - z \frac{\partial \omega}{\partial x}\right) dx - \left(\omega \frac{\partial z}{\partial y} - z \frac{\partial \omega}{\partial y}\right) dy, \tag{39}$$

satisfait à l'équation

$$\mathfrak{F}(\sigma) = \mathfrak{F}\left(\frac{1}{\omega}\right), \tag{40}$$

où $\mathfrak{F}$ désigne le symbole défini au même n° 390. Comme l'équation proposée (37) peut s'écrire

$$\mathfrak{F}(z) = \mathfrak{F}(\omega), \tag{41}$$

on voit que les deux équations (37) et (40) se déduisent l'une de l'autre par le changement de i en $-i$; par suite, elles admettront la première la solution σ_0, la seconde la solution z_0, z_0 et σ_0 désignant les imaginaires conjuguées de z et de σ. Mais nous allons établir un résultat plus précis et montrer que l'on peut, d'une infinité de manières, choisir la solution z de telle manière que σ soit égale à z_0.

En effet, la quadrature qui définit σ peut être remplacée par les deux relations suivantes

$$\frac{\partial(\omega\sigma)}{\partial x} = \omega^2 \frac{\partial\left(\frac{z}{\omega}\right)}{\partial x}, \qquad \frac{\partial(\omega\sigma)}{\partial y} = -\omega^2 \frac{\partial\left(\frac{z}{\omega}\right)}{\partial y}, \tag{42}$$

qui nous donnent

$$\frac{\partial\left(\frac{\sigma_0}{\omega}\right)}{\partial x} = \frac{1}{\omega^2} \frac{\partial(\omega z_0)}{\partial x}, \qquad \frac{\partial\left(\frac{\sigma_0}{\omega}\right)}{\partial y} = -\frac{1}{\omega^2} \frac{\partial(\omega z_0)}{\partial y}, \tag{43}$$

par le changement de i en $-i$, entraînant celui de ω en $\frac{1}{\omega}$. Nous aurons donc

$$(44) \qquad \omega z_0 = \int \left(\omega \frac{\partial \sigma_0}{\partial x} - \sigma_0 \frac{\partial \omega}{\partial x}\right) dx - \left(\omega \frac{\partial \sigma_0}{\partial y} - \sigma_0 \frac{\partial \omega}{\partial y}\right) dy,$$

de sorte que la formule (39), qui subsistait quand on y remplaçait z, σ, ω par σ, z, $\frac{1}{\omega}$, demeurera encore valable lorsque, sans changer ω, on y remplacera z, σ respectivement par σ_0, z_0. En ajoutant et en retranchant successivement les deux équations (39) et (44) on peut donc conclure que, si l'on emploie au lieu de z l'une ou l'autre des deux solutions suivantes

$$(45) \qquad z + \sigma_0, \quad i(z - \sigma_0)$$

de l'équation (37), la quadrature (39) nous fournira au lieu de σ les deux solutions correspondantes

$$(46) \qquad \sigma + z_0, \quad i(\sigma - z_0)$$

de l'équation (40), solutions qui sont, dans les deux cas, imaginaires conjuguées de celles d'où on les a déduites. Comme on ne peut pas avoir en même temps

$$z + \sigma_0 = 0, \qquad z - \sigma_0 = 0,$$

on voit que, dans l'un au moins des deux systèmes de solutions ainsi obtenus, les valeurs de z et de σ ne seront pas nulles, ce qui démontre la proposition énoncée.

386. Cela posé, employons non plus la solution ω, mais la solution z, pour passer, suivant la méthode de M. Moutard, de l'équation proposée (37) à une autre équation

$$(47) \qquad \mathfrak{F}(Z) = \mathfrak{F}\left(\frac{1}{z}\right),$$

que l'on saura intégrer en même temps que la première. D'après les relations (42), on verra facilement que l'on a

$$(48) \qquad \mathfrak{F}\left(\frac{\omega\sigma}{z}\right) = \mathfrak{F}\left(\frac{1}{z}\right),$$

et par conséquent l'équation précédente (47) admettra la solution particulière

$$(49) \qquad Z = \omega \frac{\sigma}{z},$$

qui, elle aussi, est de module égal à l'unité toutes les fois que σ est l'imaginaire conjuguée de z.

987. Ainsi, il y a une infinité de solutions de l'équation (37) dont l'emploi permet de passer à de nouvelles équations conservant la propriété d'admettre des solutions imaginaires de module égal à l'unité. Il nous reste à démontrer que la méthode précédente pourra fournir effectivement et complètement l'ensemble des équations qui admettent de telles solutions. Pour établir ce résultat, nous remarquerons tout d'abord que, appliquée à une équation pour laquelle la suite de Laplace est limitée, la méthode employée donnera généralement des équations pour lesquelles le rang de la solution (n° 335) s'élèvera de plus en plus.

Prenons, en effet, comme solution de passage la combinaison suivante

$$(50) \qquad z' = z + \sigma_0 + ai(z - \sigma_0)$$

des deux solutions (45), a désignant une constante. Pour

$$ai = 1,$$

on a

$$z' = 2z,$$

et comme z est la solution la plus générale de l'équation (37) l'emploi de la solution $2z$ permettra certainement de passer à une équation de rang supérieur. Puisque le rang s'élève par l'emploi de la solution de passage z', pour la valeur particulière $-i$ de a, il ne pourra rester le même, ou s'abaisser, que pour certaines valeurs particulières de a; et, par suite, la solution définie par l'équation (50) fournira, *pour une infinité de valeurs réelles de a*, une équation nouvelle

$$\mathfrak{F}(Z) = \mathfrak{F}\left(\frac{1}{z'}\right),$$

ayant une solution générale de rang supérieur. Si l'on pose

$$(51) \qquad \sigma' = z_0 + \sigma - ai(z_0 - \sigma),$$

cette équation admettra évidemment la solution imaginaire $\frac{\omega_1'}{2}$ de module égal à l'unité.

Si nous pouvons établir maintenant que l'on peut toujours, en choisissant convenablement z, non plus élever, mais abaisser le rang de la solution, nous aurons montré par cela même que toutes les équations cherchées dérivent, par voie de récurrence, de celle que nous avons étudiée au n° **982**. Mais, pour mettre hors de doute ce point essentiel, nous avons à rappeler et à compléter diverses notions données au Livre IV et plus particulièrement au Chap. VII de ce Livre.

988. Nous commencerons par la remarque suivante :

Soit (E) une équation linéaire du second ordre pour laquelle la suite de Laplace se termine dans les deux sens, du côté positif à l'équation (E_i), du côté négatif à l'équation (E_{-j}). Nous avons vu que son intégrale générale peut se mettre sous la forme suivante

$$(52)\qquad z = N\begin{vmatrix} X & X' & \dots & X^{(i)} & Y & Y' & \dots & Y^{(j)} \\ x_1 & x_1' & \dots & x_1^{(i)} & y_1 & y_1' & \dots & y_1^{(j)} \\ \dots & \dots & \dots & \dots & \dots & \dots & \dots & \dots \\ x_m & x_m' & \dots & x_m^{(i)} & y_m & y_m' & \dots & y_m^{(j)} \end{vmatrix},$$

où l'on a $m = i + j + 1$, où X, Y désignent des fonctions arbitraires, dépendant respectivement de x et de y seulement. N est une fonction déterminée quelconque, les x_h dépendent de x et les y_k de y seulement; de plus les x_h sont des fonctions linéairement indépendantes ainsi que les y_k. Aux nos **341**, **342**, nous avons indiqué quelques propriétés des expressions de la forme générale (52) qui s'annulent quand on remplace le couple (X, Y) par le couple (x_h, y_h). Nous ajouterons ici la remarque suivante. Supposons que l'on ait trouvé pour la même équation (E) deux formes distinctes de l'intégrale, la première

$$(53)\qquad z = MX + M_1X' + \dots + M_iX^{(i)} + NY + N_1Y' + \dots + N_jY^{(j)},$$

la seconde

$$(54)\qquad z = PX_0 + P_1X_0' + \dots + P_iX_0^{(i)} + QY_0 + Q_1Y_0' + \dots + Q_jY_0^{(j)};$$

on passera de l'une à l'autre par une substitution de la forme

$$(55)\qquad \begin{cases} X = AX_0 + \lambda_1 x_1 + \ldots + \lambda_m x_m, \\ Y = BY_0 + \lambda_1 y_1 + \ldots + \lambda_m y_m, \end{cases}$$

où A est une fonction de x, B une fonction de y et $\lambda_1, \lambda_2, \ldots, \lambda_m$ des constantes quelconques.

Pour le démontrer nous remarquerons que, si l'on passe de l'équation (E) à celle (E_i), qui termine la suite de Laplace du côté positif, la première forme de l'intégrale donnera pour l'équation (E_i) une intégrale

$$z_i = HX + KY + K_1 Y' + \ldots + K_{m-1} Y^{(m-1)}$$

et la seconde forme de l'intégrale donnera de même

$$z_i = LX_0 + RY + R_1 Y' + \ldots + R_{m-1} Y^{(m-1)}.$$

Égalant ces expressions différentes de z_i et remplaçant y par une valeur constante quelconque, on aura

$$X = AX_0 + A_1,$$

A et A_1 dépendant de x seulement.

En considérant de même l'équation (E_{-j}), on démontrera que l'on a

$$Y = BY_0 + B_1,$$

B et B_1 étant des fonctions de y.

Si donc, pour abréger, on pose conformément à une notation déjà employée (n°s 368 et 394)

$$(56)\qquad \begin{cases} z = f(X) + \varphi(Y), \\ z = f_0(X_0) + \varphi_0(Y_0), \end{cases}$$

on devra avoir, en substituant les valeurs de X, Y et égalant les deux expressions de z

$$f(AX_0) + \varphi(BY_0) + f(A_1) + \varphi(B_1) = f_0(X_0) + \varphi_0(Y_0),$$

et cela pour toutes les expressions possibles des fonctions arbitraires X_0, Y_0. Si l'on donne successivement des valeurs nulles à ces deux fonctions l'équation précédente se décomposera dans les trois suivantes

$$(57)\qquad \begin{cases} f(A_1)+\varphi(B_1)=0, \\ f(AX_0)=f_0(X_0), \\ \varphi(BY_0)=\varphi_0(Y_0). \end{cases}$$

Les deux dernières détermineront les symboles f_0, φ_0. Quant à la première, d'après le résultat démontré au n° **342**, elle montre que A_1, B_1 sont des combinaisons linéaires à coefficients constants

$$A_1=\lambda_1 x_1+\ldots+\lambda_m x_m,$$
$$B_1=\lambda_1 y_1+\ldots+\lambda_m y_m$$

des fonctions x_h, y_h. La proposition énoncée se trouve ainsi démontrée.

Si l'on effectue, dans l'expression (52) de z, la substitution définie par les formules (55), elle conservera sa forme générale, nous l'avons déjà démontré (n° **341**); et il est clair que les nouveaux couples avec lesquels elle est formée (x_h^0, y_h^0) se déduiront des anciens (x_h, y_h) par la substitution

$$(58)\qquad x_h^0=\frac{x_h}{A},\qquad y_h^0=\frac{y_h}{B},$$

de telle sorte que, si l'on a, dans les deux formes de l'intégrale $x_h=x_h^0$, la fonction A se réduira nécessairement à une constante et l'on aura

$$(59)\qquad f_0(X_0)=Af(X_0).$$

Nous ferons plus loin usage de cette remarque.

989. Revenons maintenant aux équations à invariants égaux et rappelons la méthode donnée au Livre IV, Chapitre VII (n° **394**). Nous avons vu que, si l'intégrale générale de l'équation (37) est donnée par la formule

$$(60)\qquad z=f_1(X)+f_2(Y),$$

où nous conservons toutes les notations adoptées au n° **394**, et si l'on emploie la solution ω ayant pour expression

$$(61)\qquad \omega=f_1(X_1)+f_2(Y_1),$$

la fonction ϖ définie par la quadrature (39) est déterminée par la formule

$$(62)\quad \begin{cases} \omega\varpi = \omega[f_1(X) - f_2(Y)] - 2B_1\left(X, \frac{\partial\omega}{\partial x}\right) + 2B_2\left(Y, \frac{\partial\omega}{\partial y}\right) \\ \qquad - 2\int X\varphi_1(X_1)\,dx + 2\int Y\varphi_2(Y_1)\,dy. \end{cases}$$

Aux propriétés que nous avons établies, nous allons ajouter quelques relations nouvelles. D'après la formule (39), $\omega\varpi$ doit se réduire à une constante lorsqu'on fait $z = \omega$, c'est-à-dire

$$X_1 = X, \qquad Y_1 = Y.$$

Le second membre de l'équation (62) devra donc se réduire à zéro pour une détermination convenable des deux intégrales tant que ces intégrales ne disparaîtront pas toutes les deux. En égalant à zéro les parties qui subsistent lorsqu'on annule séparément Y ou X, on obtient les deux formules déjà connues (n° 396)

$$(63)\quad \begin{cases} 2\int X\varphi_1(X)\,dx = f_1^2(X) - 2B_1\left[X, \frac{\partial f_1(X)}{\partial x}\right], \\ 2\int Y\varphi_2(Y)\,dy = f_2^2(Y) - 2B_2\left[Y, \frac{\partial f_2(Y)}{\partial y}\right]. \end{cases}$$

Il reste alors la suivante qui est nouvelle

$$(64)\quad B_1\left[X, \frac{\partial f_2(Y)}{\partial x}\right] = B_2\left[Y, \frac{\partial f_1(X)}{\partial y}\right].$$

Si, dans la première des formules (63), on remplace X par $X + \lambda X_1$, λ désignant une constante, on trouvera, en égalant les coefficients de λ dans les deux membres, la relation suivante

$$(65)\quad \begin{cases} \int X\varphi_1(X_1)\,dx + \int X_1\varphi_1(X)\,dx \\ \quad = f_1(X)f_1(X_1) - B_1\left[X, \frac{\partial f_1(X_1)}{\partial x}\right] - B_1\left[X_1, \frac{\partial f_1(X)}{\partial x}\right]. \end{cases}$$

Remplaçons X_1 par x_i, en nous rappelant que l'on a (n° 396)

$$(66)\quad \varphi_1(x_i) = 0, \qquad f_1(x_i) + f_2(y_i) = 0.$$

Il viendra

$$(67)\quad \int x_i\,\varphi_1(X)\,dx = f_1(X)\,f_1(x_i) - B_1\left[X, \frac{\partial f_1(x_i)}{\partial x}\right] - B_1\left[x_i, \frac{\partial f_1(X)}{\partial x}\right].$$

En tenant compte des identités (64) et (66), on peut écrire

$$(68)\quad B_1\left[X, \frac{\partial f_1(x_i)}{\partial x}\right] = -B_1\left[X, \frac{\partial f_2(y_i)}{\partial x}\right] = -B_2\left[y_i, \frac{\partial f_1(X)}{\partial y}\right].$$

Nous prendrons, par suite,

$$(69)\quad \int x_i\,\varphi_1(X)\,dx = f_1(X)\,f_1(x_i) - B_1\left[x_i, \frac{\partial f_1(X)}{\partial x}\right] + B_2\left[y_i, \frac{\partial f_1(X)}{\partial y}\right],$$

et de même

$$(70)\quad \int y_i\,\varphi_2(Y)\,dy = f_2(Y)\,f_2(y_i) - B_2\left[y_i, \frac{\partial f_2(Y)}{\partial y}\right] + B_1\left[x_i, \frac{\partial f_2(Y)}{\partial x}\right],$$

de sorte que ces deux dernières formules, jointes aux deux précédentes (63), détermineront la valeur *précise* que nous attribuerons toujours aux intégrales

$$\int x_i\,\varphi_1(X)\,dx,\quad \int y_i\,\varphi_2(Y)\,dy,\quad \int X\,\varphi_1(X)\,dx,\quad \int Y\,\varphi_2(Y)\,dy,$$

lorsque nous les rencontrerons dans la suite du raisonnement.

900. Cela posé, restons encore dans les généralités et supposons que les fonctions $\varphi_1(X_1)$, $\varphi_2(Y_1)$ soient différentes de zéro. L'expression de σ s'annulera quand on remplacera

$$\int X\,\varphi_1(X_1)\,dx = X_0 \qquad \text{et} \qquad \int Y\,\varphi_2(Y_1)\,dy = Y_0,$$

respectivement par le couple (1, 1) et par les suivants

$$\left[\int X_1\,\varphi_1(X_1)\,dx, \int Y_1\,\varphi_2(Y_1)\,dy\right], \qquad \left[\int x_i\,\varphi_1(X_1)\,dx, \int y_i\,\varphi_2(Y_1)\,dy\right].$$

L'intégrale σ sera de rang supérieur à z et nous retrouvons le résultat déjà indiqué au n° **896**, en indiquant seulement ici d'une manière plus précise comment il faut déterminer les quadratures précédentes.

Supposons maintenant que la solution ω soit telle que l'on ait, par exemple

$$\varphi_1(X_1) = 0, \qquad \varphi_2(Y_1) \neq 0.$$

Alors il viendra pour X_1 une combinaison linéaire à coefficients constants

$$X_1 = \lambda_1 x_1 + \ldots + \lambda_m x_m$$

de $x_1, x_2, \ldots, x_m$, et comme on peut, sans changer ω, retrancher de X_1 cette combinaison linéaire, à la condition de retrancher $\lambda_1 y_1 + \ldots + \lambda_m y_m$ de Y_1, on pourra supposer

$$X_1 = 0.$$

Alors, si l'on pose

$$\int Y \varphi_2(Y_1)\, dy = Y_0,$$

l'expression de σ s'annulera quand on y remplacera le couple (X, Y_0) des fonctions arbitraires par les suivants

$$\left[x_i, \int y_i \varphi_2(Y_1)\, dy\right], \qquad \left[0, \int Y_1 \varphi_2(Y_1)\, dy\right].$$

Mais comme le premier élément du dernier couple est nul, l'analyse développée au n° **341** permettra, en substituant à Y_0 la fonction

$$\left(\frac{Y_0}{\int Y_1 \varphi_2(Y_1)\, dy}\right)',$$

de réduire cette expression de σ à une forme nouvelle admettant seulement les couples suivants

$$\left[x_i, \left(\frac{\int y_i \varphi_2(Y_1)\, dy}{\int Y_1 \varphi_2(Y_1)\, dy}\right)'\right],$$

qui sont en même nombre que ceux de z et, en outre, *composés du même premier élément.* Donc, si l'on détermine le rang d'une équation d'après celui de sa solution générale, l'équation à laquelle satisfait σ est de même rang que la proposée (37).

991. Supposons enfin que la solution ω soit telle que l'on ait à la fois

(71) $$\varphi_1(X_1) = 0, \qquad \varphi_2(Y_1) = 0;$$

on pourra encore supposer que l'on ait

(71) $$X_1 = 0.$$

Mais, de plus, Y_1 sera une solution de la seconde équation (71) que l'on pourra prendre pour représenter le second élément y_1 du premier couple. Faisons donc

(72) $$Y_1 = y_1.$$

L'expression de σ sera débarrassée de tout signe de quadrature. Si l'on pose

(73) $$f_2(y_i)f_2(y_k) - B_2\left[y_i, \frac{\partial f_2(y_k)}{\partial y}\right] - B_2\left[y_k, \frac{\partial f_2(y_i)}{\partial y}\right] = a_{ik},$$

a_{ik} sera une constante en vertu de la formule (70).

Pour $X = x_i$, $Y = y_i$, on trouve

$$\omega\sigma = -2a_{i1}.$$

Pour $X = 0$, $Y = y_1$, on a

$$\omega\sigma = -a_{11},$$

σ s'annulera donc quand on y remplacera le couple (X, Y) par les suivants

$$\left(x_i, y_i - \frac{2a_{i1}}{a_{11}} y_1\right),$$

qui sont en même nombre que ceux de z et, ici encore, composés du même premier élément.

Si a_{11} était nul, le résultat précédent n'aurait aucun sens, mais nous avons vu (n° 396) que, dans ce cas, σ est l'intégrale générale d'une équation de rang inférieur.

992. Nous venons de compléter notre théorie du Livre IV, Chap. VII, relative au passage d'une équation à une autre par l'emploi du théorème de M. Moutard. Appliquons les résultats obtenus au cas spécial où ω est une solution imaginaire de module égal à l'unité. Alors, comme σ satisfait à l'équation imaginaire conjuguée de la proposée, il faudra que σ *soit de même rang que* z, et, par suite, que ω satisfasse au moins à l'une des conditions

$$\varphi_1(X_1) = 0, \qquad \varphi_2(Y_1) = 0.$$

Supposons donc

$$X_1 = 0.$$

Si l'on a de plus

$$\varphi_2(Y_1) = 0,$$

on peut affirmer que la constante a_{11} ne sera pas nulle, sans quoi σ serait de rang inférieur à z, ce qui est impossible. Donc, dans tous les cas, *les couples de σ auront les mêmes premiers éléments x_h que les couples de z.*

Dans la solution ainsi trouvée pour σ changeons i en $-i$; nous trouverons évidemment la solution générale de l'équation en z; et, d'autre part, les premiers éléments x_h de chaque couple seront remplacés par leurs conjugués x_h^0. Donc la solution générale de l'équation en z peut être mise sous une forme dans laquelle les premiers éléments des différents couples sont les x_h^0.

Considérons les deux équations différentielles auxquelles satisfont, d'une part, les fonctions x_h et, d'autre part, les fonctions x_h^0. Il suit de la remarque que nous venons de faire et de la théorie développée plus haut (n° 988) que l'on obtiendra les différentes solutions de la seconde en multipliant celles de la première par une certaine fonction $\varphi(x)$. Donc, si x_h est une solution de la première, $x_h\,\varphi(x)$ sera une solution de la seconde. D'autre part, les solutions particulières des deux équations étant deux à deux imaginaires conjuguées, la conjuguée $x_h^0\,\varphi_0(x)$ de $x_h\,\varphi(x)$ [$\varphi_0(x)$ étant la fonction conjuguée de $\varphi(x)$] sera une nouvelle solution de la première et enfin $x_h^0\,\varphi_0(x)\,\varphi(x)$ sera une nouvelle solution de la seconde. On peut conclure de là que, étant donnée une solution quelconque de l'une des deux équations linéaires, on en trouvera une nouvelle en la multipliant par la fonction, réelle et positive,

$$\theta(x) = \varphi(x)\,\varphi_0(x).$$

Cela exige évidemment que $\theta(x)$ soit une constante. Il sera permis de la prendre égale à l'unité, et l'on aura, par conséquent,

$$\varphi(x) = e^{2if(x)},$$

$f(x)$ étant une fonction réelle de x.

La première équation linéaire admet donc, en même temps que la solution x_h, la suivante

$$x_h^0 \varphi_0(x) = x_h^0 e^{-2if(x)}.$$

Or si, dans l'expression générale de z, on remplace la fonction arbitraire X de x par $\mathrm{X} e^{-if(x)}$, toutes les solutions x_h de la première équation linéaire seront multipliées par $e^{if(x)}$; de sorte que cette première équation admettra maintenant, en même temps, les deux solutions

$$x_h e^{if(x)}, \quad x_h^0 e^{-if(x)},$$

qui sont imaginaires conjuguées l'une de l'autre. On peut évidemment remplacer ces deux solutions imaginaires par les deux solutions réelles formées de la partie réelle et de la partie imaginaire de l'une d'elles. Et l'on voit ainsi que l'on peut ramener la solution générale z de l'équation aux dérivées partielles à une forme pour laquelle les premiers éléments x_h de chaque couple *sont tous réels*.

993. Ce résultat essentiel étant établi, adoptons pour z la forme dont nous venons de démontrer l'existence et bornons-nous à considérer les solutions z' pour lesquelles on a

$$\text{(74)} \qquad \mathrm{Y} = 0, \qquad z' = f_1(\mathrm{X}),$$

X étant une fonction arbitraire *réelle*. Alors, comme on a

$$\mathrm{X}_1 = 0,$$

pour la solution ω, la formule (62) est débarrassée de tout signe de quadrature et nous donne pour σ une expression de la forme

$$\sigma' = \varphi_1(\mathrm{X}),$$

qui renferme, jusqu'au même ordre que dans z', les dérivées de la fonction arbitraire X. Si l'on y change i en $-i$, on aura

$$\sigma'_0 = \varphi_1^0(\mathrm{X}),$$

et, d'après la proposition établie plus haut, à la fin du n° 988, on pourra écrire

$$\varphi_1^0(\mathrm{X}) = a\, f_1(\mathrm{X}),$$

a étant une constante. De là, on déduit

$$\sigma' = \varphi_1(X) = a_0 f_1^0(X) = a_0 z'_0,$$

a_0 étant la constante conjuguée de a.

Cela posé, l'équation

$$\mathfrak{F}(z) = \mathfrak{F}\left(\frac{1}{z'}\right)$$

admettra, d'après ce que nous avons vu, la solution $\frac{\omega\sigma'}{z'}$ ou, en supprimant le facteur constant a_0, la solution $\frac{\omega z'_0}{z'}$ qui est encore de module égal à 1, comme ω.

D'autre part, en prenant pour X, dans la formule (74), une solution particulière *réelle* de l'équation linéaire

$$\varphi_1(X) = 0,$$

qui annule l'intégrale quadratique de cette équation linéaire, ce qui est toujours possible (n^{os} **374** et **396**), puisque toutes les solutions particulières x_h de cette équation sont réelles et linéairement indépendantes, on sera assuré de passer, par l'intermédiaire de z', à une équation aux dérivées partielles de rang inférieur à la proposée. Ainsi se trouve complétée notre démonstration : toutes les équations admettant des solutions de module égal à l'unité peuvent se déduire par récurrence de celle que nous avons considérée au n° **982**.

994. Il ne sera pas inutile d'indiquer au moins une application de la méthode de récurrence que nous venons d'étudier.

Prenons, comme point de départ, l'équation

$$\frac{\partial^2 z}{\partial x\, \partial y} = 0, \tag{75}$$

et la solution, de module égal à 1,

$$\omega' = e^{ix}, \tag{76}$$

de cette équation. Soit z' une autre solution quelconque et σ' la fonction définie par la quadrature

$$\omega'\sigma' = \int\left(\omega'\frac{\partial z'}{\partial x} - z'\frac{\partial \omega'}{\partial x}\right)dx - \left(\omega'\frac{\partial z'}{\partial y} - z'\frac{\partial \omega'}{\partial y}\right)dy. \tag{77}$$

Dans le cas spécial que nous considérons, σ' satisfera encore à l'équation (75). Il faut tout d'abord mettre z' sous une forme telle que σ' soit sa conjuguée. Pour cela, il n'y a qu'à appliquer la méthode générale donnée plus haut (n° 385) et l'on reconnaît ainsi qu'il faut prendre z' sous la forme

$$z' = X' + iX + iY, \tag{78}$$

où X, Y désignent des fonctions réelles de x et de y respectivement. On peut prendre alors

$$\sigma' = X' - iX - iY, \tag{79}$$

et l'on peut passer à une équation de rang supérieur.

L'emploi de la solution z' conduit à l'équation de second rang

$$\mathfrak{F}(z) = \mathfrak{F}\left(\frac{1}{z'}\right) = 2i\frac{(X'' + iX')Y'}{(X' + iX + iY)^2}, \tag{80}$$

qui admet la solution particulière de module égal à l'unité

$$\omega = \omega'\frac{\sigma'}{z'} = e^{ix}\frac{X' - iX - iY}{X' + iX + iY}, \tag{81}$$

et dont l'intégrale générale sera définie (n° 395) par la formule

$$z = \frac{2X_0 + 2Y_0}{X' + iX + iY} - \frac{X_0'}{X'' + iX'} + i\frac{Y_0'}{Y'}, \tag{82}$$

où X_0, Y_0 désignent deux nouvelles fonctions arbitraires de x et de y. La solution ω correspond aux déterminations suivantes de ces fonctions

$$X_0 = X'e^{ix}, \qquad Y_0 = 0. \tag{83}$$

Pour pouvoir continuer, il faut mettre ces fonctions X_0, Y_0 sous une forme telle que la fonction σ, définie par la quadrature

$$\omega\sigma = \int\left(\omega\frac{\partial z}{\partial x} - z\frac{\partial \omega}{\partial x}\right)dx - \left(\omega\frac{\partial z}{\partial y} - z\frac{\partial \omega}{\partial y}\right)dy, \tag{84}$$

soit la conjuguée de z. Pour cela, il faut calculer d'abord σ. En vue des applications ultérieures, nous indiquerons même comment on calculerait la fonction θ définie par la quadrature

$$z'\theta = \int\left(z'\frac{\partial z}{\partial x} - z\frac{\partial z'}{\partial x}\right)dx - \left(z'\frac{\partial z}{\partial y} - z\frac{\partial z'}{\partial y}\right)dy, \tag{85}$$

z' étant, comme z, une solution de l'équation (80) correspondante aux déterminations X_1, Y_1 de X_0 et de Y_0,

$$z' = \frac{2X_1 + 2Y_1}{X' + iX + iY} - \frac{X'_1}{X'' + iX'} + i\frac{Y'_1}{Y'}. \tag{86}$$

Il n'y a ici qu'à appliquer sans modification la méthode indiquée au n° 394. Posons

$$\left\{\begin{aligned} f_1(u) &= \frac{2u}{X' + iX + iY} - \frac{u'}{X'' + iX'},\\ f_2(u) &= \frac{2u}{X' + iX + iY} + i\frac{u'}{Y'},\\ g_1(v) &= \left[\frac{2}{X' + iX + iY} - \frac{X''' + iX''}{(X'' + iX')^2}\right]v + \frac{v'}{X'' + iX'},\\ g_2(v) &= \left[\frac{2}{X' + iX + iY} + i\frac{Y''}{Y'^2}\right]v - \frac{iv'}{Y'},\\ B_1(u, v) &= -\frac{uv}{X'' + iX'},\\ B_2(u, v) &= i\frac{uv}{Y'}, \end{aligned}\right. \tag{87}$$

on aura

$$z = f_1(X_0) + f_2(Y_0), \qquad z' = f_1(X_1) + f_2(Y_1), \tag{88}$$

$$g_1\left(\frac{\partial z'}{\partial x}\right) = -\left[\frac{1}{X'' + iX'}\left(\frac{X'_1}{X'' + iX'}\right)'\right]', \quad g_2\left(\frac{\partial z'}{\partial y}\right) = \left[\frac{1}{Y'}\left(\frac{Y'_1}{Y'}\right)'\right]', \tag{89}$$

et l'on trouvera

$$\left\{\begin{aligned} \theta = {} & f_1(X_0) - f_2(Y_0) + \frac{2X_0}{X'' + iX'}\frac{\partial \log z'}{\partial x} + \frac{2iY_0}{Y'}\frac{\partial \log z'}{\partial y}\\ & - \frac{2}{z'}\int X_0 g_1\left(\frac{\partial z'}{\partial x}\right)dx + \frac{2}{z'}\int Y_0 g_2\left(\frac{\partial z'}{\partial y}\right)dy; \end{aligned}\right. \tag{90}$$

θ sera la solution générale de l'équation

$$\mathfrak{F}(\theta) = \mathfrak{F}\left(\frac{1}{z'}\right), \tag{91}$$

et l'on y fera disparaître les quadratures par les changements de notation si souvent indiqués.

Supposons que z' se réduise à ω et, pour cela, remplaçons X_1, Y_1, par les déterminations (83) données plus haut. Nous aurons alors

$$(92)\quad g_1\left(\frac{\partial\omega}{\partial x}\right) = ie^{ix}\frac{X''' + X'}{(X'' + iX')^2} = -i\left(\frac{e^{ix}}{X'' + iX'}\right)', \qquad g_2\left(\frac{\partial\omega}{\partial y}\right) = 0;$$

θ sera alors égal à σ, ce qui donnera

$$(93)\quad \begin{cases} \sigma = f_1(X_0) - f_2(Y_0) + \dfrac{2X_0}{X'' + iX'}\dfrac{\partial \log\omega}{\partial x} \\ \quad + \dfrac{2iY_0}{Y'}\dfrac{\partial\log\omega}{\partial y} + \dfrac{2i}{\omega}\displaystyle\int X_0\left(\frac{e^{ix}}{X'' + iX'}\right)' dx. \end{cases}$$

Il faut maintenant choisir X_0, Y_0 de telle manière que σ soit la conjuguée de z; c'est le résultat que l'on obtiendra en prenant pour Y_0 *une fonction réelle de* y, et en substituant à la place de X_0 l'expression

$$(94)\quad X_0 = X_2 - \frac{X'' + iX'}{X''' + X'}X_2',$$

où X_2 est une fonction arbitraire *réelle* de x.

Alors l'emploi de la solution z permettra de passer à l'équation de troisième rang

$$(95)\quad \mathfrak{F}(Z) = \mathfrak{F}\left(\frac{1}{z}\right),$$

qui admettra encore une solution $\frac{\omega\sigma}{z}$ de module égal à l'unité.

Il est essentiel de remarquer que, conformément à la proposition du n° **394**, on peut faire disparaître, par un choix convenable des fonctions arbitraires, tout signe de quadrature dans la suite des calculs.

Pour obtenir toutes les équations de second et de troisième rang, admettant des solutions de module égal à l'unité, il faudrait encore employer les solutions

$$e^{ia}, \quad e^{iy}$$

de l'équation (75). Mais ces solutions se déduisent de celle que nous avons choisie, soit par un changement de notation, soit par le passage à la limite.

CHAPITRE IX.

SURFACES A LIGNES DE COURBURE PLANES.

Première application des méthodes précédentes. — Rappel des formules propres à déterminer les surfaces admettant une représentation sphérique donnée. — Recherche des surfaces à lignes de courbure planes dans un système. — Elles correspondent toutes à des équations à invariants égaux pour lesquelles la solution est de premier ou de second rang. — Méthode de recherche directe : théorème général qui permet de les déterminer très simplement au moyen de trois développables dont l'une (Δ) est isotrope et les deux autres (D), (D_1) applicables l'une sur l'autre avec correspondance des génératrices rectilignes. — On déduit de cette proposition que, si une ligne de courbure plane est un cercle, toutes les autres sont des cercles, que si une d'elles est algébrique, toutes les autres le sont aussi, etc. — Mise en œuvre de la génération précédente. — Calculs et constructions géométriques propres à déterminer la surface réelle la plus générale à lignes de courbure planes, sans aucun signe de quadrature.

---

995. Avant de passer aux applications des résultats analytiques obtenus au Chapitre précédent, rappelons en quelques mots les résultats obtenus. Pour ne pas multiplier les changements de notation, supposons que x, y soient les paramètres des lignes de courbure et jouent le rôle des variables ρ, ρ_1 du n° 974. Les surfaces qu'on peut rattacher à une même équation

$$\frac{\partial^2\theta}{\partial x\,\partial y} = k\theta, \tag{1}$$

pour laquelle on a résolu les problèmes analytiques précédents, pourront être définies de la manière suivante. Si l'on désigne par z, z' deux solutions quelconques de l'équation, mises sous la forme pour laquelle les fonctions imaginaires conjuguées σ, σ' sont définies par les quadratures

$$\left\{\begin{aligned} \omega\sigma &= \int\left(\omega\frac{\partial z}{\partial x} - z\frac{\partial\omega}{\partial x}\right)dx - \left(\omega\frac{\partial z}{\partial y} - z\frac{\partial\omega}{\partial y}\right)dy,\\ \omega\sigma' &= \int\left(\omega\frac{\partial z'}{\partial x} - z'\frac{\partial\omega}{\partial x}\right)dx - \left(\omega\frac{\partial z'}{\partial y} - z'\frac{\partial\omega}{\partial y}\right)dy, \end{aligned}\right. \tag{2}$$

ω étant toujours la solution de module égal à l'unité, on pourra prendre, en rapportant la surface au système de coordonnées tangentielles α, β, ξ,

$$\alpha = \frac{z'}{\omega}, \qquad \beta = \omega\sigma'. \tag{3}$$

Ces deux formules définiront la représentation sphérique des lignes de courbure. Puis on fera de même

$$p' = \omega\sigma, \qquad q' = \frac{z}{\omega}, \tag{4}$$

$$\xi = \int(p'\,d\alpha + q'\,d\beta) = z\sigma' + \int\left(z'\frac{\partial z}{\partial x} - z\frac{\partial z'}{\partial x}\right)dx - \left(z'\frac{\partial z}{\partial y} - z\frac{\partial z'}{\partial y}\right)dy. \tag{5}$$

Les variables α et β étant imaginaires conjuguées ainsi que p' et q', on pourra obtenir une infinité de déterminations réelles de ξ et la surface sera l'enveloppe du plan défini par l'équation

$$(\alpha+\beta)X + i(\beta-\alpha)Y + (\alpha\beta - 1)Z + \xi = 0, \tag{6}$$

où tout est connu et d'où l'on peut faire disparaître tout signe de quadrature. Rappelons les relations

$$\left\{\begin{aligned} \frac{\partial\beta}{\partial x} &= \omega^2\frac{\partial\alpha}{\partial x}, & \frac{\partial p'}{\partial x} &= \omega^2\frac{\partial q'}{\partial x},\\ \frac{\partial\beta}{\partial y} &= -\omega^2\frac{\partial\alpha}{\partial y}, & \frac{\partial p'}{\partial y} &= -\omega^2\frac{\partial q'}{\partial y}, \end{aligned}\right. \tag{7}$$

tout à fait équivalentes aux formules (2).

996. Nous avons déjà reconnu (n° **983**) que l'équation la plus simple de la forme (1) correspond à des surfaces à lignes de courbure planes particulières, caractérisées par cette propriété que les cercles qui servent de représentation sphérique aux lignes de courbure planes passent tous par un point fixe. Proposons-nous maintenant de définir les surfaces à lignes de courbure planes les plus générales. Nous allons voir qu'elles correspondent toutes à des équations pour lesquelles la solution est de *premier* ou de *second* rang.

Désignons par x le paramètre des lignes de courbure planes de la surface. En tous les points d'une de ces lignes, le plan tangent devra faire un angle constant avec le plan de la ligne, c'est-à-dire avec une droite dont les paramètres directeurs dépendront uniquement de x. En exprimant cette condition, on sera conduit à une équation de la forme

$$x_0(\alpha+\beta)+ix_1(\beta-\alpha)+x_2(\alpha\beta-1)=x_3(\alpha\beta+1),$$

x_0, x_1, x_2, x_3 désignant des fonctions de x. Au reste, cette équation exprime que la représentation sphérique de la ligne de courbure est un cercle. En changeant les notations et remarquant que x_3-x_2 ne saurait être nulle quand les axes sont quelconques, on lui donnera la forme plus simple

$$(\alpha-x_0)(\beta-x_1)=x_2^2, \tag{8}$$

x_0, x_1, x_2 étant toujours des fonctions de x; quand la surface sera réelle, les deux premières seront conjuguées et la troisième réelle.

Différentions cette équation par rapport à y. En tenant compte de la seconde formule (7) et remarquant que $\frac{\partial\alpha}{\partial y}$ ne peut être nulle, nous aurons

$$(\alpha-x_0)\omega^2=\beta-x_1,$$

et de là, on déduit, x_2 n'étant jusqu'ici définie que par son carré,

$$\left\{\begin{aligned}(\alpha-x_0)\omega&=x_2,\\ \beta-x_1&=x_2\omega.\end{aligned}\right. \tag{9}$$

La première de ces équations peut s'écrire

$$z'=x_0\omega+x_2; \tag{10}$$

nous sommes ainsi conduit à exprimer que l'équation (1) admet deux solutions z', ω reliées par la relation précédente.

A cet effet, substituons dans cette équation (1) la valeur précédente de z'. En tenant compte de ce que ω est déjà solution de l'équation, ce qui donne

$$\frac{\partial^2\omega}{\partial x\,\partial y}=k\omega, \tag{11}$$

il vient

$$x_0'\frac{\partial\omega}{\partial y}=kx_2. \tag{12}$$

Portons la valeur de $\frac{\partial \omega}{\partial y}$ dans le premier membre de la relation précédente, il viendra

$$k\omega = \frac{\partial}{\partial x}\left(\frac{k x_2}{x'_0}\right),$$

ou, en excluant l'hypothèse $k = 0$, déjà examinée (n° 983),

$$(13) \qquad \omega = \frac{x_2}{x'_0}\,\frac{\partial \log k}{\partial x} + \left(\frac{x_2}{x'_0}\right)'.$$

Il n'y a plus qu'à substituer cette valeur de ω dans la formule (12) pour obtenir la condition

$$(14) \qquad \frac{\partial^2 \log k}{\partial x\, \partial y} = k,$$

à laquelle doit satisfaire k. Cette condition exprime évidemment (n° 330) que l'équation correspondante doit être de *second* rang.

997. Nous avons vu (n° 389) que la valeur la plus générale de k est la suivante

$$(15) \qquad k = -\frac{2X'_1 Y'_1}{(X_1 - Y_1)^2},$$

de sorte que, en remplaçant $\frac{x_2}{x'_0}$ par X_3, la valeur de ω va devenir

$$\omega = X_3\left(\frac{X''_1}{X'_1} - \frac{2X'_1}{X_1 - Y_1}\right) + X'_3.$$

Cette valeur devant avoir un module égal à 1, il faudra que l'on ait

$$\left[X_4\left(\frac{X''_2}{X'_2} - \frac{2X'_2}{X_2 - Y_2}\right) + X'_4\right]\left[X_3\left(\frac{X''_1}{X'_1} - \frac{2X'_1}{X_1 - Y_1}\right) + X'_3\right] = 1,$$

X_2, Y_2, X_4 étant les fonctions conjuguées de X_1, Y_1, X_3 respectivement.

En donnant à x une valeur quelconque, on reconnaît immédiatement que les fonctions Y_2, Y_1 sont en relation homographique. On pourra donner à cette relation homographique la forme

$$Y_2 = Y_1,$$

si l'on remarque que l'expression (15) de k ne change pas (n° 24) lorsqu'on soumet X_1, Y_1 à une même substitution linéaire à coefficients constants. Ainsi l'on peut *supposer que* Y_1 *soit une fonction réelle.*

Mais alors il faut évidemment choisir pour ω l'expression définie par l'équation (81) du Chapitre précédent; et l'on aura, en appliquant les résultats analytiques du n° 994 et supposant, ce qui est évidemment permis, Y réduit à y par un changement de notations,

$$(16) \qquad \omega = e^{ix}\frac{X' - iX - iy}{X' + iX + iy}.$$

Pour écrire d'une manière rapide les valeurs de α, β, p', q', introduisons les notations

$$(17) \qquad \varphi_1(u) = \frac{2u - 2u'\dfrac{X'' + iX'}{X''' + X'}}{X' + iX + iy} - \frac{\left(u - u'\dfrac{X'' + iX'}{X''' + X'}\right)'}{X'' + iX'},$$

$$(18) \qquad \varphi_2(u) = \frac{2u}{X' + iX + iy} + iu',$$

et désignons de même par ψ_1, ψ_2 les symboles obtenus en changeant i en $-i$. On aura, X_1 étant une fonction réelle,

$$(19) \qquad \alpha\omega = \varphi_1(X_1), \qquad \frac{\beta}{\omega} = \psi_1(X_1),$$

puis, X_2 et Y_1 étant encore des fonctions réelles,

$$(20) \qquad q'\omega = \varphi_1(X_2) + \varphi_2(Y_1), \qquad \frac{p'}{\omega} = \psi_1(X_2) + \psi_2(Y_1).$$

Les deux premières relations feront connaître la représentation sphérique. Il faudra ensuite calculer ξ, qui sera définie par la formule (5) où l'on substituera les valeurs précédentes de α, β, p', q'. Il restera encore à donner aux fonctions réelles X_2, Y_1 une forme telle que toute quadrature disparaisse de l'expression de ξ.

On voit que les surfaces à lignes de courbure planes dépendent de quatre fonctions arbitraires X, X_1, X_2, Y_1. Elles sont donc loin d'être les plus générales parmi celles qui correspondent à l'équation du second rang et qui dépendent, en réalité, de cinq fonctions arbitraires, à savoir : X, deux fonctions figurant dans la représentation sphérique et deux autres dans les expressions de p' et de q'.

998. Sans faire l'étude approfondie des surfaces à lignes de courbure planes, auxquelles M. Bouquet a consacré un Mémoire des plus remarquables, déjà cité [I, p. 114], nous ferons connaître une proposition qui les concerne et qui se rattache directement aux résultats du n° 972. Cette proposition peut s'énoncer comme il suit :

Étant donnée une surface (Σ) *à lignes de courbure planes dans un système, soit* (D) *la développable enveloppe des plans des lignes de courbure. Supposons qu'elle se déforme de telle manière que ses génératrices, demeurent rectilignes, et qu'elle entraîne les lignes de courbure planes dans ses différents plans tangents; il existera une transformée* (D_1) *de* (D) *pour laquelle toutes ces lignes de courbure viendront se placer sur une même développable* isotrope (Δ); *les lignes de seconde courbure venant alors coïncider avec les génératrices rectilignes de la développable* (Δ).

Pour démontrer cette proposition, nous commencerons par examiner ce que devient la surface (Σ) lorsqu'on déforme la développable (D) de telle manière que ses génératrices demeurent rectilignes. Si l'on désigne par la lettre (C) les lignes de première courbure, situées dans les plans tangents de (D) et par la lettre (C_1) les lignes de seconde courbure, il est clair que les tangentes aux lignes (C), aux points où elles sont rencontrées par une même courbe (C_1), engendrent une développable dont l'arête de rebroussement (K_1) est tracée sur la développable (D); de sorte que chaque courbe (C_1) est une *développante* de l'arête de rebroussement (K_1) qui lui correspond. Cette relation entre (K_1) et (C_1) ne se modifie nullement quand la développable (D) se déforme en entraînant dans ses plans tangents les courbes (C). On reconnaît donc immédiatement que, dans la nouvelle surface (Σ') engendrée par les positions nouvelles des courbes (C), surface qui correspond point par point à (Σ), les lignes de première et de seconde courbure correspondent respectivement aux lignes de première et de seconde courbure de (Σ).

M. Rouquet a fait grand usage de la proposition que nous venons d'établir et qui est due à Ribaucour (¹). Elle ne nous est pas indispensable; mais elle aidera le lecteur à mieux comprendre le raisonnement suivant.

999. Soient (*fig.* 88) (C) une des lignes de première courbure

Fig. 88.

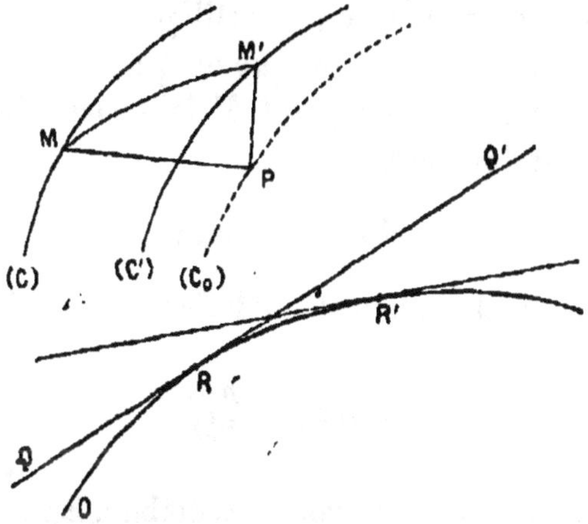

de (Σ), M un quelconque de ses points, M' un point infiniment voisin de M pris sur la ligne de seconde courbure (C_1) qui passe en M, P la projection de M' sur le plan de (C). Soit QQ' la génératrice de contact du plan de (C) avec la développable (D), R le point où cette génératrice touche l'arête de rebroussement (R) de cette développable; de sorte que chaque point R et, par suite, chaque plan tangent de (D) sera déterminé par l'arc s de (R) compté à partir d'une origine fixe O prise sur (R). Le plan de la ligne de *première* courbure (C') qui passe en M' correspondra, par exemple, au point R' de l'arête de rebroussement, de sorte que l'angle des deux plans contenant les lignes de première courbure qui passent en M et en M' sera égal à $\frac{ds}{\tau}$, ds désignant l'accroissement RR' de s et $\frac{1}{\tau}$ étant la torsion de (R) en R. M'P

(¹) RIBAUCOUR, *Sur les courbes enveloppes de cercles et sur les surfaces enveloppes de sphères.* (*Nouvelle Correspondance mathématique*, t. V et VI; 1879-1880).

est évidemment égal à cet angle multiplié par la distance de l'un des points M ou P à la droite d'intersection QQ' des deux plans osculateurs respectivement en R et en R'. Si donc p désigne la distance du point M à la tangente QQ' en R, on aura d'abord, en négligeant les infiniment petits du second ordre

$$M'P = \frac{p\,ds}{\tau}.$$

Cela posé, considérons le triangle rectiligne MM'P : il est rectangle en P, son angle en M ne diffère que de quantités du second ordre de l'angle φ que fait en ce point M la surface (Σ) avec le plan de (C). On peut donc écrire

$$M'P = PM \tang\varphi;$$

et, si l'on porte cette valeur de M'P dans la relation précédente, il vient

$$\tau \tang\varphi = \frac{p\,ds}{PM}.$$

Telle est la relation que nous voulions établir. En voici maintenant les conséquences.

1000. Supposons d'abord que le point M se déplace sur la courbe (C); le premier membre de la relation précédente demeurera invariable, puisque l'angle φ est le même pour tous les points de la courbe (C), d'après le théorème de Joachimsthal. Il en sera donc de même du second membre, qui devra se réduire par conséquent à une fonction de la seule variable s. On aura donc les deux égalités suivantes

$$(21)\qquad \begin{cases} \tau \tang\varphi = f(s), \\ \dfrac{p\,ds}{PM} = f(s). \end{cases}$$

La seconde s'interprète géométriquement de la manière la plus simple. Il est évident par la géométrie que si l'on déforme la développable (D) de telle manière qu'elle vienne s'appliquer sur un plan, celui de la courbe (C) par exemple, le point P sera à une distance infiniment petite du second ordre de celui où vient s'appliquer le point M'. La seconde relation précédente donne donc une propriété de la famille de courbes sur laquelle viennent s'appliquer dans le plan les lignes de première courbure. A chacune de ces courbes (C), maintenant toutes situées dans le même plan, correspond une droite QQ' déterminée. Et, *pour chaque point de la courbe* (C_0) *infiniment voisine de* (C), *il y a un rapport constant entre la distance à la courbe* (C) *et la distance à la droite correspondante* QQ'. Cette propriété géométrique conduit à une équation aux dérivées partielles, qui a été formée et intégrée de la manière la plus élégante par M. Rouquet.

Laissant de côté l'étude de cette intéressante question, revenons à la première des relations précédentes

$$\tau \operatorname{tang} \varphi = f(s).$$

Elle nous montre immédiatement que, lorsqu'on déforme la développable (D), l'angle φ varie de telle manière que le produit $\tau \operatorname{tang} \varphi$ demeure constant. Au lieu de considérer l'hypothèse où la développable (D) se réduit à un plan, supposons qu'on la déforme de telle manière que l'on ait, en chaque point de l'arête de rebroussement,

$$\tau = \pm i f(s),$$

il viendra alors

$$\operatorname{tang} \varphi = \mp i.$$

Et, par conséquent, l'angle du plan tangent à la surface et du plan de la ligne de courbure deviendra infini. Ce dernier plan, étant osculateur à l'arête de rebroussement de la développable dans sa nouvelle position, ne sera pas isotrope. Il faudra donc que le plan tangent à la surface le soit. Donc *la surface à lignes de courbure planes* (Σ) *aura été transformée en une développable isotrope.*

De tout ceci résulte donc le théorème suivant :

Pour obtenir toutes les surfaces à lignes de courbure planes dans un système, on construit une développable isotrope quelconque (Δ) *et une développable non isotrope* (D_1). *On déforme ensuite* (D_1) *de telle manière que ses génératrices demeurent rectilignes et que ses plans tangents entraînent les courbes suivant lesquelles ils coupaient la développable* (Δ). *L'en-*

semble des courbes ainsi entraînées constitue la surface la plus générale à lignes de courbure planes dans un système (1).

En reprenant le point de vue développé au Chapitre VI, on peut énoncer le théorème sous la forme suivante :

Pour obtenir les surfaces précédentes, on prend deux développables (D), (D_1) *applicables l'une sur l'autre avec correspondance des génératrices rectilignes. Si l'on fait rouler la développable* (D_1) *sur la développable* (D) *de telle manière que le contact ait lieu à chaque instant entre tous les points des génératrices correspondantes, toute développable isotrope* (Δ) *invariablement liée à* (D_1) *sera coupée par les plans de contact successifs suivant les lignes de courbure de l'une des surfaces cherchées.*

1001. Alors même que ces théorèmes ne conduiraient pas, comme nous allons le voir, à une méthode rapide de recherche des surfaces à lignes de courbure planes dans un système, ils permettraient au moins d'expliquer de la manière la plus satisfaisante certains faits, ayant quelque chose de paradoxal, qui se présentent dans cette théorie.

On sait, par exemple, que, *si une des lignes de courbure planes est un cercle, toutes les autres sont des cercles;* que, si elle est algébrique, toutes les autres sont algébriques; que les lignes de courbure ne peuvent être toutes des coniques différentes du cercle, etc. Tous ces faits s'expliquent immédiatement par la remarque suivante, qui est évidente.

---

(1) Cette proposition, donnée depuis longtemps dans mon enseignement, s'applique même aux surfaces pour lesquelles les plans des lignes de première courbure passent par une droite fixe. En effet, on doit attribuer en général une valeur nulle à la torsion d'une courbe plane; mais il faut remarquer cependant que, si cette courbe se réduit à une droite, la torsion devient indéterminée. Si l'on associe à chaque point de cette droite un plan déterminé passant par la droite, il est clair que la torsion prend en chaque point une valeur déterminée, dépendant d'ailleurs de la loi suivant laquelle on a associé les plans passant par la droite aux points de cette droite.

Dans le cas où les plans des lignes de courbure enveloppent un cône, il suffit de choisir une variable autre que s.

Dès qu'une ligne de courbure plane est donnée, on connaît par cela même la développable isotrope (Δ), *qui doit être circonscrite à cette courbe en même temps qu'au cercle de l'infini. Par conséquent toutes les autres lignes de courbure ne peuvent être que des sections planes de cette développable, parfaitement connue.*

Si l'une des lignes de courbure est un cercle, la développable isotrope se décompose en deux points-sphères. Donc toutes les autres lignes de courbure sont des cercles.

Si l'une des lignes de courbure est algébrique, il en est de même de (Δ) et, par suite, de ses sections planes quelconques.

Si l'une des lignes de courbure est une conique différente d'un cercle, (Δ) est en général du 8e ordre; mais elle peut se réduire au 7e, au 6e, au 5e et même au 4e, si son arête de rebroussement est une cubique gauche. Dans ce dernier cas seulement, la développable contient une famille de coniques; mais elles sont situées dans les plans tangents de la développable, qui sont tous isotropes. Donc il est impossible que toutes les lignes de courbure soient des coniques.

Voici les principes qui peuvent guider, si l'on recherche tous les cas dans lesquels les lignes de courbure sont algébriques et d'un degré déterminé.

Une surface réglée algébrique indécomposable étant donnée, si certaines de ses sections planes se décomposent, elles se composent uniquement d'un certain nombre de droites et d'une courbe algébrique indécomposable.

Si les lignes de courbure planes sont d'un degré déterminé n, il est nécessaire que la développable isotrope circonscrite à l'une de ces lignes se décompose en deux développables symétriques par rapport au plan de la courbe, c'est-à-dire que la ligne soit ce que Laguerre a appelé une *courbe de direction*.

Nous nous contenterons de signaler ici les deux hypothèses qui paraissent les plus simples. Il existe une développable isotrope du 5e ordre que l'on peut définir comme il suit. Elle est circonscrite à la courbe du 3e ordre définie par les équations

$$(22) \qquad x = u - \frac{u^3}{3}, \qquad y = u^2, \qquad z = 0$$

et elle est l'enveloppe du plan

$$2ux - y(1-u^2) + iz(1+u^2) = u^2 + \frac{u^4}{3}. \tag{23}$$

Tous les plans définis par l'équation

$$y - iz + u^2(y + iz) = u^2 + u^4, \tag{24}$$

où u est considéré comme un paramètre variable, la coupent suivant les deux génératrices qui correspondent aux valeurs u, $-u$ du paramètre et suivant une courbe du 3e ordre; de sorte que la développable admet une famille de sections du 3e ordre, qui pourront devenir les lignes de courbure d'une infinité de surfaces de la nature de celles que nous cherchons. Comme les plans de ces sections sont parallèles à une droite, on ne pourra obtenir que des surfaces pour lesquelles ces lignes de courbure du 3e degré seront distribuées dans les plans tangents d'un cylindre d'ailleurs quelconque. C'est à cette classe qu'appartient la surface minima d'Enneper, étudiée au n° 207.

Considérons encore la cubique gauche isotrope définie par les équations

$$x = u - \frac{u^3}{3}, \qquad y = u^2, \qquad z = i\left(u + \frac{u^3}{3}\right). \tag{25}$$

La développable isotrope dont elle est l'arête de rebroussement est l'enveloppe du plan défini par l'équation

$$(1-u^2)x + 2uy + i(1+u^2)z + \frac{2u^3}{3} = 0. \tag{26}$$

Elle admet pour sections planes des courbes du quatrième ordre à trois points de rebroussement qui pourront devenir les lignes de courbure planes d'une infinité de surfaces.

1002. La génération des surfaces à lignes de courbure planes, telle que nous l'avons donnée plus haut, permet encore de résoudre assez simplement une question que M. Caronnet s'est proposée dans un travail récent (¹). On connaît déjà une première série de

---

(¹) Th. Caronnet, *Sur les surfaces dont les lignes de courbure d'un système sont planes et égales* (*Comptes rendus*, t. CXVII, p. 842; 1893).

surfaces à lignes de courbure planes pour lesquelles toutes les lignes de courbure planes sont égales. Ce sont les surfaces moulures de Monge : elles correspondent au cas où la développable (D_1) qui intervient dans la génération indiquée plus haut se réduirait à un plan. Mais parmi les autres surfaces à lignes de courbure planes, parmi celles dont toutes les lignes de courbure planes *sont des sections différentes* d'une même développable isotrope, y en a-t-il pour lesquelles ces lignes de courbure soient toutes égales? La question revient évidemment à la suivante.

Existe-t-il des développables isotropes admettant une famille de sections planes toutes superposables?

Ou encore :

Existe-t-il des développables isotropes dont l'arête de rebroussement ne cesse pas de coïncider avec elle-même quand on lui imprime une série de déplacements dépendant d'un paramètre variable au moins?

Il est clair que, si l'arête de rebroussement ne se réduit pas à un point, elle doit être nécessairement une hélice isotrope tracée sur un cylindre circulaire droit.

Cette remarque explique et fait prévoir tous les résultats obtenus par M. Caronnet. Nous n'entrerons pas dans le détail, nous contentant de signaler ici le cas particulier le plus élégant. La développable admettant pour arête de rebroussement l'hélice isotrope tracée sur un cylindre circulaire droit est coupée par tout plan passant par l'axe de ce cylindre suivant une *tractrice* ou *courbe aux tangentes égales*.

Soit, en effet, M un point de l'hélice isotrope. La sphère (S) inscrite au cylindre suivant le parallèle qui passe en M coupe le plan sécant suivant un cercle (C) ayant même centre O que la sphère. D'autre part, elle contient la tangente en M à l'hélice isotrope, tangente venant couper le cercle (C) en un point M' qui décrira la section cherchée. Or, le plan osculateur de l'hélice, c'est-à-dire le plan tangent à la développable (Δ) dont elle est l'arête de rebroussement, est le plan OMM' qui coupe le plan sécant suivant la tangente OM' à la section. Cette tangente, étant un rayon du cercle (C), sera bien constante et égale au rayon de (S) ou au rayon de base du cylindre.

Un résultat analogue s'applique à toutes les sections planes qui, on le reconnaîtra aisément, sont des courbes définies par la propriété de couper les cercles bitangents à une conique, section du cylindre par leur plan, sous des angles dont le sinus sera, pour un cercle déterminé, $\frac{R}{r}$, R étant le rayon de base du cylindre et r le rayon de ce cercle.

1003. Laissant de côté toutes les applications particulières, qui mériteraient sans doute une étude détaillée, nous allons indiquer comment on peut traduire analytiquement la génération précédente des surfaces à lignes de courbure planes dans un système et présenter sous une forme entièrement réelle les équations qui définissent ces surfaces.

La génération indiquée emploie trois développables (Δ), (D) et (D_1). La développable (Δ) se déterminera par les équations si souvent employées dans la théorie des surfaces minima

$$(27)\quad \left\{\begin{array}{l} (1-u^2)X'+2uY'+i(1+u^2)Z'-2F(u)=0, \\ -uX'+\ Y'\ +\quad iuZ'\quad -\quad F'(u)=0, \end{array}\right.$$

entre lesquelles il faudra éliminer u. La première représente, pour une valeur déterminée de u, le plan tangent à la surface; et les deux, prises ensemble, la génératrice de contact de ce plan.

La développable (D) sera pleinement définie aussi si l'on donne les coordonnées x, y, z d'un point de son arête de rebroussement (R) exprimées en fonction de l'arc s de (R) et les neuf cosinus a, a', a'', b, b', b'', c, c', c'' qui déterminent respectivement la direction de la tangente, de la normale principale et de la binormale à cette courbe.

De même la développable (D_1) sera déterminée par les quantités x_1, y_1, z_1, a_1, a'_1, a''_1, b_1, b'_1, b''_1, c_1, c'_1, c''_1 analogues à celles que nous venons de définir pour (D) et qui seront des fonctions de la même variable s que les précédentes. En leurs points correspondants, les arêtes de rebroussement de (D) et de (D_1) ont, en effet, le même arc et aussi le même rayon de courbure.

Soit (P_1) un plan tangent de (D_1) touchant l'arête de rebroussement (R_1) de (D_1) au point M_1. Si x', y' désignent les coordonnées d'un point de ce plan rapportées à des axes formés par la tangente et la normale principale à (R_1) en M_1, on aura évidemment

$$(28)\quad \begin{cases} X' = x_1 + a_1 x' + b_1 y', \\ Y' = y_1 + a'_1 x' + b'_1 y', \\ Z' = z_1 + a''_1 x' + b''_1 y', \end{cases}$$

X', Y', Z' étant les coordonnées du point par rapport aux axes fixes. Par suite, pour avoir la section de la développable (Δ) par le plan (P_1), il faudra, dans les formules (27), remplacer X', Y', Z' par leurs valeurs précédentes et éliminer u entre les deux équations ainsi obtenues.

Supposons maintenant que la développable (D_1) se déforme et vienne coïncider avec (D). Le plan (P_1) viendra coïncider avec le plan correspondant (P) de (D). Les coordonnées x', y' de chaque point de la section demeureront invariables; mais, si l'on désigne par X, Y, Z les coordonnées nouvelles du point (x', y') relativement aux axes fixes auxquels on a rapporté (D), on aura

$$(29)\quad \begin{cases} X = x + a x' + b y', \\ Y = y + a' x' + b' y', \\ Z = z + a'' x' + b'' y', \end{cases}$$

de sorte que, pour obtenir la surface cherchée, il faudra éliminer u, X', Y', Z', x', y', s entre les huit équations (27), (28), (29).

Remarquons que l'on a

$$(30)\quad \begin{cases} x' = a(X - x) + a'(Y - y) + a''(Z - z) = \mathbf{S}\, a(X - x), \\ y' = b(X - x) + b'(Y - y) + b''(Z - z) = \mathbf{S}\, b(X - x), \\ 0 = c(X - x) + c'(Y - y) + c''(Z - z) = \mathbf{S}\, c(X - x); \end{cases}$$

tout se ramènera donc à éliminer s et u entre les deux équations

$$(31)\quad \begin{cases} 0 = \mathbf{S}\, c(X - x), \\ (1 - u^2)\left[x_1 + a_1 \mathbf{S}\, a(X - x) + b_1 \mathbf{S}\, b(X - x)\right] \\ \quad + 2u\left[y_1 + a'_1 \mathbf{S}\, a(X - x) + b'_1 \mathbf{S}\, b(X + x)\right] \\ \quad + i(1 + u^2)\left[z_1 + a''_1 \mathbf{S}\, a(X - x) + b''_1 \mathbf{S}\, b(X - x)\right] - 2F(u) = 0, \end{cases}$$

et la dérivée de la seconde par rapport à u. Les variables u et s, nous l'avons vu (n° 998), seront les paramètres des deux familles de lignes de courbure.

1004. Il n'y aura aucune difficulté à calculer explicitement les fonctions de s qui entrent dans les formules. En effet, les arêtes de rebroussement (R) et (R_1) ont, aux points correspondants, la même courbure, mais non la même torsion. Si l'on se donnait la courbure et la torsion en fonction de l'arc, il faudrait, pour déterminer la courbe, intégrer une équation de Riccati. Mais, la torsion étant arbitraire, il est clair qu'on pourra toujours la déterminer par la condition que cette équation de Riccati ait une solution donnée à l'avance, ce qui permettra de ramener à des quadratures la détermination de toutes les fonctions de s qui figurent dans la solution. Nous avons vu : 1° qu'on peut mettre la solution sous une forme entièrement réelle; 2° qu'on peut faire disparaître toutes les quadratures par un choix convenable des fonctions arbitraires. On peut établir tous ces résultats par la Géométrie.

Remarquons d'abord que l'arête de rebroussement (R_1) a, en chacun de ses points, pour torsion une fonction de s qui est une imaginaire pure $i f(s)$. Les formules fondamentales

$$\frac{da_1}{ds} = \frac{b_1}{\rho}, \qquad \frac{dc_1}{ds} = \frac{b_1}{\tau}, \qquad \frac{dx_1}{ds} = a_1$$

nous montrent alors qu'on pourra la rapporter à des axes tels que z_1, a''_1, b''_1, c_1, c'_1 *soient des imaginaires pures, les autres quantités* x_1, y_1, a_1, b_1, a'_1, b'_1, c''_1 *étant réelles*. Si donc on prend, dans les formules (27) pour $F(u)$ une fonction réelle de u, il est clair que les deux équations finales (31) présenteront la solution sous une forme entièrement réelle; x, y, z, a, b, ... devant évidemment être supposées réelles puisqu'elles se rapportent à la développable réelle (D).

1005. Indiquons maintenant comment on pourra faire disparaître les quadratures qui entrent dans la solution. Parmi les différents moyens que l'on peut employer, voici celui qui nous a paru le plus simple.

Les fonctions de s qui figurent dans la solution servent en définitive à définir le roulement de (D_1) sur (D). Si donc, au lieu de (Δ), nous prenons un point-sphère O invariablement lié à (D_1), ce point-sphère coupera le plan de contact suivant un cercle qui engendrera une surface à lignes de courbure circulaires dont les lignes de seconde courbure correspondront aux génératrices rectilignes du point-sphère et seront, par suite, pleinement connues. Inversement, si nous connaissons une surface à lignes de courbure circulaires dont on puisse obtenir toutes les lignes de courbure sans aucune quadrature, la construction géométrique donnée au n° 970 s'appliquera ici et permettra de construire autant de cercles qu'on le voudra engendrant des surfaces à lignes de courbure circulaires. Si l'on prend, conformément à la méthode indiquée, tous ceux de ces cercles qui, dans un plan déterminé, enveloppent une courbe (K), ils envelopperont, dans les autres plans, des courbes dont l'ensemble constituera la surface cherchée. Ainsi tout est ramené à trouver une surface à lignes de courbure circulaires, la plus générale possible, dont toutes les lignes de courbure se déterminent sans aucune intégration.

1006. Un premier moyen de résoudre cette intéressante question consiste à employer la transformation de M. Lie qui fait correspondre à des surfaces enveloppes de sphères les surfaces réglées engendrées par les droites qui correspondent à ces sphères, et aux lignes de courbure des premières surfaces les lignes asymptotiques des secondes. Dans un élégant article publié en 1888, M. Kœnigs (¹) a montré comment on peut écrire sans aucun signe de quadrature les équations qui définissent une surface réglée de manière à mettre en évidence les lignes asymptotiques.

D'autre part, dans le travail cité plus haut, M. Rouquet a indiqué le procédé géométrique suivant.

Étant donnée une surface à lignes de courbure sphériques, il existe toujours, nous le verrons, une surface de même nature admettant la même représentation sphérique et pour laquelle les

(¹) G. Kœnigs, *Détermination sous forme explicite de toute surface réglée rapportée à ses lignes asymptotiques et, en particulier, de toutes les surfaces réglées à lignes asymptotiques algébriques* (*Comptes rendus*, t. CVI, p. 51-54).

sphères qui contiennent les lignes de courbure passent par un point fixe ou coupent à angle droit une sphère fixe. Admettons ce résultat qui s'applique aux surfaces à lignes de courbure circulaires lorsqu'on choisit les sphères qui leur sont inscrites parmi celles qui contiennent la ligne de courbure circulaire. Nous voyons qu'à toute surface (Σ) à lignes de courbure circulaires, on pourra faire correspondre une surface (Σ') de même représentation sphérique, enveloppe de sphères variables (U) orthogonales à une sphère fixe (S). On aura *deux* lignes de courbure non circulaires de (Σ'), celles qui sont décrites par les deux points où chaque ligne de courbure circulaire coupe la sphère (S). Nous allons voir d'abord qu'on peut construire la surface de manière à en obtenir une troisième *sans intégration*.

Prenons, en effet, une développable (D') dont on sache déterminer les lignes de courbure et soit (L) une de ses lignes de courbure. Construisons les sphères (U) tangentes à (D') aux différents points de (L) et orthogonales à (S). Elles envelopperont une surface (Σ') admettant (L) pour ligne de courbure et satisfaisant, par suite, à la condition demandée.

Or, il résulte d'un théorème de M. Émile Picard ([1]) que le rapport anharmonique des points où quatre lignes de courbure non circulaires rencontrent une même ligne de courbure circulaire est constant. Cette proposition fournira évidemment toutes les lignes de courbure sans aucune intégration dès que trois d'entre elles seront connues, comme il arrive pour la surface (Σ').

A la vérité, nous avons admis que l'on sait construire sans aucune quadrature une développable (D') dont on peut déterminer une ligne de courbure. Voici comment on pourra opérer.

Traçons arbitrairement une courbe (C) sur une sphère, puis, dans l'espace, une courbe (C') dont les tangentes soient parallèles à celles de (C); ce qui se fera sans aucune intégration, (C') étant l'arête de rebroussement d'une développable dont les plans tangents sont assujettis à l'unique condition d'être parallèles aux plans osculateurs de (C). Menons ensuite par chaque tangente

---

([1]) E. Picard, *Application de la théorie des complexes linéaires à l'étude des surfaces et des courbes gauches* (*Annales scientifiques de l'École Normale supérieure*, 2e série, t. VI, p. 362; 1877).

de (C′) un plan parallèle au plan tangent à la sphère au point correspondant de (C). Les plans ainsi obtenus enveloppent une développable qui admet évidemment (C′) comme ligne de courbure.

1007. Nous avons ainsi construit l'enveloppe de sphères (Σ′), dont les lignes de courbure sont déterminées sans aucune intégration. Pour obtenir l'enveloppe (Σ) nous invoquerons le théorème suivant, compris comme cas particulier dans une proposition que nous donnerons plus loin.

Lorsque deux surfaces enveloppes de sphères (Σ), (Σ′) *ont même représentation sphérique, les sphères inscrites aux deux surfaces suivant deux lignes de courbure correspondantes, ces deux lignes de courbure et les cônes droits circonscrits suivant elles aux deux surfaces forment, à chaque instant, deux figures homothétiques. Les courbes décrites par les sommets des deux cônes ont leurs tangentes constamment parallèles, et le centre de l'homothétie précédente est le point où la droite joignant les sommets des deux cônes correspondants touche la courbe qu'elle enveloppe nécessairement.*

On voit donc que, pour obtenir l'enveloppe cherchée (Σ), il suffira de construire une courbe dont les tangentes soient assujetties à l'unique condition d'être parallèles à celles de la courbe décrite par les sommets des cônes droits circonscrits à (Σ′), puis d'appliquer le théorème précédent, qui permettra de déduire de chacun des cercles de (Σ′) le cercle correspondant de (Σ).

CHAPITRE X.

SURFACES ISOTHERMIQUES A LIGNES DE COURBURE PLANES.

Rappel des différentes classes de surfaces à lignes de courbure planes déterminées ou étudiées dans le cours de cet Ouvrage. — Indication de cas particuliers dans lesquels ces surfaces sont isothermiques. — Recherche systématique des surfaces qui satisfont à cette double condition d'avoir leurs lignes de courbure planes, au moins dans un système, et d'être isothermiques. — Mise en équation du problème. — Intégration des équations linéaires auxquelles satisfont les rotations. — Tout se ramène à la détermination d'une fonction h satisfaisant à deux équations aux dérivées partielles. — Application de la théorie des fonctions doublement périodiques de seconde espèce et des méthodes de M. Hermite à cette intégration. — La solution dépend des fonctions elliptiques et comporte une fonction arbitraire. — Explication de ce dernier résultat et construction géométrique de la surface. — Cas particulier où le module de la fonction elliptique devient nul.

1008. Dans différentes parties de cet Ouvrage, nous avons déterminé différentes classes de surfaces à lignes de courbure planes : celles pour lesquelles les plans des lignes de courbure passent par une droite fixe (n° **94**); celles pour lesquelles *toutes* les lignes de courbure sont planes (n° **105**); celles pour lesquelles la courbure totale est constante (nos **820, 821**). Pour compléter ces études particulières, nous allons déterminer une classe nouvelle de surfaces à lignes de courbure planes, que l'on est conduit à rechercher par les remarques suivantes.

D'après une remarque faite par M. O. Bonnet (n° **771**), on peut déduire, de chaque surface dont la courbure *totale* est constante, deux surfaces dont la courbure *moyenne* est constante et qui sont parallèles à la première. On voit donc qu'aux surfaces à courbure totale constante découvertes par M. Enneper (nos **814** à **821**) correspondent des surfaces à courbure moyenne constante qui auront, elles aussi, leurs lignes de courbure planes dans un système et sphériques dans l'autre. Ces dernières surfaces ont été l'objet d'une étude de M. Max Voretzsch (¹).

Or, d'après un résultat que l'on doit encore à M. O. Bonnet (nos 433, 775), les surfaces dont la courbure moyenne est constante peuvent être divisées en carrés infiniment petits par leurs lignes de courbure; ou, ce qui est la même chose, les lignes de courbure de chaque système constituent une famille de courbes isothermes.

Il résulte donc de la recherche faite par M. Enneper qu'il existe des surfaces satisfaisant à cette double condition que leurs lignes de courbure soient planes dans un système et, en outre, que la surface puisse être divisée en carrés infiniment petits par ses lignes de courbure. On est ainsi conduit à chercher toutes les surfaces, autres que les surfaces de révolution, jouissant de cette double propriété. La solution de ce problème fait l'objet du présent Chapitre.

Le résultat que l'on obtient est remarquable; bien que les surfaces cherchées doivent satisfaire à la fois à deux équations aux dérivées partielles, on trouve qu'elles contiennent dans leur équation deux constantes et une fonction arbitraire. On a donc, d'une part, une famille de surfaces à lignes de courbure planes dans un système, jouissant d'une propriété géométrique à laquelle les géomètres attachent quelque intérêt; et, à un autre point de vue, on ajoute aux surfaces en très petit nombre dont les lignes de courbure forment un système isotherme toute une famille de surfaces qui, par cette propriété, viennent se placer à côté des surfaces de révolution et des surfaces minima.

Malgré le degré de généralité de la solution, on peut obtenir une construction géométrique simple de toutes les surfaces qui correspondent à des formes différentes de la fonction arbitraire. D'ailleurs les calculs que l'on doit développer pour obtenir les expressions des coordonnées d'un point de la surface cherchée en fonction de deux variables indépendantes offrent une intéressante

---

(¹) MAX VORETZSCH, *Untersuchung einer speciellen Fläche constanter mittlerer Krümmung bei welcher die eine der beiden Schaaren der Krümmungslinien von ebenen Curven gebildet ist.* Göttingen, 1883.

application de la belle théorie des fonctions doublement périodiques de seconde espèce qui est due à M. Hermite. A tous ces points de vue, il y a quelque utilité à faire connaître dans ses points essentiels la méthode suivie.

1009. Je rappellerai d'abord les formules de la théorie des surfaces dont nous aurons à faire usage.

Soit

$$ds^2 = A^2\,du^2 + C^2\,dv^2 \tag{1}$$

l'expression de l'*élément linéaire* de la surface. Les six quantités p, q, r, p_1, q_1, r_1 doivent satisfaire aux relations

$$\left\{\begin{aligned} \frac{\partial p}{\partial v} - \frac{\partial p_1}{\partial u} &= q r_1 - r q_1,\\ \frac{\partial q}{\partial v} - \frac{\partial q_1}{\partial u} &= r p_1 - p r_1,\\ \frac{\partial r}{\partial v} - \frac{\partial r_1}{\partial u} &= p q_1 - q p_1; \end{aligned}\right. \tag{2}$$

$$A q_1 + C p = 0, \qquad r = -\frac{1}{C}\frac{\partial A}{\partial v}, \qquad r_1 = \frac{1}{A}\frac{\partial C}{\partial u}. \tag{3}$$

Désignons par a, a', a'' les cosinus directeurs de la tangente à la courbe $v =$ const. ou, ce qui est la même chose, de la tangente à l'arc $A\,du$; par b, b', b'' les cosinus directeurs de la tangente à la courbe $u =$ const. ou à l'arc $C\,dv$, et enfin par c, c', c'' les cosinus directeurs de la normale à la surface. On devra avoir, comme on sait,

$$\left\{\begin{aligned} \frac{\partial a}{\partial u} &= br - cq, & \frac{\partial a}{\partial v} &= br_1 - cq_1,\\ \frac{\partial b}{\partial u} &= cp - ar, & \frac{\partial b}{\partial v} &= cp_1 - ar_1,\\ \frac{\partial c}{\partial u} &= aq - bp, & \frac{\partial c}{\partial v} &= aq_1 - bp_1, \end{aligned}\right. \tag{5}$$

et les équations analogues pour a', b', c'; a'', b'', c''. Les équations (5) feront connaître les neuf cosinus; puis on obtiendra les coordonnées rectangulaires X, Y, Z d'un point de la surface exprimées en u, v par les quadratures

$$(6)\qquad \begin{cases} dX = Aa\,du + Cb\,dv, \\ dY = Aa'\,du + Cb'\,dv, \\ dZ = Aa''\,du + Cb''\,dv. \end{cases}$$

Remarquons enfin que, si l'on emploie la représentation sphérique de Gauss, c'est-à-dire si, par le centre d'une sphère de rayon 1, on mène une parallèle à la normale, prolongée jusqu'à son intersection avec la sphère, le point de la sphère correspondant au point (X, Y, Z) de la surface aura pour coordonnées c, c', c''. L'élément linéaire de la sphère sera donc déterminé par la formule

$$(7)\qquad ds'^2 = \Sigma\, dc^2 = (p\,du + p_1\,dv)^2 + (q\,du + q_1\,dv)^2.$$

1010. Après avoir rappelé les formules précédentes, nous allons les appliquer au problème proposé ; nous supposerons les surfaces cherchées rapportées à leurs lignes de courbure. Cela s'exprimera, comme on sait [II, p. 386], par les deux équations

$$(8)\qquad p = 0, \qquad q_1 = 0.$$

De plus, comme les lignes de courbure doivent être isothermes, on pourra poser

$$(9)\qquad A = C = e^h,$$

h désignant une nouvelle variable, substituée à la valeur commune de A et de C.

La formule (7) se réduit, dans le cas qui nous occupe, à la suivante :

$$ds'^2 = p_1^2\,dv^2 + q^2\,du^2.$$

Pour exprimer que les lignes de courbure de l'un des systèmes, par exemple les lignes $v =$ const., sont planes, il suffira d'exprimer que les lignes qui leur correspondent sur la sphère sont des cercles, c'est-à-dire que leur courbure géodésique est constante : cela conduit à l'équation

$$(10)\qquad qp_1 = -V\frac{\partial q}{\partial v},$$

où V désigne une fonction de v.

Les équations (8), (9), (10) sont l'expression complète des conditions géométriques auxquelles doit satisfaire la surface cherchée. Si on les joint aux équations (2) et (3), on en déduira les valeurs suivantes des six quantités p, q, ... :

$$(11)\quad \begin{cases} p = 0, & p_1 = -V' - V\dfrac{\dfrac{\partial^2 h}{\partial v^2}}{\dfrac{\partial h}{\partial v}}; \\ q = V\dfrac{\partial h}{\partial v}, & q_1 = 0, \\ r = -\dfrac{\partial h}{\partial v}, & r_1 = \dfrac{\partial h}{\partial u}, \end{cases}$$

V' désignant la dérivée de V; en outre, la fonction h devra satisfaire aux deux équations aux dérivées partielles

$$(12)\quad \frac{\partial}{\partial v}\left(\frac{\dfrac{\partial^2 h}{\partial u\,\partial v}}{\dfrac{\partial h}{\partial v}}\right) = \frac{\partial h}{\partial u}\frac{\partial h}{\partial v},$$

$$(13)\quad (1 + V^2)\frac{\partial^2 h}{\partial v^2} + VV'\frac{\partial h}{\partial v} + \frac{\partial^2 h}{\partial u^2} = 0.$$

L'intégration simultanée de ces équations est donc la première recherche que nous ayons à entreprendre.

L'équation (12) est du troisième ordre, mais il est aisé de l'intégrer complètement. En effet, si nous multiplions ses deux termes par $\dfrac{\dfrac{\partial^2 h}{\partial u\,\partial v}}{\dfrac{\partial h}{\partial v}}$, ils deviennent l'un et l'autre des dérivées exactes par rapport à v. Une première intégration donne ainsi

$$\left(\frac{\dfrac{\partial^2 h}{\partial u\,\partial v}}{\dfrac{\partial h}{\partial v}}\right)^2 = \left(\frac{\partial h}{\partial u}\right)^2 + \varphi(u).$$

On peut écrire cette équation comme il suit :

$$\frac{\dfrac{\partial^2 h}{\partial u\,\partial v}}{\sqrt{\left(\dfrac{\partial h}{\partial u}\right)^2 + \varphi(u)}} = \frac{\partial h}{\partial v},$$

et une nouvelle intégration par rapport à v nous donne

$$(14) \qquad \mathrm{L}\left[\frac{\partial h}{\partial u}+\sqrt{\left(\frac{\partial h}{\partial u}\right)^2+\varphi(u)}\right]=h+f(u).$$

Il est vrai que nous avons négligé la solution particulière fournie par l'équation

$$\left(\frac{\partial h}{\partial u}\right)^2+\varphi(u)=0;$$

mais il est aisé de voir, en la combinant avec l'équation (12), qu'elle ne donne aucune autre solution du problème proposé que les surfaces de révolution. Cette solution était évidente *a priori*, et nous pouvons la négliger.

L'équation (14) peut être mise sous la forme

$$(15) \qquad \frac{\partial h}{\partial u}=\mathrm{U}e^{h}+\mathrm{U}_1e^{-h},$$

où U et U_1 sont des fonctions quelconques de u. Il serait facile, en leur donnant des formes convenables, d'achever l'intégration; mais il nous a paru préférable de conserver l'équation (15).

Si, dans l'équation (13), on substitue à la variable v la variable v_1 définie par l'équation

$$(16) \qquad dv_1=\frac{dv}{\sqrt{1+\mathrm{V}^2}},$$

elle prend la forme très simple

$$(17) \qquad \frac{\partial^2 h}{\partial u^2}+\frac{\partial^2 h}{\partial v_1^2}=0.$$

Tout se réduit donc à l'intégration simultanée des équations (15) et (17).

En différentiant l'équation (15), on obtiendra la valeur de $\frac{\partial^2 h}{\partial u^2}$, que l'on pourra exprimer en fonction de h et de u. Portant cette valeur dans l'équation (17), on obtiendra

$$\frac{\partial^2 h}{\partial v_1^2}+\mathrm{U}'e^{h}+\mathrm{U}_1'e^{-h}+\mathrm{U}^2e^{2h}-\mathrm{U}_1^2e^{-2h}=0.$$

Multiplions par $2\frac{\partial h}{\partial v_1}$ et intégrons par rapport à v_1, nous aurons

$$(18)\qquad \left(\frac{\partial h}{\partial v_1}\right)^2 + 2U'e^h - 2U_1'e^{-h} + U^2e^{2h} + U_1^2e^{-2h} + U_2 = 0,$$

U_2 désignant une nouvelle fonction de u.

Les équations (15) et (18) peuvent être écrites sous la forme suivante :

$$\frac{\partial h}{\partial u} = \varphi(h, u),$$

$$\left(\frac{\partial h}{\partial v_1}\right)^2 + f(h, u) = 0,$$

où l'on a posé, pour abréger,

$$(19)\qquad \begin{cases} \varphi(h, u) = Ue^h + U_1e^{-h}, \\ f(h, u) = 2U'e^h - 2U_1'e^{-h} + U^2e^{2h} + U_1^2e^{-2h} + U_2. \end{cases}$$

Nous pouvons en déduire par la différentiation deux valeurs différentes pour $\frac{\partial^2 h}{\partial u\, \partial v_1}$; et, en exprimant que ces valeurs sont égales, nous trouverons l'équation de condition

$$(20)\qquad 2f\frac{\partial \varphi}{\partial h} - \varphi\frac{\partial f}{\partial h} - \frac{\partial f}{\partial u} = 0.$$

Je dis que cette équation doit avoir lieu identiquement. En effet, s'il n'en était pas ainsi, elle déterminerait h, qui serait fonction de la seule variable u; et la surface cherchée serait une surface de révolution. Nous avons déjà écarté cette solution, qui est évidente *a priori*.

En écrivant que l'équation (20) a lieu identiquement, c'est-à-dire que les coefficients des différentes puissances de e^h sont nuls, nous obtenons les trois équations

$$\frac{U''}{U} = \frac{U_1''}{U_1} = U_2 - 2UU_1,$$

$$6UU_1' + 6U'U_1 + U_2' = 0.$$

La dernière s'intègre immédiatement et l'on est ramené au système

$$(21)\qquad \begin{cases} \frac{U''}{U} = \frac{U_1''}{U_1} = U_2 - 2UU_1, \\ 6UU_1 + U_2 = C_1, \end{cases}$$

où C_1 désigne une constante arbitraire. Il faudra donc d'abord déterminer les fonctions U, puis intégrer le système des équations (15) et (18) ou, ce qui est plus simple, comme nous le verrons, le système *équivalent* des équations (15) et (17).

1011. Je commence par l'intégration du système (21). On déduit de la première équation

$$U_1 U' - U U_1' = C,$$

C désignant une constante.

Si l'on prend comme inconnue auxiliaire

$$U U_1 = \theta,$$

on trouve

$$U_2 = C_1 - 6\theta,$$

$$U = \sqrt{\theta}\, e^{\int \frac{C\,du}{2\theta}}, \qquad U_1 = \sqrt{\theta}\, e^{-\int \frac{C\,du}{2\theta}},$$

$$\frac{U''}{U} = \frac{U_1''}{U_1} = C_1 - 8\theta;$$

et θ doit satisfaire à l'équation différentielle

$$(22) \qquad 2\theta\theta'' - \theta'^2 + C^2 = 4\theta^2(C_1 - 8\theta).$$

Différentions cette équation, nous obtiendrons

$$\theta''' = 4\theta'(C_1 - 12\theta),$$

d'où nous déduirons par l'intégration

$$\theta'' = 4C_1\theta - 24\theta^2 + C_2.$$

On déduit immédiatement de cette dernière équation que l'inconnue auxiliaire θ dépend des fonctions elliptiques et qu'elle doit être de la forme

$$A + B\,\mathrm{sn}^2\frac{u - u_0}{\alpha},$$

A, B, u_0, α et le module k de la fonction elliptique étant des constantes convenablement choisies. Mais, comme on peut, sans altérer l'élément linéaire de la surface cherchée, défini par la formule

$$ds^2 = e^{2h}(du^2 + dv^2),$$

remplacer $u - u_0$ par αu, à la condition de remplacer v par αv et h par $h - 2\operatorname{Log}\alpha$, il est clair que l'on pourra, sans restreindre la généralité, prendre pour θ la valeur suivante

$$A + B\,\mathrm{sn}^2 u,$$

que l'on peut aussi écrire, en introduisant une constante ω,

$$B(\mathrm{sn}^2 u - \mathrm{sn}^2 \omega).$$

En exprimant que cette valeur satisfait à l'équation (22), nous obtenons les trois relations

$$(23)\qquad \left\{\begin{aligned} C &= \frac{1}{2}k^2\,\mathrm{sn}\,\omega\,\mathrm{cn}\,\omega\,\mathrm{dn}\,\omega,\\ C_1 &= 3k^2\,\mathrm{sn}^2\omega - 1 - k^2,\\ \theta &= \frac{k^2}{4}(\mathrm{sn}^2\omega - \mathrm{sn}^2 u). \end{aligned}\right.$$

Les deux premières feront connaître k, ω en fonction de C, C_1; la dernière donnera θ.

Quant aux deux fonctions U, U_1, elles doivent satisfaire l'une et l'autre à l'équation

$$\frac{y''}{y} = C_1 - 8\theta$$

ou

$$\frac{y''}{y} = 2k^2\,\mathrm{sn}^2 u - 1 - k^2 + k^2\,\mathrm{sn}^2\omega,$$

et, en outre, leur produit doit être égal à θ. On reconnaît le cas le plus simple de l'équation de Lamé, si complètement étudiée par M. Hermite; et les solutions U, U_1 sont précisément celles dont le produit est une fonction entière de $\mathrm{sn}^2 u$.

Il résulte des recherches de M. Hermite (*Comptes rendus*, t. LXXXV) que l'on aura

$$\begin{aligned} 2iU &= \rho\,\frac{H(u+\omega)\,H'(0)}{\Theta(\omega)\,\Theta(u)}\,e^{-u\frac{\Theta'(\omega)}{\Theta(\omega)}},\\ 2iU_1 &= \frac{1}{\rho}\,\frac{H(u-\omega)\,H'(0)}{\Theta(\omega)\,\Theta(u)}\,e^{u\frac{\Theta'(\omega)}{\Theta(\omega)}}, \end{aligned}$$

ρ étant une constante à laquelle on pourra donner une valeur quelconque; car sa variation donne une série de surfaces semblables à l'une quelconque d'entre elles. Nous prendrons $\rho = -i$, et les valeurs définitives de U, U_1 seront

$$(24)\qquad \begin{cases} U = -\dfrac{H'(0)\,H(u+\omega)}{2\Theta(\omega)\,\Theta(u)}\,e^{-u\frac{\Theta'(\omega)}{\Theta(\omega)}}, \\[2ex] U_1 = \dfrac{H'(0)\,H(u-\omega)}{2\Theta(\omega)\,\Theta(u)}\,e^{u\frac{\Theta'(\omega)}{\Theta(\omega)}}. \end{cases}$$

1012. Nous avons maintenant à intégrer le système formé par les deux équations

$$\frac{\partial h}{\partial u} = U e^h + U_1 e^{-h},$$

$$\frac{\partial^2 h}{\partial u^2} + \frac{\partial^2 h}{\partial v_1^2} = 0,$$

où U, U_1 désignent les fonctions définies par les formules (24).

La première de ces équations appartient à un type que l'on sait intégrer dès que l'on en connaît une solution particulière. Il suffit, en effet, de prendre comme inconnue soit e^h, soit e^{-h}; et l'on est ramené à une équation de Riccati; par conséquent, les valeurs de e^h correspondantes à quatre solutions particulières auront entre elles un rapport anharmonique constant, et l'intégrale générale sera donnée par une formule

$$e^h = \frac{P + QC}{R + SC},$$

où C désignera la constante arbitraire par rapport à u, fonction de v_1, et où P, Q, R, S seront des fonctions déterminées de u. Toute la difficulté se réduit donc à la recherche de solutions particulières de cette équation.

Or reportons-nous à l'équation (20) qui a lieu identiquement. Elle exprime évidemment que les fonctions h de u, définies par l'équation

$$f(h, u) = 2U'e^h - 2U_1' e^{-h} + U^2 e^{2h} + U_1^2 e^{-2h} + U_2 = 0,$$

sont précisément des solutions particulières de l'équation à intégrer. Il suffira donc de résoudre l'équation

$$(25)\qquad U^2 e^{2h} + 2U'e^h + U_2 - 2U_1' e^{-h} + U_1^2 e^{-2h} = 0,$$

qui est du quatrième degré par rapport à e^h, et l'on aura quatre solutions particulières qui permettront d'écrire l'intégrale générale cherchée.

Les invariants i et j de cette équation ont pour valeurs

$$i = \frac{1}{12}(1 - k^2 + k^4),$$

$$j = \frac{1}{432}(1 + k^2)(2k^2 - 1)(k^2 - 2).$$

La résolvante du troisième degré

$$4\rho^3 - i\rho + j = 0$$

a ses racines rationnelles

$$\frac{1+k^2}{12}, \quad \frac{1-2k^2}{12}, \quad \frac{k^2-2}{12};$$

et, par des calculs qu'il me paraît inutile de reproduire, on obtient les expressions suivantes des quatre racines cherchées :

$$(26) \qquad e^h = \frac{\Theta\left(\frac{u+\gamma-\omega}{2}\right)\Theta\left(\frac{u-\gamma-\omega}{2}\right)}{\mathrm{H}\left(\frac{u+\gamma+\omega}{2}\right)\mathrm{H}\left(\frac{u-\gamma+\omega}{2}\right)} e^{u\frac{\Theta'(\omega)}{\Theta(\omega)}},$$

où l'on donne à γ successivement les quatre valeurs

$$0, \quad 2\mathrm{K}, \quad 2i\mathrm{K}', \quad 2\mathrm{K} + 2i\mathrm{K}'.$$

D'ailleurs, comme on peut donner à l'expression de e^h la forme

$$(27) \qquad e^h = \frac{\Theta^2\left(\frac{u-\omega}{2}\right)}{\Theta^2\left(\frac{u+\omega}{2}\right)} \frac{1 - k^2 \operatorname{sn}^2\frac{\gamma}{2}\operatorname{sn}^2\frac{u-\omega}{2}}{k\operatorname{sn}^2\frac{u+\omega}{2} - k\operatorname{sn}^2\frac{\gamma}{2}} e^{u\frac{\Theta'(\omega)}{\Theta(\omega)}},$$

qui est linéaire par rapport à la constante $k\operatorname{sn}^2\frac{\gamma}{2}$, on voit que l'intégrale générale cherchée sera donnée par l'une quelconque des formes équivalentes (26) ou (27), où γ sera la constante arbitraire.

Mais γ, qui ne dépend pas de u, est ici une fonction de v_1 : il reste à la déterminer par la condition que h satisfasse à l'équation

$$\frac{\partial^2 h}{\partial u^2} + \frac{\partial^2 h}{\partial v_1^2} = 0.$$

Exprimons que cette équation est vérifiée pour toutes les valeurs de u; nous aurons les équations

$$\gamma'^2 + 1 = 0, \qquad \gamma'' = 0,$$

qui donnent

$$\gamma = \pm i v_1,$$

en négligeant une constante additive, que l'on peut toujours supposer réunie à v_1.

En résumé, on trouve, pour la valeur définitive de h, la formule

$$(28) \qquad e^h = \frac{\Theta\left(\frac{u + iv_1 - \omega}{2}\right)\Theta\left(\frac{u - iv_1 - \omega}{2}\right)}{\mathrm{H}\left(\frac{u + iv_1 + \omega}{2}\right)\mathrm{H}\left(\frac{u - iv_1 + \omega}{2}\right)} e^{u\frac{\Theta'(\omega)}{\Theta(\omega)}};$$

et l'on connaît complètement l'élément linéaire de la surface cherchée, aussi bien que les six rotations p, q, r, p_1, q_1, r_1.

En éliminant v_1 entre l'équation (28) et sa dérivée, on vérifiera qu'on retrouve bien l'équation (15) qu'il s'agissait d'intégrer.

1013. Il reste maintenant à indiquer comment on trouvera les neuf cosinus a, a', a'', ... et les coordonnées rectangulaires d'un point de la surface. Mais auparavant je définirai une nouvelle fonction qui jouera un rôle essentiel dans cette recherche.

Considérons la fonction

$$\frac{\Theta\left(\frac{u + iv_1 - \omega}{2}\right)}{\mathrm{H}\left(\frac{u + iv_1 + \omega}{2}\right)} e^{\frac{u + iv_1}{2}\frac{\Theta'(\omega)}{\Theta(\omega)}}$$

de l'argument complexe $u + iv_1$: il résulte de la formule (28) que $e^{\frac{h}{2}}$ est le module de cette fonction. On pourra donc poser

$$(29) \qquad e^{\frac{h + i\tau}{2}} = \frac{\Theta\left(\frac{u + iv_1 - \omega}{2}\right)}{\mathrm{H}\left(\frac{u + iv_1 + \omega}{2}\right)} e^{\frac{u + iv_1}{2}\frac{\Theta'(\omega)}{\Theta(\omega)}},$$

et l'on obtiendra pour σ l'expression

$$(30)\qquad e^{i\sigma} = \frac{\Theta\left(\frac{u+iv_1-\omega}{2}\right)\mathrm{H}\left(\frac{u-iv_1+\omega}{2}\right)}{\mathrm{H}\left(\frac{u+iv_1+\omega}{2}\right)\Theta\left(\frac{u-iv_1-\omega}{2}\right)} e^{iv_1 \frac{\Theta'(\omega)}{\Theta(\omega)}}.$$

D'ailleurs, comme $h + i\sigma$ est une fonction de la variable complexe $u + iv_1$, on aura les équations bien connues

$$(31)\qquad \frac{\partial h}{\partial v_1} = -\frac{\partial \sigma}{\partial u}, \qquad \frac{\partial h}{\partial u} = \frac{\partial \sigma}{\partial v_1},$$

qui nous seront utiles.

La fonction $i\sigma$ ne diffère de h que par les notations. Elle satisfait, par conséquent, à une équation différentielle en v_1, tout à fait semblable à l'équation (15),

$$(32)\qquad \frac{\partial \sigma}{\partial v_1} = \mathrm{M}e^{i\sigma} + \mathrm{N}e^{-i\sigma},$$

M et N ayant les valeurs suivantes

$$(33)\qquad \left\{\begin{aligned} \mathrm{M} &= \frac{\mathrm{H}'(0)\Theta(\omega+iv_1)}{2\Theta(\omega)\mathrm{H}(iv_1)} e^{-iv_1\frac{\Theta'(\omega)}{\Theta(\omega)}}, \\ \mathrm{N} &= -\frac{\mathrm{H}'(0)\Theta(\omega-iv_1)}{2\Theta(\omega)\mathrm{H}(iv_1)} e^{iv_1\frac{\Theta'(\omega)}{\Theta(\omega)}}. \end{aligned}\right.$$

Nous verrons plus loin comment la Géométrie fait prévoir l'existence de cette équation. La valeur de σ, contenant d'ailleurs l'arbitraire u qui ne figure pas dans l'équation (32), donne, par conséquent, l'intégrale générale de cette équation différentielle.

1014. Quand on connaît l'élément linéaire d'une surface et les six quantités qui figurent dans les formules de Codazzi, il reste à déterminer les neuf cosinus et les coordonnées rectangulaires X, Y, Z. On est conduit à une seule surface; mais la détermination de cette surface dépend, en général, de l'intégration d'une équation de Riccati. On a de nombreux exemples dans lesquels on se trouve arrêté, où l'intégration à effectuer paraît réellement impossible.

Dans le cas actuel, on peut terminer les calculs, obtenir les neuf cosinus et les coordonnées rectangulaires de la manière suivante :

Considérons un point de la surface et la tangente à la ligne de courbure plane $v = \text{const.}$ qui passe en ce point. Les cosinus directeurs de cette tangente sont, d'après les notations du n° 1009, a, a', a''.

Si, par le centre d'une sphère de rayon 1, nous menons une parallèle à cette tangente, elle coupera la sphère en un point dont les coordonnées seront a, a', a''; nous aurons ainsi un mode de représentation sphérique de la surface distinct de celui de Gauss et qui va nous être très utile.

L'élément linéaire de la sphère sera donné par la formule

$$dS^2 = da^2 + da'^2 + da''^2,$$

ou, en employant les formules (5) et (11),

$$dS^2 = V^2 \left(\frac{\partial h}{\partial v}\right)^2 du^2 + \left(\frac{\partial h}{\partial v} du - \frac{\partial h}{\partial u} dv\right)^2.$$

Introduisons, en tenant compte de la formule (16), dv_1 à la place de dv et servons-nous des formules (31) pour substituer les dérivées de σ à celles de h. Nous obtiendrons ainsi l'expression très simple

$$dS^2 = d\sigma^2 + V^2 \left(\frac{\partial \sigma}{\partial v_1}\right)^2 dv_1^2. \tag{34}$$

Cette formule montre que les lignes $v_1 = \text{const.}$ de la sphère, qui correspondent aux lignes de courbure planes de la surface, sont des lignes géodésiques, c'est-à-dire des grands cercles. Ces lignes admettent pour trajectoires orthogonales les courbes $\sigma = \text{const.}$, ce qui donne la signification géométrique de la fonction σ.

Le résultat précédent pouvait être prévu géométriquement; car, si un point se déplace sur la surface en décrivant une ligne de courbure plane, le point correspondant de la sphère, dans le mode de représentation que nous avons adopté, décrira évidemment le grand cercle dont le plan est parallèle au plan de la ligne de courbure; c'est en raison de cette propriété que nous nous sommes proposé de déterminer en premier lieu les cosinus a, a', a''.

Lorsque l'élément linéaire de la sphère prend la forme (34), on sait (n° 599) que le coefficient de dv_1^2 doit être de la forme

$$[\varphi(v_1)e^{i\sigma} + \psi(v_1)e^{-i\sigma}]^2;$$

cette remarque se vérifie bien ici en vertu de l'équation (32), que nous avons signalée d'avance au numéro précédent.

1015. Revenons à la formule (34). Nous savons que σ, v_1 sont les coordonnées curvilignes d'un point de la sphère; σ désigne la distance de ce point à une courbe fixe (Γ) de cette sphère, distance comptée sur le grand cercle normal à (Γ) et passant par le point. Quant à v_1, c'est une fonction de l'arc de la courbe (Γ), compté à partir d'une origine fixe jusqu'au pied du grand cercle normal. Appelons x, y, z les coordonnées d'un point de (Γ), qui sont des fonctions de l'arc de la courbe compté à partir de l'origine choisie. Désignons cet arc par s et appelons x', x'', ... les dérivées de x, ... par rapport à s. Nous aurons

$$(35)\qquad \begin{cases} x^2+y^2+z^2=1, & xx'+yy'+zz'=0, \\ x'^2+y'^2+z'^2=1, & x'x''+y'y''+z'z''=0. \end{cases}$$

Posons, pour abréger,

$$(36)\qquad \Delta = \begin{vmatrix} x & y & z \\ x' & y' & z' \\ x'' & y'' & z'' \end{vmatrix},$$

nous aurons les formules

$$(37)\qquad \begin{cases} yz''-zy''=-\Delta x', \\ zx''-xz''=-\Delta y', \\ xy''-yx''=-\Delta z', \end{cases}$$

dont la démonstration est immédiate.

Exprimons maintenant que le point (a, a', a'') de la sphère est situé à une distance σ sur l'arc de grand cercle, qui est normal à la courbe (Γ) au point (x, y, z). Nous obtiendrons, par des méthodes tout élémentaires, les formules

$$(38)\qquad \begin{cases} 2a=[x-i(yz'-zy')]e^{i\sigma}+[x+i(yz'-zy')]e^{-i\sigma}, \\ 2a'=[y-i(zx'-xz')]e^{i\sigma}+[y-i(zx'-xz')]e^{-i\sigma}, \\ 2a''=[z-i(xy'-yx')]e^{i\sigma}+[z+i(xy'-yx')]e^{-i\sigma}. \end{cases}$$

Il nous reste à exprimer qu'en prenant pour s une fonction convenable de v_1, ces formules conduisent à l'expression (34) de l'élément linéaire.

Différentions la première; en tenant compte des relations (37), nous trouvons

$$2\,da = x'\,ds[(1+i\Delta)e^{i\sigma}+(1-i\Delta)e^{-i\sigma}] \\ + i\,d\sigma\{[x-i(yz'-zy')]e^{i\sigma}-[x+i(yz'-zy')]e^{-i\sigma}\}.$$

On déduit de là, en élevant au carré et ajoutant les équations analogues,

$$dS^2 = d\sigma^2 + \left(\frac{1+i\Delta}{2}\frac{ds}{dv_1}e^{i\sigma}+\frac{1-i\Delta}{2}\frac{ds}{dv_1}e^{-i\sigma}\right)^2 dv_1^2.$$

Si l'on compare à l'expression fournie par la formule (34), où l'on a remplacé $\frac{\partial\sigma}{\partial v_1}$ par sa valeur,

$$dS^2 = d\sigma^2 + (\text{VM}e^{i\sigma}+\text{VN}e^{-i\sigma})^2\,dv_1^2,$$

on voit que l'on doit avoir

$$(39)\qquad \begin{cases} (1+i\Delta)\,ds = 2\,\text{VM}\,dv_1, \\ (1-i\Delta)\,ds = 2\,\text{VN}\,dv_1. \end{cases}$$

Ces équations peuvent servir à un double usage.

Si l'on a choisi arbitrairement V en fonction de v, elles nous font connaître s et Δ en fonction de v et, par conséquent, Δ en fonction de s. Cette relation entre Δ et s détermine, non la situation, mais la forme de la courbe (Γ). Au contraire, si l'on a pris (Γ) arbitrairement ainsi que k et ω, elles nous font connaître V et v_1 en fonction de s et, par suite, V, v_1 en fonction de v. On voit donc que l'on peut choisir arbitrairement la courbe (Γ). En d'autres termes, *parmi les surfaces que nous étudions, il y en aura toujours pour lesquelles les plans des lignes de courbure du premier système seront parallèles aux plans tangents d'un cône quelconque.*

La détermination de a étant faite, on aura b par l'une des formules (5), qui donne

$$\frac{\partial a}{\partial v} = br_1 = b\frac{\partial h}{\partial u} = b\frac{\partial\sigma}{\partial v_1};$$

et, par conséquent, la différentielle de la coordonnée rectangulaire X d'un point de la surface sera

$$dX = e^h\left(a\,du + \frac{\frac{\partial a}{\partial v}\,dv}{\frac{\partial \sigma}{\partial v_1}}\right) = e^h\left(a\,du + \frac{\frac{\partial a}{\partial v_1}\,dv_1}{\frac{\partial \sigma}{\partial v_1}}\right).$$

En remplaçant a par sa valeur, on trouve

$$(40)\quad \begin{cases} dX = e^h V x'\,dv_1 + [x - i(yz' - zy')]e^{h+i\sigma}\,d\left(\dfrac{u+iv_1}{2}\right) \\ \qquad + [x + i(yz' - zy')]e^{h-i\sigma}\,d\left(\dfrac{u-iv_1}{2}\right). \end{cases}$$

1016. Voici comment on peut effectuer cette quadrature.

L'exponentielle e^h, considérée comme une fonction de $\frac{u}{2}$, est doublement périodique de seconde espèce et a les mêmes multiplicateurs que la fonction

$$e^{2x\frac{\Theta'(\omega)}{\Theta(\omega)}}\,\frac{H(x-2\omega)}{H(x)}.$$

Si l'on applique la formule donnée par M. Hermite pour la décomposition en éléments simples, on trouvera

$$(41)\quad \begin{cases} e^h = \dfrac{2M\,\Theta^2(\omega)}{H(2\omega)\,H'(0)}\,\dfrac{H\left(\dfrac{u+iv_1-3\omega}{2}\right)}{H\left(\dfrac{u+iv_1+\omega}{2}\right)}\,e^{(u+iv_1)\frac{\Theta'(\omega)}{\Theta(\omega)}} \\ \qquad + \dfrac{2N\,\Theta^2(\omega)}{H(2\omega)\,H'(0)}\,\dfrac{H\left(\dfrac{u-iv_1-3\omega}{2}\right)}{H\left(\dfrac{u-iv_1+\omega}{2}\right)}\,e^{(u-iv_1)\frac{\Theta'(\omega)}{\Theta(\omega)}}, \end{cases}$$

M et N ayant les valeurs définies par les formules (33).

Si l'on porte cette expression de e^h dans le premier terme seul de la formule (40), puis que l'on remplace

$2VMx'\,dv_1$. par $x'(1+i\Delta)\,ds = d[x - i(yz' - zy')]$,

$2VNx'\,dv_1$ par $x'(1-i\Delta)\,ds = d[x + i(yz' - zy')]$, on obtient

$$dX = \frac{\Theta^2(\omega)}{H(2\omega)H'(0)} \frac{H\left(\frac{u+iv_1-3\omega}{2}\right)}{H\left(\frac{u+iv_1+\omega}{2}\right)} e^{(u+iv_1)\frac{\Theta'(\omega)}{\Theta(\omega)}} d[x-i(yz'-zy')]$$

$$+[x-i(yz'-zy')] \frac{\Theta^2\left(\frac{u+iv_1-\omega}{2}\right)}{H^2\left(\frac{u+iv_1+\omega}{2}\right)} e^{(u+iv_1)\frac{\Theta'(\omega)}{\Theta(\omega)}} d\left(\frac{u+iv_1}{2}\right)+\ldots,$$

les termes non écrits se déduisant des précédents par le changement de i en $-i$.

Dans la seconde ligne de la formule précédente figure une fonction que l'on déduit de la suivante :

$$F(x) = \frac{\Theta^2\left(x-\frac{\omega}{2}\right)}{H^2\left(x+\frac{\omega}{2}\right)} e^{2x\frac{\Theta'(\omega)}{\Theta(\omega)}},$$

en y remplaçant x par $\frac{u+iv_1}{2}$. Ici encore $F(x)$ est une fonction doublement périodique de seconde espèce, et une nouvelle application de la méthode de décomposition de M. Hermite nous donne

$$\frac{\Theta^2\left(x-\frac{\omega}{2}\right)}{H^2\left(x+\frac{\omega}{2}\right)} e^{2x\frac{\Theta'(\omega)}{\Theta(\omega)}} = \frac{\Theta^2(\omega)}{H'(0)H(2\omega)} \frac{d}{dx}\left[\frac{H\left(x-\frac{3\omega}{2}\right)}{H\left(x+\frac{\omega}{2}\right)} e^{2x\frac{\Theta'(\omega)}{\Theta(\omega)}}\right].$$

En faisant usage de cette formule, nous voyons que les deux premiers termes de dX deviennent la différentielle exacte d'un produit, et l'intégration nous donne

$$(42)\quad \left\{\begin{aligned} X = {} & \frac{\Theta^2(\omega)[x-i(yz'-zy')]}{H(2\omega)H'(0)} \frac{H\left(\frac{u+iv_1-3\omega}{2}\right)}{H\left(\frac{u+iv_1+\omega}{2}\right)} e^{(u+iv_1)\frac{\Theta'(\omega)}{\Theta(\omega)}} \\ & + \frac{\Theta^2(\omega)[x+i(yz'-zy')]}{H(2\omega)H'(0)} \frac{H\left(\frac{u-iv_1-3\omega}{2}\right)}{H\left(\frac{u-iv_1+\omega}{2}\right)} e^{(u-iv_1)\frac{\Theta'(\omega)}{\Theta(\omega)}}. \end{aligned}\right.$$

On aurait pour Y et Z des expressions analogues. La question est donc complètement résolue.

1017. Il nous reste maintenant à donner l'interprétation des formules et la construction géométrique de la surface. En multipliant l'équation (42) par x' et ajoutant les équations analogues, on a

$$x'X + y'Y + z'Z = 0.$$

Les coefficients ne dépendant que de v, cette équation représente les plans des lignes de courbure du premier système. Elle ne contient pas de terme constant; par suite, *les plans des lignes de courbure du premier système enveloppent un cône*. C'est là une première propriété de la surface.

Étudions maintenant les lignes de courbure planes. Leurs plans sont normaux à la courbe sphérique que nous avons désignée par (Γ). Rapportons la ligne de courbure à deux axes rectangulaires choisis dans son plan, l'un Ox_1, allant au point où le plan coupe la courbe (Γ) et ayant pour cosinus directeurs x, y, z; l'autre Oy_1 perpendiculaire au premier et ayant pour cosinus directeurs

$$yz' - zy', \quad zx' - xz', \quad xy' - yx'.$$

Appelons x_1 et y_1 les coordonnées relatives à ces axes. On trouvera aisément

$$(43) \qquad x_1 + iy_1 = \frac{2\Theta^2(\omega)}{H(2\omega)H'(0)} \frac{H\left(\dfrac{u + iv_1 - 3\omega}{2}\right)}{H\left(\dfrac{u + iv_1 + \omega}{2}\right)} e^{(u+iv_1)\frac{\Theta'(\omega)}{\Theta(\omega)}}.$$

Les deux équations obtenues en séparant les parties réelles et les parties imaginaires donneront x_1, y_1. On voit donc que *la forme des lignes de courbure planes sera la même pour toutes les surfaces qui correspondent à un même système de valeurs de k et de ω et sera, au contraire, complètement indépendante de la forme de la fonction arbitraire qui entre dans les formules.* C'est la deuxième propriété géométrique de la surface.

En troisième lieu, cherchons l'arête de contact des plans des lignes de courbure avec le cône que ces plans enveloppent. Cette arête de contact sera définie par l'équation

$$x''X + y''Y + z''Z = 0,$$

à laquelle on donnera facilement la forme

$$(44)\qquad (1+i\Delta)(x_1+iy_1)+(1-i\Delta)(x_1-iy_1)=0.$$

Si l'on tient compte des formules (39), cette équation devient

$$M(x_1+iy_1)+N(x_1-iy_1)=0,$$

ou, en remplaçant M et N par leurs valeurs,

$$(45)\qquad e^{-iv_1\frac{\Theta'(\omega)}{\Theta(\omega)}}\theta(\omega+iv_1)(x_1+iy_1)=e^{iv_1\frac{\Theta'(\omega)}{\Theta(\omega)}}\theta(\omega-iv_1)(x_1-iy_1).$$

Remarquons, d'ailleurs, que le point situé à la distance 1 sur l'axe Oy_1 décrit la courbe (Γ), normale au plan de la ligne de courbure; et, par conséquent, ce plan roule sur le cône qu'il enveloppe. L'équation précédente nous montre que *la droite de contact du plan de la ligne de courbure avec le cône enveloppe ne dépend que des constantes k, ω et nullement de la forme de la fonction arbitraire.* C'est la troisième propriété géométrique de la surface.

En réunissant tous ces résultats, nous pouvons énoncer la proposition suivante :

Considérons les coordonnées rectangulaires x_1, y_1 comme des fonctions des variables u, v_1 définies par la double équation

$$(46)\qquad x_1\pm iy_1=\frac{2\theta^2(\omega)}{H(2\omega)H'(0)}\,\frac{H\left(\dfrac{u\pm iv_1-3\omega}{2}\right)}{H\left(\dfrac{u\pm iv_1+\omega}{2}\right)}e^{(u\pm iv_1)\frac{\Theta'(\omega)}{\Theta(\omega)}}.$$

L'équation

$$v_1=\text{const.}$$

définira une famille de courbes planes isothermes. Faisons correspondre à chaque courbe (v_1) la droite définie par l'équation

$$(47)\qquad e^{-iv_1\frac{\Theta'(\omega)}{\Theta(\omega)}}\theta(\omega+iv_1)(x_1+iy_1)=e^{iv_1\frac{\Theta'(\omega)}{\Theta(\omega)}}\theta(\omega-iv_1)(x_1-iy_1).$$

Faisons rouler le plan qui contient les courbes sur un cône quelconque ayant pour sommet l'origine des coordonnées. Alors la courbe (v_1), qui, dans chaque position du plan, corres-

pond à la génératrice de contact du plan et du cône, engendre précisément la surface cherchée.

On peut établir, à l'aide de considérations géométriques directes, une partie des résultats précédents; montrer, en particulier, pourquoi la solution obtenue contient une fonction arbitraire et pourquoi cette fonction arbitraire tient si peu de place dans le développement de la solution. Reportons-nous à la génération de toute surface à lignes de courbure planes au moyen de trois développables (D), (D_1) et (Δ). Si l'on transforme par flexion la développable (D) en un plan (P), les lignes de courbure constitueront sur ce plan (P) un réseau orthogonal. Soit v le paramètre des lignes de courbure planes, dont la forme n'aura pas changé, et u le paramètre des lignes de seconde courbure. L'élément linéaire du plan sera de la forme

$$ds_1^2 = A^2\,du^2 + C^2\,dv^2,$$

et, d'après la proposition du n° 998, celui de la surface sera déterminé par la formule

$$ds^2 = A^2\,du^2 + C^2(1 + V^2)\,dv^2,$$

où V désigne une fonction de v, qui n'est autre que la tangente de l'angle φ défini au n° 999. La condition d'isothermie se traduisant par une équation de la forme

$$\frac{A}{C\sqrt{1+V^2}} = \frac{\varphi(u)}{\psi(v)},$$

on voit immédiatement qu'elle est indépendante de la fonction V. Ainsi :

Lorsqu'une surface à lignes de courbure planes sera isothermique, la même propriété devra appartenir à toutes les surfaces à lignes de courbure planes que l'on en peut dériver par la flexion de la développable (D).

1018. Dans tout ce qui précède, nous avons étudié seulement le cas le plus général. Les calculs se trouveraient en défaut, par exemple, si l'on envisageait ce cas particulier de l'équation de

Lamé pour lequel les deux solutions U, U_1, que nous avons supposées distinctes, se réduisent à une seule.

Cette hypothèse, qui conduit, en particulier, aux surfaces à courbure constante d'Enneper, a fait l'objet des études de M. Adam (¹). On déduit les résultats qui s'y rapportent des précédents en supposant que, dans les formules données plus haut, ω tende vers zéro.

Changeons, en effet, dans les formules (46) et (47), x_1 en $x_1 + \frac{\Theta^2(0)}{H'^2(0)}\frac{1}{\omega}$ et faisons tendre ω vers zéro. En supprimant partout le facteur $\frac{\Theta^2(0)}{H'^2(0)}$ égal à $\frac{1}{k}$, il restera, pour l'équation de la courbe, la double formule

$$(48)\qquad x_1 \pm i y_1 = -2\frac{H'\left(\frac{u\pm i v_1}{2}\right)}{H\left(\frac{u\pm i v_1}{2}\right)} + (u \pm i v_1)\frac{\Theta'(0)}{\Theta(0)},$$

et, pour celle de la droite,

$$(49)\qquad y_1 = \frac{\Theta''(0)}{\Theta(0)}v_1 + i\frac{\Theta'(i v_1)}{\Theta(i v_1)}.$$

Par suite, il suffira de faire rouler le plan de la courbe sur un cylindre quelconque de telle manière que la droite précédente soit la génératrice de contact et que chacun de ses points décrive une section droite du cylindre.

Si k devient égal à zéro, on a

$$\Theta'(i v_1) = 0, \qquad \Theta''(0) = 0, \qquad \frac{H'\left(\frac{u+i v_1}{2}\right)}{H\left(\frac{u+i v_1}{2}\right)} = \cot\left(\frac{u+i v_1}{2}\right),$$

les plans des lignes de courbure passent par une droite et ces lignes de courbure sont des cercles.

(¹) P. ADAM, *Sur les surfaces isothermiques à lignes de courbure planes dans un système ou dans les deux systèmes* (*Annales scientifiques de l'École Normale supérieure*, 3ᵉ série, t. X, p. 319; 1893).

CHAPITRE XI.

SURFACES A LIGNES DE COURBURE SPHÉRIQUES.

Les surfaces à lignes de courbure sphériques dans un système correspondent à des équations aux dérivées partielles à invariants égaux qui sont du premier, du second ou du troisième rang. — Méthode directe de recherche. — Étant donnée une surface à lignes de courbure sphériques (Σ), *il existe une infinité de surfaces* (Σ_0) *de même définition, dépendant d'une fonction arbitraire et admettant la même représentation sphérique. — Théorème de M. Blutel. — Construction géométrique des surfaces* (Σ_0). *— Comment on peut, sans aucune intégration, déduire toutes les surfaces à lignes de courbure sphériques des surfaces à lignes de courbure planes. — Propriétés diverses : en appliquant des inversions convenablement choisies à chaque ligne de courbure sphérique de la surface, on peut les placer toutes sur une même développable isotrope. — Définition de la rotation autour d'un cercle; proposition qui rapproche les surfaces à lignes de courbure sphériques des surfaces à lignes de courbure planes. — Des surfaces dont toutes les lignes de courbure sont planes ou sphériques. — Leur détermination se ramène à la solution de l'équation fonctionnelle*

$$\sum_{1}^{6} (A_i + B_i)^2 = 0.$$

— Résultat : toutes les surfaces cherchées dérivent simplement, soit du cône, soit de la surface dont les normales sont tangentes à un cône.

1019. Si nous poursuivions l'application de la méthode développée dans le Chapitre VIII de ce Livre, nous obtiendrions une suite illimitée de surfaces, déterminées sans aucun signe de quadrature, et pour lesquelles on saurait résoudre d'une manière complète le problème de la représentation sphérique. Les surfaces à lignes de courbure planes correspondent, nous l'avons vu (n° 996), à des équations aux dérivées partielles du premier ou du second rang. Nous allons terminer cette étude en montrant de même que les surfaces à lignes de courbure sphériques correspondent à des équations aux dérivées partielles du premier, du deuxième ou du troisième rang.

Nous commencerons par la remarque suivante :

Lorsqu'une ligne de courbure est sphérique, la développable circonscrite à la surface suivant cette ligne de courbure doit aussi être circonscrite à une sphère; et, réciproquement, *si cette développable est circonscrite à une sphère, la ligne de courbure est sphérique.*

En effet, d'après le théorème de Joachimsthal, tous les plans tangents aux divers points d'une ligne de courbure située sur une sphère (S) coupent cette sphère sous un angle constant et, par suite, sont tangents à une sphère (S') concentrique à (S). Inversement, si tous les plans tangents en tous les points d'une ligne de courbure (C) sont tangents à une sphère, soit (C') la courbe de contact : on connaîtra deux lignes de courbure, (C) et (C'), de la développable enveloppée par ces plans tangents; et comme (C') est sur une sphère, (C) sera sur une autre sphère concentrique à la précédente [1].

1020. Appliquons cette remarque à la détermination de toutes les surfaces pour lesquelles les lignes de courbure de l'un des systèmes, que nous appellerons dans la suite les lignes *de première courbure,* sont toutes sphériques. Il suffira évidemment d'exprimer qu'en chaque point d'une telle ligne le plan tangent à la surface est circonscrit à une sphère, qui variera d'ailleurs lorsqu'on changera de ligne de courbure.

Soit toujours x le paramètre des lignes de première courbure. Le plan tangent à la surface cherchée, défini par l'équation

$$(1) \qquad (\alpha + \beta)X + i(\beta - \alpha)Y + (\alpha\beta - 1)Z + \xi = 0,$$

devra, en tous les points d'une ligne de courbure, être tangent à une sphère (S'). Soient x'_0, x'_1, x'_2, x'_3 les coordonnées carté-

---

[1] A propos du théorème de Joachimsthal, nous signalerons la réciproque suivante dont le lecteur trouvera la démonstration :

Si les sphères assujetties à contenir trois points consécutifs d'une ligne de courbure et, de plus, à être tangentes à la surface au point où elles touchent la ligne de courbure coupent toutes une sphère (S) *sous un angle constant, la ligne de courbure est sphérique et située sur la sphère* (S).

siennes du centre et le rayon de (S'). Ce sont quatre fonctions de x que nous supposerons données. En traduisant analytiquement la propriété qui nous sert de définition, on aura

$$(\alpha+\beta)x'_0 + i(\beta-\alpha)x'_1 + (\alpha\beta-1)x'_2 + \xi = x'_3(\alpha\beta+1).$$

Changeant un peu les notations, nous écrirons cette condition comme il suit

$$(2)\qquad \alpha\beta x_0 + \alpha x_1 + \beta x_2 + x_3 + \xi = 0,$$

x_0, x_1, x_2, x_3 étant toujours des fonctions de x.

Différentions par rapport à y : en remplaçant $\frac{\partial\beta}{\partial y}$ par sa valeur déduite des équations (7) [p. 199], $\frac{\partial\alpha}{\partial y}$ sera en facteur, et il viendra, p et q désignant $\frac{\partial\xi}{\partial\alpha}, \frac{\partial\xi}{\partial\beta}$,

$$(3)\qquad \beta x_0 + x_1 + p = \omega^2(\alpha x_0 + x_2 + q).$$

Différentions encore par rapport à y et remplaçons $\frac{\partial p}{\partial y}, \frac{\partial\beta}{\partial y}$ par leurs valeurs (7) [p. 199]. Il viendra, en supprimant le facteur 2ω,

$$\frac{\partial\omega}{\partial y}(\alpha x_0 + x_2 + q) + \omega\left(x_0\frac{\partial\alpha}{\partial y} + \frac{\partial q}{\partial y}\right) = 0.$$

Cette équation s'intègre à vue et nous donne

$$(4)\qquad x_0\alpha\omega + x_2\omega + q\omega = x_4,$$

x_4 désignant une nouvelle fonction de x. La relation précédente s'obtiendrait aussi en exprimant que la ligne de courbure est sur une sphère concentrique à (S').

1021. Si nous remarquons que ω, $q\omega$ et $\alpha\omega$ sont trois solutions particulières d'une même équation à invariants égaux, nous voyons que l'on retrouve ici, sous une forme un peu plus générale, un problème déjà rencontré pour les lignes de courbure planes et dont nous allons dire quelques mots.

Lorsque, pour une équation à invariants égaux, la suite de Laplace se termine, l'équation admet une solution de la forme suivante

$$z = AX + A_1X' + \ldots + X^{(i)};$$

de sorte que, si l'on prend $i+1$ solutions $z_1, z_2, \ldots, z_{i+1}$, correspondantes aux déterminations $X_1, \ldots, X_{i+1}$ de X, elles vérifient identiquement la relation linéaire

$$\begin{vmatrix} z_1 - X_1^{(i)} & X_1 & X_1' & \ldots & X_1^{(i-1)} \\ z_2 - X_2^{(i)} & X_2 & X_2' & \ldots & X_2^{(i-1)} \\ \ldots\ldots & \ldots & \ldots & \ldots & \ldots\ldots \\ z_{i+1} - X_{i+1}^{(i)} & X_{i+1} & X_{i+1}' & \ldots & X_{i+1}^{(i-1)} \end{vmatrix} = 0,$$

dont les coefficients sont fonctions de la seule variable x. Mais, réciproquement, si l'on a une relation de cette forme entre des solutions particulières au nombre de $i+1$, peut-on en conclure que l'équation sera intégrable et de rang au plus égal à $i+1$? C'est la question que nous allons examiner pour le cas où i est égal à 2.

Suivons la même marche que pour les surfaces à lignes de courbure planes. Pour plus de netteté, posons

$$(5) \qquad \alpha\omega = z_1, \qquad q\omega = z_2;$$

la relation (4) prendra la forme

$$(6) \qquad z_2 = x_4 - x_2\omega - x_0 z_1.$$

Soit

$$(7) \qquad \frac{\partial^2 z}{\partial x\,\partial y} = kz$$

l'équation dont ω, z_1, z_2 sont trois solutions particulières. Si l'on y substitue la valeur précédente de z_2, on trouvera, en supposant, comme il est permis, x_0' différent de zéro,

$$\frac{\partial z_1}{\partial y} = -k\frac{x_4}{x_0'} - \frac{x_2'}{x_0'}\frac{\partial\omega}{\partial y},$$

ou, plus simplement,

$$(8) \qquad \frac{\partial z_1}{\partial y} = kx_5 + x_6\frac{\partial\omega}{\partial y},$$

x_5 et x_0 désignant de nouvelles fonctions de x. Différentions par rapport à x, et remplaçons les dérivées secondes de z_1 et de ω par leurs valeurs déduites de l'équation (7), dont elles sont des solutions particulières. Il viendra

$$kz_1 = \frac{\partial k}{\partial x} x_5 + k x'_5 + k x_6 \omega + x'_6 \frac{\partial \omega}{\partial y},$$

ou, en supposant k différent de zéro,

$$(9) \qquad z_1 = x_5 \frac{\partial \log k}{\partial x} + x'_5 + x_6 \omega + x'_6 \frac{1}{k} \frac{\partial \omega}{\partial y}.$$

Pour éliminer z_1 substituons la valeur précédente dans l'équation (8). En posant

$$(10) \qquad k_1 = k - \frac{\partial^2 \log k}{\partial x \, \partial y}, \qquad\qquad (11) \qquad \frac{x_5}{x'_6} = x_7,$$

on trouvera

$$(12) \qquad \frac{\partial}{\partial y}\left(\frac{1}{k} \frac{\partial \omega}{\partial y}\right) = k_1 x_7;$$

et cette condition contient l'unique solution particulière ω.

Pour l'éliminer enfin, différentions les deux membres par rapport à x. Nous aurons

$$\frac{\partial}{\partial y}\left(\omega - \frac{1}{k} \frac{\partial \log k}{\partial x} \frac{\partial \omega}{\partial y}\right) = k_1 x'_7 + x_7 \frac{\partial k_1}{\partial x},$$

ou encore

$$\frac{\partial \omega}{\partial y} - \frac{1}{k} \frac{\partial^2 \log k}{\partial x \, \partial y} \frac{\partial \omega}{\partial y} - \frac{\partial \log k}{\partial x} \frac{\partial}{\partial y}\left(\frac{1}{k} \frac{\partial \omega}{\partial y}\right) = k_1 x'_7 + x_7 \frac{\partial k_1}{\partial x}.$$

En tenant compte des formules (10) et (12) et supposant k_1 différent de zéro, il vient

$$(13) \qquad \frac{\partial \omega}{\partial y} = k x'_7 + k x_7 \frac{\partial \log k k_1}{\partial x}.$$

Il ne reste plus qu'à substituer cette valeur de $\frac{\partial \omega}{\partial y}$ dans l'équation (12) pour obtenir la relation

$$(14) \qquad k_1 - \frac{\partial^2 \log k k_1}{\partial x \, \partial y} = 0,$$

qui constitue une équation aux dérivées partielles du quatrième ordre à laquelle devra satisfaire la fonction k. Mais, si l'on se reporte aux formules qui relient les invariants dans une suite de Laplace (n° 331), on reconnaît immédiatement que l'équation (14) est la condition nécessaire et suffisante pour que la solution générale de l'équation (7) soit de rang égal à *trois*.

Comme, dans la suite des calculs, nous avons écarté l'hypothèse où l'une ou l'autre des fonctions k, k_1 serait nulle, on voit bien que toutes les surfaces à lignes de courbure sphériques seront fournies par les équations aux dérivées partielles des trois premiers rangs. Mais comme, pour l'équation du premier rang, les lignes de courbure des surfaces correspondantes sont toutes planes, elles ne pourront être sphériques sans être circulaires.

En différentiant l'équation (13) par rapport à x, on trouve

$$\omega = \frac{1}{k}\frac{\partial}{\partial x}\left[\frac{1}{k_1}\frac{\partial}{\partial x}(kk_1x_7)\right]; \tag{15}$$

et il est clair, par suite de la symétrie de la relation (6), qui nous a servi de point de départ, relativement aux trois solutions particulières z_1, z_2 et ω, que $a\omega$ et $q\omega$ seront définis par des formules toutes semblables à la précédente, mais où x_7 devra être remplacé par d'autres fonctions, d'ailleurs arbitraires, de x.

En développant les calculs, on trouvera

$$\omega = x_7'' + x_7'\frac{\partial}{\partial x}\log k^2k_1 + \frac{1}{k}x_7\frac{\partial}{\partial x}\left(k\frac{\partial \log kk_1}{\partial x}\right). \tag{16}$$

C'est la partie de la solution générale qui contient une fonction arbitraire de x; l'autre s'obtiendrait en changeant x en y et remplaçant la fonction arbitraire de x par une fonction arbitraire de y.

Nous avons maintenant tous les éléments nécessaires pour poursuivre la recherche. En continuant et étendant jusqu'au troisième rang les calculs qui terminent le Chapitre VIII de ce Livre, nous obtiendrons, sans aucun signe de quadrature, les équations qui définissent les surfaces cherchées. Nous avons même donné au n° 994 les éléments nécessaires pour écrire immédiatement la valeur de ω. Mais ici encore, au lieu de poursuivre la solution analytique, nous préférons revenir à la Géométrie en nous appuyant sur un théorème dû à M. Blutel (¹).

(¹) E. BLUTEL, *Sur les surfaces qui admettent un système de lignes de courbure sphériques et qui ont même représentation sphérique pour leurs lignes de courbure* (*Comptes rendus*, t. CXVI, p. 249; 1893).

1022. Étant donnée une surface (Σ) à lignes de courbure sphériques dans un système, nous allons montrer tout d'abord qu'il existe une infinité de surfaces de même définition, et admettant par surcroît la même représentation sphérique que (Σ).

Désignons, en effet, par a, b, c, r, h des fonctions du paramètre α des lignes de première courbure de (Σ), par x, y, z les coordonnées d'un point de (Σ), par γ, γ', γ'' les cosinus directeurs de la normale en ce point. D'après le théorème de Joachimsthal, on aura les deux équations

$$(x-a)^2 + (y-b)^2 + (z-c)^2 = r^2, \tag{17}$$

$$\gamma(x-a) + \gamma'(y-b) + \gamma''(z-c) = hr, \tag{18}$$

dont la première exprime que la ligne de courbure de la surface se trouve sur une sphère (S) de centre (a, b, c) et de rayon r; la seconde exprime, conformément au théorème de Joachimsthal, que le plan tangent à la surface en chaque point de la ligne de courbure coupe la sphère (S) sous un angle constant, dont le cosinus est h. Si l'on pouvait éliminer le paramètre α entre ces deux équations, on serait conduit à une équation aux dérivées partielles propre à définir toutes les surfaces (Σ). On peut traiter cette équation par les procédés réguliers; nous nous bornerons ici à remarquer que ses *caractéristiques* sont les lignes de courbure du second système.

En effet, pour déterminer toutes les surfaces vérifiant l'équation et passant par un point M de l'espace, il faut d'abord exprimer que la sphère (S), définie par l'équation (17), passe par ce point; et cette condition fait connaître une ou plusieurs valeurs de α. Prenons une des sphères (S) qui passent en M : les plans tangents aux surfaces correspondantes, devant couper cette sphère sous un angle constant, envelopperont un cône de révolution dont l'axe sera le rayon de (S) qui passe au point M. Or les caractéristiques de l'équation aux dérivées partielles, étant par définition les courbes tangentes aux génératrices rectilignes de ce cône, auront évidemment mêmes tangentes en M que les lignes de seconde courbure, et, par suite, se confondront avec ces lignes, puisque le raisonnement s'applique à tout point de chaque surface (Σ).

1023. S'il existe une surface (Σ_0) de même définition que (Σ) et admettant la même représentation sphérique, γ, γ', γ'' auront les mêmes valeurs aux points correspondants des deux surfaces. La surface (Σ) sera donc définie par des équations telles que les suivantes

$$(x_0 - a_0)^2 + (y_0 - b_0)^2 + (z_0 - c_0)^2 = r_0^2, \tag{19}$$

$$\gamma(x_0 - a_0) + \gamma'(y_0 - b_0) + \gamma''(z_0 - c_0) = r_0 h_0, \tag{20}$$

où x_0, y_0, z_0 désignent les coordonnées du point de la surface et où a_0, b_0, c_0, r_0, h_0 sont des fonctions de α comme a, b, c, r, h. La première équation représente la sphère (S_0) qui contient la ligne de première courbure de (Σ_0); et la seconde exprime que le plan tangent coupe (S_0) sous un angle de cosinus h_0. Si nous désignons par C, C_0 les centres des deux sphères (S), (S_0); par M, M_0 deux points correspondants des surfaces (Σ), (Σ_0), pris respectivement sur les sphères (S), (S_0), il est clair que les normales, parallèles, en ces deux points et les deux rayons CM, C_0M_0 sont parallèles à un même plan, à celui qui est normal en M, par exemple, à la ligne de courbure sphérique de (Σ). En traduisant analytiquement cette propriété, on obtiendra les relations suivantes

$$\left\{\begin{aligned} x_0 - a_0 &= \lambda(x - a) + \mu\gamma, \\ y_0 - b_0 &= \lambda(y - b) + \mu\gamma', \\ z_0 - c_0 &= \lambda(z - c) + \mu\gamma'', \end{aligned}\right. \tag{21}$$

où λ et μ sont deux fonctions auxiliaires que l'on déterminera en substituant dans les équations (19) et (20) les valeurs précédentes de $x_0 - a_0$, $y_0 - b_0$, $z_0 - c_0$.

On a ainsi les deux équations

$$\left\{\begin{aligned} \lambda^2 r^2 + 2\lambda\mu r h + \mu^2 &= r_0^2, \\ \lambda h r + \mu &= h_0 r_0, \end{aligned}\right. \tag{22}$$

d'où l'on déduit

$$\left\{\begin{aligned} \lambda r\sqrt{1 - h^2} &= r_0\sqrt{1 - h_0^2}, \\ \mu &= h_0 r_0 - \lambda h r \end{aligned}\right. \tag{23}$$

et qui font connaître λ et μ *comme des fonctions de* α.

Il reste à exprimer la condition essentielle que l'on a identiquement

$$\gamma\, dx_0 + \gamma'\, dy_0 + \gamma''\, dz_0 = 0.$$

Si l'on substitue les valeurs des différentielles dx_0, dy_0, dz_0 déduites des équations (21), en tenant compte de la relation

$$\gamma\, dx + \gamma'\, dy + \gamma''\, dz = 0,$$

il vient

$$rh\, d\lambda + d\mu + \gamma(da_0 - \lambda\, da) + \gamma'(db_0 - \lambda\, db) + \gamma''(dc_0 - \lambda\, dc) = 0.$$

Si les coefficients de $\gamma, \gamma', \gamma''$ n'étaient pas nuls identiquement, on aurait, en tous les points de la ligne de courbure sphérique, une relation linéaire entre ces cosinus; et, par suite, cette ligne de courbure, ayant pour représentation sphérique un petit cercle, serait elle-même un cercle. Écartons d'abord ce cas exceptionnel : il faudra que nous ayons

$$rh\, d\lambda + d\mu = 0, \tag{24}$$

$$\frac{da_0}{da} = \frac{db_0}{db} = \frac{dc_0}{dc} = \lambda. \tag{25}$$

Mais je dis que ces relations conviennent aussi au cas des lignes de courbure circulaires, pourvu que l'on choisisse convenablement la sphère (S_0) parmi toutes celles, en nombre infini, qui passent par la ligne de courbure circulaire de (Σ_0). Car soit alors

$$H\gamma + H'\gamma' + H''\gamma'' + K = 0,$$

la relation linéaire entre les cosinus directeurs, relation nécessairement *unique*. Supposons $H \gtrless 0$. Si l'on choisit (S_0) de telle manière que l'on ait

$$da_0 = \lambda\, da,$$

comme il ne peut y avoir aucune relation linéaire entre γ', γ'', cette unique équation entraînera les autres relations contenues dans les formules (24) et (25).

1024. Ce point étant admis, il faut interpréter les équations (24) et (25) qui définissent toutes les surfaces (Σ_0). Voici le théorème de M. Blutel.

Désignons par (K) et (K_0) deux lignes de courbure correspondantes de (Σ) et de (Σ_0). Ces lignes de courbure ne sont pas généralement homothétiques; mais *les développables* (D), (D_0) *formées par les normales en tous leurs points le sont toujours.*

Les courbes (C) et (C_0), *décrites par les centres* C *et* C_0 *des deux sphères* (S) *et* (S_0), *ont leurs tangentes correspondantes toujours parallèles; par suite la droite* CC_0 *engendre une développable et touche l'arête de rebroussement* (R) *de cette développable en un certain point* O. *Ce point* O *est le centre d'homothétie des deux développables* (D), (D_0). *L'homologue du point* C *dans cette homothétie est le point* C_0; *et le rapport de similitude est égal au rapport des distances de ces points* C_0, C *aux deux plans principaux qui contiennent respectivement la tangente à la ligne de première courbure de* (Σ_0) *et la tangente correspondante de* (Σ).

Dans cette proposition, il y a des points qui sont évidents *a priori;* il y en a d'autres que l'on pourrait démontrer par la Géométrie, mais qui résultent immédiatement des relations précédentes. Les équations (25), par exemple, montrent immédiatement que les deux courbes (C), (C_0) ont leurs tangentes toujours parallèles et que λ est le rapport des distances OC_0 et OC des points C_0, C au point de contact de la droite CC_0 avec la courbe qu'elle enveloppe nécessairement. Il est évident, au contraire, sans calcul que les développables (D), (D_0) sont homothétiques; car : 1° elles ont leurs plans tangents parallèles; 2° les plans de la première, coupant la sphère (S) sous un angle constant de cosinus égal à h, sont tous tangents à la sphère (S') concentrique à (S) et de rayon $r\sqrt{1-h^2}$; 3° pour la même raison, les plans de la seconde sont tangents à une sphère (S'_0) concentrique à (S_0) et de rayon $r_0\sqrt{1-h_0^2}$. Or deux développables dont les plans tangents sont parallèles sont évidemment homothétiques dès qu'elles sont assujetties en outre à être circonscrites respectivement à deux sphères (S') et (S'_0). On passe de l'une à l'autre par l'homothétie qui transforme (S') en (S'_0); de sorte que le centre d'homothétie est sur la ligne des centres CC_0 et que le rapport de similitude est égal au rapport des rayons des deux sphères. Or, d'après la première formule (23), ce rapport est égal à λ : le centre d'homothétie est, par suite, le point O. La proposition de M. Blutel se trouve ainsi complètement établie.

On verrait de même que les développables (D''), (D''_0) circonscrites aux deux surfaces (Σ), (Σ_0) en tous les points des lignes de courbure (K), (K_0) sont homothétiques, car elles sont circonscrites à des sphères (S'') et (S'_0), de rayons rh et $r_0 h_0$, concentriques respectivement à (S) et à (S_0). Mais ni le rapport, ni le centre d'homothétie, ne sont les mêmes que pour les développables (D), (D_0). Toutefois ce complément donné à la proposition de M. Blutel est essentiel pour la suite de la recherche.

1025. Il nous faut maintenant indiquer comment, à l'aide des propositions précédentes, on pourra déterminer toutes les surfaces (Σ_0) lorsque la surface (Σ) sera donnée. On aura sept fonctions inconnues a_0, b_0, c_0, r_0, h_0, λ, μ et seulement les six équations (23), (24) et (25); une des fonctions pourra donc être choisie arbitrairement. Si c'est λ par exemple, que l'on supposera exprimée en α, les équations (24), (25) fourniront a_0, b_0, c_0, μ par des quadratures et les deux équations (23) détermineront ensuite r_0, h_0 en fonction algébrique de r et de h. Du reste ces valeurs de r_0, h_0 ressortent immédiatement des formules précédentes (22). Comme on peut ajouter à toutes ces relations la suivante

$$d(h_0 r_0) = \lambda\, d(hr), \tag{26}$$

obtenue en différentiant la seconde équation (23) et tenant compte de la relation (24), on reconnaît que h_0 ne pourra être égal à zéro tant que h ne sera pas aussi égal à zéro. En tenant compte aussi de la première équation (23), on peut dire que *h et h_0 prennent en même temps les valeurs* o *et* 1.

Par suite, toutes les fois que (Σ) et (Σ_0) auront leurs lignes de courbure circulaires, tous les théorèmes précédents leur sont applicables soit que l'on prenne comme sphères (S) et (S_0) associées dans les énoncés précédents, les deux sphères *inscrites* ou les deux sphères *orthogonales* aux deux surfaces. Ainsi se trouvent justifiées les propositions dont nous avons fait usage plus haut au n° **1006**.

1026. Pour que la solution précédente puisse fournir sans aucun signe de quadrature la surface (Σ_0), il faudrait pouvoir résoudre sans aucun signe de quadrature les équations suivantes

$$\frac{da_0}{da} = \frac{db_0}{db} = \frac{dc_0}{dc} = \frac{d(r_0 h_0)}{d(rh)} = \lambda, \tag{27}$$

après quoi μ et r_0 se détermineraient sans difficulté par les formules (23).

Le problème auquel on se trouve ainsi conduit peut être résolu de la manière suivante :

Déterminons les rapports mutuels de quatre fonctions A, B, C, H de α par les relations suivantes

$$(28)\quad \left\{\begin{array}{l} A\ da + B\ db + C\ dc + H\ d(rh) = 0, \\ A\ d^2a + B\ d^2b + C\ d^2c + H\ d^2(rh) = 0, \\ A\ d^3a + B\ d^3b + C\ d^3c + H\ d^3(rh) = 0. \end{array}\right.$$

La différentiation de ces relations nous conduira aux suivantes

$$dA\,da + dB\,db + dC\,dc + dH\,d(rh) = 0,$$
$$d^2A\,da + d^2B\,db + d^2C\,dc + d^2H\,d(rh) = 0,$$

où l'on peut remplacer, de même que dans la première (28), da, db, dc, $d(rh)$ par les quantités proportionnelles da_0, db_0, dc_0, $d(r_0h_0)$, de sorte que l'on aura nécessairement

$$(29)\quad \left\{\begin{array}{l} A\,da_0 + B\,db_0 + C\,dc_0 + H\,d(r_0h_0) = 0, \\ dA\,da_0 + dB\,db_0 + dC\,dc_0 + dH\,d(r_0h_0) = 0, \\ d^2A\,da_0 + d^2B\,db_0 + d^2C\,dc_0 + d^2H\,d(r_0h_0) = 0. \end{array}\right.$$

Prenons maintenant comme inconnue auxiliaire u la fonction

$$(30)\quad u = Aa_0 + Bb_0 + Cc_0 + Hr_0h_0.$$

En différentiant les deux membres de cette relation et tenant compte des formules (29), il viendra

$$(31)\quad \left\{\begin{array}{l} du = a_0\ dA + b_0\ dB + c_0\ dC + r_0h_0\ dH, \\ d^2u = a_0\,d^2A + b_0\,d^2B + c_0\,d^2C + r_0h_0\,d^2H, \\ d^3u = a_0\,d^3A + b_0\,d^3B + c_0\,d^3C + r_0h_0\,d^3H, \end{array}\right.$$

de sorte que a_0, b_0, c_0, r_0h_0 seront déterminées par ces trois équations et s'exprimeront linéairement au moyen de la fonction arbitraire u et de ses trois premières dérivées.

La question proposée se trouve ainsi complètement résolue. On peut remarquer que λ sera une fonction linéaire de u et de ses quatre premières dérivées; et comme $\lambda\,da$, $\lambda\,db$, $\lambda\,dc$, $\lambda\,d(rh)$ sont des différentielles exactes, λ sera *l'adjointe* de l'expression linéaire qui, égalée à zéro, donnerait une équation différentielle admettant les solutions particulières a', b', c', $(rh)'$.

1027. Au lieu des calculs précédents on peut indiquer une construction géométrique déterminant la surface (Σ_0). Il suffit de remarquer que les formules (23), (24) et (25) ne cessent pas de subsister si l'on y remplace *d'abord* h et h_0 par 1, puis r, r_0 par rh, $r_0 h_0$. Cela revient à dire que *les surfaces à lignes de courbure circulaires* (Σ''), (Σ''_0) *enveloppées respectivement par les sphères* (S''), (S''_0) *ont même représentation sphérique*. D'après cela, la construction donnée plus haut (n° 1007) et indiquée par M. Rouquet pour déduire de toute surface à lignes de courbure circulaires une surface de même définition admettant même représentation sphérique nous permettra de construire la sphère (S''_0) et, par suite, la courbe (C_0). Cette courbe une fois connue, on pourra construire le point O, la sphère (S'_0), les développables (D_0), (D''_0) qui se couperont suivant la ligne de courbure (K_0). Du reste, le carré du rayon de (S_0) est la somme des carrés des rayons de (S'_0) et de (S''_0).

1028. Revenons à la solution analytique. Nous avons vu que la surface (Σ_0) dépend d'une fonction arbitraire. On peut disposer de cette fonction arbitraire de telle façon que la surface remplisse certaines conditions données à l'avance, par exemple que toutes les sphères (S_0) soient orthogonales à une sphère fixe ou passent par un point fixe. Ces deux conditions se traduisent, avec des axes convenables, par une équation de la forme suivante

$$a_0^2 + b_0^2 + c_0^2 - r_0^2 = \text{const.};$$

et, si l'on y substitue les valeurs de a_0, b_0, c_0, r_0 en fonction de u, on obtiendra une équation différentielle du 4e ordre à laquelle devra satisfaire cette fonction. Cette équation est quadratique; mais, en la différentiant, on fera apparaître le facteur λ que l'on devra supprimer; et il restera une équation linéaire du 5e ordre. Cela se voit tout de suite si on l'écrit sous la forme

$$a_0^2 + b_0^2 + c_0^2 - (r_0 h_0)^2 - \lambda^2 r^2 (1 - h^2) = \text{const.}$$

Car en différentiant il viendra

$$\lambda[a_0\,da + b_0\,db + c_0\,dc - r_0 h_0\,d(rh)] - \lambda r\sqrt{1-h^2}\,d(\lambda r\sqrt{1-h^2}) = 0.$$

Ainsi, parmi les surfaces (Σ_0), il en existe toujours un nombre illimité pour lesquelles les sphères (S_0) passent par un point fixe ou sont orthogonales à une sphère fixe.

Or, toute surface (Σ) pour laquelle les sphères (S) passent par un point fixe est l'inverse par rapport à ce point d'une surface (T) à lignes de courbure planes. Donc *on pourra toujours, par des constructions géométriques qui n'exigent aucune intégration, faire dériver toutes les surfaces à lignes de courbure sphériques des surfaces à lignes de courbure planes :* 1° *en prenant les inverses de celles-ci;* 2° *en construisant ensuite les surfaces à lignes de courbure sphériques de même représentation sphérique que ces inverses.*

1029. De cette génération des surfaces à lignes de courbure sphériques résultent plusieurs propriétés que nous allons indiquer.

Remarquons que, pour deux surfaces (Σ), (Σ_0) ayant même représentation sphérique et pour deux lignes de courbure phériques correspondantes (K), (K_0), les cônes enveloppes des plans normaux ont leurs plans tangents parallèles et, par suite, sont *homothétiques*. Les développées isotropes des lignes (K), (K_0), développées qui sont tracées sur ces cônes, ont leurs tangentes parallèles, et sont, par suite, des courbes homothétiques (bien que leur rapport d'homothétie ne soit pas en général égal à λ). Si nous supposons que, pour la surface (Σ_0), toutes les sphères (S_0) passent par un point fixe, cette surface sera l'inverse d'une surface (T) à lignes de courbure planes, et les développées isotropes de ses lignes de courbure (K_0) seront les *inverses* des développées isotropes des lignes de courbure planes de (T). C'est, en effet, une propriété essentielle, signalée depuis longtemps [1], des développables et par suite des développées isotropes, de se conserver par l'inversion. Comme les développées isotropes des lignes de

[1] *Voir* la première Partie de l'Ouvrage cité plus haut [III, p. 479].

courbure planes de (T) sont égales, nous pouvons donc énoncer la proposition suivante :

Étant donnée une surface à lignes de courbure sphériques (Σ), *toutes les développées isotropes de ses lignes de courbure sphériques peuvent, par des inversions convenables appliquées à chacune d'elles, se transformer en des courbes identiques.*

En d'autres termes, *en soumettant les lignes de courbure* (K) *à des inversions convenables et variant de l'une à l'autre ligne, on peut les placer toutes sur une même développable isotrope* (Δ).

Si donc une des lignes de courbure sphériques est algébrique, toutes les autres sont nécessairement algébriques.

1030. Les remarques que nous venons de signaler rapprochent évidemment les surfaces à lignes de courbure sphériques des surfaces à lignes de courbure planes; et l'on est conduit ainsi à rechercher s'il n'existerait pas, pour les lignes de courbure sphériques, une proposition analogue au théorème du n° 1000. Cette proposition existe effectivement, mais son énoncé demande quelques explications préliminaires.

Considérons, d'une manière générale, deux inversions, définies par les deux sphères principales (S) et (S_0). L'effet de ces deux inversions ne sera pas changé [1], si l'on substitue à ces deux sphères (S), (S_0) deux autres sphères passant par leur cercle d'intersection (C) et se coupant sous le même angle α que les deux premières. On peut donc dire que l'effet des deux inversions est défini si l'on donne le cercle (C) et l'angle α. Ajoutons que, pour choisir les deux sphères principales des deux inversions successives dans l'ordre convenable, il faut indiquer aussi un sens déterminé sur le cercle (C). Nous appellerons l'effet de ces deux inversions une *rotation d'angle α autour du cercle* (C). Tandis qu'une inversion simple imprime toujours des déplacements finis aux points de l'espace qui ne sont pas voisins de la sphère prin-

[1] *Voir*, en particulier, la Note VI de l'Ouvrage cité à la page précédente.

cipale, une *rotation autour d'un cercle* peut imprimer des déplacements infiniment petits à tous les points de l'espace, pourvu que son angle soit infiniment petit.

Si l'on soumet la figure et sa transformée à une inversion dont le pôle se trouve sur le cercle (C), la rotation autour de ce cercle se transforme en une rotation *du même angle* autour de la droite transformée du cercle.

1031. Si l'on admet cette généralisation de la notion de rotation, il est clair qu'on peut soumettre toute surface à lignes de courbure circulaires (Σ) à une déformation analogue à cette déformation particulière d'une développable dans laquelle les génératrices rectilignes restent rectilignes. Faisons correspondre aux cercles de la surface les génératrices rectilignes d'une développable; aux rotations infiniment petites autour de ces génératrices rectilignes, des rotations d'angle égal autour des cercles correspondants. A toute flexion de la développable correspondra une flexion *isomorphe* de la surface (Σ), comportant dans sa définition une fonction arbitraire.

Cette notion admise, le lecteur démontrera aisément le théorème suivant :

Pour obtenir la surface à lignes de courbure sphériques la plus générale on coupe une développable isotrope (Δ) *par une famille de sphères* (S); *on soumet ensuite ces sphères et leur surface enveloppe* (Σ) *à la flexion qui vient d'être définie. Les sections de la développable* (Δ) *par les sphères* (S) *se transforment ainsi dans une famille de courbes engendrant la surface cherchée.*

Les surfaces qui coupent à angle droit une famille de sphères (S) apparaissent ainsi comme les analogues des surfaces moulures de Monge. Pour elles, les lignes de courbure sont les transformées par des inversions d'une même courbe, d'ailleurs quelconque.

La proposition précédente permet évidemment de retrouver les propositions que nous avons obtenues plus haut (n° 1029).

1032. Nous terminerons ce Chapitre en donnant la démonstration d'une proposition déjà énoncée au n° 483, et en déterminant toutes les surfaces dont les lignes de courbure sont planes ou sphériques dans les deux systèmes. Nous commencerons par établir un lemme relatif à deux équations simultanées aux dérivées partielles du premier ordre. Soient, avec les notations habituelles,

$$(32)\qquad \begin{cases} f(x, y, z, p, q) = 0, \\ f_1(x, y, z, p, q) = 0 \end{cases}$$

ces deux équations. Si l'on veut qu'elles admettent une solution commune *avec une constante arbitraire*, il faudra, comme on sait, que la relation

$$(33)\qquad \begin{cases} \left(\frac{\partial f}{\partial x} + p\frac{\partial f}{\partial z}\right)\frac{\partial f_1}{\partial p} + \left(\frac{\partial f}{\partial y} + q\frac{\partial f}{\partial z}\right)\frac{\partial f_1}{\partial q} \\ -\left(\frac{\partial f_1}{\partial x} + p\frac{\partial f_1}{\partial z}\right)\frac{\partial f}{\partial p} - \left(\frac{\partial f_1}{\partial y} + q\frac{\partial f_1}{\partial z}\right)\frac{\partial f}{\partial q} = 0 \end{cases}$$

se vérifie identiquement ou soit une conséquence des proposées. La première équation aux dérivées partielles (32) a ses caractéristiques définies par les équations différentielles

$$(34)\qquad \frac{dx}{\frac{\partial f}{\partial p}} = \frac{dy}{\frac{\partial f}{\partial q}} = -\frac{dp}{\frac{\partial f}{\partial x} + p\frac{\partial f}{\partial z}} = -\frac{dq}{\frac{\partial f}{\partial y} + q\frac{\partial f}{\partial z}};$$

de même, pour la seconde, les caractéristiques sont définies par le système suivant

$$(35)\qquad \frac{\delta x}{\frac{\partial f_1}{\partial p}} = \frac{\delta y}{\frac{\partial f_1}{\partial q}} = -\frac{\delta p}{\frac{\partial f_1}{\partial x} + p\frac{\partial f_1}{\partial z}} = -\frac{\delta q}{\frac{\partial f_1}{\partial y} + q\frac{\partial f_1}{\partial z}},$$

de sorte que la condition d'intégrabilité (33) se ramène à la relation

$$(36)\qquad dp\,\delta x - \delta p\,dx + dq\,\delta y - \delta q\,dy = 0,$$

qui doit avoir lieu, bien évidemment, pour deux directions quelconques, en chaque point d'une surface intégrale. Or, supposons que les caractéristiques soient les lignes de première courbure pour la première équation, et les lignes de seconde courbure pour la seconde. On aura alors

$$(37)\qquad \frac{dp}{dx + p\,dz} = \frac{dq}{dy + q\,dz} = \lambda, \qquad \frac{\delta p}{\delta x + p\,\delta z} = \frac{\delta q}{\delta y + q\,\delta z} = \mu,$$

λ et μ désignant des inconnues auxiliaires; de sorte que la condition d'intégrabilité (36) où l'on remplacera dp, δp, dq, δq par leurs valeurs déduites des équations précédentes prendra la forme

$$(\lambda - \mu)(dx\,\delta x + dy\,\delta y + dz\,\delta z) = 0,$$

et elle exprimera simplement, λ étant différent de μ, la propriété d'orthogonalité des deux familles de lignes de courbure.

1033. D'après cela, supposons qu'une surface (Σ) ait toutes ses lignes de courbure sphériques. Désignons par (S_1) les sphères qui contiennent les lignes de première courbure et par (S_2) les sphères qui contiennent les lignes de seconde courbure. Soient ω_1 l'angle sous lequel la surface doit couper la sphère (S_1) et ω_2 l'angle sous lequel elle doit couper la sphère (S_2). Parmi les sphères (S_1) et (S_2), choisissons celles qui se coupent en un point M de l'espace et dont l'intersection est un cercle (C) qui passe en M. Le plan tangent en M à la surface cherchée sera évidemment défini par la double condition de faire les angles ω_1 et ω_2 respectivement avec les plans tangents en M aux deux sphères (S_1) et (S_2); cette double condition montre qu'il doit être tangent à deux cônes de révolution ayant pour axes les rayons des deux sphères qui passent en M, ce qui donne, en général, quatre plans distincts. Prenons l'un quelconque d'entre eux. Il coupera évidemment les deux plans tangents aux sphères suivant *les deux tangentes principales de la surface cherchée*. Par conséquent, pour que la surface existe, pour que la condition d'intégrabilité soit vérifiée, il sera nécessaire et suffisant que ces deux droites soient *rectangulaires*. Cela donne une condition à laquelle doivent satisfaire les deux familles de sphères (S_1) et (S_2). Cette condition peut d'ailleurs s'exprimer sous la forme suivante.

Pour chaque point du cercle (C), construisons le trièdre ayant pour arêtes les rayons des deux sphères (S_1), (S_2) qui aboutissent à ce point et la normale à la surface cherchée : *le dièdre formé par les faces du trièdre qui se coupent suivant cette normale devra être droit;* et, par suite, si V désigne l'angle des sphères (S_1), (S_2), la Trigonométrie nous donnera immédiatement la relation suivante

$$(38) \qquad \cos V = \cos\omega_1 \cos\omega_2,$$

Si les équations des deux familles de sphères (S_1) et (S_2) sont données sous les formes suivantes

$$(39)\quad \begin{cases} (x-a_1)^2+(y-b_1)^2+(z-c_1)^2=r_1^2, \\ (x-a_2)^2+(y-b_2)^2+(z-c_2)^2=r_2^2, \end{cases}$$

$a_1, b_1, c_1, r_1, \omega_1$ étant fonctions d'un paramètre α et a_2, b_2, c_2, r_2 d'un autre paramètre β, la relation (38) donnera la condition

$$(40)\quad (a_1-a_2)^2+(b_1-b_2)^2+(c_1-c_2)^2=r_1^2+r_2^2-2r_1r_2\cos\omega_1\cos\omega_2,$$

qui devra être vérifiée identiquement et qui a été le point de départ du Mémoire de M. J.-A. Serret ([1]).

1034. Au lieu de suivre la même méthode, nous reprendrons le cercle (C) intersection des deux sphères (S_1) et (S_2) et nous remarquerons que, si (Σ) est la surface cherchée, une sphère (U) tangente en M à (Σ) coupera le cercle (C) en un second point M_1 tel que le plan tangent à cette sphère en M_1 fasse aussi les angles ω_1, ω_2 avec les deux sphères (S_1), (S_2) et coupe les plans tangents en ce même point M_1 aux deux sphères suivant deux droites rectangulaires. Il sera donc toujours possible d'associer à la surface cherchée (Σ) une autre surface (Σ_1) de mêmes propriétés, de même définition, coupant les sphères (S_1) et (S_2) sous les mêmes angles, telle, en outre, que (Σ) et (Σ_1) constituent, à elles deux, les deux nappes de l'enveloppe des sphères variables (U); et, de plus, *les lignes de courbure se correspondront évidemment sur les deux nappes de cette enveloppe de sphères* ([2]).

Nous pourrons donc appliquer les propositions démontrées au

([1]) J.-A. SERRET, *Mémoire sur les surfaces dont toutes les lignes de courbure sont planes ou sphériques* (*Journal de Liouville*, t. XVIII, 1re série, p. 113; 1853).

([2]) Pour bien comprendre ce point essentiel, remarquons que, lorsqu'on donne *a priori* les familles de sphères (S_1), (S_2) ainsi que les angles ω_1, ω_2 sous lesquels ces sphères doivent être coupées par la surface cherchée (Σ), cette surface devra vérifier deux équations aux dérivées partielles du premier ordre qui admettront une intégrale commune *avec une constante arbitraire* toutes les fois que la condition (38) ou (40) sera vérifiée. Mais, comme il passe, en chaque point du cercle (C), *quatre* plans tangents coupant respectivement les sphères (S_1), (S_2) sous les angles ω_1, ω_2, il y aura *quatre* familles distinctes de surfaces (Σ),

Livre IV, Chapitre XV, relativement à ces enveloppes. Pour plus de symétrie, nous emploierons les coordonnées pentasphériques (Liv. II, Chap. VI). Soit

$$\sum_1^5 m_i x_i = 0 \tag{41}$$

l'équation de la sphère (U). Soient de même

$$\sum_1^5 a_i x_i = 0, \tag{42}$$

$$\sum_1^5 b_i x_i = 0 \tag{43}$$

les équations des sphères (S_1) et (S_2); les a_i étant des fonctions d'un paramètre α et les b_i des fonctions d'un paramètre β; les m_i dépendront à la fois de α et de β.

Pour avoir les deux points de contact de (U) avec son enveloppe, il faut joindre à l'équation (41) ses deux dérivées

$$\sum_1^5 \frac{\partial m_i}{\partial \alpha} x_i = 0, \qquad \sum_1^5 \frac{\partial m_i}{\partial \beta} x_i = 0. \tag{44}$$

Les deux points de contact devant se trouver par hypothèse sur les sphères (S_1), (S_2), les cinq équations précédentes doivent se réduire à trois. On aura donc nécessairement

$$\left\{\begin{aligned} \frac{\partial m_i}{\partial \alpha} &= \lambda m_i + A a_i + B_1 b_i, \\ \frac{\partial m_i}{\partial \beta} &= \lambda_1 m_i + A_1 a_i + B b_i, \end{aligned}\right. \tag{45}$$

λ, λ_1, A, B, A_1, B_1 étant des fonctions auxiliaires et i devant recevoir les valeurs $1, 2, \ldots, 5$.

D'autre part, les six coordonnées m_i de la sphère (U) doivent être (n° 477) des solutions particulières d'une équation aux dérivées partielles de la forme suivante :

$$\frac{\partial^2 m_i}{\partial \alpha \partial \beta} + C \frac{\partial m_i}{\partial \alpha} + D \frac{\partial m_i}{\partial \beta} + E m_i = 0.$$

---

qui correspondront aux quatre plans précédents; et ces familles se grouperont deux à deux de telle manière que deux surfaces différentes prises dans deux familles associées forment les deux nappes de l'enveloppe de sphères que nous considérons dans le texte.

Substituons dans cette équation les valeurs de $\frac{\partial m_i}{\partial \alpha}$, $\frac{\partial m_i}{\partial \beta}$ définies par les équations (45) et celle de $\frac{\partial^2 m_i}{\partial \alpha\, \partial \beta}$ déduite, par exemple, de la première de ces équations. Nous aurons

$$(46)\quad \left\{\begin{aligned} &\left(\frac{\partial \lambda}{\partial \beta} + C\lambda + D\lambda_1 + \lambda\lambda_1 + E\right) m_i + \left(\frac{\partial A}{\partial \beta} + CA + DA_1 + \lambda A_1\right) a_i \\ &\qquad + \left(\frac{\partial B_1}{\partial \beta} + CB_1 + DB + \lambda B\right) b_i + B_1 b'_i = 0. \end{aligned}\right.$$

Si les coefficients de a_i, b_i, b'_i, m_i dans cette équation n'étaient pas nuls, l'équation (41) de la sphère tangente apparaîtrait comme une combinaison linéaire des équations

$$\sum a_i x_i = 0, \qquad \sum b_i x_i = 0, \qquad \sum b'_i x_i = 0,$$

ce qui est en contradiction avec la remarque faite au début de ce numéro, ces trois équations définissant deux points *déterminés* du cercle (C). Il faut donc que la relation (46) se réduise à une identité et que l'on ait, en particulier,

$$B_1 = 0.$$

On verra de même que l'on a aussi

$$A_1 = 0,$$

de sorte que les deux équations (45) peuvent se ramener à la forme plus simple

$$(47)\quad \left\{\begin{aligned} \frac{\partial m_i}{\partial \alpha} &= \lambda m_i + A a_i, \\ \frac{\partial m_i}{\partial \beta} &= \lambda_1 m_i + B b_i. \end{aligned}\right.$$

Écrivons maintenant que les deux valeurs de $\frac{\partial^2 m_i}{\partial \alpha\, \partial \beta}$ déduites de ces équations sont égales. Il viendra

$$m_i\left(\frac{\partial \lambda}{\partial \beta} - \frac{\partial \lambda_1}{\partial \alpha}\right) + a_i\left(\frac{\partial A}{\partial \beta} - \lambda_1 A\right) - b_i\left(\frac{\partial B}{\partial \alpha} - \lambda B\right) = 0.$$

Pour les raisons déjà indiquées, on doit avoir

$$\frac{\partial \lambda}{\partial \beta} - \frac{\partial \lambda_1}{\partial \alpha} = 0, \qquad \frac{\partial A}{\partial \beta} = \lambda_1 A, \qquad \frac{\partial B}{\partial \alpha} = \lambda B.$$

Ces équations nous donnent, en introduisant une fonction auxiliaire h,

$$\lambda = -\frac{1}{h}\frac{\partial h}{\partial \alpha}, \qquad \lambda_1 = -\frac{1}{h}\frac{\partial h}{\partial \beta}, \qquad \frac{\partial(Ah)}{\partial \beta} = 0, \qquad \frac{\partial(Bh)}{\partial \alpha} = 0.$$

Nous aurons donc

$$Ah = f(\alpha), \qquad Bh = \varphi(\beta)$$

et les équations (47) nous fourniront la valeur suivante de m_i

$$m_i h = \int a_i f(\alpha)\, d\alpha + \int b_i \varphi(\beta)\, d\beta.$$

Comme on peut évidemment multiplier tous les m_i par une fonction quelconque h, nous pourrons prendre, *pour* $i = 1, 2, 3, 4, 5$,

$$m_i = \int a_i f(\alpha)\, d\alpha + \int b_i \varphi(\beta)\, d\beta.$$

L'équation à laquelle satisfont (n° 477) les *six* coordonnées de la sphère sera donc

$$\frac{\partial^2 m_i}{\partial \alpha\, \partial \beta} = 0,$$

de sorte que *la sixième coordonnée* m_6 *sera, elle aussi, la somme d'une fonction de* α *et d'une fonction de* β.

1035. Réciproquement, considérons la surface enveloppe d'une sphère pour laquelle les *six* coordonnées sont données par la formule

$$m_i = A_i + B_i, \tag{48}$$

où A_i, B_i dépendent respectivement de α et de β. Pour obtenir la surface il faudra joindre à l'équation

$$\sum_1^5 (A_i + B_i) x_i = 0 \tag{49}$$

ses deux dérivées

$$\sum_1^5 A'_i x_i = 0, \qquad \sum_1^5 B'_i x_i = 0, \tag{50}$$

par rapport à α et à β. Prises isolément, les deux équations précédentes définissent deux courbes sphériques de la surface. La sphère qui contient la première, par exemple, coupe la surface sous un angle ω_1 défini par la formule (n° 156)

$$\cos\omega_1 = \frac{\sum_1^5 A'_i(A_i + B_i)}{(A_6 + B_6)\sqrt{-\sum_1^5 A'^2_i}}.$$

Or si l'on différentie, par rapport à α, la relation identique

$$\sum_1^6 (A_i + B_i)^2 = 0,$$

qui doit nécessairement exister (n° 156) entre les six coordonnées de la sphère, il vient

$$\sum_1^5 A'_i(A_i + B_i) + A'_6(A_6 + B_6) = 0,$$

de sorte que l'on a

$$(51) \qquad \cos\omega_1 = \frac{-A'_6}{\sqrt{-\sum_1^5 A'^2_i}}.$$

L'angle ω_1 étant une fonction de α, on voit que la sphère définie par la première équation (50) coupe la surface sous un angle qui est partout le même; et, par suite, les courbes de paramètre α sont des lignes de courbure sphériques de la surface. La démonstration est toute semblable pour les lignes de paramètre β.

En résumé, nous obtenons la proposition suivante :

Pour définir les surfaces dont toutes les lignes de courbure sont planes ou sphériques, on déterminera de la manière la plus générale six fonctions A_i *de* α *et six fonctions* B_i *de* β *vé-*

rifiant identiquement la relation

$$(52) \qquad \sum_1^6 (A_i + B_i)^2 = 0,$$

puis on prendra l'enveloppe de la sphère variable

$$(53) \qquad \sum_1^5 (A_i + B_i) x_i = 0.$$

Les deux nappes de cette enveloppe seront deux des surfaces cherchées.

C'est la proposition déjà énoncée au n° 483.

1036. Appliquons-la à la détermination effective des surfaces cherchées : il faudra d'abord résoudre l'équation fonctionnelle (52). Cette résolution se simplifie beaucoup si l'on emploie toutes les substitutions linéaires orthogonales, qui transforment en elle-même la forme quadratique

$$\sum_1^6 m_i^2.$$

Dans la géométrie des sphères elles jouent le même rôle que le changement de coordonnées dans la géométrie du plan. En utilisant les résultats obtenus au Livre II, Chap. VI, on reconnaîtra aisément qu'on les obtient toutes en combinant des déplacements, des inversions, des *dilatations* (augmentation d'une quantité constante pour le rayon de toute sphère). Nous admettrons ce résultat.

Si nous différentions l'équation à résoudre par rapport à α et à β, elle devient

$$(54) \qquad \sum_1^6 A'_i B'_i = 0.$$

Étudions d'abord cette dernière équation.

Comme tous les B'_i ne sont pas nuls, en donnant à β une valeur fixe quelconque, on obtiendra au moins une relation linéaire, *à coefficients constants,* entre les A'_i. Supposons d'abord qu'il n'existe qu'une pareille relation, savoir

$$\sum_1^6 l_i A'_i = 0.$$

Si l'on a

$$\sum l_i^2 \neq 0,$$

on peut, par une substitution orthogonale, ramener la relation à la forme

$$A'_6 = 0, \tag{55}$$

et si l'on a

$$\sum l_i^2 = 0,$$

on la ramène de même à la forme suivante

$$A'_5 + i A'_6 = 0. \tag{56}$$

Dans le premier cas, pour que l'équation (54) soit vérifiée, il faut que l'on ait

$$B'_1 = B'_2 = B'_3 = B'_4 = B'_5 = 0$$

et l'équation (52) devient alors

$$\sum_1^5 (A_i + B_i)^2 = -(A_6 + B_6)^2.$$

Le premier membre ne pouvant dépendre que de α et le second dépendant *nécessairement* de β, il y a impossibilité. Le raisonnement s'appliquera de même si l'on substitue la relation (56) à la précédente (55). Il n'y a donc, en ayant égard à ce que l'échange de α et de β revient à un changement de notations, qu'à examiner deux hypothèses : 1° ou bien il y a deux relations linéaires entre les dérivées A'_i par exemple, et quatre entre les dérivées B'_i ; 2° ou bien il y a trois relations linéaires entre les unes et les autres.

Une discussion facile montre que des relations linéaires, en nombre quelconque, entre les A'_i par exemple, peuvent toujours, par une substitution orthogonale, être ramenées à vérifier les deux conditions suivantes :

1° Chaque relation sera de la forme

$$A'_h = 0 \qquad \text{ou} \qquad A'_h + iA'_k = 0;$$

2° De plus, la même dérivée A'_h ne figure que dans une seule relation.

Les cas où quelques-unes des relations contiennent deux dérivées se déduisent des autres par le passage à la limite.

1037. D'après cela, s'il y a deux relations seulement entre les A'_i, on pourra, en se bornant au cas général, les prendre sous la forme

$$A'_4 = 0, \qquad A'_5 = 0.$$

Il faudra que l'on ait

$$B'_1 = B'_2 = B'_3 = B'_6 = 0;$$

par suite, B_1, B_2, B_3, B_6, A_5, A_4 seront des constantes que l'on pourra prendre égales à zéro; de sorte que l'équation à vérifier prendra la forme

$$A_1^2 + A_2^2 + A_3^2 + A_6^2 = -B_5^2 - B_4^2$$

et chacun de ses membres devra se réduire à une constante. On pourra prendre par exemple

$$B_4 = \cos\beta, \qquad B_5 = \sin\beta,$$
$$A_1^2 + A_2^2 + A_3^2 + A_6^2 = -1.$$

Si l'on choisit un système de *sphères coordonnées* comprenant les trois plans principaux, la sphère de coordonnées m_i sera définie, en coordonnées cartésiennes x, y, z, par l'équation suivante

$$2m_1x + 2m_2y + 2m_3z + m_4\frac{x^2+y^2+z^2-R^2}{R}$$
$$+ im_5\frac{x^2+y^2+z^2+R^2}{R} = 0;$$

de sorte qu'ici la surface cherchée deviendra l'enveloppe de la sphère

$$(57)\qquad 2A_1x + 2A_2y + 2A_3z + e^{i\beta}\frac{x^2+y^2+z^2}{R} - e^{-i\beta}R = 0.$$

En joignant à l'équation précédente les deux dérivées

$$(58)\qquad \begin{cases} A'_1x + A'_2y + A'_3z = 0, \\ e^{i\beta}(x^2+y^2+z^2) + e^{-i\beta}R^2 = 0, \end{cases}$$

on reconnaît que cette surface se réduit à un cône, d'ailleurs quelconque.

1038. Envisageons maintenant le cas où il y a trois relations entre les A'_i; et, nous bornant toujours au cas le plus général, prenons-les sous la forme

$$A'_4 = A'_5 = A'_6 = 0;$$

il viendra

$$B'_1 = B'_2 = B'_3 = 0.$$

On pourra encore supposer nulles A_4, A_5, A_6, B_1, B_2, B_3, et l'on aura

$$A_1^2 + A_2^2 + A_3^2 = -B_4^2 - B_5^2 - B_6^2.$$

Il sera nécessaire et suffisant que les deux membres se réduisent à une même constante.

La surface étant l'enveloppe de la sphère définie par l'équation

$$(59)\qquad \begin{cases} 2A_1x + 2A_2y + 2A_3z + B_4\dfrac{x^2+y^2+z^2-R^2}{R} \\ \qquad\qquad + iB_5\dfrac{x^2+y^2+z^2+R^2}{R} = 0, \end{cases}$$

il faudra joindre à cette équation les deux dérivées

$$(60)\qquad \begin{cases} A'_1x + A'_2y + A'_3z = 0, \\ B'_4\dfrac{x^2+y^2+z^2-R^2}{R} + iB'_5\dfrac{x^2+y^2+z^2+R^2}{R} = 0. \end{cases}$$

On voit que les lignes de première courbure sont dans les plans tangents d'un cône et que les lignes de seconde courbure sont sur les sphères ayant pour centre le sommet de ce cône. On reconnaît *la surface de Monge, dont toutes les normales sont tangentes à un cône.*

En résumé, on peut énoncer le théorème suivant :

Les surfaces dont toutes les lignes de courbure sont planes ou sphériques se déduisent, par des inversions et des dilatations, soit d'un cône, soit de la surface dont toutes les normales sont tangentes à un cône, ou bien elles dérivent par dégénérescence des surfaces ainsi obtenues.

CHAPITRE XII.

GÉNÉRALISATIONS DIVERSES.

Systèmes d'équations linéaires aux dérivées partielles du second ordre à n variables indépendantes dans lesquels chaque équation ne contient qu'une dérivée seconde prise par rapport à deux variables différentes. — Forme type de ces systèmes, condition pour qu'ils admettent $n+1$ intégrales linéairement indépendantes. — Extension à ces systèmes de la méthode de Laplace. — Comment on les intègre lorsque la suite de Laplace se termine dans un sens. — Indication de certains systèmes généraux dont l'intégrale peut être obtenue. — Cas particuliers. — Applications géométriques. — Systèmes de coordonnées curvilignes à lignes conjuguées. — Ces systèmes sont les seuls qui puissent correspondre à d'autres systèmes, les plans tangents aux surfaces coordonnées étant parallèles pour les points correspondants. — Interprétation géométrique des substitutions de Laplace généralisées. — Cas particulier des systèmes triples orthogonaux. — Théorème de M. Combescure. — Démonstration directe de ce théorème. — Application. — Détermination d'une classe de systèmes triples pour lesquels toutes les lignes de courbure sont planes. — En combinant l'inversion avec le théorème de M. Combescure, on peut faire dériver d'un système triple orthogonal une suite illimitée de systèmes analogues. — Détermination des systèmes orthogonaux à lignes de courbure planes dans un seul système. — Détermination des systèmes orthogonaux à lignes de courbure sphériques dans un seul système.

1039. Bien qu'il n'entre pas dans notre plan de faire une étude détaillée et complète des systèmes orthogonaux, nous croyons cependant qu'il sera utile, pour bien saisir les méthodes précédentes, de montrer comment elles peuvent être généralisées et étendues. Nous trouverons ainsi l'occasion de revenir sur les propositions analytiques établies au Livre IV et de montrer qu'elles peuvent être beaucoup développées; que les démonstrations subsistent, presque sans modification, lorsqu'on substitue à une équation linéaire du second ordre certains systèmes du même ordre auxquels doit satisfaire une fonction inconnue de plusieurs variables.

Désignons par $\rho, \rho_1, \rho_2, \ldots, \rho_{n-1}$ un système de n variables indépendantes et envisageons le système des équations

$$(1)\qquad \frac{\partial^2 u}{\partial\rho_i\,\partial\rho_k} = a_{ik}\frac{\partial u}{\partial\rho_k} + a_{ki}\frac{\partial u}{\partial\rho_i},$$

où i et k peuvent prendre deux valeurs différentes quelconques dans la suite $0, 1, 2, \ldots, n-1$; de sorte que le système comprend $\frac{n(n-1)}{2}$ équations simultanées. Nous chercherons en premier lieu les conditions qui sont nécessaires pour qu'il admette, en dehors de la solution évidente $u=1$, n solutions distinctes, linéairement indépendantes.

Pour obtenir ces conditions, nous allons former de trois manières différentes les valeurs des dérivées troisièmes telles que $\frac{\partial^3 u}{\partial\rho_i\,\partial\rho_k\,\partial\rho_l}$ et nous écrirons que ces valeurs sont égales. On trouve, par exemple, en prenant la dérivée de l'équation (1) par rapport à ρ_l, l étant différent de i et de k, et en substituant les valeurs des dérivées secondes qu'introduit cette opération,

$$\begin{aligned}\frac{\partial^3 u}{\partial\rho_i\,\partial\rho_k\,\partial\rho_l} &= \left(\frac{\partial a_{ki}}{\partial\rho_l} + a_{ki}a_{li}\right)\frac{\partial u}{\partial\rho_i}\\ &\quad + \left(\frac{\partial a_{ik}}{\partial\rho_l} + a_{ik}a_{lk}\right)\frac{\partial u}{\partial\rho_k} + (a_{ki}a_{il} + a_{ik}a_{kl})\frac{\partial u}{\partial\rho_l}.\end{aligned}$$

Permutons dans les deux membres les indices k et l, par exemple; le premier membre ne changera pas. Comme, par hypothèse, le système doit admettre n solutions linéairement indépendantes ou, ce qui revient au même, une solution dont les dérivées premières peuvent être choisies arbitrairement pour un système quelconque de valeurs des variables indépendantes, les coefficients des mêmes dérivées du premier ordre devront être égaux dans les deux expressions ainsi obtenues de la dérivée troisième. Cela nous conduit à des relations du type suivant

$$(2)\qquad \frac{\partial a_{ik}}{\partial\rho_l} = a_{il}a_{lk} + a_{li}a_{ik} - a_{ik}a_{lk} \qquad (i \neq k \neq l).$$

Échangeons dans cette relation les indices i et l : le second membre ne change pas. On doit donc avoir

$$\frac{\partial a_{lk}}{\partial\rho_i} = \frac{\partial a_{ik}}{\partial\rho_l};$$

et, par conséquent, a_{ik}, a_{lk} sont les dérivées, par rapport à ρ_i et à ρ_l, d'une même fonction que nous désignerons par $\log H_k$; de sorte que l'on pourra poser

$$(3) \qquad a_{ik} = \frac{1}{H_k}\frac{\partial H_k}{\partial \rho_i} \qquad (i \neq k).$$

L'équation de condition (2) deviendra

$$(4) \qquad \frac{\partial^2 H_k}{\partial \rho_i \partial \rho_l} = \frac{1}{H_i}\frac{\partial H_i}{\partial \rho_l}\frac{\partial H_k}{\partial \rho_i} + \frac{1}{H_l}\frac{\partial H_l}{\partial \rho_i}\frac{\partial H_k}{\partial \rho_l},$$

et le système (1) prendra la forme suivante

$$(5) \qquad \frac{\partial^2 u}{\partial \rho_i \partial \rho_k} - \frac{1}{H_k}\frac{\partial H_k}{\partial \rho_i}\frac{\partial u}{\partial \rho_k} - \frac{1}{H_i}\frac{\partial H_i}{\partial \rho_k}\frac{\partial u}{\partial \rho_i} = 0 \quad \left(\begin{matrix} i \neq k, \\ i, k = 0, 1, 2, \ldots, n-1 \end{matrix}\right).$$

Les relations (4), auxquelles doivent satisfaire les fonctions H_i, sont au nombre de $\frac{n(n-1)(n-2)}{2}$. Nous indiquerons plus loin de nombreux exemples dans lesquels ces relations en si grand nombre sont toutes vérifiées. Dans ce cas le système (5) admettra d'ailleurs, non seulement n solutions particulières linéairement indépendantes, mais aussi une solution générale contenant n fonctions arbitraires d'une seule variable indépendante; c'est-à-dire que, si l'on calcule de proche en proche les dérivées des différents ordres de u pour un système quelconque de valeurs de ρ, ρ_1, ..., ρ_{n-1}, les dérivées de chaque ordre relatives à une seule variable $\frac{\partial^m u}{\partial \rho^m}$, $\frac{\partial^m u}{\partial \rho_1^m}$, ... demeureront toujours arbitraires.

Pour ne pas compliquer la théorie, nous avons laissé de côté les systèmes de la forme

$$(6) \qquad \frac{\partial^2 u}{\partial \rho_i \partial \rho_k} - a_{ik}\frac{\partial u}{\partial \rho_k} - a_{ki}\frac{\partial u}{\partial \rho_i} - b_{ik} u = 0,$$

qui contiennent la fonction inconnue; mais, dès que l'on en connaîtra une solution particulière u', il suffira d'effectuer la substitution

$$u = u'v,$$

pour être ramené à un système en v qui devra admettre la solution $v = 1$ et, par suite, sera de la forme (1). On peut donc dire que, dès qu'un système de la forme précédente admet $n+1$ solutions linéairement indépendantes, il est réductible à la forme (5) et admet une solution contenant n fonctions arbitraires d'une variable.

1040. Si l'on désigne, conformément à une notation déjà employée au Livre IV, par $f_{ik}(u)$ le premier membre de l'équation (5), c'est-à-dire si l'on pose

$$(7)\qquad f_{ik}(u) = \frac{\partial^2 u}{\partial\rho_i\,\partial\rho_k} - \frac{1}{H_k}\frac{\partial H_k}{\partial\rho_i}\frac{\partial u}{\partial\rho_k} - \frac{1}{H_i}\frac{\partial H_i}{\partial\rho_k}\frac{\partial u}{\partial\rho_i},$$

on reconnaîtra aisément que les relations auxquelles doivent satisfaire les H_i s'expriment par la formule simple

$$(8)\qquad f_{ik}(H_l) = 0 \qquad (i \neq k \neq l),$$

D'après la manière même dont on les a obtenues, on voit qu'il y a, entre les symboles f_{ik}, les relations *identiques*

$$(9)\qquad \left\{\begin{aligned} &\frac{\partial f_{ik}(u)}{\partial\rho_l} + \frac{1}{H_k}\frac{\partial H_k}{\partial\rho_l} f_{kl}(u) + \frac{1}{H_i}\frac{\partial H_i}{\partial\rho_k} f_{il}(u) \\ &= \frac{\partial f_{kl}(u)}{\partial\rho_i} + \frac{1}{H_l}\frac{\partial H_l}{\partial\rho_k} f_{li}(u) + \frac{1}{H_k}\frac{\partial H_k}{\partial\rho_l} f_{ki}(u) \\ &= \frac{\partial f_{li}(u)}{\partial\rho_k} + \frac{1}{H_i}\frac{\partial H_i}{\partial\rho_l} f_{ik}(u) + \frac{1}{H_l}\frac{\partial H_l}{\partial\rho_i} f_{lk}(u), \end{aligned}\right.$$

les indices i, k, l étant toujours supposés différents. Ces identités montrent déjà que les relations auxquelles doivent satisfaire les fonctions H ne sont pas essentiellement distinctes.

Elles permettent encore de donner une forme plus précise à un énoncé précédent et de démontrer que, sous les conditions habituelles de continuité pour les coefficients, le système des équations aux dérivées partielles simultanées (5) admet une solution u satisfaisant aux conditions initiales suivantes :

Soient ρ^0, ρ_1^0, ..., ρ_{n-1}^0 un système de valeurs des variables indépendantes. Choisissons n fonctions $f(\rho)$, $f_1(\rho_1)$, ..., $f_{n-1}(\rho_{n-1})$, assujetties à l'unique condition de se réduire à une même constante quand on remplace dans chacune d'elles la variable ρ_i par sa valeur initiale ρ_i^0. Il existera une solution du système (5), et une seule, se réduisant à $f_i(\rho_i)$ lorsque toutes les variables ρ_k autres que ρ_i se réduiront à leurs valeurs initiales ρ_k^0.

Cette proposition est une simple conséquence de celle que nous avons établie au Livre IV, Chap. IV, relativement à une seule équation. Pour plus de netteté, bornons-nous au cas de trois variables indépendantes ρ, ρ_1, ρ_2. La solution cherchée u doit se réduire

$$\begin{array}{lll} \text{à } f(\rho) & \text{pour} & \rho_1 = \rho_1^0, \quad \rho_2 = \rho_2^0, \\ \text{à } f_1(\rho_1) & \text{pour} & \rho = \rho^0, \quad \rho_2 = \rho_2^0, \\ \text{à } f_2(\rho_2) & \text{pour} & \rho = \rho^0, \quad \rho_1 = \rho_1^0. \end{array}$$

Elle sera donc pleinement déterminée, *pour* $\rho_1 = \rho_1^0$, par la condition de satisfaire à l'équation

$$f_{02}(u) = 0,$$

et de se réduire à $f(\rho)$ ou à $f_2(\rho_2)$ suivant que ρ_2 ou ρ prennent les valeurs ρ_2^0 ou ρ^0. Soit u' la fonction, ainsi obtenue, de ρ et de ρ_2.

Pour le même motif, la fonction u sera déterminée, *pour* $\rho = \rho^0$, par la condition de satisfaire à l'équation

$$f_{12}(u) = 0,$$

et de se réduire à $f_1(\rho_1)$ ou à $f_2(\rho_2)$ suivant que ρ_2 ou ρ_1 prennent les valeurs initiales ρ_2^0 ou ρ_1^0. Soit u'' la fonction ainsi obtenue de ρ_1 et de ρ_2.

Cela posé, en vertu même de la proposition que nous venons d'invoquer, la fonction cherchée u sera complètement déterminée par la condition de satisfaire à l'équation

$$(a) \qquad f_{01}(u) = 0,$$

pour toutes les valeurs de ρ, ρ_1, ρ_2, de se réduire à u', pour $\rho_1 = \rho_1^0$, et à u'' pour $\rho = \rho^0$. Il ne reste plus qu'à démontrer que la fonction ainsi obtenue satisfait, pour toutes les valeurs des variables indépendantes, aux deux autres équations

$$f_{02}(u) = 0, \quad f_{12}(u) = 0,$$

qui composent, dans ce cas, le système (5).

Si l'on tient compte de l'équation (a), les identités (9) nous donnent ici les relations

$$(b) \quad \left\{ \begin{aligned} & \frac{1}{H_1} \frac{\partial H_1}{\partial \rho} f_{12}(u) + \frac{1}{H} \frac{\partial H}{\partial \rho_1} f_{02}(u), \\ & = \frac{\partial f_{12}(u)}{\partial \rho} + \frac{1}{H_2} \frac{\partial H_2}{\partial \rho_1} f_{02}(u), \\ & = \frac{\partial f_{10}(u)}{\partial \rho_1} + \frac{1}{H_2} \frac{\partial H_2}{\partial \rho} f_{12}(u), \end{aligned} \right.$$

qui ont lieu pour toutes les valeurs des variables indépendantes.

Ces relations peuvent être envisagées comme des équations aux dérivées partielles du premier ordre auxquelles doivent satisfaire les deux fonctions inconnues $f_{20}(u)$, $f_{21}(u)$. En éliminant, par exemple, $f_{20}(u)$, on sera conduit à une équation de la forme

$$(c) \qquad \frac{\partial^2 f_{12}(u)}{\partial \rho\, \partial \rho_1} + A \frac{\partial f_{12}(u)}{\partial \rho} + B \frac{\partial f_{12}(u)}{\partial \rho_1} + C f_{12}(u) = 0.$$

Recherchons les conditions initiales auxquelles doit satisfaire $f_{12}(u)$. On a d'abord, u se réduisant alors à u'',

$$f_{12}(u) = 0 \qquad \text{pour} \qquad \rho = \rho^0,$$

D'autre part, si l'on fait, dans les identités (b), $\rho_1 = \rho_1^0$, comme on a alors $f_{02}(u) = 0$, il vient

$$\frac{\partial f_{12}(u)}{\partial \rho} = \frac{1}{H_1} \frac{\partial H_1}{\partial \rho} f_{12}(u),$$

et, de là, on déduit

$$f_{12}(u) = H_1 \psi(\rho_2) \qquad \text{pour} \qquad \rho_1 = \rho_1^0.$$

Mais comme $f_{12}(u)$ est nul par hypothèse pour $\rho = \rho^0$, quelles que soient les autres variables, il faudra que l'on ait

$$H_1 \psi(\rho_2) = 0 \qquad \text{pour} \qquad \rho = \rho^0,$$

et, par conséquent, H_1 n'étant pas nul en vertu des conditions de continuité,

$$\psi(\rho_2) = 0.$$

On voit que la fonction $f_{12}(u)$ devra être nulle soit pour $\rho = \rho^0$ soit pour $\rho_1 = \rho_1^0$ et, comme elle doit en outre vérifier l'équation (c), elle sera nécessairement nulle pour toutes les valeurs de ρ, ρ_1, ρ_2.

Le raisonnement fait pour $f_{12}(u)$ se répète évidemment pour $f_{02}(u)$ et l'on voit que la fonction u satisfait aussi à l'équation

$$f_{02}(u) = 0,$$

ce qui achève la démonstration.

1041. Nous ajouterons la remarque suivante relative aux relations entre les H_i. Introduisons les quantités β_{ik} définies par la formule

$$\beta_{ik} = \frac{1}{H_i}\frac{\partial H_k}{\partial \rho_i}. \tag{10}$$

Les relations (4) ou (8) s'exprimeront uniquement au moyen des β_{ik} et prendront la forme simple

$$\frac{\partial \beta_{ik}}{\partial \rho_l} = \beta_{il}\beta_{lk} \qquad (i \neq k \neq l); \tag{11}$$

de sorte que, si l'on pose

$$\beta_{ik}\beta_{ki} = \omega_{ik},$$

il viendra

$$\frac{\partial \omega_{ik}}{\partial \rho_l} = \beta_{ik}\beta_{kl}\beta_{li} + \beta_{ki}\beta_{il}\beta_{lk},$$

et l'on aura, par suite,

$$\frac{\partial \omega_{ik}}{\partial \rho_l} = \frac{\partial \omega_{kl}}{\partial \rho_i} = \frac{\partial \omega_{li}}{\partial \rho_k}.$$

Ces relations permettent d'introduire une fonction V telle que l'on ait

$$\omega_{ik} = \beta_{ik}\beta_{ki} = \frac{\partial^2 V}{\partial \rho_i \, \partial \rho_k}.$$

On peut exprimer tous les β_{ik} en fonction de V, former des équations aux dérivées partielles auxquelles V devra satisfaire; mais nous laisserons de côté tout ce qui concerne cette fonction.

1042. Supposons que l'on ait obtenu d'une manière quelconque un système de la forme (5), pour lequel toutes les conditions d'intégrabilité soient vérifiées, et proposons-nous de rechercher comment on peut l'intégrer.

Nous allons montrer qu'ici encore on peut employer avec succès la substitution de Laplace (n° 330).

Considérons, en effet, l'équation particulière

$$f_{ik}(u) = 0. \tag{12}$$

Si elle était seule et si l'on voulait lui appliquer la substitution de Laplace, il faudrait, par exemple, substituer à u la fonction v, définie par l'équation

$$\frac{\partial u}{\partial \rho_i} = \frac{1}{H_k} \frac{\partial H_k}{\partial \rho_i}(u+v). \tag{13}$$

Si l'on pose alors

$$L_k = \frac{H_k}{H_i}\frac{\partial H_i}{\partial \rho_k} - \frac{H_k^2}{\frac{\partial H_k}{\partial \rho_i}} \frac{\partial^2 \log H_k}{\partial \rho_k \partial \rho_i} = -\frac{H_k}{\frac{\partial H_k}{\partial \rho_i}} f_{ik}(H_k), \tag{14}$$

on aura

$$\frac{\partial v}{\partial \rho_k} = \frac{L_k}{H_k}(u+v), \tag{15}$$

et v satisfera à l'équation

$$\frac{\partial^2 v}{\partial \rho_i \partial \rho_k} - \frac{1}{L_k}\frac{\partial L_k}{\partial \rho_i}\frac{\partial v}{\partial \rho_k} - \frac{1}{L_i}\frac{\partial L_i}{\partial \rho_k}\frac{\partial v}{\partial \rho_i} = 0, \tag{16}$$

où l'on a posé

$$L_i = \frac{H_i H_k}{\frac{\partial H_k}{\partial \rho_i}}. \tag{17}$$

On verra de même que si l'on introduit les quantités $L_{k'}$ définies par les relations

$$L_{k'} = \frac{H_k \frac{\partial H_{k'}}{\partial \rho_i} - H_{k'} \frac{\partial H_k}{\partial \rho_i}}{\frac{\partial H_k}{\partial \rho_i}} \qquad (k' \neq i \neq k), \tag{18}$$

la fonction v satisfera, pour toutes les valeurs distinctes de i' et de k', au système

$$\frac{\partial^2 v}{\partial \rho_{i'} \partial \rho_{k'}} = \frac{1}{L_{i'}}\frac{\partial L_{i'}}{\partial \rho_{k'}}\frac{\partial v}{\partial \rho_{i'}} + \frac{1}{L_{k'}}\frac{\partial L_{k'}}{\partial \rho_{i'}}\frac{\partial v}{\partial \rho_{k'}}, \tag{19}$$

tout semblable au proposé.

Comme on a $\frac{n(n-1)}{2}$ équations, comme chacune fournit deux substitutions, on voit que chaque système de la forme (5) admettra, en général, $n(n-1)$ systèmes dérivés, $n(n-1)$ systèmes *contigus*. De ceux-ci, on pourra en déduire d'autres et continuer, soit indéfiniment, soit au moins jusqu'à ce que l'une des équations qui composent le système ait un de ses deux invariants égal à zéro.

Il y a de nombreuses relations entre toutes les substitutions ainsi obtenues : nous nous contenterons de signaler la propriété suivante :

Si l'on désigne par S_{ik} la substitution définie par la formule (13), l'effet de deux substitutions S_{ik}, $S_{i'k'}$ appliquées successivement ne change pas lorsqu'on échange, soit les deux premiers, soit les deux seconds indices.

1043. Examinons ce qui arrive lorsqu'une des substitutions S_{ik} devient impossible, c'est-à-dire lorsque l'équation d'indices i et k du système (5) a l'un de ses invariants nuls. Pour plus de simplicité, nous nous bornerons au cas de trois variables ρ, ρ_1, ρ_2, qui se présentera seul dans les applications.

Considérons l'équation

$$(20) \qquad f_{12}(u) = \frac{\partial^2 u}{\partial\rho_1\,\partial\rho_2} - \frac{1}{H_1}\frac{\partial H_1}{\partial\rho_2}\frac{\partial u}{\partial\rho_1} - \frac{1}{H_2}\frac{\partial H_2}{\partial\rho_1}\frac{\partial u}{\partial\rho_2} = 0,$$

et supposons que son invariant

$$-\frac{\partial^2 \log H_1}{\partial\rho_1\,\partial\rho_2} + \frac{1}{H_1}\frac{\partial H_1}{\partial\rho_2}\frac{1}{H_2}\frac{\partial H_2}{\partial\rho_1}$$

soit nul. Cela se traduira par la relation

$$(21) \qquad f_{12}(H_1) = 0.$$

On a déjà

$$f_{02}(H_1) = 0.$$

Si donc nous substituons H_1 à la place de u dans les identités (9) où l'on remplacera par 0, 1, 2 les indices différents i, k, l, il viendra

$$\frac{1}{H_1}\frac{\partial H_1}{\partial \rho_2}f_{01}(H_1) = \frac{1}{H}\frac{\partial H}{\partial \rho_2}f_{01}(H_1) = \frac{\partial}{\partial \rho_2}f_{01}(H_1).$$

On déduit donc de là, soit

(22) $$f_{01}(H_1) = 0,$$

soit

(23) $$\frac{1}{H_1}\frac{\partial H_1}{\partial \rho_2} = \frac{1}{H}\frac{\partial H}{\partial \rho_2}.$$

Envisageons d'abord la première hypothèse : H_1 est alors une solution des trois équations qui composent le système; si l'on effectue la substitution

$$u = H_1 v,$$

on aura un système tout semblable au proposé, mais dans lequel, H_2 et H_3 étant remplacés par de nouvelles fonctions, H_1 serait fait égal à l'unité. Introduisons donc, pour ne pas changer de notations, cette hypothèse directement dans le système proposé. La première et la troisième équation s'intégreront à vue et nous donneront

$$\frac{\partial u}{\partial \rho_2} = H_2 S_1, \qquad \frac{\partial u}{\partial \rho} = H T_1,$$

S_1 et T_1 étant des fonctions qui ne dépendent pas de ρ_1. Portant successivement les valeurs de $\frac{\partial u}{\partial \rho}$, $\frac{\partial u}{\partial \rho_2}$ dans la seconde équation, nous trouverons

$$\frac{\partial S_1}{\partial \rho} = \frac{1}{H_2}\frac{\partial H}{\partial \rho_2}T_1, \qquad \frac{\partial T_1}{\partial \rho_2} = \frac{1}{H}\frac{\partial H_2}{\partial \rho}S_1.$$

Il est clair que ces équations ne peuvent fournir des valeurs de S_1 et de T_1 indépendantes de ρ_1 que si l'on a

$$\frac{\partial H}{\partial \rho_2} = H_2 A_1, \qquad \frac{\partial H_2}{\partial \rho} = H B_1,$$

A_1 et B_1 ne dépendant nullement de ρ_1. Alors S_1 et T_1 se détermineront par le système

$$\frac{\partial S_1}{\partial \rho} = A_1 T_1, \qquad \frac{\partial T_1}{\partial \rho_2} = B_1 S_1,$$

qui ne contient que *deux* variables indépendantes. Puis on aura

$$(24)\qquad u = \int (\mathrm{HT}_1\, d\rho + \mathrm{H}_2\mathrm{S}_1\, d\rho_2) + f(\rho_1).$$

1044. Examinons maintenant la seconde hypothèse, celle où l'on a

$$\frac{1}{\mathrm{H}_1}\frac{\partial \mathrm{H}_1}{\partial \rho_2} = \frac{1}{\mathrm{H}}\frac{\partial \mathrm{H}}{\partial \rho_2},$$

ce qui donne

$$\frac{\mathrm{H}_1}{\mathrm{H}} = \mathrm{R}_2,$$

R_2 ne dépendant pas de ρ_2. Si nous faisons la substitution

$$u = \mathrm{H}_1 v,$$

nos trois équations deviendront

$$f_{12}(\mathrm{H}_1 v) = \frac{\partial}{\partial \rho_1}\left(\mathrm{H}_1 \frac{\partial v}{\partial \rho_2}\right) - \frac{1}{\mathrm{H}_2}\frac{\partial \mathrm{H}_2}{\partial \rho_1}\mathrm{H}_1\frac{\partial v}{\partial \rho_2} = 0,$$

$$f_{02}(\mathrm{H}_1 v) = \frac{\partial}{\partial \rho}\left(\mathrm{H}_1 \frac{\partial v}{\partial \rho_2}\right) - \frac{1}{\mathrm{H}_2}\frac{\partial \mathrm{H}_2}{\partial \rho}\mathrm{H}_1\frac{\partial v}{\partial \rho_2} = 0,$$

$$f_{01}(\mathrm{H}_1 v) = \mathrm{H}_1\frac{\partial^2 v}{\partial \rho\,\partial \rho_1} + \mathrm{H}_1\frac{\partial \log \mathrm{R}_2}{\partial \rho_1}\frac{\partial v}{\partial \rho} + v f_{01}(\mathrm{H}_1) = 0.$$

Mais les identités (9) nous donnent ici la relation, déjà écrite plus haut,

$$\frac{\partial f_{01}(\mathrm{H}_1)}{\partial \rho_2} = f_{01}(\mathrm{H}_1)\frac{1}{\mathrm{H}_1}\frac{\partial \mathrm{H}_1}{\partial \rho_2},$$

d'où l'on déduit, en intégrant,

$$f_{01}(\mathrm{H}_1) = \mathrm{H}_1\mathrm{S}_2,$$

S_2 étant de même définition que R_2, c'est-à-dire ne contenant pas ρ_2. Les deux premières équations en v admettent l'intégrale générale

$$\mathrm{H}_1\frac{\partial v}{\partial \rho_2} = a_2\mathrm{H}_2,$$

où a_2 dépend *exclusivement* de ρ_2. En intégrant, on déduit de là

$$v = \int_{\alpha}^{\rho_2}\frac{a_2\mathrm{H}_2}{\mathrm{H}_1}\,d\rho_2 + \mathrm{U}_2,$$

U_2 étant indépendant de ρ_2 comme S_2 et T_2, et α désignant une constante quelconque. Comme on a

$$f_{01}(H_2) = 0,$$

l'équation

$$f_{01}(H_1 v) = 0$$

admet la solution définie par la formule

$$H_1 v = H_2;$$

et comme, après la division par H_1, ses coefficients sont ramenés à ne plus contenir ρ_2, elle admet aussi l'intégrale

$$\int_\alpha^{\rho_2} \frac{a_2 H_2}{H_1} d\rho_2.$$

Donc la solution générale du système proposé sera définie par la formule

$$(25) \qquad v = \int_\alpha^{\rho_2} \frac{a_2 H_2}{H_1} d\rho_2 + U_2,$$

U_2 étant déterminée par la condition de vérifier l'équation

$$(26) \qquad \frac{f_{01}(U_2 H_1)}{H_1} = \frac{\partial^2 U_2}{\partial\rho\,\partial\rho_1} + \frac{\partial \log R_2}{\partial\rho_1}\frac{\partial U_2}{\partial\rho} + S_2 U_2 = 0,$$

où R_2 et S_2 sont deux fonctions connues de ρ et de ρ_1.

1045. La théorie complète des systèmes d'équations aux dérivées partielles précédents nous entraînerait trop loin. Nous nous contenterons de signaler rapidement le cas où la solution générale se présente sous la forme la plus simple et la plus utile pour les applications.

Pour plus de netteté, et comme la méthode est la même dans tous les cas, nous supposerons le nombre des variables égal à 3.

Supposons qu'on ait obtenu par un moyen quelconque un système d'équations aux dérivées partielles

$$(27) \qquad \frac{\partial^2 u}{\partial\rho_i\,\partial\rho_k} - a_{ik}\frac{\partial u}{\partial\rho_i} - a_{ki}\frac{\partial u}{\partial\rho_k} - b_{ik} u = 0 \qquad \begin{matrix}(i \neq k),\\ (i, k = 0, 1, 2),\end{matrix}$$

pour lequel les conditions d'intégrabilité soient satisfaites et dont on ait déterminé l'intégrale générale u. Considérons une expression de la forme suivante

$$(28)\quad \left\{ \begin{aligned} Z = A u + A_1 \frac{\partial u}{\partial \rho} + \ldots + A_m \frac{\partial^m u}{\partial \rho^m} \\ + B_1 \frac{\partial u}{\partial \rho_1} + \ldots + B_n \frac{\partial^n u}{\partial \rho_1^n} + C_1 \frac{\partial u}{\partial \rho_2} + \ldots + C_p \frac{\partial^p u}{\partial \rho_2^p}, \end{aligned} \right.$$

dont nous déterminerons les coefficients par la condition que Z s'annule quand on y remplace l'intégrale générale u par des intégrales particulières, linéairement indépendantes, du système proposé, en nombre égal à

$$m + n + p.$$

Nous aurons l'équivalent des expressions (m, n) considérées au Chapitre VIII du Livre IV. La démonstration donnée au n° 399 montrera ici que Z est l'intégrale d'un système tout pareil au proposé (27).

Il y a là, on le voit, un moyen très général de faire dériver de tout système que l'on sait intégrer une suite illimitée d'autres systèmes dont l'intégration se rattache à celle du premier.

Supposons, par exemple, que le système proposé soit constitué par les trois équations

$$\frac{\partial^2 u}{\partial \rho_i \partial \rho_k} = 0.$$

En choisissant l'unité parmi les solutions particulières qui doivent annuler Z, on sera conduit à introduire le déterminant suivant :

$$(29)\quad \Delta = \begin{vmatrix} R & R' & \ldots & R^{(m)} & R_1 & R'_1 & \ldots & R_1^{(n)} & R_2 & \ldots & R_2^{(p)} \\ r & r' & \ldots & r^{(m)} & r_1 & r'_1 & \ldots & r_1^{(n)} & r_2 & \ldots & r_2^{(p)} \\ s & s' & \ldots & \ldots & s_1 & \ldots & \ldots & \ldots & s_2 & \ldots & \ldots \\ \cdot & \cdot\cdot & \ldots & \ldots & \cdot\cdot & \cdot\cdot & \ldots & \ldots & \cdot\cdot & \ldots & \ldots \\ w & w' & \ldots & w^{(m)} & w_1 & w'_1 & \ldots & w_1^{(n)} & w_2 & \ldots & w_2^{(p)} \end{vmatrix},$$

où $r_i, s_i, \ldots, w_i$ sont des fonctions *données* de la variable ρ_i tandis que l'on désigne par R, R_1, R_2 des fonctions *arbitraires* de la variable de même indice. Ce déterminant Δ sera l'intégrale générale d'un système analogue au système (27). On peut d'ailleurs le démontrer directement en répétant le raisonnement du n° 340.

Les équations aux dérivées partielles auxquelles satisfait Δ admettent les solutions particulières

$$\frac{\partial \Delta}{\partial R}, \quad \frac{\partial \Delta}{\partial R_1}, \quad \frac{\partial \Delta}{\partial R_2},$$

obtenues en donnant à l'une des fonctions arbitraires R, R_1, R_2 la valeur 1, et aux deux autres la valeur zéro. On pourra donc, par exemple, par la substitution

$$\Delta = \frac{\partial \Delta}{\partial R} U, \tag{30}$$

obtenir pour U un système d'équations aux dérivées partielles ne contenant plus la fonction U.

1046. Parmi les cas particuliers les plus intéressants, on peut signaler les suivants :

L'expression

$$u = \frac{R}{(\rho - \rho_1)(\rho - \rho_2)} + \frac{R_1}{(\rho_1 - \rho)(\rho_1 - \rho_2)} + \frac{R_2}{(\rho_2 - \rho)(\rho_2 - \rho_1)}, \tag{31}$$

où R_i dépend de la seule variable ρ_i, est l'intégrale générale du système

$$(\rho_i - \rho_k)\frac{\partial^2 u}{\partial \rho_i \, \partial \rho_k} = \frac{\partial u}{\partial \rho_i} - \frac{\partial u}{\partial \rho_k} \qquad (i, k = 0, 1, 2). \tag{32}$$

Si l'on différentie ces équations $m - 1$ fois par rapport à ρ, $m_1 - 1$ fois par rapport à ρ_1, $m_2 - 1$ fois par rapport à ρ_2, on verra que

$$v = \frac{\partial^{m+m_1+m_2-3} u}{\partial \rho^{m-1} \, \partial \rho_1^{m_1-1} \, \partial \rho_2^{m_2-1}}$$

est l'intégrale générale du système

$$(\rho_i - \rho_k)\frac{\partial^2 v}{\partial \rho_i \, \partial \rho_k} = m_k \frac{\partial v}{\partial \rho_i} - m_i \frac{\partial v}{\partial \rho_k} \qquad (i, k = 0, 1, 2), \tag{33}$$

dont nous allons dire quelques mots, en attribuant maintenant des valeurs *quelconques* aux coefficients m_i.

D'abord le système admet, pour toutes les valeurs de h, la solution particulière

$$(34)\qquad v = (\rho + h)^{-m}(\rho_1 + h)^{-m_1}(\rho_2 + h)^{-m_2},$$

et, sous ce point de vue, il se rattache au suivant

$$(35)\qquad (r_i - r_k)\frac{\partial^2 u}{\partial\rho_i\,\partial\rho_k} = \frac{\partial u}{\partial\rho_k} - \frac{\partial u}{\partial\rho_i}\qquad (i, k = 0, 1, 2),$$

où r_i dépend de la seule variable ρ_i, et auquel se ramènent tous ceux pour lesquels il existe une infinité de solutions particulières formées du produit de trois fonctions qui dépendent, chacune, d'une seule des variables ρ, ρ_1, ρ_2. Ces solutions particulières ont d'ailleurs pour expression générale

$$(36)\qquad u = e^{\int\frac{d\rho}{r+h} + \int\frac{d\rho_1}{r_1+h} + \int\frac{d\rho_2}{r_2+h}},$$

la constante h pouvant recevoir des valeurs quelconques.

En second lieu, les substitutions définies plus haut (n° **1042**) transforment le système (33) en un système analogue, où l'un des coefficients est augmenté et un autre diminué d'une unité. Cette remarque facilite beaucoup l'intégration.

Enfin ici encore on peut démontrer, en généralisant la remarque de M. Appell (n° **349**), que si

$$u = f(\rho, \rho_1, \rho_2)$$

est une solution quelconque du système, on pourra en déduire la solution plus générale

$$(c\rho + d)^{-m}(c\rho_1 + d)^{-m_1}(c\rho_2 + d)^{-m_2} f\left(\frac{a\rho + b}{c\rho + d}, \frac{a\rho_1 + b}{c\rho_1 + d}, \frac{a\rho_2 + b}{c\rho_2 + d}\right),$$

a, b, c, d désignant des constantes quelconques.

1047. Nous n'insisterons pas davantage sur la théorie analytique; les applications géométriques que nous allons étudier nous fourniront d'ailleurs les moyens d'obtenir un grand nombre de systèmes intégrables de la forme que nous étudions ici.

D'après le théorème de Dupin, qui constitue certainement la propriété géométrique la plus importante des systèmes triples orthogonaux, deux surfaces quelconques appartenant à deux familles différentes d'un système orthogonal se coupent suivant une ligne de courbure commune; de sorte que les courbes suivant lesquelles chaque surface est coupée par celles qui appartiennent à d'autres familles y forment un réseau conjugué. Proposons-nous, d'une manière générale, de trouver tous les systèmes de coordonnées curvilignes pour lesquels les lignes d'intersection des surfaces appartenant à des familles différentes tracent sur chaque surface un réseau conjugué. Si nous désignons encore par ρ, ρ_1, ρ_2 les paramètres des trois familles de surfaces qui composent le système cherché, les coordonnées cartésiennes x, y, z d'un point de l'espace, considérées comme fonctions de ρ, ρ_1, ρ_2, devront être des solutions particulières d'un système de la forme suivante

$$(37) \qquad \frac{\partial^2 u}{\partial \rho_i \, \partial \rho_k} = a_{ik} \frac{\partial u}{\partial \rho_k} + a_{ki} \frac{\partial u}{\partial \rho_k}; \qquad \begin{pmatrix} i, k = 0, 1, 2 \\ i \neq k \end{pmatrix}$$

et cette condition, qui est nécessaire, sera d'ailleurs suffisante.

Or, pour qu'un système de la forme précédente puisse admettre trois solutions x, y, z linéairement indépendantes, il faut nécessairement qu'il soit réductible à la forme déjà indiquée

$$(38) \qquad \frac{\partial^2 u}{\partial \rho_i \, \partial \rho_k} - \frac{1}{H_i} \frac{\partial H_i}{\partial \rho_k} \frac{\partial u}{\partial \rho_i} - \frac{1}{H_k} \frac{\partial H_k}{\partial \rho_i} \frac{\partial u}{\partial \rho_k} = 0,$$

où les fonctions H, H_1, H_2 vérifieront les conditions d'intégrabilité (4) ou (8).

Ces systèmes particuliers, formés de surfaces se coupant suivant des lignes conjuguées, ont des propriétés géométriques qui les distinguent de tous les autres systèmes de coordonnées curvilignes et dont nous allons dire quelques mots.

Étant donné un système de coordonnées curvilignes, défini par trois familles de surfaces, cherchons s'il en existe un autre, tel que les surfaces coordonnées se correspondent mutuellement dans les deux systèmes et qu'elles aient, de plus, leurs plans tangents parallèles aux points correspondants. En d'autres termes, x, y, z étant les fonctions de ρ, ρ_1, ρ_2 qui définissent le premier système de coordonnées curvilignes, cherchons si l'on peut déterminer trois fonctions $\lambda, \lambda_1, \lambda_2$ telles que les expressions

$$\lambda \frac{\partial x}{\partial \rho} d\rho + \lambda_1 \frac{\partial x}{\partial \rho_1} d\rho_1 + \lambda_2 \frac{\partial x}{\partial \rho_2} d\rho_2,$$

$$\lambda \frac{\partial y}{\partial \rho} d\rho + \lambda_1 \frac{\partial y}{\partial \rho_1} d\rho_1 + \lambda_2 \frac{\partial y}{\partial \rho_2} d\rho_2,$$

$$\lambda \frac{\partial z}{\partial \rho} d\rho + \lambda_1 \frac{\partial z}{\partial \rho_1} d\rho_1 + \lambda_2 \frac{\partial z}{\partial \rho_2} d\rho_2$$

soient des différentielles exactes dx_1, dy_1, dz_1. S'il en est ainsi, x_1, y_1, z_1, considérées comme fonctions de ρ, ρ_1, ρ_2, définiront bien un système de coordonnées curvilignes jouissant de la propriété indiquée. Or les conditions d'intégrabilité des équations précédentes montrent immédiatement que x, y, z doivent être des solutions particulières d'un système d'équations aux dérivées partielles de la forme (37), ce qui permet d'énoncer la proposition suivante :

Pour que deux systèmes de coordonnées curvilignes puissent se correspondre de telle manière que chaque surface du premier système corresponde à une surface du second et qu'aux points correspondants les plans tangents aux trois surfaces homologues aient la même direction dans les deux systèmes, il est nécessaire que les surfaces de chaque système se coupent mutuellement suivant des familles de lignes formant sur chacune d'elles un réseau conjugué (¹).

1048. Du reste cette condition, qui est nécessaire, *est aussi suffisante*. On le reconnaît aisément en effectuant la transformation suivante. Étant donnée une solution quelconque u du système (38), introduisons les trois quantités U_i définies par la formule

$$\frac{\partial u}{\partial \rho_i} = H_i U_i, \tag{39}$$

(¹) Cette proposition résulte aussi de considérations géométriques très simples. Soient, en effet, M, M' les points correspondants dans les deux systèmes. Si l'on attribue à ρ une valeur déterminée, ces points décrivent deux surfaces dont les plans tangents sont parallèles. Sur ces surfaces, les courbes de paramètres ρ_1 et ρ_2 ont leurs tangentes parallèles; donc elles forment un système conjugué.

le système (38) pourra être remplacé par les *six* équations suivantes

$$\frac{\partial U_i}{\partial \rho_k} = \beta_{ik} U_k \qquad (i \neq k), \tag{40}$$

les β_{ik} étant les quantités déjà introduites et définies par la formule

$$\beta_{ik} = \frac{1}{H_i} \frac{\partial H_k}{\partial \rho_i}. \tag{41}$$

On a vu qu'elles satisfont aux équations comprises dans la formule unique (11), que l'on retrouverait ici en écrivant les conditions d'intégrabilité du système (40).

D'après cela, aux coordonnées x, y, z, solutions particulières du système (38), correspondent, par les formules (39), des quantités X_i, Y_i, Z_i telles que l'on ait

$$\left\{\begin{aligned} dx &= HX\,d\rho + H_1 X_1\,d\rho_1 + H_2 X_2\,d\rho_2, \\ dy &= HY\,d\rho + H_1 Y_1\,d\rho_1 + H_2 Y_2\,d\rho_2, \\ dz &= HZ\,d\rho + H_1 Z_1\,d\rho_1 + H_2 Z_2\,d\rho_2. \end{aligned}\right. \tag{42}$$

Or, si l'on peut, en changeant les valeurs des fonctions H, H_1, H_2, conserver les mêmes valeurs aux fonctions β_{ik}, qui figurent seules dans le système (40), il est clair que, dans les formules précédentes, on pourra conserver les neuf quantités X_i, Y_i, Z_i avec d'autres expressions de H, H_1, H_2, ce qui donnera de nouvelles fonctions x', y', z', définies par des formules telles que les suivantes

$$\left\{\begin{aligned} dx' &= H'X\,d\rho + H'_1 X_1\,d\rho_1 + H'_2 X_2\,d\rho_2, \\ dy' &= H'Y\,d\rho + H'_1 Y_1\,d\rho_1 + H'_2 Y_2\,d\rho_2, \\ dz' &= H'Z\,d\rho + H'_1 Z_1\,d\rho_1 + H'_2 Z_2\,d\rho_2, \end{aligned}\right. \tag{43}$$

et qui détermineront évidemment un nouveau système de coordonnées curvilignes satisfaisant à la condition demandée.

Tout se réduit donc à faire voir qu'il y a une infinité de systèmes de valeurs des H_i satisfaisant aux équations (41), où l'on considérera les β_{ik} comme des fonctions données et connues. Or on reconnaît très aisément que ce système admet des intégrales contenant trois fonctions arbitraires d'une variable. Au reste, on peut établir ce résultat en le ramenant, d'une infinité de manières, à la forme étudiée dans ce Chapitre. Car si l'on désigne par U, U_1, U_2 un système *quelconque* de solutions des équations (40), on reconnaîtra aisément que l'on a le droit, en introduisant une fonction auxiliaire θ, de poser

$$(44) \qquad H_i U_i = \frac{\partial\theta}{\partial\rho_i};$$

et alors la fonction θ à laquelle se trouve ainsi ramenée la détermination des H_i devra satisfaire aux trois équations

$$(45) \qquad \frac{\partial^2\theta}{\partial\rho_i\,\partial\rho_k} - \frac{1}{U_k}\frac{\partial U_k}{\partial\rho_i}\frac{\partial\theta}{\partial\rho_k} - \frac{1}{U_i}\frac{\partial U_i}{\partial\rho_k}\frac{\partial\theta}{\partial\rho_i} = 0,$$

pour lesquelles les conditions d'intégrabilité seront vérifiées.

En résumé, on peut énoncer la proposition suivante :

Toutes les fois que l'on aura des fonctions β_{ik} satisfaisant aux équations (11), *l'intégration des systèmes* (40) *et* (41), *si elle est possible, donnera, avec douze fonctions arbitraires d'une variable, des systèmes de coordonnées curvilignes à lignes conjuguées.*

Si trois familles de surfaces se coupent suivant des lignes conjuguées, il existe d'autres systèmes de coordonnées curvilignes, dépendant de trois fonctions arbitraires d'une seule variable, correspondant point par point, surface par surface, au système proposé et tels qu'aux points correspondants les plans tangents aux surfaces correspondantes soient parallèles.

1049. On peut signaler encore d'autres propriétés géométriques se rapportant aux systèmes à lignes conjuguées. Associons au système proposé celui qui est défini par les fonctions x_1, y_1, z_1 satisfaisant aux trois équations

$$(46) \qquad \left\{ \begin{aligned} x_1\frac{\partial x}{\partial\rho} + y_1\frac{\partial y}{\partial\rho} + z_1\frac{\partial z}{\partial\rho} &= \frac{\partial\theta}{\partial\rho}, \\ x_1\frac{\partial x}{\partial\rho_1} + y_1\frac{\partial y}{\partial\rho_1} + z_1\frac{\partial z}{\partial\rho_1} &= \frac{\partial\theta}{\partial\rho_1}, \\ x_1\frac{\partial x}{\partial\rho_2} + y_1\frac{\partial y}{\partial\rho_2} + z_1\frac{\partial z}{\partial\rho_2} &= \frac{\partial\theta}{\partial\rho_2}, \end{aligned} \right.$$

où θ est une solution quelconque des équations (38). Si l'on tient compte de ces équations, on verra aisément que l'on peut déduire, par la différentiation des formules précédentes, toutes les relations comprises dans la formule suivante

$$(47) \qquad \frac{\partial x_1}{\partial \rho_i}\frac{\partial x}{\partial \rho_k}+\frac{\partial y_1}{\partial \rho_i}\frac{\partial y}{\partial \rho_k}+\frac{\partial z_1}{\partial \rho_i}\frac{\partial z}{\partial \rho_k}=0 \qquad (i \neq k).$$

Ces relations expriment évidemment qu'aux points correspondants des deux systèmes les plans tangents aux surfaces coordonnées forment deux trièdres supplémentaires. Comme, en faisant varier la fonction θ, on obtient une infinité de systèmes (x_1, y_1, z_1) pour lesquels les plans tangents sont toujours parallèles en vertu même de la propriété précédente, on voit que, dans chacun de ces nouveaux systèmes (x_1, y_1, z_1), les surfaces coordonnées se coupent aussi suivant des lignes conjuguées.

Chacune des équations (46) représente le plan tangent à l'une des trois surfaces coordonnées, comme on s'en assure aisément en cherchant l'enveloppe de ce plan.

1050. On peut démontrer que les systèmes définis par les équations (46) sont les plus généraux parmi ceux qui correspondent au système proposé de la manière indiquée; c'est-à-dire de telle manière que toutes les équations (47) soient vérifiées. En effet, s'il en est ainsi, les plans tangents aux surfaces qui composent le système cherché seront évidemment définis par trois équations telles que les suivantes

$$(48) \qquad \left\{\begin{aligned} X\frac{\partial x}{\partial \rho}+Y\frac{\partial y}{\partial \rho}+Z\frac{\partial z}{\partial \rho}&=\lambda,\\ X\frac{\partial x}{\partial \rho_1}+Y\frac{\partial y}{\partial \rho_1}+Z\frac{\partial z}{\partial \rho_1}&=\lambda_1,\\ X\frac{\partial x}{\partial \rho_2}+Y\frac{\partial y}{\partial \rho_2}+Z\frac{\partial z}{\partial \rho_2}&=\lambda_2.\end{aligned}\right.$$

Si l'on différentie la première équation par rapport à ρ_1, on sera conduit, en tenant compte des équations (38) et (48), à l'identité

$$\frac{\partial \lambda}{\partial \rho_1}=\frac{1}{H_1}\frac{\partial H_1}{\partial \rho}\lambda_1+\frac{1}{H}\frac{\partial H}{\partial \rho_1}\lambda,$$

qui, jointe aux identités analogues, nous donne

$$\frac{\partial \lambda}{\partial \rho_1}=\frac{\partial \lambda_1}{\partial \rho}, \qquad \frac{\partial \lambda}{\partial \rho_2}=\frac{\partial \lambda_2}{\partial \rho}, \qquad \frac{\partial \lambda_1}{\partial \rho_2}=\frac{\partial \lambda_2}{\partial \rho_1}.$$

On peut donc prendre pour λ, λ_1, λ_2 les dérivées d'une même fonction θ; et cette fonction devra satisfaire aux équations (38). On retrouve donc bien les formules (46).

1051. Ces nouveaux systèmes donnent naissance à une équation identique de la forme suivante :

$$(49) \qquad dx_1\,\delta x + dy_1\,\delta y + dz_1\,\delta z = \mathrm{A}\,d\rho\,\delta\rho + \mathrm{B}\,d\rho_1\,\delta\rho_1 + \mathrm{C}\,d\rho_2\,\delta\rho_2.$$

Le plan défini par l'équation

$$(50) \qquad \mathrm{X}x + \mathrm{Y}y + \mathrm{Z}z = 0,$$

où X, Y, Z désignent des coordonnées courantes, donne lieu aux propriétés suivantes.

Suivant qu'on y fait varier ρ_1 et ρ_2, ou ρ et ρ_2, ou encore ρ et ρ_1, il enveloppe trois surfaces différentes et a, par suite, trois points de contact distincts. Pour chacun de ces points de contact, on connaît deux tangentes conjuguées de la surface correspondante : ce sont les droites qui le joignent aux deux autres points de contact. Les trois côtés du triangle formé par les points de contact sont dans les plans tangents aux trois surfaces coordonnées du système (x_1, y_1, z_1). Si, donc, on prend le pôle du plan précédent relativement à une quadrique quelconque, on obtient un nouveau système de coordonnées curvilignes à lignes conjuguées.

1052. Ajoutons que les systèmes à lignes conjuguées permettent d'interpréter très simplement les six substitutions définies au n° 1042. Si l'on considère au point $\mathrm{M}(x, y, z)$ la tangente à la courbe d'intersection de deux surfaces coordonnées, par exemple de celles de paramètres ρ_1 et ρ_2, cette droite engendre trois congruences différentes suivant que l'on fait varier ρ_1 et ρ_2, ou ρ et ρ_2, ou ρ_1 et ρ.

Ces trois congruences ne donnent sur la droite que *trois* points focaux. Par exemple, si l'on fait varier ρ et ρ_2, c'est-à-dire si la droite se déplace en restant tangente à la surface (ρ_1), les points focaux sont le point M et un autre point M_2. Si la droite demeure tangente à la surface (ρ_2), les points focaux sont M et un autre point M_1 ; mais alors, si le point de contact de la droite décrit la surface (ρ), les points focaux sont M_1 et M_2. Les formules par lesquelles on passe de M aux points M_1, M_2 correspondent précisément à deux des substitutions du n° 1042. D'ailleurs, la relation établie ainsi entre M et M_1, ou entre M et M_2, fait dériver du système proposé un autre système à lignes conjuguées correspondant, point par point, surface par surface, au système donné.

1053. On pourrait ici étudier, en suivant les méthodes analytiques du Livre IV, et plus particulièrement du Chapitre VIII, les relations que présentent tous les systèmes d'équations aux dérivées partielles analogues au système (5) et relatifs aux différents systèmes de coordonnées curvilignes qui sont rattachés les uns aux autres par les propositions géométriques précédentes.

Nous réserverons cette discussion pour le cas, plus important et plus simple, où les systèmes deviennent orthogonaux.

Ici les deux séries de systèmes dérivés considérées aux n°s 1047, 1049 se ramènent à une seule et l'on peut évidemment énoncer la proposition suivante :

Étant donné un système triple orthogonal, pour obtenir tout autre système triple admettant la même représentation sphérique, c'est-à-dire tel que les surfaces coordonnées se correspondent une à une dans les deux systèmes et qu'aux points correspondants les plans tangents aux surfaces homologues soient parallèles, il faudra former le système des trois équations linéaires de la forme (38) *auxquelles satisfont les coordonnées x, y, z considérées comme fonctions de ρ, ρ_1, ρ_2. Si Ω désigne la solution la plus générale de ce système, les équations*

$$(51)\qquad \left\{\begin{aligned} x_1\frac{\partial x}{\partial\rho}+y_1\frac{\partial y}{\partial\rho}+z_1\frac{\partial z}{\partial\rho}&=\frac{\partial\Omega}{\partial\rho},\\ x_1\frac{\partial x}{\partial\rho_1}+y_1\frac{\partial y}{\partial\rho_1}+z_1\frac{\partial z}{\partial\rho_1}&=\frac{\partial\Omega}{\partial\rho_1},\\ x_1\frac{\partial x}{\partial\rho_2}+y_1\frac{\partial y}{\partial\rho_2}+z_1\frac{\partial z}{\partial\rho_2}&=\frac{\partial\Omega}{\partial\rho_2}\end{aligned}\right.$$

définiront le système cherché.

Le système primitif correspond au cas où l'on prend pour Ω la solution

$$u = \frac{x^2 + y^2 + z^2}{2},$$

qui, nous l'avons vu (nos **147**, **148**), vérifie, dans ce cas *et dans ce cas seulement*, les trois équations (38).

1054. On peut encore établir comme il suit la proposition précédente.

Reprenons les quantités déjà introduites

$$(52) \qquad U_i = \frac{1}{H_i} \frac{\partial u}{\partial \rho_i},$$

où u désigne, conformément à la notation de Lamé, une quelconque des coordonnées x, y, z. Les neuf quantités ainsi définies sont évidemment les cosinus directeurs des normales aux surfaces qui composent le système orthogonal; par exemple, X_i, Y_i, Z_i définissent la direction de la normale à la surface de paramètre ρ_i. Par suite, dans le cas spécial que nous envisageons, il faut introduire la relation nouvelle

$$(53) \qquad U^2 + U_1^2 + U_2^2 = 1,$$

entre les trois cosinus, ce qui va nous conduire à de nouvelles relations différentielles, venant s'ajouter aux suivantes

$$(54) \qquad \frac{\partial U_i}{\partial \rho_k} = U_k \beta_{ik} \qquad (i \neq k),$$

déjà établies plus haut (n° **1048**). Si l'on différentie, en effet, la relation (53) en tenant compte de celles que nous venons de rappeler, on sera conduit à une relation du type suivant

$$(55) \qquad \frac{\partial U_i}{\partial \rho_i} = - U_k \beta_{ki} - U_l \beta_{li} \qquad (i \neq k \neq l).$$

Ces nouvelles relations donnent naissance elles-mêmes à de nouvelles conditions d'intégrabilité; et, en égalant les deux valeurs de $\frac{\partial^2 U_i}{\partial \rho_i \partial \rho_k}$ que l'on peut déduire des formules (54) et (55), on est conduit à trois relations différentielles

$$(56) \qquad \frac{\partial \beta_{ik}}{\partial \rho_i} + \frac{\partial \beta_{ki}}{\partial \rho_k} + \beta_{li} \beta_{lk} = 0 \qquad (i \neq k \neq l),$$

qui viennent s'ajouter aux suivantes

$$\frac{\partial \beta_{ik}}{\partial \rho_l} = \beta_{il}\beta_{lk}, \qquad (i \neq k \neq l), \tag{57}$$

déjà démontrées plus haut.

Cela posé, on peut reprendre la démonstration du n° **1048**. Si, conservant tous les U_i, on calcule de nouvelles quantités H_i satisfaisant aux équations

$$\frac{\partial H_k}{\partial \rho_i} = H_i \beta_{ik} \qquad (i \neq k), \tag{58}$$

on obtiendra de nouveaux systèmes triples orthogonaux ayant même représentation sphérique que le système proposé ([1]).

1055. Revenons à notre première démonstration. On peut en déduire très simplement les formules propres à définir le nouveau système orthogonal. Si l'on introduit, en effet, les notations de Lamé déjà employées (n° **672**) pour des invariants analogues et si l'on pose

$$\left\{\begin{aligned} \Delta\theta &= \left(\frac{1}{H}\frac{\partial \theta}{\partial \rho}\right)^2 + \left(\frac{1}{H_1}\frac{\partial \theta}{\partial \rho_1}\right)^2 + \left(\frac{1}{H_2}\frac{\partial \theta}{\partial \rho_2}\right)^2, \\ \Delta(\theta, \theta_1) &= \frac{1}{H^2}\frac{\partial \theta}{\partial \rho}\frac{\partial \theta_1}{\partial \rho} + \frac{1}{H_1^2}\frac{\partial \theta}{\partial \rho_1}\frac{\partial \theta_1}{\partial \rho_1} + \frac{1}{H_2^2}\frac{\partial \theta}{\partial \rho_2}\frac{\partial \theta_1}{\partial \rho_2}, \end{aligned}\right. \tag{59}$$

les relations entre les neuf cosinus X_i, Y_i, Z_i nous permettent de résoudre très simplement les équations (51) et nous donnent

$$x_1 = \Delta(x, \Omega), \qquad y_1 = \Delta(y, \Omega), \qquad z_1 = \Delta(z, \Omega), \tag{60}$$

$$x_1^2 + y_1^2 + z_1^2 = \Delta\Omega. \tag{61}$$

([1]) C'est M. E. Combescure qui, dans un Mémoire *Sur les déterminants fonctionnels et les coordonnées curvilignes*, présenté en 1864 à l'Académie des Sciences et inséré en 1867 au tome IV (1re série) des *Annales de l'École Normale supérieure*, a fait le premier la remarque que l'on peut toujours associer à un système triple orthogonal d'autres systèmes ayant, aux points correspondants, leurs plans tangents parallèles. On pourra consulter le § VIII de ce Mémoire et aussi une Note de l'auteur, insérée en 1868 au tome LXVII, p. 1101, des *Comptes rendus*.

D'autre part, les relations évidentes

$$(62)\qquad \frac{\dfrac{\partial x_1}{\partial \rho_i}}{\dfrac{\partial x}{\partial \rho_i}} = \frac{\dfrac{\partial y_1}{\partial \rho_i}}{\dfrac{\partial y}{\partial \rho_i}} = \frac{\dfrac{\partial z_1}{\partial \rho_i}}{\dfrac{\partial z}{\partial \rho_i}}$$

nous conduisent à la suivante

$$\frac{\dfrac{\partial x_1}{\partial \rho_i}}{\dfrac{\partial x}{\partial \rho_i}} = \frac{\mathrm{S}\, x_1 \dfrac{\partial x_1}{\partial \rho_i}}{\mathrm{S}\, x_1 \dfrac{\partial x}{\partial \rho_i}} = \frac{\dfrac{1}{2}\dfrac{\partial \Delta\Omega}{\partial \rho_i}}{\mathrm{S}\, x_1 \dfrac{\partial x}{\partial \rho_i}}.$$

En tenant compte de l'une des équations (51), on obtient la formule

$$(63)\qquad \frac{\partial x_1}{\partial \rho_i} = \frac{1}{2}\frac{\partial x}{\partial \rho_i}\,\frac{\dfrac{\partial \Delta\Omega}{\partial \rho_i}}{\dfrac{\partial \Omega}{\partial \rho_i}}.$$

Si donc on pose

$$(64)\qquad dx_1^2 + dy_1^2 + dz_1^2 = \mathrm{H}'^2\, d\rho^2 + \mathrm{H}_1'^2\, d\rho_1^2 + \mathrm{H}_1'^2\, d\rho_2^2,$$

on aura

$$(65)\qquad \mathrm{H}'_i = \mathrm{H}_i\, \frac{\dfrac{\partial \Delta\Omega}{\partial \rho_i}}{2\,\dfrac{\partial \Omega}{\partial \rho_i}};$$

de sorte que le second système sera aussi complètement connu que le premier.

1056. Pour indiquer au moins une application, supposons le système primitif déterminé par les formules

$$\frac{x}{\rho} = \frac{y}{\rho_1} = \frac{z}{\rho_2} = \frac{1}{\rho^2 + \rho_1^2 + \rho_2^2},$$

qui définissent une inversion. Les trois familles de surfaces coordonnées sont formées de sphères qui passent par l'origine et sont tangentes à l'un des plans coordonnés.

Le système (38) prend ici la forme

$$\frac{\partial^2}{\partial \rho_i\, \partial \rho_k}\, u(\rho^2 + \rho_1^2 + \rho_2^2) = 0 \qquad (i \neq k).$$

Son intégrale générale est évidente; elle est déterminée par l'équation

$$u(\rho^2+\rho_1^2+\rho_2^2) = R + R_1 + R_2,$$

où R_i dépend de la seule variable ρ_i. Les formules (60) nous donnent alors

$$(66) \quad \left\{ \begin{aligned} x_1 &= 2\rho\,\frac{R-\rho R'+R_1-\rho_1 R'_1+R_2-\rho_2 R'_2}{\rho^2+\rho_1^2+\rho_2^2} + R', \\ y_1 &= 2\rho_1\,\frac{R-\rho R'+R_1-\rho_1 R'_1+R_2-\rho_2 R'_2}{\rho^2+\rho_1^2+\rho_2^2} + R'_1, \\ z_1 &= 2\rho_2\,\frac{R-\rho R'+R_1-\rho_1 R'_1+R_2-\rho_2 R'_2}{\rho^2+\rho_1^2+\rho_2^2} + R'_2. \end{aligned} \right.$$

On aura de même

$$(67) \qquad H'_i = 2\,\frac{R-\rho R'+R_1-\rho_1 R'_1+R_2-\rho_2 R'_2}{\rho^2+\rho_1^2+\rho_2^2} + R''_i.$$

Les surfaces coordonnées du nouveau système ont toutes leurs lignes de courbure planes. Elles appartiennent à la classe définie par les équations (12) du n° **104**.

1057. Revenons au cas général. Nous avons déjà remarqué que les équations (38) auxquelles doit satisfaire la fonction Ω doivent admettre la solution particulière $x^2+y^2+z^2$. D'après cela, il suffit de répéter le raisonnement fait au n° **146** pour reconnaître que, si l'on effectue la substitution

$$\Omega = \Omega_1(x^2+y^2+z^2),$$

les trois nouvelles équations en Ω_1 seront celles auxquelles satisferont les coordonnées x', y', z' relatives au système orthogonal qui se déduit du premier par une inversion dont le pôle est l'origine des coordonnées. En rapprochant ce résultat de tout ce qui précède, on peut conclure la proposition suivante :

Lorsqu'on sait déterminer tous les systèmes triples admettant la même représentation sphérique qu'un système orthogonal donné, on sait résoudre le même problème pour tous les systèmes orthogonaux qui en dérivent par inversion; et cela sans aucune intégration.

Plus exactement, *à chaque solution du premier problème correspond une solution du second et* vice versa.

Ce résultat, qui peut être considéré comme la généralisation des propositions que nous avons données dans les Chapitres précédents, relativement à la représentation sphérique des surfaces, va nous permettre d'étendre beaucoup les applications de la méthode.

Considérons, en effet, un système orthogonal (S), défini par les fonctions x, y, z, et supposons qu'on sache intégrer les équations (38) relatives à ce système. Si Ω_1 désigne une solution quelconque de ce système, les formules

$$\text{(68)} \qquad \mathbf{S}\, x_1 \frac{\partial x}{\partial \rho_i} = \frac{\partial \Omega_1}{\partial \rho_i} \qquad (i = 0, 1, 2)$$

définiront des fonctions x_1, y_1, z_1 qui feront connaître un nouveau système orthogonal (S_1) dérivé du premier. Or, il est évident géométriquement que les systèmes orthogonaux ayant même représentation sphérique que (S_1) ont aussi même représentation sphérique que (S). Donc, on saura résoudre les équations (38) relatives au système (S_1) comme on sait les résoudre pour le système (S). C'est d'ailleurs ce que confirme la remarque analytique suivante.

D'après les formules (60) et (63) on a, par exemple,

$$2\, dx_1 = \sum_i \frac{\partial x}{\partial \rho_i} \frac{\dfrac{\partial \Delta \Omega_1}{\partial \rho_i}}{\dfrac{\partial \Omega_1}{\partial \rho_i}} d\rho_i,$$

et les formules analogues pour y_1 et pour z_1. Or x, y, z sont des solutions particulières du système (38) relatif à (S); et x_1, y_1, z_1 sont des solutions du système analogue relatif à (S_1). On est donc conduit à conclure que si Ω est une solution quelconque des équations relatives au système (S), il existera une fonction Ω' définie par la formule

$$\text{(69)} \qquad 2\Omega' = \int \sum_i \frac{\partial \Omega}{\partial \rho_i} \frac{\dfrac{\partial \Delta \Omega_1}{\partial \rho_i}}{\dfrac{\partial \Omega_1}{\partial \rho_i}} d\rho_i;$$

et, de plus, cette fonction Ω' sera la solution la plus générale du système (38) relatif à (S_1). Aucun calcul n'est nécessaire pour vérifier cette conclusion. Il suffit, en effet, de remarquer que les conditions d'intégrabilité de Ω', les équations du second ordre auxquelles elle doit satisfaire, étant vérifiées quand on remplace Ω par x, y ou z, doivent l'être identiquement, sous la seule réserve que Ω satisfasse aux mêmes équations (38) que ces solutions particulières x, y, z.

Ces points étant admis, on reconnaît immédiatement la possibilité, dès qu'on sait intégrer le système (38) relatif à un système orthogonal (S), *d'obtenir une suite illimitée de systèmes triples orthogonaux contenant un nombre de plus en plus grand de fonctions arbitraires*. Il suffira de passer de (S) à un système (S_1) admettant la même représentation sphérique, puis de prendre l'inverse (S'_1) de (S_1) et de recommencer sur (S'_1) les mêmes opérations que sur (S). Ces opérations introduiront seulement des quadratures analogues à celle qui est définie par la formule (69), quadratures qui s'effectuent d'ailleurs complètement quand le système initial est complètement intégrable.

1058. Pour compléter et faciliter les applications de la méthode, nous indiquerons comment on passe d'un système orthogonal (S) à un système inverse (S′) par rapport à l'origine des coordonnées.

Soit, pour abréger,

$$\sigma = x^2 + y^2 + z^2. \tag{70}$$

Si Ω est une solution du système (38) relatif à (S), $\frac{\Omega}{\sigma}$ sera la solution *correspondante* du même système relatif à (S′). D'autre part, si l'on désigne par Δ' le Δ relatif à (S′) on a, comme on sait, en prenant le module de l'inversion égal à l'unité,

$$\Delta'(0) = \sigma^2 \Delta(0).$$

Donc les formules qui définissent les fonctions x'_1, y'_1, z'_1 relatives au système (S'_1) dérivé de (S′) par l'emploi de la solution Ω, formules qui se déduisent des équations (60), seront

$$(71)\qquad \begin{cases} x'_1 = \sigma^2 \Delta\left(\dfrac{x}{\sigma}, \dfrac{\Omega}{\sigma}\right), \\ y'_1 = \sigma^2 \Delta\left(\dfrac{y}{\sigma}, \dfrac{\Omega}{\sigma}\right), \\ z'_1 = \sigma^2 \Delta\left(\dfrac{z}{\sigma}, \dfrac{\Omega}{\sigma}\right). \end{cases}$$

En appliquant les règles données au n° 679 relativement au symbole opératoire Δ et tenant compte des formules données plus haut, on trouvera

$$(72)\qquad \begin{cases} x'_1 = x_1 + \dfrac{2x}{\sigma}(\Omega - xx_1 - yy_1 - zz_1), \\ y'_1 = y_1 + \dfrac{2y}{\sigma}(\Omega - xx_1 - yy_1 - zz_1), \\ z'_1 = z_1 + \dfrac{2z}{\sigma}(\Omega - xx_1 - yy_1 - zz_1), \end{cases}$$

x_1, y_1, z_1 étant les coordonnées définies par les formules (60) et relatives au système (S_1) dérivé de (S) par l'emploi de la solution Ω.

1059. Supposons, par exemple, que le système (S) soit celui qui correspond aux coordonnées polaires ayant pour origine le point (h, k, l) et qui est défini par les formules

$$(73)\qquad \begin{cases} x = h + \rho \sin\rho_1 \cos\rho_2, \\ y = k + \rho \sin\rho_1 \sin\rho_2, \\ z = l + \rho \cos\rho_1. \end{cases}$$

Les équations en x, y, z admettront la solution générale

$$(74)\qquad \Omega = R + R_1\rho + R_2\rho \sin\rho_1,$$

où R_i dépend de la seule variable ρ_i; et les formules (60), (72) feront alors connaître, avec les trois fonctions arbitraires R, R_1, R_2, un système orthogonal admettant même représentation sphérique que le système inverse de (S), c'est-à-dire composé de trois familles de surfaces à lignes de courbure planes dans les deux systèmes. Elles appartiennent cette fois à la classe de celles qui sont les plus générales et qui ont été déterminées par les équations (11) du n° **104**.

On pourra poursuivre l'application de la méthode et introduire autant de fonctions arbitraires qu'on le voudra, sans aucun signe d'intégration.

1060. Pour obtenir des applications très générales, nous choisirons la série admettant comme système initial (S) celui qui a été déjà déterminé plus haut (n° **971**) et pour lequel les lignes d'intersection des surfaces de paramètres ρ et ρ_1, par exemple, sont des courbes planes (K). On peut d'ailleurs le retrouver, comme nous l'avons indiqué (note du n° **972**), par la méthode suivante :

Si nous construisons les cercles osculateurs (C) aux différentes lignes (K), au point où elles sont coupées par une surface déterminée de paramètre ρ_2, tous les cercles (C) forment un système cyclique, d'après la proposition de Ribaucour (n° **972**). Nous avons donc deux systèmes orthogonaux : (S) et le système cyclique. Faisons correspondre à chaque courbe (K) le cercle (C) de son plan; il est clair que les surfaces de paramètres ρ et ρ_1 se correspondront dans les deux systèmes. Mais si, de plus, on associe à chaque point M de (K) le point M_1 de (C) où la tangente est parallèle à celle de (K), les surfaces de paramètres ρ et ρ_1 se correspondront par plans tangents parallèles dans les deux systèmes orthogonaux; et, comme ce sont leurs lignes de courbure qui forment le système conjugué commun, on voit que les surfaces de paramètre ρ_2 se correspondront aussi dans les deux systèmes orthogonaux : par suite, ces deux systèmes *auront la même représentation sphérique* dans le sens précis défini plus haut. On obtiendra donc les systèmes (S) en cherchant tous ceux qui admettent même représentation sphérique que le système cyclique le plus général.

Or nous avons donné au Livre IV, Ch. XV, toutes les formules nécessaires, relatives au système cyclique (C_0) formé de cercles normaux à une surface quelconque (A). Conservons toutes les notations adoptées : x, y, z désignant les coordonnées d'un point de la surface (A) (n° **481**); c, c', c'' les cosinus directeurs de la normale à la surface en ce point; X, Y, Z les coordonnées du point du cercle (C) dans le système cyclique; λ et μ deux fonctions de ρ et ρ_1 vérifiant le système (54) [II, p. 339], on aura, d'après les équations (66) [II, p. 342]

$$(75)\quad \frac{\partial X}{\partial \rho} = \frac{1}{0}\frac{\partial 0}{\partial \rho}\left[X - x + \lambda\frac{\frac{\partial c}{\partial \rho}}{\frac{\partial \mu}{\partial \rho}}\right], \qquad \frac{\partial X}{\partial \rho_1} = \frac{1}{0}\frac{\partial 0}{\partial \rho_1}\left[X - x + \lambda\frac{\frac{\partial c}{\partial \rho_1}}{\frac{\partial \mu}{\partial \rho_1}}\right];$$

de sorte que, pour former les équations aux dérivées partielles de la forme (38) dont X, Y, Z sont des solutions particulières, il suffira d'employer ces deux formules et d'en éliminer x et c, en tenant compte uniquement de ce fait que x et c sont des solutions particulières du système (54) [II, p. 339], solutions qui ne dépendent pas de ρ_2. On déduit de là qu'il est inutile de former ces équations aux dérivées partielles et que l'on aura immédiatement leur intégrale générale en cherchant la fonction Ω qui satisfait aux deux équations du premier ordre

$$(76)\quad \frac{\partial \Omega}{\partial \rho} = \frac{1}{0}\frac{\partial 0}{\partial \rho}\left[\Omega - \lambda_0 + \lambda\frac{\frac{\partial \mu_0}{\partial \rho}}{\frac{\partial \mu}{\partial \rho}}\right], \qquad \frac{\partial \Omega}{\partial \rho_1} = \frac{1}{0}\frac{\partial 0}{\partial \rho_1}\left[\Omega - \lambda_0 + \lambda\frac{\frac{\partial \mu_0}{\partial \rho_1}}{\frac{\partial \mu}{\partial \rho_1}}\right],$$

où λ_0, μ_0 sont les fonctions les plus générales de ρ et de ρ_1 satisfaisant aux équations (54), que nous reproduisons ici,

$$(77)\qquad \frac{\partial \lambda_0}{\partial \rho} + R\frac{\partial \mu_0}{\partial \rho} = 0, \qquad \frac{\partial \lambda_0}{\partial \rho_1} + R_1\frac{\partial \mu_0}{\partial \rho_1} = 0.$$

Par exemple, en adoptant les solutions suivantes

$$\lambda_0 = \lambda'_0 = \frac{x^2 + y^2 + z^2}{2}, \qquad \mu_0 = \mu'_0 = cx + c'y + c''z,$$

on trouverait que l'on peut prendre pour Ω la valeur

$$\Omega = \frac{X^2 + Y^2 + Z^2}{2}.$$

Nous ferons usage de cette remarque.

L'intégration des deux équations simultanées (76) se fait à vue;

elle nous donne

$$\frac{\Omega}{\theta} = f(\rho_2) + \int \frac{\partial\left(\frac{1}{\theta}\right)}{\partial\rho}\left(\lambda_0 - \lambda\frac{\frac{\partial\mu_0}{\partial\rho}}{\frac{\partial\mu}{\partial\rho}}\right)d\rho + \frac{\partial\left(\frac{1}{\theta}\right)}{\partial\rho_1}\left(\lambda_0 - \lambda\frac{\frac{\partial\mu_0}{\partial\rho_1}}{\frac{\partial\mu}{\partial\rho_1}}\right)d\rho_1.$$

Après quelques transformations simples et en tenant compte de la formule (65) [II, p. 342], on peut écrire

$$(78)\qquad \Omega = \lambda_0 + [\rho_2\mu_0 + f(\rho_2)]\theta + \theta\int \frac{\frac{\partial K}{\partial\rho}}{\frac{\partial\mu}{\partial\rho}}\frac{\partial\mu_0}{\partial\rho}d\rho + \frac{\frac{\partial K}{\partial\rho_1}}{\frac{\partial\mu}{\partial\rho_1}}\frac{\partial\mu_0}{\partial\rho_1}d\rho_1,$$

en posant, pour abréger,

$$(79)\qquad 2K = \mu^2 + \frac{1}{e}\left(\frac{\partial\mu}{\partial\rho}\right)^2 + \frac{1}{g}\left(\frac{\partial\mu}{\partial\rho_1}\right)^2.$$

Les formules qui déterminent alors le système cherché sont les suivantes

$$(80)\qquad \left\{\begin{aligned}
&\mathbf{S}\,x_1\left(X - x + \lambda\frac{\frac{\partial c}{\partial\rho}}{\frac{\partial\mu}{\partial\rho}}\right) = \Omega - \lambda_0 + \lambda\frac{\frac{\partial\mu_0}{\partial\rho}}{\frac{\partial\mu}{\partial\rho}},\\
&\mathbf{S}\,x_1\left(X - x + \lambda\frac{\frac{\partial c}{\partial\rho_1}}{\frac{\partial\mu}{\partial\rho_1}}\right) = \Omega - \lambda_0 + \lambda\frac{\frac{\partial\mu_0}{\partial\rho_1}}{\frac{\partial\mu}{\partial\rho_1}},\\
&\mathbf{S}\,x_1\left(X - x + \frac{c\lambda}{\mu + \rho_2}\right) = \Omega - \lambda_0 + \lambda\frac{\mu_0 + f'(\rho_2)}{\mu + \rho_2}.
\end{aligned}\right.$$

Ce système (S_1), défini par les fonctions x_1, y_1, z_1, est le plus général de ceux qui correspondent par plans tangents parallèles au système cyclique donné (C_0). Mais, si l'on veut se borner à obtenir le système le plus général à lignes de courbure planes dans un système, il résulte du raisonnement qui a été notre point de départ qu'au lieu de garder le système (S_1), on peut se contenter de déterminer le système particulier (S_0) pour lequel les lignes de courbure planes (K) sont dans les plans des cercles (C) correspondants.

Or on obtient ici le plan de chaque ligne (K) en retranchant membre à membre les deux premières équations (80); car cette opération élimine ρ_2. On trouve ainsi l'équation

$$\mathbf{S}\, x_1\left(\frac{\frac{\partial c}{\partial \rho}}{\frac{\partial \mu}{\partial \rho}} - \frac{\frac{\partial c}{\partial \rho_1}}{\frac{\partial \mu}{\partial \rho_1}}\right) = \frac{\frac{\partial \mu_0}{\partial \rho}}{\frac{\partial \mu}{\partial \rho}} - \frac{\frac{\partial \mu_0}{\partial \rho_1}}{\frac{\partial \mu}{\partial \rho_1}};$$

et il n'y a plus qu'à exprimer que cette équation définit le plan du cercle (C), c'est-à-dire qu'elle est vérifiée quand on y remplace x_1, y_1, z_1 par x, y, z. On trouve ainsi la condition

$$\frac{\partial \mu}{\partial \rho_1}\frac{\partial}{\partial \rho}(\mu_0 - cx - c'y - c''z) - \frac{\partial \mu}{\partial \rho}\frac{\partial}{\partial \rho_1}(\mu_0 - cx - c'y - c''z) = 0,$$

qui nous donnerait, d'une manière générale,

$$\mu_0 = cx + c'y + c''z + C\mu + C_1,$$

C et C_1 désignant deux constantes quelconques. En se reportant, par exemple, à l'expression de Ω qui précède la formule (78), on reconnaîtra qu'on peut réduire ces constantes à zéro sans diminuer la généralité, et prendre simplement

$$(81)\qquad \mu_0 = \mu'_0 = cx + c'y + c''z, \qquad \lambda_0 = \lambda'_0 = \frac{x^2 + y^2 + z^2}{2}.$$

Dans ce cas, l'intégrale qui figure dans l'expression de Ω disparaît et l'on peut prendre

$$(82)\quad \begin{cases} \Omega_0 = \dfrac{X^2 + Y^2 + Z^2}{2} + \theta f_0(\rho_2) \\ \quad = \theta[f_0(\rho_2) - \lambda + \mu\mu'_0 + \mu'_0\rho_2] + \lambda'_0 + \dfrac{\theta}{e}\dfrac{\partial \mu}{\partial \rho}\dfrac{\partial \mu'_0}{\partial \rho} + \dfrac{\theta}{g}\dfrac{\partial \mu}{\partial \rho_1}\dfrac{\partial \mu'_0}{\partial \rho_1}. \end{cases}$$

Les formules (80) nous donnent donc, pour le système (S_1), les équations suivantes :

$$(83)\quad \begin{cases} \mathbf{S}(x_0 - x)\left(X - x + \lambda\dfrac{\frac{\partial c}{\partial \rho}}{\frac{\partial \mu}{\partial \rho}}\right) = \theta[f_0(\rho_2) - \lambda], \\ \mathbf{S}(x_0 - x)\left(X - x + \lambda\dfrac{\frac{\partial c}{\partial \rho_1}}{\frac{\partial \mu}{\partial \rho_1}}\right) = \theta[f_0(\rho_2) - \lambda], \\ \mathbf{S}(x_0 - x)\left(X - x + \dfrac{c\lambda}{\mu + \rho_2}\right) = \theta[f_0(\rho_2) \quad \lambda] + \dfrac{\lambda f'_0(\rho_2)}{\mu + \rho_2}, \end{cases}$$

où tout est connu et où l'on a remplacé, pour plus de netteté dans la suite du raisonnement, x_1, y_1, z_1 par x_0, y_0, z_0.

On aurait pu aussi garder les formules générales (80), en supposant que la surface (A) se réduise à une sphère.

1061. Si l'on veut appliquer la méthode de récurrence indiquée plus haut au système (S_0) que nous venons de déterminer, il faudra prendre d'abord l'inverse de ce système, ce qui donnera un système (S'_0) pour lequel les lignes d'intersection des surfaces de paramètres ρ, ρ_1 seront sphériques; mais les sphères contenant ces lignes passeront par un point fixe. On déterminera ensuite tous les systèmes ayant même représentation sphérique que (S'_0). Nous allons établir d'abord que, parmi ces nouveaux systèmes, se trouvent tous ceux pour lesquels les surfaces appartenant à deux familles déterminées se coupent suivant des courbes sphériques. En d'autres termes, sur les trois familles de courbes d'intersection du système orthogonal, une seule sera assujettie à être sphérique.

Pour établir ce résultat, nous remarquerons qu'on exprime la propriété cherchée en écrivant que les coordonnées x, y, z du système orthogonal vérifient une équation de la forme suivante:

$$\mathbf{S}(x-\alpha)^2 = (x-\alpha)^2 + (y-\beta)^2 + (z-\gamma)^2 = r^2, \tag{84}$$

où α, β, γ, r sont des fonctions des *seules* variables ρ et ρ_1. Pour abréger, nous écrirons aussi, sans les déduire de la précédente, les équations

$$(85) \qquad \left\{ \begin{aligned} &\mathbf{S}(x-\alpha)X_2 = 0, \\ &\mathbf{S}(x-\alpha)X_1 = u, \\ &\mathbf{S}(x-\alpha)X \;\, = v, \end{aligned} \right.$$

où u et v sont encore des fonctions de ρ et de ρ_1 assujetties à vérifier la relation

$$u^2 + v^2 = r^2; \tag{86}$$

la première est évidente, les deux autres expriment que les surfaces de paramètres ρ_1 et ρ coupent la sphère contenant la ligne de courbure commune sous des angles dont les cosinus $\frac{u}{r}$ et $\frac{v}{r}$ ne dépendent pas de ρ_2.

Différentions la seconde formule (85) par rapport à ρ. On trouve, en tenant compte des formules (54), la relation

$$-\mathbf{S}\,X_1\frac{\partial\alpha}{\partial\rho}+\beta_{10}v=\frac{\partial u}{\partial\rho},$$

à laquelle on peut joindre la suivante

$$-\mathbf{S}\,X\frac{\partial\alpha}{\partial\rho_1}+\beta_{01}u=\frac{\partial v}{\partial\rho_1},$$

obtenue en échangeant les indices o et 1. Si l'on pose

$$(87)\qquad \frac{\partial u}{\partial\rho}=v\varepsilon_1,\qquad \frac{\partial v}{\partial\rho_1}=u\varepsilon,$$

$$(88)\qquad \left\{\begin{aligned}&\frac{\partial\alpha}{\partial\rho}=Av, &&\frac{\partial\beta}{\partial\rho}=Bv, &&\frac{\partial\gamma}{\partial\rho}=Cv,\\ &\frac{\partial\alpha}{\partial\rho_1}=A_1u, &&\frac{\partial\beta}{\partial\rho_1}=B_1u, &&\frac{\partial\gamma}{\partial\rho_1}=C_1u,\end{aligned}\right.$$

ces deux relations deviendront

$$(89)\qquad \mathbf{S}\,AX_1=\beta_{10}-\varepsilon_1,\qquad \mathbf{S}\,A_1X=\beta_{01}-\varepsilon.$$

En différentiant les deux membres par rapport à ρ_2 et remplaçant toujours les dérivées de X, X_1 par leurs valeurs, on en déduit les deux suivantes

$$(90)\qquad \mathbf{S}\,AX_2=\beta_{20},\qquad \mathbf{S}\,A_1X_2=\beta_{21}.$$

Continuons encore et différentions la première de ces relations par rapport à ρ_1. Il viendra

$$\mathbf{S}\,\frac{\partial A}{\partial\rho_1}X_2+\beta_{21}\,\mathbf{S}\,AX_1=\beta_{21}\beta_{10},$$

ou, en remplaçant $\mathbf{S}\,AX_1$ par sa valeur (89),

$$\mathbf{S}\,\frac{\partial A}{\partial\rho_1}X_2=\varepsilon_1\beta_{21}=\varepsilon_1\,\mathbf{S}\,A_1X_2.$$

Si les coefficients de X_2, Y_2, Z_2 n'étaient pas égaux dans les deux membres, l'équation précédente exprimerait que, pour chaque ligne de courbure sphérique, la tangente est parallèle à un plan déterminé; c'est-à-dire que cette ligne se réduit à un cercle. C'est une hypothèse que nous pouvons écarter, et il est, par suite, permis d'écrire les trois relations

$$(91)\qquad \frac{\partial A}{\partial \rho_1} = \varepsilon_1 A_1, \qquad \frac{\partial B}{\partial \rho_1} = \varepsilon_1 B_1, \qquad \frac{\partial C}{\partial \rho_1} = \varepsilon_1 C_1,$$

auxquelles on devra joindre les suivantes

$$(92)\qquad \frac{\partial A_1}{\partial \rho} = \varepsilon A, \qquad \frac{\partial B_1}{\partial \rho} = \varepsilon B, \qquad \frac{\partial C_1}{\partial \rho} = \varepsilon C,$$

que l'on en déduit en permutant ρ et ρ_1.

Pour obtenir toutes les relations qui nous seront nécessaires, nous n'avons plus qu'à ajouter les deux équations (89), après avoir différentié la première par rapport à ρ_1 et la seconde par rapport à ρ, ce qui, en tenant compte de la formule (56) et des relations (91), (92), nous donnera

$$\frac{\partial \varepsilon}{\partial \rho} + \frac{\partial \varepsilon_1}{\partial \rho_1} = \mathbf{S}AX\,\mathbf{S}A_1X + \mathbf{S}AX_1\,\mathbf{S}A_1X_1 + \mathbf{S}AX_2\,\mathbf{S}A_1X_2,$$

ou encore

$$(93)\qquad AA_1 + BB_1 + CC_1 = \frac{\partial \varepsilon}{\partial \rho} + \frac{\partial \varepsilon_1}{\partial \rho_1}.$$

1062. Toutes les relations (89) à (93) auxquelles nous avons été conduits se rapportent à la représentation sphérique des systèmes orthogonaux cherchés. En les combinant et les différentiant, on en déduirait d'autres; on pourrait même supposer qu'elles conduisent à de nouvelles relations entre les A et les ε. Leur intégration est loin de paraître facile; mais il est inutile de l'entreprendre. Il nous suffit de savoir qu'il existe des systèmes orthogonaux à lignes de courbure sphériques dans un système, et que nous avons entièrement éliminé des relations finales les fonctions α, β, γ, u, v; de sorte que, lorsqu'on aura un système de valeurs pour les huit fonctions de ρ et de ρ_1, A, A_1, ..., ε, ε_1, toutes les fonctions α, β, γ, u et v qui satisferont aux équations (87), (88) conviendront à des systèmes orthogonaux admettant une famille de lignes de courbure sphériques. Comme les conditions d'intégrabilité sont remplies pour les équations (88) en vertu des relations (87) et (91), on voit que les fonctions u et v se détermineront par l'intégration des deux équations (87); puis les coordonnées α, β, γ du centre de la sphère contenant la ligne de courbure sphérique seront données par les quadratures suivantes

$$(94)\qquad \begin{cases} \alpha = \displaystyle\int \mathrm{A} v\, d\rho + \mathrm{A}_1 u\, d\rho_1, \\ \beta = \displaystyle\int \mathrm{B} v\, d\rho + \mathrm{B}_1 u\, d\rho_1, \\ \gamma = \displaystyle\int \mathrm{C} v\, d\rho + \mathrm{C}_1 u\, d\rho_1. \end{cases}$$

Ainsi :

Toutes les fois qu'il existe un système orthogonal à lignes de courbure sphériques dans un système, il y a une infinité de systèmes analogues dépendant de deux fonctions arbitraires d'une variable et admettant la même représentation sphérique que le système proposé.

1063. Nous allons compléter cette proposition en montrant que, parmi ces systèmes associés au premier, il en existe pour lesquels les sphères qui contiennent les lignes de courbure passent par un point fixe et qui, par suite, peuvent être considérés comme les inverses de ceux que nous avons déterminés plus haut (n° 971).

Pour cela, il faut montrer que l'on peut satisfaire à la fois aux équations (87), (94) et à la relation

$$(95)\qquad \alpha^2 + \beta^2 + \gamma^2 - u^2 - v^2 = 0,$$

par laquelle on exprime que la sphère contenant la ligne de courbure passe par l'origine des coordonnées.

Si l'on différentie l'équation précédente par rapport à ρ et à ρ_1, on obtient les deux relations

$$(96)\qquad \begin{cases} u\varepsilon_1 + \dfrac{\partial v}{\partial \rho} = \mathrm{A}\alpha + \mathrm{B}\beta + \mathrm{C}\gamma, \\ v\varepsilon + \dfrac{\partial u}{\partial \rho_1} = \mathrm{A}_1\alpha + \mathrm{B}_1\beta + \mathrm{C}_1\gamma. \end{cases}$$

Mais si l'on différentie la première de ces équations par rapport à ρ_1, ou la seconde par rapport à ρ, on n'obtient pas d'équation nouvelle, *en vertu de la formule* (93). Cela suffit à montrer qu'il y aura des solutions communes aux équations (87), (95) et (96). Au reste, voici comment on pourra les obtenir. La différentiation des équations (96) donnera les deux équations

$$(97)\qquad \left\{\begin{aligned} \frac{\partial}{\partial\rho}\left(u\varepsilon_1 + \frac{\partial v}{\partial\rho}\right) &= (A^2 + B^2 + C^2)v + \mathbf{S}\frac{\partial A}{\partial\rho}\alpha,\\ \frac{\partial}{\partial\rho_1}\left(v\varepsilon + \frac{\partial u}{\partial\rho_1}\right) &= (A_1^2 + B_1^2 + C_1^2)u + \mathbf{S}\frac{\partial A_1}{\partial\rho_1}\alpha. \end{aligned}\right.$$

En éliminant α, β, γ entre les cinq équations (95), (96), (97), on aura deux équations du second ordre en u et v, qui, jointes aux précédentes (87), formeront un système *complet*.

1064. Il est ainsi établi que tout système orthogonal à lignes de courbure sphériques a même représentation sphérique qu'un système analogue, pour lequel les sphères contenant les lignes de courbure passent par un point fixe, et qu'il pourra, par suite, être obtenu par l'application de notre méthode générale de dérivation aux systèmes orthogonaux, déterminés plus haut, pour lesquels les lignes de courbure sont planes dans un système. Nous terminerons ce Chapitre en développant cette application. Et, à cet effet, nous nous appuierons sur la remarque suivante :

Soit (S'_1) le système cherché, défini par les fonctions x'_1, y'_1, z'_1 de ρ, ρ_1, ρ_2; soit (S'_0) l'un quelconque de ceux qui admettent même représentation sphérique, défini de même par les expressions des coordonnées x'_0, y'_0, z'_0. (S'_1) sera déterminé par les trois équations

$$(98)\qquad \mathbf{S}\,x'_1\frac{\partial x'_0}{\partial\rho_i} = \frac{\partial\Omega'}{\partial\rho_i}\qquad (i = 0, 1, 2),$$

où Ω' est une solution convenablement choisie des trois équations auxquelles satisfont x'_0, y'_0, z'_0. Comme on a, par hypothèse,

$$(99)\qquad (x'_1 - \alpha)^2 + (y'_1 - \beta)^2 + (z'_1 - \gamma)^2 = r^2,$$

α, β, γ, r étant des fonctions qui ne dépendent pas de ρ_2, la différentiation par rapport à ρ_2 nous donnera

$$\mathbf{S}(x'_1 - \alpha)\frac{\partial x'_1}{\partial \rho_2} = 0,$$

ou, ce qui est la même chose,

$$\mathbf{S}(x'_1 - \alpha)\frac{\partial x'_0}{\partial \rho_2} = 0.$$

L'équation (98), écrite pour $i = \rho_2$, prendra donc la forme suivante

$$\frac{\partial \Omega'}{\partial \rho_2} = \mathbf{S}\,\alpha\,\frac{\partial x'_0}{\partial \rho_2},$$

d'où l'on déduit, en intégrant,

(100) $$\Omega' = \alpha x'_0 + \beta y'_0 + \gamma z'_0 + \zeta,$$

ζ ne dépendant pas non plus de ρ_2. Réciproquement, la condition précédente, qui est nécessaire, est aussi suffisante, comme on le reconnaît facilement en reprenant en sens inverse la suite du raisonnement.

1065. Ce point étant démontré, choisissons pour le système (S'_0) l'inverse de celui que nous avons désigné par (S_0) et qui est défini par les formules (82), (83). En posant alors

(101) $$\sigma_0 = x_0^2 + y_0^2 + z_0^2,$$

on aura

(102) $$x'_0 = \frac{x_0}{\sigma_0}, \qquad y'_0 = \frac{y_0}{\sigma_0}, \qquad z'_0 = \frac{z_0}{\sigma_0}.$$

On pourra prendre pour Ω' le quotient

$$\Omega' = \frac{\Omega''}{\sigma_0},$$

Ω'' étant la solution par laquelle on passe de (S_0) au système de même représentation sphérique (S_1) défini par les formules (78) et (80); de sorte que l'on aura (n° 1057)

(103) $$\Omega' = \frac{\Omega''}{\sigma_0} = \frac{1}{\sigma_0}\int \sum_i \frac{\dfrac{\partial\,\Delta\Omega_0}{\partial \rho_i}}{2\dfrac{\partial \Omega_0}{\partial \rho_i}}\frac{\partial \Omega}{\partial \rho_i}\,d\rho_i,$$

Ω étant la fonction définie par la formule (78) et le symbole Δ se rapportant au système cyclique (C_0) (n° **1060**) d'où sont déduits à la fois (S_0) et (S_1). L'équation (100) qu'il s'agit de vérifier prend donc la forme

$$\Omega'' = \alpha x_0 + \beta y_0 + \gamma z_0 + \zeta \sigma_0. \tag{104}$$

En la différentiant par rapport à ρ_2 et utilisant les équations telles que les suivantes

$$\frac{\partial x_0}{\partial \rho_2} = \frac{\frac{\partial \Delta\Omega_0}{\partial \rho_2}}{2\frac{\partial \Omega_0}{\partial \rho_2}} \frac{\partial X}{\partial \rho_2}, \qquad \sigma_0 = \Delta\Omega_0,$$

démontrées plus haut d'une manière générale, on trouve, après la suppression du facteur $\frac{\partial \Delta\Omega_0}{\partial \rho_0}$, la condition

$$\frac{\partial \Omega}{\partial \rho_2} = \alpha \frac{\partial X}{\partial \rho_2} + \beta \frac{\partial Y}{\partial \rho_2} + \gamma \frac{\partial Z}{\partial \rho_2} + 2\zeta \frac{\partial \Omega_0}{\partial \rho_2}. \tag{105}$$

Réciproquement, si cette équation est vérifiée, on en déduira, en remontant la suite du raisonnement, l'équation un peu plus générale que la précédente (104)

$$\Omega' = \alpha x_0 + \beta y_0 + \gamma z_0 + \zeta \sigma_0 + \eta,$$

où η ne dépend pas de ρ_2. Mais, comme le système (S_0) a ses lignes de courbure planes, il y aura entre x_0, y_0, z_0 une relation linéaire ne dépendant pas de ρ_2, qui permettra toujours de ramener la relation précédente à la forme (104); de sorte que l'on peut regarder les équations (104) et (105) comme absolument équivalentes.

Or l'équation (105) peut évidemment être remplacée par la suivante

$$\Omega = \alpha X + \beta Y + \gamma Z + 2\zeta\Omega_0 + \delta, \tag{106}$$

δ étant indépendant de ρ_2 comme α, β, γ, ...

D'autre part, si l'on remplace Ω, Ω_0, par leurs valeurs, données plus haut (n° **1060**), et X, Y, Z par leurs valeurs données au n° **482**, la relation à vérifier, divisée par θ, se ramène à la forme suivante

$$f(\rho_2) - 2\zeta f_0(\rho_2) = M\rho_2^2 + N\rho_2 + P, \tag{107}$$

où M, N, P ne dépendent pas de ρ_2.

Pour que cette équation ait lieu identiquement, il faudra, comme on le reconnaît par la différentiation, que ζ se réduise à une constante. Les formules (103) et (104) montrent même que cette constante disparaitra dans les dérivées de Ω', qui interviennent seules pour la définition du système cherché. On peut donc supposer

$$\zeta = 0;$$

et il faudra alors que la fonction $f(\rho_2)$ se réduise à un polynôme du second degré en ρ_2. En égalant ensuite à zéro les coefficients des puissances de ρ_2, on trouvera trois équations qui établiront les relations nécessaires entre les fonctions arbitraires α, β, γ, η.

Comme il fallait s'y attendre, la solution précédente exige l'intégration des deux équations aux dérivées partielles (77), intégration qui était déjà requise pour la détermination des systèmes à lignes de courbure planes et qui équivaut à la détermination des surfaces admettant même représentation sphérique que la surface (A).

CHAPITRE XIII.

NOUVELLES CLASSES DE SURFACES APPLICABLES.

Ce Chapitre est consacré à l'exposition des résultats nouveaux que l'on doit à M. Weingarten dans la recherche des surfaces applicables sur une surface donnée. — La méthode de M. Weingarten exige que l'on connaisse déjà au moins une surface réelle ou imaginaire admettant l'élément linéaire donné. — Elle fait dépendre la détermination de toutes les surfaces (Θ) admettant cet élément linéaire de celle d'autres surfaces (Σ), satisfaisant à une certaine équation aux dérivées partielles, qui établit une relation entre les rayons de courbure principaux, les distances d'un point fixe au plan tangent et au point de contact. — Cas particulier où les caractéristiques de cette équation aux dérivées partielles sont les lignes de longueur nulle de la représentation sphérique de (Σ). — L'élément linéaire est alors défini par la formule simple

$$ds^2 = du^2 + 2[u + \psi'(v)]\,dv^2,$$

et l'équation à intégrer prend la forme simple

$$\frac{\partial^2 v}{\partial\alpha\,\partial\beta} = \frac{\psi''(v)}{(1+\alpha\beta)^2}.$$

Indication des différentes formes de $\psi'(v)$ pour lesquelles l'intégration est possible. — Démonstration de différents résultats dus à MM. Weingarten, Baroni, Goursat. — Les cas les plus intéressants font connaître toutes les surfaces applicables sur le paraboloïde du second degré dont une génératrice rectiligne est tangente au cercle de l'infini. — Réduction de l'élément linéaire de ces surfaces à la forme de Liouville qui permet l'intégration des lignes géodésiques.

1066. Nous pouvons maintenant rattacher aux propositions des Chapitres précédents une méthode singulière par laquelle M. Weingarten a obtenu de nouveaux succès dans la recherche des surfaces applicables sur une surface donnée (¹). L'éminent

(¹) J. WEINGARTEN, *Sur la théorie des surfaces applicables sur une surface donnée. Extrait d'une lettre à M. Darboux* (*Comptes rendus*, t. CXII, p. 607 et 706; mars 1891).

On pourra consulter aussi une Note de M. GOURSAT, insérée au même Recueil, p. 707, et un Mémoire plus étendu du même auteur *Sur un théorème de M. Weingarten et sur la théorie de surfaces applicables*, publié en 1891, au tome V des *Annales de la Faculté des Sciences de Toulouse*.

géomètre ne nous a pas fait connaître quels sont les principes qui lui ont servi de guide. Nous espérons que l'exposition suivante expliquera dans une certaine mesure pourquoi, appliquée à certains cas spéciaux, elle devait réussir.

Nous avons vu que les caractéristiques de l'équation aux dérivées partielles des surfaces applicables sur une surface donnée sont les lignes asymptotiques de ces surfaces. Par suite, toutes les fois qu'il sera possible, sinon de déterminer ces lignes asymptotiques, tout au moins d'en indiquer certaines propriétés particulières, le problème pourra être formulé d'une manière nouvelle et conduire ainsi à quelque résultat nouveau. La considération du système conjugué commun à deux surfaces applicables l'une sur l'autre va nous permettre d'appliquer cette remarque générale.

Nous commencerons par supposer que nous ayons une solution particulière du problème, c'est-à-dire que nous connaissions une surface admettant un élément linéaire donné. Si x_1, y_1, z_1 sont les coordonnées d'un point de cette surface (Θ_1), l'élément linéaire sera déterminé par l'équation

$$ds^2 = dx_1^2 + dy_1^2 + dz_1^2. \tag{1}$$

Posons

$$x_1 = u, \qquad y_1 + iz_1 = v, \qquad y_1 - iz_1 = 2w, \tag{2}$$

w pourra être considérée comme une fonction de u et de v, dont nous écrirons la différentielle sous la forme classique

$$dw = p\,du + q\,dv; \tag{3}$$

et l'élément linéaire considéré prendra la forme

$$ds^2 = du^2 + 2\,dv\,dw = du^2 + 2p\,du\,dv + 2q\,dv^2, \tag{4}$$

qui est précisément celle qui sert de point de départ à M. Weingarten.

La manière même dont nous y sommes conduits montre qu'on pourra la reproduire, une fois obtenue, avec six constantes arbitraires, en effectuant sur x_1, y_1, z_1 une substitution linéaire orthogonale quelconque. Il est vrai que la relation entre u, v, w contient des imaginaires lorsque la surface (Θ_1) est réelle; mais ici encore, on pourra utiliser ces solutions signalées au n° **704**, et pour lesquelles deux des coordonnées x_1, y_1, z_1 sont des fonctions réelles, la troisième étant une imaginaire pure. Si c'est z_1, par exemple, qui est purement imaginaire, on reconnait immédiatement sur les formules (2) que w sera une fonction réelle des variables réelles u et v. Les substitutions orthogonales auxquelles on a le droit de soumettre x_1, y_1, z_1 pourront alors revêtir une forme réelle quand on y remplacera ces coordonnées par leurs expressions en u, v, w.

1067. Soient maintenant x, y, z les coordonnées rectangulaires d'un point de la surface (Θ) qu'il s'agit d'obtenir et qui est applicable sur la surface (Θ_1). Si l'on fait rouler la surface (Θ_1) sur la surface (Θ), une droite isotrope invariablement liée à (Θ_1) coupera le plan de contact de (Θ) et de (Θ_1) suivant un point dont le lieu géométrique sera une de ces surfaces (Σ') pour lesquelles les lignes de courbure correspondent au système conjugué commun à (Θ) et à (Θ_1). Prenons la droite isotrope particulière (d) qui, rapportée aux axes invariablement liés à (Θ_1), est représentée par les équations

$$(5) \qquad x_1 = 0, \qquad y_1 + iz_1 = 0,$$

c'est-à-dire par les suivantes

$$(6) \qquad u = 0, \qquad v = 0;$$

et proposons-nous de déterminer les coordonnées X', Y', Z' du point où elle coupe le plan de contact de (Θ) et de (Θ_1). Pour cela nous appliquerons la méthode donnée au n° 968; les coordonnées cherchées sont évidemment de la forme suivante :

$$(7) \qquad \begin{cases} X' = x + A\dfrac{\partial x}{\partial u} + B\dfrac{\partial x}{\partial v}, \\ Y' = y + A\dfrac{\partial y}{\partial u} + B\dfrac{\partial y}{\partial v}, \\ Z' = z + A\dfrac{\partial z}{\partial u} + B\dfrac{\partial z}{\partial v}, \end{cases}$$

A et B étant des coefficients indépendants du choix des axes. Par conséquent, les surfaces (Θ), (Θ_1) étant applicables l'une sur l'autre, on pourra appliquer ces formules aux axes O_1x_1,

O_1y_1, O_1z_1, auxquels est rapportée la surface (Θ_1), *sans changer la valeur de* A *et de* B. On aura donc

$$(8)\qquad \begin{cases} X'_1 = x_1 + A\dfrac{\partial x_1}{\partial u} + B\dfrac{\partial x_1}{\partial v}, \\[2ex] Y'_1 = y_1 + A\dfrac{\partial y_1}{\partial u} + B\dfrac{\partial y_1}{\partial v}, \\[2ex] Z'_1 = z_1 + A\dfrac{\partial z_1}{\partial u} + B\dfrac{\partial z_1}{\partial v}. \end{cases}$$

Les équations de la droite isotrope (d) nous donnent

$$X'_1 = 0, \qquad Y'_1 + iZ'_1 = 0,$$

et l'on a d'ailleurs, en vertu de la définition de u et de v,

$$x_1 = u, \qquad \frac{\partial x_1}{\partial u} = 1, \qquad \frac{\partial x_1}{\partial v} = 0,$$

$$y_1 + iz_1 = v, \qquad \frac{\partial(y_1 + iz_1)}{\partial u} = 0, \qquad \frac{\partial(y_1 + iz_1)}{\partial v} = 1;$$

il viendra donc

$$A = -u, \qquad B = -v,$$

de sorte que les coordonnées du point de (Σ') seront déterminées par les formules

$$(9)\qquad \begin{cases} X' = x - u\dfrac{\partial x}{\partial u} - v\dfrac{\partial x}{\partial v}, \\[2ex] Y' = y - u\dfrac{\partial y}{\partial u} - v\dfrac{\partial y}{\partial v}, \\[2ex] Z' = z - u\dfrac{\partial z}{\partial u} - v\dfrac{\partial z}{\partial v}. \end{cases}$$

Il est très aisé de déterminer les cosinus directeurs C, C', C'' de la normale à (Σ'). Si l'on différentie, en effet, les formules précédentes, on trouve

$$(10)\qquad \begin{cases} dX' = -u\,d\dfrac{\partial x}{\partial u} - v\,d\dfrac{\partial x}{\partial v}, \\[2ex] dY' = -u\,d\dfrac{\partial y}{\partial u} - v\,d\dfrac{\partial y}{\partial v}, \\[2ex] dZ' = -u\,d\dfrac{\partial z}{\partial u} - v\,d\dfrac{\partial z}{\partial v}. \end{cases}$$

Comme on doit avoir

$$dx^2 + dy^2 + dz^2 = du^2 + 2p\,du\,dv + 2q\,dv^2,$$

il viendra

$$(11)\qquad \left\{\begin{aligned} &\left(\frac{\partial x}{\partial u}\right)^2 + \left(\frac{\partial y}{\partial u}\right)^2 + \left(\frac{\partial z}{\partial u}\right)^2 = 1,\\ &\frac{\partial x}{\partial u}\frac{\partial x}{\partial v} + \frac{\partial y}{\partial u}\frac{\partial y}{\partial v} + \frac{\partial z}{\partial u}\frac{\partial z}{\partial v} = p,\\ &\left(\frac{\partial x}{\partial v}\right)^2 + \left(\frac{\partial y}{\partial v}\right)^2 + \left(\frac{\partial z}{\partial v}\right)^2 = 2q,\end{aligned}\right.$$

et l'on déduira de là, eu égard à l'équation (3), les deux relations identiques

$$(12)\qquad \mathbf{S}\frac{\partial x}{\partial u}\,d\frac{\partial x}{\partial u} = 0, \qquad \mathbf{S}\frac{\partial x}{\partial u}\,d\frac{\partial x}{\partial v} = 0,$$

qui, rapprochées des formules (10), nous permettent de prendre pour les cosinus directeurs de la normale à la surface (Σ') les valeurs suivantes :

$$(13)\qquad C = \frac{\partial x}{\partial u}, \qquad C' = \frac{\partial y}{\partial u}, \qquad C'' = \frac{\partial z}{\partial u}.$$

Ces valeurs de C, C′, C″ subsisteraient sans modification si l'on substituait à la surface (Σ') la surface plus générale (Σ'') définie par les formules

$$(14)\qquad \left\{\begin{aligned} X'' &= x - (u - u_0)\frac{\partial x}{\partial u} - (v - v_0)\frac{\partial x}{\partial v},\\ Y'' &= y - (u - u_0)\frac{\partial y}{\partial u} - (v - v_0)\frac{\partial y}{\partial v},\\ Z'' &= z - (u - u_0)\frac{\partial z}{\partial u} - (v - v_0)\frac{\partial z}{\partial v},\end{aligned}\right.$$

où u_0, v_0 désignent deux constantes quelconques. Au reste, la surface (Σ'') est de même définition que (Σ') ; elle est décrite par le point où la droite isotrope (d'') parallèle à (d) et définie par les équations

$$x_1 = u_0, \qquad y_1 + iz_1 = v_0,$$

coupe le plan de contact de (Θ) et de (Θ_1). Tous ces résultats sont en parfait accord avec ceux qui ont été démontrés au Chapitre VI de ce Livre. Toutes les surfaces (Σ'') ont, aux points correspondants, leurs plans tangents parallèles; car, pour chacune d'elles, ce plan tangent est le plan projetant la droite isotrope correspondante. Elles ont de plus même représentation sphérique de leurs lignes de courbure (n° 947); et ces lignes de courbure correspondent aux courbes du système conjugué commun à (Θ) et à (Θ_1).

Introduisons ici la définition suivante : étant données plusieurs surfaces qui se correspondent point par point, désignons sous le nom de *résultante* de ces surfaces celle qu'on obtient en ajoutant géométriquement les rayons vecteurs qui joignent un point fixe de l'espace aux points correspondants des surfaces données. Il est clair que la surface (Σ'') la plus générale sera la résultante de la surface (Σ') et de deux autres surfaces homothétiques aux suivantes (Σ_0) et (Σ), qui sont respectivement définies par les équations

$$(15) \qquad X_0 = \frac{\partial x}{\partial u}, \qquad Y_0 = \frac{\partial y}{\partial u}, \qquad Z_0 = \frac{\partial z}{\partial u},$$

et

$$(16) \qquad X = \frac{\partial x}{\partial v}, \qquad Y = \frac{\partial y}{\partial v}, \qquad Z = \frac{\partial z}{\partial v}.$$

Toutes ces surfaces se correspondent par plans tangents parallèles; la surface (Σ_0) est une sphère; quant à la surface (Σ), elle a même représentation sphérique de ses lignes de courbure que les différentes surfaces (Σ''); et, par conséquent, ses lignes de courbure correspondent au système conjugué qui est commun à (Θ) et à (Θ_1).

On peut encore rattacher d'une autre manière la surface (Σ) aux surfaces (Σ''). Si l'on suppose que, dans les formules (14), v_0 grandisse indéfiniment, la droite isotrope correspondante (d'') s'éloigne indéfiniment dans le plan

$$x_1 = u_0,$$

rattaché à la surface mobile. La surface (Σ'') s'éloigne aussi indéfiniment; mais la surface homothétique décrite par le point dont les coordonnées sont

$$\frac{X''}{v_0}, \quad \frac{Y''}{v_0}, \quad \frac{Z''}{v_0}$$

demeure à distance finie et se réduit à la surface (Σ) définie plus haut.

1068. Cette surface (Σ) est précisément celle qui sert de base aux recherches de M. Weingarten. L'éminent géomètre l'introduit directement par les formules (16); et l'identité (12), déjà démontrée,

$$\mathbf{S}\frac{\partial x}{\partial u}d\frac{\partial x}{\partial v}=0,$$

montre alors que les cosinus directeurs de la normale à la surface sont bien les quantités C, C', C″ définies par les formules (13). Nous allons chercher directement les lignes de courbure et les rayons de courbure principaux de la surface (Σ). Mais auparavant nous remarquerons que, lorsque (Σ) sera connue, la surface (Θ) sera définie par les formules suivantes :

$$(17)\qquad \begin{cases} x=\displaystyle\int \mathrm{C}\,du+\mathrm{X}\,dv,\\ y=\displaystyle\int \mathrm{C}'\,du+\mathrm{Y}\,dv,\\ z=\displaystyle\int \mathrm{C}''\,du+\mathrm{Z}\,dv; \end{cases}$$

et nous signalerons les identités

$$(18)\qquad \begin{cases} \mathrm{CX}+\mathrm{C'Y}+\mathrm{C''Z}=p,\\ \mathrm{X}^2+\mathrm{Y}^2+\mathrm{Z}^2=2q, \end{cases}$$

d'où il résulte que *p sera la distance de l'origine au plan tangent de (Σ) et $2q$ le carré de la distance de la même origine au point de contact de ce plan tangent.*

1069. Cela posé, cherchons les lignes de courbure et les rayons de courbure principaux de la surface (Σ).

Les équations d'Olinde Rodrigues

$$d\mathrm{X}+\rho\,d\mathrm{C}=0,\qquad d\mathrm{Y}+\rho\,d\mathrm{C}'=0,\qquad d\mathrm{Z}+\rho\,d\mathrm{C}''=0$$

nous donnent ici la suivante

$$(19)\qquad \frac{\partial^2 x}{\partial u\,\partial v}du+\frac{\partial^2 x}{\partial v^2}dv+\rho\left(\frac{\partial^2 x}{\partial u^2}du+\frac{\partial^2 x}{\partial u\,\partial v}dv\right)=0$$

et les deux équations analogues en y et z. Or, si l'on conserve les notations du Livre VII, Chapitre III, le système (36) [III, p. 251] devient ici

$$(20)\quad \left\{\begin{aligned} \frac{\partial^2 x}{\partial u^2} &= \frac{D}{H}c + \frac{r}{H^2}\left(\frac{\partial x}{\partial v} - p\frac{\partial x}{\partial u}\right), \\ \frac{\partial^2 x}{\partial u\,\partial v} &= \frac{D'}{H}c + \frac{s}{H^2}\left(\frac{\partial x}{\partial v} - p\frac{\partial x}{\partial u}\right), \\ \frac{\partial^2 x}{\partial v^2} &= \frac{D''}{H}c + \frac{t}{H^2}\left(\frac{\partial x}{\partial v} - p\frac{\partial x}{\partial u}\right), \end{aligned}\right.$$

D, D', D'' étant les déterminants déjà définis et r, s, t les dérivées secondes de w, considérée comme fonction de u, v. Si, dans l'équation (19), on remplace les dérivées secondes de x par leurs valeurs (20) et si l'on égale à zéro le coefficient de c ainsi que celui de $\frac{\partial x}{\partial v} - p\frac{\partial x}{\partial u}$, on trouvera les deux équations

$$\begin{aligned} D'\,du + D''\,dv + \rho(D\,du + D'\,dv) &= 0, \\ s\,du + t\,dv + \rho(r\,du + s\,dv) &= 0, \end{aligned}$$

qui détermineront à la fois ρ et $\frac{dv}{du}$. L'équation différentielle

$$(21)\quad (D'\,du + D''\,dv)(r\,du + s\,dv) - (D\,du + D'\,dv)(s\,du + t\,dv) = 0,$$

qui résulte de l'élimination de ρ, définira les lignes de courbure et l'équation

$$(22)\quad \begin{vmatrix} 1 & -\rho & \rho^2 \\ r & s & t \\ D & D' & D'' \end{vmatrix} = 0$$

fera connaître les rayons de courbure principaux.

Le premier membre de l'équation (21) est évidemment la forme quadratique harmonique aux deux suivantes :

$$\begin{aligned} &D\,du^2 + 2D'\,du\,dv + D''\,dv^2, \\ &r\,du^2 + 2s\,du\,dv + t\,dv^2, \end{aligned}$$

qui, égalées à zéro, déterminent respectivement les lignes asymptotiques des deux surfaces (Θ) et (Θ_1). On vérifie ainsi que les lignes de courbure de (Σ) correspondent bien au système conjugué commun à (Θ) et à (Θ_1). Quant à l'équation (22), elle peut être remplacée par les deux suivantes :

$$(23)\qquad r\rho'\rho'' + s(\rho' + \rho'') + t = 0,$$

$$(24)\qquad D\rho'\rho'' + D'(\rho' + \rho'') + D'' = 0,$$

où ρ' et ρ'' désignent les deux rayons de courbure principaux, et dont nous aurons à faire usage plus loin. On en déduit, en particulier, que l'on aura identiquement

$$(25)\qquad \rho'\rho''\frac{\partial^2 x}{\partial u^2} + (\rho' + \rho'')\frac{\partial^2 x}{\partial u\,\partial v} + \frac{\partial^2 x}{\partial v^2} = 0,$$

comme on le voit en utilisant le système (20). Il nous reste maintenant à indiquer les conséquence.

1070. Nous remarquerons d'abord qu'on peut, en quelque sorte, supprimer la relation entre (Θ) et (Σ), en définissant directement cette dernière surface.

En effet, dans l'équation (23) et dans les valeurs de r, s, t, exprimons u et v en fonction des variables p et q qui ont par rapport à (Σ) une signification géométrique déterminée, indiquée à la fin du n° **1068**. Nous aurons ainsi une relation entre les rayons de courbure de (Σ), les distances de l'origine au plan tangent et au point de contact, c'est-à-dire *une équation aux dérivées partielles du second ordre à laquelle devra satisfaire* (Σ). Voici un moyen élégant de faire le calcul. Posons

$$(26)\qquad \varphi = up + vq - w,$$

et exprimons φ en fonction de p et q. Comme on a, en différentiant,

$$d\varphi = u\,dp + v\,dq,$$

on pourra poser

$$(27)\qquad u = \frac{\partial\varphi}{\partial p},\qquad v = \frac{\partial\varphi}{\partial q}.$$

De plus, les équations

$$dp = r\,du + s\,dv,\qquad dq = s\,du + t\,dv,$$

qui définissent les dérivées secondes, nous donnent

$$du = d\frac{\partial\varphi}{\partial p} = \frac{t\,dp - s\,dq}{rt - s^2},\qquad dv = d\frac{\partial\varphi}{\partial q} = \frac{r\,dq - s\,dp}{rt - s^2}$$

et, par suite,

$$(28)\qquad \frac{\partial^2\varphi}{\partial p^2} = \frac{t}{rt-s^2}, \qquad \frac{\partial^2\varphi}{\partial p\,\partial q} = \frac{-s}{rt-s^2}, \qquad \frac{\partial^2\varphi}{\partial q^2} = \frac{r}{rt-s^2}.$$

C'est la transformation bien connue de Legendre, qui revient à remplacer la surface (Θ_1) par sa polaire réciproque relativement au paraboloïde défini par l'équation (¹)

$$(29)\qquad 2w = u^2 + v^2.$$

Après cette transformation, l'équation (23) à laquelle satisfait (Σ) prend la forme

$$(30)\qquad \frac{\partial^2\varphi}{\partial p^2} - (\rho' + \rho'')\frac{\partial^2\varphi}{\partial p\,\partial q} + \rho'\rho''\frac{\partial^2\varphi}{\partial q^2} = 0$$

et les formules définissant la surface (Θ) deviennent

$$(31)\qquad \begin{cases} x = \displaystyle\int C\,d\frac{\partial\varphi}{\partial p} + X\,d\frac{\partial\varphi}{\partial q}, \\ y = \displaystyle\int C'\,d\frac{\partial\varphi}{\partial p} + Y\,d\frac{\partial\varphi}{\partial q}, \\ z = \displaystyle\int C''\,d\frac{\partial\varphi}{\partial p} + Z\,d\frac{\partial\varphi}{\partial q}. \end{cases}$$

Quant à l'élément linéaire de (Θ), il s'exprimera comme il suit :

$$(32)\qquad ds^2 = \left(d\frac{\partial\varphi}{\partial p}\right)^2 + 2p\,d\frac{\partial\varphi}{\partial p}\,d\frac{\partial\varphi}{\partial q} + 2q\left(d\frac{\partial\varphi}{\partial q}\right)^2.$$

1071. Nous allons maintenant démontrer la réciproque : si la surface (Σ) satisfait à l'équation aux dérivées partielles (30), les formules (31) déterminent une surface (Θ) admettant l'élément linéaire donné.

Comme la formule (32), équivalente à celle (4) qui a servi de point de départ, résulte immédiatement des équations (31) en

---

(¹) En effet, d'après les formules (2) qui relient u, v, w aux coordonnées rectangulaires x_1, y_1, z_1, on voit que ces variables u, v, w constituent, elles aussi, un système de coordonnées rectilignes, de sorte que la transformation indiquée dans le texte équivaut à prendre la polaire réciproque de la surface (Θ_1), admettant l'élément linéaire donné, relativement au paraboloïde défini en coordonnées rectangulaires par l'équation

$$y - iz = x^2 + (y + iz)^2,$$

admettant qu'elles soient établies, tout se réduit à démontrer que les expressions telles que la suivante

$$C\,d\frac{\partial\varphi}{\partial p} + X\,d\frac{\partial\varphi}{\partial q} \tag{33}$$

sont des différentielles exactes.

Or, aux équations d'Olinde Rodrigues, qui définissent les lignes de courbure

$$dX + \rho\,dC = 0, \qquad dY + \rho\,dC' = 0, \qquad dZ + \rho\,dC'' = 0,$$

on peut adjoindre la suivante

$$dq + \rho\,dp = 0, \tag{34}$$

que l'on obtient en les ajoutant après les avoir multipliées respectivement par X, Y, Z. Si donc on a pris p et q pour variables indépendantes, on aura, pour chaque ligne de courbure,

$$\frac{\partial X}{\partial p}dp + \frac{\partial X}{\partial q}dq + \rho\left(\frac{\partial C}{\partial p}dp + \frac{\partial C}{\partial q}dq\right) = 0,$$

et, en remplaçant $\frac{dp}{dq}$ par sa valeur déduite de l'équation (34),

$$\frac{\partial X}{\partial p} + \rho\left(\frac{\partial C}{\partial p} - \frac{\partial X}{\partial q}\right) - \rho^2\frac{\partial C}{\partial q} = 0; \tag{35}$$

de sorte que l'on peut poser

$$\left\{\begin{aligned} (\rho' + \rho'')\frac{\partial C}{\partial q} &= \frac{\partial C}{\partial p} - \frac{\partial X}{\partial q}, \\ \rho'\rho''\frac{\partial C}{\partial q} &= -\frac{\partial X}{\partial p}; \end{aligned}\right. \tag{36}$$

et de là l'on déduit

$$\left\{\begin{aligned} \frac{\partial X}{\partial p} &= -\rho'\rho''\frac{\partial C}{\partial q}, \\ \frac{\partial X}{\partial q} &= \frac{\partial C}{\partial p} - (\rho' + \rho'')\frac{\partial C}{\partial q}. \end{aligned}\right. \tag{37}$$

Ces relations, auxquelles il faut joindre les formules analogues en Y et C', Z et C'', constituent une des propriétés du système de coordonnées curvilignes p, q.

Cela posé, écrivons la condition d'intégrabilité de la différentielle (33); il viendra

$$\frac{\partial}{\partial q}\left(C\frac{\partial^2\varphi}{\partial p^2}+X\frac{\partial^2\varphi}{\partial p\,\partial q}\right)=\frac{\partial}{\partial p}\left(C\frac{\partial^2\varphi}{\partial p\,\partial q}+X\frac{\partial^2\varphi}{\partial q^2}\right)$$

ou, en réduisant,

$$\frac{\partial C}{\partial q}\frac{\partial^2\varphi}{\partial p^2}+\left(\frac{\partial X}{\partial q}-\frac{\partial C}{\partial p}\right)\frac{\partial^2\varphi}{\partial p\,\partial q}-\frac{\partial X}{\partial p}\frac{\partial^2\varphi}{\partial q^2}=0.$$

Il suffit de tenir compte des relations (36) pour voir apparaître le premier membre de l'équation (30) multiplié par $\frac{\partial C}{\partial q}$. Notre réciproque est donc complètement démontrée.

1072. Nous avons ainsi réalisé une transformation radicale de l'équation aux dérivées partielles qu'il s'agissait d'intégrer, et notre remarque du début nous montre que, pourvu que l'on connaisse une surface particulière admettant un élément linéaire donné, la détermination complète des surfaces admettant ce même élément linéaire pourra toujours se ramener à l'intégration d'une équation de la forme (30). Comme on a ici, d'après la formule (21) [III, p. 246]

$$DD''-D'^2=s^2-rt, \tag{38}$$

l'équation à laquelle satisferait la coordonnée x relative à la surface (Θ) serait, en remplaçant D, D', D'' par leurs valeurs tirées du système (20) et faisant quelques réductions,

$$\left\{\begin{aligned}&(2q-p^2)\left[\frac{\partial^2 x}{\partial u^2}\frac{\partial^2 x}{\partial v^2}-\left(\frac{\partial^2 x}{\partial u\,\partial v}\right)^2\right]\\&\qquad-\left(\frac{\partial x}{\partial v}-p\frac{\partial x}{\partial u}\right)\left(t\frac{\partial^2 x}{\partial u^2}-2s\frac{\partial^2 x}{\partial u\,\partial v}+r\frac{\partial^2 x}{\partial v^2}\right)\\&=(s^2-rt)\left[1-\left(\frac{\partial x}{\partial u}\right)^2\right].\end{aligned}\right. \tag{39}$$

Il reviendra au même d'intégrer cette équation, ou celle (30) que nous avons formée plus haut et qui détermine (Σ).

Nous savons (n° **703**) que l'équation précédente admet pour caractéristiques les lignes asymptotiques de la surface (Θ) définies par l'équation différentielle

$$D\,du^2+2D'\,du\,dv+D''\,dv^2=0. \tag{40}$$

Ces caractéristiques sont aussi celles qui conviennent à l'équation (30). On pourrait, comme l'a fait M. Goursat dans le Mémoire cité plus haut, établir ce résultat par un raisonnement *a priori*. Nous nous contenterons de remarquer que les caractéristiques de l'équation générale aux dérivées partielles

$$\text{(41)} \qquad H\rho'\rho'' + K(\rho' + \rho'') + L = 0,$$

où, ρ', ρ'' désignant toujours les rayons de courbure principaux, les fonctions H, K, L ne contiennent que les coordonnées X, Y, Z du point et les cosinus directeurs C, C', C'' de la normale à la surface, sont déterminées par l'équation différentielle

$$\text{(42)} \qquad H \mathbf{S}\, dC\, dX - K \mathbf{S}\, dC^2 = 0.$$

Cette équation, à laquelle conduit l'application régulière des méthodes générales, deviendra ici

$$\frac{\partial^2 \varphi}{\partial q^2} \mathbf{S}\, dC\, dX + \frac{\partial^2 \varphi}{\partial p\, \partial q} \mathbf{S}\, dC^2 = 0,$$

ou, en tenant compte des formules (28),

$$\text{(43)} \qquad r \mathbf{S}\, dC\, dX - s \mathbf{S}\, dC^2 = 0.$$

Or calculons les trois formes quadratiques

$$\mathbf{S}\, dC\, dX, \qquad \mathbf{S}\, dX^2, \qquad \mathbf{S}\, dC^2,$$

relatives à la surface (Σ), et qui définissent, pour cette surface, les lignes asymptotiques, les lignes de longueur nulle et les lignes de longueur nulle de la représentation sphérique; c'est-à-dire trois systèmes de courbes divisant harmoniquement les lignes de courbure de (Σ). Un calcul facile, où l'on aura à employer les formules (20) et à tenir compte de l'identité (38), nous donnera

$$\text{(44)} \quad \left\{ \begin{aligned} \mathbf{S}\, dC^2 &= \frac{D}{H^2}(D\, du^2 + 2D'\, du\, dv + D''\, dv^2) + \frac{r}{H^2}(r\, du^2 + 2s\, du\, dv + t\, dv^2), \\ \mathbf{S}\, dC\, dX &= \frac{D'}{H^2}(D\, du^2 + 2D'\, du\, dv + D''\, dv^2) + \frac{s}{H^2}(r\, du^2 + 2s\, du\, dv + t\, dv^2), \\ \mathbf{S}\, dX^2 &= \frac{D''}{H^2}(D\, du^2 + 2D'\, du\, dv + D''\, dv^2) + \frac{t}{H^2}(r\, du^2 + 2s\, du\, dv + t\, dv^2). \end{aligned} \right.$$

Ces relations permettent, en premier lieu, d'établir le fait annoncé et de mettre en évidence l'identité des deux systèmes de caractéristiques définis par les équations (40) et (43). Elles montrent aussi que les trois familles de lignes précédentes sont en involution avec les lignes asymptotiques des surfaces (Θ) et (Θ_1). Il fallait s'y attendre, puisqu'elles divisent toutes harmoniquement le réseau formé par les lignes de courbure de (Σ), qui correspond au réseau conjugué commun à (Θ) et à (Θ_1).

1073. On peut faire des applications diverses des résultats précédents. Nous présenterons d'abord la remarque générale suivante.

Supposons qu'on veuille déterminer toutes les surfaces admettant un élément linéaire donné. La connaissance d'une solution particulière (Θ_1) nous permettra de ramener le problème à l'intégration d'une équation de la forme (30). Cette intégration étant effectuée, on connaîtra un nombre illimité de surfaces (Θ'_1) admettant l'élément linéaire donné; et à chacune d'elles correspondra une forme déterminée de l'équation (30). Donc, lorsqu'on sait intégrer une équation de cette forme, il en existe un nombre illimité d'autres de même forme, mais où la fonction φ aura une détermination différente, que l'on saura intégrer. Rappelons même pour plus de netteté la signification géométrique de la fonction φ. Nous avons vu que l'équation

$$w = \varphi(p, q)$$

représente, si l'on y regarde les variables p, q, w comme des coordonnées cartésiennes, reliées aux coordonnées rectangulaires par les formules (2), la polaire réciproque de l'une des surfaces admettant l'élément linéaire donné, prise relativement au paraboloïde représenté par l'équation (29) donnée plus haut.

Pour examiner maintenant quelques applications particulières, envisageons d'abord l'élément linéaire de la sphère

$$ds^2 = d\theta^2 + \sin^2\theta\, d\psi^2.$$

En prenant ici

$$x_1 = u = \cos\theta,$$
$$v = y_1 + i z_1 = \sin\theta\, e^{i\psi},$$
$$2w = y_1 - i z_1 = \sin\theta\, e^{-i\psi},$$

l'équation

$$x_1^2+y_1^2+z_1^2=1$$

nous donnera la relation

$$2vw=1-u^2,$$

d'où l'on pourra déduire

$$p=-\frac{u}{v},\qquad q=\frac{u^2-1}{2v^2},\qquad \varphi=-\frac{1}{v},\qquad \varphi=\sqrt{p^2-2q}.$$

L'équation (30) devient ici

$$(\rho'+p)(\rho''+p)=p^2-2q.$$

Elle exprime que la sphère ayant pour diamètre la droite qui joint les deux centres de courbure principaux de (Σ) doit passer à l'origine des coordonnées. Il n'y a là qu'un fait curieux, l'équation précédente étant plus compliquée que celle des surfaces à courbure constante.

1074. Pour obtenir d'autres applications, nous remarquerons une conséquence intéressante des équations (44) relatives aux trois familles de lignes tracées sur (Σ). *Il faudra une seule condition pour que les lignes qui composent l'une de ces trois familles deviennent les caractéristiques de l'équation aux dérivées partielles* (30) *à laquelle doit satisfaire la surface* (Σ).

Si l'on veut, par exemple, que ces caractéristiques soient les lignes de longueur nulle de la représentation sphérique, il faudra supposer

$$r=0\quad\text{ou}\quad\frac{\partial^2\varphi}{\partial q^2}=0.$$

La fonction la plus générale satisfaisant à cette condition serait

$$\varphi=q\,f(p)+f_1(p);$$

on verra aisément qu'on ne restreint pas la généralité en supposant $f(p)=p$, ce qui permet d'écrire φ sous la forme

(45) $$\varphi=pq-\frac{p^3}{3}-\psi(p);$$

et l'équation à intégrer deviendra

$$\rho' + \rho'' = -2p - \psi'(p). \tag{46}$$

On aura ici

$$u = \frac{\partial\varphi}{\partial p} = q - p^2 - \psi'(p), \qquad v = \frac{\partial\varphi}{\partial q} = p; \tag{47}$$

de sorte que l'élément linéaire de (Θ) pourra s'écrire

$$ds^2 = du^2 + 2v\,du\,dv + [2u + 2v^2 + 2\psi'(v)]\,dv^2. \tag{48}$$

Posons

$$u + \frac{v^2}{2} = u_1, \tag{49}$$

il viendra

$$ds^2 = du_1^2 + 2[u_1 + \psi'(v)]\,dv^2. \tag{50}$$

La détermination de toutes les surfaces qui admettent cet élément linéaire sera ainsi ramenée à l'intégration de l'équation aux dérivées partielles (46).

Or cette équation prend une forme très simple si l'on emploie le système de coordonnées tangentielles défini au n° 165, c'est-à-dire si l'on regarde la surface (Σ) comme l'enveloppe du plan dont l'équation est

$$(\alpha + \beta)X + i(\beta - \alpha)Y + (\alpha\beta - 1)Z + \xi = 0. \tag{51}$$

On aura ici

$$C = \frac{\alpha + \beta}{1 + \alpha\beta}, \qquad C' = \frac{i(\beta - \alpha)}{1 + \alpha\beta}, \qquad C'' = \frac{\alpha\beta - 1}{\alpha\beta + 1}, \tag{52}$$

$$\xi = -p(1 + \alpha\beta) \tag{53}$$

et un calcul facile donnera les formules très symétriques

$$\left\{\begin{aligned} X &= Cp + \frac{(1 + \alpha\beta)^2}{2}\left(\frac{\partial p}{\partial \alpha}\frac{\partial C}{\partial \beta} + \frac{\partial p}{\partial \beta}\frac{\partial C}{\partial \alpha}\right),\\ Y &= C'p + \frac{(1 + \alpha\beta)^2}{2}\left(\frac{\partial p}{\partial \alpha}\frac{\partial C'}{\partial \beta} + \frac{\partial p}{\partial \beta}\frac{\partial C'}{\partial \alpha}\right),\\ Z &= C''p + \frac{(1 + \alpha\beta)^2}{2}\left(\frac{\partial p}{\partial \alpha}\frac{\partial C''}{\partial \beta} + \frac{\partial p}{\partial \beta}\frac{\partial C''}{\partial \alpha}\right). \end{aligned}\right. \tag{54}$$

On déduira de là

$$(55)\qquad q = \frac{X^2+Y^2+Z^2}{2} = \frac{p^2}{2} + \frac{(1+\alpha\beta)^2}{2}\frac{\partial p}{\partial \alpha}\frac{\partial p}{\partial \beta}.$$

Les rayons de courbure sont exprimés par la première des équations (33) [I, p. 246], qui donne ici

$$(56)\qquad \rho'+\rho'' = -2p - \frac{\partial^2 p}{\partial \alpha\, \partial \beta}(1+\alpha\beta)^2;$$

et, par suite, l'équation (46) prendra la forme extrêmement simple

$$(57)\qquad \frac{\partial^2 p}{\partial \alpha\, \partial \beta} = \frac{\psi'(p)}{(1+\alpha\beta)^2}.$$

Lorsque l'on aura intégré cette équation, on aura x, y, z par les formules (31); ce qui donnera, après quelques réductions,

$$(58)\qquad \begin{cases} x = \mathrm{C}u_1 + \displaystyle\int \psi'(p)\,d\mathrm{C} + \frac{(1+\alpha\beta)^2}{2}\left[\frac{\partial \mathrm{C}}{\partial \beta}\left(\frac{\partial p}{\partial \alpha}\right)^2 d\alpha + \frac{\partial \mathrm{C}}{\partial \alpha}\left(\frac{\partial p}{\partial \beta}\right)^2 d\beta\right], \\ y = \mathrm{C}'u_1 + \displaystyle\int \psi'(p)\,d\mathrm{C}' + \frac{(1+\alpha\beta)^2}{2}\left[\frac{\partial \mathrm{C}'}{\partial \beta}\left(\frac{\partial p}{\partial \alpha}\right)^2 d\alpha + \frac{\partial \mathrm{C}'}{\partial \alpha}\left(\frac{\partial p}{\partial \beta}\right)^2 d\beta\right], \\ z = \mathrm{C}''u_1 + \displaystyle\int \psi'(p)\,d\mathrm{C}'' + \frac{(1+\alpha\beta)^2}{2}\left[\frac{\partial \mathrm{C}''}{\partial \beta}\left(\frac{\partial p}{\partial \alpha}\right)^2 d\alpha + \frac{\partial \mathrm{C}''}{\partial \alpha}\left(\frac{\partial p}{\partial \beta}\right)^2 d\beta\right], \end{cases}$$

u_1 ayant la valeur définie par la formule (49), qui devient ici

$$(59)\qquad u_1 = \frac{(1+\alpha\beta)^2}{2}\frac{\partial p}{\partial \alpha}\frac{\partial p}{\partial \beta} - \psi'(p).$$

Or il suffit de se reporter aux propriétés des lignes géodésiques et à la forme (50) de l'élément linéaire pour interpréter géométriquement les formules qui définissent (Σ).

Considérons la surface auxiliaire (Σ_1) définie par les équations

$$(60)\qquad x_1 = x - \mathrm{C}u_1,\qquad y_1 = y - \mathrm{C}'u_1,\qquad z_1 = z - \mathrm{C}''u_1.$$

Il résulte immédiatement des équations (58) que l'on a

$$\mathrm{C}\,dx_1 + \mathrm{C}'\,dy_1 + \mathrm{C}''\,dz_1 = 0.$$

Par conséquent la surface (Σ_1) est une développante de (Θ) suivant le système de lignes géodésiques de paramètre v : ce sont les courbes de paramètre v sur (Σ_1) qui auront pour développées les lignes géodésiques de (Θ).

La surface (Σ_1) est déterminée ponctuellement par les formules (60). On peut la déterminer tangentiellement en la considérant comme enveloppe du plan défini par l'équation

$$Cx_1 + C'y_1 + C''z_1 + \frac{\omega}{1+\alpha\beta} = 0,$$

ou encore

$$(61) \qquad (\alpha+\beta)x_1 + i(\beta-\alpha)y_1 + (\alpha\beta-1)z_1 + \omega = 0,$$

ce qui donne les relations

$$\frac{\partial\omega}{\partial\alpha} + x_1 - iy_1 + \beta z_1 = 0,$$
$$\frac{\partial^2\omega}{\partial\alpha^2} + \frac{\partial x_1}{\partial\alpha} - i\frac{\partial y_1}{\partial\alpha} + \beta\frac{\partial z_1}{\partial\alpha} = 0,$$
$$\frac{\partial^2\omega}{\partial\alpha\,\partial\beta} + \frac{\partial x_1}{\partial\beta} - i\frac{\partial y_1}{\partial\beta} + \beta\frac{\partial z_1}{\partial\beta} + z_1 = 0,$$

et deux autres relations semblables faisant connaître $\frac{\partial\omega}{\partial\beta}$, $\frac{\partial^2\omega}{\partial\beta^2}$.

On déduit de là

$$(62) \quad \left\{ \begin{aligned} &\frac{\partial^2\omega}{\partial\alpha^2} = -(1+\alpha\beta)\left(\frac{\partial p}{\partial\alpha}\right)^2, \qquad \frac{\partial^2\omega}{\partial\beta^2} = -(1+\alpha\beta)\left(\frac{\partial p}{\partial\beta}\right)^2, \\ &\frac{\partial^2\omega}{\partial\alpha\,\partial\beta} = -\frac{2\psi'(p)}{1+\alpha\beta} \\ &\qquad -\int\left[\alpha\left(\frac{\partial p}{\partial\alpha}\right)^2 d\alpha + \beta\left(\frac{\partial p}{\partial\beta}\right)^2 \partial\beta + 2\psi'(p)\frac{\beta\,d\alpha + \alpha\,d\beta}{(1+\alpha\beta)^2}\right]; \end{aligned} \right.$$

et ces trois équations, toujours compatibles, détermineront ω. Les termes de la forme

$$A + B\alpha + C\beta + D\alpha\beta$$

introduits par les intégrations conviennent à des surfaces qui se déduisent les unes des autres par une translation ou par le passage à la surface parallèle.

On voit que les lignes de courbure sont déterminées (n° 165 par les équations différentielles

$$\frac{\partial p}{\partial\alpha} d\alpha \pm \frac{\partial p}{\partial\beta} \partial\beta = 0.$$

Donc, comme il fallait s'y attendre, une des familles est formée des courbes

$$p = \text{const.},$$

auxquelles correspondent sur (Θ) les lignes géodésiques de paramètre v.

1075. En résumé, les formules auxquelles nous avons été conduits font dépendre la détermination de toutes les surfaces (Θ) dont l'élément linéaire est donné par la formule

$$(63) \qquad ds^2 = du_1^2 + 2[u_1 + \psi'(v)]\, dv^2$$

de l'intégration de l'équation aux dérivées partielles

$$(64) \qquad \frac{\partial^2 v}{\partial \alpha\, \partial \beta} = \frac{\psi''(v)}{(1 + \alpha\beta)^2},$$

ou de la détermination des surfaces (Σ) dont les rayons de courbure satisfont à la relation

$$(65) \qquad \rho' + \rho'' = -2p - \psi'(p),$$

dans laquelle p désigne la distance de l'origine au plan tangent.

Malheureusement, quelque simple qu'en soit la forme, l'équation aux dérivées partielles (64) n'est pas intégrable en général. M. Weingarten, et ensuite M. Goursat, ont cependant indiqué quelques cas dans lesquels on peut obtenir son intégrale générale.

Supposons, par exemple, que la fonction ψ'' soit linéaire, et posons

$$(66) \qquad \psi'(v) = \frac{m(1 - m)v^2}{2},$$

m désignant une constante quelconque. L'équation (64) deviendra

$$(67) \qquad \frac{\partial^2 v}{\partial \alpha\, \partial \beta} = \frac{m(1 - m)v}{(1 + \alpha\beta)^2},$$

et, si l'on effectue la substitution

$$\beta = -\frac{1}{\beta_0},$$

elle se réduira à l'équation d'Euler

$$(68) \qquad \frac{\partial^2 v}{\partial \alpha\, \partial \beta_0} = \frac{m(1 - m)v}{(\alpha - \beta_0)^2},$$

que nous savons intégrer, soit par des formules finies lorsque m est entier, soit par des intégrales définies dans tous les autres cas (Livre IV, Chap. III et IV).

Alors la relation (65), qui sert de définition à la surface (Σ), sera

$$(69) \qquad \rho' + \rho'' + 2p = m(m-1)p.$$

Si l'on mène le plan perpendiculaire à la normale d'une surface à égale distance des deux centres de courbure, il enveloppe une autre surface à laquelle nous donnerons ici le nom de *développée moyenne* de la première [1]. Comme la distance de l'origine à ce plan est

$$\frac{\rho' + \rho''}{2} + p,$$

on voit que l'équation (69) exprime que la développée moyenne de la surface (Σ) *est une surface homothétique à* (Σ) [2].

---

[1] Au n° 912 nous avons déjà donné le nom de *développée moyenne* à la surface décrite par le milieu du segment formé par les centres de courbure principaux. Nous mettrons à profit cette occasion pour rappeler ici que Ribaucour a introduit avec succès deux surfaces différentes dans la théorie des congruences rectilignes : l'une, la *surface moyenne*, décrite par le milieu du segment focal; l'autre, l'*enveloppée moyenne*, enveloppe du plan perpendiculaire sur le milieu du segment focal. Quand la congruence rectiligne est engendrée par les normales d'une surface (Σ), on a ainsi deux surfaces distinctes rattachées à (Σ). On pourrait, si on les rencontrait dans une même étude, les désigner respectivement sous les noms de *développée moyenne ponctuelle* et de *développée moyenne tangentielle*.

[2] Les surfaces jouissant de cette propriété avaient été déjà considérées par Ribaucour et par M. Appell dans le cas particulier où $m = 0$ et où, par suite, la développée moyenne se réduit à un point. Elles avaient été étudiées pour toutes les valeurs de m par M. Goursat. Le lecteur pourra consulter les Mémoires suivants :

A. Ribaucour, *Mémoire sur la théorie générale des surfaces courbes*, Chapitre VI (*Journal de Mathématiques pures et appliquées*, t. VII, 4e série; 1891, présenté en 1876 à l'Académie des Sciences).

P. Appell, *Surfaces telles que l'origine se projette sur chaque normale au milieu des centres de courbure principaux* (*American Journal of Mathematics*, t. X p. 175; 1888).

E. Goursat, *Surfaces telles que la somme des rayons de courbure principaux est proportionnelle à la distance d'un point fixe au plan tangent*. (Même Recueil et même tome, p. 187).

Mais, il est juste de le reconnaître, c'est à un jeune géomètre italien, M. Ettore Baroni, que revient le mérite d'avoir, le premier, signalé qu'à chaque surface homothétique à sa développée moyenne on peut faire correspondre une surface

Examinons les cas particuliers les plus intéressants. Pour $m = 0$ ou $m = 1$, les surfaces (Θ) sont les développées des surfaces minima; cela résulte de la forme même de leur élément linéaire (n° 751). La surface (Σ) est celle dont la développée moyenne se réduit à un point. L'équation (68) s'intègre alors sans difficulté et nous donne

$$v = f(\alpha) + f_0(\beta).$$

Pour $m = 2$, on a

(70) $$\psi'(v) = -v^2.$$

Ce cas intéressant avait été étudié depuis longtemps par M. Weingarten dans un Mémoire cité plus loin [p. 335] et inséré aux *Nachrichten* de Gœttingue. Les surfaces (Σ) se réduisent aux surfaces minima; elles sont, par suite, *identiques* à leur développée moyenne.

1076. Considérons, d'une manière plus générale, la fonction ψ' définie par la formule

(71) $$\psi'(v) = m(1-m)\frac{v^2}{2} + Av,$$

où A désigne une constante quelconque. L'équation (64) à intégrer prendra la forme

(72) $$\frac{\partial^2 v}{\partial\alpha\,\partial\beta} = \frac{m(1-m)v + A}{(1+\alpha\beta)^2}.$$

Et il est clair que si $m(1-m)$ n'est pas nul, on peut, par la substitution très simple,

$$v + \frac{A}{m(1-m)} = v_1,$$

la ramener à l'équation (67). D'ailleurs l'hypothèse $m(1-m) = 0$,

admettant un élément linéaire donné; de sorte que l'intégration complète de l'équation (69) pour une valeur donnée de m fait connaître par cela même *toutes* les surfaces qui admettent un même élément linéaire. *Voir* le Mémoire intitulé : *Superficie Σ in cui la somma dei raggi principali di curvatura è proporzionale alla distanza di un punto fisso dal piano tangente;* inséré par M. Baroni, en 1890, au tome XXVIII du *Giornale di Matematiche*, p. 349.

nous donne

$$v = \mathrm{A}\,\mathrm{Log}(1+\alpha\beta) + f(\alpha) + f_0(\beta).$$

L'élément linéaire de (Θ)

$$ds^2 = du_1^2 + (2u_1 + 2\mathrm{A}v)\,dv^2$$

convient (nº 693) aux surfaces que nous avons reconnues être applicables sur le paraboloïde de révolution. Les surfaces (Σ) correspondantes admettent comme développée moyenne une sphère. Pour le cas général de la formule (71), *la développée moyenne serait homothétique à une surface parallèle à* (Σ).

Comme on peut toujours remplacer (Σ) par une surface parallèle, notre nouvelle hypothèse ne donne donc rien d'essentiellement nouveau. Au reste, par un changement de notations, on peut toujours faire disparaître la constante A dans l'expression de l'élément linéaire, toutes les fois que le produit $m(1-m)$ est différent de zéro.

1077. Pour trouver, s'il en existe, d'autres cas dans lesquels l'équation aux dérivées partielles puisse être intégrée, appliquons les méthodes régulières et commençons par chercher si elle peut admettre, par exemple, une intégrale première. Soit

$$\mathrm{F}\left(v, \alpha, \beta, \frac{\partial v}{\partial \alpha}, \frac{\partial v}{\partial \beta}\right) = 0, \tag{73}$$

cette intégrale première. Si on la différentie par rapport à α, par exemple, on aura

$$\frac{\partial \mathrm{F}}{\partial v} p' + \frac{\partial \mathrm{F}}{\partial \alpha} + \frac{\partial \mathrm{F}}{\partial p'} \frac{\partial^2 v}{\partial \alpha^2} + \frac{\partial \mathrm{F}}{\partial q'} \frac{\psi''(v)}{(1+\alpha\beta)^2} = 0 \tag{74}$$

p' et q' désignant les dérivées premières de v. En différentiant par rapport à β, on aura de même

$$\frac{\partial \mathrm{F}}{\partial v} q' + \frac{\partial \mathrm{F}}{\partial \beta} + \frac{\partial \mathrm{F}}{\partial p'} \frac{\psi''(v)}{(1+\alpha\beta)^2} + \frac{\partial \mathrm{F}}{\partial q'} \frac{\partial^2 v}{\partial \beta^2} = 0. \tag{75}$$

Si l'une ou l'autre des deux équations précédentes n'est pas vérifiée identiquement, on pourra déterminer les trois dérivées secondes ou les deux dérivées premières de v; et, par suite, les seules solutions qui pourront être communes à l'équation (73) et à la proposée contiendront tout au plus des constantes arbitraires. Supposons donc que l'une des équations (74), (75), la seconde par exemple, soit vérifiée identiquement. Il faudra que l'on ait

$$\frac{\partial F}{\partial q'} = 0.$$

L'équation (73) pourra donc s'écrire

$$p' = \Phi(v, \alpha, \beta),$$

et l'équation (75) deviendra

$$q' \frac{\partial \Phi}{\partial v} + \frac{\partial \Phi}{\partial \beta} - \frac{\psi''(v)}{(1+\alpha\beta)^2} = 0,$$

ce qui donne

$$\frac{\partial \Phi}{\partial v} = 0, \qquad \frac{\partial \Phi}{\partial \beta} = \frac{\psi''(v)}{(1+\alpha\beta)^2};$$

$\psi''(v)$ devra donc se réduire à une constante, et l'on retrouve une des hypothèses déjà examinées.

1078. Voilà tout ce que donnerait la méthode de Monge. Essayons celle que j'ai proposée et qui consiste à chercher des équations aux dérivées partielles de tous ordres ayant en commun avec la proposée la solution la plus étendue possible. Nous nous bornerons à examiner le cas où ces équations sont du second ordre. On reconnaîtra aisément qu'elles doivent être de la forme suivante

$$(76) \qquad \frac{\partial^2 v}{\partial \alpha^2} = F\left(\alpha, \beta, \frac{\partial v}{\partial \alpha}\right),$$

ou de celle qu'on obtient en changeant α en β. Pour déterminer F, il faut différentier par rapport à β, ce qui donnera

$$\frac{\partial}{\partial \alpha} \frac{\psi''(v)}{(1+\alpha\beta)^2} = \frac{\partial F}{\partial \beta} + \frac{\partial F}{\partial p'} \frac{\psi''(v)}{(1+\alpha\beta)^2},$$

et exprimer que cette équation a lieu identiquement. Le développement du calcul nous donne

$$(77) \qquad \frac{\psi'''(v)}{(1+\alpha\beta)^2} p' - \frac{2\psi''(v)\beta}{(1+\alpha\beta)^3} = \frac{\partial F}{\partial \beta} + \frac{\partial F}{\partial p'} \frac{\psi''(v)}{(1+\alpha\beta)^2}.$$

Comme F ne contient pas v, on peut donner à α, β, p' des valeurs constantes et l'on aura une relation linéaire entre ψ''' et ψ''. Écartant le cas déjà examiné où ψ'' serait constante, nous écrirons

$$\psi''' = \frac{2}{a}\psi'' + h; \tag{78}$$

et il restera à égaler les coefficients de ψ'', ainsi que les termes qui ne contiennent pas cette fonction, dans les deux membres de l'équation (77). On aura ainsi

$$\frac{\partial F}{\partial p'} = \frac{2}{a}p' - \frac{2\beta}{1+\alpha\beta}, \qquad \frac{\partial F}{\partial \beta} = \frac{hp'}{(1+\alpha\beta)^2}.$$

Pour que ces équations soient compatibles, il faut que l'on ait $h = -2$. Il vient alors

$$F = \frac{p'^2}{a} - \frac{2\beta p'}{1+\alpha\beta} + f(\alpha).$$

L'équation (76) prend donc la forme

$$\frac{\partial^2 v}{\partial \alpha^2} = \frac{1}{a}\left(\frac{\partial v}{\partial \alpha}\right)^2 - 2\frac{\beta}{1+\alpha\beta}\frac{\partial v}{\partial \alpha} + f(\alpha). \tag{79}$$

On pourra de même poser

$$\frac{\partial^2 v}{\partial \beta^2} = \frac{1}{a}\left(\frac{\partial v}{\partial \beta}\right)^2 - 2\frac{\alpha}{1+\alpha\beta}\frac{\partial v}{\partial \beta} + f_1(\beta). \tag{80}$$

Quant à l'équation aux dérivées partielles, comme on déduit de l'équation (78), où l'on a remplacé h par -2, la valeur suivante de ψ''

$$\psi''(v) = a - \frac{a}{b}e^{\frac{2v}{a}},$$

elle deviendra

$$\frac{\partial^2 v}{\partial \alpha\, \partial \beta} = \frac{a - \frac{a}{b}e^{\frac{2v}{a}}}{(1+\alpha\beta)^2}; \tag{81}$$

et il ne restera plus qu'à trouver la solution commune aux trois équations (79), (80) et (81).

Ce calcul n'offrirait aucune difficulté. Mais il vaut mieux, une fois l'équation obtenue, opérer comme il suit.

Effectuons la substitution

$$v = a\,\mathrm{Log}(1+\alpha\beta) + w. \tag{82}$$

L'équation (81) prend la forme

$$\frac{\partial^2 w}{\partial\alpha\,\partial\beta} = -\frac{a}{b}e^{\frac{2w}{a}}, \tag{83}$$

dont Liouville a donné l'intégrale (n° 726) (¹). On a

$$e^{\frac{2w}{a}} = \frac{b\,A'B'}{(1+AB)^2}, \tag{84}$$

A désignant une fonction arbitraire de α et B une fonction arbitraire de β. On trouvera donc pour v la valeur définie par l'équation suivante :

$$e^{\frac{2v}{a}} = b\frac{A'B'(1+\alpha\beta)^2}{(1+AB)^2}. \tag{85}$$

Quant à l'élément linéaire de (Θ), il sera donné par la formule

$$ds^2 = du_1^2 + \left(2u_1 + 2av - \frac{a^2}{b}e^{\frac{2v}{a}}\right)dv^2. \tag{86}$$

Par une substitution de la forme

$$\left\{\begin{aligned} u_1 &= a^2u' + h,\\ v &= av' + k,\end{aligned}\right. \tag{87}$$

on peut obtenir l'expression plus simple

$$ds^2 = a^4[du'^2 + (2u' + 2v' + e^{2v'})\,dv'^2]. \tag{88}$$

Ce cas nouveau a été signalé par M. Weingarten. L'éminent géomètre a indiqué qu'on peut alors ramener l'élément linéaire à la forme suivante :

$$ds^2 = (\alpha-\beta)\left(\frac{\alpha-2}{\alpha^2}d\alpha^2 - \frac{\beta-2}{\beta^2}d\beta^2\right). \tag{89}$$

Cela nous conduit à présenter les remarques suivantes, par lesquelles nous terminerons ce Chapitre.

(¹) Les démonstrations de Liouville se trouvent, soit dans la Note IV de la cinquième édition de l'*Application de l'Analyse à la Géométrie par* Monge, soit au *Journal de Mathématiques pures et appliquées* (1re série, t. XVIII, p. 71; 1853).

1079. La forme générale

$$ds^2 = du_1^2 + [2u_1 + 2\psi'(v)]\,dv^2 \tag{90}$$

est évidemment un cas limite de celle qui convient aux surfaces réglées. Et, en effet, il est possible de trouver toute une classe de surfaces réglées imaginaires admettant cet élément linéaire.

Si l'on se reporte aux calculs du n° **728**, on trouvera que toutes ces surfaces réglées sont engendrées par la droite

$$x = a_1 u_1 + b_1, \qquad y = a_2 u_1 + b_2, \qquad z = a_3 u_1 + b_3,$$

les fonctions a_1, a_2, a_3, b_1, b_2, b_3 étant définies par les relations (2) [III, p. 294], qui deviennent ici

$$\begin{aligned} &a_1'^2 + a_2'^2 + a_3'^2 = 0, && a_1 b_1' + a_2 b_2' + a_3 b_3' = 0,\\ &a_1' b_1' + a_2' b_2' + a_3' b_3' = 1, && a_1^2 + a_2^2 + a_3^2 = 1,\\ &b_1'^2 + b_2'^2 + b_3'^2 = 2\psi'(v). && \end{aligned}$$

La première de ces relations montre que les surfaces réglées cherchées admettent un plan directeur isotrope. Comme on peut supposer que ce plan soit parallèle au suivant

$$y + iz = 0,$$

on trouvera aisément que, si α désigne une fonction de v et α' sa dérivée, on peut écrire les équations qui déterminent la surface sous la forme

$$\left\{\begin{aligned} y + iz &= 2\int \frac{dv}{\alpha'},\\ y - iz &= \alpha u_1 + \int \alpha' \psi'(v)\,dv - \int \frac{\alpha^2}{2\alpha'}\,dv,\\ x &= u_1 - \int \frac{\alpha}{\alpha'}\,dv. \end{aligned}\right. \tag{91}$$

Inversement, toutes les surfaces réglées qui admettent un plan directeur isotrope ont leur élément linéaire réductible à la forme (90).

D'après cela, cherchons toutes les surfaces du second degré qui rentrent dans la classe précédente. Une seule est réelle, c'est le paraboloïde de révolution. Nous l'avons déjà examiné, et nous avons même donné (n° 727) la forme de $\psi'(v)$ qui correspond à son élément linéaire. Mais il y a d'autres paraboloïdes qui remplissent les conditions que nous venons d'indiquer : ce sont ceux qui admettent une génératrice rectiligne tangente au cercle de l'infini.

Considérons d'abord celui qui touche le plan de l'infini, en un point non situé sur le cercle de l'infini. Son équation pourra toujours se ramener à la forme

$$(92)\qquad (y+iz)y = -kx.$$

En substituant les valeurs (91) de x, y, z dans les formules précédentes, on verra aisément que l'on peut prendre

$$\alpha = \sqrt{k}\,\alpha', \qquad \alpha = e^{\frac{v}{\sqrt{k}}}, \qquad \int \frac{\alpha}{\alpha'}\,dv = v\sqrt{k} - \frac{k}{2},$$

et l'on trouvera

$$(93)\qquad \psi'(v) = -v\sqrt{k} - 2ke^{-\frac{2v}{\sqrt{k}}},$$

C'est, aux notations près, l'expression de $\psi'(v)$ qui correspond au cas nouveau signalé par M. Weingarten.

On peut donc énoncer le résultat que nous lui devons en disant qu'il nous a appris à connaître toutes les surfaces applicables sur ce paraboloïde particulier dont une génératrice rectiligne est tangente au cercle de l'infini, le point de contact de cette génératrice et du cercle étant distinct du point de contact du paraboloïde et du plan de l'infini.

Considérons maintenant le paraboloïde dont une génératrice est tangente au cercle de l'infini, le point de contact de cette génératrice étant aussi celui où le paraboloïde touche le plan de l'infini. L'équation de la surface pourra être ramenée à la forme

$$(94)\qquad x(y+iz) = k(y-iz).$$

Appliquant la même méthode que précédemment, on trouvera

$$(95)\qquad \psi'(v) = -v^2.$$

C'est le cas qui a servi de point de départ à toutes les nouvelles recherches de M. Weingarten et qui a été signalé plus haut (nº 1075). M. Weingarten l'avait obtenu dès 1887 (¹) et il semble bien que la méthode que nous avons exposée dans ce Chapitre, et qu'il a ensuite appliquée aux cas les plus généraux, a son point de départ et son origine dans celle qu'il avait d'abord employée pour cette forme plus particulière de l'élément linéaire.

1080. Dans les deux hypothèses que nous venons d'examiner, M. Weingarten, sans chercher si les éléments linéaires pouvaient convenir à des surfaces du second degré, a reconnu qu'ils sont, l'un et l'autre, réductibles à la forme de Liouville, ce qui permet l'intégration des lignes géodésiques. Ce point paraîtra maintenant évident au lecteur puisqu'il suffit, pour obtenir cette forme de l'élément linéaire, de rapporter une surface du second degré à ses lignes de courbure. Mais il ne sera pas inutile d'effectuer cette transformation de l'élément linéaire et de retrouver effectivement les expressions données par M. Weingarten. Nous nous contenterons seulement d'indiquer la marche du calcul, que rétablira aisément tout lecteur un peu versé dans la connaissance de la Géométrie analytique.

Soit

$$(96)\quad \left\{\begin{aligned} f(x, y, z) = \mathrm{A}x^2 + \mathrm{A}'y^2 + \mathrm{A}''z^2 + 2\mathrm{B}yz + 2\mathrm{B}'xz + 2\mathrm{B}''xy \\ + 2\mathrm{C}x + 2\mathrm{C}'y + 2\mathrm{C}''z + \mathrm{D} = 0 \end{aligned}\right.$$

l'équation d'une surface du second degré. Désignons par H le hessien

$$(97)\qquad \mathrm{H} = \begin{vmatrix} \mathrm{A} & \mathrm{B}'' & \mathrm{B}' & \mathrm{C} \\ \mathrm{B}'' & \mathrm{A}' & \mathrm{B} & \mathrm{C}' \\ \mathrm{B}' & \mathrm{B} & \mathrm{A}'' & \mathrm{C}'' \\ \mathrm{C} & \mathrm{C}' & \mathrm{C}'' & \mathrm{D} \end{vmatrix}$$

de cette équation. Les lignes de courbure seront à l'intersection de la surface et des suivantes, où λ désigne un paramètre arbi-

(¹) J. WEINGARTEN, *Eine neue Classe auf einander abwickelbarer Flächen* (*Nachrichten* de Gœttingue, janvier 1887, p. 28).

traire

$$(98)\quad \begin{cases} \lambda^2 - \lambda\left[\frac{\partial H}{\partial D}(x^2+y^2+z^2) - \frac{\partial H}{\partial C}x - \frac{\partial H}{\partial C'}y - \frac{\partial H}{\partial C''}z + \frac{\partial H}{\partial A} + \frac{\partial H}{\partial A'} + \frac{\partial H}{\partial A''}\right] \\ \qquad - \frac{H}{4}(f_x'^2 + f_y'^2 + f_z'^2) = 0. \end{cases}$$

Si l'on pose

$$(99)\qquad \lambda' = Hu, \qquad \lambda'' = Hv,$$

λ' et λ'' étant les deux racines de l'équation en λ (98), on aura, pour l'élément linéaire de la surface, l'expression

$$(100)\qquad ds^2 = \frac{H}{4}(u-v)\left[\frac{du^2}{u^2\Delta\left(\frac{1}{u}\right)} - \frac{dv^2}{v^2\Delta\left(\frac{1}{v}\right)}\right],$$

où l'on a désigné, pour abréger, par $\Delta(S)$ le déterminant suivant

$$(101)\qquad \Delta(S) = \begin{vmatrix} A-S & B'' & B' \\ B'' & A'-S & B \\ B' & B & A''-S \end{vmatrix}.$$

Appliquons d'abord ce résultat au paraboloïde défini par l'équation (92)

$$2y^2 + 2iyz + 2kx = 0.$$

On aura ici

$$H = -k^2, \qquad \Delta(S) = -S(S-1)^2,$$

et il viendra

$$(102)\qquad ds^2 = \frac{k^2}{4}(u-v)\left[\frac{u\,du^2}{(u-1)^2} - \frac{v\,dv^2}{(v-1)^2}\right].$$

Pour le second paraboloïde, ayant pour équation

$$2xy + 2ixz - 2ky + 2ikz = 0,$$

on trouvera

$$H = -4k^2, \qquad \Delta(S) = -S^3;$$

de sorte qu'il viendra

$$(103)\qquad ds^2 = k^2(u-v)(u\,du^2 - v\,dv^2).$$

Ces résultats sont conformes à ceux qui ont été indiqués par M. Weingarten.

1081. Bien que les paraboloïdes considérés dans les numéros précédents soient imaginaires, il nous a paru utile de les introduire pour préciser le degré de généralité des résultats nouveaux qui ont été obtenus dans la théorie de la déformation et pour bien montrer combien on est encore éloigné d'une solution quelque peu étendue du problème. Si l'on se place à ce point de vue, il ne sera pas inutile d'indiquer quelques surfaces réglées, aussi simples que possible, admettant les éléments linéaires, indiqués par M. Baroni et M. Goursat, pour lesquels la solution du problème de la déformation peut être obtenue d'une manière complète.

A cet effet, nous remarquerons que si, dans les formules générales (91), on remplace la fonction arbitraire α par $2v$, on obtient une surface réglée admettant l'élément linéaire (63) et définie par l'équation

$$(104) \qquad y - iz = 2x(y+iz) + \frac{2}{3}(y+iz)^3 + 2\psi(y+iz).$$

Si donc on pose

$$\psi'(v) = m(1-m)\frac{v^2}{2} + \mathrm{A}v,$$

la surface correspondante aura pour équation

$$(105) \qquad y - iz = 2x(y+iz) + \frac{2+m-m^2}{3}(y+iz)^3 + \mathrm{A}(y+iz)^2.$$

En laissant de côté le cas où m est égal à 2, on voit que, pour les cas signalés par MM. Baroni et Goursat, l'élément linéaire convient à une surface réglée du troisième degré à plan directeur isotrope.

CHAPITRE XIV.

DERNIÈRES RECHERCHES.

Nouveau développement donné par M. Weingarten aux recherches précédentes. — Problème proposé. — Étant donné un élément linéaire, pour résoudre le problème de la déformation, on mène par chaque point de la surface cherchée (Θ) une tangente faisant un angle déterminé, mais d'ailleurs variable, avec les courbes coordonnées; puis on prend comme variables indépendantes deux paramètres quelconques propres à définir la direction de cette droite dans l'espace. — Formation des équations aux dérivées partielles auxquelles satisfont les coordonnées curvilignes u et v considérées comme fonctions de ces paramètres. — A ce propos, l'on rappelle et l'on complète quelques propriétés de la ligne de striction des surfaces réglées. — Étant donnée une congruence rectiligne, assembler les droites en surfaces réglées dont les lignes de striction soient sur une des nappes focales de la congruence. — Les propriétés géométriques établies permettent de simplifier les équations qui déterminent u et v et de les réduire à une seule équation aux dérivées partielles du second ordre. — Renvoi au Mémoire de M. Weingarten couronné par l'Académie des Sciences.

1082. Si l'on analyse la méthode suivie par M. Weingarten et exposée dans le Chapitre précédent, on remarquera qu'elle peut être interprétée comme il suit. Par chaque point de la surface (Θ) admettant l'élément linéaire donné par la formule (4) [p. 309] on mène une tangente (d) dont les cosinus directeurs C, C′, C″ s'expriment par les formules (13) [p. 312]. On exprime ces cosinus directeurs en fonction de deux paramètres u' et v' et l'on essaye de déterminer les coordonnées curvilignes u et v en fonction de ces paramètres. Dans le cas particulier le plus important, celui où l'élément linéaire de (Θ) revêt la forme (48), l'une des coordonnées v est déterminée par une équation aux dérivées partielles du second ordre, l'équation (57) [p. 324]. L'autre u s'exprime rationnellement en fonction de v, supposée connue, et de ses dérivées premières par rapport aux variables α et β, en fonction desquelles les cosinus C, C′, C″ ont été exprimés par les formules (52).

Pour rechercher si des simplifications analogues se produisent toujours, proposons-nous donc le problème général suivant :

Étant donné un élément linéaire quelconque, défini par la formule

$$(1) \qquad ds^2 = \mathrm{E}\, du^2 + 2\mathrm{F}\, du\, dv + \mathrm{G}\, dv^2,$$

supposons qu'il s'agisse de déterminer toutes les surfaces (Θ) admettant cet élément linéaire. Si l'on mène, par chaque point d'une de ces surfaces, une tangente (d) déterminée exclusivement au moyen de l'élément linéaire, c'est-à-dire une tangente faisant avec l'une des courbes coordonnées un angle qui sera une fonction déterminée de u et de v, la direction des droites telles que (d) dépendra de deux paramètres que l'on pourra choisir d'une infinité de manières différentes. Par exemple, on mènera par le centre d'une sphère (S) de rayon 1 des parallèles aux droites (d). Si l'on prend sur la sphère (S) un système de coordonnées curvilignes quelconques u', v', la direction de chaque droite (d) sera définie par les coordonnées curvilignes du point où la parallèle à cette droite rencontre la sphère (S). Proposons-nous, avec M. Weingarten, de déterminer les coordonnées curvilignes u et v du point de la surface (Θ) en fonction des variables indépendantes u' et v'.

Employons ici encore le trièdre (T). Il est clair qu'on peut le déterminer par la condition que son axe des x coïncide avec la droite (d). D'après les notations que nous avons adoptées, a, a', a'' sont les cosinus directeurs de cette droite et l'on doit avoir

$$(2) \qquad ds'^2 = da^2 + da'^2 + da''^2 = e\, du'^2 + 2f\, du'\, dv' + g\, dv'^2,$$

e, f, g étant des fonctions connues de u' et de v'. L'équation précédente donne l'élément linéaire de la sphère (S), exprimé en fonction des variables u' et v'. Si l'on emploie les formules

$$(3) \qquad \left\{ \begin{aligned} da &= b(r\, du + r_1\, dv) - c(q\, du + q_1\, dv), \\ da' &= b'(r\, du + r_1\, dv) - c'(q\, du + q_1\, dv), \\ da'' &= b''(r\, du + r_1\, dv) - c''(q\, du + q_1\, dv), \end{aligned} \right.$$

on peut lui donner la forme suivante

$$(4) \qquad (q\, du + q_1\, dv)^2 + (r\, du + r_1\, dv)^2 = e\, du'^2 + 2f\, du'\, dv' + g\, dv'^2,$$

qui, jointe aux six équations fondamentales (A) [II, p. 382] entre les rotations et les translations, permettra d'éliminer les rotations et conduira aux équations aux dérivées partielles propres à déterminer u et v en fonction de u' et de v'. Le premier point à établir est le suivant : parmi les équations du système (A), l'une d'elles, la première, peut être laissée de côté et sera toujours, dans le cas actuel, une conséquence des cinq autres.

Si, en effet, l'on mène, par le point m de (S) qui sert de représentation sphérique à la droite (d) tangente en M à (Θ), un trièdre (T_1) ayant ses axes parallèles à ceux de (T), ce trièdre aura son axe des x normal en m à la sphère (S); et, comme il a les mêmes rotations que le trièdre (T), il suffit de faire une permutation circulaire pour reconnaître que la première équation (A) exprime le fait suivant : la courbure totale de (S) est égale à l'unité. Comme la formule (2) nous donne l'élément linéaire de cette sphère, il n'est donc pas douteux que la première équation (A) sera une conséquence de toutes les autres et que nous pourrons la négliger.

1083. Cela posé, revenons à l'équation (4). Si nous y remplaçons du, dv par leurs expressions

$$du = \frac{\partial u}{\partial u'}du' + \frac{\partial u}{\partial v'}dv', \qquad dv = \frac{\partial v}{\partial u'}du' + \frac{\partial v}{\partial v'}dv',$$

et si nous égalons les coefficients de du'^2, $du'\,dv'$, dv'^2 dans les deux membres, elle se décomposera en trois équations. *Comme r et r_1 sont des fonctions connues de u et de v*, ces trois équations, non seulement nous fourniront les valeurs de q et de q_1, mais elles nous donneront de plus une relation entre u', v', les fonctions u, v et leurs dérivées premières par rapport à u' et à v'. Voici comment on peut obtenir cette relation.

Donnons à l'équation (4) la forme suivante :

$$(5)\quad \left\{\begin{aligned} &(q\,du + q_1\,dv)^2 = e\,du'^2 + 2f\,du'\,dv' + g\,dv'^2 \\ &\qquad - \left[\left(r\frac{\partial u}{\partial u'} + r_1\frac{\partial v}{\partial u'}\right)du' + \left(r\frac{\partial u}{\partial v'} + r_1\frac{\partial v}{\partial v'}\right)dv'\right]^2. \end{aligned}\right.$$

En écrivant que le second membre est un carré parfait, nous aurons la relation

$$(6)\qquad r^2\Delta u + 2rr_1\Delta(u, v) + r_1^2\Delta(v) = 1,$$

le symbole $\Delta\theta$ étant le paramètre différentiel du premier ordre

(7) $$\Delta\theta = \frac{e\left(\frac{\partial\theta}{\partial v'}\right)^2 - 2f\frac{\partial\theta}{\partial u'}\frac{\partial\theta}{\partial v'} + g\left(\frac{\partial\theta}{\partial u'}\right)^2}{eg - f^2},$$

relatif à l'élément linéaire de la sphère (S).

Quand la relation (6) sera vérifiée, le second membre de l'équation (5) sera un carré parfait

$$(Q\,du' + Q_1\,dv')^2,$$

où Q et Q_1 seront des fonctions connues de u', v', de u, v et de leurs dérivées premières. Les rotations q et q_1 seront déterminées par l'identité

$$q\,du + q_1\,dv = Q\,du' + Q_1\,dv',$$

qui donnera

(8) $$\begin{cases} q\dfrac{\partial u}{\partial u'} + q_1\dfrac{\partial v}{\partial u'} = Q, \\ q\dfrac{\partial u}{\partial v'} + q_1\dfrac{\partial v}{\partial v'} = Q_1. \end{cases}$$

On déduit de là les valeurs de q et de q_1. Ces valeurs donnent lieu à l'identité suivante

(9) $$\frac{\partial Q}{\partial v'} - \frac{\partial Q_1}{\partial u'} = \left(\frac{\partial q}{\partial v} - \frac{\partial q_1}{\partial u}\right)\left(\frac{\partial u}{\partial u'}\frac{\partial v}{\partial v'} - \frac{\partial u}{\partial v'}\frac{\partial v}{\partial u'}\right),$$

dont la vérification n'offre aucune difficulté.

Les valeurs de q et de q_1 une fois obtenues, il n'y a plus qu'à les porter dans les équations (A), qui se réduisent aux suivantes, si l'on tient compte de la remarque faite plus haut,

(10) $$\begin{cases} \dfrac{\partial q}{\partial v} - \dfrac{\partial q_1}{\partial u} = rp_1 - pr_1, & \dfrac{\partial \xi}{\partial v} - \dfrac{\partial \xi_1}{\partial u} = \eta r_1 - r\eta_1, \\ \dfrac{\partial r}{\partial v} - \dfrac{\partial r_1}{\partial u} = pq_1 - qp_1, & \dfrac{\partial \eta}{\partial v} - \dfrac{\partial \eta_1}{\partial u} = r\xi_1 - \xi r_1, \\ & p\eta_1 - \eta p_1 = q\xi_1 - \xi q_1. \end{cases}$$

Les deux premières de droite servent de définition à r et à r_1; les trois autres contiennent les deux rotations p, p_1 que l'on peut éliminer; et il reste l'unique équation

$$(11)\qquad \begin{vmatrix} \dfrac{\partial q}{\partial v}-\dfrac{\partial q_1}{\partial u} & r_1 & -r \\ \dfrac{\partial r}{\partial v}-\dfrac{\partial r_1}{\partial u} & -q_1 & q \\ q\xi_1-\xi q_1 & -\eta_1 & \eta \end{vmatrix}.$$

Si l'on remplace q, q_1, $\dfrac{\partial q}{\partial v}-\dfrac{\partial q_1}{\partial u}$ par leurs valeurs déduites des équations (8) et (9) on sera conduit à une nouvelle relation entre u, v et leurs dérivées par rapport à u' et à v'. Cette équation, jointe à celle (6) que nous avons obtenue, donnera toutes les relations nécessaires entre les variables u, v, u', v'. Mais elle sera cette fois du second ordre par rapport aux dérivées de u et de v.

1084. D'ailleurs, lorsqu'on aura les expressions de u, v en fonction de u', v', la surface (Θ) s'obtiendra par de simples quadratures, pourvu que le système de coordonnées u', v' soit choisi, sur la sphère (S), de telle manière que l'on connaisse les expressions de a, a', a'' en fonction de u' et v'. Dans cette hypothèse, en effet, les formules (3) nous feront connaître b, b', b'', en fonction des dérivées premières de a, a', a'', et la surface (Θ) sera définie par les formules

$$(12)\qquad \begin{cases} X=\displaystyle\int a(\xi\,du+\xi_1\,dv)+b(\eta\,du+\eta_1\,dv), \\ Y=\displaystyle\int a'(\xi\,du+\xi_1\,dv)+b'(\eta\,du+\eta_1\,dv), \\ Z=\displaystyle\int a''(\xi\,du+\xi_1\,dv)+b''(\eta\,du+\eta_1\,dv). \end{cases}$$

Les deux équations qui déterminent u et v en fonction de u' et de v' sont, en général, assez compliquées. On les ramène à la forme la plus simple qu'elles puissent recevoir à l'aide de l'artifice suivant.

1085. Supposons d'abord que les droites (d) aient été données *a priori*, c'est-à-dire que l'on ait indiqué d'une manière précise comment le trièdre (T) est rattaché à la surface (Θ). Cherchons sur cette surface les courbes (K) définies par l'équation différentielle

$$r\,du + r_1\,dv = 0, \qquad (13)$$

c'est-à-dire les courbes telles que, lorsqu'on se déplace suivant l'une d'elles, la composante de la rotation du trièdre autour de la normale soit nulle. On peut interpréter géométriquement cette condition.

En effet, les formules (3), qui donnent les différentielles de a, a', a'', nous montrent que, si l'équation (13) est vérifiée, la surface réglée engendrée par l'axe des x du trièdre (T) a son plan tangent à l'infini perpendiculaire à l'axe des y de ce trièdre, c'est-à-dire normal au plan tangent de (Θ). Donc les courbes définies par l'équation différentielle (13) sont les lignes *de striction* des surfaces réglées engendrées par l'axe des x du trièdre (T), et nous pouvons énoncer la proposition suivante :

Étant donnée une congruence formée de droites (d) tangentes à une surface (Θ), si l'on veut assembler ces droites en surfaces réglées dont les lignes de striction soient sur la surface (Θ), il faudra intégrer une équation différentielle du premier ordre, qui fera connaître ces lignes de striction. Cette équation ne changera pas de forme quand la surface (Θ) se déformera en entraînant les droites de la congruence.

Il résulte de la méthode suivie que ces lignes de striction subsisteront si, à chaque droite (d) de la congruence, on substitue, dans le même plan tangent de (Θ), une autre droite (d') faisant avec (d) un angle qui demeure constant sur chaque ligne de striction, car alors les trièdres relatifs aux droites (d) et (d') auront les mêmes rotations.

Au lieu de donner la congruence formée par les droites (d), supposons que l'on donne les lignes de striction (K). Nous allons voir que, pour déterminer la congruence, il ne sera pas nécessaire cette fois d'intégrer une équation différentielle : il suffira d'effectuer une quadrature.

Employons, en effet, un trièdre (T) rattaché à (Θ) d'une manière arbitraire, mais connue; et déterminons la droite (d) de la congruence qui passe en un point M de (Θ) par l'angle α qu'elle fait avec l'axe des x du trièdre. Lorsqu'on se déplace sur une des lignes (K) données, la droite (d) engendre une surface réglée. Déterminons le plan tangent à l'infini de cette surface. Pour cela, menons par un point fixe O une droite Om de longueur 1, parallèle à (d); et rapportons cette droite à un trièdre (T'), de sommet O, parallèle au trièdre (T). Le point m ayant pour coordonnées relatives à ce trièdre

$$\cos\alpha, \quad \sin\alpha, \quad 0,$$

les projections de son déplacement seront

$$\begin{gathered} -\sin\alpha(d\alpha + r\,du + r_1\,dv), \\ \cos\alpha(d\alpha + r\,du + r_1\,dv), \\ (p\,du + p_1\,dv)\sin\alpha - (q\,du + q_1\,dv)\cos\alpha. \end{gathered}$$

Pour que la courbe (K) décrite par le point M de (Θ) soit ligne de striction de la surface réglée engendrée par la droite (d), il faut que le déplacement précédent soit normal au plan des xy, c'est-à-dire que l'on ait

$$(14) \qquad d\alpha + r\,du + r_1\,dv = 0.$$

Cette équation met immédiatement en évidence le résultat énoncé. On aura

$$(15) \qquad \alpha = -\int r\,du + r_1\,dv,$$

l'intégrale étant prise suivant l'une quelconque des courbes (K). La constante qu'il faudra lui ajouter pourra varier quand on passera de l'une de ces courbes à une autre. Si, par exemple, on a choisi le système de coordonnées curvilignes de telle manière que les courbes (K) soient définies par l'équation

$$u = \text{const.},$$

on aura

$$\alpha = -\int_{v_0}^{v} r_1\,dv + \varphi(u).$$

$\varphi(u)$ étant une fonction arbitraire de u.

1086. Les remarques précédentes établissent implicitement certaines propriétés intéressantes de la ligne de striction d'une surface réglée. On savait déjà que cette ligne conserve sa définition quand la surface se déforme de telle manière que ses génératrices demeurent rectilignes. Nous voyons maintenant que, si l'on inscrit suivant la ligne de striction une surface quelconque (Θ) tangente à la surface réglée, on pourra déformer cette surface de telle manière qu'elle entraîne dans ses plans tangents les génératrices de la surface réglée sans que la ligne de contact cesse d'être la ligne de striction. Cette nouvelle proposition comprend la précédente, car la surface (Θ) peut se réduire à la surface réglée elle-même; il serait d'ailleurs aisé de la démontrer par une voie entièrement géométrique. Elle conduit à la conséquence suivante :

Soit (K) une courbe quelconque tracée sur (Θ); proposons-nous de déterminer les surfaces réglées, tangentes à (Θ), dont elle est la ligne de striction. Nous substituerons à la surface (Θ) la développable (Δ) circonscrite à (Θ) suivant la courbe (K), et nous effectuerons le développement de (Δ) sur un plan. La courbe (K) se transformera ainsi en une courbe plane (K'). Les génératrices (d) de la surface réglée deviendront des droites (d'), situées dans le plan de (K') et passant par ses différents points. Pour que la courbe (K') puisse être regardée comme une ligne de striction pour la surface réglée engendrée par ces droites (d'), *il faudra qu'elles soient toutes parallèles*. Car, si elles se coupaient à distance finie, le plan tangent à l'infini de la surface réglée coïnciderait avec le plan de (K'); tandis que, dans le cas où les droites sont toutes parallèles, ce plan tangent est indéterminé et peut être considéré comme perpendiculaire au plan de (K'). Nous sommes donc conduits à la construction suivante :

Étant donnée une courbe (K) *située sur une surface* (Θ), *pour obtenir les surfaces réglées, tangentes à* (Θ) *suivant cette courbe, dont elle est la ligne de striction, on circonscrira une développable à la surface* (Θ) *suivant la courbe* (K); *puis on déformera cette développable de telle manière que, ses génératrices demeurant rectilignes, elle vienne s'appliquer sur un plan. La courbe* (K) *sera ainsi transformée en une courbe* (K'). *Si, par les différents points de cette courbe plane, on mène des parallèles* (d') *à une direction quelconque, ces parallèles seront les transformées des génératrices rectilignes* (d) *de la surface cherchée.*

Au lieu d'employer la Géométrie, on peut aussi, pour retrouver ces résultats, remarquer que, si l'on introduit le rayon de courbure géodésique ρ_g de (K), l'équation fondamentale (14) peut s'écrire

$$d(\alpha - \omega) = -\frac{ds}{\rho_g},$$

les notations du Livre V, Chap. IV, étant conservées. $\alpha - \omega$ est l'angle que fait la droite cherchée avec la courbe (K); si nous le désignons par I, on a

$$dI = -\frac{ds}{\rho_g}, \tag{16}$$

de sorte que la théorie actuelle nous donne une interprétation géométrique élégante de l'angle de contingence géodésique. En particulier, les propositions démontrées au n° 737 et dues à M. Bonnet sont ramenées à leur véritable origine; la formule (44) de ce numéro est d'ailleurs identique, aux notations près, à celle que nous venons d'indiquer.

1087. Revenons maintenant à la question que nous avons à traiter, et supposons que l'on ait pris sur la surface (Θ) une famille quelconque de courbes (K). Associons-leur une seconde famille de courbes (L), qui détermineront avec les premières un système de coordonnées curvilignes u et v, le paramètre u étant celui qui convient aux courbes (K). Je dis d'abord que l'on peut toujours déterminer les courbes (L) de telle manière que, si l'on fait correspondre au point de (Θ) un point d'un plan (P) de coordonnées rectilignes u et v, la courbure d'une portion quelconque de (Θ) soit égale à l'aire de la portion correspondante du plan (P).

Comme la courbure est représentée (nos 496 à 499) par l'intégrale double

$$\iint \left(\frac{\partial r}{\partial v} - \frac{\partial r_1}{\partial u}\right) du\, dv,$$

il faudra que l'on ait

$$\frac{\partial r}{\partial v} - \frac{\partial r_1}{\partial u} = 1. \tag{17}$$

Or, si l'on a choisi arbitrairement les courbes (L), on aura

$$\frac{\partial r}{\partial v} - \frac{\partial r_1}{\partial u} = f(u, v).$$

Changeons les courbes de paramètre v; c'est-à-dire posons

$$v^0 = \varphi(u, v);$$

r^0, r_1^0 désignant les nouvelles rotations, on devra avoir

$$r^0\, du + r_1^0\, dv^0 = r\, du + r_1\, dv,$$

ce qui donnera

$$r = r^0 + r_1^0 \frac{\partial v^0}{\partial u}, \qquad r_1 = r_1^0 \frac{\partial v^0}{\partial v},$$

et, par suite,

$$\frac{\partial r}{\partial v} - \frac{\partial r_1}{\partial u} = \left(\frac{\partial r^0}{\partial v^0} - \frac{\partial r_1^0}{\partial u}\right) \frac{\partial v^0}{\partial v} = f(u, v).$$

On doit avoir, avec le nouveau système de coordonnées u, v^0,

$$\frac{\partial r^0}{\partial v^0} - \frac{\partial r_1^0}{\partial u} = 1.$$

Donc l'équation précédente nous donnera

$$\frac{\partial v^0}{\partial v} = f(u, v),$$

ou

(18) $$v^0 = \int_{v_1}^{v} f(u, v)\, dv + \psi(u);$$

v_1 désignant une constante; de sorte que, par une simple quadrature, la question proposée sera résolue.

Ainsi, en laissant entièrement arbitraires les courbes de paramètre u, on peut toujours réaliser la condition

$$\frac{\partial r}{\partial v} - \frac{\partial r_1}{\partial u} = 1.$$

Il existera alors donc une fonction α, déterminée à une constante près et satisfaisant aux deux équations

(19) $$\frac{\partial \alpha}{\partial u} + r = v, \qquad \frac{\partial \alpha}{\partial v} + r_1 = 0.$$

Or, si l'on substitue au trièdre (T) choisi primitivement un autre trièdre dont l'axe des x fasse avec le premier l'angle α défini par les deux relations précédentes, les premiers membres de ces relations seront les rotations nouvelles de ce trièdre autour de l'axe des z. *On peut donc, par de simples quadratures, et en laissant entièrement arbitraires les courbes de paramètre u, réaliser les deux conditions*

$$(20) \qquad r = v, \qquad r_1 = 0.$$

Alors *les lignes de paramètre u seront lignes de striction pour les surfaces réglées qui sont engendrées par l'axe des x (ou par l'axe des y) du trièdre* (T) *lorsque le sommet du trièdre se déplace suivant une de ces courbes.*

1088. Avec ce système de coordonnées, la première des deux équations (6) et (11), qui déterminent u et v en fonction de u' et de v', se ramène à la forme simple

$$(21) \qquad v^2 = \frac{1}{\Delta u},$$

de sorte qu'elle permet d'exprimer v en fonction de u. La valeur de v, portée dans l'équation (11), donnera une équation, nécessaire et suffisante, qui déterminera u. Il est facile de reconnaître que cette équation est du second ordre et de la former, en employant les paramètres différentiels pour abréger les calculs.

Reprenons à cet effet l'élément linéaire de la sphère (S), défini par l'équation

$$ds'^2 = e\,du'^2 + 2f\,du'\,dv' + g\,dv'^2,$$

et formons les paramètres différentiels de u, *relatifs à cet élément*. Par suite des propriétés d'invariance de ces paramètres, on pourra écrire l'élément linéaire avec les variables u et v, ce qui donnera, en tenant compte des relations (4) et (20),

$$(22) \qquad ds'^2 = v^2\,du^2 + (q\,du + q_1\,dv)^2,$$

puis former les paramètres différentiels avec ces variables u et v.

On aura, θ, σ désignant des fonctions quelconques,

$$(23)\quad \begin{cases} \Delta\theta = \dfrac{1}{q_1^2}\left(\dfrac{\partial\theta}{\partial v}\right)^2 + \dfrac{1}{v^2 q_1^2}\left(q\dfrac{\partial\theta}{\partial v} - q_1\dfrac{\partial\theta}{\partial u}\right)^2, \\ \Delta(\theta,\sigma) = \dfrac{1}{q_1^2}\dfrac{\partial\theta}{\partial v}\dfrac{\partial\sigma}{\partial v} + \dfrac{1}{v^2 q_1^2}\left(q\dfrac{\partial\theta}{\partial v} - q_1\dfrac{\partial\theta}{\partial u}\right)\left(q\dfrac{\partial\sigma}{\partial v} - q_1\dfrac{\partial\sigma}{\partial u}\right), \\ \Delta_2\theta = \dfrac{1}{vq_1}\dfrac{\partial}{\partial u}\left(\dfrac{q_1}{v}\dfrac{\partial\theta}{\partial u} - \dfrac{q}{v}\dfrac{\partial\theta}{\partial v}\right) + \dfrac{1}{vq_1}\dfrac{\partial}{\partial v}\left(\dfrac{v^2+q^2}{vq_1}\dfrac{\partial\theta}{\partial v} - \dfrac{q}{v}\dfrac{\partial\theta}{\partial u}\right). \end{cases}$$

Et l'on déduit de là immédiatement l'équation (21) donnée plus haut. Appliquant aussi la seconde formule aux deux fonctions a et u, on trouvera

$$\Delta(a, u) = -\frac{1}{v^2 q_1}\left(q\frac{\partial a}{\partial v} - q_1\frac{\partial a}{\partial u}\right),$$

ou, en remplaçant $\dfrac{\partial a}{\partial u}$, $\dfrac{\partial a}{\partial v}$ par leurs expressions connues, déduites des formules (3),

$$\frac{\partial a}{\partial u} = br - cq, \qquad \frac{\partial a}{\partial v} = br_1 - cq_1,$$

et tenant compte des équations (20)

$$(24)\qquad b = v\,\Delta(a, u).$$

Ainsi, quand u sera connue, les coordonnées du point de la surface cherchée (Θ) seront définies par les quadratures

$$(25)\quad \begin{cases} X = \displaystyle\int a\,(\xi\,du + \xi_1\,dv) + v\,\Delta(a, u)(\eta\,du + \eta_1\,dv), \\ Y = \displaystyle\int a'(\xi\,du + \xi_1\,dv) + v\,\Delta(a', u)(\eta\,du + \eta_1\,dv), \\ Z = \displaystyle\int a''(\xi\,du + \xi_1\,dv) + v\,\Delta(a'', u)(\eta\,du + \eta_1\,dv). \end{cases}$$

Tout est donc ramené à la détermination de u. Or on a

$$(26)\quad \begin{cases} \Delta u = \dfrac{1}{v^2}, & \Delta\Delta u = \dfrac{4(v^2+q^2)}{v^8 q_1^2}, \\ \Delta(u, \Delta u) = \dfrac{2q}{v^6 q_1}, & \Delta_2 u = -\dfrac{p_1}{vq_1} + \dfrac{q}{v^3 q_1}, \end{cases}$$

et enfin

$$(27)\qquad \sigma(u) = \frac{p}{v^4 q_1},$$

$\sigma(u)$ étant l'invariant défini au n° 707 et exprimé en fonction des précédents par la formule

$$(28) \qquad \sigma u = \frac{\Delta\Delta u - 2\Delta(u, \Delta u)\Delta_2 u}{4\Delta u}.$$

Il n'y a plus qu'à adjoindre la dernière des relations (10), écrite sous la forme

$$\frac{p}{q_1}\eta_1 - \eta\frac{p_1}{q_1} = \frac{q}{q_1}\xi_1 - \xi,$$

et à remplacer, dans cette nouvelle équation, les rapports $\frac{p}{q_1}$, $\frac{p_1}{q_1}$, $\frac{q}{q_1}$ par leurs valeurs, que l'on déduira des équations (26) et (27), pour obtenir l'équation finale

$$(29) \qquad \eta_1\sigma(u) + \frac{\eta}{v^3}\Delta_2 u + \frac{\xi}{v^4} - \frac{\eta + \xi_1 v^2}{2v}\Delta(u, \Delta u) = 0,$$

à laquelle devra satisfaire u. Il faudra y remplacer partout, et en particulier dans les expressions des translations ξ, η, ξ_1, η_1, la variable v par sa valeur $\frac{1}{\sqrt{\Delta u}}$. Ces translations satisfont à deux des équations (10) qui deviennent ici

$$(30) \qquad \begin{cases} \dfrac{\partial\xi}{\partial v} - \dfrac{\partial\xi_1}{\partial u} = -v\eta_1, \\ \dfrac{\partial\eta}{\partial v} - \dfrac{\partial\eta_1}{\partial u} = \quad v\xi_1. \end{cases}$$

1089. Pour faire des applications de sa méthode, M. Weingarten a choisi sur la sphère (S) le système de coordonnées symétriques pour lequel on a

$$(31) \qquad a = \frac{x+y}{1+xy}, \qquad a' = \frac{i(y-x)}{1+xy}, \qquad a'' = \frac{xy-1}{1+xy},$$

l'élément linéaire ayant pour expression

$$(32) \qquad ds'^2 = \frac{4\,dx\,dy}{(1+xy)^2}.$$

On a ici, en adoptant les notations de Monge pour les dérivées,

$$(33)\quad \begin{cases} \Delta u = (1+xy)^2 pq, & \Delta\Delta u = (1+xy)^6(qr_1+ps)(pt_1+qs), \\ \Delta_2 u = (1+xy)^3 s, & \Delta(u,\Delta u) = \dfrac{(1+xy)^5}{2}(2pqs+p^2t_1+q^2r_1), \\ \sigma(u) = \dfrac{(1+xy)^4}{4}(r_1t_1-s^2), \end{cases}$$

r_1 et t_1 désignant, pour abréger, les combinaisons suivantes

$$(34)\qquad r_1 = r + \frac{2py}{1+xy}, \qquad t_1 = t + \frac{2qx}{1+xy}.$$

La substitution de ces valeurs conduit à une équation de la forme

$$(r-A)(t-C)-(s-B)(s-B_1)=0,$$

où A, C, B, B_1 sont des fonctions de x, y, u, p, q. M. Weingarten, après avoir formé cette équation, a cherché dans quel cas elle peut être complètement intégrée par la méthode de Monge, ce qui l'a conduit aux surfaces applicables sur le paraboloïde de révolution. Mais son Mémoire, couronné par l'Académie des Sciences (¹), n'étant pas encore publié, nous nous contenterons des indications précédentes. Nous ferons seulement remarquer que si, pour simplifier autant que possible l'équation, on fait les deux hypothèses

$$\eta_1 = 0, \qquad \eta + \xi_1 v^2 = 0,$$

on retrouve les propositions établies dans le Chapitre précédent.

Le résultat des recherches contenues dans ce Chapitre peut s'énoncer comme il suit :

Étant donnée une famille quelconque de courbes (K) *tracées sur une surface* (Θ), *on peut toujours, par de simples quadratures, déterminer toutes les congruences* (G) *formées de tangentes à* (Θ) *et telles que les surfaces réglées engendrées par toutes les droites de la congruence ayant leur origine sur une des courbes* (K) *admettent cette courbe comme*

(¹) *Voir* les *Comptes rendus*, t. CXIX, p. 1050, 1051, décembre 1894. Pour la partie analytique et pour le fond, notre exposition coïncide avec celle de M. Weingarten; les propriétés géométriques sont nouvelles.

ligne de striction. La relation entre la congruence et la surface subsiste quand la surface se déforme en entraînant les droites. Si l'on prend deux variables indépendantes pour définir la direction de chaque droite de la congruence, le paramètre de la famille de courbes (K) doit satisfaire à une équation aux dérivées partielles du second ordre qui dépendra exclusivement de l'élément linéaire de (Θ) et dont l'intégration permet, par suite, de déterminer par de simples quadratures toutes les surfaces applicables sur la surface (Θ).

NOTES ET ADDITIONS.

NOTE I.

SUR LES MÉTHODES D'APPROXIMATIONS SUCCESSIVES DANS LA THÉORIE DES ÉQUATIONS DIFFÉRENTIELLES;

PAR M. ÉMILE PICARD.

J'ai consacré plusieurs Mémoires à l'application de méthodes d'approximations successives pour démontrer l'existence et faire la recherche des intégrales de certaines équations différentielles, quand des conditions aux limites sont données qui définissent ces intégrales. Ces méthodes s'appliquent aux équations différentielles ordinaires comme aux équations aux dérivées partielles, mais pour ces dernières les conditions d'application sont bien différentes suivant que les équations considérées appartiennent au type elliptique ou au type hyperbolique. Les premières se rencontrent surtout en Physique mathématique et dans la théorie des fonctions; je ne m'en occuperai pas dans cette Note (¹). Relativement aux équations du type hyperbo-

(¹) Relativement aux théorèmes généraux relatifs à ce cas, nous énoncerons seulement la proposition suivante (*Journal de l'École Polytechnique*, 1890). Soit l'équation linéaire

$$A\frac{\partial^2 z}{\partial x^2} + 2B\frac{\partial^2 z}{\partial x\,\partial y} + C\frac{\partial^2 z}{\partial y^2} + D\frac{\partial z}{\partial x} + E\frac{\partial z}{\partial y} + Fz = 0,$$

où les coefficients sont des fonctions *analytiques* des deux variables réelles x et y : *toute intégrale de cette équation bien déterminée et continue ainsi que ses dérivées partielles des deux premiers ordres dans une région du plan pour laquelle*

$$B^2 - AC < 0$$

est une fonction analytique de x et y. Il est clair qu'il peut en être autrement dans une région où $B^2 - AC$ serait positif.

lique, l'utilité de ces méthodes est d'une double nature. Elles permettent d'abord de faire la recherche des intégrales en supposant les équations différentielles définies seulement pour les valeurs réelles des variables, et en faisant ainsi le minimum d'hypothèses sur ces équations; c'est là un point d'un certain intérêt philosophique.

Une conséquence pratique en découle; on obtient, en général, pour les intégrales un champ de détermination plus étendu qu'avec les méthodes fondées sur l'emploi de fonctions majorantes quand ces méthodes sont applicables.

1. Rappelons d'abord, sans y insister, les résultats relatifs à une équation ordinaire du premier ordre

$$\frac{dy}{dx} = f(x, y).$$

Si $f(x, y)$ est une fonction réelle et continue des deux variables réelles x et y, quand celles-ci varient respectivement dans les intervalles

$$(x_0 - a, x_0 + a), \qquad (y_0 - b, y_0 + b),$$

et si, de plus, il existe une constante positive k telle que

$$|f(x, y + \Delta y) - f(x, y)| < k|\Delta y|,$$

x, y et $y + \Delta y$ étant les intervalles indiqués, et qu'enfin M désigne le maximum de la valeur absolue de $f(x, y)$ dans ces mêmes intervalles, les approximations successives donnent l'intégrale de l'équation prenant pour $x = x_0$ la valeur y_0, sous forme de série convergente dans l'intervalle $(x_0 - \rho, x_0 + \rho)$, en désignant par ρ la plus petite des deux quantités [1]

$$(1) \qquad a \quad \text{et} \quad \frac{b}{M}.$$

M. E. Lindelöf, qui a très heureusement approfondi cette ques-

---

[1] Nous avons supposé la fonction $f(x, y)$ définie seulement pour les valeurs réelles de x et y. Dans le cas où $f(x, y)$ est une fonction analytique de x et y, holomorphe dans les cercles de rayons a et b tracés respectivement autour des points x_0 et y_0, et en désignant par M le module maximum de f dans ces cercles, les approximations successives permettent d'obtenir l'intégrale prenant pour $x = x_0$ la valeur y_0 sous forme de série convergente dans un cercle de rayon ρ autour de x_0 (en désignant par ρ la même quantité que ci-dessus). La méthode des fonctions majorantes donne un champ de convergence moins étendu.

tion (*Journal de Math.*, 1894), a même indiqué un autre champ de convergence qui peut quelquefois être plus étendu que le précédent. Désignons par M_0 la plus grande valeur absolue de $f(x, y_0)$, quand x varie de $x_0 - a$ à $x_0 + a$; un champ de convergence assurée est l'intervalle $(x_0 - \rho', x_0 + \rho')$, en désignant par ρ' la plus petite des deux quantités

$$(2) \qquad a \quad \text{et} \quad \frac{1}{k}\log\left(1 + \frac{kb}{M_0}\right),$$

et ρ' peut dans certains cas dépasser ρ.

Il n'est pas sans intérêt de rappeler que la première méthode de Cauchy, telle que nous la connaissons par les leçons qu'a rédigées M. Moigno, et qui a été depuis reprise par M. Lipschitz, méthode dont le principe est de considérer l'équation différentielle comme une équation aux différences, définissait précisément l'intégrale dans l'intervalle correspondant à (1).

2. Considérons maintenant une équation aux dérivées partielles de la forme

$$\frac{\partial^2 z}{\partial x\, \partial y} = F\left(z, \frac{\partial z}{\partial x}, \frac{\partial z}{\partial y}, x, y\right).$$

Les approximations successives permettent, entre autres problèmes, de former l'intégrale d'une telle équation se réduisant, pour $x = x_0$, à une fonction donnée de y, et pour $y = y_0$ à une fonction donnée de x. Je prendrai d'abord le cas de l'équation linéaire

$$\frac{\partial^2 z}{\partial x\, \partial y} = a\frac{\partial z}{\partial x} + b\frac{\partial z}{\partial y} + cz,$$

où a, b, c sont des fonctions des deux variables réelles x et y. Nous les supposerons continues à l'intérieur et sur le périmètre d'un rectangle R de côtés α et β parallèles aux axes et dont (x_0, y_0) sera le sommet de moindres abscisse et ordonnée. On veut trouver l'intégrale de cette équation se réduisant pour $y = y_0$ à $\varphi(x)$ et pour $x = x_0$ à $\psi(y)$. La fonction $\varphi(x)$ est continue de x_0 à $x_0 + \alpha$, et $\psi(y)$ est continue de y_0 à $y_0 + \beta$; on a, bien entendu, $\varphi(x_0) = \psi(y_0)$ et les deux fonctions φ et ψ ont des dérivées premières continues.

Envisageons, en premier lieu, l'équation

$$\frac{\partial^2 z}{\partial x\, \partial y} = f(x, y),$$

où $f(x, y)$ est une fonction donnée. La fonction

$$z = \int_{x_0}^{x} \int_{y_0}^{y} f(x, y)\, dx\, dy$$

est l'intégrale de cette équation s'annulant, pour $x = x_0$, quel que soit y, et pour $y = y_0$ quel que soit x. Ceci posé, nous formons les équations successives

$$\frac{\partial^2 z_1}{\partial x\, \partial y} = 0,$$

$$\frac{\partial^2 z_2}{\partial x\, \partial y} = a \frac{\partial z_1}{\partial x} + b \frac{\partial z_1}{\partial y} + c z_1,$$

$$\dots\dots\dots\dots\dots\dots,$$

$$\frac{\partial^2 z_n}{\partial x\, \partial y} = a \frac{\partial z_{n-1}}{\partial x} + b \frac{\partial z_{n-1}}{\partial y} + c z_{n-1}.$$

On intégrera la première équation en cherchant son intégrale z_1 se réduisant à $\varphi(x)$ pour $y = y_0$ et à $\psi(y)$ pour $x = x_0$, intégrale qui est visiblement

$$z_1 = \varphi(x) + \psi(y) - \varphi(x_0).$$

Pour toutes les autres fonctions z_n $(n > 1)$, elles sont supposées se réduire à zéro pour $x = x_0$ quel que soit y, et pour $y = y_0$ quel que soit x.

Nous allons montrer dans un moment que *les séries*

$$z_1 + z_2 + \dots + z_n + \dots,$$

$$\frac{\partial z_1}{\partial x} + \frac{\partial z_2}{\partial x} + \dots + \frac{\partial z_n}{\partial x} + \dots,$$

$$\frac{\partial z_1}{\partial y} + \frac{\partial z_2}{\partial y} + \dots + \frac{\partial z_n}{\partial y} + \dots$$

sont uniformément convergentes dans le rectangle R. Ce point admis, on voit sans peine que *la fonction*

$$Z = z_1 + z_2 + \dots + z_n + \dots$$

est l'intégrale cherchée. On tire, en effet, des équations précédentes

$$\begin{aligned} z_1 + z_2 + \dots + z_n &= \varphi(x) + \psi(y) - \varphi(x_0) \\ &+ \int_{x_0}^{x} \int_{y_0}^{y} \left[a \frac{\partial(z_1 + \dots + z_{n-1})}{\partial x} + b \frac{\partial(z_1 + \dots + z_{n-1})}{\partial y} + c(z_1 + \dots + z_{n-1}) \right] dx\, dy. \end{aligned}$$

d'où l'on conclut à la limite, en s'appuyant sur la convergence uniforme des séries écrites plus haut,

$$Z = \varphi(x) + \psi(y) - \varphi(x_0) + \int_{x_0}^{x} \int_{y_0}^{y} \left[a \frac{\partial Z}{\partial x} + b \frac{\partial Z}{\partial y} + cZ \right] dx\, dy$$

et enfin

$$\frac{\partial^2 Z}{\partial x\, \partial y} = a \frac{\partial Z}{\partial x} + b \frac{\partial Z}{\partial y} + cZ.$$

Abordons donc la question de convergence. Je désigne par M le maximum de

$$\left| a \frac{\partial z_1}{\partial x} + b \frac{\partial z_1}{\partial y} + c z_1 \right|,$$

dans R, et par k le module maximum de a, b, c dans ce même rectangle, et je considère le système

$$\frac{\partial^2 u_1}{\partial x\, \partial y} = \text{M},$$

$$\frac{\partial^2 u_2}{\partial x\, \partial y} = k \frac{\partial u_1}{\partial x} + k \frac{\partial u_1}{\partial y} + k u_1,$$

. . . .,

$$\frac{\partial^2 u_n}{\partial x\, \partial y} = k \frac{\partial u_{n-1}}{\partial x} + k \frac{\partial u_{n-1}}{\partial y} + k u_{n-1},$$

tous les u s'annulant pour $x = x_0$ quel que soit y, et pour $y = y_0$ quel que soit x.

Si nous prouvons la convergence uniforme de la série

(3) $$u_1 + u_2 + \ldots + u_n + \ldots,$$

la convergence de la série des z en résultera immédiatement, car $|z_n| < |u_{n-1}|$. Or, soit

$$u_n = k^{n-1} \text{U}_n,$$

on aura

$$\frac{\partial^2 \text{U}_1}{\partial x\, \partial y} = \text{M},$$

$$\frac{\partial^2 \text{U}_2}{\partial x\, \partial y} = \frac{\partial \text{U}_1}{\partial x} + \frac{\partial \text{U}_1}{\partial y} + \text{U}_1,$$

. . . .,

$$\frac{\partial^2 \text{U}_n}{\partial x\, \partial y} = \frac{\partial \text{U}_{n-1}}{\partial x} + \frac{\partial \text{U}_{n-1}}{\partial y} + \text{U}_{n-1}.$$

Si la série des u est convergente, la série

(4) $$\text{U}_1 + k\text{U}_2 + \ldots + k^n \text{U}_{n+1} + \ldots$$

représentera l'intégrale de l'équation

$$(5) \qquad \frac{\partial^2 U}{\partial x\, \partial y} = k\frac{\partial U}{\partial x} + k\frac{\partial U}{\partial y} + kU + M,$$

s'annulant pour $x = x_0$, quel que soit y, et pour $y = y_0$, quel que soit x. Or si nous montrons que, pour l'équation précédente, l'intégrale satisfaisant à ces conditions initiales, est une fonction holomorphe de k pour toute valeur de k, la convergence de la série (3) sera établie, car cette intégrale devra nécessairement avoir la forme (4).

Or l'équation (5) est facile à discuter. Prenant $x_0 = y_0 = 0$, nous poserons

$$U = e^{k(x+y)}V.$$

L'équation (5) devient

$$(6) \qquad \frac{\partial^2 V}{\partial x\, \partial y} = (k^2 + k)V + Me^{-k(x+y)},$$

L'application des approximations successives à cette dernière équation est immédiate. On a à considérer les équations

$$\frac{\partial^2 V_0}{\partial x\, \partial y} = Me^{-k(x+y)},$$

$$\frac{\partial^2 V_1}{\partial x\, \partial y} = (k^2 + k)V_0,$$

$$\dots\dots\dots\dots\dots\dots$$

$$\frac{\partial^2 V_n}{\partial x\, \partial y} = (k^2 + k)V_{n-1},$$

tous les V s'annulant pour $x = 0$, ainsi que pour $y = 0$. En désignant par N la valeur absolue maxima de V_0 dans R, on aura

$$|V_n| < \frac{(k^2 + k)^n x^n y^n}{(1.2\dots n)^2},$$

d'où l'on déduit de suite la convergence de la série

$$V_0 + V_1 + \dots + V_n + \dots,$$

qui représente l'intégrale cherchée de l'équation (6). La méthode des approximations successives donne donc pour l'équation (6) une série convergente, quand (x, y) est dans R. Chacun des termes de cette série est une fonction holomorphe de k, et la série converge uniformément, quel que soit k, dans un domaine fini quelconque du plan de cette variable. L'intégrale V de (6) est donc une fonction *entière* de k, et il en est alors de même de l'intégrale U de (5), comme nous voulions l'établir. Les mêmes raisonnements sont valables pour les séries formées avec les dérivées partielles du premier ordre.

3. Passons au cas de l'équation non linéaire

$$\frac{\partial^2 z}{\partial x\,\partial y} = F\left(x, y, z, \frac{\partial z}{\partial x}, \frac{\partial z}{\partial y}\right).$$

Nous abrégerons l'exposition, sans diminuer la généralité, en supposant que $z = 0$ pour $x = 0$, et aussi pour $y = 0$. Il suffit évidemment pour cela de remplacer z par $z + [\varphi(x) + \psi(y) - \varphi(x_0)]$. Ceci posé, nous admettons que la fonction

$$F(x, y, z, u, v)$$

est continue quand (x, y) est dans R, quand z varie entre $-a$ et $+a$, et que u et v varient entre $-b$ et $+b$. De plus, pour x, y, z, u et v dans ces intervalles, on a

$$|F(x, y, z', u', v') - F(x, y, z, u, v)| < k_1|z' - z| + k_2|u' - u| + k_3|v' - v|,$$

les k étant des constantes positives. Soit enfin M le maximum de la valeur absolue de F dans la région où cette fonction est définie.

On considère les équations successives

$$\frac{\partial^2 z_1}{\partial x\,\partial y} = F(x, y, 0, 0, 0),$$

$$\frac{\partial^2 z_2}{\partial x\,\partial y} = F\left(x, y, z_1, \frac{\partial z_1}{\partial x}, \frac{\partial z_1}{\partial y}\right),$$

$$\cdots\cdots\cdots\cdots\cdots\cdots,$$

$$\frac{\partial^2 z_n}{\partial x\,\partial y} = F\left(x, y, z_{n-1}, \frac{\partial z_{n-1}}{\partial x}, \frac{\partial z_{n-1}}{\partial y}\right),$$

les z s'annulant tous pour $x = x_0$, quel que soit y, et pour $y = y_0$ quel que soit x. On sera assuré que

$$z_n, \quad \frac{\partial z_n}{\partial x}, \quad \frac{\partial z_n}{\partial y}$$

restent compris dans les limites indiquées, si (x, y) est à l'intérieur d'un rectangle compris dans R, ayant pour sommet (x_0, y_0), et dont les côtés ρ et ρ' satisfont aux inégalités

$$(7) \qquad M\rho\rho' < a, \qquad M\rho < b, \qquad M\rho' < b.$$

Nous supposerons d'ailleurs que ρ et ρ' sont au plus égaux aux côtés α et β du rectangle R.

Dans ces conditions la série

$$z_1 + z_2 + \ldots + z_n + \ldots$$

représentera l'intégrale cherchée. On est, en effet, ramené immédiatement au cas de l'équation linéaire, en considérant les équations

$$\frac{\partial^2 z_1}{\partial x\, \partial y} = F(x, y, 0, 0, 0),$$

$$\frac{\partial^2 (z_2 - z_1)}{\partial x\, \partial y} = F\left(x, y, z_1, \frac{\partial z_1}{\partial x}, \frac{\partial z_1}{\partial y}\right) - F(x, y, 0, 0, 0),$$

. . . .

$$\frac{\partial^2 (z_n - z_{n-1})}{\partial x\, \partial y} = F\left(x, y, z_{n-1}, \frac{\partial z_{n-1}}{\partial x}, \frac{\partial z_{n-1}}{\partial y}\right) - F\left(x, y, z_{n-2}, \frac{\partial z_{n-2}}{\partial x}, \frac{\partial z_{n-2}}{\partial y}\right),$$

et en leur substituant les équations linéaires

$$\frac{\partial^2 u_n}{\partial x\, \partial y} = k_1 u_{n-1} + k_2 \frac{\partial u_{n-1}}{\partial x} + k_3 \frac{\partial u_{n-1}}{\partial y}.$$

La convergence de la suite déduite de ces dernières équations entraîne immédiatement la convergence de la série des z dans le rectangle (ρ, ρ'), et le problème est par suite résolu. *L'intégrale est déterminée dans le rectangle* (ρ, ρ').

4. Il est remarquable que, dans la question précédente, les limites trouvées pour ρ et ρ' ne dépendent pas des constantes k. Il faut cependant que l'on soit assuré de l'existence de ces constantes pour que le raisonnement soit valable. Un cas intéressant est celui où la fonction

$$F(x, y, z, u, v)$$

serait déterminée et continue pour toute valeur réelle de z, u et v [le point (x, y) étant dans le rectangle R] et où cette fonction aurait des dérivées premières

$$\frac{\partial F}{\partial z}, \quad \frac{\partial F}{\partial u}, \quad \frac{\partial F}{\partial v},$$

restant en valeur absolue moindre qu'un nombre fixe dans les mêmes conditions.

Nous n'aurons pas alors à nous préoccuper des inégalités (7), puisque la fonction F est déterminée pour toute valeur de z, u, v; par suite, dans ce cas, *la série représentant l'intégrale convergera dans* R.

Ainsi, par exemple, l'équation

$$\frac{\partial^2 z}{\partial x\,\partial y} = a\frac{\partial z}{\partial x} + b\frac{\partial z}{\partial y} + c\sin z,$$

où a, b, c sont des fonctions continues de x et y dans le rectangle R, admettra ce rectangle même comme champ de convergence pour la série donnée par les approximations successives. On sait que l'équation

$$\frac{\partial^2 z}{\partial x\,\partial y} = \sin z$$

se rencontre dans la théorie des surfaces à courbure constante, et, dans ses leçons de *Géométrie différentielle*, M. Bianchi s'est servi des approximations successives appliquées à cette équation pour traiter un intéressant problème de Géométrie.

5. Bien d'autres problèmes concernant les équations précédentes pourraient être traités par une autre voie analogue. Pour indiquer au moins un nouvel exemple reprenons l'équation linéaire

$$\frac{\partial^2 z}{\partial x\,\partial y} = a\frac{\partial z}{\partial x} + b\frac{\partial z}{\partial y} + cz,$$

et construisons sur Ox et Oy (*fig.* 89) le carré OABC de côtés $OA = OC = \alpha$,

Fig. 89.

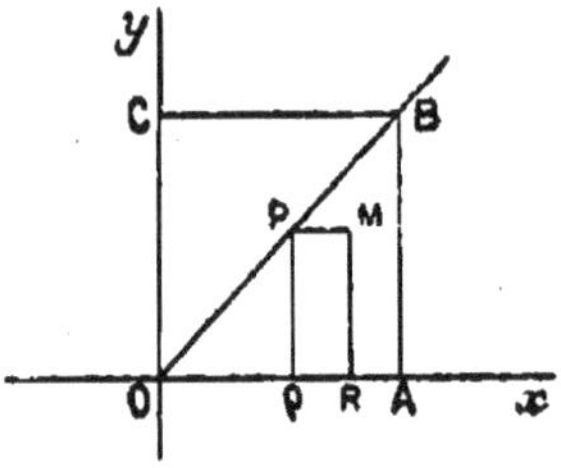

que nous désignerons par R. On se donne la valeur d'une intégrale z sur OA et sur OB; on aura ainsi

$$z = f(x) \quad \text{pour} \quad y = 0,$$
$$z = \varphi(x) \quad \text{pour} \quad y = x;$$

$f(x)$ et $\varphi(x)$ sont deux fonctions continues ainsi que leurs dérivées du premier ordre; elles sont définies de $x = 0$ à $x = \alpha$, et l'on a, bien entendu, $f(0) = \varphi(0)$. L'intégrale de l'équation

$$\frac{\partial^2 z}{\partial x\,\partial y} = 0,$$

satisfaisant à ces conditions initiales, sera évidemment

$$z = f(x) + \varphi(y) - f(y).$$

Ensuite, en désignant par $P(x, y)$ une fonction donnée de x et de y dans le carré R, l'intégrale de l'équation

$$\frac{\partial^2 u}{\partial x\, \partial y} = P(x, y),$$

s'annulant sur OA et sur OB, sera

$$u = \int_0^y d\eta \int_y^x P(\xi, \eta)\, d\xi;$$

le champ d'intégration est le rectangle MPQR, en désignant par M le point (x, y).

Formons alors, comme précédemment, le système

$$\frac{\partial^2 z_1}{\partial x\, \partial y} = 0,$$

$$\frac{\partial^2 z_2}{\partial x\, \partial y} = a\frac{\partial z_1}{\partial x} + b\frac{\partial z_1}{\partial y} + c z_1,$$

$$\dots\dots\dots\dots\dots\dots,$$

$$\frac{\partial^2 z_n}{\partial x\, \partial y} = a\frac{\partial z_{n-1}}{\partial x} + b\frac{\partial z_{n-1}}{\partial y} + c z_{n-1}.$$

On intègre la première avec les conditions

$$z_1 = f(x) \quad \text{pour} \quad y = 0 \qquad \text{et} \qquad z_1 = \varphi(x) \quad \text{pour} \quad y = x,$$

et pour n supérieur à *un*, on prend

$$z_n = 0 \quad \text{pour} \quad y = 0 \qquad \text{et} \qquad z_n = 0 \quad \text{pour} \quad y = x.$$

Des considérations analogues à celles que nous avons employées ci-dessus permettent aisément d'établir que la série

$$z_1 + z_2 + \dots + z_n + \dots$$

converge uniformément dans R, et représente l'intégrale cherchée.

6. Comme exemple d'équations d'ordre supérieur au second, pour lesquelles s'appliquent sans difficultés les méthodes précédentes, je citerai les équations suivantes étudiées à ce point de vue par M. Delassus dans un des Chapitres de son intéressante thèse (*voir* aussi

Comptes rendus, 1893). Ce sont les équations d'ordre n de la forme

$$\sum_{i,k} A_{ik} \frac{\partial^{i+k} z}{\partial x^i \partial y^k} = 0,$$

avec les conditions suivantes :

$$\begin{matrix} i = 0, 1, \ldots, p \\ k = 0, 1, \ldots, q \end{matrix} \quad (p + q = n, \qquad pq \neq 0)$$

et en supposant $A_{pq} = 1$.

7. Je voudrais maintenant considérer des équations pour lesquelles on ne puisse appliquer la méthode précédente d'approximations. Il n'est pas difficile de trouver de tels exemples, nous n'avons qu'à prendre l'équation du premier ordre

$$(8) \qquad \frac{\partial z}{\partial x} = a(x, y) \frac{\partial z}{\partial y}.$$

Supposons qu'on veuille trouver l'intégrale de cette équation se réduisant, pour $x = x_0$, à une fonction donnée $F(y)$. On peut former les équations suivantes

$$\begin{aligned} \frac{\partial z_1}{\partial x} &= 0, \\ \frac{\partial z_2}{\partial x} &= a(x, y) \frac{\partial z_1}{\partial y}, \\ &\ldots\ldots\ldots\ldots\ldots, \\ \frac{\partial z_n}{\partial x} &= a(x, y) \frac{\partial z_{n-1}}{\partial y}, \end{aligned}$$

z_1 prenant pour $x = x_0$ la valeur $F(y)$, et les autres z s'annulant identiquement pour cette valeur de x. Mais on voit que l'on ne pourra former les fonctions $z_2, \ldots, z_n, \ldots$ que si $F(y)$ et $a(x, y)$ ont des dérivées partielles de tout ordre par rapport à y, et la convergence du développement ne peut être établie que si l'on suppose que $F(y)$ et $a(x, y)$ sont des fonctions analytiques. Il semble donc qu'on ne puisse établir l'existence des intégrales de l'équation (8) qu'en admettant que $a(x, y)$ est analytique. Quoique la question n'ait qu'un intérêt théorique, elle vaut peut-être la peine d'être examinée.

Reprenons d'abord, à cet effet, l'étude de l'équation différentielle ordinaire

$$\frac{dy}{dx} = f(x, y),$$

et plaçons-nous dans les hypothèses du n° **1**. Nous avons trouvé une intégrale prenant pour $x = x_0$ la valeur y_0, soit

$$y = F(x, x_0, y_0),$$

en mettant en évidence toutes les quantités dont dépend F. La fonction F est une fonction continue de x, x_0 et y_0; elle a une dérivée première par rapport à x, mais toute la difficulté de la question qui nous occupe est de savoir si cette fonction a une dérivée partielle du premier ordre par rapport à y_0. Or les approximations successives nous conduisent à la suite de fonctions

$$y_1,\ y_2,\ \ldots,\ y_n,\ \ldots,$$

se calculant de proche en proche au moyen des formules

$$y_1 = y_0 + \int_{x_0}^{x} f(x, y_0)\, dx,$$

$$y_2 = y_0 + \int_{x_0}^{x} f(x, y_1)\, dx,$$

$$\ldots\ldots\ldots\ldots\ldots\ldots\ldots\ldots,$$

$$y_n = y_0 + \int_{x_0}^{x} f(x, y_{n-1})\, dx,$$

et $F(x, x_0, y_0)$ est la limite de y_n. On peut calculer de proche en proche les dérivées partielles

$$\frac{\partial y_1}{\partial y_0},\ \frac{\partial y_2}{\partial y_0},\ \ldots,\ \frac{\partial y_n}{\partial y_0},$$

si l'on admet seulement que $f(x, y)$ a une dérivée partielle du premier ordre par rapport à y. Il est donc bien vraisemblable que F aura une dérivée partielle du premier ordre par rapport à y_0. Nous le démontrerons élégamment sans calculs en rattachant la question à un problème traité plus haut; on va supposer que $f(x, y)$ a des dérivées partielles des deux premiers ordres par rapport à y. [Il suffirait même d'admettre que la dérivée $\frac{\partial f}{\partial y}$, sans avoir de dérivée par rapport à y, jouit de la propriété dont jouissait la fonction appelée $f(x, y)$ au n° 1.]

Je considérerai, dans ce qui va suivre, x_0 comme une constante numérique et β désignera une seconde quantité numérique. J'envisage l'équation aux dérivées partielles

$$\frac{\partial^2 y}{\partial x\, \partial y_0} = \frac{\partial f}{\partial y}\frac{\partial y}{\partial y_0}, \tag{9}$$

définissant une fonction y des deux variables x et y_0. D'après ce qui a été vu au n° 3, nous pouvons l'intégrer en prenant les conditions initiales suivantes :

$$\begin{array}{lll} y = y_0 & \text{pour} & x = x_0, \\ y = F(x, x_0, \beta) & \text{pour} & y_0 = \beta. \end{array}$$

L'intégrale y de l'équation (9) sera alors complètement déterminée. Or, on déduit de cette équation

$$\frac{\partial y}{\partial x} = f(x, y) + P(x),$$

$P(x)$ ne dépendant pas de y_0. Or, pour $y_0 = \beta$, on a

$$\frac{\partial y}{\partial x} = f(x, y),$$

puisque, pour $y_0 = \beta$, y est l'intégrale de l'équation $\frac{dy}{dx} = f(x, y)$, qui prend, pour $x = x_0$, la valeur β. La fonction $P(x)$ est donc identiquement nulle, et l'intégrale

$$y(x, y_0),$$

que nous venons d'obtenir, est l'intégrale de l'équation $\frac{dy}{dx} = f(x, y)$ prenant pour $x = x_0$ la valeur y_0; elle est identique à la fonction $F(x, x_0, y_0)$, et celle-ci a, par suite, une dérivée du premier ordre par rapport à y_0.

On démontrera d'une manière analogue que $F(x, x_0, y_0)$ a une dérivée du premier ordre par rapport à x_0. On regardera y_0 comme une constante numérique, et soit α une seconde quantité numérique. Nous formons l'équation

$$\frac{\partial^2 y}{\partial x\, \partial x_0} = \frac{\partial f}{\partial y}\frac{\partial y}{\partial x_0}, \tag{10}$$

en l'intégrant avec les conditions initiales

$$\begin{array}{lll} y = y_0 & \text{pour} & x = x_0, \\ y = F(x, \alpha, y_0) & \text{pour} & x_0 = \alpha, \end{array}$$

ce qui correspond au cas étudié (n° 5). On déduit de l'équation (10)

$$\frac{\partial y}{\partial x} = f(x, y) + Q(x),$$

$Q(x)$ ne dépendant pas de x_0; on voit que $Q(x)$ est nul, en faisant dans cette relation $x_0 = \alpha$, et l'on termine comme plus haut.

Ainsi, la fonction $F(x, x_0, y_0)$ a des dérivées partielles du premier ordre par rapport à x_0 et à y_0. Or, la relation

$$y = F(x, x_0, y_0)$$

peut manifestement s'écrire

$$y_0 = F(x_0, x, y),$$

puisque l'intégrale qui, pour la valeur x de la variable, prend la valeur y aura en x_0 la valeur y_0. D'après ce qui précède, $F(x_0, x, y)$ est une fonction continue de x et y, et elle a des dérivées partielles du premier ordre elles-mêmes continues. Désignons cette fonction par

$$F(x, y),$$

en n'écrivant plus la constante x_0; nous aurons l'intégrale générale de l'équation $\frac{dy}{dx} = f(x, y)$ sous la forme

$$F(x, y) = \text{const.},$$

et F satisfera à l'équation aux dérivées partielles

$$\frac{\partial F}{\partial x} + f(x, y)\frac{\partial F}{\partial y} = 0.$$

Nous avons donc établi l'existence d'une intégrale de cette équation, et par suite de toutes les intégrales, en supposant seulement que $f(x, y)$ est continue et a des dérivées partielles des deux premiers ordres par rapport à y.

Ainsi, comme application, on peut établir l'existence d'un facteur intégrant pour l'expression

$$dy + P(x, y)\,dx,$$

en supposant seulement que la fonction $P(x, y)$ est continue et a des dérivées partielles des deux premiers ordres par rapport à y.

8. Tout ce que nous venons de dire subsistera évidemment si les fonctions considérées, au lieu d'être réelles, sont des fonctions com-

plexes des deux variables réelles x et y. En particulier, le théorème relatif au facteur intégrant qui vient d'être énoncé s'applique aussi bien si l'on a

$$P(x, y) = p(x, y) + iq(x, y),$$

p et q étant des fonctions réelles de x et y, jouissant des propriétés indiquées.

Une application, qui offre quelque intérêt, se présente immédiatement. C'est une proposition élémentaire, qu'une surface *analytique* peut être représentée sur un plan, de manière qu'il y ait conservation des angles : on a ainsi une carte géographique de la surface. La démonstration bien connue de ce théorème s'appuie essentiellement sur ce que la surface est analytique; elle revient à la recherche d'un facteur intégrant. Avec l'extension donnée à cette dernière recherche, nous n'avons plus besoin d'admettre que la surface est analytique. Soit une surface pour laquelle le carré de l'élément linéaire se mette sous la forme

$$ds^2 = E\,dx^2 + 2F\,dx\,dy + G\,dy^2.$$

On peut, d'après ce que nous venons de dire, démontrer la possibilité de faire la carte de cette surface sur un plan, si les trois coefficients E, F, G sont des fonctions continues de x et y, ayant des dérivées partielles des deux premiers ordres par rapport à y. Il suffit même de supposer que les trois dérivées du premier ordre

$$\frac{\partial E}{\partial y}, \quad \frac{\partial F}{\partial y}, \quad \frac{\partial G}{\partial y},$$

jouissent de la propriété admise pour la fonction $f(x, y)$ au n° 1.

Ces conditions, un peu dissymétriques, sont suffisantes; elles ne sont sans doute pas toutes nécessaires, mais, pour s'en affranchir, il faudrait trouver un autre mode de démonstration pour l'existence du facteur intégrant.

NOTE II.

SUR LES GÉODÉSIQUES A INTÉGRALES QUADRATIQUES;

PAR M. G. KOENIGS.

1. Nous nous proposons dans cette Note de développer la solution complète du problème des géodésiques qui admettent *plusieurs* intégrales quadratiques, problème partiellement traité dans le Tome III.

Si l'on cherche à exprimer que la fonction

$$\varphi = ap^2 + 2bpq + cq^2 \tag{1}$$

est une intégrale pour le problème des géodésiques du ds^2

$$ds^2 = 4\lambda\, dx\, dy, \tag{2}$$

on trouve l'équation (n° 593, t. III, p. 30)

$$\left\{\begin{aligned} &\left(p^2\frac{\partial a}{\partial x} + 2pq\frac{\partial b}{\partial x} + q^2\frac{\partial c}{\partial x}\right)\frac{q}{\lambda} + \left(p^2\frac{\partial a}{\partial y} + 2pq\frac{\partial b}{\partial y} + q^2\frac{\partial c}{\partial y}\right)\frac{p}{\lambda} \\ &\qquad + 2\frac{pq}{\lambda^2}(ap + bq)\frac{\partial\lambda}{\partial x} + 2\frac{pq}{\lambda^2}(bp + cq)\frac{\partial\lambda}{\partial y} = 0. \end{aligned}\right. \tag{3}$$

En raisonnant comme au n° 593, on reconnaît que l'équation (3) se décompose en quatre autres, à savoir tout d'abord les équations

$$\frac{\partial c}{\partial x} = \frac{\partial a}{\partial y} = 0,$$

en sorte que l'on a

$$a = X, \qquad b = Y,$$

où X ne dépend que de x et Y que de y. Les deux autres équations qui proviennent de la décomposition de l'équation (3) s'écrivent alors

$$-2\frac{\partial(b\lambda)}{\partial x} = \lambda Y' + 2Y\frac{\partial\lambda}{\partial y},$$

$$-2\frac{\partial(b\lambda)}{\partial y} = \lambda X' + 2X\frac{\partial\lambda}{\partial x},$$

ou encore, ce qui revient au même,

$$(4)\qquad -2b\lambda = \int \left(\lambda Y' + 2Y\frac{\partial\lambda}{\partial y}\right)dx + \left(\lambda X' + 2X\frac{\partial\lambda}{\partial x}\right)dy,$$

et, b étant définie par cette équation, l'intégrale φ prend la forme suivante

$$(5)\qquad \varphi = Xp^2 + 2b\,pq + Yq^2.$$

Il faut toutefois que la condition d'intégrabilité dans l'intégrale (4) soit satisfaite, ce qui s'exprime par l'équation

$$\frac{\partial}{\partial y}\left(\lambda Y' + 2Y\frac{\partial\lambda}{\partial y}\right) = \frac{\partial}{\partial x}\left(\lambda X' + 2X\frac{\partial\lambda}{\partial x}\right).$$

Développée, cette équation devient

$$(6)\qquad 2X\frac{\partial^2\lambda}{\partial x^2} + 3X'\frac{\partial\lambda}{\partial x} + X''\lambda = 2Y\frac{\partial^2\lambda}{\partial y^2} + 3Y'\frac{\partial\lambda}{\partial y} + Y''\lambda.$$

C'est précisément l'équation (41) du n° 413 [II, p. 209]. Elle exprime à cet endroit que, si x, y ne sont pas nuls, la transformation

$$(7)\qquad x' = \int\frac{dx}{\sqrt{X}},\qquad y' = \int\frac{dy}{\sqrt{Y}}$$

amène le ds^2 à la forme de Liouville.

Si l'une des deux fonctions est nulle, tout ce qui a trait à l'intégrale (5) persiste, mais la forme de Liouville disparaît. Nous sommes alors dans le cas traité au n° 594 [III, p. 31], et le ds^2 se réduit par la transformation

$$(8)\qquad x' = \int\frac{dx}{\sqrt{X}},\qquad y' = y \qquad (\text{Y étant nul}),$$

à la forme de Lie.

A l'égard de l'équation (6) on a remarqué au n° 413 [II, p. 209] que, si (X_1, Y_1), (X_2, Y_2) sont deux couples de solutions de cette équation, il en est de même du couple de fonctions

$$(aX_1 + bX_2,\ aY_1 + bY_2),$$

où a, b sont deux constantes.

Plus généralement, si (A_1, B_1), (A_2, B_2), ..., (A_p, B_p) sont p couples de solutions de l'équation (6) et $k_1, k_2, \ldots, k_p$ des constantes, les fonctions $\Sigma k_i A_i$, $\Sigma k_i B_i$ constituent un couple de solutions.

Désignons, d'une façon générale, par φ_i l'intégrale qui, d'après les formules (4), (5), correspond au couple $X = A_i$, $Y = B_i$; l'intégrale correspondante au couple $(\Sigma k_i A_i, \Sigma k_i B_i)$ sera, comme on le constate sans peine,

$$\varphi = \Sigma k_i \varphi_i.$$

S'il n'existe pas de système de valeurs des k_i (si ce n'est zéro) qui annule à la fois $\Sigma k_i A_i$, $\Sigma k_i B_i$, nous dirons que les p couples $(A_1, B_1), \ldots, (A_p, B_p)$ sont indépendants. Si les p couples sont indépendants, pour aucune valeur des k_i l'intégrale φ ne se réduira à une constante ou à l'intégrale des forces vives qui est $\frac{pq}{\lambda}$. Il faudrait en effet que les coefficients de p^2 et de q^2 fussent nuls; cela ne se peut, car ces coefficients sont justement $\Sigma k_i A_i$ et $\Sigma k_i B_i$, qui, par hypothèse, ne peuvent s'annuler en même temps.

Nous pouvons dire qu'à p couples indépendants des solutions de l'équation (6) il correspond p intégrales quadratiques indépendantes. Nous nous proposons de rechercher tous les ds^2 dont les géodésiques admettent plusieurs intégrales quadratiques indépendantes.

2. A la page 218 du Tome II a été posée la question de trouver les ds^2 qui admettent plusieurs réductions au type de Liouville. Les liens connus qui rattachent les intégrales quadratiques aux formes de Liouville d'un ds^2 montrent que ce problème et le précédent n'en font qu'un. Cependant, l'existence possible des formes de M. Lie peut faire naître un doute. Il convient de le dissiper. Si l'équation (6) admet un couple de solutions unique (X, Y), la forme de Liouville est acquise au ds^2, sauf le cas où l'une des fonctions X, Y est nulle, car alors la forme de Lie intervient. Par contre, *si l'équation* (6) *admet* plusieurs *couples de solutions indépendants*, $p > 1$, *la forme de Liouville est sûrement acquise au* ds^2. On verra même, par la suite, que la réduction au type de Liouville comporte $p - 1$ paramètres, si p est le nombre exact des couples indépendants de solutions de l'équation (6).

La démonstration de la proposition précédente est des plus simples. Quels que soient les p coefficients constants k_i, l'équation (6) admet le couple de solutions $\Sigma k_i A_i$, $\Sigma k_i B_i$. Donc, si les A ne sont pas tous nuls et si les B ne sont pas tous nuls, l'équation (6) admet un couple dans lequel aucune des fonctions X, Y n'est nulle et la transformation (7) amènera la forme de Liouville.

Reste le cas où toutes les fonctions A, par exemple, seraient nulles. L'équation (6) admet alors les couples de solutions $(0, B_1)$ $(0, B_2)$ et un calcul facile prouve que le ds^2 est celui du plan. Comme le ds^2 du plan possède des formes de Liouville, le théorème est démontré.

La forme de Liouville étant acquise aux ds^2 que nous étudions, nous pourrons prendre, comme point de départ, une forme de Liouville de ce ds^2 supposée connue. Dans ce cas, on le vérifie aisément, l'équation (6) admet normalement le couple de solutions ($X=1, Y=1$). Soit X, Y un autre couple de solutions; la transformation (7) fera passer de la forme de Liouville du ds^2 à une autre; pour ce motif, j'appelle les fonctions X, Y des *coefficients de transformation* du ds^2. Cette locution abrégera beaucoup le langage. Si l'équation (6) admet *exactement* p couples indépendants, nous aurons, outre le couple (1, 1) $p-1$ autres couples (A_1, B_1), (A_2, B_2), ..., (A_{p-1}, B_{p-1}) et l'indépendance de tous ces couples se traduit par ce fait qu'une équation de la forme

$$(9) \qquad k_1(A_1 - B_1) + \ldots + k_{p-1}(A_{p-1} - B_{p-1}) = 0$$

est impossible, sauf si les constantes k sont toutes nulles.

La réduction la plus générale du ds^2 à la forme de Liouville s'obtiendra par les formules (7) qui seront ici

$$(10) \qquad \begin{cases} x' = \displaystyle\int \frac{dx}{\sqrt{k_1 A_1 + \ldots + k_{p-1}A_{p-1} + k_p}}, \\ y' = \displaystyle\int \frac{dy}{\sqrt{k_1 B_1 + \ldots + k_{p-1}B_{p-1} + k_p}}. \end{cases}$$

Si on laisse aux constantes k toute leur généralité, le ds^2 acquiert une forme de Liouville que nous appelons son *type essentiel* et les variables x', y' sont les variables *essentielles*.

Pour certaines valeurs particulières des constantes k, le type essentiel dégénère et change d'aspect pour devenir un *type singulier*.

Les divers types essentiels d'un même ds^2 ont le même aspect et ne diffèrent que par certaines constantes; par exemple, s'il s'agit de fonctions elliptiques, les invariants g_2, g_3 pourront changer.

3. Ceci posé, proposons-nous tout d'abord de trouver les ds^2 dont les géodésiques admettent plus de trois intégrales quadratiques indépendantes. Nous prenons le ds^2 sous la forme de Liouville

$$[X_1(x_1) - Y_1(y_1)]\,dx\,dy,$$

où $x_1 = \dfrac{x+y}{\sqrt{2}}$, $y_1 = \dfrac{x-y}{\sqrt{2}}$; l'équation (6) devient alors, avec ces notations,

$$(11)\quad \begin{cases} \Omega = (X - Y)(X_1'' - Y_1'') + (X_1 - Y_1)(X'' - Y'') \\ \quad + \dfrac{3}{\sqrt{2}}(X' - Y')X_1' - \dfrac{3}{\sqrt{2}}(X' + Y')Y_1' = 0. \end{cases}$$

Posons, pour abréger,

$$(12)\quad \begin{cases} p_1 = \dfrac{1}{\sqrt{2}} \dfrac{X_1' - Y_1'}{X_1 - Y_1}, \qquad q_1 = \dfrac{1}{\sqrt{2}} \dfrac{X_1' + Y_1'}{X_1 - Y_1}, \\ k_1 = \dfrac{1}{X_1 - Y_1} \dfrac{\partial^2 \log(X_1 - Y_1)}{\partial x\, \partial y} = \dfrac{2\dfrac{\partial p_1}{\partial y}}{X_1 - Y_1} = \dfrac{2\dfrac{\partial q_1}{\partial x}}{X_1 - Y_1}, \end{cases}$$

en sorte que $-2k_1$ est la *courbure totale* du ds^2; faisons aussi

$$(13)\quad h_1 = \frac{\partial^2 k_1}{\partial x^2} + 4p_1 \frac{\partial k_1}{\partial x} = \frac{\partial^2 k_1}{\partial y^2} + 4q_1 \frac{\partial k_1}{\partial y}.$$

Le lecteur vérifiera que l'on a identiquement

$$(14)\quad \frac{\partial^2 \dfrac{\Omega}{X_1 - Y_1}}{\partial x\, \partial y} - \frac{3}{2} k_1 \Omega = (X_1 - Y_1)\Phi,$$

où l'on a posé

$$(15)\quad \Phi = 5\frac{\partial k_1}{\partial x} X' - 5\frac{\partial k_1}{\partial y} Y' + 2h_1(X - Y).$$

L'équation $\Omega = 0$ entraîne donc $\Phi = 0$. Supposons que le ds^2 admette au moins quatre intégrales quadratiques indépendantes; outre le couple $(1, 1)$, l'équation (11) doit admettre encore au moins trois autres couples (A_1, B_1), (A_2, B_2), (A_3, B_3), ce qui donne les trois équations

$$5\frac{\partial k_1}{\partial x} A_1' - 5\frac{\partial k_1}{\partial y} B_1' + 2h_1(A_1 - B_1) = 0,$$

$$5\frac{\partial k_1}{\partial x} A_2' - 5\frac{\partial k_1}{\partial y} B_2' + 2h_1(A_2 - B_2) = 0,$$

$$5\frac{\partial k_1}{\partial x} A_3' - 5\frac{\partial k_1}{\partial y} B_3' + 2h_1(A_3 - B_3) = 0.$$

Si le déterminant

$$\begin{vmatrix} A_1' & B_1' & A_1 - B_1 \\ A_2' & B_2' & A_2 - B_2 \\ A_3' & B_3' & A_3 - B_3 \end{vmatrix} = \Delta$$

n'est pas nul, il faut donc avoir

$$\frac{\partial k_1}{\partial x} = 0, \qquad \frac{\partial k_1}{\partial y} = 0, \qquad h_1 = 0.$$

La courbure $-2k_1$ est donc constante.

La conclusion est la même si le déterminant est nul. Ce déterminant nul exprime, en effet, que l'on a une équation de la forme

$$\frac{A_3 - B_3}{A_1 - B_1} = f\left(\frac{A_2 - B_2}{A_1 - B_1}\right),$$

où f ne peut désigner une fonction linéaire, sans quoi il existerait une relation de la forme (9). Dans ces conditions on constate facilement que $\frac{A_2 - B_2}{A_1 - B_1}$ et $\frac{A_3 - B_3}{A_1 - B_1}$ ne peuvent dépendre que d'une seule des variables x, y; de y par exemple. Alors A_1, A_2, A_3 sont des constantes que l'on peut ramener à zéro en substituant aux couples (A_i, B_i) les trois couples $(0, B_i - A_i)$. On est donc ramené au cas où les fonctions d'un même nom sont nulles dans plusieurs couples. Nous avons déjà dit que ce cas était celui du plan ou des surfaces à courbure nulle.

Nous pouvons donc énoncer ce théorème :

Si un ds^2 admet plus de trois intégrales quadratiques indépendantes, pour ses géodésiques, sa courbure est constante.

Un ds^2 de courbure constante admet exactement cinq intégrales quadratiques pour ses géodésiques, comme on l'a vu à la page 210 du Tome II. Si on le prend sous la forme simple

$$ds^2 = \frac{dx\,dy}{(x-y)^2},$$

l'équation (11) admet, en effet, les cinq couples

$$(1, 1), \quad (x, y), \quad (x^2, y^2), \quad (x^3, y^3), \quad (x^4, y^4).$$

Dans le cas du plan

$$ds^2 = dx\,dy,$$

l'équation (6) se réduit à $X'' = Y''$ et admet les cinq couples indépendants

$$(1, 0), \quad (x, 1), \quad (1, y), \quad (x, y), \quad (x^2, y^2).$$

On voit donc que, si un ds^2 admet plus de trois intégrales quadratiques, il en admet exactement cinq. Il n'y en a pas qui en possède quatre ou plus de cinq.

4. Cherchons à présent les ds^2 qui admettent exactement trois intégrales quadratiques et pour lesquelles, par conséquent, la courbure sera variable. On a vu au n° 596 [III, p. 38] que si un ds^2 admet à la fois une intégrale linéaire et une intégrale quadratique pour ses géodésiques, il est de révolution; et que, outre l'intégrale quadratique en question et le carré de l'intégrale linéaire, qui est aussi une intégrale quadratique, il admet une troisième intégrale quadratique, indépendante des deux premières.

La réciproque de cette proposition est vraie; en sorte que, tout ds^2 dont les géodésiques admettent trois intégrales quadratiques indépendantes convient à une surface de révolution (nous disons pour abréger ds^2 de révolution).

Voici la méthode qui nous conduit à ce résultat :

Supposons que, par un procédé quelconque, analogue à celui qui nous a donné l'équation $\Phi = 0$, on ait tiré de $\Omega = 0$ deux équations linéaires de la forme

$$R_1 X' - R_2 Y' + R_3 (X - Y) = 0,$$
$$S_1 X' - S_2 Y' + S_3 (X - Y) = 0,$$

où les R et les S ne dépendent que des fonctions X_1, Y_1 et de leurs dérivées. Ces équations, résolues en $\frac{X'}{X - Y}$, $\frac{Y'}{X - Y}$, donneront

$$\frac{X'}{X - Y} = P, \qquad -\frac{Y'}{X - Y} = Q,$$

d'où

$$d \log(X - Y) = P\,dx + Q\,dy. \tag{16}$$

$P\,dx + Q\,dy$ devra être une différentielle exacte, en sorte que les fonctions X_1, Y_1 devront vérifier la relation

$$\frac{\partial P}{\partial y} = \frac{\partial Q}{\partial x}. \tag{17}$$

Cette condition vérifiée, posons $P\,dx + Q\,dy = d \log u$. La fonction u ne dépendra que de X_1, Y_1, comme P, Q, et l'équation (16) donne alors

$$X - Y = C.u;$$

C désigne une constante. Il faudra que u soit de la forme $f(x) - g(y)$ où $f(x)$, $g(y)$ sont des fonctions déterminées, et l'équation précédente donnera, a étant une constante,

$$X = C f(x) + a, \qquad Y = C g(y) + a.$$

Dans ce cas, par conséquent, le ds^2 n'admet pas d'autres couples de solutions pour l'équation (11) que (1, 1) $[f(x), g(y)]$.

Il faut donc, pour que le ds^2 admette trois intégrales quadratiques, que toutes les équations linéaires analogues à $\Phi = 0$ se réduisent à une seule, qui sera $\Phi = 0$ elle-même, puisque l'on fait abstraction des ds^2 de courbure constante, les seuls pour lesquels Φ soit identiquement nulle.

C'est ainsi qu'en posant

$$\alpha = \frac{\frac{\partial k_1}{\partial x}\frac{\partial k_1}{\partial y}}{X_1 - Y_1},$$

on trouve l'identité

$$\frac{\frac{\partial \Phi}{\partial x}}{\frac{\partial k_1}{\partial x}} + \frac{\frac{\partial \Phi}{\partial y}}{\frac{\partial k_1}{\partial y}} - 5\frac{\Omega}{X_1 - Y_1} + \frac{2}{5}\frac{\frac{\partial^2 k_1}{\partial x\, \partial y}}{\frac{\partial k_1}{\partial x}\frac{\partial k_1}{\partial y}}\Phi = \alpha\Psi,$$

Ψ ayant cette expression

$$\alpha . \Psi = \frac{\partial \alpha}{\partial x} X' - \frac{\partial \alpha}{\partial y} Y' + g_1 (X - Y);$$

g_1 est une fonction sans importance.

Il est clair que $\Omega = 0$ entraîne $\Phi = 0$ et $\Psi = 0$. Il faudra donc que Ψ soit proportionnel à Φ ou que

$$\frac{\frac{\partial \alpha}{\partial x}}{5\frac{\partial k_1}{\partial x}} = \frac{\frac{\partial \alpha}{\partial y}}{5\frac{\partial k_1}{\partial y}} = \frac{g_1}{2h_1}.$$

La première de ces équations nous donnera

$$\alpha = f(k_1).$$

Au lieu d'utiliser la seconde, qui est compliquée, nous allons former une autre combinaison. Posons

$$\beta = \frac{\frac{\partial^2 k_1}{\partial x\, \partial y}}{X_1 - Y_1};$$

on trouvera, sans peine, que l'on a identiquement

$$\frac{\partial^2 \Phi}{\partial x\, \partial y} - 5\frac{\partial^2 k_1}{\partial x\, \partial y}\frac{\Omega}{X_1 - Y_1} = (X_1 - Y_1)\theta,$$

avec cette expression de θ,

$$\theta = \frac{\partial}{\partial x}(7\beta + 2k_1^2)X' - \frac{\partial}{\partial y}(7\beta + 2k_1^2)Y' + l_1(X - Y);$$

l_1 est une fonction qu'il est inutile de calculer. Comme $\theta = 0$ est une conséquence de $\Omega = 0$, on doit écrire encore

$$\frac{\frac{\partial}{\partial x}(7\beta + 2k_1^2)}{5\frac{\partial k_1}{\partial x}} = \frac{\frac{\partial}{\partial y}(7\beta + 2k_1^2)}{5\frac{\partial k_1}{\partial y}} = \frac{l_1}{2h_1}.$$

Nous n'utiliserons que la première de ces équations qui donne

$$7\beta + 2k_1^2 = f_1(k_1)$$

ou encore

$$\beta = \varphi(k_1).$$

Prenons alors une fonction quelconque de k_1, $\theta(k_1)$. On aura

$$\frac{\partial^2\theta}{\partial x\,\partial y} = \theta''(k_1)\frac{\partial k_1}{\partial x}\frac{\partial k_1}{\partial y} + \theta'(k_1)\frac{\partial^2 k_1}{\partial x\,\partial y},$$

et comme on a trouvé

$$\frac{\partial k_1}{\partial x}\frac{\partial k_1}{\partial y} = (X_1 - Y_1)\alpha = (X_1 - Y_1)f(k_1),$$

$$\frac{\partial^2 k_1}{\partial x\,\partial y} = (X_1 - Y_1)\beta = (X_1 - Y_1)\varphi(k_1),$$

il viendra

$$\frac{\partial^2\theta}{\partial x\,\partial y} = (X_1 - Y_1)[\theta''(k_1)f(k_1) + \theta'(k_1)\varphi(k_1)];$$

$f(k_1)$ ne peut être nul sans quoi α serait nul, et l'on verrait que la courbure est constante. Dès lors, on peut trouver une fonction $\theta(k_1)$, *contenant effectivement* k_1 et vérifiant l'équation

$$\theta''(k_1)f(k_1) + \theta'(k_1)\varphi(k_1) = 0.$$

On aura alors $\frac{\partial^2\theta}{\partial x\,\partial y} = 0$, d'où résulte

$$\theta(k_1) = \xi + \eta,$$

où ξ est fonction de x, et η de y. En résolvant, on trouvera

$$k_1 = \psi(\xi + \eta);$$

si ξ (ou η) se réduisait à une constante, α serait nul, cas écarté. On peut donc prendre ξ, η pour variables; or il vient

$$\frac{\partial k_1}{\partial x} = \psi'\xi', \qquad \frac{\partial k_1}{\partial y} = \psi'\eta',$$

d'où

$$\alpha(X_1 - Y_1) = \frac{\partial k_1}{\partial x}\frac{\partial k_1}{\partial y} = \psi'^2\xi'\eta',$$

et enfin

$$(X_1 - Y_1)\,dx\,dy = \frac{\psi'^2}{\alpha}\xi'\eta'\,dx\,dy = \frac{\psi'^2}{f(k_1)}\,d\xi\,d\eta.$$

Comme ψ' est fonction de $\xi + \eta$ ainsi que $f(k_1)$, on a bien le ds^2 d'une surface de révolution.

5. Le théorème étant ainsi établi, nous pouvons en déduire, par une nouvelle méthode, les ds^2 de révolution à intégrales quadratiques.

Soit, en effet,

$$\varphi(x-y)\,dx\,dy$$

un de ces ds^2 et (X, Y) un de ses coefficients de transformation; comme le ds^2 ne change pas par le changement de (x, y) en $(x+h, y+h)$, il est clair que $X(x+h)$, $Y(y+h)$ est encore un couple de coefficients de transformation. Il en est de même du couple

$$\frac{X(x+h) - X(x)}{h}, \qquad \frac{Y(y+h) - Y(y)}{h},$$

et, par suite, en faisant tendre h vers zéro, on reconnaît que $X'(x)$, $Y'(y)$ est un couple de coefficients de transformation. L'équation (11) admet donc ici les couples suivants de solutions

$$(1, 1) \quad (X, Y) \quad (X', Y') \quad (X'', Y'') \quad \ldots.$$

Comme trois couples seulement peuvent être indépendants, il faut que l'on ait deux équations simultanées de la forme

$$aX'' + bX' + cX + d = 0,$$
$$aY'' + bX' + cY + d = 0,$$

où a, b, c, d sont des constantes.

La discussion de ces équations linéaires se fait sans difficulté et l'on arrive ainsi à former le Tableau des ds^2 de révolution à intégrales quadratiques sous leur forme caractéristique de révolution.

C'est ainsi que nous avons formé le Tableau I.

Dans le Tableau II, nous donnons les formes de Liouville à courbure constante non nulle. Le premier type $[p(x+y) - p(x-y)]\,dx\,dy$ est le type essentiel; les quatre autres types sont singuliers.

Dans le Tableau III sont les types de Liouville du plan. Le premier type est la forme essentielle, les cinq autres types sont singuliers.

En partant des types du Tableau I, il est facile de former les types essentiels de révolution. Ces types sont au nombre de quatre, irréductibles les uns aux autres; le Tableau IV les représente.

La discussion détaillée des divers cas singuliers conduit à former les types singuliers qui se rattachent à ces quatre types essentiels. Ils sont contenus dans le Tableau V, avec l'indication du type essentiel auquel ils appartiennent. Nous ne saurions entrer ici dans le détail des calculs, et nous renvoyons le lecteur à notre Mémoire inséré au t. XXXI des *Savants étrangers*.

TABLEAU I.

Formes de révolution à intégrales quadratiques sous leur aspect caractéristique de révolution $g(x \mp y)\,dx\,dy$.

1. $$ds^2 = \frac{a\left(e^{\frac{x-y}{2}} + e^{\frac{y-x}{2}}\right) + b}{\left(e^{\frac{x-y}{2}} - e^{\frac{y-x}{2}}\right)^2}\,dx\,dy,$$

Couples de solutions de l'équation (11) : $(1, 1)$, (e^x, e^y), (e^{-x}, e^{-y}).

2. $$ds^2 = \left(ae^{-\frac{x+y}{2}} + be^{-(x+y)}\right)dx\,dy,$$

Couples de solutions de l'équation (11) : $(1, 1)$, $(0, e^y)$, $(e^x, 0)$.

3. $$ds^2 = \left[\frac{a}{(x-y)^2} + b\right]dx\,dy,$$

Couples de solutions de l'équation (11) : $(1, 1)$, (x, y), (x^2, y^2).

4. $$ds^2 = (x+y)\,dx\,dy,$$

Couples de solutions de l'équation (11) : $(1, 1)$, (x, y), $(0, 1)$.

Remarque. — Le premier type peut encore s'écrire

$$ds^2 = \frac{a\cos\frac{x'-y'}{2} + b}{\sin^2\frac{x'-y'}{2}}\,dx'\,dy',$$

avec les couples de solutions $(1, 1)$, $(\cos x', \cos y')$, $(\sin x', \sin y')$.

TABLEAU II.

Formes de Liouville à courbure constante non nulle.

1. $$ds^2 = [p(x+y) - p(x-y)]\, dx\, dy.$$

Expression générale des coefficients de transformation $[\Phi(x), \Phi(y)]$,

où l'on a

$$\Phi(x) = L_0\, p(x) + L_1\, p(x+\omega_1) + L_2\, p(x+\omega_2) + L_3\, p(x+\omega_3) + L_4.$$

2. $$ds^2 = \left[\frac{1}{\sin^2(x+y)} - \frac{1}{\sin^2(x-y)}\right] dx\, dy.$$

Coefficients de transformation $[\Phi(x), \Phi(y)]$.

$$\Phi(x) = \frac{L_0}{\sin^2 x} + \frac{L_1}{\cos^2 x} + L_2 \cos 4x + L_3 \cos 2x + L_4.$$

3. $$ds^2 = \frac{1}{\sin^2(x-y)}\, dx\, dy.$$

Coefficients de transformation $[\Phi(x), \Phi(y)]$.

$$\Phi(x) = L_0 \sin 4x + L_1 \sin 2x + L_2 \cos 4x + L_3 \cos 2x + L_4.$$

4. $$ds^2 = \left[\frac{1}{(x+y)^2} - \frac{1}{(x-y)^2}\right] dx\, dy.$$

Coefficients de transformation $[\Phi(x), \Phi(y)]$.

$$\Phi(x) = \frac{L_0}{x^2} + L_1 x^2 + L_2 x^4 + L_3 x^6 + L_4.$$

5. $$ds^2 = \frac{dx\, dy}{(x-y)^2}.$$

Coefficients de transformation $[\Phi(x), \Phi(y)]$.

$$\Phi(x) = L_0 x^4 + L_1 x^3 + L_2 x^2 + L_3 x + L_4.$$

Dans ces formules les L sont des constantes arbitraires; $p(x)$ est la fonction de M. Weierstrass.

TABLEAU III.

Formes de Liouville à courbure nulle.

1. $$ds^2 = \left(e^{\overline{x+y}} + e^{-\overline{x+y}} + e^{\overline{x-y}} + e^{-\overline{x-y}}\right) dx\, dy.$$

Coefficients de transformation $\lambda + \dfrac{\mu(e^x - e^{-x}) + \nu}{(e^x - e^{-x})^2}$, $\lambda + \dfrac{\mu'(e^y - e^{-y}) + \nu'}{(e^y + e^{-y})^2}$.

2. $$ds^2 = (e^{x+y} + e^{x-y})\, dx\, dy.$$

Coefficients de transformation $\lambda + \dfrac{\mu(e^x - e^{-x}) + \nu}{(e^x + e^{-x})^2}$, $\lambda + \dfrac{\mu' e^y + \nu'}{e^{2y}}$.

3. $$ds^2 = e^{x+y}\, dx\, dy.$$

Coefficients de transformation $\lambda + \dfrac{\mu e^x + \nu}{e^{2x}}$, $\lambda + \dfrac{\mu' e^y + \nu'}{e^{2y}}$.

4. $$ds^2 = \left(\overline{x+y}^2 - \overline{x-y}^2\right) dx\, dy.$$

Coefficients de transformation $\lambda x^2 + \dfrac{\mu}{x^2} + \nu$, $\lambda y^2 + \dfrac{\mu'}{y^2} + \nu'$.

5. $$ds^2 = (\overline{x+y} - \overline{x-y})\, dx\, dy.$$

Coefficients de transformation $\lambda x^2 + \mu x + \nu$, $\lambda y^2 + \dfrac{\mu'}{y^2} + \nu'$.

6. $$ds^2 = dx\, dy.$$

Coefficients de transformation $\lambda x^2 + \mu x + \nu$, $\lambda y^2 + \mu' y + \nu'$.

Dans toutes ces formules, λ, μ, ν, μ', ν' représentent cinq constantes entièrement arbitraires.

Le premier type de ce Tableau, qui est le type essentiel des ds^2 de courbure nulle peut s'écrire encore

$$ds^2 = \left(\cos \overline{x'+y'} - \cos \overline{x'-y'}\right) dx'\, dy',$$

avec les coefficients de transformation

$$\lambda + \frac{\mu \cos x' + \nu}{\sin^2 x'}, \quad \lambda + \frac{\mu' \cos y' + \nu'}{\sin^2 y'}.$$

TABLEAU IV.

Types essentiels des ds^2 de révolution.

1. $$\left\{\begin{aligned} ds^2 = {} & A[\wp(x+y) - \wp(x-y)]\,dx\,dy \\ & + B[\wp(x+y+\omega_1) - \wp(x-y+\omega_1)]\,dx\,dy. \end{aligned}\right.$$

Coefficients de transformation

$$[\wp(x) + \wp(x+\omega_1),\ \wp(y) + \wp(y+\omega_1)],$$

$$[\wp(x+\omega_2) + \wp(x+\omega_3),\ \wp(y+\omega_2) + \wp(y+\omega_3)].$$

2. $$\left\{\begin{aligned} ds^2 = {} & A(\cos 4\overline{x+y} - \cos 4\overline{x-y})\,dx\,dy \\ & + B(\cos 2\overline{x+y} - \cos 2\overline{x-y})\,dx\,dy. \end{aligned}\right.$$

Coefficients de transformation $\left(0, \dfrac{1}{\sin^2 2y}\right)$, $\left(\dfrac{1}{\sin^2 2x}, 0\right)$.

3. $$\left\{\begin{aligned} ds^2 = {} & A\left[\frac{1}{\sin^2\overline{x+y}} - \frac{1}{\sin^2\overline{x-y}}\right]dx\,dy \\ & + B(\cos 2\overline{x+y} - \cos 2\overline{x-y})\,dx\,dy. \end{aligned}\right.$$

Coefficients de transformation $\left(\dfrac{1}{\sin^2 x}, \dfrac{1}{\sin^2 y}\right)$, $\left(\dfrac{1}{\cos^2 x}, \dfrac{1}{\cos^2 y}\right)$.

4. $$ds^2 = A\left(\overline{x+y}^4 - \overline{x-y}^4\right)dx\,dy + B\left(\overline{x+y}^2 - \overline{x-y}^2\right)dx\,dy.$$

Coefficients de transformation $\left(\dfrac{1}{x^2}, 0\right)$, $\left(0, \dfrac{1}{y^2}\right)$.

Dans ces formules, A, B sont deux constantes qui changent d'un ds^2 à l'autre.

TABLEAU V.

Types singuliers des ds^2 de révolution (¹).

Types équivalents au type essentiel IV_1.

1. $$\frac{a\cos\frac{x-y}{2}+b}{\sin^2\frac{x-y}{2}}\,dx\,dy.$$

Coefficients de transformation $(\cos x, \cos y)$, $(\sin x, \sin y)$.

2. $$\left(\frac{a}{\sin^2\frac{x+y}{2}}+\frac{b}{\sin^2\frac{x-y}{2}}\right)dx\,dy.$$

Coefficients de transformation $(\cos x, \cos y)$, $(\cos 2x, \cos 2y)$.

3. $$\left[a\left(\frac{1}{\cos^2\frac{x+y}{2}}-\frac{1}{\cos^2\frac{x-y}{2}}\right)+b\left(\frac{1}{\sin^2\frac{x+y}{2}}-\frac{1}{\sin^2\frac{x-y}{2}}\right)\right]dx\,dy.$$

Coefficients de transformation $(\cos 2x, \cos 2y)$, $\left(\frac{1}{\sin^2 x}, \frac{1}{\sin^2 y}\right)$.

4. $$\left[\frac{a}{(x+y)^2}+\frac{b}{(x-y)^2}\right]dx\,dy.$$

Coefficients de transformation (x^4, y^4), (x^2, y^2)

Types équivalents au type essentiel IV_2.

5. $$\left[ae^{-(x+y)}+be^{-2(x+y)}\right]dx\,dy.$$

Coefficients de transformation $(e^{2x}, 0)$, $(0, e^{2y})$.

6. $$\left[a+b\left(\overline{x+y}^{\,2}-\overline{x-y}^{\,2}\right)\right]dx\,dy.$$

Coefficients de transformation (x^2, y^2), $(0, 1)$.

7. $$\left[a\left(e^{2(x+y)}-e^{-2(x-y)}\right)+b\left(e^{4(x+y)}-e^{-4(x-y)}\right)\right]dx\,dy.$$

Coefficients de transformation $\left[\frac{1}{(e^{2x}-e^{-2x})^2}, 0\right]$ $(0, e^{-4y})$.

(¹) La concordance entre les types du Tableau V et leurs types essentiels du Tableau IV s'établit par certaines relations qui permettent d'exprimer les constantes a, b en fonction des constantes A, B.

Types équivalents au type essentiel IV_3.

8. $$\left[\frac{a}{(x-y)^2}+b\right]dx\,dy.$$

Coefficients de transformation (x, y), (x^2, y^2).

9. $$\left\{a[(x+y)^2-(x-y)^2]+b\left[\frac{1}{(x+y)^2}-\frac{1}{(x-y)^2}\right]\right\}dx\,dy.$$

Coefficients de transformation (x^2, y^2), $\left(\frac{1}{x^2}, \frac{1}{y^2}\right)$.

10. $$\left[\frac{a}{(e^{x-y}-e^{y-x})^2}+be^{2(x+y)}\right]dx\,dy.$$

Coefficients de (e^{-2x}, e^{-2y}), (e^{-4x}, e^{-4y}).

Type équivalent au type essentiel IV_4.

11. $$(x+y)\,dx\,dy.$$

Coefficients de transformation (x, y), $(0, 1)$.

6. Notre attention doit actuellement se porter sur les ds^2 qui admettent exactement deux intégrales quadratiques.

La symétrie de l'équation (11) manifeste d'abord ce fait intéressant (¹) que si X, Y est un couple de coefficients de transformation pour le ds^2

(18) $$ds^2=(X_1-Y_1)\,dx\,dy,$$

d'autre part X_1, Y_1 est un couple de coefficients de transformation pour le ds^2

(19) $$ds_1^2=(X-Y)\,dx_1\,dy_1.$$

Nous disons de ces deux ds^2 qu'ils sont *réciproques* l'un de l'autre. Deux surfaces admettant deux ds^2 réciproques seront dites aussi *réciproques*. Deux surfaces réciproques se correspondent point par point de sorte que les géodésiques de chacune ont pour images sur l'autre des familles de coniques géodésiques (*voir* le n° 587, t. III, p. 16).

En appliquant cette remarque aux ds^2 des Tableaux III et II nous avons formé les Tableaux VI et VII.

(¹) *Comptes rendus de l'Académie des Sciences*, t. CIX.

TABLEAU VI.

Réciproques des ds^2 du plan.

1. $$ds^2 = \left(\frac{\mu \cos\frac{x+y}{2} + \nu}{\sin^2\frac{x+y}{2}} - \frac{\mu' \cos\frac{x-y}{2} + \nu'}{\sin^2\frac{x-y}{2}}\right) dx\,dy.$$

Coefficients de transformation ($\cos x$, $\cos y$).

2. $$ds^2 = \left[\frac{\mu(e^{x-y} + e^{y-x}) + \nu}{(e^{x-y} - e^{y-x})^2} + \frac{\mu' e^{x+y} + \nu'}{e^{2(x+y)}}\right] dx\,dy.$$

Coefficients de transformation (e^{2x}, e^{2y}).

3. $$ds^2 = \left(\frac{\mu e^{x+y} + \nu}{e^{2(x+y)}} + \frac{\mu' e^{x-y} + \nu'}{e^{2(x-y)}}\right) dx\,dy.$$

Coefficients de transformation (e^{2x}, 0).

4. $$ds^2 = \left[\lambda xy + \frac{\mu}{(x+y)^2} + \frac{\nu}{(x-y)^2} + \rho\right] dx\,dy.$$

Coefficients de transformation (x^2, y^2).

5. $$ds^2 = \left[\lambda xy + \frac{\mu}{(x-y)^2} + \nu(x+y) + \rho\right] dx\,dy.$$

Coefficients de transformation (x, y).

6. $$ds^2 = (\lambda xy + \mu x + \nu y + \rho)\, dx\,dy.$$

Ce dernier ds^2 est de révolution type V_4 si λ n'est pas nul, type V_{11} si λ est nul; c'est un ds^2 à courbure nulle si, λ étant nul, μ ou ν le sont aussi.

TABLEAU VII.

Réciproques des ds^2 de courbure constante non nulle.

1. $$\left\{\begin{aligned} ds^2 = {} & A_0[\wp(x+y) - \wp(x-y)]\,dx\,dy \\ & + A_1[\wp(x+y+\omega_1) - \wp(x-y+\omega_1)]\,dx\,dy \\ & + A_2[\wp(x+y+\omega_2) - \wp(x-y+\omega_2)]\,dx\,dy \\ & + A_3[\wp(x+y+\omega_3) - \wp(x-y+\omega_3)]\,dx\,dy. \end{aligned}\right.$$

Coefficients de transformation $[\wp(2x), \wp(2y)]$.

2. $$\left\{\begin{aligned} ds^2 = {} & A_0\left[\frac{1}{\sin^2(x+y)} - \frac{1}{\sin^2(x-y)}\right]dx\,dy \\ & A_1\left[\frac{1}{\cos^2(x+y)} - \frac{1}{\cos^2(x-y)}\right]dx\,dy \\ & + A_2[\cos 2(x+y) - \cos 2(x-y)]\,dx\,dy \\ & + A_3[\cos 4(x+y) - \cos 4(x-y)]\,dx\,dy. \end{aligned}\right.$$

Coefficients de transformation $\left(\dfrac{1}{\sin^2 2x}, \dfrac{1}{\sin^2 2y}\right)$.

3. $$\left\{\begin{aligned} ds^2 = {} & A_0[\sin 4(x+y) - \sin 4(x-y)]\,dx\,dy \\ & + A_1[\cos 4(x+y) - \cos 4(x-y)]\,dx\,dy \\ & + A_2[\sin 2(x+y) - \sin 2(x-y)]\,dx\,dy \\ & + A_3[\cos 2(x+y) - \cos 2(x-y)]\,dx\,dy. \end{aligned}\right.$$

Coefficients de transformation $\left(0, \dfrac{1}{\sin^2 2y}\right)$.

4. $$\left\{\begin{aligned} ds^2 = {} & A_0\left[\frac{1}{(x+y)^2} - \frac{1}{(x-y)^2}\right]dx\,dy \\ & + A_1[(x+y)^2 - (x-y)^2]\,dx\,dy \\ & + A_2[(x+y)^4 - (x-y)^4]\,dx\,dy \\ & + A_3[(x+y)^6 - (x-y)^6]\,dx\,dy. \end{aligned}\right.$$

Coefficients de transformation $\left(\dfrac{1}{x^2}, \dfrac{1}{y^2}\right)$.

5. $$\left\{\begin{aligned} ds^2 = {} & A_0[(x+y)^4 - (x-y)^4]\,dx\,dy \\ & + A_1[(x+y)^3 - (x-y)^3]\,dx\,dy \\ & + A_2[(x+y)^2 - (x-y)^2]\,dx\,dy \\ & + A_3[(x+y) - (x-y)]\,dx\,dy. \end{aligned}\right.$$

Coefficients de transformation $\left(0, \dfrac{1}{y^2}\right)$.

7. Si l'on essayait d'appliquer la même remarque aux Tableaux des ds^2 de révolution, on ne trouverait rien de nouveau; ces ds^2 se reproduisent, en effet, les uns les autres par réciprocité, sauf ceux du Tableau I qui sont réciproques à des éléments du plan. Les Tableaux VI et VII nous présentent seuls des solutions nouvelles.

Tous les éléments du Tableau VII sont des formes essentielles, qui admettent *comme formes singulières* les éléments du Tableau VI. Sauf toutefois le dernier élément de ce dernier Tableau qui est de révolution. Ainsi :

VI_1 admet	comme forme essentielle	VII_1,
VI_2 et VI_4 admettent	»	VII_2,
VI_3 admet	»	VII_3,
VI_5 admet	»	VII_4.

Il est à remarquer que le dernier type VII_5 du Tableau VII n'admet aucune forme singulière.

Ces divers résultats s'obtiennent sans difficulté; il suffit d'effectuer pour chaque ds^2 la transformation (7) en prenant pour X, Y les expressions les plus générales possibles.

Par exemple, le ds^2 VII_5 admet les coefficients de transformation $\left(0, \frac{1}{y^2}\right)$; ses variables essentielles sont données par les quadratures

$$(20) \qquad x' = \int \frac{dx}{\sqrt{m}}, \qquad y' = \int \frac{dy}{\sqrt{m + \frac{n}{y^2}}};$$

changer x', y' en $\frac{x'}{\sqrt{m}}$, $\frac{y'}{\sqrt{m}}$ est sans importance; nous pourrons donc toujours supposer que m, qui ne saurait être nul, est égal à 1. Les formules (20) deviennent

$$(21) \qquad x' = x, \qquad y' = \sqrt{y^2 + n},$$

en négligeant des constantes additives sans importance. Si l'on introduit ces nouvelles variables dans le ds^2 VII_5, on trouve que ses quatre coefficients (A_0, A_1, A_2, A_3) doivent être remplacés par les suivants $(A_0, A_1, A_2 - nA_0, A_3 - nA_1)$, en même temps que x, y par x', y'. Le type n'est donc pas changé et l'on reconnaît ainsi que VII_5 est un type essentiel, sans type singulier.

8. Le calcul analogue pour le passage de VI_1 à VII_1 est plus compliqué; il offre un exemple intéressant de calcul de fonctions elliptiques.

Considérons le type VII_1, on constate que son type singulier VI_1 peut recevoir la forme

$$(22)\quad \left(-\frac{A_0}{\sin^2\frac{x-y}{2}}+\frac{A_1}{\sin^2\frac{x+y}{2}}+\frac{A_2}{\cos^2\frac{x+y}{2}}-\frac{A_3}{\cos^2\frac{x-y}{2}}\right)\frac{dx\,dy}{4}$$

et que, par un choix convenable des variables, on peut aussi l'écrire

$$(23)\quad \left[-\frac{A_0}{(u-v)^2}+\frac{A_1}{(u+v)^2}+\frac{A_2}{(1-uv)^2}-\frac{A_3}{(1+uv)^2}\right]du\,dv.$$

Ce ds^2 n'est autre que celui qui a été considéré à la page 215 du Tome II. Il présente une propriété remarquable qui consiste en ce que, *si l'on échange entre eux les coefficients* A_0, A_1, A_2, A_3 *d'une façon quelconque, le* ds^2 *reste équivalent à lui-même :* les transformations correspondantes effectuées sur les variables u, v forment un groupe de substitutions linéaires, savoir

$$\left(u'=u\sqrt{-1},\qquad v'=-v\sqrt{-1}\right),$$
$$\left(u'=u\sqrt{-1},\qquad v'=v\sqrt{-1}\right),$$
$$\left(u'=\frac{u+1}{u-1},\qquad v'=\frac{v+1}{v-1}\right).$$

Si, dans le type VII_1, on change les invariants g_2, g_3 des fonctions elliptiques, ce type reste équivalent à lui-même. Les divers types VII_1 ne diffèrent les uns des autres que par les valeurs des constantes A_0, A_1, A_2, A_3, *entre lesquelles il n'existe aucune relation d'ordre* et qui interviennent symétriquement. Nous leur donnons le nom d'*invariants* du ds^2.

9. Si l'on cherche la condition pour qu'un ds^2 de la forme VII_1 admette pour ses géodésiques une transformation infinitésimale qui ne conserve ni les lignes de longueur nulles ni un réseau orthogonal de coniques géodésiques, on trouve qu'il faut et il suffit que l'un des invariants soit nul, par exemple $A_0=0$, et que les trois autres vérifient une équation de la forme

$$\pm\sqrt{A_1}\pm\sqrt{A_2}\pm\sqrt{A_3}=0$$

Tout ds^2 réductible à l'une des formes du Tableau VII se trouve être représentable géodésiquement (n° 597 et suivants) sur un ds^2 du type VII_1. On voit que l'on connaît ainsi tous les types du Tableau VII qui admettent des transformations infinitésimales de leurs géodésiques.

Cette remarque conduit à la solution complète du problème partiellement résolu par M. Lie des géodésiques à transformations infinitésimales.

10. Nous allons actuellement montrer que les Tableaux formés ci-dessus fournissent la solution complète du problème que nous nous sommes proposé.

Il s'agit, au fond, de l'intégration complète de l'équation $\Omega = 0$. Pour les équations de cette nature, Abel propose d'éliminer toutes les fonctions inconnues, sauf deux, entre l'équation proposée et celles que l'on en déduit par différentiation. Les deux fonctions conservées devront dépendre d'arguments différents z et t. En laissant constant l'un des arguments, t par exemple, il reste une ou plusieurs équations différentielles que doit vérifier la fonction unique de z qui a été conservée. C'est ainsi, par exemple, que l'équation (17) a lieu seulement entre X_1 et Y_1; en laissant x_1 constant, nous obtiendrons une équation différentielle pour Y_1. Mais cette équation est très compliquée. La forme simple de l'équation $\Omega = 0$ se prête par contre à une *étude directe* des fonctions X, Y, X_1, Y_1 et à leur détermination complète.

Nous démontrerons en premier lieu que *ces quatre fonctions sont uniformes dans tout le plan et ne peuvent avoir à distance finie d'autre singularité que des pôles doubles à résidu nul.*

Les démonstrations, dans le genre de celle que nous allons exposer, exigent des précautions particulières, dont l'oubli enlèverait toute valeur au raisonnement; aussi allons-nous préciser, pour commencer, ce que nous entendons par un système de solutions de l'équation $\Omega = 0$.

Les fonctions X, Y, X_1, Y_1 seront avant tout des *fonctions analytiques* de leurs arguments, au sens que M. Méray, en France, et M. Weierstrass, en Allemagne, ont précisé; c'est-à-dire que, pour chacune de ces fonctions, il existera une région du plan affectée, s'il y a lieu, de coupures ou de singularités isolées, mais autour de chaque point z_0 de laquelle, sauf aux points singuliers, la fonction soit représentable par une série entière en $z - z_0$, convergente dans un cercle de rayon non infiniment petit. Tel est le cas des intégrales des équations différentielles, et tel est par conséquent le nôtre, puisque la méthode d'Abel permet de former pour chacune des fonctions une équation différentielle qu'elle doit vérifier.

Appelons $\mathcal{R}_X$, $\mathcal{R}_Y$, $\mathcal{R}_{X_1}$, $\mathcal{R}_{Y_1}$ les régions du plan où sont définies les fonctions X, Y, X_1, Y_1 respectivement. L'équation $\Omega = 0$ suppose entre les arguments x, y, x_1, y_1 les relations

$$(24) \qquad x_1 = \frac{x+y}{\sqrt{2}}, \qquad y_1 = \frac{x-y}{\sqrt{2}};$$

il faut donc admettre qu'il existe dans $\mathfrak{R}_X$ une région $\mathcal{S}_X$ et dans $\mathfrak{R}_Y$ une région $\mathcal{S}_Y$, telles que si x est dans $\mathcal{S}_X$ et y dans $\mathcal{S}_Y$ les points x_1, y_1 qui leur correspondent par les formules (24) sont dans les régions $\mathfrak{R}_{X_1}$, $\mathfrak{R}_{Y_1}$ et telles, en outre, que Ω y est nul identiquement.

Prenons alors un point x^0 dans $\mathcal{S}_X$, un point y^0 dans $\mathcal{S}_Y$ de manière à éviter pour x^0, y^0 et pour $x_1^0 = \frac{x^0 + y^0}{\sqrt{2}}$, $y_1^0 = \frac{x^0 - y^0}{\sqrt{2}}$ les positions singulières. On pourra tracer autour de x^0 comme centre un cercle à l'intérieur duquel X est représentable par une série entière en $x - x^0$; on pourra même augmenter le rayon du cercle de façon à y laisser pénétrer des pôles de X s'il s'en présente, mais en s'arrêtant assez à temps pour exclure du cercle toute autre espèce de singularité. La même chose peut être dite pour Y, X_1, Y_1.

Les points x^0, y^0, x_1^0, y_1^0 sont ainsi les centres de cercles C, C′, C_1, C'_1 de rayons ρ, ρ', ρ_1, ρ'_1, à l'intérieur desquels les fonctions X, Y, X_1, Y_1 sont respectivement des fonctions uniformes, dénuées de singularités autres que des pôles.

Il faut bien observer que nous ne savons pas *a priori* si les cercles C, C′ sont entièrement compris à l'intérieur des régions $\mathcal{S}_X$, $\mathcal{S}_Y$; mais on peut au moins affirmer l'existence de cercles D, D′ concentriques aux cercles C, C′, intérieurs respectivement à ces cercles et aux régions $\mathcal{S}_X$, $\mathcal{S}_Y$.

Je dirai que le système des valeurs x, y, x_1, y_1 appartient au champ $\mathfrak{C}(\rho, \rho', \rho_1, \rho'_1)$ si ces valeurs vérifient les conditions suivantes :

1° Les relations

$$x_1 = \frac{x + y}{\sqrt{2}}, \qquad y_1 = \frac{x - y}{\sqrt{2}};$$

2° Les inégalités

$$|x - x^0| < \rho, \qquad |y - y^0| < \rho',$$
$$|x_1 - x_1^0| < \rho_1 \qquad |y_1 - y_1^0| < \rho'_1,$$

en sorte que les points représentatifs des variables x, y, x_1, y_1 sont respectivement intérieurs aux cercles C, C′, C_1, C'_1.

Présentons quelques remarques relatives au champ $\mathfrak{C}(\rho, \rho', \rho_1, \rho'_1)$.

Soit x', y', x'_1, y'_1 un système de valeurs appartenant au champ et que nous représentons par quatre points dans les plans représentatifs.

Sur le segment rectiligne $x^0 x'$ je prends un point $\bar{x}$ tel que le rapport des longueurs $\frac{x^0\bar{x}}{x^0x'} = \lambda$; λ est compris entre o et 1. De même je prends sur $y^0 y'$ un point $\overline{y}$ tel que $\frac{y^0 \overline{y}}{y^0 y'} = \lambda$, et je pose alors

$$\overline{x_1} = \frac{\overline{x} + \overline{y}}{\sqrt{2}}, \qquad \overline{y_1} = \frac{\overline{x} - \overline{y}}{\sqrt{2}}.$$

Il est clair que le système des valeurs $(\overline{x}, \overline{y}, \overline{x_1}, \overline{y_1})$ est intérieur au champ $\mathfrak{C}(\rho, \rho', \rho_1, \rho'_1)$.

Seconde remarque : Comme l'on exclut le cas où le système des valeurs x', y', x_1, y_1 seraient sur la limite du champ, les quatre différences

$$|x' - x^0| - \rho, \quad |y' - y^0| - \rho',$$
$$|\overline{x' - x^0} + \overline{y' - y^0}| - \sqrt{2}\rho_1, \quad |\overline{x' - x_0} - \overline{y' - y_0}| - \sqrt{2}\rho'_1$$

sont toutes négatives et *aucune n'est nulle.*

Appelons 2ε une quantité positive inférieure à la plus petite des valeurs absolues de ces différences ; les expressions

$$(25) \qquad |x' - x^0| + \varepsilon - \rho < 0, \qquad |y' - y^0| + \varepsilon - \rho' < 0,$$

$$(25') \qquad \begin{cases} |\overline{x' - x^0} + \overline{y' - y_0}| + 2\varepsilon - \sqrt{2}\rho_1 < 0, \\ |\overline{x' - x^0} - \overline{y' - y^0}| + 2\varepsilon - \sqrt{2}\rho'_1 < 0 \end{cases}$$

sont encore toutes négatives.

Cela posé, décrivons autour des centres $\overline{x}$, $\overline{y}$ déjà construits deux cercles $D_{\overline{x}}$, $D_{\overline{y}}$ de rayon ε ; prenons dans $D_{\overline{x}}$ un point x et dans $D_{\overline{y}}$ un point y, posons ensuite

$$x_1 = \frac{x + y}{\sqrt{2}}, \qquad y_1 = \frac{x - y}{\sqrt{2}};$$

je dis que le système de valeurs (x, y, x_1, y_1) appartient au champ $\mathfrak{C}(\rho, \rho', \rho_1, \rho'_1)$.

On a, en effet,

$$|x - x^0| = |x - \overline{x} + \overline{x} - x^0| < |x - \overline{x}| + |\overline{x} - x^0|,$$

mais, par hypothèse, on a

$$|x - \overline{x}| < \varepsilon, \qquad |\overline{x} - x^0| \leqq |x' - x^0|,$$

donc

$$|x - x^0| < |x' - x^0| + \varepsilon,$$

or le second membre est inférieur à ρ d'après les inégalités (25). On prouve de même que $|y - y^0| < \rho'$ et que $|x_1 - x_1^0| < \rho_1$, $|y_1 - y_1^0| < \rho'_1$.

Nous allons déduire de ces diverses remarques la proposition suivante :

La fonction Ω supposée nulle quand x est intérieur à δ_x et y à δ_y se trouve nulle dans tout le champ $\mathfrak{S}(\rho, \rho', \rho_1, \rho'_1)$.

En effet, soit x', y', $x'_1 = \frac{x'+y'}{\sqrt{2}}$, $y'_1 = \frac{x'-y'}{\sqrt{2}}$ un système de valeurs pris dans le champ et ε le nombre positif dont il vient d'être question.

Je divise le segment x^0x' en m segments égaux, et de même le segment y^0y'. J'appelle

$$x^0,\quad x^1,\quad x^2,\quad \ldots,\quad x^{m-1},\quad x',$$
$$y^0,\quad y^1,\quad y^2,\quad \ldots,\quad y^{m-1},\quad y'$$

les points de division et je suppose m assez grand pour que la distance de deux points consécutifs soit, pour les deux segments, moindre que ε. J'observe que, d'après la première remarque, le système de valeurs

$$x^i,\quad y^i,\quad x^i_1 = \frac{x^i+y^i}{\sqrt{2}},\quad y^i_1 = \frac{x^i-y^i}{\sqrt{2}},$$

est intérieur au champ $\mathfrak{S}(\rho, \rho', \rho_1, \rho'_1)$. De plus, d'après la seconde remarque, si l'on décrit les cercles D_{x^i}, D_{y^i} de centres x^i, y^i et de rayon ε, un point x pris dans D_{x^i} et un point y pris dans D_{y^i} définissent un système de valeurs x, y, x_1, y_1 intérieur au champ.

Cela posé, nous aurons d'abord un cercle D_{x^0} et un cercle D_{y^0} de centres x^0, y^0. Ces cercles sont concentriques aux cercles D, D′ déjà définis et à l'intérieur desquels la fonction Ω est nulle.

Si donc D et D′ comprennent D_{x^0}, D_{y^0}, la fonction Ω est nulle dans ces deux derniers cercles, c'est-à-dire, si x est pris quelconque dans D_{x^0} et y quelconque dans D_{y^0}. Par contre, si D_{x^0} et D_{y^0} sont l'un ou l'autre (ou bien l'un et l'autre) plus grands que leurs cercles concentriques D, D′, la fonction Ω qui se trouve nulle dans D et D′, c'est-à-dire dans des portions finies de D_{x^0} et de D_{y^0}, et qui de plus est uniforme dans ces cercles devra être nulle dans toute leur étendue. Ainsi, dans tous les cas, Ω est nulle dans les cercles D_{x^0}, D_{y^0}.

Passons aux cercles D_{x^1}, D_{y^1}. La fonction Ω est encore une fonction uniforme de x, y dans ces deux cercles ; de plus, elle est nulle dans les portions finies que ces cercles ont en commun avec les deux précédents (la distance des centres étant plus petite que la somme des rayons qui sont du reste égaux) ; donc la fonction Ω est encore nulle quand x

est pris quelconque dans $D_{x'}$ et y quelconque dans $D_{y'}$. On continuera ainsi de proche en proche jusqu'aux derniers cercles $D_{x'}$, $D_{y'}$.

La fonction Ω sera nulle dans ces deux cercles et, en particulier, au point (x', y'), ce qui démontre le théorème.

Il est maintenant facile de déduire de ce théorème la proposition fondamentale que nous avons en vue.

Désignons par σ_1 la plus petite des quantités ρ_1, ρ'_1 et appelons E un cercle, concentrique au cercle C, de rayon $\frac{7}{5}\sigma_1$; appelons aussi E' le cercle concentrique au cercle C' et de rayon $\left(\sqrt{2}-\frac{7}{5}\right)\sigma_1$.

On constate aisément qu'il suffit que x soit dans le cercle E et y dans le cercle E' pour que les points $x_1 = \frac{x+y}{\sqrt{2}}$, $y_1 = \frac{x-y}{\sqrt{2}}$ soient intérieurs respectivement aux cercles C_1 et C'_1. On a, en effet, par hypothèse,

$$|x-x^0| < \frac{7}{5}\sigma_1, \qquad |y-y_0| < \left(\sqrt{2}-\frac{7}{5}\right)\sigma_1,$$

donc *a fortiori*

$$|x-x^0+y-y^0| < |x-x_0| + |y-y^0| < \sqrt{2}\,\sigma_1$$

ou

$$|x_1-x_1^0| = \left|\frac{x-x_0}{\sqrt{2}} + \frac{y-y_0}{\sqrt{2}}\right| < \sigma_1 \leqq \rho_1;$$

on prouve de même que $|y_1 - y_1^0| < \rho'_1$.

Prenons alors y', y'', y''', trois positions de y, dans le plus petit des cercles concentriques C', E' et x dans le plus petit des cercles concentriques C, E. Les trois systèmes de valeurs

$$x, \quad y', \quad \frac{x+y'}{\sqrt{2}}, \quad \frac{x-y'}{\sqrt{2}},$$
$$x, \quad y'', \quad \frac{x+y''}{\sqrt{2}}, \quad \frac{x-y''}{\sqrt{2}},$$
$$x, \quad y''', \quad \frac{x+y'''}{\sqrt{2}}, \quad \frac{x-y'''}{\sqrt{2}}$$

sont intérieurs au champ $\mathfrak{S}(\rho, \rho', \rho_1, \rho'_1)$, car il suffit que x, y soient intérieurs à E, E' respectivement pour que x_1, y_1 soient intérieurs à C_1, C'_1.

Désignons par $f(x, y)$ la fonction Ω; nous sommes en droit de poser les équations

$$f(x, y') = 0, \qquad f(x, y'') = 0, \qquad f(x, y''') = 0.$$

Ce sont là trois équations linéaires X, X', X'', qui pourront être résolues par rapport à ces quantités, si un certain déterminant Ξ n'est pas nul. Réservons ce cas; nous aurons, en particulier,

$$X = \mathfrak{R}(x),$$

où $\mathfrak{R}$ est composé rationnellement avec les fonctions $X_1\left(\frac{x+y'}{\sqrt{2}}\right)$, $X_1\left(\frac{x+y''}{\sqrt{2}}\right)$, $X_1\left(\frac{x+y'''}{\sqrt{2}}\right)$, $Y_1\left(\frac{x-y'}{\sqrt{2}}\right)$, $Y_1\left(\frac{x-y''}{\sqrt{2}}\right)$, $Y_1\left(\frac{x-y'''}{\sqrt{2}}\right)$, $Y(y')$, $Y(y'')$, $Y(y''')$ et leurs dérivées. Si donc on laisse y', y'', y''' constants, $\mathfrak{R}(x)$ est une fonction uniforme de x en même temps que les six premières de ces fonctions, c'est-à-dire, eu égard au choix de y', y'', y''', tant que x reste intérieur au cercle E. La fonction $\mathfrak{R}(x)$ est donc uniforme et dénuée de points singuliers autres que des pôles dans tout le cercle E.

Il y a deux cas à distinguer :

1° Le cercle E est intérieur ou égal au cercle C; nous sommes alors en droit d'écrire

$$\rho \geqq \frac{7}{5}\sigma_1;$$

2° Le cercle E est extérieur au cercle C; la fonction X est uniforme dans le cercle C et égale dans tout ce cercle à une fonction $\mathfrak{R}(x)$ que nous savons être uniforme non seulement dans le cercle C, mais encore dans le cercle plus grand E. La fonction $\mathfrak{R}(x)$ permet donc de prolonger la fonction X dans tout le cercle E. Reste à savoir si cette fonction ainsi prolongée vérifie bien encore l'équation $\Omega = 0$.

Nous voyons bien que le rayon d'uniformité ρ de X peut être remplacé par le rayon plus grand $\frac{7}{5}\sigma_1$, mais nous ne savons pas si Ω est nulle dans le champ $\mathfrak{S}\left(\frac{7}{5}\sigma_1, \rho', \rho_1, \rho'_1\right)$. Or, c'est à quoi répond le théorème qui a été établi plus haut. En vertu de ce théorème, la fonction Ω, qui est déjà nulle autour de x^0, y^0, doit l'être encore dans tout le champ d'uniformité des fonctions X, Y, X_1, Y_1.

En résumé, nous voyons que, si ρ est plus petit que $\frac{7}{5}\sigma_1$, la fonction X, qui vérifie l'équation $\Omega = 0$, est susceptible d'un prolongement analytique dans l'intérieur d'un cercle de rayon $\frac{7}{5}\sigma$, sans cesser de vérifier l'équation; nous pouvons donc écrire dans tous les cas,

ρ étant le rayon d'uniformité de X,

$$\rho \geqq \frac{7}{5}\sigma_1.$$

On prouvera de même qu'on peut prolonger au besoin la fonction Y de manière à avoir

$$\rho' \geqq \frac{7}{5}\sigma_1,$$

et cela sous le bénéfice de l'hypothèse qu'un déterminant analogue à Ξ, et que j'appelle H, ne soit pas nul.

Maintenant, la symétrie de l'équation $\Omega = 0$ nous prouve que l'on peut permuter dans les raisonnements les couples de variables x, y et x_1, y_1 ainsi que les couples de fonctions X, Y et X_1, Y_1. Puisque, dans l'état actuel, on a

$$\rho \geqq \frac{7}{5}\sigma_1, \quad \rho' \geqq \frac{7}{5}\sigma_1,$$

en désignant par σ la plus petite des quantités ρ, ρ', on prouvera que l'on peut prolonger X_1, Y_1 de manière que les nouveaux rayons de convergence $\overline{\rho_1}$, $\overline{\rho'_1}$ de X_1, Y_1 soient au moins égaux à $\frac{7}{5}\sigma$, c'est-à-dire au moins égaux à $\left(\frac{7}{5}\right)^2\sigma_1$, car σ est au moins égal à $\frac{7}{5}\sigma_1$. Si l'on désigne par $\overline{\sigma_1}$ la plus petite des quantités ρ_1, ρ'_1, on aura donc

$$\overline{\sigma_1} \geqq \left(\frac{7}{5}\right)^2\sigma_1.$$

Si l'on répète indéfiniment ce raisonnement en prolongeant tour à tour le couple X, Y et le couple X_1, Y_1, on voit que les nombres σ, σ_1 croissent indéfiniment, c'est-à-dire que les fonctions X, Y, X_1, Y_1, ont autour de x^0, y^0, x_1^0, y_1^0 des rayons d'uniformité infinis. Les formules qui servent à prolonger les fonctions nous apprennent de plus que nos quatre fonctions n'ont, à distance finie, d'autre singularité que des pôles (¹).

Il y a un cas où la démonstration précédente tombe en défaut, c'est celui où l'un des déterminants Ξ, H ou bien l'un des deux déterminants analogues Ξ_1, H_1 relatifs aux fonctions X_1, Y_1 serait nul. On constate que la raison de symétrie et le changement de y en $-y$ permettent de s'en tenir au cas où c'est Ξ qui est nul. Or $\Xi = 0$ est une

(¹) Ce théorème et sa démonstration sont susceptibles d'une extension que j'ai énoncée dans les *Comptes rendus*.

équation facile à discuter et le résultat de la discussion est que le théorème ne cesse pas d'être vrai.

11. Les pôles des fonctions X, Y, X_1, Y_1 possèdent des propriétés déterminées que nous allons démontrer. En premier lieu, on a ce théorème :

Tout pôle a de toute fonction X, Y, X_1, Y_1 *est double et le résidu qui lui est relatif est nul, en sorte que, dans le voisinage du pôle a la fonction possède la forme*

$$\frac{A}{(z-a)^2}+E(z-a),$$

où $E(z-a)$ représente une série entière en $z-a$. Pour démontrer ce théorème pour la fonction X on posera, m étant l'ordre du pôle

$$X(x)=\frac{A_m}{(x-a)^m}+\frac{A_{m-1}}{(x-a)^{m-1}}+\ldots+\frac{A_1}{x-a}+E(x-a),$$

où $E(x-a)$ est encore une série entière en $x-a$; en portant cette valeur dans Ω, on aura un résultat de la forme

$$\Omega=\frac{P_{m+2}}{(x-a)^{m+2}}+\frac{P_{m+1}}{(x-a)^{m+1}}+\ldots+\frac{P_2}{(x-a)^2}+\frac{P_1}{x-a}+E(x-a).$$

Comme Ω doit être nul, il faut, avant tout, que l'on ait

$$P_{m+2}=P_{m+1}=\ldots=P_2=P_1=0,$$

et notons, en passant, que *ces conditions expriment seulement que* Ω *reste fini, quel que soit* y, *pour* $x=a$.

Or on trouve tout d'abord

$$P_{m+2}=m(m+1)A_m\left[X_1\left(\frac{a+y}{\sqrt{2}}\right)-Y_1\left(\frac{a-y}{\sqrt{2}}\right)\right],$$

ce qui donne la *condition très importante*

$$X_1\left(\frac{a+y}{\sqrt{2}}\right)-Y_1\left(\frac{a-y}{\sqrt{2}}\right)=0. \tag{26}$$

On trouve ensuite

$$P_{m+1}=\frac{m(m-2)}{\sqrt{2}}A_m\left[X_1'\left(\frac{a+y}{\sqrt{2}}\right)-Y_1'\left(\frac{a-y}{\sqrt{2}}\right)\right]=0.$$

Si la quantité entre crochets est nulle, on voit, d'après le résultat de la différentiation de l'équation (26) que X_1, Y_1 sont constants. Le ds^2

est celui du plan; or sur le ds^2 du plan, le théorème se vérifie (*voir* le Tableau III). Ce cas exclu, il reste donc

$$m-2=0,$$

le pôle est double.

En outre, on trouve pour P_m, c'est-à-dire P_2, cette expression

$$P_2=-\frac{A_1}{\sqrt{2}}\left[X_1'\left(\frac{a+y}{\sqrt{2}}\right)-Y_1'\left(\frac{a-y}{\sqrt{2}}\right)\right];$$

donc $P_2=0$ nous donne $A_1=0$, en mettant de côté le cas du plan pour lequel, du reste, le théorème est vrai. Quant à P_1, il se trouve nul de lui-même.

Le théorème est donc démontré et, en outre, nous pouvons ajouter que, *si, pour un pôle double a, à résidu nul, de* $X(x)$ *a lieu la relation* (26), *la fonction* Ω *reste finie d'elle-même pour* $x=a$, *quel que soit* y.

Ajoutons que l'on prouve les mêmes propositions pour les fonctions Y, X_1, Y_1. Par exemple, si b est un pôle de Y, on doit avoir l'équation analogue à (26),

$$(27)\qquad X_1\left(\frac{x+b}{\sqrt{2}}\right)-Y_1\left(\frac{x-b}{\sqrt{2}}\right)=0.$$

L'existence de plusieurs pôles entraîne la périodicité. En partant de l'équation (26) ou de l'équation (27) on prouvera les théorèmes suivants :

Si a, a' *sont deux pôles de* X *ou deux pôles de* Y, *l'expression* $\sqrt{2}(a-a')$ *est une période des fonctions* X_1 *et* Y_1.

Si a *est un pôle de* X *et* b *un pôle de* Y, *les fonctions de* z

$$X_1\left(\frac{a+b}{\sqrt{2}}+z\right),\qquad Y_1\left(\frac{a-b}{\sqrt{2}}+z\right)$$

sont paires.

Si zéro est un pôle de Y, *les fonctions* $X_1(z)$, $Y_1(z)$ *sont identiques.*

Ce théorème est curieux, car il caractérise les formes de Liouville du type

$$[\varphi(x+y)-\varphi(x-y)]\,dx\,dy.$$

Il est clair que dans ces divers théorèmes on peut permuter les couples de fonctions X, Y et X_1, Y_1.

12. Je vais montrer l'usage que l'on peut en faire pour déterminer toutes les solutions doublement périodiques de l'équation $\Omega = 0$.

Il résulte d'abord des théorèmes ci-dessus que, *si* a, a', a'' *sont trois pôles de* X *ou trois pôles de* Y *tels que le rapport* $\frac{a'-a}{a''-a}$ *ne soit pas un nombre commensurable, les fonctions* X_1, Y_1, X, Y *sont doublement périodiques.*

En effet, les fonctions X_1, Y_1, uniformes dans tout le plan, admettent comme périodes $\sqrt{2}(a'-a)$, $\sqrt{2}(a''-a)$; ces expressions étant incommensurables entre elles, X_1, Y_1 sont des fonctions doublement périodiques.

Ces fonctions admettent nécessairement des pôles, soient a_1 un pôle de X_1 et ω, ω' un couple de périodes primitives de X_1; comme $a_1+\omega$, $a_1+\omega'$ sont encore deux pôles de X_1, il en résulte que

$$\sqrt{2}[(a_1+\omega)-a_1] = \sqrt{2}\,\omega \quad \text{et} \quad \sqrt{2}\,\omega'$$

sont des périodes par X, Y qui sont, dès lors, aussi doublement périodiques.

Il convient d'observer qu'on peut ajouter, sans inconvénient, à x, y, des constantes arbitraires sans changer l'aspect des fonctions X, Y, X_1, Y_1. Nous profiterons de cette remarque pour amener X et Y à avoir zéro comme pôle. Dans ces conditions les fonctions X_1, Y_1 sont identiques et de plus sont des fonctions paires. Posons alors

$$X_1(x_1) = F(\sqrt{2}\,x_1) = F(x+y),$$
$$Y_1(y_1) = F(\sqrt{2}\,y_1) = F(x-y).$$

On constate que, si ω est une période pour X_1, $\omega\sqrt{2}$ est une période pour $F(z)$.

L'avantage de ces notations est d'amener F, X, Y à avoir les mêmes périodes.

Soient $a, a', a'', \ldots$ les pôles de X, autres que zéro, $b, b', b'', \ldots$ les pôles de Y. Les expressions telles que $\sqrt{2}\,a$, $\sqrt{2}\,b$ sont des périodes pour X_1; donc $2a$, $2a'$, ..., $2b$, $2b'$, ... sont des périodes pour $F(z)$.

Désignons par $2\omega_1$, $2\omega_2$ un couple de périodes primitives de $F(z)$, nous devrons avoir des relations de la forme

$$\begin{aligned}
2a &= 2m\,\omega_1 + 2n\,\omega_2, & 2b &= 2p\,\omega_1 + 2q\,\omega_2,\\
2a' &= 2m'\,\omega_1 + 2n'\,\omega_2, & 2b' &= 2p'\,\omega_1 + 2q'\,\omega_2,\\
2a'' &= 2m''\,\omega_1 + 2n''\,\omega_2, & 2b'' &= 2p''\,\omega_1 + 2q''\,\omega_2,\\
&\ldots\ldots\ldots\ldots, & &\ldots\ldots\ldots\ldots,
\end{aligned}$$

où $m, n, m', n', \ldots; p, q, p', q', \ldots$ sont des nombres entiers. Les quantités $a, a', \ldots, b, b', \ldots$ sont donc de la forme générale

$$\mu\omega_1 + \nu\omega_2,$$

où μ, ν sont des entiers; or, à des multiples près des périodes, les expressions de cette forme sont égales à l'une de ces quantités

$$o, \quad \omega_1, \quad \omega_2, \quad \omega_3,$$

où $\omega_3 = -(\omega_1 + \omega_2)$.

Soit maintenant a_1 un pôle de X_1.

Comme $2\dfrac{\omega_1}{\sqrt{2}}$; $2\dfrac{\omega_2}{\sqrt{2}}$ sont deux périodes primitives de X_1, il en résulte que $\sqrt{2}\left[\left(a_1 + 2\dfrac{\omega_1}{\sqrt{2}}\right) - a_1\right] = 2\omega_1$ et $2\omega_2$ sont des périodes pour X et Y.

Ainsi X et Y admettent toutes les périodes de F.

Nous pouvons maintenant construire l'expression générale de X, Y au moyen de la fonction $p(z)$, qui admet $2\omega_1$, $2\omega_2$ pour couple de périodes primitives.

Dans le voisinage de son pôle zéro, X a la forme $\dfrac{A_0}{x^2} + E(x)$; les autres pôles de X sont congrus à l'une des quantités $\omega_1, \omega_2, \omega_3$; dans le voisinage de ω_i X aura donc la forme $\dfrac{A_i}{(x-\omega_i)^2} + E(x-\omega_i)$; on prendra $A_i = o$ si ω_i n'est pas un pôle. Formons alors l'expression

$$X - A_0\, p(x) - A_1\, p(x+\omega_1) - A_2\, p(x+\omega_2) - A_3\, p(x+\omega_3),$$

qui admet les périodes $2\omega_1$, $2\omega_2$, qui est uniforme dans tout le plan et, grâce au choix des coefficients, n'a plus de pôles à distance finie. Cette fonction ne peut être qu'une constante. On a donc

$$X = A_0\, p(x) + A_1\, p(x+\omega_1) + A_2\, p(x+\omega_2) + A_3\, p(x+\omega_3) + A_4,$$
$$Y = B_0\, p(y) + B_1\, p(y+\omega_1) + B_2\, p(y+\omega_2) + B_3\, p(y+\omega_3) + B_4.$$

Nous construisons de même la forme générale de $F(z)$. Si k est un pôle de $F(z)$, $\dfrac{k}{\sqrt{2}}$ est un pôle de X_1 et l'on a dès lors, d'après un théorème déjà démontré,

$$X\left(\frac{\frac{k}{\sqrt{2}} + y_1}{\sqrt{2}}\right) = Y\left(\frac{\frac{k}{\sqrt{2}} - y_1}{\sqrt{2}}\right),$$

ou plus simplement, t étant l'argument variable,

$$Y(t) = X(k - t). \tag{28}$$

Les pôles de X, Y sont congrus à l'une des quantités o, ω_1, ω_2, ω_3; ceux de $X(k - t)$ sont donc congrus à l'une des quantités

$$k, \quad k - \omega_1, \quad k - \omega_2, \quad k - \omega_3.$$

L'identité précédente exige donc que k lui-même soit congru à o, ω_1, ω_2 ou ω_3. Donc, tout pôle k de $F(z)$ est congru à l'une de ces quatre quantités et l'on en déduira, comme pour X, Y, cette forme générale de $F(z)$,

$$F(z) = L_0\,p(z) + L_1\,p(z + \omega_1) + L_2\,p(z + \omega_2) + L_3\,p(z + \omega_3) + L_4.$$

Ayant ainsi la forme générale de X, Y, F, la coordination des résultats n'offre plus aucune difficulté.

On remarque d'abord qu'on peut supposer toujours L_0 différent de zéro; alors X, Y sont deux fonctions identiques, paires.

Si L_1, L_2, L_3 sont nuls, on a les ds^2 de courbure constante et X, Y vérifient l'équation quelles que soient les constantes A_0, A_1, A_2, A_3, A_4. Si, outre L_0, L_1 est aussi différent de zéro, on constate que l'on doit avoir

$$X(t) = Y(t + \omega_1), \tag{29}$$

par application au couple des fonctions X, Y et au pôle ω_1 de $F(z)$ du théorème exprimé par l'équation (28). L'équation (29) s'écrit

$$\begin{aligned} &A_0\,p(t) + A_1\,p(t + \omega_1) + A_2\,p(t + \omega_2) + A_3\,p(t + \omega_3) \\ &\quad = A_0\,p(t + \omega_1) + A_1\,p(t + 2\omega_1) + A_2\,p(t + \omega_1 + \omega_2) + A_3\,p(t + \omega_1 + \omega_3) \end{aligned}$$

ou encore, eu égard à la relation $\omega_1 + \omega_2 + \omega_3 = 0$,

$$= A_0\,p(t + \omega_1) + A_1\,p(t) + A_2\,p(t + \omega_3) + A_3\,p(t + \omega_2),$$

ce qui exige seulement $A_0 = 1$, $A_2 = A_3$. On retrouve le type essentiel de révolution.

Enfin, en supposant L_0, L_1, L_2 différents de zéro, on trouve qu'il faut avoir

$$Y(t) = X(t + \omega_1), \qquad Y(t) = X(t + \omega_2),$$

et le même calcul que ci-dessus donne $A_0 = A_1 = A_2 = A_3$; nous trouvons donc le ds^2 réciproque du ds^2 à courbure constante;

attendu que

$$A_0[p(t)+p(t+\omega_1)+p(t+\omega_2)+p(t+\omega_3)] = \frac{A_0}{4}p(2t).$$

Ainsi, il n'y a pas d'autres solutions doublement périodiques que celles qui ont été déjà obtenues.

13. Les solutions simplement périodiques ou rationnelles s'obtiennent par un procédé analogue. Il importe toutefois de remarquer que l'on peut s'en tenir à la recherche des types essentiels, ce qui simplifie déjà considérablement le problème.

Nous laisserons même de côté les ds^2 de révolution ou à courbure constante, qui ont été déjà obtenus.

Prenons une forme essentielle de notre ds^2, soit $X(x)$ un coefficient de transformation de ce ds^2; la variable ξ, définie par la quadrature

$$\xi = \int \frac{dx}{\sqrt{X+h}},$$

sera une variable essentielle, et si l'on pose $\Xi(\xi) = \frac{1}{X+h}$, $\Xi(\xi)$ sera un coefficient de transformation d'une autre forme essentielle du même ds^2.

Mais, d'après ce qui a été dit des formes essentielles, l'aspect analytique des fonctions $\Xi(\xi)$, $X(x)$ doit être le même; elles seront en même temps périodiques ou rationnelles.

En partant de là on parvient à démontrer que tout coefficient de transformation d'une forme essentielle a l'une des formes suivantes, en faisant abstraction des solutions doublement périodiques :

1° Ou bien une constante;

2° Ou bien $\frac{1}{x^2}$;

3° Ou bien $\frac{1}{\sin^2 x}$.

Il est ensuite facile de coordonner les résultats et d'établir qu'il n'existe pas de solutions en dehors de celles qui figurent au Tableau VII.

14. Je terminerai en faisant connaître un mode de représentation sur le plan des géodésiques des surfaces qui nous occupent et dans lequel ces géodésiques ont pour images les coniques d'un réseau tangentiel.

Si l'on considère le ds^2 contenu dans la formule

$$(30)\qquad \left[\frac{F(x)}{G(x)} - \frac{F(y)}{G(y)}\right]\left[\frac{dx^2}{G(x)} - \frac{dy^2}{G(y)}\right],$$

où $F(x)$, $G(x)$ sont deux polynômes du quatrième degré, en essayant de le mettre sous la forme

$$[\varphi(x+y) - \varphi(x-y)]\, dx\, dy,$$

on se trouve amené par la discussion aux diverses formes du Tableau VII. Cela résulte d'ailleurs facilement du principe de réciprocité que nous avons appliqué aux ds^2 de courbure constante pour former le Tableau VII.

Or, il résulte de la forme (33) du n° 584 [III, p. 11] que les géodésiques de ce ds^2 auront l'équation finie que voici :

$$(31)\qquad \int \frac{dx}{\sqrt{G(x)+\rho F(x)}} + \int \frac{dy}{\sqrt{G(y)+\rho F(y)}} = \text{const.},$$

où ρ désigne une constante arbitraire.

Considérons dans un plan la conique C, représentée par l'équation

$$Y^2 - 4XZ = 0;$$

on vérifie cette équation en posant

$$X = t^2, \qquad Y = 2t, \qquad Z = 1.$$

Si d'un point $M(X, Y, Z)$ on mène les deux tangentes à la conique, les valeurs du paramètre t qui correspondent aux deux points de contact étant désignées par x, y, on trouve aisément que X, Y, Z s'expriment en x, y par les formules

$$(32)\qquad X = xy, \qquad Y = x + y, \qquad Z = 1.$$

Les paramètres x, y constituent un système de coordonnées du point M qui a été considéré pour la première fois par M. Darboux dans son Ouvrage *Sur une classe remarquable de courbes et de surfaces*. Nous allons introduire ces coordonnées dans la représentation des géodésiques.

Rappelons d'abord comment l'équation d'Euler s'intègre par le moyen d'un faisceau tangentiel de coniques. Soit l'équation d'une conique

$$AX^2 + A'Y^2 + A''Z^2 + 2BYZ + 2B'ZX + 2B''XY = 0;$$

si l'on y remplace X, Y, Z par leurs expressions (32), on trouve l'équation en coordonnées x, y de cette conique

$$\begin{aligned}\varphi(x, y) = \mathrm{A}x^2y^2 + \mathrm{A}'(x+y)^2 + \mathrm{A}'' \\ + 2\mathrm{B}(x+y) + 2\mathrm{B}'xy + 2\mathrm{B}''xy(x+y) = 0.\end{aligned}$$

Introduisons les notations de la forme adjointe

$$\begin{aligned} a &= \mathrm{A}'\mathrm{A}'' - \mathrm{B}^2, & a' &= \mathrm{A}''\mathrm{A} - \mathrm{B}'^2, & a'' &= \mathrm{A}\mathrm{A}' - \mathrm{B}''^2, \\ b &= \mathrm{B}'\mathrm{B}'' - \mathrm{A}\mathrm{B}, & b' &= \mathrm{B}''\mathrm{B} - \mathrm{A}'\mathrm{B}', & b'' &= \mathrm{B}\mathrm{B}' - \mathrm{A}''\mathrm{B}''; \end{aligned}$$

faisons en outre

$$\begin{aligned}\mathrm{H}(x) &= [\mathrm{B}''x^2 + (\mathrm{A}'+\mathrm{B}')x + \mathrm{B}]^2 - (\mathrm{A}x^2 + 2\mathrm{B}''x + \mathrm{A}')(\mathrm{A}'x^2 + 2\mathrm{B}x + \mathrm{A}'') \\ &= -a''x^4 + 2bx^3 - (a'+2b')x^2 + 2b''x - a.\end{aligned}$$

On trouve alors que l'équation $\varphi(x, y) = 0$ peut s'écrire

$$\frac{1}{4}\left(\frac{\partial\varphi}{\partial y}\right)^2 = \mathrm{H}(x).$$

Mais, l'équation étant symétrique en x et y, on pourra écrire aussi

$$\frac{1}{4}\left(\frac{\partial\varphi}{\partial x}\right)^2 = \mathrm{H}(y).$$

Cela posé, concevons que le point M(x, y) décrive la conique représentée par l'équation $\varphi = 0$, nous aurons

$$\frac{\partial\varphi}{\partial x}dx + \frac{\partial\varphi}{\partial y}dy = 0,$$

c'est-à-dire, eu égard aux équations ci-dessus,

$$\frac{dx}{\sqrt{\mathrm{H}(x)}} = \pm\frac{dy}{\sqrt{\mathrm{H}(y)}},$$

ce qui est l'équation d'Euler.

Prenons réciproquement une équation d'Euler quelconque

$$(33)\qquad \frac{dx}{\sqrt{lx^4 + mx^3 + nx^2 + px + p}} \pm \frac{dy}{\sqrt{ly^4 + my^3 + ny^2 + py + q}} = 0;$$

si on l'identifie avec l'équation précédente, on trouve

$$a'' = -l, \qquad a = -q, \qquad a' + 2b' = -n, \qquad 2b = m, \qquad 2b' = p,$$

et nous trouvons ainsi que l'équation (33) est vérifiée en tous les points (x, y) de la conique dont l'équation tangentielle serait

$$(34)\qquad -(q\xi^2+l\zeta^2-m\eta\zeta+n\zeta\xi-p\xi\eta)+a'(\eta^2-\xi\zeta)=0.$$

Comme il figure dans cette équation une constante arbitraire a', on peut en conclure que les coniques contenues dans cette équation tangentielle fournissent l'intégrale générale de l'équation d'Euler proposée.

Il faut observer que les coniques dont (34) est l'équation tangentielle forment un faisceau tangentiel de coniques dont fait partie la conique C. Les coniques de ce faisceau sont donc inscrites dans un quadrilatère circonscrit à la conique C; les paramètres des points où C est touchée par les côtés de ce quadrilatère fixe sont les racines de l'équation

$$H(t)=lt^4+mt^3+nt^2+pt+q=0.$$

Appliquons ceci à l'équation d'Euler (31) qui donne les géodésiques du ds^2 (30). Si l'on fait

$$\begin{aligned}F(t)&= lt^4+mt^3+nt^2+pt+q,\\ G(t)&=l't^4+m't^3+n't^2+p't+q',\end{aligned}$$

et si l'on regarde ρ comme donné, il faudra dans l'équation (34) remplacer l par $l\rho+l'$, m par $m\rho+m'$, ..., ce qui donnera

$$\begin{aligned}&-(q\xi^2+l\zeta^2-m\eta\zeta+n\zeta\xi-p\xi\eta)\rho\\ &-(q'\xi^2+l'\zeta^2-m'\eta\zeta+n'\zeta\xi-p'\xi\eta)\\ &\qquad\qquad+a'(\eta^2-\xi\zeta)=0.\end{aligned}$$

On obtiendra ainsi, quand ρ, a' prendront toutes les valeurs possibles, un *réseau tangentiel* de coniques; et chaque conique de ce réseau, rapportée aux coordonnées x, y autour de la conique C, fournira une solution de l'équation (31). Nous nous trouvons donc avoir représenté sur le plan, point par point, la surface qui admet le ds^2 (30), de sorte que les géodésiques ont pour images les coniques de ce réseau tangentiel.

Nous nous bornerons ici à signaler les résultats suivants :

Si les coniques du réseau sont inscrites dans un triangle fixe, le ds^2 (30) *a sa courbure constante.*

Ce théorème est en relation étroite avec cet autre déjà connu que les surfaces de courbure constante peuvent seules avoir des droites comme images de leurs géodésiques sur un plan.

En effet, les coniques inscrites dans le triangle $X=0$, $Y=0$, $Z=0$

ont cette équation générale

$$\lambda\sqrt{X} + \mu\sqrt{Y} + \nu\sqrt{Z} = o,$$

et il suffit de la transformation ponctuelle

$$X' = \sqrt{X}, \qquad Y' = \sqrt{Y}, \qquad Z' = \sqrt{Z}$$

pour transformer ces coniques dans les droites du plan.

Supposons maintenant que les coniques du réseau représentatif touchent deux droites fixes; *dans ce cas le* ds^2 (30) *convient à une surface de révolution.*

A l'égard des ds^2 de révolution à intégrales quadratiques, le lecteur démontrera facilement la proposition suivante, que l'on pourrait presque attribuer à M. Lie, tant ce géomètre s'en est approché :

Tous les ds^2 *de révolution à intégrales quadratiques sont représentables géodésiquement les uns sur les autres.*

Les ds^2 à intégrales quadratiques qui ne sont pas de révolution donnent lieu à un théorème analogue; chacun est représentable géodésiquement sur un ds^2 réductible au type VII_1.

NOTE III.

SUR LA THÉORIE DES ÉQUATIONS AUX DÉRIVÉES PARTIELLES DU SECOND ORDRE,

PAR M. E. COSSERAT.

1. Dans le Mémoire présenté en 1870 à l'Académie des Sciences et dont il a été question [II, p. 53], M. Moutard s'était proposé « l'étude minutieuse de la forme la plus élémentaire dont soit susceptible l'intégrale générale des équations aux dérivées partielles du second ordre à deux variables indépendantes, à savoir : celle qui consiste en une relation unique entre les trois variables, deux fonctions arbitraires de quantités distinctes formées explicitement avec les trois variables, et les dérivées en nombre limité de ces fonctions arbitraires, les arbitraires n'entrant d'ailleurs sous aucun signe d'intégration ».

La première Partie de ce Mémoire avait pour objet de démontrer que l'on peut former toutes les équations aux dérivées partielles du second ordre et à deux variables indépendantes, susceptibles d'admettre une intégrale générale de cette espèce élémentaire, dès que l'on sait trouver toutes les équations linéaires du second ordre, de la forme considérée par Laplace, qui jouissent de la même propriété. M. Moutard énonce le résultat suivant :

Celles des équations cherchées qui ne sont réductibles, par un changement de variables, ni aux équations linéaires de Laplace, ni à l'équation de Liouville, sont toutes, en exceptant deux cas particulièrement simples, réductibles à la forme

$$\frac{\partial^2 z}{\partial x\,\partial y} = \frac{\partial}{\partial x}(\mathrm{A}e^z) - \frac{\partial}{\partial y}(\mathrm{B}e^{-z}),$$

où A *et* B *sont des fonctions des seules variables indépendantes assujetties elles-mêmes à vérifier certaines conditions; de plus, l'intégration de cette équation peut être ramenée à dépendre unique-*

ment de celle d'une équation linéaire de la forme considérée par Laplace, à savoir :

$$\frac{\partial^2 z}{\partial x \partial y} = \frac{\partial \log A}{\partial x} \frac{\partial z}{\partial y} + ABz.$$

L'exposition suivante, où l'on a mis à profit, en plusieurs points, des indications précieuses de M. Darboux, constitue le développement de cette proposition.

2. Remarquons d'abord que si l'intégrale générale de l'équation proposée est déterminée par une équation de la forme

$$F[x, y, z, \varphi_1(u), \varphi_2(u), \ldots, \varphi_m(u), \psi_1(v), \psi_2(v), \ldots, \psi_n(v)] = 0,$$

où u et v sont deux fonctions données et distinctes de x, y, z et où φ_1 et ψ_1 sont deux fonctions arbitraires dont les dérivées successives sont désignées par $\varphi_2, \varphi_3, \ldots, \varphi_m$ et par $\psi_2, \psi_3, \ldots, \psi_n$, on peut effectuer un changement de variables consistant à prendre u et v pour nouvelles variables indépendantes; il nous suffira donc de chercher toutes les équations du second ordre admettant une intégrale générale de la forme

$$(1) \qquad z = f(x, y, \alpha_1, \alpha_2, \ldots, \alpha_m, \beta_1, \beta_2, \ldots, \beta_n),$$

où α_1 désigne une fonction arbitraire de x dont les dérivées successives sont désignées par $\alpha_2, \alpha_3, \ldots$ et où β_1 désigne une fonction arbitraire de y dont les dérivées successives sont $\beta_1, \beta_2, \ldots$.

Il est clair que l'expression (1) ne peut vérifier une équation du second ordre que si cette dernière ne contient pas les dérivées r et t de z et est, par suite, de la forme

$$(2) \qquad s + \varphi(x, y, z, p, q) = 0.$$

Cherchons donc à déterminer toutes les équations de la forme (2) admettant comme intégrale une expression de la forme (1); et, à cet effet, substituons cette valeur (1) de z dans l'équation (2).

Convenons dès maintenant de la notation suivante : θ étant, d'une façon générale, une fonction formée avec x, y, α_1, β_1 et des dérivées de ces deux dernières, nous désignerons par

$$\frac{d\theta}{dx}, \quad \frac{d\theta}{dy}, \quad \frac{d^2\theta}{dx^2}, \quad \frac{d^2\theta}{dx\,dy}, \quad \frac{d^2\theta}{dy^2}, \quad \ldots$$

les dérivées successives de θ, prises en ayant égard aux différentes fonctions α_i, β_k qui y figurent.

Nous aurons, pour les dérivées p, q, s de la fonction z définie par l'équation (1), les valeurs suivantes :

$$(3)\quad \begin{cases} p = \dfrac{df}{dx} = \dfrac{\partial f}{\partial x} + \sum_i \dfrac{\partial f}{\partial \alpha_i}\alpha_{i+1}, \\ q = \dfrac{df}{dy} = \dfrac{\partial f}{\partial y} + \sum_k \dfrac{\partial f}{\partial \beta_k}\beta_{k+1}, \\ s = \dfrac{d^2 f}{dx\,dy} = \dfrac{\partial^2 f}{\partial x\,\partial y} + \sum_i \dfrac{\partial^2 f}{\partial y\,\partial \alpha_i}\alpha_{i+1} + \sum_k \dfrac{\partial^2 f}{\partial x\,\partial \beta_k}\beta_{k+1} + \sum_{i,k} \dfrac{\partial^2 f}{\partial \alpha_i\,\partial \beta_k}\alpha_{i+1}\beta_{k+1}. \end{cases}$$

Si l'on substitue dans l'équation (2) et si l'on a égard aux deux dérivées α_{m+1}, β_{n+1} qui ne figurent pas dans (1), on voit que l'équation (2) doit être de la forme

$$(4)\qquad s + \rho pq + ap + bq + c = 0,$$

ρ, a, b, c désignant des fonctions de x, y, z.

Si l'on prend comme nouvelle inconnue, au lieu de z, une fonction θ de x, y, z, assujettie uniquement à vérifier la relation

$$\frac{\partial \theta}{\partial z} = e^{\int \rho\, dz},$$

l'équation définissant θ sera encore de la forme (4), mais ne contiendra pas de terme en pq ; elle admettra une solution de la même forme que l'équation (4) et réciproquement.

Il nous suffit donc, pour avoir la solution de la question posée, de déterminer trois fonctions a, b, c de x, y, z telles que l'équation

$$(5)\qquad s + ap + bq + c = 0$$

admette une solution de la forme (1).

3. Substituons les valeurs (3) de p, q, s et annulons les coefficients de α_{m+1}, β_{n+1}, $\alpha_{m+1}\beta_{n+1}$; nous obtenons les trois relations

$$(6)\qquad \frac{\partial^2 f}{\partial \alpha_m\,\partial \beta_n} = 0,$$

$$(7)\qquad \frac{\partial^2 f}{\partial y\,\partial \alpha_m} + \frac{\partial^2 f}{\partial \alpha_m\,\partial \beta_1}\beta_2 + \ldots + \frac{\partial^2 f}{\partial \alpha_m\,\partial \beta_{n-1}}\beta_n + a\frac{\partial f}{\partial \alpha_m} = 0,$$

$$(8)\qquad \frac{\partial^2 f}{\partial x\,\partial \beta_n} + \frac{\partial^2 f}{\partial \beta_n\,\partial \alpha_1}\alpha_2 + \ldots + \frac{\partial^2 f}{\partial \beta_n\,\partial \alpha_{m-1}}\alpha_m + b\frac{\partial f}{\partial \beta_n} = 0,$$

dont la première doit être identique et dont les deux dernières doivent être vérifiées lorsque l'on a remplacé z par f dans a et b.

La relation (6) exprime que $\frac{\partial f}{\partial \alpha_m}$ ne renferme pas β_n et que $\frac{\partial f}{\partial \beta_n}$ ne renferme pas α_m; les relations (7) et (8) nous prouvent donc que, lorsque l'on a remplacé z par f, a dépend linéairement de β_n et b linéairement de α_m; nous sommes ainsi conduits à différentier ces relations respectivement par rapport à β_n et à α_m.

Différentions (7) une première fois par rapport à β_n; il vient, en se rappelant que $\frac{\partial f}{\partial \alpha_m}$ ne renferme pas β_n

$$(9)\qquad \frac{\partial^2 f}{\partial \alpha_m \partial \beta_{n-1}} + \frac{\partial a}{\partial z}\frac{\partial f}{\partial \beta_n}\frac{\partial f}{\partial \alpha_m} = 0.$$

Différentions de nouveau par rapport à β_n; $\frac{\partial f}{\partial \alpha_m}$ n'étant pas nul, il vient

$$(10)\qquad \frac{\partial^2 a}{\partial z^2}\left(\frac{\partial f}{\partial \beta_n}\right)^2 + \frac{\partial a}{\partial z}\frac{\partial^2 f}{\partial \beta_n^2} = 0.$$

Cette dernière relation est identique, si a ne dépend pas de z; ce cas à examiner étant supposé écarté, l'expression

$$\frac{\partial^2 a}{\partial z^2} : \frac{\partial a}{\partial z}$$

doit, après la substitution de z, être égale à

$$-\frac{\dfrac{\partial^2 f}{\partial \beta_n^2}}{\left(\dfrac{\partial f}{\partial \beta_n}\right)^2}$$

et, par suite, ne pas dépendre de α_m; elle doit donc être indépendante de z, et l'on a alors deux cas à distinguer suivant que sa valeur est nulle ou non.

D'ailleurs, ce que nous avons dit pour a se répète pour b; il suffit de prendre la relation (8) pour point de départ au lieu de la relation (7); on obtiendra, en différentiant par rapport à α_m, les relations

$$(11)\qquad \begin{aligned} &\frac{\partial^2 f}{\partial \beta_n \partial \alpha_{m-1}} + \frac{\partial b}{\partial z}\frac{\partial f}{\partial \alpha_m}\frac{\partial f}{\partial \beta_n} = 0,\\ &\frac{\partial^2 b}{\partial z^2}\left(\frac{\partial f}{\partial \alpha_m}\right)^2 + \frac{\partial b}{\partial z}\frac{\partial^2 f}{\partial \alpha_m^2} = 0, \end{aligned}$$

d'où résultent pour b des conclusions analogues à celles obtenues pour a.

Les deux fonctions a et b ne peuvent donc être que de l'une des trois formes suivantes :

(I) $$me^{\omega z} + n,$$

(II) $$mz + n,$$

(III) $$m,$$

ω, m, n désignant des fonctions des seules variables x et y.

Il reste ainsi, pour avoir toutes les solutions de la question, à associer ces trois formes deux à deux et à examiner les différents cas qui peuvent se présenter.

4. Supposons que a soit de la forme (I); nous allons établir que b ne peut être que de l'une des formes (I) et (III).

Soit, en effet,

$$a = me^{\omega z} + n.$$

La relation (10) s'écrit

$$\omega\left(\frac{\partial f}{\partial \beta_n}\right)^2 + \frac{\partial^2 f}{\partial \beta_n^2} = 0,$$

d'où l'on tire, en intégrant,

(12) $$\frac{\partial f}{\partial \beta_n} = \frac{1}{\omega(\beta_n + f_2)},$$

f_2 désignant une fonction qui, d'après la relation (6), ne dépend pas de α_m et qui ne peut, par conséquent, renfermer que $x, y, \alpha_1, \ldots, \alpha_{m-1}, \beta_1, \ldots, \beta_{n-1}$.

Substituons la valeur (12) de $\frac{\partial f}{\partial \beta_n}$ dans la relation (8); il vient

(13) $$\left(b - \frac{\partial \log \omega}{\partial x}\right)(\beta_n + f_2) = \frac{df_2}{dx}.$$

Or, la relation (12) exprimant que

$$\frac{e^{\omega f}}{\beta_n + f_2}$$

ne dépend pas de β_n, il résulte de (13) que l'expression

$$\left(b - \frac{\partial \log \omega}{\partial x}\right)e^{\omega z},$$

lorsqu'on y a remplacé z par f, ne dépend pas de β_n; cette expression est donc une simple fonction de x et y et nous avons deux cas à distinguer suivant qu'elle n'est pas nulle ou suivant qu'elle est nulle; b ne peut donc être, comme nous l'avions annoncé, que de la forme (I) ou de la forme (III).

5. Supposons d'abord que b soit de la forme (I); il résulte de ce qui précède que l'on aura

$$b = m_1 e^{-\omega z} + n_1,$$

où

$$n_1 = \frac{\partial \log \omega}{\partial x}.$$

Nous pourrons y adjoindre

$$n = \frac{\partial \log \omega}{\partial y};$$

car on peut répéter sur b le raisonnement fait précédemment sur a; la relation (11) conduit à la suivante :

$$\frac{\partial f}{\partial \alpha_m} = -\frac{1}{\omega(\alpha_m + f_1)}$$

analogue à (12) et dans laquelle f_1 ne renferme ni α_m, ni β_n; la relation (7) devient alors

$$(14) \qquad \left(a - \frac{\partial \log \omega}{\partial y}\right)(\alpha_m + f_1) = \frac{df_1}{dy},$$

d'où résulte que

$$\left(a - \frac{\partial \log \omega}{\partial y}\right) e^{-\omega z}$$

ne dépend pas de z.

L'équation (5) est ainsi, dans le cas actuel, de la forme

$$\frac{\partial^2 z}{\partial x \partial y} + \left(m e^{\omega z} + \frac{\partial \log \omega}{\partial y}\right)\frac{\partial z}{\partial x} + \left(m_1 e^{-\omega z} + \frac{\partial \log \omega}{\partial x}\right)\frac{\partial z}{\partial y} + c = 0,$$

m, m_1, ω désignant des fonctions de x et y et c une fonction de x, y, z.

Si l'on prend comme nouvelle inconnue ωz, on a une équation du type suivant

$$(15) \qquad \frac{\partial^2 z}{\partial x \partial y} - \frac{\partial}{\partial x}(\mathrm{A} e^{z}) + \frac{\partial}{\partial y}(\mathrm{B} e^{-z}) + \mathrm{C} = 0,$$

où A et B sont des fonctions de x et y et où C est une fonction de x, y, z.

Cette équation doit admettre une solution de la forme

$$(16)\qquad z = \log\frac{\mu_1}{\lambda_1} + f_3,$$

en posant

$$(17)\qquad \lambda_1 = \alpha_m + f_1, \qquad \mu_1 = \beta_n + f_2,$$

et en désignant par f_1, f_2, f_3 des fonctions de x, y, $\alpha_1, \ldots, \alpha_{m-1}$, $\beta_1, \ldots, \beta_{n-1}$.

Les relations (13) et (14) deviennent d'ailleurs

$$(18)\qquad \frac{d\log\mu_1}{dx} = -Be^{-z},$$

$$(19)\qquad \frac{d\log\lambda_1}{dy} = -Ae^{z},$$

d'où résulte que, si l'on différentie la formule (16), il vient

$$\frac{d^2 z}{dx\,dy} - \frac{d(Ae^z)}{dx} + \frac{d(Be^{-z})}{dy} = \frac{d^2 f_3}{dx\,dy}.$$

La condition pour que la valeur (16) de z satisfasse à l'équation (15) est donc que l'on ait

$$(20)\qquad C = -\frac{d^2 f_3}{dx\,dy},$$

après la substitution de z dans C.

Le second membre de (20) ne peut être que de la forme bilinéaire par rapport à α_m, β_n; la fonction C est donc indépendante de z, puisque, dans le cas contraire, le premier membre de (20), après substitution de z, dépendrait de α_m et β_n en tant que fonction du rapport

$$\frac{\mu_1}{\lambda_1} = \frac{\beta_n + f_2}{\alpha_m + f_1}.$$

C étant une simple fonction de x et y, il en résulte que f_3 est une fonction déterminée de x et y, ne dépendant ni des fonctions α_1, β_1, ni de leurs dérivées. Prenons comme nouvelle inconnue $z - f_3$, on est amené à chercher si une équation de la forme

$$(21)\qquad \frac{\partial^2 z}{\partial x\,\partial y} - \frac{\partial}{\partial x}(Ae^z) + \frac{\partial}{\partial y}(Be^{-z}) = 0$$

peut admettre comme solution l'expression

$$(22)\qquad z = \log\frac{\mu_1}{\lambda_1},$$

λ_1 et μ_1 ayant la signification donnée par les formules (17).

En tenant compte de la valeur (22) de z, les relations (18) et (19) donnent

$$\frac{d\mu_1}{dx} = -B\lambda_1, \qquad \frac{d\lambda_1}{dy} = -A\mu_1.$$

Si l'on a égard à tout ce qui précède, on peut donc dire que la condition nécessaire et suffisante pour que l'équation (21) réponde à la question posée est que l'on puisse vérifier le système suivant, déterminant deux fonctions λ et μ

$$(23) \qquad \frac{\partial\mu}{\partial x} = -B\lambda, \qquad \frac{\partial\lambda}{\partial y} = -A\mu,$$

au moyen de deux expressions ne renfermant, outre les variables x et y, que deux fonctions arbitraires de x et y respectivement et leurs dérivées jusqu'à un ordre déterminé.

6. L'élimination de l'une des fonctions λ ou μ entre les équations (23) conduit pour l'autre à une équation linéaire du second ordre de la forme considérée par Laplace; si l'on élimine μ, on trouve que λ doit vérifier l'équation

$$(24) \qquad \frac{\partial^2\lambda}{\partial x\,\partial y} - \frac{\partial \log A}{\partial x}\frac{\partial\lambda}{\partial y} - AB\lambda = 0,$$

et si l'on élimine λ, on obtient l'équation

$$(25) \qquad \frac{\partial^2\mu}{\partial x\,\partial y} - \frac{\partial \log B}{\partial y}\frac{\partial\mu}{\partial x} - AB\mu = 0,$$

à laquelle satisfait μ.

On peut donc considérer l'un des résultats de M. Moutard comme complètement établi.

Il y a peut-être cependant encore intérêt à indiquer comment on peut relier directement les équations (24) et (25) à l'équation (21); remarquons que cette dernière peut s'écrire

$$\frac{\partial}{\partial x}\left(\frac{\partial z}{\partial y} - Ae^{z}\right) = -\frac{\partial}{\partial y}(Be^{-z}),$$

et l'on est conduit à considérer le système

$$(26) \qquad \begin{cases} \dfrac{\partial z}{\partial y} - Ae^{z} = \dfrac{\partial \log\mu}{\partial y}, \\[2ex] Be^{-z} = -\dfrac{\partial \log\mu}{\partial x}, \end{cases}$$

définissant deux fonctions inconnues z et μ; si l'on élimine μ, on retrouve l'équation (21); si, au contraire, on élimine z, on trouve l'équation (25).

La considération du système (26) permet de démontrer de nouveau que, non seulement les problèmes de l'intégration des équations (21) et (25) sont équivalents, mais que si l'une de ces équations a une solution de la forme que nous considérons, il en est de même de l'autre. Cela résulte immédiatement de ce que les relations (18), (19), (22) entraînent les suivantes :

$$\frac{dz}{dy} - Ae^z = \frac{d \log \mu_1}{dy},$$

$$Be^{-z} = -\frac{d \log \mu_1}{dx}.$$

En considérant de même le système

$$\frac{\partial z}{\partial x} + Be^{-z} = -\frac{\partial \log \lambda}{\partial x}, \qquad Ae^z = -\frac{\partial \log \lambda}{\partial y},$$

on relierait entre elles les équations (21) et (24).

7. Reportons-nous à la fin du n° 4 et supposant toujours

$$a = me^{\omega z} + n,$$

examinons la seconde hypothèse possible relativement à b, savoir celle où, b étant de la forme (III), on a

$$b = \frac{\partial \log \omega}{\partial x}.$$

L'équation (5) est alors

$$\frac{\partial^2 z}{\partial x \partial y} + (me^{\omega z} + n)\frac{\partial z}{\partial x} + \frac{\partial \log \omega}{\partial x}\frac{\partial z}{\partial y} + c = 0.$$

Si l'on prend comme nouvelle inconnue $\omega z + \log m$, on a une équation transformée de la forme

$$\frac{\partial^2 z}{\partial x \partial y} + (e^z + A)\frac{\partial z}{\partial x} + C = 0, \tag{27}$$

où A ne dépend que de x et y et où C est une fonction de x, y, z.

Cherchons à vérifier cette équation par une expression de la forme (1); les relations (12) et (13) nous donnent ici

$$\frac{\partial f}{\partial \beta_n} = \frac{1}{\beta_n + f_2},$$

$$\frac{d f_2}{dx} = 0,$$

en sorte que f_2 ne peut dépendre que de y, β_1, β_2, ..., β_{n-1}.

On a alors

$$f = \log(\beta_n + f_2) + f_1, \tag{28}$$

f_1 étant de même forme que f, mais ne dépendant pas de β_n.

La relation (7) devient

$$\frac{d \log \dfrac{\partial f_1}{\partial \alpha_m}}{dy} + (\beta_n + f_2) e^{f_1} + A = 0. \tag{29}$$

Portons notre attention sur la dérivée β_n mise en évidence dans la formule (28); nous obtenons la relation

$$\frac{\partial^2 f_1}{\partial \alpha_m \, \partial \beta_{n-1}} + e^{f_1} \frac{\partial f_1}{\partial \alpha_m} = 0,$$

dont l'intégration est immédiate et nous donne

$$e^{f_1} = \frac{\dfrac{\partial f_1}{\partial \beta_{n-1}}}{f_3 + f_4}; \tag{30}$$

f_3 et f_4 désignant des expressions de même forme que f qui sont respectivement indépendantes de β_{n-1} et de α_m.

Envisageons maintenant la dérivée β_{n-1}; afin de la mettre en évidence, sous une forme simple, éliminons f_2 entre l'identité (29) et celle qu'on en déduit en différentiant par rapport à α_m; il vient, en tenant compte de (30),

$$\frac{\partial}{\partial \alpha_m} \frac{d \log \dfrac{\partial f_3}{\partial \alpha_m}}{dy} = -A \frac{\dfrac{\partial f_3}{\partial \alpha_m}}{f_3 + f_4}. \tag{31}$$

Le premier membre de cette nouvelle identité ne peut être que linéaire par rapport à β_{n-1}; il en est donc de même du second; si A n'était pas nul, $\dfrac{1}{f_3 + f_4}$ devrait être linéaire par rapport à β_{n-1}, ce qui est impossible si l'on remarque que f_3 renferme essentiellement α_m et que f_4 renferme aussi essentiellement β_{n-1}.

La conclusion est donc que l'on a

$$A = 0. \tag{32}$$

Démontrons maintenant que C est une simple fonction de x et y; rien ne serait plus facile que d'établir ce résultat en partant de l'identité (31); mais il est plus instructif de procéder de la façon suivante.

Substituons à z dans l'équation (27) la fonction f définie par la formule (28); en ayant égard à la dérivée β_n, on voit immédiatement que C est de la forme

$$C = me^z + n,$$

m et n étant deux fonctions de x et y.

Tenant compte du résultat A = o, l'équation (27) peut donc s'écrire

$$\frac{\partial^2 z}{\partial x\, \partial y} + \frac{\partial e^z}{\partial x} + me^z + n = 0. \tag{33}$$

Or, considérons le système

$$\left\{\begin{aligned} &\frac{\partial z}{\partial x} + m = e^{-u},\\ &e^z = \frac{\partial u}{\partial y} + \left(\frac{\partial m}{\partial y} - n\right)e^u. \end{aligned}\right. \tag{34}$$

Si l'on élimine u, on trouve l'équation (33); si, au contraire, on élimine z, on trouve l'équation

$$\frac{\partial^2 u}{\partial x\, \partial y} - \frac{\partial}{\partial x}(ke^u) + (m - e^{-u})\frac{\partial u}{\partial y} - mke^u + k = 0, \tag{35}$$

où l'on a posé, pour abréger;

$$k = n - \frac{\partial m}{\partial y}.$$

Les formules (34), qui effectuent le passage de l'équation (33) à l'équation (35), nous montrent que si l'une de ces équations admet une solution de la forme considérée (1), il en est de même de l'autre.

Or, si la fonction k n'est pas nulle, l'équation (35) rentre dans le type (5) pour lequel les coefficients a et b sont tous deux de la forme (I); en appliquant les résultats que nous avons obtenus dans les numéros précédents, on aura

$$m = 0.$$

Si, au contraire, la fonction k est nulle, l'équation (35) devient

$$\frac{\partial^2 u}{\partial x\, \partial y} + (m - e^{-u})\frac{\partial u}{\partial y} = 0;$$

elle rentre alors, après échange des lettres x et y, dans le type que nous étudions actuellement, et, d'après la condition (32) trouvée pour l'équation (27), nous obtenons encore

$$m = 0.$$

L'équation (33) est donc, dans tous les cas, de la forme

$$\frac{\partial^2 z}{\partial x \partial y} + \frac{\partial e^z}{\partial x} + \frac{\partial^2 \theta}{\partial x \partial y} = 0, \tag{36}$$

θ désignant une fonction de x et y.

Le système (34) devient le suivant

$$\frac{\partial z}{\partial x} = e^{-u}, \qquad e^z = \frac{\partial u}{\partial y} - \frac{\partial^2 \theta}{\partial x \partial y} e^u,$$

en vertu duquel z satisfait à l'équation (36) et u à la suivante :

$$\frac{\partial^2 u}{\partial x \partial y} - \frac{\partial}{\partial x}\left(\frac{\partial^2 \theta}{\partial x \partial y} e^u\right) + \frac{\partial e^{-u}}{\partial y} + \frac{\partial^2 \theta}{\partial x \partial y} = 0. \tag{37}$$

Si la fonction $\frac{\partial^2 \theta}{\partial x \partial y}$ est nulle, l'équation (36) devient la suivante :

$$\frac{\partial^2 z}{\partial x \partial y} + \frac{\partial e^z}{\partial x} = 0,$$

qui satisfait à la question et que nous avons, en somme, déjà intégrée pour écrire la formule (30).

Si la fonction $\frac{\partial^2 \theta}{\partial x \partial y}$ n'est pas nulle, il nous suffit de remarquer que tout revient à considérer l'équation (37) et l'on est ramené à la question traitée dans les numéros précédents.

On peut encore remarquer que si l'on prend comme nouvelle inconnue $z + \theta$, l'équation (36) se ramène à la suivante :

$$\frac{\partial^2 z}{\partial x \partial y} - \frac{\partial}{\partial x}(\mathrm{A} e^z) = 0, \tag{38}$$

où A désigne une fonction de x et y et qui se déduit de l'équation (21) en y faisant $\mathrm{B} = 0$.

Rien n'est d'ailleurs plus facile que d'étudier directement l'équation (38); car on l'intègre, dans le cas le plus général, par la formule

$$e^z = \frac{\mathrm{Y}}{\mathrm{X} - \int \mathrm{A} \mathrm{Y} \, dy},$$

où X désigne une fonction arbitraire de x et Y une fonction arbitraire de y.

8. Passons maintenant au cas où l'expression de a,

$$a = mz + n,$$

est de la forme (II); il résulte de ce que nous avons dit au n° 4, après échange des lettres x et y, que b ne peut pas être de la forme (I); je dis, de plus, que b ne peut être que de la forme (III); en effet, la relation (10) nous donne alors, m n'étant pas nul,

$$\frac{\partial^2 f}{\partial \beta_n^2} = 0; \tag{39}$$

il en résulte que, si l'on différentie la relation (8) par rapport à β_n, on doit avoir, lorsqu'on a remplacé z par f,

$$\frac{\partial b}{\partial z}\left(\frac{\partial f}{\partial \beta_n}\right)^2 = 0;$$

b ne contient donc pas z et l'équation (5) est, dans le cas actuel, de la forme

$$\frac{\partial^2 z}{\partial x \, \partial y} + (mz + n)\frac{\partial z}{\partial x} + b\frac{\partial z}{\partial y} + c = 0,$$

m, n, b étant des fonctions de x et y seulement.

Mais, si l'on prend comme nouvelle inconnue une expression linéaire par rapport à z, la forme de l'équation précédente ne change pas, et il est facile de voir qu'on peut toujours faire en sorte que, pour la nouvelle équation, les termes analogues à n et à b soient nuls; nous pouvons donc nous borner à chercher quelles sont les équations de la forme

$$\frac{\partial^2 z}{\partial x \, \partial y} + mz\frac{\partial z}{\partial x} + c = 0, \tag{40}$$

où m est une fonction de x, y et c une fonction de x, y, z, qui admettent comme solution une expression de la forme (1).

On voit immédiatement que c doit être linéaire par rapport à z; en effet, la relation (8), eu égard à (6), s'écrit dans le cas actuel

$$\frac{\partial \frac{df}{dx}}{\partial \beta_n} = 0.$$

Donc $\frac{df}{dx}$ ne contient pas β_n et, par suite, $\frac{d^2 f}{dx\,dy}$ ne peut le contenir que linéairement; mais de (39) résulte que f est aussi linéaire par rapport à β_n; si donc l'équation (40) est vérifiée, lorsqu'on remplace z par f, la fonction c doit être linéaire par rapport à z.

L'équation (40) s'écrit alors

$$(41) \qquad \frac{\partial^2 z}{\partial x\,\partial y} + mz\frac{\partial z}{\partial x} + \omega z + \omega_1 = 0,$$

ω et ω_1 étant des fonctions de x et y seulement.

On pourrait établir bien facilement, en partant de (7) et en différentiant par rapport à α_m, que la fonction m ne dépend pas de x; mais il est plus élégant d'étendre au cas actuel un raisonnement qui nous a été indiqué par M. Darboux et qui donne des résultats plus complets.

Considérons le système

$$v = \frac{\partial z}{\partial y} + m\frac{z^2}{2},$$

$$\frac{\partial v}{\partial x} - \frac{\partial m}{\partial x}\frac{z^2}{2} + \omega z + \omega_1 = 0,$$

déterminant deux fonctions v et z de x et y; l'élimination de v conduit à l'équation (41); si l'une des fonctions $\frac{\partial m}{\partial x}$, ω n'est pas nulle, l'élimination de z conduit à une équation du second ordre en v qui doit admettre une solution de la même forme générale que celle dont on suppose l'existence pour l'équation en z.

Or, toute équation du second ordre intégrable dans ces conditions est, ainsi qu'on l'a vu, de la forme (4), où ρ, a, b, c sont des fonctions de x, y, z; l'équation en v ne remplissant pas cette condition essentielle, la contradiction à laquelle nous parvenons entraîne

$$\frac{\partial m}{\partial x} = 0, \qquad \omega = 0.$$

La fonction m ne dépendant que de y, on peut alors, en prenant, à la place de y, une nouvelle variable indépendante qui soit une fonction convenablement choisie de y, faire en sorte que m soit, dans la nouvelle équation, égale à 1 et l'on peut, par suite, se borner à considérer l'équation

$$(42) \qquad \frac{\partial^2 z}{\partial x\,\partial y} + z\frac{\partial z}{\partial x} + \theta = 0,$$

où θ désigne une fonction de x et de y seulement.

Or, considérons le système suivant :

$$(43)\qquad \begin{cases} u = \log \dfrac{\partial z}{\partial x}, \\ z = -\dfrac{\partial u}{\partial y} - \theta e^{-u}, \end{cases}$$

déterminant deux fonctions z et u de x et y ; l'élimination de u conduit pour z à l'équation (42) et l'élimination de z à la suivante :

$$(44)\qquad \frac{\partial^2 u}{\partial x\, \partial y} + \frac{\partial}{\partial x}(\theta e^{-u}) + e^u = 0.$$

Les formules (43) qui établissent le passage de l'équation (42) à l'équation (44) étant résolues respectivement par rapport à u et à z, il en résulte que, si l'une des deux équations (42) et (44) admet une solution de la forme considérée (1), il en est de même de l'autre.

Mais si la fonction θ n'était pas nulle, l'équation (44) serait du type (5), où a serait de la forme (I) et b de la forme (III) ; le terme e^u qui y figure conduit alors à une contradiction avec les développements du numéro précédent.

En définitive, l'équation cherchée (42) se réduit ainsi simplement à la suivante

$$(45)\qquad \frac{\partial^2 z}{\partial x\, \partial y} + z\frac{\partial z}{\partial x} = 0,$$

qui s'intègre immédiatement et dont l'intégrale générale est déterminée par la formule

$$(46)\qquad z = -\frac{\varphi''(y)}{\varphi'(y)} + \frac{2\varphi'(y)}{f(x)+\varphi(y)},$$

où $f(x)$ désigne une fonction arbitraire de x et $\varphi(y)$ une fonction arbitraire de y admettant $\varphi'(y)$ et $\varphi''(y)$ pour dérivées.

9. Il nous reste enfin à supposer dans (5) que a est de la forme (III); les cas où b serait de la forme (I) ou de la forme (II) se déduisent de ceux examinés précédemment par l'échange de x et y ; la seule hypothèse qu'il nous reste à considérer est donc celle où a et b, rentrant tous deux dans la forme (III), sont de simples fonctions de x et de y.

Dans ces conditions, les relations déjà établies

$$\frac{d \log \dfrac{\partial f}{\partial \alpha_m}}{dy} + a = 0, \qquad \frac{d \log \dfrac{\partial f}{\partial \beta_n}}{dx} + b = 0$$

donnent par l'intégration

$$f = u_1 f_1(x, \alpha_1, \alpha_2, \ldots, \alpha_m) \\ + u_2 f_2(y, \beta_1, \beta_2, \ldots, \beta_n) + f_3(x, y, \alpha_1, \ldots, \alpha_{m-1}, \beta_1, \ldots, \beta_{n-1}),$$

en désignant par u_1 et u_2 deux fonctions de x et y assujetties simplement à vérifier les équations

$$\frac{\partial \log u_1}{\partial y} + a = 0, \qquad \frac{\partial \log u_2}{\partial x} + b = 0.$$

Écrivons que l'équation (5) est vérifiée lorsqu'on y remplace z par l'expression f précédente; il vient

$$-u_1 f_1 \frac{\partial a}{\partial x} - u_2 f_2 \frac{\partial b}{\partial y} - ab(u_1 f_1 + u_2 f_2) \\ + \frac{d^2 f_3}{dx\,dy} + a\frac{df_3}{dx} + b\frac{df_3}{dy} + c = 0.$$

Différentions cette relation deux fois successivement par rapport à α_m et à β_n; nous obtenons, en n'écrivant que les relations qui vont nous être utiles, et en remarquant que les fonctions u_1 et u_2 ne sont pas nulles,

$$\left(\frac{\partial c}{\partial z} - \frac{\partial a}{\partial x} - ab\right)\frac{\partial^2 f_1}{\partial \alpha_m^2} + u_1 \frac{\partial^2 c}{\partial z^2}\left(\frac{\partial f_1}{\partial \alpha_m}\right)^2 = 0,$$
$$\left(\frac{\partial c}{\partial z} - \frac{\partial b}{\partial y} - ab\right)\frac{\partial^2 f_2}{\partial \beta_n^2} + u_2 \frac{\partial^2 c}{\partial z^2}\left(\frac{\partial f_2}{\partial \beta_n}\right)^2 = 0.$$

Écartons immédiatement le cas où l'équation proposée serait linéaire, c'est-à-dire où c dépendrait linéairement de z.

Ce cas particulier étant laissé de côté, les rapports

$$(47) \qquad \frac{\dfrac{\partial^2 c}{\partial z^2}}{\dfrac{\partial c}{\partial z} - ab - \dfrac{\partial a}{\partial x}}, \qquad \frac{\dfrac{\partial^2 c}{\partial z^2}}{\dfrac{\partial c}{\partial z} - ab - \dfrac{\partial b}{\partial y}},$$

égaux respectivement aux suivants

$$(48) \qquad -\frac{1}{u_1}\frac{\dfrac{\partial^2 f_1}{\partial \alpha_m^2}}{\left(\dfrac{\partial f_1}{\partial \alpha_m}\right)^2}, \qquad -\frac{1}{u_2}\frac{\dfrac{\partial^2 f_2}{\partial \beta_n^2}}{\left(\dfrac{\partial f_2}{\partial \beta_n}\right)^2},$$

ne doivent pas dépendre de z, puisque les rapports (48) sont respectivement indépendants de β_n et de α_m.

Ces deux rapports (47) doivent d'ailleurs être égaux; sinon, en considérant leur quotient, on aurait cette conclusion que $\frac{\partial c}{\partial z}$ est une simple fonction de x et y; on a donc

$$\frac{\partial a}{\partial x} = \frac{\partial b}{\partial y}$$

et, en introduisant une fonction auxiliaire θ,

$$a = \frac{\partial \log \theta}{\partial y}, \qquad b = \frac{\partial \log \theta}{\partial x}.$$

L'équation proposée s'écrit

$$\theta \frac{\partial^2 z}{\partial x\, \partial y} + \frac{\partial \theta}{\partial y}\frac{\partial z}{\partial x} + \frac{\partial \theta}{\partial x}\frac{\partial z}{\partial y} + c\theta = 0,$$

et, en prenant comme nouvelle inconnue $z\theta$, on voit que l'on peut se borner au cas où, pour l'équation (5), on a

$$a = 0, \qquad b = 0,$$

c'est-à-dire où cette équation est la suivante,

$$(49) \qquad \frac{\partial^2 z}{\partial x\, \partial y} + c = 0,$$

c étant une fonction de x, y, z.

Les deux rapports égaux (48) étant, maintenant, l'un une fonction de x, l'autre une fonction de y, ont une même valeur constante qui est aussi celle des rapports (47); et, en définitive, la fonction c de notre équation (49) doit vérifier la relation

$$\frac{\partial^2 c}{\partial z^2} = k \frac{\partial c}{\partial z},$$

où k est une constante qui n'est pas nulle; on en déduit, en intégrant,

$$kc = e^{k(z+m)} + n,$$

m et n désignant deux fonctions de x et y.

Si l'on prend comme inconnue $u = k(z+m)$, l'équation (49) devient la suivante

$$(50) \qquad \frac{\partial^2 u}{\partial x\, \partial y} + e^u - \omega = 0,$$

où ω est une fonction déterminée de x et y.

Je dis que cette fonction ω doit être nulle.

La démonstration de ce point est une conséquence immédiate du résultat obtenu au n° 8 pour l'équation (41); la considération du système

$$(51)\qquad \begin{cases} u = \log\left(\dfrac{\partial z}{\partial x} + \omega\right), \\ z = -\dfrac{\partial u}{\partial y}, \end{cases}$$

en vertu duquel z satisfait à l'équation

$$(52)\qquad \frac{\partial^2 z}{\partial x\,\partial y} + z\frac{\partial z}{\partial x} + \omega z + \frac{\partial \omega}{\partial y} = 0,$$

et u à l'équation (50), nous montre, en effet, que ces deux équations (50) et (52) admettent, en même temps, des solutions de la forme générale (1).

L'équation cherchée de la forme (50) ne peut donc être que la suivante

$$\frac{\partial^2 u}{\partial x\,\partial y} + e^u = 0,$$

dont Liouville a donné l'intégrale.

L'intégration de cette équation est ramenée, au moyen du système (51), où l'on suppose $\omega = 0$, à celle de l'équation (45), et son intégrale générale est ainsi, en vertu de (46), déterminée par la formule

$$e^u = -\frac{2f'(x)\varphi'(y)}{[f(x)+\varphi(y)]^2},$$

qui concorde avec celle donnée [III, p. 291].

NOTES DE L'AUTEUR.

NOTE IV.

SUR LA TORSION DES COURBES GAUCHES ET SUR LES COURBES A TORSION CONSTANTE.

1. Il semble au premier abord qu'il y ait une grande analogie de nature entre la courbure et la torsion d'une courbe gauche. L'une et l'autre de ces grandeurs se définissent comme le quotient d'un angle infiniment petit par la différentielle de l'arc; l'une et l'autre représentent une rotation dans la théorie cinématique des courbes à double courbure. Mais ces rapprochements sont les seuls qu'on puisse signaler : il y a un centre de courbure, il n'existe pas de centre de torsion; la courbure dépend des éléments différentiels du deuxième ordre; la torsion de ceux du troisième ordre. Enfin, tandis que la courbure est une irrationnelle dépendant d'un radical carré, comme toutes les grandeurs dont la mesure se ramène à celle d'un segment de droite, la torsion est déterminée rationnellement, *en grandeur et en signe*, pour chaque point d'une courbe gauche. Les formules qui donnent les valeurs de ces deux éléments mettent ce dernier point en pleine évidence (¹). On peut encore l'établir en étudiant un infiniment petit d'une nature particulière, relatif à une courbe gauche quelconque.

2. Soit M un point quelconque d'une courbe gauche. Prenons sur la

(¹) Dans le *Cours d'Analyse de l'École Polytechnique*, M. Hermite suppose que les coordonnées x, y, z du point d'une courbe gauche sont exprimées d'une

courbe quatre points M_1, M_2, M_3, M_4, infiniment voisins du point M; et proposons-nous d'évaluer le volume du tétraèdre $M_1M_2M_3M_4$. Soient x, y, z les coordonnées rectangulaires du point M, que nous supposerons exprimées en fonction d'un paramètre t; soient x', y', z'; $x'', x''', \ldots$ leurs dérivées par rapport à t. Si $t+h_i$ désigne la valeur du paramètre pour le point M_i, les coordonnées x_i, y_i, z_i de ce point s'exprimeront par les formules

$$(1)\quad \begin{cases} x_i = x + x'h_i + \dfrac{x''}{2}h_i^2 + \dfrac{x'''}{6}h_i^3 + \ldots, \\ y_i = y + y'h_i + \dfrac{y''}{2}h_i^2 + \dfrac{y'''}{6}h_i^3 + \ldots, \\ z_i = z + z'h_i + \dfrac{z''}{2}h_i^2 + \dfrac{z'''}{6}h_i^3 + \ldots \end{cases}$$

Le volume V du tétraèdre $M_1M_2M_3M_4$, c'est-à-dire le sixième du moment des deux segments M_1M_2 et M_3M_4 (1), sera défini, *en grandeur et en signe*, par la formule

$$(2)\qquad 6V = \begin{vmatrix} x_1 & y_1 & z_1 & 1 \\ x_2 & y_2 & z_2 & 1 \\ x_3 & y_3 & z_3 & 1 \\ x_4 & y_4 & z_4 & 1 \end{vmatrix}.$$

En négligeant les termes contenant la quatrième puissance et les

---

manière quelconque en fonction d'un paramètre t et il donne (p. 168 et suiv.) les expressions suivantes de la courbure et de la torsion.

Soient $x', y', z', x'', \ldots$ les dérivées successives de x, y, z. Posons

$$\begin{aligned} A &= y'z'' - z'y'', \\ B &= z'x'' - x'z'', \\ C &= x'y'' - y'x''. \end{aligned} \qquad \Delta = \begin{vmatrix} x' & y' & z' \\ x'' & y'' & z'' \\ x''' & y''' & z''' \end{vmatrix}.$$

Si ρ et τ désignent respectivement les inverses de la courbure et de la torsion, on aura les formules

$$\frac{1}{\rho^2} = \frac{A^2+B^2+C^2}{(x'^2+y'^2+z'^2)^3}, \qquad \frac{1}{\tau} = \frac{\Delta}{A^2+B^2+C^2},$$

qui montrent bien la différence de nature entre la courbure et la torsion.

(1) *Voir*, à ce sujet, G. KŒNIGS, *Leçons de Cinématique professées à la Faculté des Sciences de Paris*, Chapitre I.

puissances supérieures des h_i, on aura évidemment

$$6V = \begin{vmatrix} x & x' & x'' & x''' \\ y & y' & y'' & y''' \\ z & z' & z'' & z''' \\ 1 & 0 & 0 & 0 \end{vmatrix} \begin{vmatrix} 1 & \frac{h_1}{1} & \frac{h_1^2}{2} & \frac{h_1^3}{6} \\ 1 & \frac{h_2}{1} & \frac{h_2^2}{2} & \frac{h_2^3}{6} \\ 1 & \frac{h_3}{1} & \frac{h_3^2}{2} & \frac{h_3^3}{6} \\ 1 & \frac{h_4}{1} & \frac{h_4^2}{2} & \frac{h_4^3}{6} \end{vmatrix}$$

ou encore

$$(3) \qquad 72V = -\Delta\zeta(h_1, h_2, h_3, h_4),$$

Δ désignant le déterminant

$$(4) \qquad \Delta = \begin{vmatrix} x' & y' & z' \\ x'' & y'' & z'' \\ x''' & y''' & z''' \end{vmatrix}$$

et $\zeta(h_1, h_2, h_3, h_4)$ le produit suivant :

$$(5) \quad \left\{ \begin{aligned} &\zeta(h_1, h_2, h_3, h_4) \\ &\quad = (h_4 - h_1)(h_4 - h_2)(h_4 - h_3)(h_3 - h_1)(h_3 - h_2)(h_2 - h_1). \end{aligned} \right.$$

3. Pour calculer le déterminant Δ, on peut se servir des formules de Serret-Frenet :

$$(6) \qquad \frac{dx}{ds} = a, \qquad \frac{da}{ds} = \frac{b}{\rho}, \qquad \frac{db}{ds} = -\frac{a}{\rho} - \frac{c}{\tau},$$

a, b, c ayant les significations déjà données [I, p. 2 et 9]. On en déduit en effet les expressions suivantes des dérivées de x par rapport à t,

$$(7) \quad \left\{ \begin{aligned} x' &= \frac{dx}{dt} = a\frac{ds}{dt}, \\ x'' &= \qquad a\frac{d^2s}{dt^2} + \frac{b}{\rho}\frac{ds^2}{dt^2}, \\ x''' &= \qquad a\frac{d^3s}{dt^3} + 3\frac{b}{\rho}\frac{ds}{dt}\frac{d^2s}{dt^2} + b\frac{d\left(\frac{1}{\rho}\right)}{ds}\frac{ds^3}{dt^3} - \left(\frac{a}{\rho^2} + \frac{c}{\rho\tau}\right)\frac{ds^3}{dt^3}. \end{aligned} \right.$$

Ces expressions, et celles qui conviennent de même aux dérivées de y et de z, permettent de calculer aisément la différentielle de l'arc, la courbure et la torsion. En les portant, par exemple, dans le déterminant Δ et se rappelant que le déterminant des 9 cosinus a, b, c doit être égal à 1, on trouvera

$$\Delta = -\frac{1}{\rho^2 \tau}\left(\frac{ds}{dt}\right)^6. \tag{8}$$

Cette formule met bien en évidence la propriété de la torsion sur laquelle nous voulions insister ([1]).

4. En portant la valeur de Δ dans la formule (3), on aura donc

$$72\,V = \frac{1}{\tau\rho^2}\left(\frac{ds}{dt}\right)^6 \zeta(h_1, h_2, h_3, h_4). \tag{9}$$

Pour donner une forme entièrement géométrique à cette formule, on peut procéder comme il suit :

En négligeant les infiniment petits du second ordre, on peut considérer le point M_i comme porté sur la tangente en M à une distance de M égale, en grandeur et en signe, au produit $\frac{ds}{dt}h_i$, de sorte que la différence

$$\frac{ds}{dt}(h_k - h_i)$$

représentera, *en grandeur et en signe*, le segment M_iM_k. En tenant compte de cette remarque, on pourra écrire la relation

$$72\,V = \frac{1}{\tau\rho^2}\,\overline{M_1M_4}\;\overline{M_2M_4}\;\overline{M_3M_4}\;\overline{M_1M_3}\;\overline{M_2M_3}\;\overline{M_1M_2}, \tag{10}$$

qui résout complètement le problème proposé. Elle est tout à fait analogue à la suivante

$$4\,S = \frac{1}{\rho}\,\overline{M_1M_3}\;\overline{M_2M_3}\;\overline{M_1M_2}, \tag{11}$$

qui donne, sur une courbe plane ou gauche, l'aire du triangle formé par les trois points infiniment voisins M_1, M_2, M_3. Cette nouvelle formule devient d'ailleurs pleinement évidente si l'on se rappelle une des relations les plus connues de la Géométrie élémentaire.

5. Si l'on suppose que quelques-uns des points M_1, M_2, M_3, M_4 viennent se confondre, la formule (10) conduit à des relations déjà connues. Nous savons, par exemple, que le volume V admet l'expres-

---

([1]) Elle se déduit immédiatement des deux formules de M. Hermite données dans la note de la page 423, mais avec un changement dans les signes, sur lequel nous allons revenir plus loin.

sion suivante :

$$V = \frac{1}{6} \overline{M_1M_2}\,\overline{M_3M_4}\,\delta \sin\theta,$$

θ désignant l'angle des arêtes opposées M_1M_2 et M_3M_4, δ étant leur plus courte distance. On aura donc

$$12\delta \sin\theta = \frac{1}{\tau\rho^2} \overline{M_1M_4}\,\overline{M_2M_4}\,\overline{M_1M_3}\,\overline{M_2M_3}.$$

Supposons que M_2 vienne coïncider avec M_1 et M_4 avec M_3; les arêtes M_1M_2 et M_3M_4 deviendront les tangentes en M_1 et en M_3 ; leur angle θ aura pour valeur approchée $\frac{M_1M_3}{\rho}$, et la formule précédente nous donnera

$$12\delta = \frac{\overline{M_1M_3}^3}{\rho\tau}.$$

C'est l'expression bien connue que M. O. Bonnet a donnée pour la plus courte distance de deux tangentes infiniment voisines.

Laissant de côté des remarques analogues qui nous feraient connaître d'autres infiniment petits, revenons à l'objet que nous avons en vue. La formule (8) montre, comme nous l'avons fait remarquer, que la torsion est une quantité rationnelle, puisqu'en chaque point de la courbe ρ^2 et $\frac{ds^6}{dt^6}$ s'expriment sans aucun radical carré. Au reste, on peut mettre en évidence le même résultat en rappelant les formules que nous avons données au n° 36 [I, p. 42]. Nous avons vu que si c, c', c'' sont les cosinus directeurs de la binormale, on a, τ désignant toujours l'inverse de la torsion,

$$(12) \quad \begin{cases} dx = a\,ds = \tau(c''dc' - c'\,dc''), \\ dy = a'\,ds = \tau(c\,dc'' - c''dc), \\ dz = a''ds = \tau(c'dc - c\,dc'). \end{cases}$$

Il est clair que les expressions ainsi obtenues ne dépendent nullement du sens attribué à la binormale; et, par suite, chacune d'elles fera connaître une valeur rationnelle de la torsion. Au reste, si l'on substitue à c, c', c'' des quantités h, k, l simplement proportionnelles à ces cosinus, on aura les formules

$$(13) \quad \begin{cases} dx = \tau \frac{l\,dk - k\,dl}{h^2 + k^2 + l^2}, \\ dy = \tau \frac{h\,dl - l\,dh}{h^2 + k^2 + l^2}, \\ dz = \tau \frac{k\,dh - h\,dk}{h^2 + k^2 + l^2}, \end{cases}$$

qui ont été déjà employées pour le cas où la torsion est constante [I, p. 43].

6. Les remarques précédentes montrent aussi que, pour énoncer d'une manière tout à fait correcte le théorème d'Enneper, il faut dire que les torsions des deux lignes asymptotiques qui passent en un même point d'une surface y sont égales *en valeur absolue* à l'inverse de $\sqrt{-RR'}$, R et R' étant les rayons de courbure principaux de la surface; mais les formules de M. Lelieuvre [IV, p. 24, 29], rapprochées des précédentes (12), montrent immédiatement que les torsions des deux lignes asymptotiques sont *égales et de signes contraires.* Sur une surface à courbures opposées, les deux familles de lignes asymptotiques sont nettement distinguées par la propriété suivante : pour les unes, la torsion est *positive;* pour les autres, la torsion est *négative.*

Il y a, par exemple, deux classes de surfaces réglées : pour les unes, la torsion des génératrices rectilignes est positive; pour les autres, elle est négative. Pour définir cette torsion, il faut, bien entendu, considérer le plan tangent à la surface comme étant le plan osculateur de la génératrice rectiligne.

Pour chercher à quelle propriété de forme correspond le signe de la torsion, appliquons, par exemple, les formules (12) à l'hélice définie par les équations

$$x = \cos t, \qquad y = \sin t, \qquad z = ht,$$

nous trouverons

$$\tau = -\frac{1+h^2}{h},$$

de sorte que, pour une hélice *dextrorsum,* la torsion est *négative;* elle est *positive,* au contraire, pour une hélice *sinistrorsum* (¹).

7. Au n° 39 nous avons signalé, comme un problème des plus inté-

---

(¹) On voit facilement que la valeur de la torsion donnée par la formule de M. Hermite et celle qui résulte de l'application des formules (6) de Serret-Frenet sont égales et de signes contraires. La formule de M. Hermite nous semble préférable : il aurait mieux valu écrire les formules de M. Serret sous la forme

$$da = \frac{b\,ds}{\rho}, \qquad dc = -\frac{b\,ds}{\tau}.$$

Alors, pour une hélice *dextrorsum,* la torsion serait *positive;* τ serait égale à la rotation p et non à cette rotation changée de signe (n° 4).

ressants, la recherche des courbes algébriques à torsion constante. La construction que nous avons donnée au n° 770 nous a montré qu'il y a le plus haut intérêt à connaître même *celles de ces courbes qui sont entièrement imaginaires*. Cette construction peut, en effet, s'énoncer de la manière abrégée suivante (nos 769-770) :

Pour déterminer toutes les surfaces applicables sur le paraboloïde de révolution de paramètre 2τ, *on construit deux courbes* (Γ), (Γ_1) *ayant des torsions constantes, égales et de signes contraires* $\frac{i}{\tau}$, $\frac{-i}{\tau}$. *Le milieu* μ *de la corde, qui joint un point de* (Γ) *à un point de* (Γ_1), *décrit une surface* (S_0) *qui peut être engendrée, soit par la translation d'une courbe* (Γ') *homothétique à* (Γ), *soit par la translation d'une courbe* (Γ'_1) *homothétique à* (Γ_1). *Les plans osculateurs aux courbes* (Γ') *et* (Γ'_1) *qui passent en un point* M *de* (S_0) *se coupent suivant une droite* (d). *Les deux nappes focales* (S_1) *et* (S_2) *de la congruence engendrée par cette droite sont les surfaces cherchées. D'ailleurs, si* F_1, F_2 *sont les points focaux de* (d), *on a*

$$MF_1 = -MF_2 = \pm \frac{\tau i \sin\omega}{2},$$

ω *désignant l'angle des deux plans osculateurs qui se coupent suivant la droite* (d).

Il résulte immédiatement de cette construction la conséquence suivante : il faut que la courbe (Γ) soit imaginaire pour que les nappes (S_1) et (S_2) soient réelles. On devra alors associer à (Γ) la courbe imaginaire conjuguée (Γ_1).

Depuis l'invitation que nous avons adressée au n° 39 aux géomètres, les courbes à torsion constante ont été l'objet d'un certain nombre de travaux [1].

---

[1] G. KOENIGS, *Sur la forme des courbes à torsion constante* (*Annales de la Faculté des Sciences de Toulouse*, t. I, p. E.1; 1887).

I. LYON, *Sur les courbes à torsion constante;* Thèse soutenue en juillet 1890 devant la Faculté des Sciences de Paris (*Annales de l'Enseignement supérieur de Grenoble*, t. II, p. 353; 1890).

M. FOUCHÉ, *Sur les courbes algébriques à torsion constante* (*Annales de l'École Normale supérieure*, 3e série, t. VII, p. 335; novembre 1890).

E. FABRY, *Sur les courbes à torsion constante* (*Annales de l'École Normale supérieure*, 3e série, t. IX, p. 177; 1892).

E. COSSERAT, *Sur les courbes algébriques à torsion constante et sur les surfaces minima algébriques inscrites dans une sphère* (*Comptes rendus*, t. CXX, p. 1252; 1895).

Bien qu'on n'ait pas encore réussi à déterminer toutes les courbes algébriques à torsion constante, nous devons à M. Fabry la connaissance d'un certain nombre d'entre elles, qui sont réelles. On peut citer, par exemple, celles qui correspondent aux valeurs suivantes des cosinus directeurs de la binormale

$$(14)\qquad \left\{\begin{aligned} c &= \frac{\sqrt{\lambda}\cos\mu t - \sqrt{\mu}\cos\lambda t}{\sqrt{\lambda}+\sqrt{\mu}},\\ c' &= \frac{\sqrt{\lambda}\sin\mu t + \sqrt{\mu}\sin\lambda t}{\sqrt{\lambda}+\sqrt{\mu}},\\ c'' &= \frac{2\sqrt[4]{\lambda\mu}}{\sqrt{\lambda}+\sqrt{\mu}}\cos\frac{\lambda+\mu}{2}t, \end{aligned}\right.$$

où λ et μ sont deux entiers.

M. Fouché a employé pour étudier les courbes à torsion constante la méthode suivante :

Exprimons les cosinus directeurs de la binormale par les formules si souvent employées

$$(15)\qquad c = \frac{1-\alpha\beta}{\alpha-\beta}, \qquad c' = i\,\frac{1+\alpha\beta}{\alpha-\beta}, \qquad c'' = \frac{\alpha+\beta}{\alpha-\beta},$$

où α et β sont les coordonnées symétriques d'un point de la sphère. Les équations (12) nous donneront

$$(16)\qquad \left\{\begin{aligned} dx + i\,dy &= 2\tau i\,\frac{\beta^2\,d\alpha + \alpha^2\,d\beta}{(\alpha-\beta)^2},\\ dx - i\,dy &= -2\tau i\,\frac{d\alpha + d\beta}{(\alpha-\beta)^2},\\ dz &= -2\tau i\,\frac{\alpha\,d\beta + \beta\,d\alpha}{(\alpha-\beta)^2}. \end{aligned}\right.$$

Si la courbe est algébrique, c, c', c'' et, par suite, α, β seront nécessairement des fonctions algébriques d'un paramètre. Il en sera de même des intégrales

$$\int \frac{\beta^2\,d\alpha + \alpha^2\,d\beta}{(\alpha-\beta)^2}, \qquad \int \frac{d\alpha + d\beta}{(\alpha-\beta)^2}, \qquad \int \frac{\alpha\,d\beta + \beta\,d\alpha}{(\alpha-\beta)^2}.$$

D'autre part, comme les expressions

$$\frac{\beta^2\,d\alpha - \alpha^2\,d\beta}{(\alpha-\beta)^2}, \qquad \frac{d\alpha - d\beta}{(\alpha-\beta)^2}, \qquad \frac{\alpha\,d\beta - \beta\,d\alpha}{(\alpha-\beta)^2}$$

sont des différentielles exactes, on voit que les six expressions

$$\frac{d\alpha}{(\alpha-\beta)^2}, \quad \frac{\beta\, d\alpha}{(\alpha-\beta)^2}, \quad \frac{\beta^2\, d\alpha}{(\alpha-\beta)^2},$$
$$\frac{d\beta}{(\alpha-\beta)^2}, \quad \frac{\alpha\, d\beta}{(\alpha-\beta)^2}, \quad \frac{\alpha^2\, d\beta}{(\alpha-\beta)^2}$$

devront être des différentielles de fonctions algébriques. Réciproquement, il sera suffisant que trois d'entre elles, prises dans les trois colonnes différentes, admettent pour intégrales des fonctions algébriques.

Prenons, par exemple, celles qui sont dans la seconde ligne du Tableau précédent. Soit

$$(17) \qquad \frac{d\beta}{(\alpha-\beta)^2} = d\varepsilon,$$

il faudra que

$$d\varepsilon, \quad \alpha\, d\varepsilon, \quad \alpha^2\, d\varepsilon$$

soient des différentielles de fonctions algébriques. Cette condition exige évidemment que ε soit la dérivée seconde par rapport à α d'une fonction algébrique. Il faudra donc que l'on ait

$$d\varepsilon = \frac{d\beta}{(\alpha-\beta)^2} = d\left(\frac{d^2\gamma}{d\alpha^2}\right) = d\gamma''$$

ou encore

$$(18) \qquad \beta' = \gamma'''(\alpha-\beta)^2.$$

Ainsi tout est ramené à la recherche de deux fonctions algébriques β et γ de α vérifiant cette équation.

On peut encore, avec M. Fouché, effectuer une dernière transformation. Posons

$$(19) \qquad \alpha-\beta = \frac{1}{f},$$

l'équation deviendra

$$(20) \qquad f' + f^2 = \gamma'''.$$

Bien que cette équation n'ait pas été résolue d'une manière générale, on en aperçoit immédiatement un nombre illimité de solutions, que l'on obtient en prenant pour f des polynômes, des fractions rationnelles assujetties à des conditions simples. Il est vrai que les courbes correspondantes seront généralement imaginaires. Mais nous avons vu que, dans certaines questions au moins, ce sont ces courbes qu'il faudra rechercher.

8. L'équation précédente, comme celle que l'on obtiendrait en égalant à une constante l'expression de la torsion en coordonnées cartésiennes, appartient au type suivant.

Soient y, z, u, ... des fonctions d'une variable x assujetties à vérifier une équation différentielle de la forme suivante :

$$F(x, y, z, u, \ldots; \; y', z', u', \ldots; \; y'', z'', u'', \ldots) = 0,$$

y', y'', ...; z', ... désignant les dérivées successives de y, z, u, ... On peut se demander s'il est possible de résoudre une telle équation (ou plusieurs équations simultanées de même forme), c'est-à-dire d'exprimer x, y, z, u, ... en fonction d'un paramètre, de certaines fonctions arbitraires de ce paramètre et des dérivées de ces fonctions. Monge s'était proposé cette belle question dans le Mémoire que nous avons déjà cité [I, p. 16]. Elle mériterait d'être reprise avec tous les développements qu'elle comporte. On pourra consulter, sur le cas du premier ordre et de deux variables indépendantes, notre *Mémoire sur les solutions singulières des équations aux dérivées partielles* du premier ordre, inséré en 1883 au tome XXVII des *Mémoires présentés par divers savants à l'Académie des Sciences.*

NOTE V.

SUR LES FORMULES D'EULER ET SUR LE DÉPLACEMENT D'UN SOLIDE INVARIABLE.

1. Au Chapitre III du Livre I [p. 34] ainsi qu'au n° 903, nous avons eu à parler des formules célèbres d'Euler et d'Olinde Rodrigues qui définissent un changement de coordonnées ou un déplacement et contiennent seulement trois arbitraires, en fonction desquelles s'expriment algébriquement les neuf cosinus. Nous allons faire connaître une méthode géométrique qui donne ces formules de la manière la plus simple, en fournissant immédiatement la signification géométrique des arbitraires qui y figurent.

Considérons une figure mobile ayant un point fixe O et rapportons-la à un trièdre trirectangle $Oxyz$ ayant pour sommet le point O. Si on lui imprime un déplacement quelconque, on sait qu'il équivaut à une rotation d'angle θ autour d'un certain axe OH, passant par le point O (*fig.* 90). Par suite, un point M quelconque de la figure invariable venant occuper la nouvelle position M_1, il y aura un plan perpendiculaire à OH passant par M et par M_1, et dans ce plan, un cercle passant en M et en M_1, dont le centre P sera sur OH.

Menons les tangentes au cercle en M et en M_1; elles se coupent en un point Q. Nous allons déterminer de deux manières différentes les coordonnées du point Q.

L'angle MPM_1 étant égal à θ, l'angle MPQ sera égal à $\frac{\theta}{2}$. Par conséquent, si l'on imprimait à la figure mobile *dans sa première position* une rotation *infiniment petite*, dont la vitesse angulaire serait $\tang\frac{\theta}{2}$, la vitesse du point M serait, en grandeur et en signe, égale au segment MQ.

Si donc on désigne par x, y, z les coordonnées du point M et si l'on pose, α, β, γ désignant les angles de OH avec les axes,

$$(1)\qquad \frac{\lambda}{\rho} = \cos\alpha \tang\frac{\theta}{2}, \qquad \frac{\mu}{\rho} = \cos\beta \tang\frac{\theta}{2}, \qquad \frac{\nu}{\rho} = \cos\gamma \tang\frac{\theta}{2},$$

$\frac{\lambda}{\rho}$, $\frac{\mu}{\rho}$, $\frac{\nu}{\rho}$ seront les trois composantes de la rotation infiniment petite considérée, et les projections de MQ sur les trois axes seront

$$\frac{\mu z - \nu y}{\rho}, \qquad \frac{\nu x - \lambda z}{\rho}, \qquad \frac{\lambda y - \mu x}{\rho}.$$

Fig. 90.

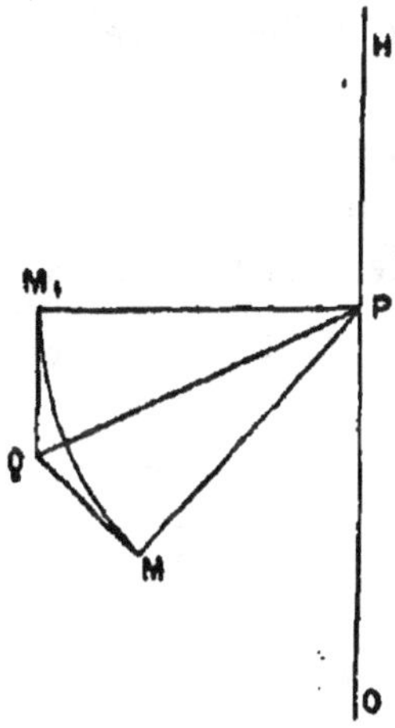

Pour obtenir les coordonnées x', y', z' du point Q, il faudra ajouter les projections de OM à celles de MQ, ce qui donnera

$$(2)\qquad \begin{cases} \rho x' = \rho x + \mu z - \nu y, \\ \rho y' = \rho y + \nu x - \lambda z, \\ \rho z' = \rho z + \lambda y - \mu x. \end{cases}$$

Envisageons maintenant la figure *dans sa seconde position;* on remarquera que M_1Q serait la vitesse du point M_1 si l'on imprimait à la figure une rotation *infiniment petite,* égale et contraire à la première. Si donc x_1, y_1, z_1 désignent les coordonnées du point M_1, on aura de même, en changeant les signes de λ, μ, ν ou celui de ρ,

$$(3)\qquad \begin{cases} \rho x' = \rho x_1 - \mu z_1 + \nu y_1, \\ \rho y' = \rho y_1 - \nu x_1 + \lambda z_1, \\ \rho z' = \rho z_1 - \lambda y_1 + \mu x_1. \end{cases}$$

Égalant les expressions différentes de x', y', z', nous aurons

$$(4)\quad \begin{cases} \rho x + \mu z - \nu y = \rho x_1 - \mu z_1 + \nu y_1, \\ \rho y + \nu x - \lambda z = \rho y_1 - \nu x_1 + \lambda z_1, \\ \rho z + \lambda y - \mu x = \rho z_1 - \lambda y_1 + \mu x_1. \end{cases}$$

2. On peut résoudre ces équations d'une manière élégante. Si on les ajoute d'abord après les avoir multipliées respectivement par $\frac{\lambda}{\rho}$, $\frac{\mu}{\rho}$, $\frac{\nu}{\rho}$, on obtient la relation

$$(5)\quad \lambda x + \mu y + \nu z = \lambda x_1 + \mu y_1 + \nu z_1,$$

qui était évidente par la Géométrie, car elle exprime que la droite MM_1 est perpendiculaire à l'axe de rotation. Si l'on ajoute maintenant les quatre équations précédentes, après les avoir multipliées respectivement par des facteurs $\pm\lambda$, $\pm\mu$, $\pm\nu$, $\pm\rho$, tels que le coefficient de l'inconnue cherchée devienne égal à

$$(6)\quad \lambda^2 + \mu^2 + \nu^2 + \rho^2 = B,$$

on trouve

$$(7)\quad \begin{cases} Bx = (\rho^2 + \lambda^2 - \mu^2 - \nu^2)x_1 + 2(\lambda\mu + \nu\rho)y_1 + 2(\lambda\nu - \mu\rho)z_1, \\ By = 2(\lambda\mu - \nu\rho)x_1 + (\rho^2 + \mu^2 - \lambda^2 - \nu^2)y_1 + 2(\mu\nu + \lambda\rho)z_1, \\ Bz = 2(\lambda\nu + \mu\rho)x_1 + 2(\mu\nu - \lambda\rho)y_1 + (\rho^2 + \nu^2 - \lambda^2 - \mu^2)z_1. \end{cases}$$

Pour obtenir les formules résolues par rapport à x_1, y_1, z_1, il faudrait échanger x, y, z et x_1, y_1, z_1 en changeant le signe de ρ.

3. Dans les développements qui précèdent, nous envisageons une figure invariable, rapportée à un trièdre fixe (T) $Oxyz$ et se déplaçant pendant que ce trièdre reste fixe. On peut aussi considérer les formules précédentes comme définissant un changement de coordonnées, dans lequel on passera de (T) à un trièdre (T_1) $Ox_1y_1z_1$. Alors les arbitraires α, β, γ, θ, reliées à λ, μ, ν, ρ par les formules (1), définiront la rotation *qui amène le trièdre* (T_1) *à coïncider avec le trièdre* (T). Il suffit, pour le reconnaître, de remarquer que, si l'on suppose que la rotation définie par les formules (1) entraîne le trièdre (T), les coordonnées du point M_1, par rapport à la nouvelle position du trièdre, restent égales aux coordonnées x, y, z du point M, tandis que les coordonnées de M_1, relatives aux axes primitifs, sont x_1, y_1, z_1. Il est évident, d'ailleurs, que l'axe de rotation fait des angles égaux avec les axes de même nom des trièdres (T) et (T_1).

4. Revenons à notre premier point de vue. Au n° 27, nous avions déjà donné, sous deux formes différentes, les équations précédentes, en les rattachant à la considération de la substitution linéaire qui définit une rotation. Nous avons vu, en effet, que si l'on considère la sphère de rayon 1,

$$x^2+y^2+z^2=1,$$

et si l'on introduit la variable complexe définie par la formule

$$\frac{x+iy}{1-z}=\alpha, \tag{8}$$

la substitution linéaire

$$\alpha=\frac{m\alpha_1+n}{p\alpha_1+q} \tag{9}$$

définit une rotation qui est aussi déterminée sous différentes formes par les équations (8), (9) et (11) [I, p. 34]. On retrouve ainsi les formules d'Euler; et si la méthode par laquelle on les obtient exige un appareil analytique plus compliqué que la précédente, elle permet du moins d'obtenir, avec plus de facilité, les relations relatives à *la composition de deux rotations.*

Supposons, en effet, que l'on effectue successivement deux rotations, la première définie par la formule (9), la seconde par la suivante :

$$\alpha_1=\frac{m_1\alpha_2+n_1}{p_1\alpha_2+q_1}. \tag{10}$$

En portant cette valeur de α_1 dans la formule précédente, on aura

$$\alpha=\frac{(mm_1+np_1)\alpha_2+mn_1+nq_1}{(pm_1+qp_1)\alpha_2+pn_1+qq_1}; \tag{11}$$

de sorte que, suivant la proposition de M. Klein, la composition de deux rotations équivaut à celle de deux substitutions linéaires. Si l'on désigne par m_{01}, n_{01}, p_{01}, q_{01} les valeurs de m, n, p, q relatives à la rotation composée, on aura

$$(12)\quad \begin{cases} m_{01}=mm_1+np_1, \\ n_{01}=mn_1+nq_1. \end{cases} \qquad (13)\quad \begin{cases} p_{01}=pm_1+qp_1, \\ q_{01}=pn_1+qq_1. \end{cases}$$

Si maintenant, pour établir une concordance avec nos premières formules, nous introduisons, comme au n° 27, les arbitraires λ, μ, ν, ρ, à la place de m, n, p, q, en posant [I, p. 34]

$$(14)\quad \begin{cases} m=-\rho+i\nu, & n=-\mu+i\lambda, & m_1=-\rho_1+i\nu_1, & n_1=-\mu_1+i\lambda_1, \\ q=-\rho-i\nu, & p=\mu+i\lambda, & q_1=-\rho_1-i\nu_1, & p_1=\mu_1+i\lambda_1. \end{cases}$$

et de même

$$(15)\quad \begin{cases} m_{01} = -\rho_{01} + i\nu_{01}, & n_{01} = -\mu_{01} + i\lambda_{01}, \\ q_{01} = -\rho_{01} - i\nu_{01}, & p_{01} = \mu_{01} + i\lambda_{01}, \end{cases}$$

les formules (12) et (13) nous donneront les suivantes

$$(16)\quad \begin{cases} \rho_{01} = \lambda\lambda_1 + \mu\mu_1 + \nu\nu_1 - \rho\rho_1, \\ \lambda_{01} = \mu\nu_1 - \nu\mu_1 - \lambda\rho_1 - \rho\lambda_1, \\ \mu_{01} = \nu\lambda_1 - \lambda\nu_1 - \mu\rho_1 - \rho\mu_1, \\ \nu_{01} = \lambda\mu_1 - \mu\lambda_1 - \nu\rho_1 - \rho\nu_1. \end{cases}$$

Elles résolvent complètement la question proposée, car elles donnent les quantités λ, μ, ν, ρ qui caractérisent la substitution composée en fonction des quantités analogues relatives aux rotations composantes. Nous allons les appliquer à l'étude de la question suivante.

5. Supposons qu'un trièdre $(T_1)\,Ox_1y_1z_1$, dont le sommet reste fixe, se déplace d'une manière quelconque et supposons qu'il soit rattaché à un trièdre fixe $(T)\,Oxyz$, par les formules (7) où λ, μ, ν, ρ seront des fonctions connues d'un paramètre t. Proposons-nous de déterminer, à chaque instant, les composantes de la rotation infiniment petite du trièdre (T_1), ces composantes étant prises relativement aux axes de ce trièdre. Nous remarquerons que, pour passer de (T_1) à sa position infiniment voisine (T'_1), on peut effectuer successivement deux substitutions orthogonales, l'une par laquelle on passerait de (T_1) à (T) et qui, étant l'inverse de la substitution (7), serait caractérisée par les valeurs $\lambda, \mu, \nu, -\rho$ des paramètres; l'autre, par laquelle on passerait de (T) à (T'_1) et qui correspondrait aux valeurs $\lambda + d\lambda$, $\mu + d\mu$, $\nu + d\nu$, $\rho + d\rho$ des mêmes paramètres. En appliquant donc les formules (16) et négligeant des infiniment petits dans l'expression nouvelle de ρ, on voit que les valeurs suivantes

$$(17)\quad \begin{cases} \rho' = \lambda^2 + \mu^2 + \nu^2 + \rho^2 = B, \\ \lambda' = \mu\,d\nu - \nu\,d\mu - \lambda\,d\rho + \rho\,d\lambda, \\ \mu' = \nu\,d\lambda - \lambda\,d\nu - \mu\,d\rho + \rho\,d\mu, \\ \nu' = \lambda\,d\mu - \mu\,d\lambda - \nu\,d\rho + \rho\,d\nu \end{cases}$$

seront les paramètres de la substitution orthogonale, par laquelle on passe de (T_1) à (T'_1).

Comme elles définissent, nous l'avons vu, les composantes de la rotation par laquelle (T'_1) vient coïncider avec (T_1), il faudra les changer de signe pour avoir la rotation du trièdre (T_1) et si l'on applique les formules (1) en remplaçant $\tang\frac{\theta}{2}$ par $\frac{\theta}{2}$ et posant

$$(18)\qquad \theta\cos\alpha = P\,dt,\qquad \theta\cos\beta = Q\,dt,\qquad \theta\cos\gamma = R\,dt,$$

il viendra

$$(19)\qquad \left\{\begin{aligned} BP &= 2\left(\nu\frac{d\mu}{dt} - \mu\frac{d\nu}{dt} + \lambda\frac{d\rho}{dt} - \rho\frac{d\lambda}{dt}\right),\\ BQ &= 2\left(\lambda\frac{d\nu}{dt} - \nu\frac{d\lambda}{dt} + \mu\frac{d\rho}{dt} - \rho\frac{d\mu}{dt}\right),\\ BR &= 2\left(\mu\frac{d\lambda}{dt} - \lambda\frac{d\mu}{dt} + \nu\frac{d\rho}{dt} - \rho\frac{d\nu}{dt}\right).\end{aligned}\right.$$

6. Si l'on suppose, comme il est permis, que ρ soit constamment égal à 1, ces formules se simplifieront un peu. Il vaudra mieux cependant, toutes les fois qu'on le pourra, conserver l'arbitraire ρ; car on introduira ainsi plus nettement et plus simplement les rotations qui correspondent à une valeur nulle de ρ et pour lesquelles, d'après les formules (1), l'angle θ est égal à 180°.

Dans notre *Mémoire sur l'équilibre astatique,* nous avons proposé d'appeler ces rotations des *renversements.* Nous allons terminer cette Note en montrant que les *renversements,* joints à des *inversions planes,* c'est-à-dire à des transformations par symétrie relatives à des plans, permettent d'étudier et de composer très simplement les divers mouvements finis d'un solide invariable. Nous nous appuierons, à cet effet, sur les remarques suivantes :

Une rotation d'angle θ autour d'un axe (d) *peut être remplacée par deux inversions successives relatives à des plans* (P_1), (P_2) *se coupant suivant l'axe et faisant un angle $\frac{\theta}{2}$. On peut faire tourner, comme on voudra, le dièdre de ces deux plans autour de l'axe.*

Un renversement autour de (d) *se ramène, par suite, à deux inversions relatives à deux plans rectangulaires quelconques se coupant suivant la droite* (d).

Il résulte de ces propositions que toute rotation d'angle θ autour d'une droite (d) se ramène à deux renversements autour de deux droites (δ_1), (δ_2), perpendiculaires en un point quelconque à la droite (d) et assujetties, en outre, à faire l'angle $\frac{\theta}{2}$. Car, soient (P_1), (P_2), (P) les trois plans passant respectivement par (d) et (δ_1), par (d) et (δ_2), par (δ_1) et (δ_2). Le premier renversement équivaut aux inversions relatives aux deux plans rectangulaires (P_1) et (P); le second équivaut de même aux inversions déterminées par les plans (P) et (P_2). Il faut donc effectuer successivement des inversions planes relatives aux plans (P_1), (P), (P), (P_2). Les deux inversions intermédiaires se détruisent et il reste les seules inversions extrêmes, qui équivalent, nous l'avons vu, à la rotation considérée.

On peut imprimer aux deux droites (δ_1), (δ_2) le mouvement d'un verrou autour de (d), c'est-à-dire les faire glisser et tourner tout d'une pièce d'une manière quelconque autour de (d), sans qu'elles cessent de représenter la rotation. Ainsi :

Une rotation est parfaitement représentée par un angle dont le sommet est sur l'axe de rotation, son plan étant perpendiculaire à cet axe et sa grandeur étant égale à la moitié de la rotation.

Une translation finie peut être représentée par deux inversions relatives à des plans parallèles, qui sont perpendiculaires à la translation, et dont la distance est égale à la moitié de la translation.

Si l'on intercale, entre ces deux inversions, deux autres inversions prises relativement à un même plan perpendiculaire aux précédents, inversions dont l'ensemble ne produit aucun déplacement, on voit que *toute translation finie équivaut à deux renversements autour de deux droites parallèles qui sont perpendiculaires à cette translation et dont la distance est égale à la moitié de la translation. Le plan de ces droites est parallèle à la translation.*

7. Ces points étant admis, considérons d'abord une figure avec un point fixe O et voyons comment on composera deux rotations successives. La première sera représentée par un angle AOA_1, la seconde par un angle BOB_1. Soit OC l'intersection du plan des deux angles. Faisons tourner le premier dans son plan, de manière à amener OA_1 sur OC, ce qui le remplacera par un angle DOC. Faisons tourner de même le second dans son plan, de manière à faire coïncider OB avec OC, ce qui le remplacera par un angle COD_1. Pour composer les rotations, il faudra effectuer des renversements autour des droites OD, OC, OC et OD_1. Les deux renversements intermédiaires se détruisant, il restera seulement ceux qui ont lieu autour de OD et OD_1; c'est-à-dire la rotation que nous définissons par l'angle DOD_1.

La méthode précédente n'exige même pas que l'on admette que tout déplacement d'une figure ayant un point fixe se réduit à une rotation; car il est évident que ce déplacement peut toujours se ramener à deux rotations, l'une qui amènera un point M quelconque dans sa nouvelle position M_1 et qui pourra être choisie d'une infinité de manières, l'autre qui s'effectuera autour de OM_1. Comme nous apprenons à composer deux rotations, on voit qu'on pourra toujours réduire tout déplacement à une seule rotation.

Passons maintenant au mouvement le plus général. On peut toujours le réaliser en amenant, par une translation, un point M de la figure invariable dans sa nouvelle position M_1, puis en effectuant une rotation autour d'un axe passant par M_1. La translation se ramène à deux inversions relatives à deux plans parallèles (P), (P_1) ; la rotation équivaut de même à deux inversions autour de plans qui se coupent, (P_2), (P_3). Donc, tout déplacement équivaut à quatre inversions autour des plans (P), (P_1), (P_2), (P_3), dont les premiers sont parallèles. Mais, comme on peut faire tourner le dièdre $(P_1)(P_2)$ d'un angle quelconque autour de son arête, on peut supposer que les plans précédents ne sont plus parallèles. Alors les deux premières inversions définiront une rotation ainsi que les deux suivantes. Donc :

Le déplacement d'une figure invariable se ramène d'une infinité de manières à deux rotations successives.

Soient (d) et (d_1) les axes de ces rotations et (δ) leur plus courte distance. La rotation autour de (d) peut être remplacée, nous l'avons vu, par deux renversements autour de deux droites, dont la seconde sera (δ); soient (δ_1) et (δ) ces deux droites. Il suffit que (δ_1) coupe (d), à angle droit, au même point que (δ), et fasse avec (δ), dans le sens convenable, un angle égal à la moitié de la rotation. De même la seconde rotation pourra être remplacée par deux renversements autour de deux droites (δ), (δ_2), pourvu que (δ_2) soit convenablement choisie. On aura donc à effectuer quatre renversements, dont deux consécutifs autour de (δ) se détruiront. Donc :

Tout déplacement d'une figure invariable se ramène par des constructions géométriques à deux renversements successifs autour de deux droites (δ_1), (δ_2).

De cette proposition fondamentale on fait dériver simplement la notion du mouvement hélicoïdal fini. Car menons par (δ_1) deux plans rectangulaires (P_1), (P'_1) dont le premier soit parallèle à (δ_2); menons de même par (δ_1) deux plans rectangulaires (P_2), (P'_2) dont le premier soit parallèle à (δ_1) et, par suite, à (P_1). Les deux renversements se ramèneront aux inversions planes relatives aux plans (P'_1), (P_1), (P_2), (P'_2). Les deux inversions intermédiaires, étant relatives à des plans parallèles, équivalent à une translation, qu'on peut échanger ensuite, soit avec la première, soit avec la dernière inversion plane. Ces deux inversions, étant rapprochées, se composent en une rotation, qui a lieu autour de la plus courte distance de (δ_1) et de (δ_2).

On voit donc que *tout déplacement fini se ramène à une rotation et à une translation parallèle à l'axe de la rotation.*

8. De même qu'une rotation est représentée par un angle, le déplacement précédent peut être représenté comme il suit : Prenons sur l'axe deux points A et B séparés par une distance égale à la moitié de la translation et élevons en A et B deux perpendiculaires à l'axe, (δ_1), (δ_2), faisant un angle égal à la moitié de la rotation. Le déplacement sera défini par ces deux droites ; car il équivaudra à deux renversements successifs autour d'elles. *On pourra leur imprimer, d'ailleurs, le mouvement du verrou autour de l'axe,* c'est-à-dire les faire glisser et tourner d'une manière quelconque autour de l'axe, sans qu'elles cessent de définir et de représenter le mouvement hélicoïdal.

De là résulte un moyen très simple de composer deux mouvements finis quelconques. Car soient (δ_1), (δ_2); (δ'_1), (δ'_2) les droites qui les définissent et soit (d) la plus courte distance des axes des deux mouvements [qui sont les plus courtes distances de (δ_1), (δ_2) et de (δ'_1), (δ'_2) respectivement]. On pourra, en faisant tourner et glisser (δ_1), (δ_2) autour de l'axe du premier mouvement, amener (δ_2) à coïncider avec (d) ; en opérant de même dans le second mouvement, on amènera (δ'_1) en coïncidence avec (d). Alors les deux renversements intermédiaires autour de la droite (d) se détruiront, et le mouvement composé se réduira aux deux renversements autour des nouvelles positions de (δ_1), (δ'_2), c'est-à-dire qu'il sera complètement et simplement défini.

Inversement, si l'on veut étudier les décompositions d'un mouvement donné, en deux rotations par exemple, la méthode précédente donnera très aisément la solution. Car soient (δ_1), (δ_2) les deux droites définissant un mouvement ; on leur adjoindra une droite (δ) les rencontrant toutes deux, et il est clair que le mouvement pourra être remplacé par les rotations définies, la première par l'angle des droites (δ_1), (δ), la seconde par l'angle des droites (δ), (δ_2). Nous nous contenterons de ces rapides indications en faisant remarquer toutefois que, dans l'Ouvrage cité plus haut [III, p. 479], nous avons appliqué des méthodes analogues à la composition des inversions sphériques.

NOTE VI.

NOTE SUR UNE ÉQUATION DIFFÉRENTIELLE ET SUR LES SURFACES SPIRALES.

1. Au n° 90, où nous avons considéré pour la première fois les surfaces *spirales*, nous avons vu que leur élément linéaire peut toujours être ramené à la forme (42) [I, p. 110]. Cette forme est équivalente à celle qui est définie par la formule suivante

$$ds^2 = U^2 e^{2v}(du^2 + dv^2), \tag{1}$$

où U désigne une fonction de u. Conformément à une remarque qui est due à M. Maurice Lévy, nous avons reconnu que cette forme convient à une infinité de surfaces spirales. Car si l'on définit une telle surface par les équations

$$\left\{\begin{aligned} Z &= ze^v,\\ X &= re^v\cos(\omega + hv),\\ Y &= re^v\sin(\omega + hv),\end{aligned}\right. \tag{2}$$

où h désigne une constante et où z, r, ω sont des fonctions de u, on aura, en exprimant que l'élément linéaire est donné par la formule (1), les trois relations suivantes

$$\left\{\begin{aligned} U^2 &= r^2(1 + h^2) + z^2,\\ 0 &= zz' + rr' + hr^2\omega',\\ U^2 &= r^2\omega'^2 + z'^2 + r'^2,\end{aligned}\right. \tag{3}$$

qui, pour chaque valeur de h, déterminent les fonctions r, z, ω. Nous nous proposons maintenant de compléter les résultats précédents et de prouver que l'intégration du système précédent se ramène à celle d'une équation différentielle remarquable, déjà rencontrée et signalée d'ailleurs dans différentes parties de cet Ouvrage [1].

A l'inspection des équations (3) on reconnaît immédiatement que, en supposant $1 + h^2$ différent de zéro, l'on pourra, par l'élimination de r et de ω, obtenir pour z une équation différentielle du premier ordre. On déduit, en effet, des deux premières

$$(4) \qquad \left\{ \begin{aligned} r^2 &= \frac{U^2 - z^2}{h^2 + 1}, \\ r^2\omega' &= -\frac{hzz' + \frac{1}{h}UU'}{h^2 + 1}. \end{aligned} \right.$$

En éliminant, au moyen de ces équations, r et ω dans la troisième équation (3), il restera pour z l'équation différentielle

$$(5) \qquad z^2 + z'^2 = U^2 - \frac{U'^2}{h^2},$$

dont l'intégration seule pourra faire connaître les surfaces cherchées.

2. Or, au n° 621 [III, p. 83], nous avons rencontré l'équation suivante

$$(6) \qquad P^2 + \left(\frac{dP}{dv}\right)^2 = V,$$

qui ne diffère de la précédente que par les notations; et nous avons vu que l'intégration de cette équation différentielle permet de déterminer toutes les lignes géodésiques des surfaces dont l'élément linéaire est défini par la formule

$$ds^2 = V[du^2 + (u + V_1)^2 dv^2].$$

V_1 est, comme V, une fonction de v; toutes les fois que cette fonction se réduit à une constante, l'élément linéaire, nous l'avons vu, se réduit à celui des surfaces spirales.

On peut donc dire que l'intégration d'une équation différentielle de la forme (5) ou (6) fera connaître les lignes géodésiques d'une infinité de surfaces, parmi lesquelles se trouveront des surfaces spirales, et dont l'élément linéaire dépendra d'une fonction arbitraire V_1 (en dehors de celle V qui figure dans l'équation).

---

[1] On pourra consulter la Note *Sur la détermination des surfaces spirales d'après leur élément linéaire*, insérée par M. Raffy au Tome CXII, p. 1421 des *Comptes rendus*, en 1891.

Enfin, au n° **732** [III, p. 303], nous nous sommes proposé de déformer une surface réglée de telle manière que l'une de ses courbes, assignée à l'avance, devienne plane, et nous avons reconnu que la solution de ce problème dépend d'une équation différentielle du premier ordre appartenant au type suivant

$$(7) \qquad My^2 + 2Nyy' + Py'^2 = 1,$$

où M, N, P sont des fonctions quelconques de la variable indépendante x. Cette nouvelle forme comprend évidemment comme cas particulier les formes (5) et (6) : nous nous proposons de justifier une indication déjà donnée [III, p. 304, note] et de montrer tout l'intérêt que présente l'étude analytique des équations différentielles précédentes.

Remarquons d'abord que l'on peut très aisément ramener l'équation (7) à la forme (5). En effet, écrivons-la comme il suit

$$(Py' + Ny)^2 + (PM - N^2)y^2 = P.$$

Si l'on détermine une fonction **X** par la quadrature

$$X = e^{\int \frac{N}{P} dx},$$

et si l'on effectue la substitution

$$(8) \qquad y = \frac{u}{X},$$

l'équation deviendra

$$P^2 u'^2 + (PM - N^2)u^2 = PX^2,$$

et il suffira de changer la variable indépendante en substituant à x la variable définie par la quadrature suivante

$$(9) \qquad x' = \int \frac{\sqrt{PM - N^2}}{P} dx,$$

pour obtenir la forme réduite

$$(10) \qquad u^2 + \left(\frac{du}{dx'}\right)^2 = \frac{PX^2}{PM - N^2},$$

où il faudra exprimer le second membre en fonction de x'.

3. Puisque les formes (10) et (7) ont le même degré de généralité, gardons l'équation (7), et voyons comment on pourra la ramener à une équation du premier ordre *et du premier degré*.

Il suffit pour cela de prendre comme inconnue auxiliaire le quotient suivant

$$\frac{y}{y'} = \lambda. \tag{11}$$

On aura alors

$$y' = \frac{1}{\sqrt{M\lambda^2 + 2N\lambda + P}}, \qquad y = \frac{\lambda}{\sqrt{M\lambda^2 + 2N\lambda + P}}. \tag{12}$$

En exprimant que y' est la dérivée de y, on trouvera pour λ l'équation

$$2(N\lambda + P)\lambda' = M'\lambda^3 + 2(N' + M)\lambda^2 + (P' + 4N)\lambda + 2P, \tag{13}$$

qui est bien de la forme annoncée.

Si l'on considère toutes les équations du premier ordre et du premier degré

$$y' = f(x, y),$$

et si l'on se propose de les classer d'après la manière dont y entre dans la fonction f, on rencontre tout d'abord l'équation linéaire et l'équation de Riccati. La plus simple, après celles-là, si l'on admet toutefois que la variable y puisse être soumise à une substitution homographique sans que la forme de l'équation soit altérée, est la suivante

$$y' = \frac{ay^3 + by^2 + cy + d}{ey + f}, \tag{14}$$

où a, b, c, d, e, f sont des fonctions données, mais quelconques, de la variable indépendante.

L'équation précédente contient l'équation (13) comme cas particulier; nous allons montrer que, si l'on en connaît des solutions particulières, on pourra toujours, par des substitutions simples, la ramener à une forme type ne contenant plus qu'une fonction arbitraire.

4. Appuyons-nous sur la propriété essentielle : l'équation ne change pas de forme lorsqu'on effectue sur la variable y une substitution homographique quelconque. D'après cela, si l'on connaît trois solutions particulières y_0, y_1, y_2, effectuons la substitution homographique qui leur fait correspondre les valeurs 0, 1, ∞. La nouvelle équation devant admettre ces solutions particulières, on aura

$$a = d = 0, \qquad b + c = 0,$$

et elle prendra la forme

$$\frac{dy}{dx} = \frac{y(1-y)}{ey+f}.$$

En changeant de variable indépendante on pourra simplifier encore et réduire à l'unité une des fonctions e ou f, avoir, par exemple, la forme typique

$$(15) \qquad \frac{dy}{dx} = \frac{y(1-y)}{a-y}.$$

La manière même dont nous l'avons obtenue prouve qu'il y aura un nombre illimité de formes typiques.

On peut encore effectuer dans l'équation (14) la substitution

$$(16) \qquad ey+f = \frac{1}{z};$$

on aura alors pour z l'équation différentielle

$$(17) \qquad z' = \alpha + \beta z + \gamma z^2 + \delta z^3;$$

la dérivée est, cette fois, une fonction entière de z.

La forme précédente est conservée si l'on effectue sur z une substitution de la forme

$$(18) \qquad z = A\lambda + B;$$

on peut disposer des fonctions A et B de manière à faire correspondre à deux solutions particulières z_0, z_1 deux valeurs constantes h, h' de λ. Alors l'équation en λ prendra la forme simple

$$(19) \qquad \lambda' = (\lambda - h)(\lambda - h')(C\lambda + D).$$

Un changement de variable réduira à l'unité l'une des fonctions C ou D.

5. Cette nouvelle transformation permet de montrer que l'intégration de l'équation générale (14) peut se ramener à celle de l'équation

$$(20) \qquad y^2 + \left(\frac{dy}{dx}\right)^2 = X$$

et *vice versa*. Car si l'on effectue ici la substitution

$$(21) \qquad y = \lambda \frac{dy}{dx}$$

on trouve pour λ l'équation

$$\lambda' = (\lambda^2+1)\left(1-\lambda\frac{X'}{2X}\right); \tag{22}$$

et il est clair que, par un changement de la variable indépendante et par un choix convenable des constantes arbitraires h, h', on peut ramener l'un à l'autre les deux types (19) et (22).

6. Nous avons indiqué, dans le cours de cet Ouvrage, et notamment dans la théorie des lignes géodésiques, plusieurs cas particuliers dans lesquels on peut intégrer l'équation (20) et, par suite, l'équation (14). Nous nous contenterons des rapprochements que nous venons de signaler en faisant remarquer que l'on pourra obtenir en quelque sorte une suite illimitée d'équations intégrables de la forme (14) en cherchant celles qui admettent des facteurs intégrants de la forme suivante

$$(y-X_1)^{m_1}(y-X_2)^{m_2}\ldots,$$

m_1, m_2, ... étant des constantes et X_1, X_2, ... des fonctions de x. Dans un Mémoire *sur quelques équations différentielles non linéaires,* inséré en 1887 au *Journal de l'École Polytechnique* [LVIIe Cahier, p. 189], M. R. Liouville a développé quelques propositions relatives à l'équation précédente, prise sous la forme (17).

NOTE VII.

SUR LA FORME DES LIGNES DE COURBURE DANS LE VOISINAGE D'UN OMBILIC.

1. Dans l'étude que nous avons faite à différentes reprises du système orthogonal formé par les lignes de courbure d'une surface, nous avons laissé de côté l'examen de la question qui va faire l'objet de cette Note.

Le problème que nous nous proposons a déjà été étudié par différents géomètres, et notamment par l'illustre Cayley [1]. Bien qu'un peu spécial par sa nature même, il offre un vif intérêt, parce que sa solution complète exige l'application des méthodes employées pour l'étude des points critiques des équations différentielles par Briot et Bouquet et par leurs continuateurs dans ce genre de recherches, MM. Poincaré et Picard. Nous allons démontrer ici les résultats que nous avons communiqués en 1883 à l'Académie des Sciences [2].

2. Si l'on place l'origine des coordonnées rectangulaires à l'ombilic, en choisissant pour plan des xy le plan tangent en ce point à la surface donnée, l'équation de cette surface prendra la forme suivante

$$(1)\quad \left\{\begin{aligned} z = {} & \frac{k}{2}(x^2+y^2) + a\frac{x^3}{6} + \frac{b}{2}x^2y + \frac{b'}{2}xy^2 + \frac{a'}{6}y^3 \\ & + \frac{\alpha}{24}x^4 + \frac{\beta}{6}x^3y + \frac{\gamma}{4}x^2y^2 + \frac{\beta'}{6}xy^3 + \frac{\alpha'}{24}y^4 + \ldots, \end{aligned}\right.$$

(1) A. Cayley, *On differential Equations and umbilici* (*Philosophical Magazine*, vol. XXVI, p. 373-379 et 441-452; 1863). *Voir* aussi *the Collected mathematical Papers of* Arthur Cayley, vol. V, p. 115.

M. Émile Picard a bien voulu me communiquer les épreuves du tome III de son *Traité d'Analyse* où il rattache l'étude de cette question particulière aux théories générales qu'il a développées sur les points singuliers des équations différentielles.

(2) *Sur les lignes de courbure de la surface des ondes* (*Comptes rendus*, t. XCVII, p. 1133). *Voir* aussi *Annales scientifiques de l'École Normale supérieure*, 3e série, t. VI, p. 385.

où k désigne l'inverse du rayon de courbure principal, les termes non écrits étant du 5° ordre au moins par rapport à x et à y. Si nous désignons ici par P, Q, R, S, T les dérivées premières et secondes de z, qui entrent dans l'équation différentielle des lignes de courbure, nous aurons

$$(2)\quad \left\{\begin{aligned} P &= kx + \frac{a}{2}x^2 + bxy + \frac{b'}{2}y^2 + \alpha\frac{x^3}{6} + \frac{\beta}{2}x^2y + \frac{\gamma}{2}xy^2 + \frac{\beta'}{6}y^3 + \ldots,\\ Q &= ky + \frac{b}{2}x^2 + b'xy + \frac{a'}{2}y^2 + \frac{\beta}{6}x^3 + \frac{\gamma}{2}x^2y + \frac{\beta'}{2}xy^2 + \frac{\alpha'}{6}y^3 + \ldots,\\ R &= k + ax + by + \frac{\alpha}{2}x^2 + \beta xy + \frac{\gamma}{2}y^2 + \ldots,\\ S &= bx + b'y + \frac{\beta}{2}x^2 + \gamma xy + \frac{\beta'}{2}y^2 + \ldots,\\ T &= k + b'x + a'y + \frac{\gamma}{2}x^2 + \beta' xy + \frac{\alpha'}{2}y^2 + \ldots. \end{aligned}\right.$$

Portons ces valeurs des dérivées dans l'équation différentielle des lignes de courbure

$$(3)\quad \left\{\begin{aligned} &[S(1 + P^2) - PQR]\,dx^2 + [T(1 + P^2) - R(1 + Q^2)]\,dx\,dy\\ &\qquad + [PQT - S(1 + Q^2)]\,dy^2 = 0; \end{aligned}\right.$$

il viendra

$$(4)\quad \left\{\begin{aligned} &\left[bx + b'y + \frac{\beta}{2}x^2 + (\gamma - k^3)xy + \frac{\beta'}{2}y^2\right](dx^2 - dy^2)\\ &\quad + \Big[(b' - a)x + (a' - b)y\\ &\qquad + \left(\frac{\gamma - \alpha}{2} + k^3\right)x^2 + (\beta' - \beta)xy + \left(\frac{\alpha' - \gamma}{2} - k^3\right)y^2\Big]\,dx\,dy\\ &\qquad\qquad + M\,dx^2 + N\,dx\,dy + M'\,dy^2 = 0, \end{aligned}\right.$$

M, N, M′ étant du troisième degré au moins par rapport aux coordonnées x et y.

3. Pour l'ombilic, nous nous trouvons dans ce cas exceptionnel où l'équation différentielle est de degré supérieur par rapport à $\frac{dy}{dx}$ et où le coefficient différentiel devient indéterminé.

Remarquons d'abord, pour expliquer la méthode que nous allons suivre, que, lorsqu'en un point A le coefficient différentiel devient indéterminé, on peut *considérer ce point, accompagné de toutes les tangentes qui y passent, comme donnant une solution particulière de l'équation différentielle.* Si l'on prend, en effet, les polaires réciproques des courbes intégrales, elles satisfont encore à une équation différentielle du premier ordre que l'on formera aisément. Et alors, *au point* A, *pour lequel le coefficient différentiel est indéterminé,* correspondra *une droite dont le point de contact sera indéterminé,* c'est-à-dire une droite (*d*) *qui sera une solution particulière de la nouvelle équation différentielle.* Par suite, au lieu d'étudier les solutions de la première équation dans le voisinage du point A où le coefficient différentiel est indéterminé, on pourra étudier les solutions de la seconde qui sont voisines de la droite (*d*), *ce qui ne présentera de difficulté que pour certains points exceptionnels de la droite.*

Pour appliquer cette remarque, effectuons la substitution si souvent employée, qui remplace la courbe cherchée par sa polaire réciproque relative à la parabole

$$Y = \frac{X^2}{2};$$

c'est-à-dire introduisons, à la place de x et y, les variables p et u définies par les équations

$$(5) \qquad p = \frac{dy}{dx}, \qquad u = px - y,$$

de sorte que l'on aura

$$(6) \qquad x = \frac{du}{dp}, \qquad y = px - u;$$

et que l'équation de la tangente à la courbe cherchée sera

$$Y = pX - u.$$

Avec ces nouvelles variables, l'équation différentielle qui représente la ligne de courbure ou, plus exactement, sa projection sur le plan tangent, prendra la forme suivante :

$$(7) \qquad H\frac{du}{dp} + Ku + H_1\frac{du^2}{dp^2} + K_1 u\frac{du}{dp} + L_1 u^2 + \varphi = 0,$$

où l'on aura

$$(8) \quad \left\{\begin{aligned}
H &= b + (2b' - a)p + (a' - 2b)p^2 - b'p^3,\\
K &= -b' + (b - a')p + b'p^2,\\
H_1 &= \frac{\beta}{2} + \frac{3\gamma - \alpha}{2}p + 3\frac{\beta' - \beta}{2}p^2 + \frac{\alpha' - 3\gamma}{2}p^3 - \frac{\beta'}{2}p^4,\\
K_1 &= k^3 - \gamma + (\beta - 2\beta')p + (2\gamma - \alpha' + k^3)p^2 + \beta'p^3,\\
L_1 &= \frac{\beta'}{2} + \left(\frac{\alpha' - \gamma}{2} - k^3\right)p - \frac{\beta'}{2}p^2,
\end{aligned}\right.$$

et où les termes contenus dans φ seront du troisième degré *au moins* par rapport aux deux variables u, $\frac{du}{dp}$.

4. Nous voulons obtenir les solutions pour lesquelles x et y, c'est-à-dire d'après les équations (5) et (6), u et $\frac{du}{dp}$ sont très petits, la variable indépendante nouvelle p pouvant recevoir des valeurs quelconques. A cet effet, effectuons la substitution

$$u = \alpha u', \tag{9}$$

α étant une constante très petite et u' étant supposée finie; l'équation différentielle prendra la forme

$$\frac{du'}{dp} = -\frac{K}{H}u' - \alpha\frac{H_1}{H}\frac{du'^2}{dp^2} - \frac{\alpha K_1}{H}u'\frac{du'}{dp} - \frac{\alpha L_1}{H}u'^2 - \alpha^2\varphi'. \tag{10}$$

Pourvu que nous écartions les valeurs de p, pour lesquelles on a

$$H = 0, \tag{11}$$

l'intégration par les séries de l'équation différentielle précédente nous donnera une fonction u' développable suivant les puissances de α. Par suite, si nous supposons que p varie entre deux limites p_0, p_1 *ne comprenant aucune racine de l'équation* $H = 0$ et si nous supposons que u' soit assujettie, par exemple, à rester égale à l'unité pour $p = p_0$, u' sera une fonction continue de α dans tout l'intervalle (p_0, p_1) et elle se réduira, pour $\alpha = 0$, à la fonction qui satisfait à l'équation

$$\frac{du'}{dp} = -\frac{K}{H}u'. \tag{12}$$

Si donc nous conservons cette unique équation, son intégration nous conduira nécessairement à une courbe qui sera semblable à la ligne de courbure infiniment petite, réserve faite, pour le moment, des parties de la courbe qui sont dans le voisinage des points où le coefficient angulaire de la tangente satisfait à l'équation (11).

5. Il convient donc d'abord d'étudier l'équation précédente, identique au fond à celle qui a été considérée par Cayley; l'intégration de cette équation nous donnera la solution de ce que nous pouvons appeler la *partie principale* du problème.

Si nous remplaçons les polynômes H et K par leurs expressions, l'équation devient

$$(13)\qquad \frac{du'}{u'} = \frac{b'p^2 + (b - a')p - b'}{b'p^3 + (2b - a')p^2 + (a - 2b')p - b}\,dp.$$

Les variables sont séparées et l'intégration n'offre aucune difficulté. Au lieu des arbitraires a, b, a', b', nous allons mettre en évidence les racines du dénominateur H, que nous supposerons distinctes. Soient α, β, γ ces racines; on aura

$$(14)\qquad \left\{\begin{aligned} b &= b'\alpha\beta\gamma, & a &= b'(2 + \alpha\beta + \alpha\gamma + \beta\gamma),\\ a - 2b' &= b'(\alpha\beta + \alpha\gamma + \beta\gamma), & a' &= b'(2\alpha\beta\gamma + \alpha + \beta + \gamma),\\ a' - 2b &= b'(\alpha + \beta + \gamma), & b &= b'\alpha\beta\gamma. \end{aligned}\right.$$

En introduisant les quantités A, B, C déterminées par les formules suivantes [1]

$$(15)\qquad \left\{\begin{aligned} A &= -\frac{(1+\alpha\beta)(1+\alpha\gamma)}{(\alpha-\beta)(\alpha-\gamma)}, & A - 1 &= -\frac{(1+\alpha^2)(1+\beta\gamma)}{(\alpha-\beta)(\alpha-\gamma)},\\ B &= -\frac{(1+\beta\gamma)(1+\beta\alpha)}{(\beta-\alpha)(\beta-\gamma)}, & B - 1 &= -\frac{(1+\beta^2)(1+\alpha\gamma)}{(\beta-\alpha)(\beta-\gamma)},\\ C &= -\frac{(1+\gamma\alpha)(1+\gamma\beta)}{(\gamma-\alpha)(\gamma-\beta)}, & C - 1 &= -\frac{(1+\gamma^2)(1+\alpha\beta)}{(\gamma-\alpha)(\gamma-\beta)}, \end{aligned}\right.$$

l'équation deviendra

$$(16)\qquad \frac{du'}{u'} = \frac{A\,dp}{p-\alpha} + \frac{B\,dp}{p-\beta} + \frac{C\,dp}{p-\gamma}.$$

En intégrant, nous aurons

$$(17)\qquad u' = M(p-\alpha)^{A}(p-\beta)^{B}(p-\gamma)^{C},$$

M désignant une constante arbitraire. Si l'on pose

$$(18)\qquad v = M(p-\alpha)^{A-1}(p-\beta)^{B-1}(p-\gamma)^{C-1},$$

les valeurs de x et de y déduites des formules (6) seront

$$(19)\qquad \left\{\begin{aligned} x &= v[p^2 - 1 - p(\alpha\beta\gamma + \alpha + \beta + \gamma)],\\ y &= v[-\alpha\beta\gamma(p^2 - 1) - (1 + \alpha\beta + \beta\gamma + \gamma\alpha)p]. \end{aligned}\right.$$

---

(1) Il résulte de ces expressions de A, B, C que les polynômes K et H ne peuvent avoir une racine commune sans en avoir deux.

On déduit de ces expressions les formules bien plus élégantes

$$(20)\qquad \begin{cases} y-\alpha x=-\nu(p-\alpha)(1+p\alpha)(1+\beta\gamma), \\ y-\beta x=-\nu(p-\beta)(1+p\beta)(1+\gamma\alpha), \\ y-\gamma x=-\nu(p-\gamma)(1+p\gamma)(1+\alpha\beta). \end{cases}$$

On voit que la forme limite de la ligne de courbure est loin d'être un cercle, comme l'ont pensé quelques auteurs.

6. Nous allons maintenant discuter les résultats précédents et nous commencerons par supposer α, β, γ réels.

Introduisons les angles α', β', γ' définis par les formules

$$(21)\qquad \alpha=\operatorname{tang}\alpha', \qquad \beta=\operatorname{tang}\beta', \qquad \gamma=\operatorname{tang}\gamma',$$

on trouvera alors

$$(22)\qquad \begin{cases} A=-\cot(\alpha'-\gamma')\cot(\alpha'-\beta'), & A-1=-\dfrac{\cos(\beta'-\gamma')}{\sin(\alpha'-\beta')\sin(\alpha'-\gamma')}, \\ B=-\cot(\beta'-\alpha')\cot(\beta'-\gamma'), & B-1=-\dfrac{\cos(\gamma'-\alpha')}{\sin(\beta'-\alpha')\sin(\beta'-\gamma')}, \\ C=-\cot(\gamma'-\alpha')\cot(\gamma'-\beta'), & C-1=-\dfrac{\cos(\alpha'-\beta')}{\sin(\gamma'-\alpha')\sin(\gamma'-\beta')}. \end{cases}$$

En considérant sur le cercle trigonométrique les extrémités des six arcs

$$\alpha',\quad \beta',\quad \gamma',\quad \frac{\pi}{2}+\alpha',\quad \frac{\pi}{2}+\beta',\quad \frac{\pi}{2}+\gamma,$$

et tenant compte de ce qu'on peut faire tourner les axes dans leur plan ou augmenter de π l'un des arcs α', β', γ', on verra facilement que toutes les dispositions différentes de ces quantités peuvent se ramener aux suivantes.

Ou bien il est possible d'enfermer dans un même angle droit les trois droites de coefficients angulaires α, β, γ; et alors les six angles donneront lieu à la disposition suivante

$$(I)\qquad \alpha',\quad \beta',\quad \gamma',\quad \frac{\pi}{2}+\alpha',\quad \frac{\pi}{2}+\beta',\quad \frac{\pi}{2}+\gamma',$$

quand on les rangera par ordre de grandeur croissante.

Ou bien il sera impossible d'enfermer les trois droites dans un angle droit, ce qui donnera naissance à la disposition

$$(II)\qquad \alpha',\quad \beta',\quad \frac{\pi}{2}+\alpha',\quad \gamma',\quad \frac{\pi}{2}+\beta',\quad \frac{\pi}{2}+\gamma'.$$

En se reportant aux formules (22), on trouvera les signes suivants pour les exposants

	A.	B.	C.	A — 1.	B — 1.	C — 1.
Disposition I.......	—	+	—	—	+	—
Disposition II......	+	+	+	—	—	—

Avec la disposition I, il y aura deux directions asymptotiques de coefficients angulaires α et γ; car v devient infini, ainsi que x et y, lorsque p s'approche de α ou de γ. Comme $y-\alpha x$, $y-\gamma x$ deviennent aussi infinies, les branches infinies sont toutes deux paraboliques.

Lorsque p tend vers β, la courbe passe à l'origine; on a approximativement

$$v = \mathrm{K}'(p-\beta)^{\mathrm{B}-1},$$
$$x = \mathrm{K}''(p-\beta)^{\mathrm{B}-1},$$
$$y-\beta x = \mathrm{K}'''(p-\beta)^{\mathrm{B}},$$

K′, K″, K‴ désignant des constantes. On déduit de là

$$y-\beta x = \mathrm{L}x^{\frac{\mathrm{B}}{\mathrm{B}-1}}, \tag{23}$$

L désignant une quantité finie. Si B n'est pas commensurable, cette singularité n'est pas algébrique.

On trouverait de même, pour les branches paraboliques, les expressions approchées

$$y-\alpha x = \mathrm{L}_1 x^{\frac{\mathrm{A}}{\mathrm{A}-1}}, \tag{24}$$
$$y-\gamma x = \mathrm{L}_2 x^{\frac{\mathrm{C}}{\mathrm{C}-1}}. \tag{25}$$

La *fig.* 91, construite pour l'hypothèse particulière.

$$\alpha' = -\frac{\pi}{6}, \qquad \beta' = 0, \qquad \gamma' = \frac{\pi}{6},$$

donne une idée de la forme que présentent, dans ce cas, les différentes lignes définies par l'équation (12).

Dans la disposition II, x et y deviennent toujours infinis quand p s'approche de l'une des valeurs α, β, γ; mais $y-\alpha x$, $y-\beta x$, $y-\gamma x$ tendent vers zéro. La courbe admet pour asymptotes les trois droites issues de l'origine et de coefficients angulaires α, β, γ. La *fig.* 92 fait connaître la forme qu'affectent, dans ce cas, les projections des lignes de courbure.

Aucune d'elles, sauf les trois droites qui sont des solutions particulières de l'équation différentielle, ne passe à l'ombilic O.

Fig. 91.

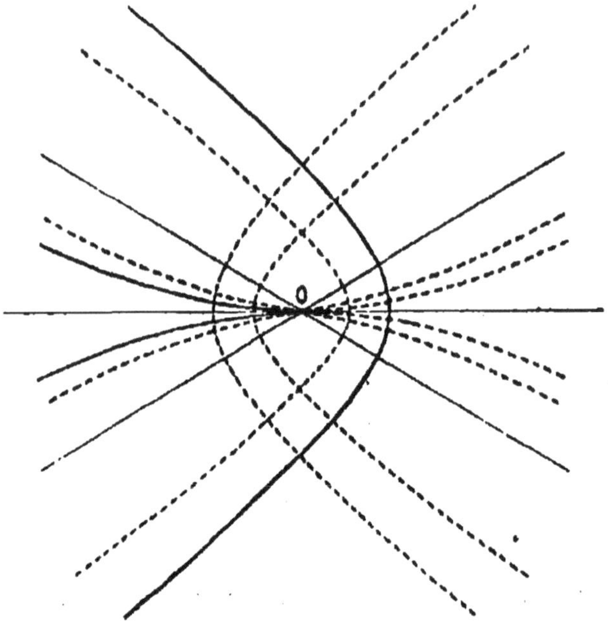

7. Supposons maintenant que deux des racines α, β, γ, β et γ par

Fig. 92.

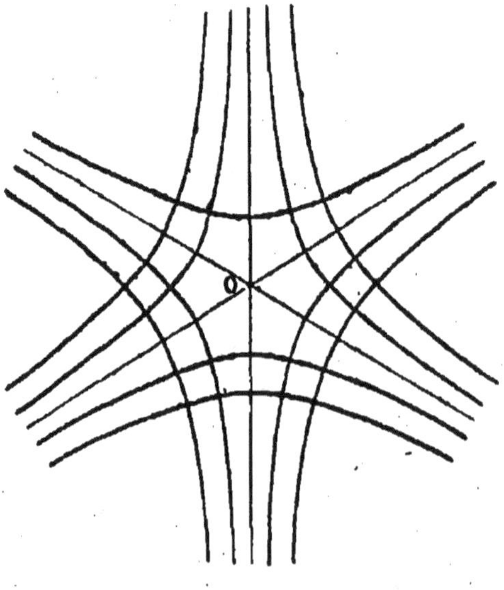

exemple, soient imaginaires conjuguées. Alors A et $A - 1$ sont négatifs, et la courbe a une branche parabolique.

Pour fixer les idées, supposons que l'on ait

$$\beta = i, \qquad \gamma = -i.$$

Alors en faisant tourner les axes, on pourra supposer

$$\alpha = 0,$$

et les projections des lignes de courbure, représentées par l'équation

$$y^2 + x^2 = (x - 2M)^2,$$

seront des paraboles homofocales.

L'hypothèse que nous venons de faire est celle qui convient aux ombilics des surfaces du second degré. Dans ce cas, en effet, les termes du troisième degré dans l'expression de z doivent être divisibles par les termes du second degré. On a alors

$$a = 3b', \qquad a' = 3b$$

et l'équation

$$b'p^3 + (2b - a')p^2 + (a - 2b')p - b = 0,$$

qui admet les racines α, β, γ, se réduit bien à la suivante

$$(b'p - b)(p^2 + 1) = 0.$$

Nous nous bornerons à ces hypothèses générales, nous contentant de signaler, par exemple, le cas où l'on aurait

$$1 + \alpha\gamma = 0.$$

Cette seule condition entraîne les conséquences suivantes

$$A = C = 0, \qquad B = 1.$$

Dans ce cas, notre équation différentielle admet les solutions

$$p = \alpha, \qquad p = \gamma,$$

qui correspondent à deux séries de droites rectangulaires.

8. Il nous paraît utile, avant de poursuivre cette étude, d'indiquer dès à présent, les conséquences auxquelles conduisent les résultats précédents, tout incomplets qu'ils soient encore. Il n'est pas douteux que, si une surface a toutes ses lignes de courbure algébriques, la petite ligne de courbure que nous venons de déterminer devra être algébrique *pour chaque ombilic de la surface.* Il sera donc nécessaire que, pour chaque ombilic, les trois nombres A, B, C soient *réels et commensurables.* Cette condition ne sera pas suffisante ; mais, toutes les fois qu'elle ne sera pas remplie, on pourra affirmer que les lignes de courbure ne sont pas algébriques, en général.

Appliquons cette remarque à la surface des ondes de Fresnel, dont les lignes de courbure ont été l'objet de si nombreuses recherches.

Déterminons d'abord les ombilics de cette surface ([1]). Pour cela, il faut la considérer comme *l'apsidale* d'un ellipsoïde (E). Nous rappellerons plus loin la définition de la *transformation apsidale.* Contentons-nous de remarquer ici que c'est une transformation de contact et que, comme toutes les transformations de ce genre, elle conserve *l'ordre* du contact entre deux surfaces quelconques. Par suite, à un ombilic, c'est-à-dire à un point où une sphère a un contact du second ordre avec la surface des ondes, correspond un point de l'ellipsoïde où la surface correspondante à une sphère, c'est-à-dire un tore dont le centre coïncide avec le centre de la surface, a un contact du second ordre avec l'ellipsoïde. Cherchons donc les points de l'ellipsoïde pour lesquels, parmi les surfaces osculatrices, se trouve un tore concentrique à l'ellipsoïde. Pour les déterminer, remarquons qu'en un point quelconque d'un tore, l'un des plans principaux contiendra l'axe et ira passer par le centre. De plus, l'un des centres de courbure principaux sera sur l'axe, l'autre sera le centre du cercle méridien de la surface ; par suite, le segment formé par ces deux centres de courbure principaux sera vu du centre de la surface sous un angle droit.

Ainsi, les points de l'ellipsoïde qui donneront des ombilics de la surface des ondes doivent satisfaire à cette double condition que l'un des plans principaux aille passer par le centre et ensuite, que le segment formé par les centres de courbure principaux soit vu du centre sous un angle droit ([2]).

Les seuls points pour lesquels la première condition se trouve remplie sont ceux qui sont situés dans les plans principaux de l'ellipsoïde (E). Il résulte de là que *tous les ombilics de la surface des ondes sont situés sur les ellipses situées dans les plans principaux.*

([1]) Cette détermination des ombilics a été communiquée en 1878 au Congrès tenu à Paris par l'*Association française pour l'avancement des Sciences.*

([2]) M. Mannheim a obtenu le même résultat par des méthodes qui lui sont propres. *Voir* le *Cours de Géométrie descriptive de l'École Polytechnique.* Deuxième édition, p. 334.

9. L'équation de cette surface est

$$(26) \qquad \frac{x^2}{\rho^2 - a^2} + \frac{y^2}{\rho^2 - b^2} + \frac{z^2}{\rho^2 - c^2} = 1,$$

ρ^2 désignant le carré de la distance à l'origine

$$(27) \qquad \rho^2 = x^2 + y^2 + z^2.$$

Considérons, par exemple, les ombilics situés dans le plan des xy. En mettant en évidence les coniques sections de la surface par ce plan, et en posant

$$(28) \qquad \begin{cases} U = a^2 x^2 + b^2 y^2 - a^2 b^2, \\ V = x^2 + y^2 - c^2, \end{cases}$$

l'équation de la surface devient

$$(20) \qquad c^2 z^4 + [U + c^2 V + (c^2 - a^2)(c^2 - b^2)] z^2 + UV = 0.$$

Transportons l'origine en un point de la conique définie par l'équation

$$U = 0,$$

et prenons comme nouveaux axes des x et des y la tangente et la normale à la conique en ce point. U prendra la forme suivante

$$(30) \qquad U = A x^2 + 2 B xy + C y^2 + 2 E y,$$

et la théorie des invariants montre que l'on aura

$$(31) \quad (AC - B^2)^2 = AE^2, \qquad AC - B^2 = a^2 b^2, \qquad a^2 + b^2 = A + C.$$

D'autre part, V deviendra

$$V = (x - x_0)^2 + (y - y_0)^2 - c^2,$$

x_0 et y_0 étant les coordonnées du centre de la conique. On trouve ainsi

$$(32) \qquad V = x^2 + y^2 + 2 \frac{A y - B x}{AC - B^2} E + \frac{A^2 + B^2}{A} - c^2,$$

en tenant compte de la première relation (31).

Portant ces valeurs de U et V dans l'équation de la surface, nous trouvons

$$c^2 z^4 + z^2 \left[(A + c^2) x^2 + (C + c^2) y^2 + 2 B xy + 2 E y \right.$$
$$\left. + \frac{2 c^2 E}{AC - B^2} (A y - B x) + \frac{c^2 - A}{A} (B^2 - AC) \right]$$
$$+ (A x^2 + 2 B xy + C y^2 + 2 E y) \left[x^2 + y^2 + \frac{2 E}{AC - B^2} (A y - B x) + \frac{A^2 + B^2}{A} - c^2 \right] = 0$$

Faisons $y=0$ dans cette équation. Les termes de degré moindre en x et z sont les suivants

$$z^2\frac{c^2-A}{A}(B^2-AC)+(A^2+B^2-Ac^2)x^2.$$

Égalés à zéro, ils donneraient les tangentes asymptotiques au point considéré. Pour que ce point soit un ombilic, il faudra donc que l'on ait

$$\frac{(c^2-A)(B^2-AC)}{A}=A^2+B^2-Ac^2,$$

ce qui donne

$$(33)\qquad c^2=A+\frac{AB^2}{A^2+B^2-AC}.$$

Le développement de y ne présente d'ailleurs aucune difficulté et nous donne

$$(34)\quad y=-\frac{A}{2E}(x^2+z^2)+\frac{AB}{2E^2}(x^3-xz^2)+\alpha x^4+\beta x^2z^2+\gamma z^4+\ldots,$$

de sorte que l'on peut appliquer les résultats obtenus plus haut.

On a ici

$$b=a'=0,\qquad a=-3b',$$

ce qui donne

$$\alpha=-\sqrt{5},\qquad \beta=0,\qquad \gamma=\sqrt{5},$$
$$A=\frac{2}{5},\qquad B=\frac{1}{5},\qquad C=\frac{2}{5}.$$

L'équation tangentielle des lignes de courbure dans le voisinage de l'ombilic est donc, l désignant une constante,

$$u^5=lp(p^2-5)^2$$

Elle représente des courbes de la cinquième classe. On a ici

$$v=\frac{\sqrt[5]{l}}{p^{\frac{4}{5}}(p^2-5)^{\frac{3}{5}}},\qquad \begin{cases}x=(p^2-1)v,\\ y=4vp.\end{cases}$$

Donc l'intersection de la courbe avec une droite

$$hx+h'y=1$$

sera déterminée par l'équation

$$[h(p^2-1)+4h'p]^5=\frac{1}{l}p^4(p^2-5)^3,$$

qui est du dixième degré en p. Ainsi les lignes de courbure sont semblables, dans le voisinage de l'ombilic, à une courbe du dixième ordre et de la cinquième classe.

Ce résultat ne permettait pas d'affirmer que les lignes de courbure de la surface des ondes ne sont pas algébriques. Nous verrons dans la Note suivante comment on peut lever toute difficulté et trancher cette question.

10. Après cette application particulière, revenons au cas général et étudions la ligne de courbure dans ces régions que nous avons expressément réservées, c'est-à-dire pour les valeurs de p voisines d'une des valeurs singulières α, β, γ qui annulent le polynôme H.

Supposons, par exemple, que l'on veuille étudier la ligne de courbure dans le voisinage de la valeur

$$p = \alpha.$$

Pour plus de netteté, nous introduisons une variable auxiliaire p' définie par la quadrature

$$(35) \qquad -\frac{K}{H}\,dp = \frac{A\,dp}{p-\alpha} + \frac{B\,dp}{p-\beta} + \frac{C\,dp}{p-\gamma} = \frac{A\,dp'}{p'},$$

qui donne évidemment pour p' une valeur de la forme

$$p' = p'_0(p-\alpha) + p'_1(p-\alpha)^2 + \ldots$$

et pour $p-\alpha$ une série

$$p - \alpha = \frac{1}{p'_0}\,p' + \ldots.$$

Cette série sera convergente pour des valeurs suffisamment petites de p'; on peut, si l'on veut, remplacer p'_0 par l'unité. Avec cette nouvelle variable, l'équation de la courbe que nous avons étudiée dans les numéros précédents deviendra

$$u = M p'^{A}.$$

Quant à l'équation différentielle, il est évident qu'elle prendra la forme suivante

$$(36) \qquad p'\frac{du}{dp'} - A u + H'_1\frac{du^2}{dp'^2} + K'_1\, u\frac{du}{dp'} + L'_1 u^2 + \varphi = 0,$$

H'_1, K'_1, L'_1 étant des séries convergentes ordonnées suivant les puissances de p' et φ étant du troisième ordre en u, $\dfrac{du}{dp'}$; cette fonction φ

contiendra, d'ailleurs, p'. Nous avons à étudier les solutions de cette équation pour lesquelles les trois variables u, $\frac{du}{dp'}$ et p' sont infiniment petites. Cela résulte évidemment des expressions de x et de y et de l'hypothèse ajoutée que p est voisin de α. Dans ces conditions les trois termes de degré moindre, dans l'équation précédente, sont évidemment les suivants

$$(37)\qquad p'\frac{du}{dp'},\quad -\mathrm{A}u,\quad \beta_0\frac{du^2}{dp'^2},$$

β_0 étant le terme constant dans la série H'_1. Pour que l'équation soit vérifiée, il faut que deux au moins de ces termes soient du même degré, le troisième étant de degré supérieur ou égal.

11. Si les deux premiers termes sont seuls du même ordre, u est de l'ordre de p'^{A} et le troisième terme est de l'ordre de $p'^{2\mathrm{A}-2}$. Il faudra donc, pour que les deux premiers termes puissent être du même ordre, que la partie réelle de $\mathrm{A}-2$ soit positive.

Supposons cette condition remplie : l'application pure et simple des méthodes données par Briot et Bouquet dans le § IV de leurs *Recherches sur les propriétés des fonctions définies par des équations différentielles* (*Journal de l'École Polytechnique*, XXXVIe Cahier, p. 133) suffira à montrer qu'il y a une infinité de solutions de l'équation différentielle pour lesquelles u est de l'ordre de p'^{A} et qui ont pour expression approchée

$$u = \mathrm{C}_0 p'^{\mathrm{A}},$$

C_0 désignant une constante quelconque. On peut aussi raisonner comme il suit :

Effectuons la substitution

$$(38)\qquad u = v p'^{\mathrm{A}},$$

l'équation différentielle deviendra, après la suppression du facteur p'^{A},

$$(39)\quad \left\{\begin{aligned} & p'\frac{dv}{dp'} + \mathrm{H}'_1 p'^{\mathrm{A}-2}\left(p'\frac{dv}{dp'}+\mathrm{A}v\right)^2 + \mathrm{K}'_1 v p'^{\mathrm{A}-1}\left(p'\frac{dv}{dp'}+\mathrm{A}v\right) \\ & \qquad + \mathrm{L}'_1 v^2 p'^{\mathrm{A}} + p'^{2\mathrm{A}-3}\varphi\left(p', v, p'\frac{dv}{dp'}\right) = 0. \end{aligned}\right.$$

Elle pourra être résolue par rapport à $p'\frac{dv}{dp'}$ et donnera une valeur de la forme

$$(40) \qquad p'\frac{dv}{dp'} = Mv^2 + Nv^3 + \ldots,$$

M, N étant des fonctions de p' dont tous les termes contiendront en facteur, soit p', soit $p'^{\lambda-2}$. Cette équation, il est aisé de le reconnaître, admet des solutions v prenant une valeur arbitraire pour $p' = 0$ et développables suivant les puissances entières de p' et de $p'^{\lambda-2}$ (¹).

(¹) Considérons d'une manière plus générale une équation de la forme suivante

$$p\frac{dv}{dp} = f(v, p, p^{m_1}, \ldots, p^{m_k}),$$

où $m, m_1, \ldots, m_k$ sont des exposants à partie réelle positive et où f désigne une série dont tous les termes contiennent soit p, soit l'une des puissances p^{m_i} en facteur. Proposons-nous de chercher si cette équation admet une solution développable suivant les puissances de $p, p^{m_1}, p^{m_2}, \ldots, p^{m_k}$. On reconnaîtra d'abord que l'on peut choisir arbitrairement la valeur initiale de v et que tous les autres coefficients de la série se déterminent en fonction du premier. Posons, en effet,

$$p^{m_i} = p_i;$$

l'équation pourra s'écrire

$$p\frac{\partial v}{\partial p} + m_1 p_1 \frac{\partial v}{\partial p_1} + \ldots + m_k p_k \frac{\partial v}{\partial p_k} = f(v, p, p_1, \ldots, p_k).$$

En donnant à v une valeur arbitraire v_0 et en égalant les coefficients des produits $p^{\alpha}, p_1^{\alpha_1} \ldots, p_k^{\alpha_k}$, dans les deux membres, on pourra, de proche en proche, déterminer tous les coefficients de la série cherchée. Pour démontrer maintenant que cette série est convergente, remplaçons tous les coefficients de f par leurs modules, tous les exposants m_i dans le premier membre par leurs parties réelles positives, la valeur initiale v_0 par son module. Toutes ces substitutions ne pourront qu'augmenter les modules des coefficients dans la série qui doit représenter v. Il en sera de même encore si nous remplaçons ensuite f par le quotient

$$\frac{p\dfrac{\partial f}{\partial p} + m_1 p_1 \dfrac{\partial f}{\partial p_1} + \ldots + m_k p_k \dfrac{\partial f}{\partial p_k}}{1 - \dfrac{\partial f}{\partial v}}.$$

Or, après toutes ces substitutions, il nous reste une équation que nous pouvons intégrer à vue et dont l'intégrale est fournie par la formule

$$v = v_0 + f(v, p, p_1, \ldots, p_k),$$

où f est une série dont tous les termes contiennent l'une au moins des variables $p, p_1, \ldots, p_k$.

Le développement de v par la formule de Lagrange sera convergent tant que $p, p_1, \ldots, p_k$ seront suffisamment petits ; et il donnera des limites supérieures des coefficients de la série obtenue pour v, série qui sera, par suite, aussi convergente.

12. Supposons maintenant que la partie réelle de $A-2$ soit négative. Alors les deux premiers termes (37) devront être du même ordre que le troisième, et l'on aura nécessairement

$$u = vp'^2, \tag{41}$$

v demeurant fini pour $p'=0$. En substituant dans l'équation (36), il vient un résultat de la forme suivante

$$p'\frac{dv}{dp'} + (2-A)v + \beta\left(2v + p'\frac{dv}{dp'}\right)^2 + p'\mathfrak{F}\left(p', v, p'\frac{dv}{dp'}\right) = 0. \tag{42}$$

Pour $p'=0$, on a, écartant le cas où β_0 serait nul,

$$v = \frac{A-2}{4\beta_0}.$$

Nous poserons donc

$$v = \frac{A-2}{4\beta_0} + w,$$

et nous obtiendrons pour w une équation de la forme

$$(A-2)w + (A-1)p'\frac{dw}{dp'} + 4\beta_0 w\left(w + p'\frac{dw}{dp'}\right) + p'\mathfrak{F}_1\left(p', w, p'\frac{\partial w}{\partial p'}\right) = 0.$$

On peut toujours résoudre cette équation par rapport à $p'\frac{dw}{dp'}$, ce qui donnera un résultat de la forme suivante :

$$p'\frac{dw}{dp'} = \frac{2-A}{A-1}w + \ldots, \tag{43}$$

les termes non écrits contenant tous en facteur, soit p', soit w^2.

Les équations de la forme précédente admettent toujours, comme on sait, tant que $\frac{2-A}{A-1}$ n'est pas un entier positif, une solution holomorphe

$$w = \varphi(p'), \tag{44}$$

se réduisant à zéro avec p'; mais elles peuvent admettre d'autres solutions s'annulant encore avec p' lorsque la partie réelle du quotient

$$\frac{2-A}{A-1}$$

est positive.

Posons

$$A = A' + iB';$$

la partie réelle de $\frac{2-A}{A-1}$ sera

$$\frac{(2-A')(A'-1)-B'^2}{(A'-1)^2+B'^2}.$$

Si l'on a

$$1 < A' < 2, \qquad B'^2 < (2-A')(A'-1),$$

l'équation (43) admettra des solutions dont la partie principale sera donnée par la formule

$$w = C_0 p'^{\frac{2-A}{A-1}},$$

C_0 étant une constante quelconque, ce qui donnera pour u la valeur approchée

$$(45) \qquad u = \frac{A-2}{4\beta_0} p'^2 + C_0 p'^{\frac{A}{A-1}},$$

les termes non écrits étant de degré supérieur à l'un ou l'autre de ceux que nous mettons en évidence.

La ligne de courbure passera à l'ombilic, mais elle n'y aura pas la même singularité que la courbe étudiée aux n°s 5 et 6, et qui lui est homothétique dès qu'on s'éloigne de la région pour laquelle p' est voisin de zéro.

Si l'on a

$$1 < A' < 2, \qquad B'^2 > (2-A')(A'-1),$$

alors la ligne de courbure ne passera pas à l'ombilic, bien que la courbe qui, partout ailleurs, lui est homothétique, y passe effectivement.

Enfin si l'on a

$$A' < 1,$$

alors la ligne homothétique se comporte comme la ligne de courbure, en ce sens que ni l'une ni l'autre de ces courbes ne passent à l'ombilic.

Nous avons laissé de côté le cas exceptionnel où $\frac{2-A}{A-1}$ serait un entier positif. On sait qu'alors l'équation (43) admet une infinité d'intégrales s'évanouissant avec p'; et il résulte d'un théorème démontré par M. Poincaré dans une *Note sur les propriétés des fonctions définies par les équations différentielles* insérée au XLVe Cahier du *Journal de l'École Polytechnique*, que toutes ces intégrales sont holomorphes en p' et $p' \operatorname{Log} p'$. Ici encore la ligne de courbure et la courbe homothétique passeront à l'ombilic sans y avoir la même singularité.

Lorsque l'exposant A est réel, on se trouve dans le cas étudié par M. Picard; les deux courbes passent, ou ne passent pas, en même temps à l'ombilic. Mais lorsqu'elles y passent, elles n'ont pas nécessairement un contact du même ordre avec leur tangente commune.

Toutes ces conclusions ne sont nullement contradictoires et s'expliquent aisément à l'aide de certains exemples particuliers. Si l'on prend, par exemple, les courbes définies par l'équation suivante :

$$(46) \qquad u = C_0 p^2 \varphi(p) + C_0^2 p^\alpha \psi(p),$$

où C_0 désigne une constante arbitraire, $\varphi(p)$ et $\psi(p)$ étant des fonctions holomorphes de p, ne s'annulant pas avec p, on reconnaît immédiatement que, pour C_0 très petit, les courbes deviennent semblables à celle qui est représentée par l'équation

$$u = p^2 \varphi(p).$$

Néanmoins, lorsque p tend vers zéro, le second terme peut devenir prépondérant, ou même infini, suivant la valeur de α.

NOTE VIII.

SUR LES LIGNES ASYMPTOTIQUES ET SUR LES LIGNES DE COURBURE DE LA SURFACE DES ONDES DE FRESNEL.

1. Depuis Fresnel et Ampère, un très grand nombre de géomètres ont publié sur la surface de l'onde des travaux importants. Une monographie complète de cette surface mériterait d'être entreprise. Mais il ne faut pas se dissimuler qu'elle serait fort étendue, car elle aurait à faire des emprunts à bien des théories différentes, soit en Analyse, soit en Géométrie. Dans cette courte Note, nous nous proposons seulement de former et d'étudier les équations différentielles des lignes asymptotiques et des lignes de courbure, en considérant la surface de l'onde comme l'*apsidale* d'un ellipsoïde à trois axes inégaux.

Nous avons vu au Livre VIII, Chapitre VIII, comment on peut rattacher certaines transformations de contact à la considération de deux équations, les équations (17) de la page 172, entre les coordonnées x, y, z; X, Y, Z de deux points correspondants m, M. Si l'on prend, pour ces équations, les deux suivantes

$$(1)\qquad \begin{cases} x^2+y^2+z^2-X^2-Y^2-Z^2=0,\\ Xx+Yy+Zz=0,\end{cases}$$

où les coordonnées des deux points entrent symétriquement, il faudra leur adjoindre, d'après la théorie que nous avons développée, les quatre relations

$$(2)\quad \begin{cases} x+pz-\lambda(X+pZ)=0,\\ y+qz-\lambda(Y+qZ)=0,\end{cases}\qquad (3)\quad \begin{cases} X+PZ+\lambda(x+Pz)=0,\\ Y+QZ+\lambda(y+Qz)=0,\end{cases}$$

qui dérivent des équations (21) et (22) données à la page 174 et où P, Q, p, q ont la signification déjà indiquée. Ces équations nouvelles, jointes aux précédentes (1), définiront complètement la transformation à laquelle on a donné le nom de *transformation apsidale*. Pour connaître les propriétés de cette transformation, il suffit de les interpréter géométriquement.

Soit toujours (s) la surface décrite par le point m et (S) la surface correspondante décrite par le point M. Les équations (2) expriment que la normale à (s) admet pour paramètres directeurs

$$x - \lambda X, \quad y - \lambda Y, \quad z - \lambda Z;$$

et les équations (3) expriment de même que les paramètres directeurs de la normale à (S) sont

$$X + \lambda x, \quad Y + \lambda y, \quad Z + \lambda z.$$

De ces remarques si simples, on déduit immédiatement les propriétés suivantes, bien connues, de la transformation apsidale.

Les deux rayons vecteurs, égaux et rectangulaires, OM, Om, *qui joignent l'origine aux points correspondants, les deux normales en* M *et en* m *sont quatre droites dans un même plan.*

Les normales en M *et en* m *sont perpendiculaires.*

2. Admettant toutes ces propriétés qui définissent évidemment la transformation, nous allons indiquer des formules simples permettant de passer d'une surface à sa transformée.

x, y, z désignant des coordonnées d'un point quelconque m d'une surface (s), écrivons l'équation du plan tangent sous la forme

$$pX + qY + rZ = 1; \tag{4}$$

p, q, r seront des coordonnées tangentielles, vérifiant les deux relations

$$\left\{\begin{aligned} px + qy + rz &= 1, \\ p\,dx + q\,dy + r\,dz &= 0. \end{aligned}\right. \tag{5}$$

Si maintenant on introduit trois quantités nouvelles p', q', r' par les relations

$$\left\{\begin{aligned} qz - ry + p' &= 0, \\ rx - pz + q' &= 0, \\ py - qx + r' &= 0, \end{aligned}\right. \tag{6}$$

p, q, r, p', q', r' seront les six coordonnées de la normale (n° 139).

Ainsi les neuf quantités x, y, z; p, q, r; p', q', r' déterminent le point, le plan tangent et la normale. *La surface décrite par le point* (p, q, r) *est la polaire réciproque de la proposée par rapport à la sphère concentrique à l'origine et de rayon égal à l'unité.* L'équation différentielle des lignes asymptotiques est

$$(7) \qquad dp\,dx + dq\,dy + dr\,dz = 0,$$

et celle des lignes de courbure (n° 139)

$$(8) \qquad dp\,dp' + dq\,dq' + dr\,dr' = 0$$

Désignons par des capitales les quantités analogues aux précédentes et relatives à la surface transformée (S). Aux équations (1), on devra joindre les suivantes

$$(9) \qquad \begin{cases} px + qy + rz = 1, & PX + QY + RZ = 1, \\ Xp' + Yq' + Zr' = 0, & Pp' + Qq' + Rr' = 0, \\ Pp + Qq + Rr = 0, & P'p + Q'q + R'r = 0, \end{cases}$$

d'où l'on déduira les valeurs suivantes

$$(10) \qquad \begin{cases} P = \dfrac{qr' - rq'}{\sqrt{G}}, & X = \dfrac{r'y - q'z}{\sqrt{G}}, & P' = p', \\ Q = \dfrac{rp' - pr'}{\sqrt{G}}, & Y = \dfrac{p'z - r'x}{\sqrt{G}}, & Q' = q', \\ R = \dfrac{pq' - qp'}{\sqrt{G}}, & Z = \dfrac{q'x - p'y}{\sqrt{G}}, & R' = r', \end{cases}$$

G étant défini par l'équation

$$(11) \qquad G = p'^2 + q'^2 + r'^2 = P'^2 + Q'^2 + R'^2.$$

Les formules précédentes conduisent aux deux relations

$$(12) \qquad \begin{cases} Pp + Qq + Rr = 0, \\ P^2 + Q^2 + R^2 = p^2 + q^2 + r^2, \end{cases}$$

qui, comparées aux formules (1), mettent en évidence une propriété bien connue de la transformation apsidale : *Quand deux surfaces se correspondent dans cette transformation, il en est de même de leurs polaires réciproques par rapport à toute sphère ayant son centre au pôle de la transformation.*

3. Appliquons ces propriétés générales au cas où la surface (s) est un ellipsoïde (E) défini par l'équation

$$(13) \qquad \frac{x^2}{a} + \frac{y^2}{b} + \frac{z^2}{c} = 1.$$

On aura ici

$$(14)\qquad \begin{cases} p = \dfrac{x}{a}, & q = \dfrac{y}{b}, & r = \dfrac{z}{c}; \\ p' = (b-c)qr, & q' = (c-a)pr, & r' = (a-b)pq. \end{cases}$$

Prenons comme coordonnées curvilignes β et α le carré du rayon Om et le carré de la distance du centre au plan tangent en m; c'est-à-dire posons

$$(15)\qquad \begin{cases} x^2 + y^2 + z^2 = \beta, \\ p^2 + q^2 + r^2 = \dfrac{x^2}{a^2} + \dfrac{y^2}{b^2} + \dfrac{z^2}{c^2} = \dfrac{1}{\alpha}. \end{cases}$$

D'après les propriétés de la transformation apsidale, ces variables α et β conserveront la même signification, quand on passera de m au point correspondant M; mais elles ont l'inconvénient de ne pas conduire à des expressions simples de x, y, z. En résolvant, par exemple, les équations (13) et (15), on est conduit, pour les coordonnées x, y, z, à des expressions telles que la suivante

$$x^2 = \frac{a^2}{(a-b)(a-c)}\left(\frac{bc}{\alpha} - b - c + \beta\right).$$

Pour éviter cette difficulté, nous introduirons deux nouvelles variables α' et β', dont nous verrons plus loin la signification géométrique, et qui sont liées aux précédentes par des relations que l'on peut comprendre dans l'identité suivante :

L'équation

$$(16)\qquad \xi(\xi-\beta)(\xi-\beta') - f(\xi) = \mathrm{M}(\xi-\alpha)(\xi-\alpha'),$$

où M est indépendant de ξ, et où $f(\xi)$ est le polynôme suivant du troisième degré

$$(17)\qquad f(\xi) = (\xi-a)(\xi-b)(\xi-c),$$

doit avoir lieu pour toutes les valeurs de ξ.

Si l'on pose, en effet, pour abréger,

$$(18)\qquad a+b+c = h, \qquad ab+ac+bc = k, \qquad abc = l,$$

l'identité (16) équivaut aux relations

$$(19)\qquad \begin{cases} \mathrm{M}\alpha\alpha' = l, \\ \mathrm{M}(\alpha+\alpha') = k - \beta\beta', \\ \mathrm{M} = h - \beta - \beta'. \end{cases}$$

qui déterminent M, α', β' en fonction de α et de β. On peut d'ailleurs faire le calcul en se servant de l'identité même. Si l'on y remplace ξ par α, on aura, pour déterminer β', l'équation

$$(20)\qquad \alpha-\beta'=\frac{f(\alpha)}{\alpha(\alpha-\beta)}.$$

Puis les équations (19) donneront

$$(21)\qquad M=h-\beta-\beta',\qquad \alpha'=\frac{l}{M\alpha}.$$

Nous emploierons simultanément, dans la suite, les quatre variables α, β, α', β', en revenant, toutes les fois qu'il sera nécessaire, aux relations précédentes ou à l'identité (16) qui les contient toutes les trois. En particulier, nous nous servirons souvent des relations suivantes

$$(22)\ \begin{cases}\alpha(\alpha-\beta)(\alpha-\beta')=f(\alpha),\\ \alpha'(\alpha'-\beta)(\alpha'-\beta')=f(\alpha'),\end{cases}\qquad (23)\ \begin{cases}f(\beta)=-M(\beta-\alpha)(\beta-\alpha'),\\ f(\beta')=-M(\beta'-\alpha)(\beta'-\alpha'),\end{cases}$$

obtenues en remplaçant ξ successivement par α, α', β, β', et de celles-ci

$$(24)\qquad \begin{cases}a(a-\beta)(a-\beta')=M(a-\alpha)(a-\alpha'),\\ b(b-\beta)(b-\beta')=M(b-\alpha)(b-\alpha'),\\ c(c-\beta)(c-\beta')=M(c-\alpha)(c-\alpha'),\end{cases}$$

obtenues de même en remplaçant ξ par a, b, c.

4. En tenant compte de toutes ces relations, on trouvera facilement pour p, q, r, x, y, z, p', q', r' les expressions suivantes *sous formes de produits*

$$(25)\qquad \begin{cases}p=\dfrac{x}{a}=\sqrt{\dfrac{(\beta-\alpha)(\beta'-a)}{(\alpha-a)f'(a)}}=\sqrt{\dfrac{l(a-\alpha')(\beta-\alpha)}{a\alpha\alpha'(a-\beta)f'(a)}},\\ q=\dfrac{y}{b}=\sqrt{\dfrac{(\beta-\alpha)(\beta'-b)}{(\alpha-b)f'(b)}}=\sqrt{\dfrac{l(b-\alpha')(\beta-\alpha)}{b\alpha\alpha'(b-\beta)f'(b)}},\\ r=\dfrac{z}{c}=\sqrt{\dfrac{(\beta-\alpha)(\beta'-c)}{(\alpha-c)f'(c)}}=\sqrt{\dfrac{l(c-\alpha')(\beta-\alpha)}{c\alpha\alpha'(c-\beta)f'(c}},\end{cases}$$

$$(26)\qquad \begin{cases}p'=K\sqrt{\dfrac{a-\alpha}{(a-\beta')f'(a)}},\\ q'=K\sqrt{\dfrac{b-\alpha}{(b-\beta')f'(b)}},\\ r'=K\sqrt{\dfrac{c-\alpha}{(c-\beta')f'(c)}},\end{cases}$$

K ayant pour valeur

$$K = (\beta - \alpha)\sqrt{\frac{-f(\beta')}{f(\alpha)}} = \frac{1}{\alpha}\sqrt{\frac{l}{\alpha'}(\beta - \alpha)(\beta' - \alpha')}. \tag{27}$$

Portant ces valeurs de p, q, r, p', q', r' dans les formules fondamentales (10) et remarquant que l'on a ici

$$G = p'^2 + q'^2 + r'^2 = \frac{\beta - \alpha}{\alpha}, \tag{28}$$

on trouve, pour les éléments X, Y, Z, P, Q, R relatifs à la surface des ondes, les valeurs suivantes

$$(29)\quad \left\{\begin{aligned} X &= \frac{p(a-\beta)}{\sqrt{G}} = \sqrt{\frac{l(a-\beta)(a-\alpha')}{a\alpha' f'(a)}},\\ Y &= \frac{q(b-\beta)}{\sqrt{G}} = \sqrt{\frac{l(b-\beta)(b-\alpha')}{b\alpha' f'(b)}},\\ Z &= \frac{r(c-\beta)}{\sqrt{G}} = \sqrt{\frac{l(c-\beta)(c-\alpha')}{c\alpha' f'(c)}},\end{aligned}\right.$$

$$(30)\quad \left\{\begin{aligned} P &= \frac{p(a-\alpha)}{\alpha\sqrt{G}} = \sqrt{\frac{(\beta'-a)(\alpha-a)}{\alpha f'(a)}},\\ Q &= \frac{q(b-\alpha)}{\alpha\sqrt{G}} = \sqrt{\frac{(\beta'-b)(\alpha-b)}{\alpha f'(b)}},\\ R &= \frac{r(c-\alpha)}{\alpha\sqrt{G}} = \sqrt{\frac{(\beta'-c)(\alpha-c)}{\alpha f'(c)}},\end{aligned}\right.$$

P', Q', R' étant, nous l'avons vu, respectivement égaux, dans tous les cas, à p', q', r'.

5. Des formules précédentes, on déduit un grand nombre de relations, parmi lesquelles nous signalerons les suivantes

$$(31)\quad \left\{\begin{aligned} &X^2 + Y^2 + Z^2 = \beta, &&\frac{X^2}{\beta - a} + \frac{Y^2}{\beta - b} + \frac{Z^2}{\beta - c} = 1,\\ &\frac{aX^2}{a-\beta} + \frac{bY^2}{b-\beta} + \frac{cZ^2}{c-\beta} = 0, &&\frac{aX^2}{a-\alpha'} + \frac{bY^2}{b-\alpha'} + \frac{cZ^2}{c-\alpha'} = 0,\end{aligned}\right.$$

et aussi

$$(32)\quad \left\{\begin{aligned} &P^2 + Q^2 + R^2 = \frac{1}{\alpha}, &&\frac{P^2}{\frac{1}{\alpha} - \frac{1}{a}} + \frac{Q^2}{\frac{1}{\alpha} - \frac{1}{b}} + \frac{R^2}{\frac{1}{\alpha} - \frac{1}{c}} = 1,\\ &\frac{P^2}{a-\beta'} + \frac{Q^2}{b-\beta'} + \frac{R^2}{c-\gamma'} = 0, &&\frac{P^2}{a-\alpha} + \frac{Q^2}{b-\alpha} + \frac{R^2}{c-\alpha} = 0.\end{aligned}\right.$$

L'élimination de β entre les deux équations de la première ligne (31) donnerait, par exemple, l'équation de la surface. L'analogie des deux autres équations (31) montre immédiatement la signification géométrique de α'. Le rayon OM prolongé ira couper la surface en un second point M', et l'on aura

$$(33) \qquad OM' = \sqrt{\alpha'}, \qquad \text{comme} \qquad OM = \sqrt{\beta}.$$

Ainsi β et α' sont les carrés des deux rayons vecteurs dirigés suivant le diamètre OM.

Les équations (32) se déduisent des précédentes si l'on remplace

$$X,\quad Y,\quad Z,\quad a,\quad b,\quad c,\quad \beta,\quad \alpha',$$

respectivement par

$$P,\quad Q,\quad R,\quad \frac{1}{a},\quad \frac{1}{b},\quad \frac{1}{c},\quad \frac{1}{\alpha},\quad \frac{1}{\beta'}.$$

La surface décrite par le point (P, Q, R) est donc la surface des ondes relative à l'ellipsoïde (E')

$$(34) \qquad ax^2 + by^2 + cz^2 = 1.$$

Comme cet ellipsoïde (E') est polaire réciproque de l'ellipsoïde (E) relativement à la sphère de rayon 1 ayant l'origine pour centre, le résultat précédent est simplement la conséquence de la proposition générale indiquée plus haut relativement à l'apsidale de la polaire réciproque.

On voit ainsi que, si l'on mène à la première surface des ondes un plan tangent parallèle au plan tangent en M, la distance de l'origine à ce plan tangent sera $\sqrt{\beta'}$.

Ainsi $\sqrt{\alpha}$, $\sqrt{\beta'}$ sont les distances à deux plans tangents parallèles. Les deux remarques que nous venons d'indiquer rattachent ainsi *géométriquement* les variables introduites α', β' aux variables primitives α et β.

6. Ces points étant établis, nous allons former en premier lieu l'équation différentielle des lignes asymptotiques de la surface des ondes

$$(35) \qquad dP\,dX + dQ\,dY + dR\,dZ = 0.$$

Pour effectuer le calcul avec simplicité, nous ferons usage des formules telles que la suivante

$$(36) \qquad PX = \frac{(a-\beta)(a-\beta')}{f'(a)} = \frac{M(a-\alpha)(a-\alpha')}{a f'(a)},$$

que le lecteur établira sans difficulté. Comme on peut écrire l'équation (35) sous la forme

$$\mathbf{S}\,\mathrm{PX}\frac{d\mathrm{P}}{\mathrm{P}}\frac{d\mathrm{X}}{\mathrm{X}} = 0,$$

on aura, en employant les formules (29) et (30), l'équation différentielle

$$\mathbf{S}\,\mathrm{PX}\left[\frac{d\beta}{a-\beta} + \frac{a\,d\alpha'}{\alpha'(a-\alpha')}\right]\left[\frac{d\beta'}{a-\beta'} + \frac{a\,d\alpha}{\alpha(a-\alpha)}\right] = 0.$$

En utilisant successivement les deux expressions différentes (36) de PX, on obtiendra le résultat suivant

$$(37)\qquad \frac{\alpha-\beta'}{f(\alpha)}\,d\alpha\,d\beta + \frac{\alpha'-\beta}{f(\alpha')}\,d\alpha'\,d\beta' = 0.$$

Les deux relations (22) permettent encore d'éliminer $f(\alpha)$, $f(\alpha')$ et de ramener l'équation précédente à la forme

$$(38)\qquad \frac{d\alpha\,d\beta}{\alpha(\alpha-\beta)} = -\frac{d\alpha'\,d\beta'}{\alpha'(\alpha'-\beta')}.$$

Mais cette équation différentielle contient toujours quatre variables α, β, α', β'. Nous allons voir comment on peut éliminer deux d'entre elles.

D'après l'identité (16), α et α' sont racines de l'équation du second degré en t

$$t(t-\beta)(t-\beta')-f(t)=0.$$

Différentions totalement cette équation. En désignant son premier membre par $\varphi(t)$, nous aurons pour chacune de ses deux racines

$$\varphi'(t)\,dt = t(t-\beta')\,d\beta + t(t-\beta)\,d\beta',$$

ce qui nous donnera, en remplaçant successivement t par α et par α',

$$(39)\qquad \begin{cases} \varphi'(\alpha)\,d\alpha = \alpha(\alpha-\beta')\,d\beta + \alpha(\alpha-\beta)\,d\beta', \\ \varphi'(\alpha')\,d\alpha' = \alpha'(\alpha'-\beta')\,d\beta + \alpha'(\alpha'-\beta)\,d\beta'. \end{cases}$$

On a d'ailleurs

$$(40)\qquad \varphi(t) = \frac{l}{\alpha\alpha'}(t-\alpha)(t-\alpha')$$

et par suite

$$(41)\qquad \varphi'(\alpha) = -\varphi'(\alpha') = l\left(\frac{1}{\alpha'}-\frac{1}{\alpha}\right).$$

En divisant donc membre à membre les deux équations (39), on aura

$$\frac{d\alpha}{d\alpha'} = -\frac{\alpha(\alpha-\beta')\,d\beta + \alpha(\alpha-\beta)\,d\beta'}{\alpha'(\alpha'-\beta')\,d\beta + \alpha'(\alpha'-\beta)\,d\beta'},$$

ce qui établit une relation homographique entre les deux coefficients différentiels $\frac{d\alpha}{d\alpha'}$, $\frac{d\beta}{d\beta'}$. En chassant les dénominateurs on trouve

$$\begin{gathered}\alpha'(\alpha'-\beta')\,d\alpha\,d\beta + \alpha(\alpha-\beta)\,d\alpha'\,d\beta' \\ + \alpha'(\alpha'-\beta)\,d\alpha\,d\beta' + \alpha(\alpha-\beta')\,d\alpha'\,d\beta = 0.\end{gathered}$$

Les deux premiers termes ayant une somme nulle pour les lignes asymptotiques, en vertu de l'équation (38), on voit que cette équation est encore équivalente à la suivante

$$\frac{d\alpha\,d\beta'}{\alpha(\alpha-\beta')} = -\frac{d\alpha'\,d\beta}{\alpha'(\alpha'-\beta)}. \tag{42}$$

Il ne reste plus qu'à multiplier ou à diviser membre à membre les deux équations (38) et (42) pour obtenir les deux suivantes

$$\begin{gathered}\frac{d\alpha^2}{\alpha^2(\alpha-\beta)(\alpha-\beta')} = \frac{d\alpha'^2}{\alpha'^2(\alpha'-\beta)(\alpha'-\beta')}, \\ \frac{d\beta^2}{(\alpha-\beta)(\alpha'-\beta)} = \frac{d\beta'^2}{(\alpha-\beta')(\alpha'-\beta')},\end{gathered}$$

qui, en tenant compte des identités (22) et (23), se ramènent aux suivantes

$$\frac{d\alpha^2}{\alpha f(\alpha)} = \frac{d\alpha'^2}{\alpha' f(\alpha')}; \tag{43}$$

$$\frac{d\beta^2}{f(\beta)} = \frac{d\beta'^2}{f(\beta')}, \tag{44}$$

où les variables sont séparées. On reconnaît dans l'une et dans l'autre l'équation d'Euler dont l'intégrale peut revêtir tant de formes différentes.

Ainsi, les lignes asymptotiques de la surface des ondes sont des courbes algébriques. Cet important résultat est dû à M. Lie, qui l'a signalé d'abord dans sa Note *Sur une transformation géométrique*, présentée en 1870 à l'Académie des Sciences (*Comptes rendus*, t. LXXI, p. 579). M. Lie l'a établi pour la surface de Kummer, qui comprend la surface des ondes comme cas particulier. Les lignes asymptotiques de cette surface ont été étudiées par MM. Klein et Lie dans une Note : *Ueber die Haupttangentencurven der Kummer'-*

schen Fläche vierten Grades mit 16 *Knotenpunkten*, insérée en 1870, p. 891-899, aux *Monatsberichte* de Berlin.

7. Avant d'étudier l'intégrale de l'équation précédente, nous allons étendre un peu les résultats obtenus. Conservons toujours les quatre variables α, β, α', β' liées par les identités (22) à (24) et cherchons s'il existe des surfaces pour lesquelles les six variables X, Y, Z, P, Q, R soient exprimées par les formules suivantes

$$(45)\quad \left\{\begin{aligned} X &= CA(a-\alpha)^m(a-\alpha')^{m'}(a-\beta)^n(a-\beta')^{n'},\\ Y &= C_1A(b-\alpha)^m(b-\alpha')^{m'}(b-\beta)^n(b-\beta')^{n'},\\ Z &= C_2A(c-\alpha)^m(c-\alpha')^{m'}(c-\beta)^n(c-\beta')^{n'},\end{aligned}\right.$$

$$(46)\quad \left\{\begin{aligned} P &= \frac{1}{CA\,f'(a)}(a-\alpha)^{-m}(a-\alpha')^{-m'}(a-\beta)^{1-n}(a-\beta')^{1-n'},\\ Q &= \frac{1}{C_1A\,f'(b)}(b-\alpha)^{-m}(b-\alpha')^{-m'}(b-\beta)^{1-n}(b-\beta')^{1-n'},\\ R &= \frac{1}{C_2A\,f'(c)}(c-\alpha)^{-m}(c-\alpha')^{-m'}(c-\beta)^{1-n}(c-\beta')^{1-n'},\end{aligned}\right.$$

où A désigne une fonction arbitraire de deux des variables α, β, α', β'; C, C_1, C_2, m, n, m', n' des constantes quelconques; ces formules comprennent comme cas particulier celles qui sont relatives à la surface des ondes. Il sera nécessaire et suffisant que les valeurs précédentes vérifient identiquement les deux relations

$$PX + QY + RZ = 1,$$
$$P\,dX + Q\,dY + R\,dZ = 0.$$

La première résulte immédiatement des formules

$$(47)\quad \left\{\begin{aligned} PX &= \frac{(a-\beta)(a-\beta')}{f'(a)},\\ QY &= \frac{(b-\beta)(b-\beta')}{f'(b)},\\ RZ &= \frac{(c-\beta)(c-\beta')}{f'(c)},\end{aligned}\right.$$

conséquences des équations (45) et (46).

Quant à la seconde, elle nous donne, par un calcul facile, la condition suivante

$$\frac{dA}{A} + m\frac{(\alpha-\beta)(\alpha-\beta')}{f(\alpha)}d\alpha + m'\frac{(\alpha'-\beta)(\alpha'-\beta')}{f(\alpha')}d\alpha' = 0,$$

ou, en tenant compte des identités (33),

$$\frac{d\Lambda}{\Lambda} + m\frac{d\alpha}{\alpha} + m'\frac{d\alpha'}{\alpha'} = 0.$$

On peut donc prendre

$$\Lambda = \alpha^{-m}\alpha'^{-m'};$$

et il vient, pour la surface cherchée, les formules définitives

$$(48)\quad \left\{\begin{aligned} X &= C\left(\frac{a-\alpha}{\alpha}\right)^m\left(\frac{a-\alpha'}{\alpha'}\right)^{m'}(a-\beta)^n(a-\beta')^{n'},\\ Y &= C_1\left(\frac{b-\alpha}{\alpha}\right)^m\left(\frac{b-\alpha'}{\alpha'}\right)^{m'}(b-\beta)^n(b-\beta')^{n'},\\ Z &= C_2\left(\frac{c-\alpha}{\alpha}\right)^m\left(\frac{c-\alpha'}{\alpha'}\right)^{m'}(c-\beta)^n(c-\beta')^{n'};\end{aligned}\right.$$

$$(49)\quad \left\{\begin{aligned} P &= \frac{1}{C f'(a)}\left(\frac{a-\alpha}{\alpha}\right)^{-m}\left(\frac{a-\alpha'}{\alpha'}\right)^{-m'}(a-\beta)^{1-n}(a-\beta')^{1-n'},\\ Q &= \frac{1}{C_1 f'(b)}\left(\frac{b-\alpha}{\alpha}\right)^{-m}\left(\frac{b-\alpha'}{\alpha'}\right)^{-m'}(b-\beta)^{1-n}(b-\beta')^{1-n'},\\ R &= \frac{1}{C_2 f'(c)}\left(\frac{c-\alpha}{\alpha}\right)^{-m}\left(\frac{c-\alpha'}{\alpha'}\right)^{-m'}(c-\beta)^{1-n}(c-\beta')^{1-n'}.\end{aligned}\right.$$

On retrouverait en particulier la surface des ondes en faisant

$$(50)\quad \left\{\begin{aligned} &m = 0, \qquad m' = \frac{1}{2}, \qquad n = \frac{1}{2}, \qquad n' = 0;\\ &C = \frac{\sqrt{l}}{\sqrt{a f'(a)}}, \qquad C_1 = \frac{\sqrt{l}}{\sqrt{b f'(b)}}, \qquad C_2 = \frac{\sqrt{l}}{\sqrt{c f'(c)}}.\end{aligned}\right.$$

Appliquons à ces formules plus générales (48) et (49) la méthode qui nous a réussi dans le cas de la surface des ondes et formons l'équation différentielle des lignes asymptotiques

$$\sum\frac{(a-\beta)(a-\beta')}{f'(a)}\left[\frac{n\,d\beta}{\beta-a} + \frac{n'\,d\beta'}{\beta'-a} + \frac{ma\,d\alpha}{\alpha(\alpha-a)} + \frac{m'a\,d\alpha'}{\alpha'(\alpha'-a)}\right]$$
$$\left[\frac{(1-n)\,d\beta}{\beta-a} + \frac{(1-n')\,d\beta'}{\beta'-a} - \frac{ma\,d\alpha}{\alpha(\alpha-a)} - \frac{m'a\,d\alpha'}{\alpha'(\alpha'-a)}\right] = 0.$$

Effectuons les sommations en remplaçant, dans tous les termes où se trouvent les seules différentielles $d\alpha$, $d\alpha'$, le produit $(a-\beta)(a-\beta')$ par la quantité égale

$$\frac{l(a-\alpha)(a-\alpha')}{a\alpha\alpha'}.$$

Nous aurons l'équation différentielle

$$
\begin{aligned}
&-n(1-n)(\beta-\beta')\frac{d\beta^2}{f(\beta)}-n'(1-n')(\beta'-\beta)\frac{d\beta'^2}{f(\beta')}\\
&+m(2n-1)\frac{d\alpha\, d\beta}{\alpha(\alpha-\beta)}+m(2n'-1)\frac{d\alpha\, d\beta'}{\alpha(\alpha-\beta')}\\
&+m'(2n-1)\frac{d\alpha'\, d\beta}{\alpha'(\alpha'-\beta)}+m'(2n'-1)\frac{d\alpha'\, d\beta'}{\alpha'(\alpha'-\beta')}\\
&\qquad+\frac{lm^2}{\alpha^2\alpha'}(\alpha-\alpha')\frac{d\alpha^2}{f(\alpha)}+\frac{lm'^2}{\alpha\alpha'^2}(\alpha'-\alpha)\frac{d\alpha'^2}{f(\alpha')}=0.
\end{aligned}
$$

Remplaçons maintenant $d\alpha$, $d\alpha'$ par leurs valeurs déduites des équations (39) où l'on remplacera $\varphi'(\alpha)$, $\varphi'(\alpha')$ par leurs expressions (41). Après les réductions, le terme en $d\beta\, d\beta'$ contiendra un coefficient numérique, qui sera

$$2(m-m')(m+m'+n+n'-1).$$

Si l'on veut que l'équation différentielle ait encore ses variables séparées, le coefficient précédent devra être nul. Écartant l'hypothèse $m=m'$ qui conduirait à des surfaces déjà étudiées au n° **112** [I, p. 142], nous supposerons

$$m+m'+n+n'=1. \tag{51}$$

Alors l'équation différentielle se réduira encore, après la suppression du facteur

$$\frac{(m+n)(m'+n')(\alpha-\beta')(\alpha'-\beta)+(m+n')(m'+n)(\alpha-\beta)(\alpha'-\beta')}{\alpha-\alpha'},$$

à la forme simple

$$\frac{d\beta^2}{f(\beta)}-\frac{d\beta'^2}{f(\beta')}=0, \tag{52}$$

identique à celle que nous avons obtenue dans le cas de la surface des ondes, pour laquelle d'ailleurs la relation (51) se trouve vérifiée par les valeurs correspondantes de m, n, m', n'. Ainsi nous obtenons une classe de surfaces se rattachant à la surface des ondes et dont les lignes asymptotiques se déterminent toutes par l'intégration de l'équation d'Euler. Ces surfaces seront algébriques, ainsi que leurs lignes asymptotiques, toutes les fois que les exposants m, n, m', n' seront commensurables.

8. Parmi les différents procédés d'intégration de l'équation d'Euler, voici, ce nous semble, celui qui convient le mieux à notre sujet.

$\theta_1, \theta_2, \theta_3$ désignant des fonctions de deux variables, considérons la famille de courbes définie par l'équation

$$(53)\qquad \theta_1\sqrt{c_1}+\theta_2\sqrt{c_2}+\theta_3\sqrt{c_3}=0,$$

où c_1, c_2, c_3 désignent trois constantes dont la somme est nulle

$$(54)\qquad c_1+c_2+c_3=0.$$

L'équation différentielle de cette famille de courbes se forme sans difficulté, car on a

$$d\theta_1\sqrt{c_1}+d\theta_2\sqrt{c_2}+d\theta_3\sqrt{c_3}=0,$$

ce qui donne

$$\frac{\sqrt{c_1}}{\theta_2\,d\theta_3-\theta_3\,d\theta_2}=\frac{\sqrt{c_2}}{\theta_3\,d\theta_1-\theta_1\,d\theta_3}=\frac{\sqrt{c_3}}{\theta_1\,d\theta_2-\theta_2\,d\theta_1},$$

et par suite

$$(55)\qquad (\theta_2\,d\theta_3-\theta_3\,d\theta_2)^2+(\theta_3\,d\theta_1-\theta_1\,d\theta_3)^2+(\theta_1\,d\theta_2-\theta_2\,d\theta_1)^2=0,$$

ou encore

$$(55)'\qquad (\theta_1^2+\theta_2^2+\theta_3^2)(d\theta_1^2+d\theta_2^2+d\theta_3^2)-(\theta_1\,d\theta_1+\theta_2\,d\theta_2+\theta_3\,d\theta_3)^2=0.$$

Si l'on suppose que l'on ait

$$\theta_1^2+\theta_2^2+\theta_3^2=1,$$

l'équation différentielle prendra la forme encore plus simple

$$(56)\qquad d\theta_1^2+d\theta_2^2+d\theta_3^2=0;$$

et si l'on pose

$$(57)\qquad \begin{cases} \theta_1=\sqrt{\dfrac{(a-\beta)(a-\beta')}{f'(a)}}, \\ \theta_2=\sqrt{\dfrac{(b-\beta)(b-\beta')}{f'(b)}}, \\ \theta_3=\sqrt{\dfrac{(c-\beta)(c-\beta')}{f'(c)}}, \end{cases}$$

elle deviendra

$$(58)\qquad \frac{d\beta^2}{f(\beta)}=\frac{d\beta'^2}{f(\beta')}.$$

C'est précisément l'équation que nous avons rencontrée, et dont l'intégrale pourra par suite se mettre sous la forme

$$(59)\quad \left\{ \begin{aligned} &\sqrt{PX}\sqrt{(a-k)(b-c)} \\ &\quad + \sqrt{QY}\sqrt{(b-k)(c-a)} + \sqrt{RZ}\sqrt{(c-k)(a-b)} = 0, \end{aligned} \right.$$

où k désigne une constante arbitraire quelconque et où nous avons tenu compte des formules (47) données plus haut.

9. L'interprétation géométrique de l'équation (59) est facile à donner si l'on introduit le complexe auquel appartiennent toutes les normales d'une famille d'ellipsoïdes homofocaux, et qui est formé par toutes les droites qui coupent les trois plans de symétrie et le plan de l'infini en quatre points dont le rapport anharmonique est constant. Nous appellerons un tel complexe *un complexe de Chasles*. Et alors on pourra traduire sous la forme géométrique suivante le résultat que nous venons d'obtenir :

En tous les points de chaque ligne asymptotique de la surface, le plan tangent à la surface est tangent au cône d'un complexe de Chasles dont le tétraèdre fondamental est formé par les plans de symétrie et le plan de l'infini.

Si l'on veut, par exemple, obtenir les deux lignes asymptotiques qui passent en un point de la surface, on construira les deux cônes du second ordre ayant leur sommet en ce point, passant par les quatre sommets du tétraèdre fondamental et tangents au plan tangent de la surface en ce point. *A chacun de ces cônes correspondront un complexe de Chasles et une des deux lignes asymptotiques cherchées.*

10. Il est naturel de se demander si la construction précédente s'applique à d'autres surfaces. En revenant aux notations de Monge et désignant maintenant par p et q les dérivées de z considérée comme fonction de x et y, le problème peut évidemment se formuler comme il suit :

Chercher les surfaces pour lesquelles l'équation

$$(60)\qquad \sqrt{\alpha z} + \sqrt{-\beta p x} + \sqrt{-\gamma q y} = 0,$$

où les constantes α, β, γ satisfont à la relation

$$(61)\qquad \alpha + \beta + \gamma = 0,$$

est l'intégrale générale de l'équation différentielle des lignes asymptotiques.

Nous avons vu plus haut, au n° 8, comment on élimine les constantes α, β, γ. On est ainsi conduit à l'équation différentielle

$$(62)\quad \left[\frac{dz^2}{z} - \frac{(dpx)^2}{px} - \frac{(dqy)^2}{qy}\right](z-px-qy) = [d(z-px-qy)]^2.$$

Or, pour une ligne asymptotique, on a

$$(63)\quad \begin{cases} dp\,dx + dq\,dy = 0, \\ dp^2 = (s^2-rt)dy^2, \quad dq^2 = (s^2-rt)dx^2, \quad dp\,dq = -(s^2-rt)dx\,dy, \end{cases}$$

et, par suite,

$$(64)\quad [d(z-px-qy)]^2 = (s^2-rt)(x\,dy - y\,dx)^2.$$

Tenant compte de ces diverses relations, on mettra l'équation différentielle (62) sous la forme suivante

$$(65)\quad \begin{cases} [(s^2-rt)xyz + pq(z-px-qy)] \\ \quad \times \left[(z-px)\dfrac{y}{q}dx^2 + (z-qy)\dfrac{x}{p}dy^2 - 2xy\,dx\,dy\right] = 0. \end{cases}$$

On a ici le choix entre deux hypothèses bien distinctes. Si le premier facteur n'est pas nul, le second devra être identique au polynôme

$$r\,dx^2 + 2s\,dx\,dy + t\,dy^2,$$

ce qui donnera les deux relations

$$\frac{y(z-px)}{qr} = \frac{x(z-qy)}{pt} = \frac{-xy}{s},$$

qui s'intègrent à vue et nous donnent

$$(66)\quad z-px-qy = \frac{q}{Y} = \frac{p}{X},$$

X et Y désignant des fonctions de x et de y respectivement. Ces deux équations du premier ordre s'intègrent à leur tour et conduisent, le lecteur le reconnaîtra aisément, *aux surfaces tétraédrales de Lamé* (n° 112) *et à leurs limites.*

11. Mais on peut satisfaire d'une autre manière à l'équation (65). Il suffit que le premier facteur soit nul. On est alors conduit à l'équation aux dérivées partielles

$$(s^2 - rt)xyz + pq(z - px - qy) = 0, \tag{67}$$

qui fera connaître une classe très étendue de surfaces jouissant de la propriété annoncée.

Cette équation, dont les caractéristiques sont les lignes asymptotiques de la surface cherchée, peut s'intégrer complètement et d'une manière élégante. Nous nous contenterons de l'interpréter géométriquement.

Soient α_0, β_0, γ_0 les cosinus directeurs de la normale, définis par les relations

$$\frac{\cos\alpha_0}{p} = \frac{\cos\beta_0}{q} = \frac{\cos\gamma_0}{-1} = \frac{1}{\sqrt{1+p^2+q^2}}. \tag{68}$$

Les coordonnées X, Y, Z d'un point situé à une distance N du pied de la normale seront données par les formules

$$X - x = N\cos\alpha_0, \qquad Y - y = N\cos\beta_0, \qquad Z - z = N\cos\gamma_0, \tag{69}$$

d'où l'on déduit que si N_x, N_y, N_z, ϖ désignent les segments de la normale limités aux trois plans coordonnés et à la projection de l'origine sur la normale, on aura

$$\left\{\begin{aligned} &N_x = \frac{-x}{\cos\alpha_0}, \qquad N_y = \frac{-y}{\cos\beta_0}, \qquad N_z = \frac{-z}{\cos\gamma_0}, \\ &\varpi = -x\cos\alpha_0 - y\cos\beta_0 - z\cos\gamma_0; \end{aligned}\right. \tag{70}$$

ϖ désigne encore, *avec un signe déterminé*, la distance de l'origine au plan tangent.

On a, d'autre part, ρ' et ρ'' désignant les rayons de courbure principaux,

$$\rho'\rho'' = \frac{(1+p^2+q^2)^2}{rt - s^2}. \tag{71}$$

En tenant compte de toutes ces relations, on reconnaît que l'équation (67) peut être remplacée par la relation géométrique

$$\varpi\rho'\rho'' = N_x N_y N_z, \tag{72}$$

qui est, par suite, vérifiée pour la surface des ondes.

En cherchant si les surfaces tétraédrales, correspondantes à la première hypothèse, satisfont à cette relation, on trouve que, pour la surface représentée par l'équation

$$\left(\frac{x}{a}\right)^m + \left(\frac{y}{b}\right)^m + \left(\frac{z}{c}\right)^m = 1, \tag{73}$$

on a

(74) $$\varpi\rho'\rho'' = (m-1)^2 N_x N_y N_z.$$

Ainsi, parmi les surfaces tétraédrales, les surfaces du second degré seules satisfont à l'équation (67).

Au reste, parmi les surfaces répondant au problème posé, les surfaces tétraédrales sont les seules *pour lesquelles la génératrice de contact du cône du complexe défini plus haut relatif à un point de la surface et du plan tangent en ce point coïncide avec une tangente asymptotique de la surface.*

12. Après cette digression relative à toute une classe de surfaces dont les lignes asymptotiques se déterminent comme celles de la surface des ondes, revenons à cette surface particulière pour étudier et déterminer, si c'est possible, ses lignes de courbure. Nous reprendrons les notations primitives et nous emploierons, pour former l'équation différentielle des lignes de courbure, les formules d'Olinde Rodrigues.

Ici les cosinus directeurs de la normale sont

$$P\sqrt{\alpha}, \quad Q\sqrt{\alpha}, \quad R\sqrt{\alpha}.$$

Les équations cherchées se présentent donc sous la forme simple

(75) $$\begin{cases} dX + \rho\, d(P\sqrt{\alpha}) = 0, \\ dY + \rho\, d(Q\sqrt{\alpha}) = 0, \\ dZ + \rho\, d(R\sqrt{\alpha}) = 0, \end{cases}$$

où ρ désigne le rayon de courbure principal.

Ajoutons les équations précédentes, après les avoir multipliées respectivement par $2X, 2Y, 2Z$: nous trouverons la relation

$$d\beta + 2\rho\, d\sqrt{\alpha} = 0,$$

d'où l'on déduit

(76) $$\rho = -\sqrt{\alpha}\frac{d\beta}{d\alpha}.$$

Cette expression est en parfait accord avec celle que nous avons donnée au n° **1071**, où nous avons déjà employé, pour une surface quelconque, le système de coordonnées curvilignes α, β.

En portant l'expression de ρ dans la première équation (75), par exemple, nous aurons l'équation différentielle des lignes de courbure sous la forme

$$dX - \sqrt{\alpha}\frac{d\beta}{d\alpha} d(P\sqrt{\alpha}) = 0.$$

Remplaçons X et P par leurs valeurs, il viendra

$$a(a-\beta)(a-\beta')\,d\alpha\,d\alpha' - \alpha'(a-\alpha)(a-\alpha')\,d\beta\,d\beta' = 0,$$

ou, en tenant compte de l'une des équations (24),

$$\frac{l\,d\alpha\,d\alpha'}{\alpha\alpha'^2} = d\beta\,d\beta'. \tag{77}$$

Telle est l'équation différentielle cherchée, mais elle contient quatre variables. On éliminera aisément α' et β', par exemple, et l'on sera conduit à l'équation suivante

$$f(\beta)d\alpha^2 + f(\alpha)d\beta^2 - \left\{2f(\alpha) + (\beta-\alpha)\left[f'(\alpha) - \frac{f(\alpha)}{\alpha}\right]\right\}d\alpha\,d\beta = 0, \tag{78}$$

qui a quelque analogie avec l'équation d'Euler. Comme l'équation différentielle (77) est symétrique en β et β', on pourrait conserver les variables α et β'; et l'on serait conduit à l'équation

$$f(\beta')d\alpha^2 + f(\alpha)d\beta'^2 - \left\{2f(\alpha) + (\beta'-\alpha)\left[f'(\alpha) - \frac{f(\alpha)}{\alpha}\right]\right\}d\alpha\,d\beta' = 0, \tag{79}$$

toute semblable à la précédente.

Ces équations admettent des solutions particulières définies par les relations

$$f(\alpha) = 0, \qquad f(\beta) = 0, \qquad f(\beta') = 0, \qquad (\alpha-\beta)(\alpha-\beta') = 0,$$

qui correspondent aux lignes de courbure évidentes de la surface des ondes, les sections principales, les cercles de la surface.

Si l'on remplace, dans l'équation (78), $\frac{d\beta}{d\alpha}$ par son expression en fonction de ρ, on aura l'équation du second degré

$$f(\alpha)\rho^2 + \sqrt{\alpha}\left\{2f(\alpha) + (\beta-\alpha)\left[f'(\alpha) - \frac{f(\alpha)}{\alpha}\right]\right\}\rho + \alpha f(\beta) = 0, \tag{80}$$

qui fera connaître, en chaque point, les rayons de courbure principaux. Cette équation permet de vérifier la relation (72) déjà établie et d'en trouver une nouvelle.

On a ici, en effet, en conservant les notations et les conventions du n° **11**,

$$\left\{\begin{aligned} N_x &= -\frac{X}{P\sqrt{\alpha}} = -\sqrt{\alpha}\,\frac{a-\beta}{a-\alpha}, \\ N_y &= -\frac{Y}{Q\sqrt{\alpha}} = -\sqrt{\alpha}\,\frac{b-\beta}{b-\alpha}, \\ N_z &= -\frac{Z}{R\sqrt{\alpha}} = -\sqrt{\alpha}\,\frac{c-\beta}{c-\alpha}, \end{aligned}\right. \qquad \varpi = -\sqrt{\alpha}, \tag{81}$$

Si donc ρ' et ρ'' désignent les deux rayons de courbure principaux, on aura

$$(82) \qquad \rho'\rho'' = \frac{\alpha f(\beta)}{f(\alpha)} = \frac{N_x N_y N_z}{\varpi}.$$

C'est la formule établie plus haut. On aura de même

$$\rho' + \rho'' = -2\sqrt{\alpha} - \sqrt{\alpha}(\beta - \alpha)\left[\frac{f'(\alpha)}{f(\alpha)} - \frac{1}{\alpha}\right],$$

ce qui donnera

$$(83) \qquad \rho' + \rho'' = N_x + N_y + N_z - \frac{\beta}{\varpi},$$

relation entièrement géométrique, puisque β est le carré du rayon vecteur.

13. Revenons à l'équation différentielle (78). Elle est plus compliquée que celle d'Euler, mais elle s'en rapproche en ce sens qu'elle se forme comme elle au moyen d'un polynôme $f(\alpha)$, dont les coefficients n'apparaissent pas dans l'équation. Nous allons d'abord effectuer quelques transformations qui nous seront utiles.

Si l'on pose, en substituant la variable t à β,

$$(84) \qquad \beta = \alpha + \frac{t}{\alpha},$$

l'équation deviendra

$$(85) \qquad \varphi(\alpha)\frac{dt^2}{d\alpha^2} - \varphi'(\alpha)t\frac{dt}{d\alpha} + t\varphi(\alpha) + \frac{t^2}{2}\varphi''(\alpha) + \frac{t^3}{24}\varphi^{\text{IV}}(\alpha) = 0,$$

$\varphi(\alpha)$ désignant le polynôme

$$(86) \qquad \varphi(\alpha) = \alpha f(\alpha).$$

Remplaçons maintenant t par la variable u

$$(87) \qquad u = \frac{\varphi(\alpha)}{t}.$$

L'équation prendra la forme

$$(88) \qquad \varphi(\alpha)\frac{du^2}{d\alpha^2} - \varphi'(\alpha)u\frac{du}{d\alpha} + u^3 + \frac{u^2}{2}\varphi''(\alpha) + \frac{u}{24}\varphi(\alpha)\varphi^{\text{IV}}(\alpha) = 0.$$

Ces différentes transformations nous permettent d'établir la curieuse proposition suivante : *L'équation différentielle* (78) *s'intègre dès que le polynôme* $f(\alpha)$, *qui est, en général, du troisième degré, se réduit à un polynôme du second degré.*

Dans ce cas, en effet, le polynôme $\varphi(\alpha)$, défini par la formule (86), se réduit au troisième degré. Le dernier terme de l'équation (88) disparaît et l'on peut, en la divisant par $\frac{du^2}{d\alpha^2}$, lui donner la forme suivante

$$\varphi\left(\alpha - u\frac{d\alpha}{du}\right) + u^3\left(\frac{d\alpha^3}{du^3} + \frac{d\alpha^2}{du^2}\right) = 0, \tag{89}$$

en supposant, comme il est permis, que le coefficient de x^3 dans $\varphi(x)$ soit égal à l'unité (¹).

Si donc on effectue la substitution définie par les formules

$$\frac{d\alpha}{du} = \eta, \qquad \alpha - u\frac{d\alpha}{du} = \xi, \tag{90}$$

qui nous donnent

$$u = -\frac{d\xi}{d\eta}, \tag{91}$$

l'équation prendra la forme

$$\varphi(\xi) = \frac{d\xi^3}{d\eta^3}(\eta^3 + \eta^2), \tag{92}$$

qui s'intègre immédiatement par la séparation des variables et nous donne

$$\int \frac{d\xi}{\sqrt[3]{\varphi(\xi)}} = \int \eta^{-\frac{2}{3}}(1+\eta)^{-\frac{1}{3}} d\eta. \tag{93}$$

On aura ensuite

$$\left\{\begin{aligned} \alpha &= \xi - \eta\frac{d\xi}{d\eta}, \\ \beta &= \alpha + \frac{f(\alpha)}{u} = \alpha - \frac{f(\alpha)\,d\eta}{d\xi}. \end{aligned}\right. \tag{94}$$

L'intégrale se présente donc sous une forme assez compliquée; et elle n'est pas généralement algébrique.

14. Voyons maintenant quelles sont les conséquences géométriques du résultat analytique précédent. En voici une à peu près évidente.

(¹) Si $\varphi(x)$ était de degré inférieur à 3, il faudrait supprimer le terme en $\frac{d\alpha^3}{du^3}$, ce qui faciliterait encore l'intégration.

Supposons d'abord que l'ellipsoïde (E) se réduise à un cylindre, l'axe $\sqrt{c}$ croissant indéfiniment. La surface des ondes deviendra l'apsidale d'un cylindre elliptique. Pour savoir ce que devient alors l'équation différentielle des lignes de courbure, il faudra prendre le coefficient de c dans l'équation (78), ce qui revient à remplacer $f(\alpha)$ par le polynôme du second degré

$$(95)\qquad f(\alpha)=(\alpha-a)(\alpha-b).$$

Donc, *on sait déterminer les lignes de courbure de la surface apsidale d'un cylindre et ces lignes de courbure ne sont pas algébriques.*

Supposons maintenant que l'ellipsoïde (E) se rapproche d'une sphère, par exemple de la sphère de rayon 1. On pourra supposer que les carrés des axes a, b, c soient de la forme

$$(96)\qquad a=1+\varepsilon a_1,\qquad b=1+\varepsilon b_1,\qquad c=1+\varepsilon c_1,$$

ε étant un infiniment petit et a_1, b_1, c_1 des quantités finies. La différence $\beta-\alpha$ sera alors de l'ordre de ε^2; cela résulte de la définition géométrique des variables α et β. On devra donc poser

$$(97)\qquad \alpha=1+\varepsilon\alpha_1,\qquad t=\varepsilon^2 t',$$

et l'on aura

$$(98)\qquad \varphi(\alpha)=(1+\varepsilon\alpha_1)\varepsilon^3\varphi_1(\alpha_1),\qquad u=\varepsilon u_1,$$

en posant

$$(99)\qquad \varphi_1(\alpha_1)=(\alpha_1-a_1)(\alpha_1-b_1)(\alpha_1-c_1).$$

Si l'on substitue toutes ces expressions dans l'équation différentielle (88) et si l'on conserve seulement les termes de degré moindre, qui contiennent ε^3 en facteur, il restera l'équation

$$(100)\qquad \varphi_1(\alpha_1)\frac{du_1^2}{d\alpha_1^2}-\varphi_1'(\alpha_1)u_1\frac{du_1}{d\alpha_1}+u_1^3+\frac{u_1^2}{2}\varphi_1''(\alpha_1)=0.$$

Aux notations près, nous retrouvons l'équation primitive (88), où $\varphi(\alpha)$ serait remplacée par un polynôme du troisième degré. Et nous avons vu qu'alors l'intégration se ramène aux quadratures. Ainsi :

On sait déterminer les lignes de courbure de toutes les surfaces des ondes qui diffèrent peu d'une sphère. Ces lignes de courbure ne sont pas algébriques.

Il suit de là que, *dans le cas général où les trois axes de la surface sont inégaux, les lignes de courbure ne sauraient être algébriques.*

Quand on aura intégré l'équation (100), les coordonnées du point de la surface se détermineront en fonction de u_1 et α_1 par les formules

$$(101)\quad \left\{\begin{aligned} X &= \sqrt{\frac{(a_1-\alpha_1)(a_1-\alpha_1-u_1)}{(a_1-b_1)(a_1-c_1)}},\\ Y &= \sqrt{\frac{(b_1-\alpha_1)(b_1-\alpha_1-u_1)}{(b_1-a_1)(b_1-c_1)}},\\ Z &= \sqrt{\frac{(c_1-\alpha_1)(c_1-\alpha_1-u_1)}{(c_1-a_1)(c_1-b_1)}}.\end{aligned}\right.$$

Ces valeurs, satisfaisant à la relation

$$X^2+Y^2+Z^2=1,$$

montrent bien que la surface se réduit alors à une sphère.

15. On obtient le même résultat en supposant que deux des axes seulement, a et b par exemple, tendent à devenir égaux, le troisième c restant différent des deux premiers. La surface des ondes se décomposera en un ellipsoïde et une sphère. Pour la partie qui se rapproche d'une sphère, α et β différeront peu du rayon de la sphère. On sera ainsi conduit à poser encore

$$(102)\quad \left\{\begin{aligned} a &= 1+\varepsilon a_1,\\ b &= 1+\varepsilon b_1,\\ \alpha &= 1+\varepsilon\alpha_1;\end{aligned}\right.$$

$$(103)\quad \varphi(\alpha)=\varepsilon^2(\alpha_1-a_1)(\alpha_1-b_1)(1-c)+\ldots=\varepsilon^2\varphi_1(\alpha_1)+\ldots;$$

u restera finie et l'équation (88) se réduira à la suivante

$$\varphi_1(\alpha_1)\frac{du^2}{d\alpha_1^2}-\varphi_1'(\alpha_1)u\frac{du}{d\alpha_1}+u^3+\frac{u^2}{2}\varphi_1''(\alpha_1)=0,$$

qui n'est autre, avec un changement de notations, que l'équation (88) où $\varphi(\alpha)$ se réduirait non plus au troisième, mais au second degré.

Ainsi, *quand la surface des ondes se décompose en un ellipsoïde et une sphère, on sait déterminer, sur la sphère, les positions limites des lignes de courbure.*

16. Bien que nous n'ayons pu obtenir, dans le cas général, une détermination en termes finis des lignes de courbure, néanmoins plusieurs résultats essentiels sont fournis par l'analyse précédente. Nous voyons, non seulement que les lignes de courbure ne sont pas algébriques, mais encore que, si ces lignes présentaient quelque intérêt dans l'étude optique de la surface, nous pourrions les faire connaître avec une suffisante approximation. Car les surfaces des ondes relatives aux différents cristaux sont peu différentes de la sphère et surtout ont toujours, au moins, deux de leurs axes très peu différents l'un de l'autre. Le lecteur s'en convaincra aisément, s'il jette les yeux sur le Tableau suivant, qui donne les indices de quelques cristaux (relativement à la raie D) :

Gypse...........	1,529	1,522	1,520
Orthose........	1,526	1,523	1,519
Aragonite........	1,685	1,681	1,530
Diopside.........	1,700	1,678	1,671
Stilbite..........	1,500	1,498	1,494
Oligoclase.......	1,542	1,538	1,534
Amblygonite.....	1,597	1,593	1,578
Sphène..........	2,009	1,894	1,888
Epidote.........	1,768	1,754	1,730
Staurotide.......	1,746	1,741	1,736

Les lignes de courbure de la surface des ondes ont d'ailleurs été l'objet d'un assez grand nombre de recherches. A la suite d'une affirmation inexacte, d'après laquelle ces lignes seraient les courbes de contact d'une développable circonscrite à la surface et à une sphère concentrique, Combescure, dans un élégant Article inséré en 1859 au tome II des *Annali di Matematica*, p. 278, a formé leur équation différentielle. Dans quelques remarques qui suivent cet Article, M. Brioschi a montré que l'équation différentielle obtenue par M. Combescure peut se ramener à la forme

$$\psi(p)\frac{d\omega^2}{dp^2} = e^{\omega} + e^{-\omega} - \psi''(p),$$

où l'on pose

$$\psi(p) = \sqrt{\varphi(p)} = \sqrt{p(p-a)(p-b)(p-c)}.$$

Mais toutes les recherches faites pour obtenir la solution complète du problème ont, jusqu'ici, complètement échoué.

NOTE IX.

SUR LA GÉOMÉTRIE CAYLEYENNE ET SUR UNE PROPRIÉTÉ DES SURFACES A GÉNÉRATRICE CIRCULAIRE.

1. Au n° 697, nous avons considéré l'élément linéaire défini par la formule

$$ds^2 = du^2 + (V\cos au + V_1 \sin au + V_2)dv^2, \tag{1}$$

où a désigne une constante, V, V_1, V_2 des fonctions de v; et nous avons fait remarquer : 1° que cet élément linéaire comprend, comme cas limite, celui qui convient aux surfaces réglées rapportées au système de coordonnées formé par les génératrices rectilignes et leurs trajectoires orthogonales; 2° qu'il se rapproche encore de l'élément linéaire des surfaces réglées par la propriété suivante : parmi les surfaces auxquelles il convient, il y en a une qui admet en quelque sorte un double mode de génération, c'est-à-dire dont l'élément linéaire est réductible de deux manières différentes à la forme (1).

A la fin du n° 697, nous avons annoncé que nous aurions à revenir sur toutes ces propriétés pour les présenter sous un nouveau jour. C'est ce que nous allons faire dans cette Note, en appliquant les résultats que nous avons donnés au Livre VII, Chapitre XIV, relativement à la Géométrie cayleyenne.

Prenons, pour surface *fondamentale* ou *absolu*, la quadrique (Q) définie par l'équation

$$x^2 + y^2 + z^2 + t^2 = 0. \tag{2}$$

Si l'on considère maintenant la quadrique (θ) définie par l'équation

$$\frac{x^2}{a} + \frac{y^2}{b} + \frac{z^2}{c} + \frac{t^2}{h} = 0, \tag{3}$$

les coordonnées d'un point quelconque de (θ) pourront s'exprimer par les formules suivantes

$$(4)\quad \begin{cases} x^2 = \dfrac{a(a-\rho)(a-\rho_1)}{f'(a)}, & y^2 = \dfrac{b(b-\rho)(b-\rho_1)}{f'(b)}, \\ z^2 = \dfrac{c(c-\rho)(c-\rho_1)}{f'(c)}, & t^2 = \dfrac{h(h-\rho)(h-\rho_1)}{f'(h)}, \end{cases}$$

où l'on a posé

$$(5)\qquad f(u) = (u-a)(u-b)(u-c)(u-h),$$

et où ρ, ρ_1 désignent deux variables auxiliaires. On reconnaît immédiatement que l'on a

$$(6)\qquad x^2 + y^2 + z^2 + t^2 = 1.$$

On vérifiera aussi sans difficulté : 1° que les lignes de paramètres ρ et ρ_1 sont conjuguées sur la quadrique (Θ) ; 2° qu'elles sont orthogonales par rapport à la quadrique (Q) (n° 836). Par suite, ce sont les lignes de courbure de la surface (Θ) (n° 840), lorsqu'on prend pour *absolu* la quadrique (Q).

Puisque les coordonnées x, y, z, t satisfont à la relation (6), l'élément linéaire *cayleyen* de (Θ) (n° 837) aura pour expression

$$(7)\qquad ds^2 = dx^2 + dy^2 + dz^2 + dt^2,$$

et un calcul facile nous donnera

$$(8)\qquad ds^2 = (\rho - \rho_1)\left[\frac{\rho\, d\rho^2}{f(\rho)} - \frac{\rho_1\, d\rho_1^2}{f(\rho_1)}\right].$$

C'est l'élément linéaire que nous avons rencontré aux n°s 695, 696 ; et sa forme harmonique montre immédiatement que, conformément aux résultats indiqués au n° 839, on sait déterminer, dans la Géométrie cayleyenne, les lignes géodésiques de toute surface du second degré.

2. Après avoir établi ce premier résultat, considérons une surface réglée quelconque (R) et proposons-nous de déterminer son élément linéaire dans la Géométrie cayleyenne. Prenons une courbe quelconque (C) sur cette surface. Soient a_1, a_2, a_3, a_4 les coordonnées du point A de (C) situé sur une génératrice rectiligne quelconque (d). Ces coordonnées sont des fonctions d'un paramètre v, et, pourvu que la courbe (C) ne soit pas tracée sur la quadrique (Q), on peut toujours supposer qu'elles soient liées par l'équation

$$(9)\qquad a_1^2 + a_2^2 + a_3^2 + a_4^2 = 1.$$

Soient de même b_1, b_2, b_3, b_4 les coordonnées du point B situé sur la même génératrice rectiligne et conjugué de A par rapport à la quadrique (Q). On aura nécessairement

$$(10)\qquad a_1 b_1 + a_2 b_2 + a_3 b_3 + a_4 b_4 = 0,$$

et l'on peut encore admettre que b_1, b_2, b_3, b_4 vérifient la condition

$$(11)\qquad b_1^2 + b_2^2 + b_3^2 + b_4^2 = 1.$$

Enfin, si l'on suppose que la courbe (C) soit une trajectoire orthogonale cayleyenne des génératrices rectilignes, il faudra joindre, aux trois relations précédentes, la suivante

$$(12)\quad a_1 b'_1 + a_2 b'_2 + a_3 b'_3 + a_4 b'_4 = - b_1 a'_1 - b_2 a'_2 - b_3 a'_3 - b_4 a'_4 = 0,$$

que nous supposerons également vérifiée.

Cela posé, les coordonnées d'un point M de la surface réglée, situé sur la génératrice (d), seront définies par les formules

$$(13)\qquad \begin{cases} X = a_1 \cos u + b_1 \sin u, \\ Y = a_2 \cos u + b_2 \sin u, \\ Z = a_3 \cos u + b_3 \sin u, \\ T = a_4 \cos u + b_4 \sin u, \end{cases}$$

u désignant la distance AM. Comme ces coordonnées satisfont à la relation

$$(14)\qquad X^2 + Y^2 + Z^2 + T^2 = 1,$$

l'élément linéaire de la surface réglée (R) se déterminera (n° 837) par la formule

$$dS^2 = dX^2 + dY^2 + dZ^2 + dT^2,$$

et l'on trouvera l'expression suivante

$$(15)\qquad dS^2 = du^2 + (V\cos^2 u + 2V_1 \cos u \sin u + V_2 \sin^2 u)dv^2,$$

où l'on a posé

$$(16)\qquad \begin{cases} V = a'^2_1 + a'^2_2 + a'^2_3 + a'^2_4, \\ V_1 = a'_1 b'_1 + a'_2 b'_2 + a'_3 b'_3 + a'_4 b'_4, \\ V_2 = b'^2_1 + b'^2_2 + b'^2_3 + b'^2_4. \end{cases}$$

L'expression (15) de l'élément linéaire est identique, avec un léger changement de notations et à un facteur constant près, à celle qui est fournie par l'équation (1) et que nous avons rencontrée au n° 697.

La véritable origine de cette forme particulière de l'élément linéaire est ainsi reconnue : elle convient aux surfaces réglées, dans la Géométrie cayleyenne.

Ce point étant établi, on s'explique aisément pourquoi l'élément linéaire défini par la formule (8) peut être ramené de deux manières différentes à la forme (1). Cela tient à ce que cet élément linéaire convient, dans la Géométrie cayleyenne, à une surface du second degré (Θ). Comme cette surface est doublement réglée, on peut, de deux manières différentes, la rapporter à un système de coordonnées formé de génératrices rectilignes et de leurs trajectoires orthogonales.

3. Les formules que nous avons établies permettent d'étendre à la Géométrie cayleyenne la proposition fondamentale relative à la déformation des surfaces réglées. *Un élément linéaire de la forme* (15) *convient à une infinité de surfaces réglées.* Car si l'on considère les fonctions V, V_1, V_2 comme données, les huit fonctions a_i, b_k devront satisfaire seulement aux sept équations (9), (10), (11), (12), (16) ; une de ces fonctions pourra donc être choisie arbitrairement. Je laisse de côté tout ce qui concerne l'étude de ce système de sept équations différentielles.

Si l'on applique aux surfaces réglées la transformation géométrique ponctuelle qui a été définie et étudiée au n° 846, on est mis sur la voie d'une proposition intéressante relative aux surfaces engendrées par des cercles.

En effet, la transformation du n° 846 fait correspondre à toute surface réglée (R) une surface (K) engendrée par des cercles *normaux à la sphère fixe* (S); et, de plus, si l'on désigne l'élément linéaire euclidien de (K) par ds et par dS l'élément linéaire cayleyen de (R) par rapport à (S), on aura (n° 849)

$$dS^2 = \frac{4R^2}{(x^2+y^2+z^2-R^2)^2}\,ds^2, \tag{17}$$

R étant le rayon de la sphère (S) et x, y, z désignant les coordonnées du point de la surface (K).

Donc, *à toutes les surfaces réglées admettant le même élément linéaire relativement à la sphère* (S) *choisie comme quadrique fondamentale, correspondent des surfaces engendrées par des cercles normaux à* (S) *et pour lesquelles le quotient*

$$\frac{ds^2}{(x^2+y^2+z^2-R^2)^2}$$

a la même expression. On peut donc établir, entre toutes ces surfaces engendrées par des cercles orthogonaux à la sphère (S), une correspondance avec similitude des éléments infiniment petits. Nous allons généraliser cette proposition et l'étendre à toutes les surfaces engendrées par un cercle.

4. Les surfaces engendrées par des cercles ont déjà été étudiées d'une manière assez complète ([1]). Nous établirons tout d'abord quelques propriétés essentielles des trajectoires orthogonales de tous les cercles.

Rapportons chaque cercle (C) de la surface à un trièdre mobile (T) ayant pour sommet le centre du cercle O, pour axe des z la perpendiculaire au plan du cercle, pour axes des x et des y deux diamètres rectangulaires du cercle. Cette définition du trièdre comporte une certaine indétermination. Ajoutons de plus la condition que la composante r de la rotation autour de Oz soit nulle. Alors les projections du déplacement infiniment petit d'un point de coordonnées relatives x, y, z seront

$$(18)\qquad \begin{cases} dx + (\xi + qz)\,dv, \\ dy + (\eta - pz)\,dv, \\ dz + (\zeta + py - qx)\,dv, \end{cases}$$

v désignant la variable dont dépend la position du trièdre. Nous allons appliquer ces formules à la surface (Σ) engendrée par le cercle (C).

Si ρ désigne le rayon de ce cercle, les coordonnées d'un de ses points auront pour valeurs

$$(19)\qquad x = \rho\cos u, \qquad y = \rho\sin u, \qquad z = 0.$$

En appliquant donc les formules (18), on trouvera sans peine, pour l'élément linéaire de (Σ), l'expression suivante

$$(20)\qquad ds^2 = \rho^2\,du^2 + 2\rho(\eta\cos u - \xi\sin u)\,du\,dv + M\,dv^2,$$

M ayant pour valeur

$$(21)\qquad M = \rho'^2 + \xi^2 + \eta^2 + (\zeta + p\rho\sin u - q\rho\cos u)^2 + 2\rho'(\xi\cos u + \eta\sin u).$$

Il résulte immédiatement de ces formules que les trajectoires orthogonales des génératrices circulaires seront déterminées par l'équation

---

([1]) On pourra lire en particulier une étude : *Sur les surfaces a génératrice circulaire*, insérée, en 1885, au Tome II (3e série) des *Annales de l'École Normale supérieure* par M. Demartres.

différentielle

$$\rho\, du + (\eta \cos u - \xi \sin u)\, dv = 0, \tag{22}$$

qui est bien une équation de Riccati. Ainsi se trouve établi le résultat que l'on doit à M. Demartres et le lecteur reconnaîtra aisément, d'après la signification géométrique de u, qu'il peut s'énoncer sous la forme suivante :

Le rapport anharmonique des points où quatre trajectoires orthogonales quelconques coupent un même cercle est constant.

Cette proposition avait déjà été donnée par MM. E. Picard et Ribaucour (n° 1006), pour le cas des surfaces enveloppes de sphères.

Il en résulte, on le reconnaît aisément, qu'au lieu de définir le cercle (C) par les équations (19), on peut employer les suivantes

$$\left\{\begin{aligned} x + iy &= a\frac{t-\alpha}{t-\beta}, \\ x - iy &= b\frac{t-\beta}{t-\alpha}, \end{aligned}\right. \tag{23}$$

a, b, α, β étant des fonctions de v assujetties à la condition

$$ab = \rho^2, \tag{24}$$

et t étant une variable *qui demeurera constante sur chaque trajectoire orthogonale des génératrices circulaires; a* et *b*, comme α et β, seront des fonctions imaginaires conjuguées.

Avec les formules (23), l'élément linéaire de la surface (Σ), défini par la formule

$$ds^2 = [dx + i\,dy + (\xi + i\eta)dv][dx - i\,dy + (\xi - i\eta)dv] + (\zeta + py - qx)^2 dv^2,$$

prendra la forme suivante :

On aura

$$\left\{\begin{aligned} dx + i\,dy + (\xi + i\eta)\,dv &= \frac{a(\alpha-\beta)}{(t-\beta)^2}[dt + P(t)\,dv], \\ dx - i\,dy + (\xi - i\eta)\,dv &= \frac{b(\beta-\alpha)}{(t-\alpha)^2}[dt + P_0(t)\,dv], \\ \zeta + py - qx &= \frac{\rho\, Q(t)}{(t-\alpha)(t-\beta)}, \end{aligned}\right. \tag{25}$$

P, P_0, Q étant des polynômes du second degré en t, dont les coefficients seront des fonctions de v. Il viendra donc

$$(26)\quad ds^2 = \frac{\rho^2}{(t-\alpha)^2(t-\beta)^2}\left\{-(\alpha-\beta)^2[dt+P(t)\,dv][dt+P_0(t)\,dv]+Q^2(t)\,dv^2\right\}.$$

Pour que les courbes de paramètre t soient les trajectoires orthogonales, il faudra que le terme en $dv\,dt$ disparaisse, c'est-à-dire que l'on ait

$$(27)\quad P(t)+P_0(t)=0.$$

En égalant à zéro les coefficients des puissances de t, on aura trois équations auxquelles devront satisfaire les fonctions α, β, a, b et leurs dérivées. Ces équations contiendront d'ailleurs ξ, η. En les supposant vérifiées, on trouvera pour l'élément linéaire de la surface l'expression

$$(28)\quad ds^2 = -\frac{(\alpha-\beta)^2\rho^2}{(t-\alpha)^2(t-\beta)^2}[dt^2+F(t)\,dv^2],$$

$F(t)$ désignant le polynôme *du quatrième degré* défini par l'équation

$$(29)\quad F(t) = -P^2(t) - \frac{Q^2(t)}{(\alpha-\beta)^2}.$$

Les cinq coefficients de $F(t)$ sont des fonctions de v composées avec les translations ξ, η, ζ, les rotations p, q, les fonctions a, b, α, β et leurs dérivées premières. Si l'on se donne ces cinq coefficients *a priori*, les neuf fonctions précédentes devront, par suite, satisfaire à cinq équations. Il faut leur adjoindre les trois équations résultant de l'identité (27); de sorte que les neuf fonctions ξ, η, ζ, p, q, a, b, α, β devront satisfaire seulement à huit équations, où figureront d'ailleurs les dérivées des quatre dernières. Puisqu'on a huit équations pour neuf fonctions, l'une de ces fonctions pourra être choisie arbitrairement. Ainsi, *il existe une infinité de surfaces à génératrices circulaires, contenant dans leur équation une fonction arbitraire, et pour lesquelles le polynôme $F(t)$ a la même expression*. Les éléments linéaires de deux de ces surfaces étant évidemment proportionnels, on pourra établir entre elles une correspondance avec similitude des éléments infiniment petits. C'est là le fait essentiel que nous voulions établir.

Si l'on suppose en particulier que le polynôme $F(t)$ ait tous ses coefficients constants, on obtiendra toutes les surfaces pour lesquelles les cercles constituent une famille isotherme (¹).

(¹) Ces surfaces ont été déterminées par M. DEMARTRES dans son *Mémoire sur*

5. Pour donner plus de précision à la proposition générale que nous venons d'établir, considérons sur la surface (Σ) deux trajectoires orthogonales des cercles correspondantes aux valeurs t_0, t_1 de t et construisons, pour chaque cercle (C) de la surface, la sphère (S) qui le coupe à angle droit, aux deux points où il est rencontré par les trajectoires précédentes. Si R est le rayon de cette sphère variable et si S désigne la puissance d'un point relative à cette sphère, un calcul facile montrera que, pour chaque point du cercle (C) de la surface, on a

$$(30)\qquad (t_0-t_1)^2\left(\frac{S}{R}\right)^2=-4\rho^2(\alpha-\beta)^2\frac{(t-t_0)^2(t-t_1)^2}{(t-\alpha)^2(t-\beta)^2}.$$

Par suite l'élément linéaire donné par la formule (28) peut se mettre sous la forme

$$(31)\qquad ds^2=\left(\frac{S}{2R}\right)^2(t_0-t_1)^2\frac{dt^2+F(t)\,dv^2}{(t-t_0)^2(t-t_1)^2},$$

de sorte que, pour deux surfaces correspondant au même polynôme $F(t)$, le produit

$$\frac{2R}{S}ds$$

aura la même valeur.

Cette remarque détermine la valeur exacte du rapport de similitude en deux points correspondants.

Si l'on suppose que tous les cercles (C) soient normaux à une sphère fixe (S), les points où le cercle variable (C) coupe cette sphère décrivent deux trajectoires orthogonales des cercles; et si l'on applique la remarque précédente en choisissant ces deux trajectoires orthogonales particulières, on retrouve la proposition du n° **3** de cette Note, qui nous a servi de point de départ.

Inversement, l'emploi de quelques considérations de Géométrie infinitésimale permet de rattacher le théorème général à la proposition particulière du n° **3**.

---

les surfaces qui sont divisées en carrés par une suite de cercles et leurs trajectoires orthogonales inséré en 1887 aux *Annales de l'École Normale supérieure* (t. IV, 3e série, p. 145).

NOTE X.

SUR LES ÉQUATIONS AUX DÉRIVÉES PARTIELLES.

1. Aux nos **718** et **1078**, j'ai fait allusion à une méthode qui permet, dans certains cas, d'obtenir des résultats plus complets et de résoudre des équations aux dérivées partielles qui échappent aux méthodes de Monge et d'Ampère; je vais, dans cette Note, reproduire textuellement les points essentiels du travail que j'ai composé sur ce sujet et qui, présenté en mars 1870 à l'Académie des Sciences (1), a été reproduit la même année au Tome VII des *Annales de l'École Normale* (1re série).

Soit

$$(1)\qquad f(x, y, z, p, q, r, s, t) = 0$$

l'équation proposée, et soit

$$(2)\qquad X\,dx + Y\,dy + Z\,dz + P\,dp + Q\,dq + R\,dr + S\,ds + T\,dt = 0$$

sa différentielle totale; adoptons, pour résoudre la question, la méthode du changement de variables employée avec tant de succès par Ampère et par Cauchy. Pour cela, nous remplacerons x et y par les variables indépendantes x, y_0; y_0 étant une fonction de x et de y que l'on pourra déterminer comme on le jugera convenable.

Nous aurons d'abord les relations suivantes, qui sont bien connues :

$$(3)\qquad \frac{\partial z}{\partial y_0} = q\frac{\partial y}{\partial y_0},\qquad \frac{\partial p}{\partial y_0} = s\frac{\partial y}{\partial y_0},\qquad \frac{\partial q}{\partial y_0} = t\frac{\partial y}{\partial y_0},$$

$$(4)\qquad \frac{\partial z}{\partial x} = p + q\frac{\partial y}{\partial x},\qquad \frac{\partial p}{\partial x} = r + s\frac{\partial y}{\partial x},\qquad \frac{\partial q}{\partial x} = s + t\frac{\partial y}{\partial x}.$$

(1) *Comptes rendus des séances de l'Académie des Sciences*, t. LXX, p. 67 et 746.

De plus, les conditions d'intégrabilité prendront la forme

$$(5)\quad \begin{cases} \dfrac{\partial p}{\partial y_0} = \dfrac{\partial q}{\partial x}\dfrac{\partial y}{\partial y_0} - \dfrac{\partial q}{\partial y_0}\dfrac{\partial y}{\partial x}, \\ \dfrac{\partial r}{\partial y_0} = \dfrac{\partial s}{\partial x}\dfrac{\partial y}{\partial y_0} - \dfrac{\partial s}{\partial y_0}\dfrac{\partial y}{\partial x}, \\ \dfrac{\partial s}{\partial y_0} = \dfrac{\partial t}{\partial x}\dfrac{\partial y}{\partial y_0} - \dfrac{\partial t}{\partial y_0}\dfrac{\partial y}{\partial x}. \end{cases}$$

A ces équations il faut joindre la suivante, obtenue en prenant la dérivée de l'équation (1) par rapport à y_0 :

$$\mathrm{Y}\frac{\partial y}{\partial y_0} + \mathrm{Z}\frac{\partial z}{\partial y_0} + \mathrm{P}\frac{\partial p}{\partial y_0} + \mathrm{Q}\frac{\partial q}{\partial y_0} + \mathrm{R}\frac{\partial r}{\partial y_0} + \mathrm{S}\frac{\partial s}{\partial y_0} + \mathrm{T}\frac{\partial t}{\partial y_0} = 0.$$

Servons-nous maintenant des équations (3), (4), (5) pour éliminer de l'équation précédente toutes les dérivées par rapport à y_0, excepté $\dfrac{\partial y}{\partial y_0}$ et $\dfrac{\partial t}{\partial y_0}$; nous obtiendrons la nouvelle équation

$$(a)\quad \begin{cases} \left(\mathrm{Y} + \mathrm{Z}q + \mathrm{P}s + \mathrm{Q}t + \mathrm{R}\dfrac{\partial s}{\partial x} + \mathrm{S}\dfrac{\partial t}{\partial x} - \mathrm{R}\dfrac{\partial t}{\partial x}\dfrac{\partial y}{\partial x}\right)\dfrac{\partial y}{\partial y_0} \\ \qquad - \left[\mathrm{S}\dfrac{\partial y}{\partial x} - \mathrm{R}\left(\dfrac{\partial y}{\partial x}\right)^2 - \mathrm{T}\right]\dfrac{\partial t}{\partial y_0} = 0. \end{cases}$$

Or on peut supposer, d'après des principes qu'il est inutile de rappeler ici, que y_0 a été choisi de manière que l'équation suivante

$$(6)\quad \mathrm{R}\left(\frac{\partial y}{\partial x}\right)^2 - \mathrm{S}\frac{\partial y}{\partial x} + \mathrm{T} = 0$$

soit satisfaite.

L'équation (a) se réduit alors et devient

$$\mathrm{Y} + \mathrm{Z}q + \mathrm{P}s + \mathrm{Q}t + \mathrm{R}\frac{\partial s}{\partial x} + \mathrm{S}\frac{\partial t}{\partial x} - \mathrm{R}\frac{\partial t}{\partial x}\frac{\partial y}{\partial x} = 0,$$

ce que l'on peut encore écrire, en tenant compte de l'équation (6),

$$(7)\quad \mathrm{Y} + \mathrm{Z}q + \mathrm{P}s + \mathrm{Q}t + \mathrm{R}\frac{\partial s}{\partial x} + \mathrm{T}\frac{\dfrac{\partial t}{\partial x}}{\dfrac{\partial y}{\partial x}} = 0.$$

Nous avons donc, en résumé, à déterminer les sept inconnues y, z, p, q, r, s, t fonctions de x et de y_0, et satisfaisant aux équations (1), (3), (4), (6), (7). On peut même remplacer l'équation proposée par sa dérivée prise par rapport à x, qui, en tenant compte de l'équation (7), prend la forme simple

$$(8)\qquad X + Zp + Pr + Qs + R\frac{\partial r}{\partial x} + T\frac{\frac{\partial s}{\partial x}}{\frac{\partial y}{\partial x}} = 0.$$

Or, parmi les équations (3), (4), (6), (7), (8), *six* ne contiennent pas la variable y_0; mais, comme il y a *sept* inconnues, le changement de variables n'a plus ici la même utilité que dans le cas du premier ordre; il ne peut donner la solution complète du problème.

2. La méthode précédente est susceptible d'une grande simplification dans le cas très important où l'équation proposée est de la forme

$$(9)\qquad Hr + 2Ks + Lt + M + N(rt - s^2) = 0,$$

H, K, L, M, N étant des fonctions quelconques de x, y, z, p, q.

On peut ici se servir des équations

$$\frac{\partial p}{\partial x} = r + s\frac{\partial y}{\partial x}, \qquad \frac{\partial q}{\partial x} = s + t\frac{\partial y}{\partial x}.$$

Si l'on déduit de ces deux équations r, s en fonction de t, et que l'on substitue leurs valeurs dans l'équation proposée (9), il arrive, *par suite de la forme particulière de cette équation*, que le coefficient de t s'annule; t disparaît du résultat. On est ainsi conduit au système suivant :

$$(10)\qquad \begin{cases} \dfrac{\partial y}{\partial x} = m, \\ Hm^2 - 2Km + L + N\left(\dfrac{\partial p}{\partial x} + m\dfrac{\partial q}{\partial x}\right) = 0, \\ H\left(\dfrac{\partial p}{\partial x} - m\dfrac{\partial q}{\partial x}\right) + 2K\dfrac{\partial q}{\partial x} + M - N\left(\dfrac{\partial q}{\partial x}\right)^2 = 0, \\ \dfrac{\partial z}{\partial x} = p + q\dfrac{\partial y}{\partial x}, \end{cases}$$

qui ne contient plus les dérivées du second ordre r, s, t, mais seulement z, y, p, q et leurs dérivées par rapport à x. Ce sont les équations de Monge, auxquelles il faudrait joindre les suivantes

$$(11)\qquad \frac{\partial q}{\partial x}\frac{\partial y}{\partial y_0} - \frac{\partial y}{\partial x}\frac{\partial q}{\partial y_0} = \frac{\partial p}{\partial y_0}, \qquad \frac{\partial z}{\partial y_0} = q\frac{\partial y}{\partial y_0}.$$

pour la détermination complète de y, z, p, q.

Ainsi, dans le cas que nous venons d'examiner, et qui a été jusqu'ici presque le seul considéré par les géomètres, la forme particulière de l'équation permet d'éliminer du système des équations aux dérivées ordinaires considérées plus haut les trois dérivées r, s, t. Hâtons-nous de dire qu'une pareille simplification ne constitue que rarement un avantage, et que des simplifications analogues se présentent dans tous les ordres, quand les équations ont une forme convenablement choisie.

3. On a vu, dans les deux paragraphes précédents, que le problème des équations d'ordre supérieur se sépare très nettement du problème relatif aux équations du premier ordre. Pour le premier ordre, en effet, la méthode du changement de variables ramène la question à l'intégration d'un système *complet* d'équations aux dérivées ordinaires. Pour le second ordre et pour les ordres supérieurs, il y a au contraire moins d'équations que d'inconnues à déterminer. Les remarques qui suivent paraissent accuser aussi une différence profonde entre les deux problèmes.

Puisque, dans le cas où l'on se borne aux inconnues y, z, p, q, r, s, t, on a une équation de moins qu'il ne faudrait pour la solution cherchée du problème, il est naturel de se demander si, en adjoignant aux inconnues précédentes les quatre dérivées partielles du troisième ordre, que nous appellerons α, β, γ, δ, on ne parviendrait pas à un nombre d'équations suffisant pour déterminer comme fonctions de x, non seulement les inconnues primitives, mais aussi α, β, γ, δ. Il se présente ici un fait important, et qui, je crois, n'a pas été remarqué. *Le nombre des équations ne contenant pas y_0 est encore inférieur d'une unité au nombre des fonctions inconnues.* Ces équations ne suffisent donc pas à déterminer les inconnues, considérées comme fonctions de la seule variable x; mais la différence entre le nombre des équations et celui des inconnues reste la même qu'auparavant : elle est égale à l'unité. Il en est de même si, au lieu de s'arrêter au troisième ordre, on continue les calculs jusqu'à un ordre quelconque : *il y a toujours une équation de moins qu'il n'y a d'inconnues.*

Les résultats précédents établissent, on le voit, une différence essentielle entre les équations aux dérivées partielles du premier ordre et celles des ordres supérieurs. Pour les équations du premier ordre, le nombre des équations contenant seulement les dérivées par rapport à x est toujours égal au nombre des fonctions inconnues. Il n'en est plus de même pour les équations d'ordre supérieur. Pour l'équation de Monge, par exemple, considérée au n° 2, on n'a que trois relations pour déterminer z, p, q, y considérées comme fonctions de x. On sait tout le parti que l'on tire d'ailleurs de ces relations différentielles : toutes les fois qu'elles offrent deux combinaisons intégrables, on peut résoudre l'équation aux dérivées partielles proposée, ou du moins la ramener à une équation du premier ordre.

Les remarques que nous avons faites indiquent de même, pour les équations du second ordre, la méthode suivante :

On essayera de trouver, en dehors de l'équation proposée, deux combinaisons intégrables des équations en y, z, p, q, r, s, t. Si ces combinaisons existent dans les deux systèmes que l'on obtient en prenant successivement pour $\frac{dy}{dx}$ les deux racines de l'équation du second degré (6) qui détermine cette dérivée, le problème pourra être considéré comme entièrement résolu ; si l'on n'a pas de combinaison intégrable, on aura recours aux équations qui contiennent les dérivées du troisième ordre. *Alors même que les premières équations ne fourniraient pas de combinaison susceptible d'intégration, le second système formé avec les dérivées prises jusqu'au troisième ordre pourra en donner. Si ce système n'est pas susceptible d'intégration partielle, on ira jusqu'aux dérivées du quatrième ordre, et l'on pourra avoir des combinaisons intégrables ; et ainsi de suite.*

4. La remarque énoncée à la fin du paragraphe précédent me paraît conduire à une méthode plus générale que celles qui sont habituellement employées. On peut, du reste, présenter cette méthode sous un autre point de vue qui permet d'obtenir plus facilement les systèmes successifs que l'on aura à intégrer partiellement.

Supposons que l'un quelconque de nos systèmes conduise à deux combinaisons intégrables

$$F(x, y, z, p, q, \ldots) = \text{const.}, \qquad F_1(x, y, z, p, q, \ldots) = \text{const.}$$

Les deux constantes qui figurent dans ces équations *doivent être considérées comme des fonctions inconnues de* y_0. Éliminant y_0, on est conduit à une équation de la forme

$$F = \text{fonction arbitraire de } F_1.$$

Cette dernière relation peut être évidemment considérée comme une nouvelle équation aux dérivées partielles, compatible avec la proposée, et qui admet en commun avec elle une intégrale *avec une fonction arbitraire.* Nous sommes donc conduits à la solution de la question suivante, qui répond à ce deuxième mode d'exposition :

Trouver une équation aux dérivées partielles

$$V = a$$

du $n^{\text{ième}}$ ordre, admettant, en commun avec la proposée, une solution contenant au moins une fonction arbitraire.

Pour cela, il suffit de remarquer que la proposée, différentiée $n-1$ fois, donne n équations contenant les dérivées d'ordre $n+1$, au nombre de $n+2$. L'équation $V = a$, différentiée successivement par rapport à x et à y, donne deux équations contenant, elles aussi, les dérivées d'ordre $n+1$. On a donc en tout $n+2$ équations contenant linéairement les dérivées d'ordre $n+1$, et qui déterminent ces $n+2$ dérivées en fonction des dérivées d'ordre inférieur, si les deux équations aux dérivées partielles dont on cherche la solution commune sont prises arbitrairement. Mais ici cela ne doit pas être; sans cela les dérivées d'ordre supérieur à $n+1$ se détermineraient toutes, comme les dérivées d'ordre $n+1$, en fonction des dérivées d'ordre moindre; puisque une fois obtenues toutes les dérivées d'ordre $n+1$ en fonction des dérivées d'ordre inférieur, on n'aurait qu'à dériver toutes les équations qui donneraient chacune de ces dérivées pour avoir les dérivées d'ordre supérieur; et la solution commune, si elle existait, ne pourrait contenir tout au plus *qu'un nombre limité de constantes arbitraires.* Il faut donc que ces $n+2$ équations contenant linéairement les $n+2$ dérivées d'ordre $n+1$ forment un système indéterminé, ce qui donne deux équations de condition. Comme deux des équations contiennent les dérivées de V, $\frac{\partial V}{\partial x}, \frac{\partial V}{\partial y}, \frac{\partial V}{\partial z}, \frac{\partial V}{\partial p}, \frac{\partial V}{\partial q}, \ldots,$ les relations de condition doivent être considérées comme deux équations aux dérivées partielles du premier ordre auxquelles doit satisfaire la fonction V. Ces équations sont homogènes et du second degré par rapport aux dérivées.

Ce qui précède explique et généralise la remarque par laquelle Bour a établi que l'on peut toujours reconnaître si l'application des méthodes de Monge et d'Ampère pourra réussir. Bour n'avait examiné que le premier cas, celui où l'on suppose que l'équation du premier ordre a une intégrale intermédiaire.

5. Les deux méthodes que nous venons d'indiquer se retrouvent d'ailleurs dans la théorie des équations aux dérivées partielles du premier ordre. La première, fondée sur le changement de variables, est due, comme on sait, à l'illustre Cauchy, qui l'a donnée en 1819. La seconde a été introduite dans la Science et développée par Jacobi. C'est en essayant d'établir un lien entre ces deux méthodes que j'ai

été amené à l'étude dont les résultats principaux ont été rapidement indiqués ici.

La seconde méthode permet de se rendre compte simplement du nombre des intégrations qui sont nécessaires pour la solution complète du problème; mais il est indispensable qu'avant de traiter ce point, nous entrions dans quelques explications.

Soit une équation aux dérivées partielles d'ordre n

$$F\left(\frac{\partial^n z}{\partial x^n}, \frac{\partial^n z}{\partial x^{n-1}\partial y}, \dots\right) = 0.$$

Désignons par R_n, R_{n-1}, ... les dérivées du premier membre de l'équation prises par rapport aux dérivées d'ordre n, $\frac{\partial^n z}{\partial x^n}$, $\frac{\partial^n z}{\partial x^{n-1}\partial y}$, ... Nous appellerons *équation caractéristique* de l'équation aux dérivées partielles l'équation suivante à une inconnue u

$$R_n u^n + R_{n-1} u^{n-1} + \dots = 0.$$

Par exemple, pour l'équation (1), considérée au commencement, cette équation caractéristique serait

$$Ru^2 + Su + T = 0.$$

Cette définition une fois comprise, il est facile de compléter un résultat énoncé plus haut.

Pour que l'équation proposée

$$f(x, y, z, p, q, \dots) = 0$$

et l'équation aux dérivées partielles $V = a$ aient une solution commune avec une fonction arbitraire, il faut d'abord que *l'équation caractéristique de l'équation $V = a$ admette une racine de l'équation*

$$(12) \qquad Ru^2 + Su + T = 0.$$

On voit donc que les équations $V = a$ que nous cherchons se divisent en deux classes, suivant qu'elles appartiennent à l'une ou à l'autre des racines de l'équation précédente. Pour la solution complète du problème, il suffit d'avoir une équation de chaque classe, contenant elle-même une fonction arbitraire. Un nombre quelconque d'équations différentielles appartenant à la même classe ne peut donner l'intégrale complète de notre équation. Il est, du reste, évident que si l'équation (12) est irréductible, si $S^2 - 4RT$ n'est pas carré parfait, il suffira de changer dans une intégrale le signe du radical pour en obtenir une nouvelle.

Ainsi, dans le cas où l'équation caractéristique est irréductible, il suffit, pour la solution complète du problème, que l'un des systèmes à intégrer fournisse deux combinaisons intégrables correspondant à la même racine de l'équation irréductible.

Si l'on n'a pas le nombre voulu de combinaisons intégrables, on n'aura évidemment que des solutions particulières.

Les méthodes précédentes réussiront toujours, il est facile de le démontrer, toutes les fois que les intégrales seront de celles qu'Ampère appelle *intégrales de première espèce,* et qui ne contiennent pas de signe d'intégration.

6. Il est facile de déduire des remarques faites plus haut quelques notions nouvelles sur la méthode de la *variation des constantes,* méthode à laquelle Bour attachait la plus grande importance.

Voici, pour le cas du second ordre, comment on devrait appliquer la méthode de Lagrange; il faudrait d'abord chercher une intégrale particulière contenant cinq constantes et, remplaçant ensuite les constantes par des fonctions arbitraires, en disposer de manière que les expressions des dérivées jusqu'au second ordre restent toutes les mêmes. On serait ainsi ramené à un système d'équations simultanées en général tout aussi difficile à intégrer que l'équation proposée; et par conséquent la méthode n'offre plus les mêmes avantages que pour le premier ordre.

Mais supposons qu'au lieu de connaître l'intégrale finie avec cinq constantes, on ne connaisse qu'une intégrale particulière du premier ordre avec deux constantes

$$\varphi(x, y, z, p, q, a, b) = 0. \tag{13}$$

Cette intégrale satisfaisant, quels que soient a et b, à l'équation proposée, si, entre l'équation (13) et ses deux premières dérivées, on élimine a et b, on devra retrouver l'équation différentielle proposée. Cela posé, supposons que a et b soient, non plus des constantes, mais des fonctions de x, y, z, p, q; remplaçons b par une fonction arbitraire de a, et déterminons a par l'équation

$$\frac{\partial\varphi}{\partial a} + \frac{\partial\varphi}{\partial b}\frac{db}{da} = 0; \tag{14}$$

a deviendra une fonction de x, y, z, p, q, déterminée par l'équation (14); les deux dérivées de l'équation (13) ne changeront pas de forme, et l'on aura cette fois *une intégrale intermédiaire avec une fonction arbitraire* déduite d'une intégrale ne contenant que deux constantes.

Le même théorème s'applique à toutes les équations $V = a$ considérées au n° 4.

NOTE XI.

SUR L'ÉQUATION AUXILIAIRE.

1. Dans un Article inséré en mars 1883 au tome XCVI des *Comptes rendus* (¹), j'ai introduit une notion qui me paraît utile : celle de *l'équation auxiliaire* d'une équation différentielle ordinaire, ou d'une équation aux dérivées partielles contenant un nombre quelconque de variables indépendantes. Comme l'équation auxiliaire intervient dans l'étude des deux problèmes de Géométrie qui font l'objet principal de la dernière Partie de cet Ouvrage, je vais en dire quelques mots, sans entrer d'ailleurs dans l'étude détaillée et approfondie de ses diverses applications.

Considérons, pour fixer les idées, une équation quelconque, différentielle ou aux dérivées partielles, définissant une fonction z d'une ou de plusieurs variables indépendantes. Si l'on y remplace z par $z + \varepsilon z'$, que l'on développe suivant les puissances de ε et que l'on égale à zéro le coefficient de ε, on aura une équation linéaire et homogène par rapport à z', que j'appellerai *l'équation auxiliaire* de l'équation proposée. L'équation auxiliaire définit les solutions infiniment voisines d'une solution donnée; elle a, par conséquent, une signification qui ne dépend en aucune manière du choix des variables indépendantes et qui subsiste après un changement quelconque de variables.

La notion de l'équation auxiliaire se généralise sans difficulté et s'étend à tout système d'équations différentielles ou aux dérivées partielles; chaque système de ce genre, quel que soit le nombre des équations, des fonctions inconnues ou des variables indépendantes, admet un *système auxiliaire* qui définit ce que l'on peut appeler

(¹) DARBOUX (G.), *Sur les équations aux dérivées partielles* (*Comptes rendus*, t. XCVI, p. 766; 19 mars 1883).

toutes les solutions infiniment voisines d'une solution donnée. Pour obtenir le système auxiliaire on remplacera chaque fonction inconnu u_i par $u_i + \varepsilon u'_i$, et l'on égalera à zéro la dérivée de chaque équation par rapport à ε, en faisant $\varepsilon = 0$ après la dérivation ([1]).

2. Lorsqu'on sait intégrer complètement un système d'équations différentielles ou aux dérivées partielles, on sait évidemment intégrer le système auxiliaire. Il suffit, pour cela, de substituer à chacune des équations finies qui constituent l'intégrale sa variation première, obtenue en faisant varier toutes les arbitraires, constantes ou fonctions, qui entrent dans cette équation, et toutes les fonctions inconnues u_i dont, conformément à la notation déjà employée, on remplacera les variations δu_i par u'_i. Si, par exemple, il s'agit d'une équation différentielle du second ordre dont l'intégrale générale est définie par la formule

$$u = f(x, c, c_1),$$

l'équation auxiliaire aura pour intégrale

$$u' = \frac{\partial f}{\partial c} c' + \frac{\partial f}{\partial c_1} c'_1,$$

c' et c'_1 désignant deux constantes nouvelles, indépendantes de c et de c_1.

S'il s'agit, au contraire, d'une équation aux dérivées partielles admettant une intégrale définie par des équations de la forme suivante, où $\varphi(\alpha)$, $\psi(\beta)$ désignent les deux fonctions arbitraires,

$$\begin{aligned} z &= f[\alpha, \beta, \varphi(\alpha), \varphi'(\alpha), \ldots, \psi(\beta), \psi'(\beta), \ldots], \\ x &= f_1[\alpha, \beta, \varphi(\alpha), \varphi'(\alpha), \ldots, \psi(\beta), \psi'(\beta), \ldots], \\ y &= f_2[\alpha, \beta, \varphi(\alpha), \varphi'(\alpha), \ldots, \psi(\beta), \psi'(\beta), \ldots], \end{aligned}$$

on aura à joindre à ces trois équations les suivantes :

$$\begin{aligned} z' &= \frac{\partial f}{\partial \alpha} \alpha' + \frac{\partial f}{\partial \beta} \beta' + \sum \frac{\partial f}{\partial \varphi^{(i)}(\alpha)} \varphi_0^{(i)}(\alpha) + \sum \frac{\partial f}{\partial \psi^{(k)}(\beta)} \psi_0^{(k)}(\beta), \\ 0 &= \frac{\partial f_1}{\partial \alpha} \alpha' + \frac{\partial f_1}{\partial \beta} \beta' + \sum \frac{\partial f_1}{\partial \varphi^{(i)}(\alpha)} \varphi_0^{(i)}(\alpha) + \sum \frac{\partial f_1}{\partial \psi^{(k)}(\beta)} \psi_0^{(k)}(\beta), \\ 0 &= \frac{\partial f_2}{\partial \alpha} \alpha' + \frac{\partial f_2}{\partial \beta} \beta' + \sum \frac{\partial f_2}{\partial \varphi^{(i)}(\alpha)} \varphi_0^{(i)}(\alpha) + \sum \frac{\partial f_2}{\partial \psi^{(k)}(\beta)} \psi_0^{(k)}(\beta), \end{aligned}$$

([1]) On pourrait généraliser cette notion du système auxiliaire en faisant varier dans les équations, non seulement les fonctions inconnues, mais encore certaines où $\varphi_0(\alpha)$, $\psi_0(\beta)$ désignent deux nouvelles fonctions arbitraires et entre lesquelles on pourra éliminer les variations α', β' de α et de β (¹). Nous représentons par $\frac{\partial f}{\partial \alpha}$, $\frac{\partial f}{\partial \beta}$, ... les dérivées complètes prises par rapport à α et à β.

3. Comme le système auxiliaire est linéaire, son étude est relativement facile; et elle peut fournir des conclusions précises relatives au système proposé. Supposons, par exemple, qu'étant donnée une seule équation aux dérivées partielles, l'on demande que cette équation admette une intégrale générale dans laquelle figureront, sans aucun signe d'intégration, des fonctions arbitraires avec leurs dérivées, jusqu'à des ordres déterminés pour chacune des fonctions. Il devra en être de même pour l'équation auxiliaire en z', quand on y remplacera z par une solution quelconque de l'équation proposée.

Cette condition, nous l'avons vu pour le cas de deux variables indépendantes, se traduira analytiquement par certaines relations entre les *invariants* de l'équation auxiliaire. En écrivant ces relations, on obtiendra de nouvelles équations aux dérivées partielles en z, qui devront être vérifiées en même temps que l'équation proposée. La solution de la question proposée pourra être ainsi ramenée à de simples éliminations.

4. Laissant de côté les nombreuses applications que l'on peut faire de ces remarques, j'étudierai plus spécialement les deux problèmes de Géométrie suivants.

Considérons une surface (Σ) et cherchons toutes les surfaces infiniment voisines qui peuvent former avec (Σ) une famille de Lamé, c'est-à-dire une famille d'un système triple orthogonal. Si ρ, ρ_1, ρ_2 désignent les paramètres des trois familles qui composent un système orthogonal et si l'élément linéaire de l'espace est donné par la formule

$$ds^2 = H^2\,d\rho^2 + H_1^2\,d\rho_1^2 + H_2^2\,d\rho_2^2,$$

H, H_1, H_2 satisfont à des relations aux dérivées partielles du second ordre que nous avons déjà démontrées au nº 149 (²). Supposons que la surface (Σ) fasse partie de la famille de paramètre ρ_2. Comme les

arbitraires, constantes ou fonctions. Mais on peut, en introduisant des inconnues nouvelles, ramener cette méthode plus générale à celle que nous employons dans le texte.

(¹) On pourra utiliser de même toutes les solutions incomplètes, pourvu qu'elles contiennent des arbitraires, constantes ou fonctions, que l'on pourra faire varier.

(²) *Voir* aussi nºˢ 1039, 1047 et 1054.

surfaces de paramètres ρ et ρ_1 la coupent suivant ses lignes de courbure, on peut dire qu'en chacun de ses points, les variables ρ, ρ_1, les fonctions H et H_1, pourront être regardées comme connues; et, pour résoudre le problème proposé, il suffira de déterminer, *en tous les points de* (Σ), la fonction H_2 qui, multipliée par la constante $d\rho_2$, donne la distance de chaque point de (Σ) à la surface infiniment voisine cherchée, surface que nous appellerons (Σ'). Or la fonction H_2 satisfait (nos 149, 1039) à l'équation

$$(1) \qquad \frac{\partial^2 H_2}{\partial\rho\,\partial\rho_1} = \frac{1}{H}\frac{\partial H}{\partial\rho_1}\frac{\partial H_2}{\partial\rho} + \frac{1}{H_1}\frac{\partial H_1}{\partial\rho}\frac{\partial H_2}{\partial\rho_1},$$

qui, nous l'admettrons ici pour abréger, est à la fois nécessaire et suffisante; de sorte que le problème est ramené à l'intégration complète de cette équation aux dérivées partielles en H_2.

Cette équation est l'une de celles auxquelles on peut ramener la solution complète du problème suivant :

Trouver toutes les surfaces admettant la même représentation sphérique que la surface (Σ).

Car, admettant les solutions x, y, z, elle n'est autre que l'équation *ponctuelle* relative au système conjugué formé par les lignes de courbure de (Σ) et ne diffère pas, par exemple, de l'équation (6) du n° 948 (*voir* aussi n° 950).

Nous établissons ainsi une relation entre deux problèmes qui, au premier abord, paraissent tout à fait différents : d'une part, la détermination de toutes les surfaces admettant même représentation sphérique que (Σ) et, d'autre part, la détermination des surfaces (Σ') infiniment voisines de (Σ) dans toute famille de Lamé dont fait partie (Σ). L'explication de ce fait apparaît immédiatement lorsqu'on se rappelle le théorème de Ribaucour démontré au n° 972. D'après cette proposition, les cercles osculateurs aux trajectoires orthogonales des surfaces d'une famille de Lamé, aux points où ces trajectoires rencontrent l'une d'elles (Σ), forment un système cyclique. Par suite, la surface donnée (Σ) et la surface cherchée (Σ') peuvent être considérées comme deux trajectoires infiniment voisines des cercles qui font partie d'un système cyclique. Et, de là résulte la génération suivante de (Σ') :

On construira le système cyclique le plus général formé de cercles normaux à (Σ), *et la surface cherchée* (Σ') *sera une de celles que nous avons appris à construire aux nos 951 et suiv., et qui sont normales à tous les cercles du système.*

Comme on sait que la recherche de tous les systèmes cycliques précédents se ramène à la détermination de toutes les surfaces admettant même représentation sphérique que (Σ), l'explication cherchée est ainsi fournie d'une manière complète; et la relation établie entre les deux problèmes confirme un résultat déjà établi par une autre voie (n° 981), mais qui, ici, devient évident : c'est que le problème de la représentation sphérique, une fois résolu pour une surface (Σ), le sera par cela même pour toutes les surfaces inverses de (Σ).

5. Considérons maintenant un autre problème : *la recherche des surfaces applicables sur une surface donnée* (Σ). Si, conformément aux idées précédentes, nous commençons par rechercher les surfaces applicables sur (Σ) et infiniment voisines de (Σ), nous savons que la solution du problème se ramène en définitive à l'intégration d'une équation à invariants égaux

$$\frac{\partial^2 \theta}{\partial \alpha\, \partial \beta} = k\theta. \tag{2}$$

Les surfaces pour lesquelles on sait le résoudre se partagent en différentes *classes*. Pour chacune d'elles, on connaît les expressions des coordonnées rectangulaires x, y, z d'un point de la surface en fonction des paramètres α et β des lignes asymptotiques; les expressions contiennent au moins quatre fonctions arbitraires de α et de β. Pour les surfaces de la $p^{\text{ième}}$ classe, l'intégrale générale de l'équation en θ comprend deux fonctions arbitraires de α et de β, avec leurs dérivées jusqu'à l'ordre $p-1$, et les expressions de x, y, z contiennent $2p+4$ fonctions arbitraires (ou $2p+2$ si l'on choisit convenablement les paramètres α et β). Or il est clair que, si l'on considère toutes les surfaces qui sont applicables sur une surface donnée et sont déterminées par des équations qui ne contiennent que des fonctions arbitraires avec leurs dérivées jusqu'à un ordre déterminé, le problème de la déformation infiniment petite se résoudra par des formules qui seront toujours de même forme et de même nature pour chacune d'elles. Toutes ces surfaces devront donc faire partie de l'une des classes que nous venons de définir; et l'*on devra pouvoir les obtenir en établissant des relations finies ou différentielles entre les fonctions arbitraires de α et de β qui figurent dans les expressions générales des coordonnées x, y, z d'un point de l'une de* *ces surfaces exprimées au moyen de* α *et de* β. Telle est la marche que nous allons suivre et formuler analytiquement.

6. Reprenons les formules du n° 883

$$(3)\qquad \left\{\begin{aligned} x &= \int\left(\theta_2\frac{\partial\theta_3}{\partial\alpha} - \theta_3\frac{\partial\theta_2}{\partial\alpha}\right)d\alpha - \left(\theta_2\frac{\partial\theta_3}{\partial\beta} - \theta_3\frac{\partial\theta_2}{\partial\beta}\right)d\beta,\\ y &= \int\left(\theta_3\frac{\partial\theta_1}{\partial\alpha} - \theta_1\frac{\partial\theta_3}{\partial\alpha}\right)d\alpha - \left(\theta_3\frac{\partial\theta_1}{\partial\beta} - \theta_1\frac{\partial\theta_3}{\partial\beta}\right)d\beta,\\ z &= \int\left(\theta_1\frac{\partial\theta_2}{\partial\alpha} - \theta_2\frac{\partial\theta_1}{\partial\alpha}\right)d\alpha - \left(\theta_1\frac{\partial\theta_2}{\partial\beta} - \theta_2\frac{\partial\theta_1}{\partial\beta}\right)d\beta, \end{aligned}\right.$$

où θ_1, θ_2, θ_3 sont solutions d'une équation de la forme (2).

Les quantités x_1, y_1, z_1, définies par les relations

$$(4)\qquad \left\{\begin{aligned} x_1 &= \int\left(\theta_1\frac{\partial\omega}{\partial\alpha} - \omega\frac{\partial\theta_1}{\partial\alpha}\right)d\alpha - \left(\theta_1\frac{\partial\omega}{\partial\beta} - \omega\frac{\partial\theta_1}{\partial\beta}\right)d\beta,\\ y_1 &= \int\left(\theta_2\frac{\partial\omega}{\partial\alpha} - \omega\frac{\partial\theta_2}{\partial\alpha}\right)d\alpha - \left(\theta_2\frac{\partial\omega}{\partial\beta} - \omega\frac{\partial\theta_2}{\partial\beta}\right)d\beta,\\ z_1 &= \int\left(\theta_3\frac{\partial\omega}{\partial\alpha} - \omega\frac{\partial\theta_3}{\partial\alpha}\right)d\alpha - \left(\theta_3\frac{\partial\omega}{\partial\beta} - \omega\frac{\partial\theta_3}{\partial\beta}\right)d\beta, \end{aligned}\right.$$

où ω est l'intégrale la plus générale de l'équation (2) à laquelle satisfont $\theta_1, \theta_2, \theta_3$, donnent la solution la plus générale de l'équation aux différentielles totales

$$(5)\qquad dx\,dx_1 + dy\,dy_1 + dz\,dz_1 = 0,$$

de sorte que, ε désignant une constante infiniment petite,

$$x + \varepsilon x_1,\quad y + \varepsilon y_1,\quad z + \varepsilon z_1$$

sont les coordonnées d'un point d'une surface (Σ') infiniment voisine de (Σ) et applicable sur (Σ).

7. Cela posé, si l'on a établi, entre les fonctions arbitraires contenues dans les formules (3), des relations telles que toutes les surfaces (Σ) soient applicables les unes sur les autres, et si l'on fait varier, non seulement les fonctions arbitraires qui subsistent seules, mais aussi les paramètres α et β, les expressions

$$x + \delta x + \frac{\partial x}{\partial\alpha}\delta\alpha + \frac{\partial x}{\partial\beta}\delta\beta,$$

$$y + \delta y + \frac{\partial y}{\partial\alpha}\delta\alpha + \frac{\partial y}{\partial\beta}\delta\beta,$$

$$z + \delta z + \frac{\partial z}{\partial\alpha}\delta\alpha + \frac{\partial z}{\partial\beta}\delta\beta,$$

où δx, δy, δz désignent les variations provenant du changement de forme des fonctions arbitraires, seront aussi les coordonnées d'un point d'une surface applicable sur (Σ) et infiniment voisine de (Σ). Pour que cette surface se confonde avec (Σ'), il sera nécessaire et suffisant que l'on puisse disposer de $\delta\alpha$, $\delta\beta$ de manière à satisfaire aux équations ([1])

$$(6)\quad \left\{\begin{aligned} &\delta x + \frac{\partial x}{\partial \alpha}\delta\alpha + \frac{\partial x}{\partial \beta}\delta\beta = x_1,\\ &\delta y + \frac{\partial y}{\partial \alpha}\delta\alpha + \frac{\partial y}{\partial \beta}\delta\beta = y_1,\\ &\delta z + \frac{\partial z}{\partial \alpha}\delta\alpha + \frac{\partial z}{\partial \beta}\delta\beta = z_1;\end{aligned}\right.$$

et, réciproquement, toutes les fois qu'il sera possible de satisfaire à ces équations, toutes les surfaces (Σ) seront applicables les unes sur les autres.

8. Si l'on remarque que θ_1, θ_2, θ_3 sont les paramètres directeurs de la normale à (Σ), on peut remplacer les trois équations précédentes par l'unique équation

$$(7)\quad \Theta = \theta_1(\delta x - x_1) + \theta_2(\delta y - y_1) + \theta_3(\delta z - z_1) = 0,$$

obtenue en ajoutant les trois équations après les avoir multipliées respectivement par θ_1, θ_2, θ_3.

Cette dernière équation contient des signes de quadrature, mais on peut les faire disparaître par différentiation. On a, en effet, identiquement

$$(8)\quad \left\{\begin{aligned} \frac{\partial^2\Theta}{\partial\alpha\,\partial\beta} - k\Theta = {} & \mathbf{S}\frac{\partial\theta_1}{\partial\alpha}\left(\delta\frac{\partial x}{\partial\beta} - \frac{\partial x_1}{\partial\beta}\right)\\ & + \mathbf{S}\frac{\partial\theta_1}{\partial\beta}\left(\delta\frac{\partial x}{\partial\alpha} - \frac{\partial x_1}{\partial\alpha}\right) + \mathbf{S}\,\theta_1\left(\delta\frac{\partial^2 x}{\partial\alpha\,\partial\beta} - \frac{\partial^2 x_1}{\partial\alpha\,\partial\beta}\right)\\ = {} & 2\begin{vmatrix} \delta\theta_1 & \delta\theta_2 & \delta\theta_3\\ \frac{\partial\theta_1}{\partial\alpha} & \frac{\partial\theta_2}{\partial\alpha} & \frac{\partial\theta_3}{\partial\alpha}\\ \frac{\partial\theta_1}{\partial\beta} & \frac{\partial\theta_2}{\partial\beta} & \frac{\partial\theta_3}{\partial\beta}\end{vmatrix} - 2\frac{\partial\omega}{\partial\alpha}\mathbf{S}\,\theta_1\frac{\partial\theta_1}{\partial\beta} + 2\frac{\partial\omega}{\partial\beta}\mathbf{S}\,\theta_1\frac{\partial\theta_1}{\partial\alpha}.\end{aligned}\right.$$

Et, par conséquent, il faudra d'abord que les fonctions ω, θ_1, θ_2, θ_3,

---

([1]) Nous supposons que la constante c ait été réunie en multiplicateur aux fonctions arbitraires qui figurent dans ω.

$\delta\theta_1$, $\delta\theta_2$, $\delta\theta_3$ puissent vérifier identiquement la relation

$$(9)\qquad \begin{vmatrix} \delta\theta_1 & \delta\theta_2 & \delta\theta_3 \\ \frac{\partial\theta_1}{\partial\alpha} & \frac{\partial\theta_2}{\partial\alpha} & \frac{\partial\theta_3}{\partial\alpha} \\ \frac{\partial\theta_1}{\partial\beta} & \frac{\partial\theta_2}{\partial\beta} & \frac{\partial\theta_3}{\partial\beta} \end{vmatrix} - \frac{\partial\omega}{\partial\alpha} \mathbf{S}\theta_1 \frac{\partial\theta_1}{\partial\beta} + \frac{\partial\omega}{\partial\beta} \mathbf{S}\theta_1 \frac{\partial\theta_1}{\partial\alpha} = 0,$$

qui est débarrassée de tout signe d'intégration. Lorsque cette équation sera vérifiée, la principale difficulté du problème aura disparu; il restera néanmoins à vérifier l'équation primitive (7), qui n'est nullement une conséquence de la précédente, mais dont le premier membre Θ satisfera alors, en vertu de l'identité (8), à l'équation

$$\frac{\partial^2\Theta}{\partial\alpha\,\partial\beta} = k\Theta.$$

9. Appliquons d'abord cette méthode générale aux surfaces de la première classe, pour lesquelles on a

$$(10)\qquad \theta_1 = A_1 + B_1, \qquad \theta_2 = A_2 + B_2, \qquad \theta_3 = A_3 + B_3,$$

A_1, A_2, A_3 étant des fonctions de α et B_1, B_2, B_3 des fonctions de β. L'équation à invariants égaux à laquelle satisfont θ_1, θ_2, θ_3 est ici

$$(11)\qquad \frac{\partial^2\theta}{\partial\alpha\,\partial\beta} = 0,$$

et l'on a

$$(12)\qquad \begin{cases} x = A_3 B_2 - A_2 B_3 + \int (A_2\, dA_3 - A_3\, dA_2) - \int (B_2\, dB_3 - B_3\, dB_2), \\ y = A_1 B_3 - A_3 B_1 + \int (A_3\, dA_1 - A_1\, dA_3) - \int (B_3\, dB_1 - B_1\, dB_3), \\ z = A_2 B_1 - A_1 B_2 + \int (A_1\, dA_2 - A_2\, dA_1) - \int (B_1\, dB_2 - B_2\, dB_1). \end{cases}$$

Voyons si l'on peut établir entre les fonctions A et les fonctions B des relations telles que toutes les surfaces correspondantes soient applicables les unes sur les autres. Comme il doit rester une fonction arbitraire de α et une fonction arbitraire de β, il est clair qu'il ne faudra obtenir *qu'une* relation entre les fonctions A et *une* entre les fonctions B.

On a ici

$$(13)\qquad \omega = A + B,$$

et l'équation fondamentale prend la forme

$$(14)\qquad \begin{vmatrix} \delta A_1 + \delta B_1 & \delta A_2 + \delta B_2 & \delta A_3 + \delta B_3 \\ A'_1 & A'_2 & A'_3 \\ B'_1 & B'_2 & B'_3 \end{vmatrix} - A' \mathbf{S} \theta_i \frac{\partial \theta_i}{\partial \beta} + B' \mathbf{S} \theta_i \frac{\partial \theta_i}{\partial \alpha} = 0.$$

Comme, par sa nature même, elle se décompose en relations linéaires entre les fonctions de α et entre les fonctions de β; comme, d'autre part, A' et B' s'annulent en même temps que les δA_i et les δB_i, on peut admettre que A' dépend linéairement de δA_1, δA_2, δA_3; que B' dépend linéairement de δB_1, δB_2, δB_3; et, par suite, l'équation précédente se décomposera dans les deux suivantes :

$$(15)\qquad \begin{vmatrix} \delta A_1 & \delta A_2 & \delta A_3 \\ A'_1 & A'_2 & A'_3 \\ B'_1 & B'_2 & B'_3 \end{vmatrix} - A' \mathbf{S} (A_i + B_i) B'_i = 0,$$

$$(16)\qquad \begin{vmatrix} \delta B_1 & \delta B_2 & \delta B_3 \\ A'_1 & A'_2 & A'_3 \\ B'_1 & B'_2 & B'_3 \end{vmatrix} + B' \mathbf{S} (A_i + B_i) A'_i = 0.$$

Si, dans la première, on donne à α une valeur quelconque, mais fixe, elle prend la forme

$$(B_1 + m_1)B'_1 + (B_2 + m_2)B'_2 + (B_3 + m_3)B'_3 = 0,$$

m_1, m_2, m_3 désignant des constantes. En intégrant, on aura donc

$$(B_1 + m_1)^2 + (B_2 + m_2)^2 + (B_3 + m_3)^2 = \text{const.}$$

Mais, comme il est permis, dans les expressions des θ_i, de réunir les constantes m_i aux fonctions A_i, on pourra supposer que ces constantes soient nulles et ramener l'équation précédente à la forme

$$(17)\qquad B_1^2 + B_2^2 + B_3^2 = 2h,$$

h désignant une constante. Alors l'équation (15) prendra la forme

$$\begin{vmatrix} \delta A_1 & \delta A_2 & \delta A_3 \\ A'_1 & A'_2 & A'_3 \\ B'_1 & B'_2 & B'_3 \end{vmatrix} - A' \mathbf{S} A_i B'_i = 0,$$

et, comme il ne peut exister aucune autre relation entre les fonctions B_i, on devra annuler le coefficient de chaque dérivée B'_i, ce qui donnera

$$(18)\qquad \begin{cases} A'_3\,\delta A_2 - A'_2\,\delta A_3 - A'A_1 = 0, \\ A'_1\,\delta A_3 - A'_3\,\delta A_1 - A'A_2 = 0 \\ A'_2\,\delta A_1 - A'_1\,\delta A_2 - A'A_3 = 0. \end{cases}$$

On déduira de là, en multipliant les trois équations respectivement par A'_1, A'_2, A'_3,

$$A_1A'_1 + A_2A'_2 + A_3A'_3 = 0,$$

et, par suite,

$$(19)\qquad A_1^2 + A_2^2 + A_3^2 = 2h_1,$$

h_1 désignant une nouvelle constante.

L'équation (9) étant vérifiée en vertu des relations (17) et (19), il faut revenir maintenant à l'équation (7). On a ici

$$x_1 = AB_1 - BA_1 - \int (A\,dA_1 - A_1\,dA) + \int (B\,dB_1 - B_1\,dB),$$

$$y_1 = AB_2 - BA_2 - \int (A\,dA_2 - A_2\,dA) + \int (B\,dB_2 - B_2\,dB),$$

$$z_1 = AB_3 - BA_3 - \int (A\,dA_3 - A_3\,dA) + \int (B\,dB_3 - B_3\,dB).$$

Un calcul facile donne, en tenant compte des relations (18) et des relations analogues relatives aux fonctions B_i,

$$\begin{aligned} \delta x - x_1 = {} & (A_2 + B_2)(\delta A_3 - \delta B_3) \\ & - (A_3 + B_3)(\delta A_2 - \delta B_2) + (A + B)(A_1 - B_1). \end{aligned}$$

On déduit de là

$$\Theta = \mathbf{S}\,\theta_1(\delta x - x_1) = (A + B)(2h_1 - 2h).$$

Il suffira donc de prendre $h = h_1$ et l'on retrouvera ainsi, dans ce qu'elles ont d'essentiel, les propositions énoncées aux nos 769 et 770.

10. Pour les surfaces de la seconde classe, on a

$$(20)\qquad \begin{cases} \theta_1 = A'_1 + B'_1 - 2\,\dfrac{A_1 - B_1}{\alpha - \beta}, \\ \theta_2 = A'_2 + B'_2 - 2\,\dfrac{A_2 - B_2}{\alpha - \beta}, \\ \theta_3 = A'_3 + B'_3 - 2\,\dfrac{A_3 - B_3}{\alpha - \beta}. \end{cases}$$

Les formules qui donnent les coordonnées sont aussi plus compliquées.

Par exemple, la valeur de x est

$$x = \int (A'_2 A''_3 - A'_3 A''_2)\, d\alpha - \int (B'_2 B''_3 - B'_3 B''_2)\, d\beta + A'_3 B'_2 - A'_2 B'_3$$
$$+ 2\,\frac{(A_3 - B_3)(A'_2 - B'_2) - (A_2 - B_2)(A'_3 - B'_3)}{\alpha - \beta},$$

et l'on obtiendra les valeurs correspondantes de y et de z par des permutations circulaires effectuées sur les indices 1, 2, 3. La valeur de x_1 est de même

$$x_1 = \int (A'_1 A'' - A' A''_1)\, d\alpha - \int (B'_1 B'' - B' B''_1)\, d\beta + A' B'_1 - A'_1 B'$$
$$+ 2\,\frac{(A - B)(A'_1 - B'_1) - (A_1 - B_1)(A' - B')}{\alpha - \beta}.$$

L'équation à résoudre (9) prend aussi une forme beaucoup moins simple.

On parvient néanmoins à en trouver une solution en adoptant l'hypothèse

$$(21) \qquad \delta A_i = A A'_i - A' A_i, \qquad \delta B_i = B B'_i - B' B_i,$$

qui conduit aux valeurs suivantes pour les fonctions arbitraires

$$(22) \quad \begin{cases} A_1 = i\,\dfrac{A^2 - 1}{2A'}, & A_2 = \dfrac{A^2 + 1}{2A'}, & A_3 = \dfrac{iA}{A'}, \\[2mm] B_1 = i\,\dfrac{B^2 - 1}{2B'}, & B_2 = \dfrac{B^2 + 1}{2B'}, & B_3 = \dfrac{iB}{B'}. \end{cases}$$

A et B désignant des fonctions arbitraires, différentes, bien entendu, de celles qui figurent dans les expressions précédentes de δA_i, δB_i.

La solution correspondant à ces valeurs des fonctions A_i, B_k n'est pas distincte de celle que nous avons donnée aux nos **1078-1080** d'après M. Weingarten. Elle convient aux surfaces applicables sur le paraboloïde dont une génératrice est tangente au cercle de l'infini.

11. D'une manière plus générale, on peut se demander de trouver quelles seraient les valeurs des fonctions θ_i qui correspondraient aux solutions nouvelles considérées par MM. Weingarten, Baroni et Goursat, solutions que nous avons fait connaître au Liv. VIII, Ch. XIII. On verra facilement, en ayant égard aux formules du n° 916, que si p est la solution générale de l'équation (57) du n° 1074

$$\frac{\partial^2 p}{\partial\alpha\,\partial\beta} = \frac{\psi'(p)}{(1+\alpha\beta)^2}, \tag{23}$$

il faut prendre

$$\left\{\begin{aligned}
\theta_1 &= \frac{(1+\alpha\beta)^2}{2\sqrt{i}}\left(\frac{\partial p}{\partial\alpha}\frac{\partial C}{\partial\beta} - \frac{\partial p}{\partial\beta}\frac{\partial C}{\partial\alpha}\right),\\
\theta_2 &= \frac{(1+\alpha\beta)^2}{2\sqrt{i}}\left(\frac{\partial p}{\partial\alpha}\frac{\partial C'}{\partial\beta} - \frac{\partial p}{\partial\beta}\frac{\partial C'}{\partial\alpha}\right),\\
\theta_3 &= \frac{(1+\alpha\beta)^2}{2\sqrt{i}}\left(\frac{\partial p}{\partial\alpha}\frac{\partial C''}{\partial\beta} - \frac{\partial p}{\partial\beta}\frac{\partial C''}{\partial\alpha}\right),
\end{aligned}\right. \tag{24}$$

C, C', C'' étant les cosinus directeurs donnés par les formules (52) (n° 1074).

FIN DE LA QUATRIÈME ET DERNIÈRE PARTIE.

TABLE ANALYTIQUE DES MATIÈRES

PAR ORDRE ALPHABÉTIQUE (¹).

A

Action dans un mouvement, 544. Théorème de *Thomson* et *Tait*, 544. Principe de la moindre action dans le plan, 545. Sur une surface, 550. *Action* relative à un mouvement dans l'espace, 556, 557. Principe de la moindre action, 558. Variation de l'action, 559. Généralisation des propriétés des rayons lumineux, 560, 561.

Anallagmatiques (Surfaces), 172, 847, 849, 850.

Analogies entre la Géométrie du plan et celle des surfaces à courbure constante, 793-794.

Angle de contingence géodésique, 642.

Angles relatifs à une forme quadratique, 572, 574. Orthogonalité relative à une forme quadratique, 572.

Anticaustiques par réfraction, leurs lignes de courbure, 479. Leur équation tangentielle, 480.

Axes optiques, leur définition, 452. Leurs propriétés, 453 et suiv.

B

Björling. Travaux sur les surfaces minima, 182.

Brachistochrones, 550.

C

Caractéristiques des équations aux dérivées partielles non linéaires du second ordre, 709 et suiv., Théorie de l'équation

$$A(rt-s^2)+Br+2Cs+B't+D=0,$$

709 et suiv. *Voir* aussi Note X.

Caractéristiques d'une équation linéaire aux dérivées partielles du second ordre, 106. Propriétés géométriques, 107. Cas où elles sont les lignes de courbure, 108.

Caténoïde ou Alysséïde, 66.

Centre de courbure géodésique, 490, 634, 637.

Cercles géodésiques, 648 et suiv. Courbes dont la courbure géodésique est une fonction donnée des coordonnées du point de la courbe, 649-650. Problème du calcul des variations dont elles donnent la solu-

(¹) Les chiffres donnés se rapportent aux articles et non aux pages des différents Volumes.

tion, 651, 652. Cercles géodésiques des surfaces applicables sur les surfaces de révolution, 653. De la pseudosphère, 787-789. Longueur d'une circonférence géodésique, 790.

Cercles géodésiques des surfaces a courbure constante, 779, 780.

Cercles géodésiques et systèmes isothermes, 654. Problème non résolu relatif aux surfaces qui admettent au moins trois familles isothermes composées de cercles géodésiques, 655.

Complément au théorème de Meusnier, 511.

Complexes de droites, 448.

Congruences de cercles, 446, 471, 472, 477. *Voir* aussi Systèmes cycliques.

Congruences de courbes, 311. Condition pour que les courbes d'une congruence soient normales à une famille de surfaces, 438, 439. Interprétation géométrique de cette condition, 440.

Congruences de courbes algébriques. Le nombre maximum de surfaces *isolées* normales à toutes les courbes de la congruence dépend uniquement de la nature de chaque courbe, 446. Par exemple des cercles formant une congruence ne peuvent être normaux à plus de deux surfaces sans l'être à une infinité de surfaces, 446.

Congruences de droites ou rectilignes, 318-320. Systèmes conjugués rattachés aux congruences rectilignes, 322, 323. Surfaces particulières pour lesquelles les coordonnées de chaque point sont de la forme

$$A(\rho - a)^m(\rho_1 - a)^n,$$

324.

Congruences rectilignes pour lesquelles les lignes asymptotiques se correspondent sur les deux nappes de la surface focale, 483, 886-889. Relation entre les courbures totales des deux nappes, 889.

Congruences rectilignes dont les développables doivent découper un réseau conjugué sur une surface du second degré, 455.

Congruences rectilignes isotropes, 260, 863. Surface moyenne d'une congruence isotrope, 865.

Congruences rectilignes dont les développables découpent sur une surface donnée un réseau conjugué donné, 420, 421. Congruences dont les développables se correspondent et interceptent sur une même surface un même système conjugué, 922-923. Congruences engendrées par des droites parallèles et dont les développables se correspondent, 923, 941-944.

Congruences rectilignes. Condition pour que les droites d'une congruence soient les normales d'une surface, 441. Application aux tangentes communes à deux surfaces homofocales du second degré, 442. Cas où la surface focale d'une congruence de normales se réduit à une courbe et à une surface ou à deux courbes, 443-444.

Congruences spéciales de courbes pour lesquelles chaque courbe est rencontrée seulement par deux courbes infiniment voisines, 470, 471.

Coordonnées curvilignes sur une surface 62-65.

Coordonnées de la droite, 139.

Coordonnées homogènes d'une sphère, 156. Coordonnées de la sphère qui enveloppe une surface sur les deux nappes de laquelle les lignes de courbure se correspondent, 477, 483.

Coordonnées pentasphériques, 150 et suiv. Le système de cinq sphères orthogonales, 151. Surfaces isothermiques rapportées à des coordonnées pentasphériques, 437.

Coordonnées polaires sur une surface 656, 657.

Coordonnées symétriques sur une surface quelconque, 501. Sur la sphère, 23-26, 916. Transformation homographique de ces coordonnées, 27.

Coordonnées tangentielles spéciales. Variables de O. Bonnet, 163. Étude de la surface, 164-165. Transformation de coordonnées ou déplacement, 166, 167.

CORRESPONDANCE AVEC ORTHOGONALITÉ DES ÉLÉMENTS, 851. Problème des éléments rectangulaires, 851, 855. Correspondance d'une surface et d'un plan avec orthogonalité des éléments linéaires, 909 et suiv.

CORRESPONDANCE ENTRE DEUX SURFACES PAR PLANS TANGENTS PARALLÈLES, 426, 432. Translation d'une surface, 427. Application à l'Optique des milieux homogènes, 428. Propriétés géométriques relatives à un cas spécial, 890, 893, 894.

CORRESPONDANCE ÉTABLIE ENTRE DEUX SURFACES par la condition que les plans tangents aux points correspondants aient leur intersection dans un plan fixe (P), 425.

COUPLES DE SURFACES APPLICABLES, 854, 898.

COURBE AUX TANGENTES ÉGALES OU TRACTRICE, 66.

COURBES DE M. BERTRAND dont les normales principales sont aussi normales principales d'une autre courbe, 8 et suiv., 38, 739.

COURBES GAUCHES. Théorie cinématique, 1 et suiv. Détermination d'une courbe gauche quand on connaît une relation entre la courbure et la torsion de l'arc, 35. Courbes à torsion constante, 36 et Note IV.

COURBES MINIMA ou de longueur nulle, 219, 220.

COURBES PARALLÈLES sur une surface, 531.

COURBURE GÉODÉSIQUE, 634 et suiv. Définitions diverses, 635, 636, 637, 648. Son expression au moyen des paramètres différentiels, 676.

COURBURE NORMALE. Théorèmes de M. *Bertrand*, 505. Moment de deux normales infiniment voisines, 506.

COURBURE TOTALE. COURBURE MOYENNE, 497. Théorème de *Gauss*, 498. Expression de la courbure totale au moyen du second paramètre différentiel, 682.

CYCLIDES GÉNÉRALES. Ce sont des surfaces isothermiques, 437. Cyclide de Dupin. C'est la seule surface dont les normales rencontrent deux courbes, 444. *Voir* LIGNES DE COURBURE.

D

DÉFORMATION DE L'HYPERBOLOÏDE DE RÉVOLUTION. Théorème de *Laguerre*, 739.

DÉFORMATION DES SURFACES. Réduction nouvelle du problème due à M. *Weingarten*, 1082 et suiv.

DÉFORMATION DES SURFACES GAUCHES, 727 et suiv. Surfaces gauches admettant un élément linéaire donné, 728, 729. Déformer une surface gauche de telle manière que l'une de ses courbes devienne plane, 732, ou rectiligne, 733, ou asymptotique, 735, ou ligne de courbure, 736. Déformation des surfaces gauches étudiée par la méthode cinématique, 734-735.

DÉFORMATION INFINIMENT PETITE. Première solution, 852, 856-858, 866. Théorème de *Ribaucour*, 861-862, 891. Deuxième solution, 867-869, 871, Les douze surfaces qui se présentent dans l'étude de la déformation infiniment petite, 883-897. Les trois réseaux I, II, III sur ces douze surfaces, 894-897. Déformation infiniment petite des surfaces homographiques ou corrélatives, 900, 901. Application de la théorie générale de la déformation infiniment petite à la solution du problème de la déformation finie, Note XI.

DÉFORMATION INFINIMENT PETITE du paraboloïde, 859, d'une surface du second degré, 860, d'une sphère, 861-863 et 915-917, d'une surface à courbure constante, 879-881 et 918, d'une surface minima, 913.

DÉPLACEMENT A UN PARAMÈTRE, formules d'Euler exprimant les neuf cosinus en fonction de trois angles, 1.

DÉPLACEMENTS A DEUX PARAMÈTRES, 40 et suiv. Relations différentielles entre les rotations, 40. Cas où les six rotations dépendent d'une seule variable, 41-46. Cas où le système n'a pas de point fixe. Relations différentielles entre les rotations et les translations, 55. Théorème de MM. *Schönemann* et *Mannheim*, 57.

DÉPLACEMENTS A DEUX PARAMÈTRES pour lesquels les mouvements élémentaires sont toujours des rotations. Théorème de *Ribaucour*, 58. Propositions relatives à ces déplacements, 59-61. *Voir* aussi au mot ROULEMENT.

DÉPLACEMENT PARTICULIER analogue au mouvement étudié par *Poinsot* d'un corps solide libre, 32.

DÉPLACEMENTS FINIS. Leur représentation analytique et géométrique. Leur composition, Note V.

DÉTERMINATION des surfaces admettant l'élément linéaire

$$ds^2 = du^2 + (au^2 + 2bu + c)\,dv^2,$$

où a, b, c sont des constantes, 726.

DÉVELOPPÉES d'une courbe gauche, 12.

DÉVELOPPÉE D'UNE SURFACE, 752. Lignes asymptotiques, 753. Tableau de formules se rapportant aux deux nappes, 754. Relations entre les deux nappes, propriétés cinématiques, paraboloïde des huit droites, 755-756.

DÉVELOPPÉE MOYENNE d'une surface, 912, 1075.

DIRECTRICE ET MODULE d'une déformation infiniment petite, 852.

DISTANCE GÉODÉSIQUE sur une surface, 526, 536, 537. Son expression approchée, 658, 659. Applications, 662, 663.

DROITE INVARIABLE dont trois points décrivent des plans rectangulaires. Surface normale à toutes les positions de la droite. Ses lignes de courbure, 159.

DROITES NORMALES A UNE SURFACE, 447. Condition pour que des droites partant des différents points d'une surface soient normales à une autre surface, 448, 449. Développables formées avec les normales, 637.

DYNAMIQUE DES MOUVEMENTS DANS LE PLAN. Analogies avec la théorie des géodésiques, 538 et suiv. Trajectoires qui correspondent à la même valeur de la constante des forces vives, 538-540.

E

ÉLÉMENT LINÉAIRE analogue à celui des surfaces réglées, 697 et Note IX.

ÉLÉMENT LINÉAIRE des surfaces gauches. Surfaces imaginaires, 727.

ÉLÉMENT LINÉAIRE HARMONIQUE ou de *Liouville*, 583. Lignes géodésiques, 583-584.

ELLIPSES ET HYPERBOLES GÉODÉSIQUES, 526-529, 587-588. Théorèmes de *Chasles* et de *Graves*, 589. Sur une sphère, 745-746.

ELLIPSOÏDE rapporté à ses lignes de courbure, 504. *Voir* GÉODÉSIQUES, SURFACES HOMOFOCALES.

ENVELOPPE D'UNE FAMILLE DE SPHÈRES DÉPENDANT DE DEUX PARAMÈTRES, 472. Lignes principales, 472. Proposition de *Ribaucour* relative à la corde de contact, 473. Proposition relative à la polaire de cette corde, 474. Enveloppes pour lesquelles les lignes de courbure se correspondent sur les deux nappes, 451, 453, 475, et suivants.

ENVELOPPES DE SPHÈRES coupant une sphère fixe sous un angle constant, 172.

ÉQUATION $rt - s^2 + a^2 = 0$, 716.

ÉQUATION ADJOINTE DE LAGRANGE (pour une équation linéaire à une seule variable indépendante), 368. Propriétés diverses, 369-374.

ÉQUATION ADJOINTE D'UNE ÉQUATION AUX DÉRIVÉES PARTIELLES, 357. Son intégration se ramène à celle de la proposée, 367.

ÉQUATION AUX DÉRIVÉES PARTIELLES de *Liouville* $s = e^z$, 726, 1078 et Note III.

ÉQUATION AUX DÉRIVÉES PARTIELLES définissant les surfaces qui admettent un élément linéaire donné, 703-708.

ÉQUATION AUX DÉRIVÉES PARTIELLES DU SECOND ORDRE intégrée par *Bonnet*, 746.

ÉQUATION AUXILIAIRE. Sa définition, son emploi. Note XI.

ÉQUATION DIFFÉRENTIELLE PARTICULIÈRE $y'^2 + y'^4 = X$, qui se rencontre dans diverses théories, 621, 732 et Note VI.

ÉQUATIONS AUX DÉRIVÉES PARTIELLES. Détermination des équations du second ordre admettant une intégrale dépendant seulement de deux fonctions arbitraires des variables indépendantes, et des dérivées en nombre limité, de ces fonctions arbitraires, Note III de M. *Cosserat* (IV, p. 405 et suiv.). Extension des méthodes de Monge et d'Ampère. Note X.

ÉQUATIONS AUX DÉRIVÉES PARTIELLES HARMONIQUES, 406. Application du théorème de M. *Moutard* au cas où l'on emploie une relation particulière harmonique. L'équation dérivée est aussi harmonique, 407. Transformation qui permet de dériver d'une équation harmonique une infinité d'autres équations harmoniques, 410-412.

ÉQUATION DE RICCATI, 16. Sa réduction à un système linéaire de deux équations, 18.

ÉQUATIONS DE RICCATI qui se présentent dans l'étude du déplacement à deux variables, 47-54.

ÉQUATION D'EULER ET DE POISSON

$$E(\beta, \beta'),$$

344-356. Formule de *Poisson* donnant l'intégrale générale de cette équation, 354. Sa démonstration rigoureuse, 361, 362. Généralisation de toutes ces propriétés pour un système d'équations simultanées, 1046.

ÉQUATION DIFFÉRENTIELLE D'EULER. Addition des intégrales elliptiques, 585.

ÉQUATION DIFFÉRENTIELLE LINÉAIRE D'ORDRE IMPAIR ÉQUIVALENTE A SON ADJOINTE, 373. Intégrale du second degré, 374. Relations entre les intégrales, 375.

ÉQUATIONS DIFFÉRENTIELLES. Méthodes d'approximations successives, Note I de M. *Emile Picard* (IV, p. 353 et suiv.).

ÉQUATIONS DIFFÉRENTIELLES ULTRAELLIPTIQUES, 464.

ÉQUATIONS LINÉAIRES DU SECOND ORDRE A INVARIANTS ÉGAUX, 387 et suiv. Leur forme réduite, 329, 387. Application de la méthode de *Laplace*, 387, 388. Étude des cas les plus simples, 389.

ÉQUATIONS LINÉAIRES A INVARIANTS ÉGAUX. Théorèmes de M. *Moutard*, 390, 392, 393. Intégration des équations à invariants égaux par l'application de ce théorème, 394-396. Démonstration d'un point admis par M. *Moutard*, 396.

ÉQUATION LINÉAIRE DU SECOND ORDRE comprenant, comme cas particulier, l'équation de *Lamé*, note du n° 271.

ÉQUATIONS LINÉAIRES DU SECOND ORDRE, théorèmes de *Sturm*, 628, 629.

ÉQUATIONS LINÉAIRES RÉDUCTIBLES A LA FORME HARMONIQUE, 413. Équation particulière

$$\frac{1}{z}\frac{\partial^2 z}{\partial x\,\partial y} = \frac{\mu(\mu-1)}{(x+y)^2} - \frac{\mu'(\mu'-1)}{(x-y)^2} + \frac{\nu(\nu-1)}{(1-xy)^2} - \frac{\nu'(\nu'-1)}{(1+xy)^2}.$$

Ses réductions diverses à la forme harmonique, 415. Forme élégante qu'on peut lui donner, 416. *Voir* aussi *Note II*.

ÉQUATIONS LINÉAIRES

$$\frac{d^2y}{dt^2} = [\varphi(t) + h]y.$$

Si l'on sait intégrer une telle équation pour toutes les valeurs de h, on en déduira une suite illimitée d'équations pareilles également intégrables, 408, 409.

Équations linéaires simultanées aux dérivées partielles du second ordre, 1039 et suiv. Extension de la méthode de *Laplace*, 1042-1044. Systèmes particuliers, 1045-1046.

Équations ponctuelle et tangentielle relatives à un même système conjugué. L'intégration de l'une se ramène à celle de l'autre, 403-405.

Étude cinématique d'une surface à l'aide du trièdre (T), 484 et suiv., Tangentes aux courbes tracées sur la surface, élément linéaire, 485. Directions conjuguées, 486. Lignes asymptotiques, 487. Lignes de courbure, 488. Propriété cinématique des lignes de courbure, 489. Courbure normale, courbure géodésique, 490. Éléments du troisième ordre, 492, 493. Sphère osculatrice, 493.

Expressions (m, n). Leur définition, 397. Leurs propriétés, 398, 399. Détermination de toutes les expressions (m, n) qui satisfont à une équation aux dérivées partielles du second ordre, 400. Généralisation de la théorie des expressions (m, n), 1045.

F

Familles de Lamé. Définition, 971. Condition nécessaire et suffisante pour qu'une famille de surfaces soit une famille de *Lamé*, 971-972. Surfaces infiniment voisines d'une surface donnée qui peuvent faire partie avec elle d'une même famille de Lamé. Note XI.

Fonctions d'une variable complexe sur une surface, 680, 681.

Forme harmonique de l'élément linéaire

$$ds^2 = [\varphi(u) - \psi(v)](du^2 + dv^2),$$

413. Formes harmoniques de l'élément de la sphère, 414. Des surfaces du second degré 121, 504, 1080.

Formes quadratiques de différentielles, 572 et suiv. Transformation remarquable due à M. *Beltrami*, 575. Lignes géodésiques d'une forme quadratique, 576, 577.

Formules de Gauss (employées dans les *Disquisitiones*), 698-699. Formules qui s'en déduisent et tiennent lieu de celles de M. *Codazzi*, 700. Lignes de courbure, 701. Relations entre les coordonnées rectangulaires x, y, z, les cosinus directeurs de la normale c, c', c'' et les déterminants D, D', D'', 702.

Formule de Laguerre relative aux courbes admettant même tangente en un point d'une surface, 510.

Formules d'Euler et d'Olinde Rodrigues relatives à un déplacement ou à une transformation de coordonnées, 27, 963. *Voir* aussi Note V.

Formules de M. Codazzi, 495 et suiv. Premier système de formules, 495. Angle de deux courbes, 496. Lignes asymptotiques, lignes de courbure, 496. Coordonnées rectangulaires, 499. Système de coordonnées formé par les lignes de courbure, 500. Expressions géométriques des six rotations. 507, 508.

Formules de M. Lelieuvre, 870, 873, 874. Généralisation de ces formules, 881, 882.

Formules de M. Serret (J.-A.) relatives aux courbes gauches, 4.

G

Généralisation du théorème des projections, 618.

Géodésiques. Équation différentielle, 514, 515. Propriété fondamentale, 516, 521.

Géodésiques des surfaces du second degré, 442, 462, 586.

Géodésiques de la surface pseudosphérique, 786. Distance géodésique sur la pseudosphère, 786. Des surfaces à courbure constante en général, 684, 685.

Géodésiques des surfaces de révolution, 580, 581. Équation de *Clairaut*, 580.

Géodésiques (*Détermination des*), 578 et suiv., 590, 591. Intégrales algébriques et entières, 592. Intégrales linéaires, théorème de M. *Massieu*, 592. *Cas où il y a, à la fois, une intégrale du premier et une intégrale du second degré*, 596.

Géodésiques se coupant sous un angle *constant*, 530.

Géodésiques dans la Géométrie Cayleyenne, 839 et Note IX.

Géodésique (Segment de) comparé aux segments infiniment voisins, 624-626, théorème de *Jacobi*, 627.

Géodésiques à intégrales quadratiques. Note II de M. *G. Kœnigs* (IV, p. 368 et suiv.).

Géodésiques, théorèmes de M. *Bonnet* relatifs au plus court chemin, 630, 631.

Géométrie Cayleyenne. Angles et distances, 836. Élément linéaire de l'espace, 837. Angle de deux directions, 838. Lignes géodésiques, 839. Lignes de courbure, 840, 841. Généralisation des *surfaces minima*, 842-845. *Mode de transformation qui rattache la Géométrie de Cayley à la Géométrie euclidienne*, 846 et suiv. Élément *linéaire des surfaces réglées dans la* Géométrie Cayleyenne, Note IX.

Géométrie de la sphère et Géométrie de la droite. Rapprochements, 157, 168. *Voir* aussi Transformations.

H

Hélice. Propriété caractéristique. Le rapport de la courbure à la torsion est constant, 6.

Hélicoïdes applicables sur une surface de révolution, 75, 76.

Hélicoïde gauche à plan directeur, 68.

I

Indicatrice sphérique d'une courbe gauche, 5.

Infiniment petits relatifs aux courbes et aux lignes géodésiques, 663-665.

Infiniment petits se rapportant a une courbe gauche, Note IV, 2 à 5.

Intégrales d'une forme déterminée du problème des géodésiques. Intégrales ne contenant que p et q, 619-620. Intégrales relatives à l'élément linéaire

$$ds^2 = V[du^2 + (u + V_1)^2 dv^2].$$

621.

Intégrale générale d'une équation aux dérivées partielles. *Remarques* sur la définition qu'on peut adopter, 367.

Intégrales homogènes et de degré supérieur *du problème des Géodésiques*, 610 et suiv. Intégrales décomposées en facteurs, 611, 612. Intégrales linéaires et fractionnaires, 613, 614. *Intégrales à deux facteurs*, 615, 616, 617, 618.

Intégrales homogènes quadratiques du problème des géodésiques, 593,

594. Formes correspondantes de l'élément linéaire, forme de *Liouville*, 593; de M. *Lie*, 594. Théorème général, 595.

INVARIANTS d'une équation linéaire aux dérivées partielles, 327, 330. Formes réduites de cette équation, 328, 329. Relations entre les invariants d'une équation linéaire et de son adjointe, 365, 366.

INVARIANTS OU PARAMÈTRES DIFFÉRENTIELS. Leurs applications, 672-678. Opérations sur ces paramètres, 679. Leur calcul pour les fonctions les plus simples, 679. Expression de la courbure totale de la surface au moyen du second paramètre différentiel, 682.

INVERSION dans le système de coordonnées tangentielles de M. *O. Bonnet*, 174.

INVERSION COMPOSÉE, 903, 904, 907, 962.

L

LEGENDRE. Intégration de l'équation aux dérivées partielles des surfaces minima, 178.

LIGNES ASYMPTOTIQUES, 109, 110, 114. Lignes asymptotiques de surfaces particulières, 111. Des surfaces tétraédrales, 112, 113.

LIGNES ASYMPTOTIQUES. Propriétés relatives à la déformation, 703, 720-722. Déformation lorsqu'on prend comme variables les paramètres des deux familles de lignes asymptotiques, 722-726. Surfaces applicables de telle manière que les lignes asymptotiques de l'une des deux familles ou des deux familles soient des courbes correspondantes, 723-724.

LIGNES ASYMPTOTIQUES des surfaces gauches. Théorème de M. *Paul Serret*, 735.

LIGNES ASYMPTOTIQUES D'UNE CLASSE DE SURFACES comprenant comme cas particulier la surface des ondes. Relations entre les rayons de courbure principaux et les normales, Note VIII.

LIGNES DE LONGUEUR NULLE. Ce sont des géodésiques, 517.

LIGNES DE COURBURE. Leur équation différentielle, 138, 139. Formules d'Olinde Rodrigues, 141, 142. Leur équation différentielle en coordonnées ponctuelles, 143, 144; en coordonnées tangentielles, 158 et suiv. L'inversion ne change pas les lignes de courbure, 146. Théorème de Dupin relatif aux lignes de courbure des surfaces faisant partie d'un système triple orthogonal, 147.

LIGNES DE COURBURE. Réciproque du théorème de Dupin relatif aux lignes de courbure dans les systèmes orthogonaux, 441.

LIGNES DE COURBURE des anticaustiques par réfraction, 479; des surfaces minima, 197; des surfaces gauches, 736; de la surface $x^m y^n z^p = C$, 140; des cyclides, 145, 154.

LIGNES DE COURBURE se correspondant sur les deux nappes de la développée. Théorème de *Ribaucour*, 757.

LIGNES DE COURBURE DE LA SURFACE DES ONDES. Leur détermination quand la surface diffère peu d'un cylindre ou d'une sphère, Note VIII.

LIGNE GÉODÉSIQUE (Variation d'un segment de), 525, 526, 536. *Voir* aussi GÉODÉSIQUES.

LIGNE DE STRICTION d'une surface gauche, 737, 738. Propriétés nouvelles, 1085-1086.

LONGUEUR RÉDUITE d'un segment de géodésique, 633.

M

Méridiens et parallèles de *Minding*, 203.
Méthode de Laplace pour la transformation des équations linéaires aux dérivées partielles du second ordre, 330.
Méthode de Riemann. Emploi de l'équation adjointe, 358, 359.
Meusnier. Mémoire sur la courbure des surfaces, 176.
Monge. Intégration de l'équation aux dérivées partielles des surfaces minima, 177.
Mouvements dans l'espace. Familles de trajectoires pour lesquelles il y a un potentiel des vitesses, 553-555. Propriété de minimum relative à une intégrale triple, 552.
Mouvements plans. La solution de chaque problème de Mécanique dans le plan permet de déterminer une infinité de systèmes orthogonaux dont fera partie une courbe plane quelconque, 549.
Mouvements plans. Trajectoires pour lesquelles la constante des forces vives n'a pas la même valeur, 551. Propriétés de minimum relatives à des intégrales doubles et triples, 551, 552.

O

Ombilics. Forme des lignes de courbure dans le voisinage d'un ombilic. Ombilics de la surface des ondes, Note VII.
Ombilics catoptriques, 454.
Ondes lumineuses, 428. Surface des ondes. Note VIII.
Ordre et classe des surfaces minima algébriques, 233 et suiv.
Ovales de Descartes, 126.

P

Paramètre de distribution d'une surface gauche, 731.
Paramètre différentiel $\Delta\theta$ du premier ordre, 531, 672. Paramètres différentiels $\Delta(\varphi, \psi)$, $\theta(\varphi, \psi)$, 673. Angle de deux courbes au moyen de ces paramètres, 672. L'élément linéaire de la surface exprimé sous forme invariante au moyen des paramètres différentiels, 677.
Paramètre différentiel du second ordre, 674. Application du théorème de Green, 674.
Perspectives des lignes asymptotiques. Elles forment un réseau plan à invariants ponctuels égaux, 875, 876.
Plus court chemin sur une surface, 622, 623, 631-632.
Podaire d'une surface, ses lignes de courbure, 454.
Points focaux des congruences, 312 et suiv.
Points multiples et lignes multiples des surfaces minima, 244.
Polhodie, 504, 510.
Principe d'Hamilton dans les mouvements plans, 546; dans les mouvements sur une surface, 550.
Problème de Cauchy, 717.
Problème de M. Dini relatif à la représentation géodésique, 601-603, 608.
Problèmes du calcul des variations qui conduisent à une même équation différentielle du second ordre, 604-606. Application aux problèmes de MM. *Beltrami* et *Dini*, 607, 608.
Problème général de la Dynamique, 562 et suiv. Équations de *Lagrange* et d'*Hamilton*, 562. Définition d'une

famille de solutions, 563, 564. Familles orthogonales pour lesquelles il y a un potentiel des vitesses, 565, 566. Expression de la force vive due à M. *Lipschitz*, 567, 568. Action, 568. Le principe de la moindre action dans toute sa généralité, 568, 569, 570.

PROBLÈME DE PLATEAU. Méthode de M. *Weierstrass*, 281 et suiv.

PROBLÈMES relatifs à la déformation d'une surface, 718 et suiv. Déformer une surface de telle manière qu'une de ses courbes prenne une forme donnée, etc., 718-719, 721.

PROJECTION STÉRÉOGRAPHIQUE de la sphère, 798-799.

PSEUDOSPHÈRE, 66, 78.

R

RANG des expressions de la forme

$$AX + A_1X' + \ldots + A_iX^{(i)},$$

où X désigne une fonction arbitraire de x, 335, 341, 342.

RAYON DE COURBURE D'UNE LIGNE ASYMPTOTIQUE, 513.

RECHERCHE DES LIGNES GÉODÉSIQUES, 531, 532, 533. Théorèmes de *Jacobi*, 532, 533, 537.

RÉFLEXION ET RÉFRACTION des rayons lumineux, 451-453. Axes optiques, 452, 453. Ombilics catoptriques, 454. Construction de l'anticaustique, 450. Développables formées par les rayons lumineux et conservées par la réfraction, 451-453.

RELATIONS ENTRE LES SIX ÉLÉMENTS D'UN TRIANGLE GÉODÉSIQUE, 666 et suiv. Cas des surfaces à courbure constante, 666. Les surfaces applicables sur les surfaces de révolution sont les seules pour lesquelles il y ait une relation entre les six éléments, 666-671.

RELATIONS ENTRE DEUX SURFACES sur lesquelles les développables d'une même congruence interceptent des réseaux conjugués, 422-424.

REPRÉSENTATION CONFORME de deux surfaces l'une sur l'autre, 119. Représentations sur le plan des surfaces du second degré, 121, 122.

REPRÉSENTATION CONFORME DES AIRES PLANES, 128 et suiv. Représentation sur la partie supérieure du plan d'une aire limitée par des droites, 132; par des arcs de cercle, 133-135; par trois arcs de cercle, 136.

REPRÉSENTATIONS CONFORMES sur le plan des surfaces à courbure constante, 797-800.

REPRÉSENTATIONS CONFORMES DES SURFACES MINIMA, 202 et suiv. Problème de M. *Mathet* relatif aux représentations conformes, 214.

REPRÉSENTATION GÉODÉSIQUE DE DEUX SURFACES L'UNE SUR L'AUTRE, 567, 600. Problème de M. *Beltrami*, 598, 607.

REPRÉSENTATION GÉODÉSIQUE SUR UN PLAN, 598, 599, 607.

REPRÉSENTATION SPHÉRIQUE. Première solution du problème qui consiste à déterminer une surface connaissant sa représentation sphérique. Application au système formé d'ellipses et d'hyperboles sphériques homofocales, 162. Théorème de *Ribaucour*, 950.

REPRÉSENTATION SPHÉRIQUE. Solution complète du problème, 974 et suiv. Emploi des variables α, β, ξ, 974. Rapprochement avec le problème des éléments rectangulaires, 975. Transformation de M. *Lie*, 975-976, 978-981. Développements analytiques, 982 et suiv.

REPRÉSENTATION SPHÉRIQUE. Rapports avec la théorie du roulement et de la déformation, 946-947, 954-956.

REPRÉSENTATION SPHÉRIQUE des lignes asymptotiques, 874, 875.

REPRÉSENTATION SPHÉRIQUE D'UNE LIGNE DE COURBURE PLANE, 509.

REPRÉSENTATION SPHÉRIQUE d'une surface minima, 202. Théorème de *Bour* relatif aux surfaces minima admettant une représentation sphérique donnée, 205, 208.

Réseaux conjugués formés de géodésiques, surfaces de M. *Voss*, 918, 919. Surfaces et congruences de M. *Guichard*, 920, 921.

Réseaux conjugués pour lesquels les invariants sont égaux. Propriétés géométriques, 877-878.

Résolution des équations linéaires les unes par les autres, 397 et suiv.

Résolution d'une équation différentielle linéaire avec second membre, 371.

Roulement de deux surfaces l'une sur l'autre, 925 et suiv. Étude analytique, 925-931. Tout mouvement particulier se réduit au roulement de deux surfaces réglées applicables l'une sur l'autre, 932. Cas où ces surfaces réglées deviennent développables, 933, 934. Système conjugué commun, 934. Théorèmes de M. *Kœnigs* relatifs à ce système conjugué, 935. Réseaux formés des courbes pour lesquelles les courbures normales sont égales sur les deux surfaces, 960. Formules relatives au roulement, 963-965, 967-968.

Rotation définie par une substitution linéaire. Théorème de M. *F. Klein*, 27.

S

Solutions satisfaisant a certaines conditions d'une équation linéaire aux dérivées partielles du second ordre, 364.

Suite de Laplace, 330-333. Équations pour lesquelles la suite se termine dans les deux sens, 337-340. Extension de la méthode, 1042-1044.

Suite de Laplace. Cas où elle se termine dans un sens. Deuxième solution, 378-379. Propriétés relatives à cette suite, 380, 381. Cas où elle se termine dans les deux sens, 382. Différentes formes que prend alors l'intégrale générale, 385, 386.

Surfaces a courbure constante. Théorème de *Bonnet* rattachant les surfaces dont la courbure *moyenne* est constante à celles dont la courbure totale est constante, 771.

Surfaces a courbure constante négative, 772. Propriétés géométriques, 773. Transformation de M. *Lie*, 774.

Surfaces a courbure constante négative particulières, 813. Surfaces d'Enneper à lignes de courbure sphériques, 814-821.

Surfaces a courbure moyenne constante. Leurs lignes de courbure sont isothermes, 433, 775-776.

Surfaces a courbure totale constante considérées comme développées d'une surface W, 778-782.

Surface adjointe de Bonnet, 210. Ses propriétés, 211, 213-215. Formules de M. *Schwarz* relatives à la surface adjointe, 212.

Surfaces a génératrices circulaires, 88, Note IX.

Surfaces a lignes de courbure planes, 983, 995-998. Théorème et mode de génération, 998-1000. Lignes de courbure circulaires, algébriques, 1001; toutes égales, 1002. Traduction analytique de la construction géométrique, 1003-1005. Enveloppes de sphères, 1006. Surfaces à lignes de courbure planes dans les deux systèmes, 102-105.

Surfaces a lignes de courbure sphériques, 1019 et suiv. Recherche directe. Théorème de M. *Blutel*, 1022-1024. Comment on peut les dériver des surfaces à lignes de courbure planes, 1025-1027. Relations géométriques entre les lignes de courbure sphériques, 1028-1030. Surfaces dont les lignes de courbure sont planes ou sphériques dans les deux systèmes, 483, 1032-1038.

SURFACES APPLICABLES. Reconnaître si deux surfaces sont applicables, 683 et suiv.

SURFACES APPLICABLES, les deux points correspondants étant à une distance invariable, 864.

SURFACES APPLICABLES sur la surface de révolution dont la méridienne est la tractrice, 782.

SURFACES APPLICABLES. Nouvelle méthode de M. *Weingarten*, 1066 et suiv. Étude du cas où l'élément linéaire a la forme

$$ds^2 = du^2 + 2[u + \psi'(v)]\,dv^2,$$

1074-1079.

SURFACES APPLICABLES sur des paraboloïdes particuliers, 1079.

SURFACES APPLICABLES sur les développées des surfaces minima, 751. Sur le paraboloïde de révolution, 751. Détermination directe, 767-770. Construction géométrique, 770 et Notes IV, XI.

SURFACE DE LIOUVILLE, pour laquelle la développée se compose de deux surfaces homofocales du second degré, 460-463.

SURFACES DE JOACHIMSTHAL admettant des lignes de courbure planes dont les plans passent par une droite, 94.

SURFACES de même représentation sphérique que les surfaces minima, 914.

SURFACE DE QUATRIÈME CLASSE admettant pour ligne double le cercle de l'infini et dont on détermine les lignes de courbure, 480.

SURFACES DE RÉVOLUTION, 73. Théorème de *Bour*, 74. Applicables les unes sur les autres, 76. Sur la sphère, 77. A courbure constante négative, 66. Pour lesquelles les géodésiques sont toujours fermées, 582.

SURFACE DES CENTRES DE COURBURE. Propriétés générales, 752 et suiv.

SURFACE DES ONDES DE FRESNEL. Lignes de courbure et lignes asymptotiques. Note VIII.

SURFACES DE TRANSLATION, 81-84, 218.

SURFACES DÉVELOPPABLES, 69. Elles sont applicables sur le plan, 70, 71. Réciproque démontrée par *O. Bonnet*, 72.

SURFACES dont les lignes de courbure sont des cercles géodésiques, 638.

SURFACES DONT LES NORMALES RENCONTRENT UNE COURBE, 443.

SURFACES dont les plans principaux sont conjugués par rapport à une surface du second degré, 456, 457, 458, 467, 468.

SURFACES DU SECOND DEGRÉ. Représentations conformes sur le plan, 121, 122. Lignes de courbure, 1080. *Voir* au mot GÉODÉSIQUES.

SURFACES ENGENDRÉES PAR DES CERCLES. Propriété nouvelle de ces surfaces, Note IX.

SURFACES ENGENDRÉES par une courbe invariable, 79.

SURFACE FOCALE d'une congruence, 314, 315.

SURFACES GAUCHES applicables l'une sur l'autre, de telle manière que les génératrices correspondantes soient parallèles, 730.

SURFACES GAUCHES APPLICABLES SUR DES SURFACES GAUCHES sans que les génératrices rectilignes coïncident, 694-696, 724.

SURFACES HÉLICOÏDES qui sont des surfaces minima, 200.

SURFACES HOMOFOCALES DU SECOND DEGRÉ, 459. Polygones inscrits et circonscrits à deux surfaces du second degré, 465, 466. Rayons lumineux se réfléchissant sur diverses surfaces homofocales, 465.

SURFACES ISOTHERMIQUES ou à lignes de courbure isothermes, 429 et suiv. Surfaces isothermiques dérivées d'une surface isothermique donnée, 434. Équation aux dérivées partielles des surfaces isothermiques, 435, 436. Emploi des coordonnées pentasphériques, 437.

SURFACES ISOTHERMIQUES à lignes de courbure planes. Développement complet de la solution, 1008 et suiv.

SURFACES (*M*), telles que deux familles de lignes conjuguées admettent pour tangentes des droites qui soient en même temps tangentes à une surface du second degré. Leur détermination se ramène à l'intégration de l'équation aux dérivées partielles, qui se rencontre dans la théorie des surfaces à courbure constante, 830-834, 835, 844, 845, 851.

SURFACES MINIMA, formules de Monge et leur interprétation par M. *Lie*, 218. Courbes minima, 219, 220.

SURFACES MINIMA. Formules de M. *Schwarz* faisant connaître la surface minima passant par une courbe et admettant, en chaque point de cette courbe, un plan tangent donné, 245-248.

SURFACES MINIMA. Propriété de minimum relative à une intégrale triple, 552.

SURFACES MINIMA ALGÉBRIQUES inscrites dans une développable algébrique, 252-254. Solution géométrique du même problème, 255. Théorème de M. *Henneberg* relatif aux cylindres circonscrits à une surface minima algébrique, 253.

SURFACES MINIMA ALGÉBRIQUES inscrites dans un cylindre, 253; dans un cône, 257.

SURFACES MINIMA A LIGNES DE COURBURE PLANES. Surface de *Bonnet*, 206. Surface d'*Enneper*, 207.

SURFACES MINIMA applicables sur une surface minima donnée, 216.

SURFACES MINIMA applicables sur des surfaces de révolution, 217.

SURFACES MINIMA assujetties à des conditions aux limites. Problème de *Gergonne*, 302. Surface passant par deux polygones situés dans des plans parallèles, 303; par trois droites situées d'une manière quelconque dans l'espace, 308, 309.

SURFACES MINIMA DOUBLES, 224-230.

SURFACE MINIMA de M. *Henneberg*, 226, 232, 237.

SURFACES MINIMA EN COORDONNÉES PONCTUELLES, 184 et suiv. Formation de l'équation aux dérivées partielles, 185. Son intégration, 186. Formules de *Monge* et de *Legendre*, 187. Formules de *Weierstrass* et d'*Enneper*, 188.

SURFACES MINIMA EN COORDONNÉES TANGENTIELLES, 193 et suiv. Intégration de l'équation aux dérivées partielles des surfaces minima, 194. Équation en termes finis donnée par M. *Weierstrass*, 195. Modification de l'équation tangentielle, quand on déplace la surface, 198, 199.

SURFACE MINIMA engendrée par une droite. Théorème de *Catalan*, 11, 249.

SURFACES MINIMA (Famille de) correspondante à une même équation différentielle du second ordre, 283. Lignes asymptotiques hélicoïdales, 295. Surfaces minima correspondantes à la série hypergéométrique, 296.

SURFACES MINIMA. Génération de *Ribaucour* qui les rattache aux congruences isotropes, 260.

SURFACES MINIMA. Historique, 175 et suiv.

SURFACES MINIMA passant par une droite 249; admettant une ligne de courbure ou une ligne géodésique plane, 251.

SURFACES MINIMA. PROBLÈME DE PLATEAU. Détermination de la surface minima continue passant par un contour fermé, 261 et suiv. Indications historiques, 261-265. Surface minima limitée par deux droites, 267; par deux droites qui se coupent et par un plan, 268; par trois droites, dont l'une rencontre les deux autres, 269; par les côtés d'un quadrilatère gauche, 270-272; par une chaîne composée de droites et de plans, 273 et suiv.

SURFACES MINIMA réelles, 191, 222 et suiv.; algébriques, 190, 221, 233 et suiv.

SURFACES MOULURES, 85-87. Surfaces-moulures applicables les unes sur les autres, 87.

SURFACE MOYENNE d'une congruence, 863. Congruences dont les développables interceptent sur la surface moyenne, un réseau conjugué, 892, 912. Congruences dont la surface moyenne est un plan, 910, 911.

SURFACE N'AYANT QU'UN COTÉ, 231, 232.

SURFACE POLAIRE d'une courbe gauche, 12.

SURFACES pour lesquelles les lignes de courbure de l'une des familles sont dans des plans parallèles, 715.

SURFACE PSEUDOSPHÉRIQUE. Sa représentation sur le plan, 782-784. Transformations qui conservent l'élément linéaire, 784-785, 791-793. Images des géodésiques de la surface, 786.

SURFACE qui se déforme en entraînant des droites ou des sphères, 758. Théorèmes de M. *Beltrami*, 758, 759. Surface qui se déforme en entraînant des courbes situées dans ses plans tangents, 760. Cas particulier où ces courbes sont des cercles, 761.

SURFACES RÉGLÉES, 67-72. Surfaces réglées applicables sur des surfaces de révolution, 691-693. Surfaces réglées pour lesquelles les rayons de courbure principaux sont fonctions l'un de l'autre, 740.

SURFACES SPIRALES de MM. *Lie* et *Maurice Lévy*, 89-90, 621. Surfaces spirales qui sont des surfaces minima, 201.

SURFACES SUR LESQUELLES LES DÉVELOPPABLES D'UNE CONGRUENCE RECTILIGNE INTERCEPTENT UN RÉSEAU CONJUGUÉ, 418.

SURFACES W. Ce sont celles pour lesquelles les rayons de courbure principaux sont fonctions l'un de l'autre, 742. Premier théorème de M. *Weingarten*, 742. Second théorème du même auteur, 747-749. Démonstration intuitive, 750. Cas particuliers, 751.

SURFACES W. Théorème d'*Halphen* reliant les deux nappes de la développée, 763. Autre propriété des surfaces W établie récemment par M. *Weingarten*, 764. Troisième propriété caractéristique due à *Ribaucour*, 765. Correspondance entre des lignes de ces surfaces et des lignes tracées sur leurs développées, 766.

SYSTÈMES CONJUGUÉS. Théorème fondamental, 84, 98, 99. Système conjugué déterminé sur toute surface : théorème de M. *G. Kœnigs*, 91 ; propriétés relatives à une transformation homographique ou corrélative, 95-97. Les deux systèmes conjugués qui correspondent à une enveloppe de sphères sur la surface décrite par les centres de ces sphères, 475. Systèmes conjugués formés par deux familles de courbes planes, 100-101.

SYSTÈMES CYCLIQUES DE RIBAUCOUR, 477, 478, 481, 482. Systèmes cycliques rattachés à la déformation des surfaces, 761-762 ; qui se rencontrent dans l'étude des surfaces à courbure constante, 806-807. Propriétés géométriques, 936-940, 945, 948, 951-953, 961-962, 969-970.

SYSTÈMES DE COORDONNÉES CURVILIGNES A LIGNES CONJUGUÉES, 1047-1052.

SYSTÈMES DE COORDONNÉES formés avec une famille de géodésiques, 518, 519, 520. Lignes géodésiques normales à une courbe, 522 ; passant par un point, 519, 520, 523.

SYSTÈMES D'ÉQUATIONS DU PREMIER ORDRE

$$\frac{\partial p}{\partial x} = \lambda' \frac{\partial q}{\partial x}, \qquad \frac{\partial p}{\partial y} = -\lambda' \frac{\partial q}{\partial y}.$$

Ils conduisent à une équation à invariants égaux, 391.

SYSTÈMES D'ÉQUATIONS LINÉAIRES DU PREMIER ORDRE possédant une intégrale du second degré, 13, 40-43.

SYSTÈME ISOTHERME FORMÉ D'ELLIPSES ET D'HYPERBOLES GÉODÉSIQUES. Théorème de M. *Dini*, 587.

SYSTÈMES ORTHOGONAUX admettant une famille de lignes de courbure planes, 762, 971-973.

SYSTÈMES ORTHOGONAUX ET ISOTHERMES, tracés sur une surface quelconque, 115-127. Systèmes isothermes plans, 124. Systèmes particuliers, 125-127. Système plan isotherme comprenant une famille de cercles, 127.

SYSTÈMES ORTHOGONAUX formés avec une

famille de trajectoires dans un mouvement plan, 541-543, 548.

SYSTÈMES TRIPLES ORTHOGONAUX. Propriétés générales, 147-149. Systèmes orthogonaux en coordonnées pentasphériques, 154.

SYSTÈMES TRIPLES ORTHOGONAUX admettant même représentation sphérique qu'un système donné, 1053. Théorème de *Combescure*, 1054. Application, 1056. Systèmes en nombre illimité dérivés d'un système donné, 1057-1058.

SYSTÈMES TRIPLES ORTHOGONAUX ET ISOTHERMES. Démonstration de M. *Bonnet*, 513.

SYSTÈMES TRIPLES ORTHOGONAUX pour lesquels *toutes* les lignes de courbure sont planes, 1056, 1059; pour lesquels *une seule* famille de lignes de courbure est composée de courbes planes, 1060; ou sphériques, 1061-1065.

SYSTÈMES TRIPLES ORTHOGONAUX SE RATTACHANT AUX FONCTIONS HYPERELLIPTIQUES, 469.

T

TABLEAUX DE FORMULES relatifs aux divers systèmes de coordonnées curvilignes, 504; à la développée d'une surface et à ses deux nappes, 754.

TABLEAUX relatifs à la déformation infiniment petite et aux douze surfaces, 897, 905.

TANGENTES CONJUGUÉES. Généralisation du théorème de *Dupin*, 851.

THÉORÈME DE GAUSS relatif aux triangles géodésiques infiniment petits, 660, 661.

THÉORÈME DE GREEN sur une surface, 639. Équation où figurent la courbure totale de la surface et la courbure géodésique, 640-646.

THÉORÈME DE JOACHIMSTHAL relatif aux lignes de courbure communes à deux surfaces, 509.

THÉORÈME DE M. TISSOT relatif à la correspondance entre deux surfaces, 600.

TORSION D'UNE LIGNE ASYMPTOTIQUE, 512 et Note IV.

TORSION. Courbes à torsion constante, 36, 39. Signe de la torsion, Note IV. Recherches récentes sur les courbes à torsion constante, même Note.

TORSION GÉODÉSIQUE, 507, 509.

TRACÉ GÉOGRAPHIQUE de deux surfaces l'une sur l'autre, 119-122. Théorème relatif au tracé pour lequel les méridiens et les parallèles d'une surface de révolution sont représentés par des arcs de cercle, 127.

TRACÉS GÉOGRAPHIQUES d'une surface minima, 204, 209.

TRACÉS GÉOGRAPHIQUES d'une surface qui se présentent dans la théorie des mouvements plans. On peut toujours faire correspondre aux trajectoires pour lesquelles la constante des forces vives a une valeur déterminée les lignes géodésiques d'une certaine surface, 547, 548.

TRAJECTOIRES ORTHOGONALES d'une famille de cercles dans le plan, 93.

TRAJECTOIRES ORTHOGONALES d'une famille de géodésiques, 523.

TRAJECTOIRES ORTHOGONALES d'une famille de surfaces, 438.

TRANSFORMATIONS DE CONTACT conservant les lignes de courbure. Transformation par directions réciproques de *Laguerre*, 170. Transformation de *O. Bonnet*, 171. Enveloppe des sphères coupant une sphère fixe sous un angle constant, 172.

TRANSFORMATION APSIDALE, Notes VII et VIII.

TRANSFORMATIONS DE CONTACT. Généralités sur certaines transformations, 976-977.

TRANSFORMATION DE M. LIE qui fait correspondre une sphère à une droite, 157, 168, 978 et suiv.

TRANSFORMATION DES ÉQUATIONS LINÉAIRES AUX DÉRIVÉES PARTIELLES. Recherche de la fonction la plus générale satisfaisant à une équation du second ordre et définie par la quadrature $\int (P\,dx + Q\,dy)$, où P et Q dépendent linéairement de l'intégrale générale d'une équation donnée du second ordre et de ses dérivées, 402. Application au cas où P et Q contiennent seulement les dérivées du premier ordre, 402.

Transformations des surfaces a courbure constante, 802 et suiv. Méthode de M. *Bianchi,* 803, 804. Propositions antérieures de *Ribaucour,* 804. Traduction analytique, 805-808. Transformation de M. *Bäcklund,* 809-811. Développement sur les applications répétées de la transformation de M. *Bianchi,* 822-829.

Transformations générales des équations aux dérivées partielles considérées par M. *Bäcklund,* 811. Application au cas particulier où deux surfaces doivent se correspondre de telle manière que la figure formée par les deux points correspondants et les deux plans tangents en ces points soit invariable de forme, 812.

Triangles géodésiques. Théorème de *Gauss,* 641. Extension de ce théorème, 647.

V

Vitesse. Son expression dans les déplacements à un paramètre variable, 3.

TABLE DES NOMS D'AUTEURS

PAR ORDRE ALPHABÉTIQUE (¹).

A

ABEL, 464, 468, 469, II_{10}.
ADAM (P.), 1018.
AMPÈRE, 180, 367, VIII_{1}, X_{1}, X_{4}, X_{5}.
ANDOYER, 550.
APPELL (P.), 349, 354, 361, 367, 1046, 1075.

B

BÆCKLUND (A.-V.), 811, 812, 827, 828, 880.
BARONI (E.), 1075, 1081, XI_{11}.
BELTRAMI, 180, 183, 209, 511, 531, 571, 572, 575, 576, 577, 597-600, 603, 604, 607, 637, 672, 674, 676, 677, 679, 680, 682, 728, 730, 732, 733, 735, 740, 750, 758, 759, 795, 799, 800, 801, 855.
BERTRAND (J.), 6, 8, 11, 38, 40, 142, 343, 373, 377, 441, 499, 505, 592, 627, 637, 641, 643, 690, 739.
BIANCHI (L.), 778, 781, 782, 800, 803-805, 809, 811, 822, 825-828, 855, 880, 889, 972, I_{4}.
BIOCHE, 739.
BJÖRLING, 183, 229, 245.
BLUTEL, 1021, 1024.
BOIS-REYMOND (DU), 358.
BOLYAI, 795.
BONNET (O.), 8, 65, 72, 163, 171, 181, 202, 206, 208, 210, 215, 216, 245, 251, 262, 266, 305, 433, 490, 492, 499, 505, 507, 509, 510-513, 610, 613, 619, 624, 627, 630, 631, 633, 638, 640, 642, 643, 647, 648, 655, 682, 690, 697, 698, 708, 723, 724, 728, 735, 737, 746, 771, 775, 776, 972, 1008, 1009, 1086, IV_{1}.
BORDA, 175.
BOUQUET, 140, VII_{1}, VII_{11}.
BOUR, 74, 87, 90, 205, 208, 433, 434, 592, 593, 610, 619, 698, 704, 708, 728, 735, X_{4}, X_{6}.
BRIOSCHI, 97, 102, VIII_{14}.
BRIOT et BOUQUET, VII_{11}, VII_{1}.
BRISSE (CH.), 499.

C

CARONNET, 864, 1002.
CATALAN, 180, 181, 249, 251, 655.
CAUCHY, 30, 41, 130, 245, 248, 251, 367, 450, 629, 709, 717, 718, 853, I_{1}, X_{1}, X_{5}.

(¹) Les chiffres arabes donnent les numéros des articles. Les Tomes I, II, III et IV finissent respectivement aux articles 310, 577, 851 et 1089.

Les chiffres romains se rapportent aux Notes. Par exemple, la notation II_8 indique l'article 8 de la Note II.

CAYLEY, 134, 140, 437, 462, 836, 839, 840, 841, 842, 846, VII_1, VII_4.
CHASLES, 126, 178, 249, 459, 460, 465, 589, 730, 909, VIII_5.
CHRISTOFFEL, 132, 429, 434, 633, 660, 666, 667.
CLAIRAUT, 580, 583, 607.
CODAZZI, 484, 499, 500, 501, 507, 508, 698, 700-702, 741, 749, 927, 930, 1009, 1014.
COMBESCURE, 40, 437, 499, 972, 1054, VIII_{14}.
COSSERAT (E.), 855, 889, 892, III, IV_7.

D

DELASSUS, I_6.
DEMARTRES, 88, IX_6.
DEMOULIN, 889.
DESCARTES, 126, 450, 152, 156, 450, 561.
DOBRINER, 819, 821.
DINI, 180, 587, 594, 597, 600-604, 608, 609, 740, 773, 874.
DIRICHLET, 128, 295, 551.
DUPIN (Ch.), 83, 103, 147, 441, 444, 450, 451, 454, 455, 481, 759, 841, 851, 1047.

E

ENNEPER, 188, 205, 207, 234, 236, 251, 512, 720, 814, 819, 873, 1001, 1008, 1018, IV_6.
EUCLIDE, 794, 795.
EULER (L.), 1, 22, 27, 44, 112, 113, 119, 175, 176, 344, 346, 361, 392, 414, 415, 416, 503, 585, 605, 963, II_{11}, V_1, VIII_6, VIII_7, VIII_7, VIII_{11}, VIII_{12}.

F

FABRY, IV_7.
FOUCHÉ, IV_7.
FRENET, IV_3, IV_4.
FRESNEL, VII_3, VIII_1.

G

GAUSS, 30, 62, 63, 119, 136, 142, 213, 271, 307, 408, 463, 497, 498-499, 503, 514, 523-525, 535, 550, 575, 577, 617, 641-643, 647, 648, 660-666, 672, 682, 687, 698, 700-703, 704, 793, 795, 842, 873, 1009.
GEISER, 57, 239, 244.
GERGONNE, 265, 302, 450.
GOURNERIE (DE LA), 112, 510.
GOURSAT, 136, 361, 1066, 1072, 1075, 1081, XI_{11}.
GIRARD (Albert), 641.
GRAVES, 589.
GREEN, 639, 640, 644, 648, 674.
GUICHARD, 855, 880, 888, 910, 919, 920.

H

HALPHEN, 234, 368, 581, 763.
HAMILTON, 448, 537, 544, 546, 558, 562, 566, 570, 590.
HATTENDORF, 262.
HENNEBERG, 226, 232, 237, 238, 251, 253, 254.
HERMITE, 21, 271, 414, 639, 1008, 1011, 1016, IV_1, IV_1, IV_4.
HESSE (O.), 368, 373, 377.
HOÜEL (J.), 795.
HUYGENS, 428.

J

JACOBI, 131, 373, 377, 413, 459, 462, 464, 533, 537, 539, 544, 556, 557, 559, 562, 564, 565, 568, 575, 583, 590, 591, 605, 612, 627, X_1.
JOACHIMSTHAL, 94, 509, 814, 820, 1000, 1019.
JORDAN (C.), 632.

K

KIRCHHOFF, 55.
KLEIN (F.), 31, 262, 277, 680, 783, 791, 836, V_4, VIII_4.
KŒNIGS (G.), 91, 92, 95, 110, 317, 592, 875-878, 892, 935, 1006, II, IV, IV_1.
KOWALEWSKY (S. V), 245.
KRONECKER, 562.
KUMMER, 136, 408, VIII_4.

L

LACROIX, 178, 179, 187.
LAGRANGE, 119, 127, 175-178, 180, 212, 261, 264, 310, 357, 366, 368, 370, 371, 541, 552, 557, 566, 571, 572, 585, 597, VII_{11}, X_4.
LAGUERRE, 170, 231, 425, 480, 493, 499, 510, 511, 620, 739, 758, 970, 1001.
LAMBERT, 119.
LAMÉ, 112, 122, 149, 271, 414, 415, 513, 551, 672, 698, 918, 971, 972, 1011, 1018, 1054, VIII_{10}, XI_1.
LANCRET, 509.
LAPLACE, 177, 178, 182, 194, 325, 330, 332, 333, 334, 337, 340, 343, 344, 351, 354, 365-367, 378, 379, 380-384, 387, 388, 393, 396, 397, 398, 400-403, 405, 417, 418, 987, 1021, 1043, III_1, III_4.
LECORNU, 855.
LEGENDRE, 177, 178, 180, 182, 187, 194, 219, 615, 617, 660, 1070.
LELIEUVRE (M.), 736, 870, 879, 881, 916, IV_4.
LÉVISTAL, 428, 450.
LÉVY (L.), 400, 418.
LÉVY (M.), 89, 90, 201, 610, 619, IV_1.
LIE (S.), 82, 84, 112, 157, 168, 172, 182, 186, 208, 217-221, 224, 233, 235, 238, 239, 242, 244, 247, 251, 252, 257, 259, 260, 350, 417, 483, 594, 595, 600, 609, 621, 714, 764, 774, 775, 803, 808, 811, 813, 822, 827, 828/880, 974, 976, 979, 980, 1006, II_1, II_2, II_{11}, VIII_4.
LINDELÖF, I_1.
LIOUVILLE (J.), 6, 413, 459, 460, 464, 467, 490, 514, 530, 569, 583, 587-589, 590, 593, 595, 602, 603, 609, 642, 643, 655, 690, 694, 726, 1078, 1080, II_1, II_2, II_3, II_5, III_1, III_4.
LIOUVILLE (R.), 366, VI_4.
LIPSCHITZ, 518, 567, 568, 577, I_1.
LOBATSCHEFSKY, 795.
LYON, IV_1.

M

MALUS, 441, 448, 450, 559, 759.
MANGOLDT (von), 668.
MANNHEIM, 10, 57, 159, 176, 755, 756, VII_1.
MASSIEU, 592, 593.
MATHET, 214.
MAYER, 400.
MÉRAY, II_{13}.
MERCATOR, 119, 120, 127.
MEUSNIER, 176, 180, 490, 511.
MINDING, 203, 653, 666, 690, 728.
MOIGNO, I_1.

Möbius, 231.
Monge, 10, 36, 72, 85, 176, 177-181, 183, 187, 203, 210, 218, 219, 514, 709, 718, 1031, 1038, 1078, 1089, IV₁, IV₁, VIII₁₂, X₁, X₂, X₃, X₄.
Moutard, 172, 343, 390, 391, 393, 396, 407, 409-411, 433, 437, 854, 855, 869, 886, 905, 985, 986, 992, III₁, III₄.

N

Neovius, 268.
Niewenglowski, 261.

P

Picard (E.), 415, 1006, I, VII₁, VII₁₁, IX.
Plateau, 261, 264, 272, 310.
Plücker, 139 311, 448.
Poincaré (H.), 783, 785, VII₁, VII₁₁.
Poinsot, 32, 33, 504.
Poisson, 177, 180, 189, 354, 355, 356, 361, 362, 363, 367, 468.
Puiseux, 6.

Q

Quételet, 450.

R

Raffy, 596, VI₁.
Ribaucour, 58, 172, 173, 260, 446, 455, 456, 467, 473, 474, 477, 478, 482, 499, 510, 638, 755-758, 760, 762, 765, 804, 854, 855, 861-864, 891, 898, 934, 940, 946, 950, 954, 971, 972, 998, 1060, 1075, IX₄, XI₄.
Riccati, 16-20, 23, 26, 34, 54, 93, 321, 346, 685, 735, 742, 808, 816, 824, 827, 1004, 1012, 1014, VI₁, IX₄.
Richelot, 603.
Riemann, 30, 128, 130, 132, 136, 204, 205, 209, 261-265, 269, 271, 278, 280, 288, 291, 294, 299, 301, 303, 307, 356, 358, 360, 362, 363, 364, 393, 417, 468, 551, 552.
Roberts (M.), 197.
Rodrigues (O.), 27, 141, 142, 184, 426, 433, 436, 701, 742, 747, 841, 948, 1069, 1071, 1075, V₁, VIII₁₁.
Roger, 550.
Rouquet (V.), 93, 998, 1000, 1006, 1027.

S

Salmon, 234, 818.
Scherk, 180, 200.
Schilling, 232.
Schönemann, 57.
Schwarz (H.-A.), 128-132, 134, 135, 183, 210-212, 217, 245, 246, 247, 249, 251, 258, 261, 264, 265, 268, 270, 272, 274, 288, 295, 302, 783.
Serret (J.-A.), 4, 36, 103, 140, 180, 258, 305, 740, 1033, IV₁, IV₄.
Serret (Paul), 5, 735, 736.
Smith (H.-S.), 231.
Staude, 466.
Steiner, 57, 426.
Sturm, 628-630.

T

Tédenat, 265.
Tchébychef, 643, 678.
Thomson et Tait, 544, 554, 556, 561.
Tissot, 600, 603, 609.

V-W

Voretzsch, 1008.
Voss, 919.
Wælsch, 889.
Weber, 303.
Weierstrass, 126, 183, 188, 190, 192, 195, 205, 207, 209, 210, 214, 217, 218, 219, 227, 229, 230, 232, 261, 263-265, 266, 277, 280, 281, 302, 462, II_{1}, II_{10}.
Weingarten, 205, 264, 435, 436, 528, 637, 666-668, 704, 721, 742, 745, 747, 750-751, 764, 766, 770, 771, 777, 778, 842, 855, 881, 1066, 1068, 1075, 1078-1080, 1082, 1089, XI_{10}, XI_{11}.

TABLE DES MATIÈRES

DE LA QUATRIÈME PARTIE.

LIVRE VIII.

DÉFORMATION INFINIMENT PETITE ET REPRÉSENTATION SPHÉRIQUE.

CHAPITRE I.

Pages.

Déformation infiniment petite. Première solution 1

Énoncé précis du problème à résoudre. — Comment on pourrait entreprendre son étude par la méthode des séries. — Le problème de la déformation infiniment petite consiste dans la détermination des premiers termes de ces séries. — Ce que l'on appelle la *directrice* et le *module* de la déformation infiniment petite. — Couples de surfaces applicables l'une sur l'autre. — Rapports de la question proposée avec le problème dit des *éléments rectangulaires*. — Indication des travaux publiés sur ces questions. — Première solution du problème : on est ramené à l'intégration d'une équation linéaire du second ordre — Interprétation géométrique. — Application au paraboloïde. — Raisonnement *a priori* montrant que la solution du problème peut être obtenue pour toute surface du second degré. — Développement de la solution pour le cas de la sphère. — Démonstration géométrique : la surface (S_1) qui correspond à une sphère par orthogonalité des éléments est la *surface moyenne* d'une congruence isotrope. — Équations qui déterminent cette surface moyenne. — Retour au cas général; les caractéristiques de l'équation linéaire dont dépend la solution sont les lignes asymptotiques de la surface proposée.

CHAPITRE II.

Déformation infiniment petite. Deuxième solution : les formules de M. Lelieuvre 19

Introduction directe des lignes asymptotiques. — Réduction du problème à l'intégration d'une équation aux dérivées partielles à invariants égaux; ce qui montre qu'on pourra obtenir une suite illimitée de surfaces dont on connaîtra les lignes asymptotiques et pour lesquelles on saura résoudre le problème de la déformation infiniment petite. —

Pages.

Formules de M. Lelieuvre. — Leur démonstration directe. — Comment on peut en déduire, par une méthode rapide, la solution du problème de la déformation infiniment petite. — Applications de ces formules. — Propriété de la représentation sphérique des lignes asymptotiques qui montre que cette représentation sphérique ne saurait être choisie arbitrairement. — Théorème de M. Kœnigs : les perspectives des lignes asymptotiques sur un plan quelconque déterminent un réseau plan (nécessairement conjugué comme tous les réseaux plans) à invariants *ponctuels* égaux. — Interprétation géométrique de l'égalité des invariants pour l'équation linéaire ponctuelle ou tangentielle relative à un réseau conjugué tracé sur une surface quelconque. — Élément linéaire d'une surface rapportée à ses lignes asymptotiques. — Démonstration nouvelle du théorème d'Enneper relatif à la torsion des lignes asymptotiques. — Application aux surfaces à courbure constante. — Quand on sait résoudre le problème de la déformation infiniment petite pour une telle surface, on sait le faire aussi pour toutes celles qui en dérivent par la transformation de M. Bianchi. — Formules analogues à celles de M. Lelieuvre quand les variables ont été choisies d'une manière quelconque. — La solution générale du problème de la déformation infiniment petite écrite avec des variables quelconques.

CHAPITRE III.

Les douze surfaces. Développements géométriques se rattachant aux précédentes solutions.. 48

Étant données deux surfaces (S) et (S_1) qui se correspondent avec orthogonalité des éléments linéaires, au réseau des lignes asymptotiques de chacune de ces surfaces correspond, sur l'autre, un réseau conjugué à invariants ponctuels égaux. — On déduit du premier couple deux nouvelles surfaces (Σ) et (A) qui se correspondent, elles aussi, avec orthogonalité des éléments linéaires. — Définition de (Σ) : c'est l'enveloppe des plans menés par tous les points de (S) perpendiculairement aux directrices de la déformation. — On sait résoudre le problème de la déformation infiniment petite pour (Σ) lorsqu'on sait résoudre ce problème pour (S). — Les lignes asymptotiques se correspondent sur (S) et sur (Σ). — Réciproque : théorème de M. Guichard. — Relation géométrique entre les deux nappes de la surface focale d'une congruence rectiligne, dans le cas où les lignes asymptotiques se correspondent sur ces deux nappes. — Propriétés qui rattachent la surface (A) à la surface (S_1) : les plans tangents aux points correspondants sont parallèles et le système conjugué commun a ses invariants ponctuels égaux, sur les deux surfaces. — Réciproque : théorèmes de MM. Kœnigs et Cosserat. — Les trois réseaux I, II, III formés par les lignes asymptotiques de (S), de (S_1) et de (A) sont harmoniques deux à deux. — Introduction de huit nouvelles surfaces qui, jointes aux quatre premières, forment un ensemble de douze surfaces que l'on peut grouper deux à deux de telle manière qu'elles se correspondent avec orthogonalité des éléments linéaires, ou bien par

Pages.

plans tangents parallèles, ou bien par polaires réciproques relativement à une sphère concentrique à l'origine, ou enfin comme focales d'une même congruence rectiligne sur lesquelles les lignes asymptotiques se correspondent. — Sur chacune de ces douze surfaces, les trois réseaux I, II, III déjà signalés sont, l'un formé des lignes asymptotiques, l'autre conjugué à invariants ponctuels égaux, le dernier enfin conjugué à invariants tangentiels égaux. — Quand deux surfaces se correspondent avec orthogonalité des éléments linéaires, le système conjugué commun a ses invariants tangentiels égaux. — Lorsque, sur une surface, un réseau conjugué a ses invariants ponctuels (ou tangentiels) égaux, le réseau conjugué qui lui est harmonique a ses invariants tangentiels (ou ponctuels) égaux.

CHAPITRE IV.

Transformations diverses. Inversion composée........................ 73

Les six couples de surfaces qui se correspondent avec orthogonalité des éléments linéaires. — Théorème et construction de Ribaucour. — Quand on sait résoudre le problème de la déformation infiniment petite pour une surface donnée, on sait résoudre ce même problème pour toutes les surfaces homographiques et corrélatives. — Démonstration de ce théorème général pour les homographies qui conservent le plan de l'infini; pour la transformation par polaires réciproques relative au paraboloïde défini par l'équation $z = \frac{x^2+y^2}{2}$. — Ces deux cas particuliers entraînent le théorème général. — Définition de l'*inversion composée :* sa propriété fondamentale. — Quand on sait résoudre le problème de la déformation pour une surface (S), on sait aussi le résoudre pour toutes celles qui en dérivent par l'inversion composée. — L'inversion composée rattachée aux notions relatives aux formes quadratiques dont les coefficients sont constants.

CHAPITRE V.

Applications diverses.. 87

Étude du cas particulier où la surface (S_1), qui correspond à (S) avec orthogonalité des éléments linéaires, se réduit à un plan. — Ce que deviennent alors les douze surfaces. — Application à la question suivante : déterminer toutes les congruences rectilignes pour lesquelles la surface moyenne est un plan. — On détermine, parmi ces congruences rectilignes, celles qui sont formées des normales à une surface. — Étude du problème plus étendu : déterminer toutes les surfaces pour lesquelles les développables formées par les normales découpent, sur la développée moyenne, un réseau conjugué. — La solution de ce problème se ramène à la détermination de la déformation infiniment petite des surfaces minima. — Cette détermination se ramène d'ailleurs à l'intégration d'une équation linéaire harmonique. — C'est de la même équation aux dérivées partielles que dépend la détermination des surfaces ayant

Pages.

même représentation sphérique de leurs lignes de courbure que la surface minima adjointe à la proposée. — Comment on retrouve les surfaces minima dans l'étude de la déformation infiniment petite de la sphère. — Développement des calculs. — Déformation infiniment petite d'une surface à courbure constante négative. — L'une des douze surfaces devient alors une de ces surfaces, considérées en premier lieu par M. Voss, et sur lesquelles il y a un réseau conjugué exclusivement composé de lignes géodésiques. — Étude des développantes de ces surfaces. — Elles constituent l'une des nappes d'une congruence rectiligne pour laquelle les développables correspondent aux lignes de courbure sur les deux nappes de la surface focale. — Démonstration géométrique des théorèmes de M. Guichard, relatifs à ces surfaces. — Le Chapitre se termine par la démonstration d'un lemme dont il a été fait usage dans la démonstration précédente, et qui est susceptible de nombreuses applications à la théorie des congruences rectilignes.

CHAPITRE VI.

Roulement de deux surfaces.. 111

Rappel des formules données au Livre VII, Chapitre III. — Relations entre les quantités D, D′, D″ de Gauss et les rotations p, q, r, p_1, q_1, r_1. — Roulement d'une surface (Θ) sur une surface applicable (Θ_1). — Formules données au Livre I; formules complémentaires. — Comment on peut rattacher à la considération du roulement une nouvelle méthode de recherche des surfaces applicables sur une surface donnée. — Tout mouvement particulier contenu dans le déplacement général se ramène au roulement d'une surface réglée sur une surface de même nature et applicable sur la première. — Premier cas où ces surfaces réglées sont développables. — Extension de la notion de réciprocité relative aux tangentes conjuguées. — Second mouvement particulier dans lequel les surfaces réglées sont développables. — Système conjugué commun à (Θ) et à (Θ_1) considéré par Ribaucour. — Théorèmes de M. Kœnigs relatifs à ce système conjugué commun. — La théorie des systèmes cycliques et le théorème fondamental du n° 761 rattachés à la considération du déplacement étudié dans ce Chapitre. — Propriété relative aux congruences engendrées par des droites parallèles et pour lesquelles les développables se correspondent. — Propriétés diverses des différents systèmes cycliques que l'on peut rattacher au même déplacement. — Comment la connaissance d'un couple de surfaces applicables peut conduire à une infinité de couples de surfaces admettant la même représentation sphérique.

CHAPITRE VII.

Les systèmes cycliques et les surfaces applicables........................ 137

Rappel des formules établies au Livre IV, Chap. XV, et relatives au système orthogonal formé par les lignes de courbure. — Relation entre les deux équations, ponctuelle et tangentielle, relatives au système

Pages.

conjugué formé par ces lignes. — Détermination des surfaces admettant la même représentation sphérique qu'une surface donnée (Σ). — Rappel de la première solution. — Théorème de Ribaucour qui montre que les surfaces cherchées admettent pour normales les cordes de contact d'une famille de sphères ayant leur centre sur la surface (Σ). — Détermination des systèmes cycliques engendrés par des cercles normaux à (Σ). — Propriétés géométriques relatives aux systèmes cycliques. — Propositions qui rattachent la théorie de la représentation sphérique à celle de la déformation des surfaces. — Détermination des systèmes cycliques déduite d'un couple de surfaces applicables. — Ce que deviennent les réseaux I, II, III du Chapitre III pour un couple de surfaces applicables (Θ), (Θ_1). — Définition nouvelle de la méthode de transformation introduite au n° 903 sous le nom d'*inversion composée*. — Les formules qui permettent de définir le roulement de (Θ) sur (Θ_1). — Détermination de tous les systèmes triples orthogonaux pour lesquels une des familles est composée de surfaces à lignes de courbure planes dans un système.

CHAPITRE VIII.

Représentation sphérique. Solution complète du problème............... 169

Emploi des coordonnées tangentielles α, β, ξ. — Réduction du problème de la représentation sphérique à l'intégration d'une équation aux dérivées partielles du second ordre dont les invariants sont égaux. — Les caractéristiques de cette équation sont les lignes de courbure de la surface. — Rapprochement entre les deux surfaces qui conduisent à la même équation du second ordre, l'une pour le problème de la déformation infiniment petite, l'autre pour le problème de la représentation sphérique. — On retrouve la transformation de contact de M. Lie. — Notions générales sur une classe étendue de transformations de contact. — Application à celle de M. Lie. — Recherche des surfaces pour lesquelles on sait résoudre le problème de la représentation sphérique. — On démontre que, lorsqu'on sait résoudre ce problème pour une surface (Σ), on peut le résoudre, à l'aide d'une simple quadrature, pour toutes les surfaces inverses des surfaces (Σ') admettant même représentation sphérique que (Σ). — Ce procédé, appliqué aux surfaces qui correspondent à l'équation $\frac{\partial^2\theta}{\partial x\,\partial y} = 0$, fournit toutes les surfaces réelles pour lesquelles on peut obtenir la solution complète du problème. — Démonstration analytique de ce résultat. — Compléments donnés aux développements du Livre IV, Chap. VII.

CHAPITRE IX.

Surfaces à lignes de courbure planes.................................. 198

Première application des méthodes précédentes. — Rappel des formules propres à déterminer les surfaces admettant une représentation sphérique donnée. — Recherche des surfaces à lignes de courbure planes

Pages

dans un système. — Elles correspondent toutes à des équations à invariants égaux pour lesquelles la solution est du premier ou de second rang. — Méthode de recherche directe : théorème général qui permet de les déterminer très simplement au moyen de trois développables dont l'une (Δ) est isotrope et les deux autres (D), (D_1) applicables l'une sur l'autre avec correspondance des génératrices rectilignes. — On déduit de cette proposition que, si une ligne de courbure plane est un cercle, toutes les autres sont des cercles, que si une d'elles est algébrique, toutes les autres le sont aussi, etc. — Mise en œuvre de la génération précédente. — Calculs et constructions géométriques propres à déterminer la surface réelle la plus générale à lignes de courbure planes, sans aucun signe de quadrature.

CHAPITRE X.

Surfaces isothermiques à lignes de courbure planes.................... 217

Rappel des différentes classes de surfaces à lignes de courbure planes déterminées ou étudiées dans le cours de cet Ouvrage. — Indication de cas particuliers dans lesquels ces surfaces sont isothermiques. — Recherche systématique des surfaces qui satisfont à cette double condition d'avoir leurs lignes de courbure planes, au moins dans un système, et d'être isothermiques. — Mise en équation du problème. — Intégration des équations linéaires auxquelles satisfont les rotations. — Tout se ramène à la détermination d'une fonction h satisfaisant à deux équations aux dérivées partielles. — Application de la théorie des fonctions doublement périodiques de seconde espèce et des méthodes de M. Hermite à cette intégration. — La solution dépend des fonctions elliptiques et comporte une fonction arbitraire. — Explication de ce dernier résultat et construction géométrique de la surface. — Cas particulier où le module de la fonction elliptique devient nul.

CHAPITRE XI.

Surfaces à lignes de courbure sphériques.................................. 239

Les surfaces à lignes de courbure sphériques dans un système correspondent à des équations aux dérivées partielles à invariants égaux qui sont du premier, du second ou du troisième rang. — Méthode directe de recherche. — Étant donnée une surface à lignes de courbure sphériques (Σ), il existe une infinité de surfaces (Σ_0) de même définition, dépendant d'une fonction arbitraire et admettant la même représentation sphérique. — Théorème de M. Blutel. — Construction géométrique des surfaces (Σ_0). — Comment on peut, sans aucune intégration, déduire toutes les surfaces à lignes de courbure sphériques des surfaces à lignes de courbure planes. — Propriétés diverses : en appliquant des inversions convenablement choisies à chaque ligne de courbure sphérique de la surface, on peut les placer toutes sur une même développable isotrope. — Définition de la rotation autour d'un cercle; proposition qui rapproche les surfaces à lignes de cour-

Pages.

bure sphériques des surfaces à lignes de courbure planes. — Des surfaces dont toutes les lignes de courbure sont planes ou sphériques. — Leur détermination se ramène à la solution de l'équation fonctionnelle

$$\sum_{1}^{6} (A_i + B_i)^2 = 0.$$

— Résultat : toutes les surfaces cherchées dérivent simplement, soit du cône, soit de la surface dont les normales sont tangentes à un cône.

CHAPITRE XII.

Généralisations diverses.. 267

Systèmes d'équations linéaires aux dérivées partielles du second ordre à n variables indépendantes dans lesquels chaque équation ne contient qu'une dérivée seconde prise par rapport à deux variables différentes. — Forme type de ces systèmes, condition pour qu'ils admettent $n+1$ intégrales linéairement indépendantes. — Extension à ces systèmes de la méthode de Laplace. — Comment on les intègre lorsque la suite de Laplace se termine dans un sens. — Indication de certains systèmes généraux dont l'intégrale peut être obtenue. — Cas particuliers. — Applications géométriques. — Systèmes de coordonnées curvilignes à lignes conjuguées. — Ces systèmes sont les seuls qui puissent correspondre à d'autres systèmes, les plans tangents aux surfaces coordonnées étant *parallèles* pour les points correspondants. — Interprétation géométrique des substitutions de Laplace généralisées. — Cas particulier des systèmes triples orthogonaux. — Théorème de M. Combescure. — Démonstration directe de ce théorème. — Application. — Détermination d'une classe de systèmes triples pour lesquels toutes les lignes de courbure sont planes. — En combinant l'inversion avec le théorème de M. Combescure, on peut faire dériver d'un système triple orthogonal une suite illimitée de systèmes analogues. — Détermination des systèmes orthogonaux à lignes de courbure planes dans un seul système. — Détermination des systèmes orthogonaux à lignes de courbure sphériques dans un seul système.

CHAPITRE XIII.

Nouvelles classes de surfaces applicables........................ 308

Ce Chapitre est consacré à l'exposition des résultats nouveaux que l'on doit à M. Weingarten dans la recherche des surfaces applicables sur une surface donnée. — La méthode de M. Weingarten exige que l'on connaisse déjà au moins une surface réelle ou imaginaire admettant l'élément linéaire donné. — Elle fait dépendre la détermination de toutes les surfaces (Θ) admettant cet élément linéaire de celle d'autres surfaces (Σ), satisfaisant à une certaine équation aux dérivées partielles, qui établit une relation entre les rayons de courbure prin-

Pages.

cipaux, les distances d'un point fixe au plan tangent et au point de contact. — Cas particulier où les caractéristiques de cette équation aux dérivées partielles sont les lignes de longueur nulle de la représentation sphérique de (Σ). — L'élément linéaire est alors défini par la formule simple

$$ds^2 = du^2 + 2[u + \psi'(v)]\, dv^2,$$

et l'équation à intégrer prend la forme simple

$$\frac{\partial^2 v}{\partial\alpha\,\partial\beta} = \frac{\psi''(v)}{(1+\alpha\beta)^2}.$$

Indication des différentes formes de $\psi'(v)$ pour lesquelles l'intégration est possible. — Démonstration de différents résultats dus à MM. Weingarten, Baroni, Goursat. — Les cas les plus intéressants font connaître toutes les surfaces applicables sur le paraboloïde du second degré dont une génératrice rectiligne est tangente au cercle de l'infini. — Réduction de l'élément linéaire de ces surfaces à la forme de Liouville qui permet l'intégration des lignes géodésiques.

CHAPITRE XIV.

Dernières recherches.......... 338

Nouveau développement donné par M. Weingarten aux recherches précédentes. — Problème proposé. — Étant donné un élément linéaire, pour résoudre le problème de la déformation, on mène par chaque point de la surface cherchée (Θ) une tangente faisant un angle déterminé, mais d'ailleurs variable, avec les courbes coordonnées; puis on prend comme variables indépendantes deux paramètres quelconques propres à définir la direction de cette droite dans l'espace. — Formation des équations aux dérivées partielles auxquelles satisfont les coordonnées curvilignes u et v considérées comme fonctions de ces paramètres. — A ce propos, l'on rappelle et l'on complète quelques propriétés de la ligne de striction des surfaces réglées. — Étant donnée une congruence rectiligne, assembler les droites en surfaces réglées dont les lignes de striction soient sur une des nappes focales de la congruence. — Les propriétés géométriques établies permettent de simplifier les équations qui déterminent u et v et de les réduire à une seule équation aux dérivées partielles du second ordre. — Renvoi au Mémoire de M. Weingarten couronné par l'Académie des Sciences.

NOTES ET ADDITIONS.

NOTE I.

Pages.
Sur les méthodes d'approximations successives dans la théorie des équations différentielles, par M. *Émile Picard*. 353

NOTE II.

Sur les géodésiques à intégrales quadratiques, par M. *G. Kœnigs*. 368

NOTE III.

Sur la théorie des équations aux dérivées partielles du second ordre, par M. *E. Cosserat*. 405

NOTES DE L'AUTEUR.

NOTE IV.

Sur la torsion des courbes gauches et sur les courbes à torsion constante. . 423

NOTE V.

Sur les formules d'Euler et sur le déplacement d'un solide invariable. 433

NOTE VI.

Note sur une équation différentielle et sur les surfaces spirales. 442

NOTE VII.

Sur la forme des lignes de courbure dans le voisinage d'un ombilic. 448

NOTE VIII.

Sur les lignes asymptotiques et sur les lignes de courbure de la surface des ondes de Fresnel 466

NOTE IX.

Sur la Géométrie Cayleyenne et sur une propriété des surfaces à génératrice circulaire........ 489

NOTE X.

Sur les équations aux dérivées partielles........ 497

NOTE XI.

Sur l'équation auxiliaire........ 505

TABLE ANALYTIQUE DES MATIÈRES PAR ORDRE ALPHABÉTIQUE........ 517
TABLE DES NOMS D'AUTEURS PAR ORDRE ALPHABÉTIQUE........ 533

FIN DES TABLES DE LA QUATRIÈME ET DERNIÈRE PARTIE.

21219 Paris. — Imprimerie GAUTHIER-VILLARS ET FILS, quai des Grands-Augustins, 55.

21219 Paris. — Imprimerie GAUTHIER-VILLARS ET FILS, quai des Grands-Augustins, 55.